大型引调水工程
关键技术研究与应用

杜卫兵 王 辉 刘 渊 魏令伟 ◎著

河海大学出版社
HOHAI UNIVERSITY PRESS
·南京·

图书在版编目(ＣＩＰ)数据

大型引调水工程关键技术研究与应用 / 杜卫兵等著.
南京：河海大学出版社，2024.6. -- ISBN 978-7-5630-9047-1

Ⅰ．TV6

中国国家版本馆 CIP 数据核字第 202415TQ00 号

书　　名	大型引调水工程关键技术研究与应用
书　　号	ISBN 978-7-5630-9047-1
责任编辑	金　怡　张　媛
特约校对	张美勤
封面设计	张育智　吴晨迪
出版发行	河海大学出版社
地　　址	南京市西康路1号(邮编：210098)
电　　话	(025)83737852(总编室)
	(025)83722833(营销部)
经　　销	江苏省新华发行集团有限公司
排　　版	南京布克文化发展有限公司
印　　刷	广东虎彩云印刷有限公司
开　　本	787毫米×1092毫米　1/16
印　　张	34.75
字　　数	844千字
版　　次	2024年6月第1版
印　　次	2024年6月第1次印刷
定　　价	168.00元

序

　　引江济淮工程是国务院常务会议确定的 172 项节水供水重大水利工程之一。该工程自南向北划分为三大段：引江济巢、江淮沟通、江水北送。引江济淮工程（河南段）属于江水北送的一部分，是河南省实施"四水同治"确定的十大水利工程中规模最大的单体项目。此工程也是河南省首批采用 PPP 模式进行建设管理的重大水利工程。工程初步设计总投资为 73.78 亿元，批复工期为 60 个月。

　　引江济淮工程（河南段）能够有效地为周口市的郸城、淮阳、太康 3 个县，商丘市的柘城、夏邑、梁园和睢阳 2 县 2 区，以及永城市和鹿邑县提供供水服务，覆盖面积达 1.21 万平方千米，受益人口高达 870 万。该工程的主要目标是满足城镇居民生活和工业用水需求，同时注重改善水生态环境。工程建成并投入使用，可有效改善豫东地区的水资源短缺问题，它已成为深受周口、商丘两地居民欢迎的重要民生工程。

　　引江济淮工程（河南段）可以概括为：两条河流、三条管线、四座水库、五座泵站。在引江济淮工程（河南段）的管线工程中，建设者成功埋设了预应力钢筒混凝土管，包括 DN2200、DN3000 和 DN3200 三种不同管径。在涡河顶管的施工过程中，克服了诸多技术挑战，如高水位、大口径双管道穿越、涡河顶管渗水以及水压造成的渗水和管道下沉等问题，并且准时高质量地完成了施工任务。此外，五座泵站所安装的立式轴流泵和卧式中开式单级双吸离心泵所涉及的技术与规模在河南省内独树一帜，名列前茅。

　　引江济淮工程（河南段）于 2019 年 9 月 5 日正式开工，经过精心施工，到 2022 年底主体工程基本完成；整个工程建设过程得到了水利部、水利部淮河委员会、河南省水利厅等上级管理单位以及地方政府、社会各界人士的高度重视与强有力的支持。在此衷心感谢各级领导、社会各界人士以及辛勤工作的建设者们为引江济淮工程（河南段）的成功提供的无私支持和帮助。

本书以引江济淮工程（河南段）为主要研究对象，系统展示了关于大型引调水工程的关键科学技术成果与应用场景，包括但不限于水资源优化调控方法、先进施工技术、生态环境保护策略、智能化管理与运营手段等。各位作者的辛勤工作和无私奉献，使得本书成为一部集学术性、实用性和前瞻性于一体的研究成果。希望本书能够激发更多思考和探索，推动大型引调水工程设计、管理与施工技术的发展，助力我国水资源管理和生态环境保护事业的进步。

河南水利投资集团有限公司始终坚定贯彻省委、省政府的决策部署，致力于打造省级水务集团，覆盖水利产业全链条，包括"勘测、设计、投资、施工、运营"。本集团将持续专注于主责主业，充分发挥自身优势，积极参与河南省重大水利工程建设，为河南省水利事业的高质量发展贡献力量。

杨继成

2024 年 4 月

前言 Preface

引江济淮工程是历次淮河流域综合规划和长江流域综合规划中明确提出的由长江下游向淮河中游地区跨流域补水的重大水资源配置工程,也是国务院要求加快推进建设的172项重大水利工程之一,已纳入国务院批复的《长江流域综合规划(2012—2030年)》、《淮河流域综合规划(2012—2030年)》《全国水资源综合规划》。引江济淮工程等别为Ⅰ等,工程规模为大(1)型。引江济淮工程(河南段)属于引江济淮工程江水北送段,是引江济淮工程的一部分,工程等级亦为Ⅰ等。至近期规划水平年,本工程多年平均引江水量33.03亿 m^3,净调水量27.42亿 m^3。引江济淮工程向河南地区分配的年均水量预计将在2030年达到5.00亿 m^3,而在2040年达到6.34亿 m^3。引江济淮工程(河南段)初步设计批复总投资737 751.16万元,其中工程静态总投资725 712.05万元,建设期贷款利息12 039.11万元。

受气候、地形、黄泛等多种因素叠加影响,淮河流域水旱灾害历来严重。针对淮河中游干旱缺水问题,早在1958年10月,水利电力部和中国科学院在《南水北调引水初步意见》中提出从长江下游裕溪口引水入巢湖,越巢淮分水岭入瓦埠湖至淮河,沿颍河上溯至周口。1976年,水电部组织编写的《南水北调近期工程规划报告》中指出,巢湖引江线作为济淮的调水线比较适宜。1978年江淮大旱后,在省委、省政府和安排下,安徽省水利设计院编制了《引江济淮工程研究》。1986年,安徽省向国家计委上报了《引江济淮工程项目建议书》。1995年,安徽省水利设计院牵头编制了《引江济淮工程预可行性研究报告》及航运专题;在省引江办组织下,1996年至1998年,安徽省先后多次组织省内外水利、环保、航运专家对该报告进行咨询、论证和研讨,其建设必要性得到一致肯定。2009年11月,水利部要求引江济淮工程供水范围扩大至河南东部,并安排淮委会同长江委、安徽省水利厅,组织中水淮河规划设计研究有限公司、安徽省水利设计院、长江勘测规划设计研究有限责任公司、安徽省交通勘察设计院开展《引江济淮工程规划》编制。经过近4年的讨论审查和修改完善,2014年3月通过了水规总院的审查,同时水利部对其进行了转发,工程规划部分任务转入本阶段继续补充论证。2014年9月10日—13日,水规总院在北京召开项目建议书审查会,会议原则通过该项目建议书;审查意见肯定了工程建设的必要性,基本同意开发任务、受水范围、供水对象、工程地质、总体布局、枢纽布置、施工组织设计和建设内容等主要成果。2015年3月25日,国家发展和改革委员会以发改农经〔2015〕582号批复《引江济淮工程项目建议书》;2016年12月13日,国家发展和改革委员会以发改农经〔2016〕2632号批复《引江济淮工程可行性研究报告》;2019年5月6日,水利部以水许可决〔2019〕38号批复同意了《引江济淮工程(河南段)初步设计报告》。由河南省人民政府授权,河南省豫东水利工程管理局作为本项目实施机构,全面负责项目的识别、准备、采购、执行、监管、绩效考核和移交等各项工作。通过实施机构开展社会资本方招标,河南省引江济淮工程有限公司作为本工程项目法人履行现场项目法人职责。

引江济淮工程(河南段)主体工程于2019年9月5日正式开工建设,2024年6月21日,引江济淮工程(河南段)通过水利部阶段性验收,标志着该工程正式具备通水和运行条件。

引江济淮工程(河南段)的任务是以城乡供水为主,兼顾改善水生态环境。引江济淮工程实施后,可向豫东地区的周口、商丘部分地区进行城乡生活及工业生产供水,保障饮水安全和煤炭、火电等重要行业用水安全。受水区水资源供水配置格局得到进一步完善,水资源利用效率和效益得到提高,城乡供水安全能力得到有效保障,城市工业用水缺水情况得到有效缓解。在加强流域水污染防治、强化消减污染负荷的基础上,依托引江济淮调入水量,退还淮河流域被挤占的河道生态用水和深层地下水开采量,补充生态环境用水。

引江济淮建设者们坚持科学指导施工,科学创新过程,科学服务工程,利用新技术、新材料、新工艺,解决了工程建设中各项难题。在水资源优化调配与水环境保护方面,实现了区域水量、水质、供水需求与计划等方面的统一调度与科学管理,构建了水资源优化调配系统。在河道穿越施工方面,制定了科学的导流明渠设计与施工方案,建立了完备的河道穿越施工体系。在引调水工程施工关键技术方面,探索了施工技术和工艺原理,构建并完善了新型施工工艺流程及操作要点,提出了快速、安全、有效的新型施工工法。在PC-CP输水管道设计与优化方面,开展了管道C55混凝土配合比的优化研究并制定了科学的设计方案,为长距离引调水工程在复杂环境中的安全长效服役提供了有效的技术支撑。在泵站建设与流道优化设计方面,全面系统地开展了泵站模型试验与进出水流道CFD分析,完成了对进水流道型线的科学仿真分析与优化设计。关于引调水工程施工安全管理与运营,工程与研究人员建立了科学的施工组织机构与完善的施工质量保证体系,并结合智能化施工与安全监测技术,建立了完备的引江济淮工程(河南段)信息化综合管理系统,实现了复杂调水工程全生命周期风险分析与管控。

本书以引江济淮工程(河南段)建设期施工关键技术为主要内容,第1章由杜卫兵、王永智、王辉、杜润洎撰写;第2章由王辉、葛巍、荣德剑、兰雁、何芳婵、吕保生、伍艳、范嘉懿撰写;第3章由刘渊、方俊、申志、王长海、刘小江、刘斐、李抒航、吕芳丽、郑焱冰撰写;第4章由魏令伟、李辉、卫振、江生金、刘成龙、张泰赫、王志久、刘铭撰写;第5章由沈振中、李乐晨、强晟、张家铭、郑团、寇建章、马磊、陈钊、张帆、杜梦珂、潘一霄、周聪聪、冯亚新撰写;第6章由王永智、王辉、赵子昂、蒋恒、刘淑瑜、蒋亚涛、陈晗、郑云龙、郭玥、刘爽撰写;第7章由王涛、李冠杰、杨芳芳、许吉龙、尹正杰、刘传武、姚弘、郭深深、王磊、梁好明、赵鹏撰写。

在工程建设施工和本书撰写过程中,各建设单位和研究单位做出了卓越的贡献;王辉、郑团对全书进行了校对,河海大学沈振中教授、强晟教授和李乐晨老师对全书进行了审稿,书中引用了相关文献资料,在此表示衷心感谢!

限于作者水平有限,本书如有不当之处,敬请广大读者批评指正。

作者
2024 年 6 月

目录 Contents

1 绪论 ··· 001
  1.1 改变水资源短缺、地下水超采的重要水源工程 ····································· 001
  1.2 支撑经济发展的战略水源工程 ·· 001
  1.3 可持续发展的重大战略性基础设施 ··· 002

2 引调水工程水资源优化调配与水环境保护关键技术与应用 ···················· 003
  2.1 水资源优化与和谐调配理论及技术 ··· 003
    2.1.1 水资源优化调配与和谐调配的概念内涵 ······································ 004
    2.1.2 水资源和谐调配的理论体系 ··· 008
    2.1.3 水资源和谐调配的技术方法 ··· 011
  2.2 水资源动态优化调配方案 ·· 016
    2.2.1 水资源调配原则 ·· 016
    2.2.2 水资源调配节点图 ·· 017
    2.2.3 基于多目标规划的水资源优化调配模型 ······································ 018
    2.2.4 面向和谐的水资源优化调配模型 ··· 025
    2.2.5 模型求解方法 ·· 030
    2.2.6 水资源年优化调配方案 ··· 030
    2.2.7 水资源月优化调配方案 ··· 038
    2.2.8 水资源调配方案动态修正 ·· 074
  2.3 水资源优化调配系统研发 ·· 074
    2.3.1 技术综述 ·· 074
    2.3.2 系统设计 ·· 074
    2.3.3 关键技术与实现 ·· 080
    2.3.4 水资源优化调度系统实现与界面 ··· 082
    2.3.5 项目管理 ·· 088
  2.4 输水河道与调蓄水库水量损失分析及周边水环境研究 ························ 089
    2.4.1 输水河道与调蓄水库水量损失分析与渗漏等级划分 ·················· 090
    2.4.2 河道及调蓄水库水质监测分析及供水安全影响研究 ·················· 092

2.5 水质-水量调度与水质风险防控研究和输水线路重大突发水污染事件预警研究 ………………………………………………………………… 095
　　2.5.1 常规时段水质-水量联合调度研究 ………………………… 095
　　2.5.2 应急事件水质-水量联合调度研究 ………………………… 131
　　2.5.3 水质预警与标准体系构建 …………………………………… 170

3 引调水工程河道穿越施工关键技术与应用 …………………………… 182
3.1 导流明渠设计与施工技术 ……………………………………… 182
　　3.1.1 导流明渠设计 ………………………………………………… 182
　　3.1.2 导流明渠施工 ………………………………………………… 183
3.2 大口径PCCP管道穿越工程施工关键技术——针对PCCP的概述 …… 184
　　3.2.1 PCCP输水管道穿越大断面河流施工关键技术 …………… 184
　　3.2.2 PCCP输水管道穿越高速公路施工关键技术 ……………… 189
　　3.2.3 顶管工程内穿PCCP钢制管件施工关键技术 ……………… 208
　　3.2.4 超长PCCP钢制弯管整体吊装施工技术 …………………… 215
　　3.2.5 PCCP管道静水压试验技术 ………………………………… 219
3.3 围堰施工与渗流分析方法 ……………………………………… 224
　　3.3.1 围堰设计与施工 ……………………………………………… 224
　　3.3.2 围堰渗流分析 ………………………………………………… 227
3.4 输水管线基坑开挖及降排水施工方法 ………………………… 230
　　3.4.1 基坑降排水施工技术与方法 ………………………………… 230
　　3.4.2 基坑土方开挖施工技术与方法 ……………………………… 235
3.5 管道吊装施工技术与方法 ……………………………………… 239
　　3.5.1 管道吊装整体布置 …………………………………………… 239
　　3.5.2 管道吊装方法 ………………………………………………… 241
　　3.5.3 接头打压检验 ………………………………………………… 245
　　3.5.4 已完成主河槽PCCP管防冲措施 …………………………… 246
3.6 管道工程施工监理控制与常见问题处理方法 ………………… 246
　　3.6.1 管道制造质量控制要点 ……………………………………… 246
　　3.6.2 管道、阀件安装监理要点控制 ……………………………… 252
　　3.6.3 工程质量缺陷及处理 ………………………………………… 258
　　3.6.4 进度控制 ……………………………………………………… 265

4 引调水工程施工工法关键技术研究与应用 …………………………… 268
4.1 引江济淮工程跨清水河桥梁墩柱快速加固施工工法 ………… 268
　　4.1.1 工法特点 ……………………………………………………… 268
　　4.1.2 适用范围 ……………………………………………………… 269
　　4.1.3 工艺原理 ……………………………………………………… 269

  4.1.4 施工工艺流程及操作要点 …………………………………………… 269
  4.1.5 材料与设备 …………………………………………………………… 270
  4.1.6 质量控制 ……………………………………………………………… 271
  4.1.7 安全措施 ……………………………………………………………… 271
  4.1.8 环保措施 ……………………………………………………………… 272
  4.1.9 效益分析 ……………………………………………………………… 273
 4.2 泵站进出口曲型流道施工质量控制工法 …………………………………… 273
  4.2.1 工法特点 ……………………………………………………………… 273
  4.2.2 适用范围 ……………………………………………………………… 274
  4.2.3 工艺原理 ……………………………………………………………… 274
  4.2.4 施工工艺流程及操作要点 …………………………………………… 275
  4.2.5 材料与设备 …………………………………………………………… 278
  4.2.6 质量控制 ……………………………………………………………… 279
  4.2.7 安全措施 ……………………………………………………………… 280
  4.2.8 环保措施 ……………………………………………………………… 280
  4.2.9 效益分析 ……………………………………………………………… 280
 4.3 狭长小断面线性混凝土结构连仓浇筑 ……………………………………… 281
  4.3.1 工法特点 ……………………………………………………………… 281
  4.3.2 适用范围 ……………………………………………………………… 281
  4.3.3 工艺原理 ……………………………………………………………… 281
  4.3.4 施工工艺流程及操作要点 …………………………………………… 282
  4.3.5 材料与设备 …………………………………………………………… 286
  4.3.6 质量控制 ……………………………………………………………… 286
  4.3.7 安全措施 ……………………………………………………………… 287
  4.3.8 环保措施 ……………………………………………………………… 288
  4.3.9 效益分析 ……………………………………………………………… 288
 4.4 环形坡面预制块长距离铺装外观控制施工工法 …………………………… 288
  4.4.1 工法特点 ……………………………………………………………… 289
  4.4.2 适用范围 ……………………………………………………………… 289
  4.4.3 工艺原理 ……………………………………………………………… 289
  4.4.4 施工工艺流程及操作要点 …………………………………………… 289
  4.4.5 材料与设备 …………………………………………………………… 293
  4.4.6 质量控制 ……………………………………………………………… 294
  4.4.7 安全措施 ……………………………………………………………… 295
  4.4.8 环保措施 ……………………………………………………………… 296
  4.4.9 效益分析 ……………………………………………………………… 297
 4.5 自嵌式挡墙＋隔离网一体化施工工法 ……………………………………… 297
  4.5.1 工法特点 ……………………………………………………………… 297

  4.5.2 适用范围 … 298
  4.5.3 工艺原理 … 298
  4.5.4 施工工艺流程及操作要点 … 298
  4.5.5 材料与设备 … 302
  4.5.6 质量控制 … 303
  4.5.7 安全措施 … 304
  4.5.8 环保措施 … 305
  4.5.9 效益分析 … 305
 4.6 自嵌式挡墙快速安装施工工法 … 305
  4.6.1 工法特点 … 306
  4.6.2 适用范围 … 306
  4.6.3 工艺原理 … 306
  4.6.4 施工工艺流程及操作要点 … 306
  4.6.5 材料与设备 … 309
  4.6.6 质量控制 … 310
  4.6.7 安全措施 … 310
  4.6.8 环保措施 … 311
  4.6.9 效益分析 … 311
 4.7 自带工作平台的混凝土翻升模板施工工法 … 311
  4.7.1 工法特点 … 312
  4.7.2 适用范围 … 312
  4.7.3 工艺原理 … 312
  4.7.4 施工工艺流程及操作要点 … 312
  4.7.5 材料与设备 … 315
  4.7.6 质量控制 … 317
  4.7.7 安全措施 … 318
  4.7.8 环保措施 … 319
  4.7.9 效益分析 … 320
 4.8 高温环境下泵站超长薄壁混凝土防裂缝施工工法 … 320
  4.8.1 工法特点 … 320
  4.8.2 适用范围 … 320
  4.8.3 工艺原理 … 321
  4.8.4 施工工艺流程及操作要点 … 321
  4.8.5 材料与设备 … 323
  4.8.6 质量控制 … 324
  4.8.7 安全措施 … 324
  4.8.8 环保措施 … 325
  4.8.9 效益分析 … 326

5 引调水工程管道工艺技术与性能分析方法研究与应用 ……… 327
5.1 引调水工程标准管道生产工艺技术 ……… 327
5.1.1 承插口制作工艺 ……… 327
5.1.2 钢筒制作工艺 ……… 329
5.1.3 钢筒水压试验工艺 ……… 330
5.1.4 管芯混凝土浇筑工艺 ……… 331
5.1.5 管芯蒸汽养护工艺 ……… 332
5.1.6 缠丝工艺 ……… 333
5.1.7 喷浆工艺 ……… 335
5.1.8 无溶剂环氧煤沥青防腐涂层制作工艺 ……… 337
5.1.9 承插口防腐涂层喷涂工艺 ……… 339
5.1.10 阴极保护预埋 ……… 340
5.1.11 PCCP 管道标识工艺 ……… 345
5.2 引调水工程配件生产工艺技术 ……… 346
5.2.1 配件生产工艺流程图 ……… 346
5.2.2 钢板下料卷制工艺 ……… 347
5.2.3 组对拼装工艺流程 ……… 348
5.2.4 焊接工艺 ……… 349
5.2.5 砂浆衬砌防腐制作工艺 ……… 349
5.2.6 环氧煤沥青防腐涂层制作工艺 ……… 351
5.2.7 喷涂承插口防腐工艺 ……… 352
5.3 引调水工程 PCCP 管道 C55 混凝土配合比设计与优化项目研究 ……… 352
5.3.1 课题的提出(技术方面要解决的问题) ……… 352
5.3.2 课题的解决方案 ……… 355
5.3.3 实施过程及效果 ……… 356
5.3.4 该课题的创新点 ……… 367
5.3.5 该创新成果的应用前景 ……… 368
5.3.6 该创新成果的推广措施 ……… 368
5.4 引调水工程 PCCP 管道水压试验与承载能力评估分析与研究 ……… 369
5.4.1 有限元模型与计算工况 ……… 369
5.4.2 有限元计算参数和边界条件 ……… 371
5.4.3 水压试验数值模拟结果 ……… 371

6 引调水工程泵站模型试验与进出水流道 CFD 分析研究与应用 ……… 382
6.1 水泵模型试验平台与设计方案 ……… 382
6.1.1 泵站工程概况 ……… 382
6.1.2 振动台技术 ……… 383

　　　　6.1.3　水泵装置模型 ………………………………………………………… 385
　　　　6.1.4　测量方法及测量精度 ………………………………………………… 393
　　　　6.1.5　模型试验主要测试内容及测试方法 ………………………………… 394
　　　　6.1.6　测量不确定度分析 …………………………………………………… 395
　　　　6.1.7　随机不确定度 ………………………………………………………… 396
　　　　6.1.8　系统不确定度 ………………………………………………………… 396
　　　　6.1.9　效率试验综合不确定度 ……………………………………………… 397
　　6.2　水泵模型试验测试结果综合分析 …………………………………………… 397
　　　　6.2.1　模型试验结果 ………………………………………………………… 398
　　　　6.2.2　原型换算结果 ………………………………………………………… 415
　　　　6.2.3　结论与建议 …………………………………………………………… 421
　　6.3　引调水工程泵站模型试验与进出水流道CFD分析研究与应用 …………… 422
　　　　6.3.1　水泵模型比选 ………………………………………………………… 422
　　　　6.3.2　进出水流道CFD优化计算目标 …………………………………… 426
　　6.4　进水流道型线研究与设计 …………………………………………………… 430
　　　　6.4.1　肘形进水流道型线方案 ……………………………………………… 430
　　　　6.4.2　弯直管出水流道型线方案 …………………………………………… 431

7　引调水工程施工安全管理与运营技术研究与应用 ……………………………… 433
　　7.1　施工组织和管理理论 ………………………………………………………… 433
　　　　7.1.1　总部管理组织机构 …………………………………………………… 433
　　　　7.1.2　现场管理组织机构 …………………………………………………… 433
　　　　7.1.3　管理职责与权限 ……………………………………………………… 434
　　　　7.1.4　考核、奖励与处罚 …………………………………………………… 437
　　7.2　施工质量保证措施方法 ……………………………………………………… 438
　　　　7.2.1　开挖质量保证措施 …………………………………………………… 438
　　　　7.2.2　土方填筑质量保证措施 ……………………………………………… 438
　　　　7.2.3　管道安装质量保证措施 ……………………………………………… 439
　　　　7.2.4　混凝土施工质量保证措施 …………………………………………… 440
　　　　7.2.5　浆砌石质量保证措施 ………………………………………………… 441
　　　　7.2.6　金属结构设备安装质量保证措施 …………………………………… 441
　　　　7.2.7　工程测量质量保证措施 ……………………………………………… 442
　　　　7.2.8　试验检验质量保证措施 ……………………………………………… 442
　　7.3　智能化施工与安全监测技术研究 …………………………………………… 445
　　　　7.3.1　无人值守称重系统应用 ……………………………………………… 445
　　　　7.3.2　智能温控系统在泵站大体积混凝土中的应用 ……………………… 448
　　　　7.3.3　智慧相册与水利工程施工管理的融合 ……………………………… 455
　　　　7.3.4　滑模工艺在水利工程细部结构施工中的应用 ……………………… 456

7.4 复杂调水工程长期服役性能及失效风险调控 ·········· 459
7.4.1 研究对象 ·········· 459
7.4.2 引江济淮工程长期服役风险因子识别 ·········· 460
7.4.3 引江济淮工程长期服役性能风险评估 ·········· 464
7.4.4 引江济淮工程长期服役性能风险管控 ·········· 477
7.4.5 小结 ·········· 481
7.5 引江济淮工程（河南段）信息化综合管理系统 ·········· 482
7.5.1 设计思路 ·········· 482
7.5.2 总体架构 ·········· 484
7.5.3 分项设计 ·········· 487

附表 ·········· 529
附表 A 突发水污染事件污染物处理方法（闭闸调控） ·········· 529
附表 B 各污染指标在各河道段的污染量等级标准表 ·········· 529
附表 C 污染指标污染浓度等级标准表 ·········· 536
附表 D 突发水污染事件等级标准表 ·········· 538

参考文献 ·········· 540

1 绪论

根据国家发展和改革委员会批复的《引江济淮工程可行性研究报告》，引江济淮工程任务以城乡供水和发展江淮航运为主，结合灌溉补水和改善巢湖及淮河水生态环境。引江济淮工程（河南段）的主要任务是以城乡供水为主，兼顾改善水生态环境。

引江济淮工程实施后，可为豫东地区的周口、商丘部分地区城乡提供生活及工业生产用水，保障 878 万人饮水安全和煤炭、火电等重要行业用水安全。受水区水资源供水配置格局得到进一步完善，水资源利用效率和效益得到提高，城乡供水安全能力得到有效保障，城市工业用水缺水情况得到有效缓解。在加强流域水污染防治、强化消减污染负荷的基础上，依托引江济淮调入水量，退还淮河流域被挤占的河道生态用水和深层地下水开采量，增加补充生态环境用水。总体上，引江济淮工程（河南段）的实施对促进区域社会稳定和可持续发展具有十分重要的意义。

1.1 改变水资源短缺、地下水超采的重要水源工程

引江济淮工程的河南省供水区为淮河流域豫东地区的 7 县 2 区，分别为周口市的郸城、淮阳、太康 3 个县，商丘市的柘城、夏邑 2 个县和商丘市梁园区、睢阳区 2 个区，以及永城市和鹿邑县。该区域土地矿产资源丰富，是河南省粮食主产区，也是未来经济发展的重点提升区域，但区域内水资源总量少，人均水资源量低于全省和全国人均水资源量，属于水资源贫乏地区。受自然条件影响，受水区内河流多属季节性河流，地表径流少，取用水工程条件差，保证程度低。引黄调水水量覆盖区域有限，经济社会用水多依赖地下水，水源结构单一脆弱，区域地下水超采现象普遍，且超采量也呈逐年增加的趋势，开采深井集中、开采层位集中、开采时间集中的"三集中"现象十分突出，导致了地下水位的大幅度下降，现有取水工程能力不足，形成年年新开取水井工程的恶性循环，也因此带来了地面沉降、地下水漏斗、水质恶化等一系列生态与地质环境问题。水资源短缺已经成为受水区制约经济社会可持续发展的"瓶颈"，亟需实施跨流域的调水工程，缓解供用水矛盾，解决本区域内资源型缺水问题。

1.2 支撑经济发展的战略水源工程

2009 年《国务院关于促进中部地区崛起规划的批复》（国函〔2009〕130 号）指出，中部

地区(包括山西、安徽、江西、河南、湖北、湖南六省)崛起重点是提升"三个基地、一个枢纽"(粮食生产基地、能源原材料基地、现代装备制造及高技术产业基地和综合交通运输枢纽);2012年《国务院关于中原经济区规划(2012—2020年)的批复》(国函〔2012〕194号)指出,加快建设中原经济区是巩固提升农业基础地位、保障国家粮食安全的需要,促进了新型城镇化、工业化和农业现代化协调发展,为全国同类地区创造了经验。以上战略举措均涉及引江济淮项目区。

为保障国家粮食安全、区域供水安全、流域生态安全,改变淮河流域经济落后、生态恶化局面,在继续加强节水和当地水资源高效利用的同时,必须实施引江济淮跨流域调水工程,以完善淮河流域水资源配置战略格局,提高淮河中游水资源调控水平和供水保障能力,缓解淮河中游长期缺水状况,遏制中深层地下水超采,彻底扭转河道生态用水、农业灌溉用水被长期挤占的被动局面,支撑安徽、河南两省健康持续发展。

1.3 可持续发展的重大战略性基础设施

引江济淮工程(河南段)供水区不在南水北调中线供水范围内,虽与引黄工程供水(梁园区、睢阳区、鹿邑县、太康县)范围有部分重叠区域,但供水目标不同,水量不重复计列。目前南水北调中线工程和引黄工程水量均已分配完毕,已无向该区域提供水源的可能,必须开辟新水源解决缺水问题。

为改变该区域水资源严重短缺的局面,在加大节水和污水利用的同时,除严格控制地下水超采外,必须尽快从外流域调水补源,而引江济淮工程的实施是解决水资源供需矛盾和本地区可持续发展的支撑工程,是保障水资源有效供给和可持续发展的基本依托,对豫东地区的经济建设与发展具有举足轻重的作用,是缓解该区域水资源短缺局面的最佳选择,是一项关系到河南省国民经济可持续发展的重大战略性基础设施。

2 引调水工程水资源优化调配与水环境保护关键技术与应用

为保障国家粮食安全、区域供水安全、流域生态安全,改变淮河流域经济落后、生态恶化局面,在继续加强节水和当地水资源高效利用的同时,必须实施引江济淮跨流域调水工程,以完善淮河流域水资源配置战略格局,提高淮河中游水资源调控水平和供水保障能力,缓解淮河中游长期缺水状况,遏制中深层地下水超采,彻底扭转河道生态用水、农业灌溉用水被长期挤占的被动局面,支撑安徽、河南两省健康、持续发展。

结合引江济淮工程河南受水区科技实际需求,需要解决的关键技术问题如下。

(1) 目前大多数研究都是针对某一区域的某个时间段、某种情景开展的具体水资源配置或调度研究,然而不同研究对象的用水结构、用水特征和来水特点等差异较大,针对引江济淮工程(河南段),如何进行多水源、多用户、多目标的水资源优化调配,目前还没有进一步深入研究,无法回答不同调度期跨流域调水工程如何与受水区本地水资源之间进行水量联合调度、实现水资源高效利用的问题。

(2) 跨流域调水工程水资源优化调度过程中如何真正融入现代水资源管理思想,如何真正实现人与水和谐相处,是需要进一步研究解决的问题。

(3) 面向水利现代化建设、国家水网建设、数字孪生水利工程建设等的需求,亟需针对跨流域调水工程研发一套水资源优化调度运行系统。

综上,在严格用水总量控制的基础上,应针对河南受水区水资源调配问题进行深入研究,以期为水资源全面节约、合理开发、高效利用和科学管理提供技术支撑。

2.1 水资源优化与和谐调配理论及技术

水资源优化调配指通过采取时间调配工程和空间调配工程对水资源进行科学合理的调蓄、输送和分配,实现水资源生态积蓄和优化调配的过程,是水资源管理工作的重要内容之一,是水资源管理决策由规划、计划和方案到水资源调度实施、配置的具体手段,也是落实江河流域水量分配方案并配置到具体用水户的管理过程。

水资源和谐调配是在传统的水资源优化调配基础上,以实现人与水和谐相处为目标,利用水资源优化调配理论及技术,解决人与水之间的矛盾。其中,厘清人水和谐与水资源优化调配理论的相互关系,明确人水和谐理论对水资源优化调配的指导作用,对基于人水和谐理念研究水资源优化调配理论具有重要意义。因此，有必要在总结人水和谐理论和传统水资源优化调配的基础上，探析人水和谐与水资源优化调配理论的相互关系，深刻阐述人水和谐方法论在落实水资源调配准则、调配目标、调配方案、调配模式中的具体应用。

2.1.1 水资源优化调配与和谐调配的概念内涵

2.1.1.1 优化调配的概念内涵

水资源优化调配顾名思义是对水资源合理、优化地分配、安排及调度等。最初是根据水资源优化配置和水资源优化调度的含义引申出来的，很多学者对水资源优化配置都给出了自己的解释，并展开了大量研究，从水资源短缺地区用水竞争问题到水资源丰富地区合理配置问题的研究，不断丰富着水资源优化调配的含义。

水资源优化调配包括宏观方面的水资源优化调配和微观方面的水资源优化调配。

宏观上，水资源优化调配是指：依据可持续发展的目标要求，通过工程和非工程措施调节水资源的天然时空分布；开源与节流并重，开发利用和保护治理并重，兼顾当前利益和长远利益，利用系统方法、决策理论和计算机技术，统一调配当地地表水、地下水、处理后可回用的污水（再生水）、从区域外调入的水（外调水）等；注重兴利与除弊的结合，协调好各地区及各用水部门间的利益矛盾，尽可能地提高区域整体的用水效率，促进水资源的可持续利用和区域可持续发展。

微观上，水资源优化调配是指：在一定的区域内，利用系统分析理论与优化技术，使有限的水资源在时间上、不同用户之间进行优化调配，以获得社会、经济和环境协调发展的最佳综合效益。其包含三层含义：取水方面的优化调配、用水方面的优化调配以及取水用水综合系统的水资源优化调配。取水方面有地表水、地下水、土壤水、外调水和可再生水等。用水方面有生活用水、农业用水、工业用水和生态用水等。各种水源、水源点和各地各类用水户形成了庞大复杂的取用水系统，再考虑时间、空间的变化，实现水资源优化配置就显得非常重要。

水资源优化调配的最终目的是实现水资源的可持续利用，保证社会经济、资源和生态环境的协调发展。水资源优化调配的实质就是提高水资源的调配效率，一方面提高水的分配效率，合理解决各部门和各行业之间的竞争用水；另一方面则是提高水的利用效率，促使各部门和各行业内部节约高效用水。水资源优化调配是全局性问题。对于缺水地区，应统筹规划，合理利用水资源，保障区域发展的水量需求。对于水资源丰富的地区，必须提高水资源的利用效率。

水资源优化调配包括需水管理和供水管理两方面的内容。在需水方面，通过调整产业结构和生产力布局，强化对水资源的统一管理，加强节水法规建设，大力提高全民的节约用水和环境保护意识，合理调整水价，充分发挥水价的杠杆调节作用，努力抑制需水增长势头，以适应较为不利的水资源条件；在供水方面，则应当在生态环境和经济社会允许的条件下，修建必要的供水设施和跨流域调水工程，调整与改变水资源的天然时空分布，适应现有的生产力布局和未来的发展,保证经济社会可持续发展。因此水资源短缺是促使水资源实行优化调配的内在动力,而社会经济的快速发展和产业结构的调整则是实现水资源优化调配的外部动力。

2.1.1.2 和谐调配的概念内涵

从水资源系统与人文系统和谐目标出发,着眼于人水系统间复杂的相互关系,对水资源和谐调配进行如下定义:水资源和谐调配是指遵循人水和谐的治水思路,综合考虑人文系统与水系统之间的相互协调关系,建立以评价、模拟、配置、调度等为基本环节的水资源调配体系,通过对规划层面宏观配置与具体层面实时调度的耦合与嵌套,实现区域水资源的可持续利用,保证人与自然和谐共生。

一般说来,水资源和谐调配指的是在调水工程中,根据受水区需水要求以及水源地供水能力,遵循有效性与可持续性等水资源和谐调配原则,同时在制定调配方案的过程中,充分协调好水源地与受水区水资源开发、调度与利用过程中各方面的关系,包括人文系统与水系统的关系、各用水部门间的关系等,充分提高调水工程水资源开发利用的效率,采用多种工程和非工程措施,依据经济发展规律以及水资源调配的要求,在保证受水区供给需求、维护流域生态系统平衡和改善生态环境质量的前提下,对受水区的用水格局进行和谐评估与配置,并针对存在的和谐问题采取必要的调控措施以提高整个工程的人水和谐程度,从而对水资源进行和谐调配。

最终获得最大的效益、实现人水关系优化、促进人水和谐是水资源和谐调配的主要目的,实现水资源的可持续利用和社会的可持续发展,实现有限水资源促进社会、经济、生态环境相统一发展是水资源和谐调配的最终目标。水资源和谐调配在传统水资源调配的基础上,涉及水与社会、经济、生态、环境等诸多要素相互作用、协同耦合而成的复合巨系统,即人文系统和水系统交融而成的人水系统,问题较为复杂,特别是针对跨流域水资源和谐调配问题。为了统一和谐调水思路,简化水资源调配问题,需要构建一套系统的理论体系来指导水资源和谐调配的研究。

和谐调配水资源,保证水资源可持续利用,对于受水区的社会经济发展有着极其重要的支撑作用。在水资源和谐调配工作中,调水工程不但具有不确定性、非线性、多目标性等复杂性,同时还有很多更加复杂的特征,这些都对水资源调配对策的制定有着重要的影响。

水资源调配主要面向受水区,为其提供生活、工业、农业及生态用水。近年来,随着我国东部地区优先发展与促进中部地区崛起等相关战略的提出,中部地区的发展速度在不断加快,战略位置的不同、市场化的融资潜力的不同、居民消费水平的不同,以及水资源禀赋的不同,都使得水资源在市场配置与行政配置方面的依存度差异在不断扩大,从而使水资源调配的复杂程度加大。调水工程大多横跨我国不同的气候区、行政区,降水与径流出现了丰枯相交变化,并且其年际的变化很大,从而导致水库上游的来水有着较大的不确定性,进而就会使水源区与受水区其不同的来水丰枯组合对水资源调配产生很大的影响。在水资源调配过程中,受水区的年度需水量预测也有着一定的不确定性。首先是受水区的实际年度来水很难准确预测;其次是处于规划阶段的需水量在时间与条件上的局限性,以及各个受水区所采用的节水相关制度不同等因素，都会使受水区的年度需水量预测产生很大的不确定性。受水区与水源区的来水丰枯组合对于水资源调配有着直接的影响，需水的时间和来水的时间相互不匹配。调水工程通水以后，对于受水区的水资源的配置格局进行调整有可能会引发很大的利益冲突。而想要受水区水资源和谐调配的目标得以实现，也是一项十分艰巨的任务。此外，对于长期被挤占的生态与农业用水的退还，也需要建立全新的水量调配机制。

因此，从水资源的供应与需求角度出发，水资源和谐调配的内涵包括水资源与社会经济、生态系统以及人文系统的和谐，多水源调配的和谐，水质水量调配的和谐，水资源在不同利益团体调配的和谐等4个方面，主要内容如下。

（1）水资源与社会经济、生态系统以及人文系统的和谐。水资源是基础性的自然资源和战略性的经济资源，水资源系统与社会经济系统、生态系统以及人文系统有着非常复杂的相互依存和相互制约的关系。早期的水资源调配往往过分强调水的社会经济价值而忽略其生态环境以及人文系统的功能，现在人们逐渐认识到不仅生态系统依赖于水流、季节、水位和水质的变化，水是所有生态系统（陆生和水生）的特性及健康的关键决定因素，而且生态系统对降雨的渗透、地下水的回灌以及河流流态都非常重要，可以产生大量的经济效益（如树木、药材等），还能提供野生生物栖息地及产卵地。人类对人水关系的认识也在不断提升和不断系统化，形成了人水关系观测、实验、模拟、管理、调控以及人水和谐理论方法及应用、自然科学与社会科学相融合的人水关系一体化研究体系。全球水伙伴（GWP）组织也将水资源综合管理定义为"以公平的、不损害重要生态系统的可持续性的方式促进水、土及相关资源的协调开发和管理，从而使经济和社会财富最大化的过程"。因此，水资源和谐调配研究不能单纯地"就水论水"，只考虑水量收支平衡，而应该综合考虑经济社会供需水平衡、经济与生态用水平衡、人水关系和谐平衡等区域水平衡思想，深入揭示各子系统之间的耦合机理，既要促进水资源的高效利用，又要维持和保护水资源的可再生能力，保障流域和区域的人水和谐关系。

（2）多种可利用水资源调配的和谐。水资源包括大气水、地表水、土壤水、地下水、再生水等多种形式，它们都是水循环的重要组成部分，有着复杂的相互转化关系，共同维系着人文系统和水系统的发展与延续。以往，大多数水资源管理都趋向于将重点集中在"蓝色水"上而忽略了降雨和土壤水管理，重视地表水管理而忽视地下水管理。目前，多种可利用水源调配之间的关系研究逐步发展，如经济生态系统的广义水资源合理配置、基于蒸腾蒸发量指标的水资源合理配置等。从水资源调配对象的实际需求来看，已经从单独考虑某一种水源发展到几类水源组合甚至是所有水源的联合调配。例如，南水北调受水区的水资源调度就需要统筹考虑中线水、引黄水、当地地表水、地下水、再生水、雨洪利用、海水利用等多种水源。多水源的和谐调配对于节水、提高用水效率和保护生态系统具有十分重大的意义。

（3）水质与水量调配的和谐。一方面，污染导致水质恶化将使可用水量减少且导致对达到一定水质的水的竞争增加，威胁人类健康及水系统的功能。另一方面，水是可再生、可重复利用的资源。当水被用于非消耗性用途并有回水时，有计划地重复利用能增加有效的资源流量和供水总量。以往的研究成果主要针对水量进行调配，现在水资源调配研究越来越注重水量与水质的和谐关系，注重传统水源与再生水利用的和谐调配，注重基于分质供水的水量水质合理调配模型和方法、水量水质联合配置方案合理性评价技术、水量水质联合实时调度方法等问题的研究。

（4）水资源在不同利益团体之间调配的和谐。水资源调配涉及的地区多、范围广、距离长，上下游、左右岸、不同流域和行政区、不同行业、城市和农村等各类不同利益团体之间存在复杂的水关系，用水竞争性强。例如，水源地用水户过度消耗性地用水或污染水可能剥夺受水区用水户合法利用共享水资源的权利，上游土地利用的变化也会改变地下水的回灌和河流流量的季节性变化，上游的防洪措施会威胁下游以洪水为依托的生活。在水资源调配中，必须全面认识它们在复杂系统中的自然和社会联系，综合考虑这些利益冲突，充分协调不同团体之间的和谐关系。

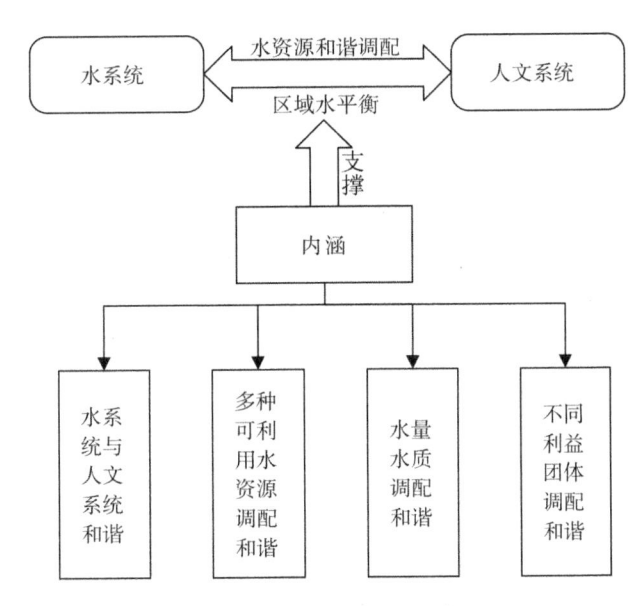

图 2.1　水资源和谐调配内涵

2.1.1.3　优化调配与和谐调配的关系

水资源和谐调配是在传统的水资源优化调配基础上，以实现人与水和谐相处为目标，利用水资源优化调配理论及技术，解决人与水之间的矛盾。其中，厘清人水和谐与水资源优化调配理论的相互关系，明确人水和谐理论对水资源优化调配的指导作用，对基于人水和谐理念研究水资源优化调配理论具有重要意义。因此，有必要在总结人水和谐理论和传统水资源优化调配的基础上，探析人水和谐与水资源优化调配理论的相互关系，深刻阐述人水和谐方法论在落实水资源调配准则、调配目标、调配方案、调配模式中的具体应用。

水资源和谐调配在水资源优化调配基础上，进一步考虑了人与水（供需）之间的和谐。其在理论技术方面已经将优化调配理论技术部分包含进去了。本书后续理论体系和技术方法以"和谐调配"为名着重介绍。

2.1.2 水资源和谐调配的理论体系

2.1.2.1 理论体系框架

针对水资源和谐调配理论的主体内容，描述如图 2.2 所示。图 2.2 按照构建理论体系的基本结构，仅对水资源和谐调配的主要内容进行罗列，其还包含更为详细的具体内容，且各组成部分间并不是严格的并列关系，由于分析角度不同，可能存在一定的交叉与因果关系。

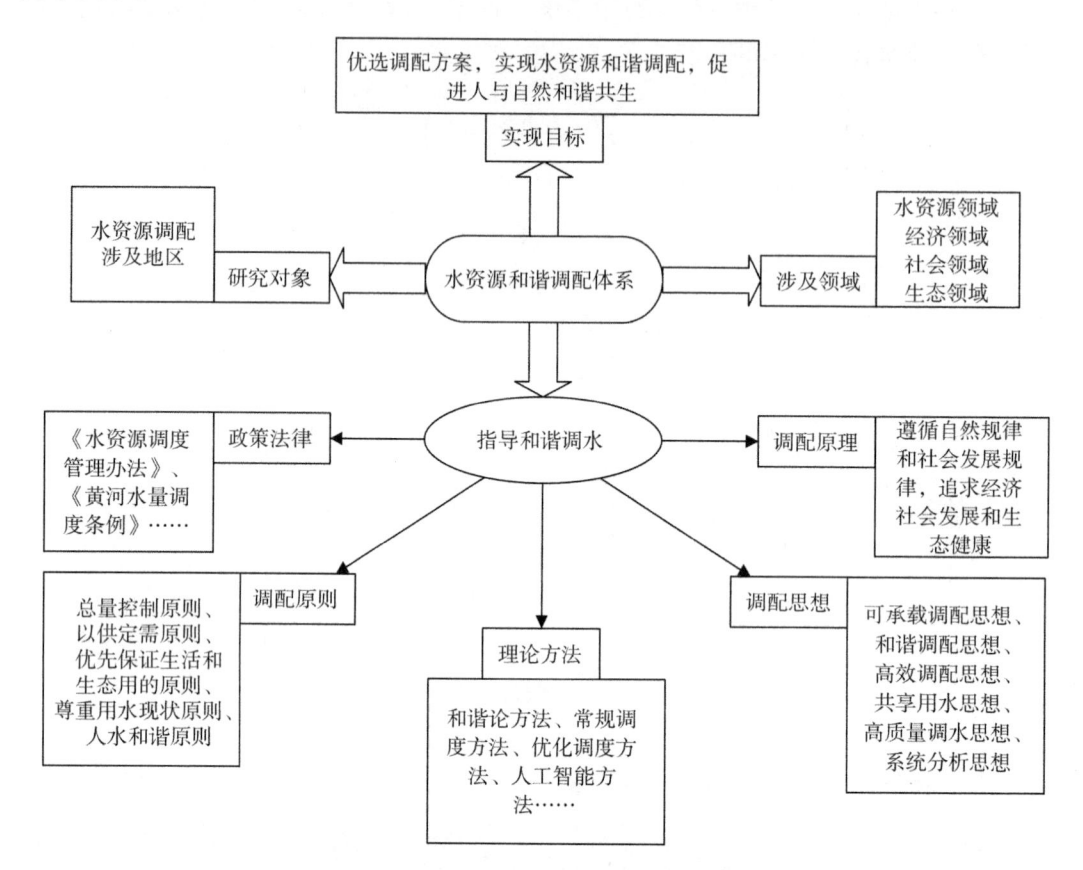

图 2.2 水资源和谐调配理论体系框架

2.1.2.2 和谐调配思想

(1) 可承载调配思想

水资源和谐调配首先要保证水资源系统的可承载，因此"可承载"是水资源调配工作的主要指导思想。水资源调配对生态环境的良性发展来说，既可能是助推剂，也可能是绊脚石，其主动权在于人，在可承载范围内开发利用水资源是水资源和谐调配最基本的要求。而对有限的水资源调配是人文系统与水系统相互联系的关键一步，需协调用水与生态系统良性循环之间的平衡以及水收支平衡，不能无限制开采水资源，以达到合理用水、人水关系和谐平衡。

(2) 和谐调配思想

针对人水关系错综复杂、矛盾突出的难题，运用新时代下和谐治水思想是关键，也是解决问题的根本，水资源调配也要贯彻和谐思想，走和谐发展之路。调水要合理、有度，区域经济社会发展不能以牺牲周边生态环境为代价，以水定产、适水发展是核心。另外，水资源调配既不是依据某一要素进行调配，更不是随意调配，而是以实际发展规模、用水需求为基础，综合考虑各种影响因素，平衡各方利益，达到发展与需求相匹配，实现经济社会与生态环境的共同促进与协调发展以及人水关系和谐平衡。

(3) 高效调配思想

高效调配不仅要实现水资源调配实际工作中的高效率、可操作，也要促进水资源的高效利用。首先，方法上以科学、合理为主，尽量简单，具有普适性；另外，还需配置相应的水资源调配系统软件，以辅助调配工作的实施与广泛推广。其次，在以水资源作为刚性约束的基础上，充分强化节水，分析各地区用水需求，进而参与到调配过程中。最后，要提高水资源调配与用水的匹配程度，水量调配指标与实际需水不能有较大偏差，这样才能保持一种持续、稳定、和谐的调配状态。

(4) 共享用水思想

"公共性"是水资源的基本特性之一，我国水资源分布不均，局部地区水资源供需矛盾较为突出，而"国家水网"的建设通过河湖水系连通让水在"网"上流动起来，根据多水源、多用户、多目标的用水特征，有效保障水资源在时间上的调度、空间上的调配、用户间的调节，以提高供水保证率和用水效率。在"国家水网"建设背景之下，各地区都享有对水资源开发利用的权利，各用户都有共享水资源的基本需求。我国流域水资源并不属于某一地区所有，是所有公民共有资源，因此要坚持共享用水思想。对于流域河流水量调配，要综合考虑参与调配的各个地区，全面调查、深入研究、科学预测，最终制定出一套合理的水资源调配方案，形成互惠互利、共同发展的良好关系，以实现有限水资源下各方利益的最大化。

(5) 系统分析思想

水资源调配是水资源管理工作中的一部分，是一个复杂的系统工程。因此，水资源调配工作要坚持系统分析思想，统筹考虑上下游、左右岸、干支流以及水源地与受水区发展，从经济、实用等角度系统考虑全流域可供水量和干支流径流量、取水工程和取水用途、发展规模和长期规划，做到合理取水和用水，既要开发又要保护，在保护中谋发展，在发展中求保护。

(6) 高质量调水思想

"高质量"调水思想就是在全面加强节水、强化水资源刚性约束的前提下，以有效保障供水安全为目标，以水资源调配方案为依据，以年度水量调度计划为抓手，以监督检查和协调机制为手段，依托智慧的水资源调配系统平台，逐步形成目标科学、分配合理、调度优化、监管有力的流域水资源和谐调配体系，提高水资源集约安全利用水平，提升水资源水生态水环境质量，服务国家大局，助力新阶段水利高质量发展。

2.1.2.3 和谐调配原则

按照实行最严格水资源管理制度精神和有关法律法规规定,结合流域实际情况,确定水资源和谐调配的基本原则。

(1) 总量控制原则

水量分配是将水资源可利用量或可调度水量向受水区进行逐级分配的过程。针对水资源开发利用控制、用水效率控制和水功能区限制纳污的"三条红线",水量分配是实现用水总量控制的重要调度措施。用水总量控制方案制定为水量分配与调度方案确定总体控制框架,从提高水资源利用效率、控制用水过度增长的角度提出对用水量的控制目标。用水总量控制是以全口径的用水总量控制为对象,包括对地表水、地下水和外调水源等的控制指标以及对农业、工业、生活、生态环境等方面用水量的控制指标;用水总量控制指标中包括了从外流域调入本区用于河道外利用的水量,一般情况下,用水总量控制指标以用水量为主,必要时辅以用水消耗量指标。

(2) 以供定需原则

以水量分配方案为基础,根据预报来水情况,按照以供定需原则,制定水资源和谐调配方案。比较可供水量与需水预测的水资源量,如果可供水量大,以需水预测的水资源量作为水量分配的水资源量,否则,以可供水量作为水量分配的水资源量。

(3) 优先保证生活和生态用水原则

水资源和生态环境分别是人类生存必需的物质和基础条件,所以要优先保证生活和生态用水。水资源调配时,在确保不断流的前提下,优先安排城乡居民生活用水,其他用水则根据流域实际来水情况,按同比例丰增枯减进行调配。为了不影响下游用水需要,主要控制断面下泄流量要满足最小生态基流量。

(4) 尊重用水现状原则

用水现状是一个地区当前的用水规模和经济发展状况的直观体现,用水现状是在各方面综合影响的基础上存在的必然结果,以用水现状为基础保证水量分配的合理性。

(5) 人水和谐原则

充分考虑各行政区域经济社会和生态环境状况、水资源条件和供用水现状、发展水平等,统筹上下游、左右岸的用水关系,遵循"统筹发展""人水和谐"的原则,对各种水利工程的操作运用、流域水生态状况以及人水关系都必须控制在设计或规定的和谐范围之内。

2.1.2.4 和谐调配原理

水资源和谐调配原理为:①在调水工程中,水源地河流是水资源系统中的重要水源,其水资源量是有限的,又要支撑不同区域、不同行业或部门用水,必然涉及配置和调度问题;②水资源系统受自然条件和人类活动的影响较大,需要考虑这些环境的变化,进行适应性变化调水;③水资源调配问题复杂,需要坚持科学的调水思想,并按照一定的水资源调配原则,特别是要借鉴国内外成功的水资源调配经验,考虑具体情况进行综合调配;④通过水资源调配方案的实施,合理支撑生活、生产及生态用水,实现经济社会的稳定发展、生态系统健康循环,最终实现人水关系和谐平衡。

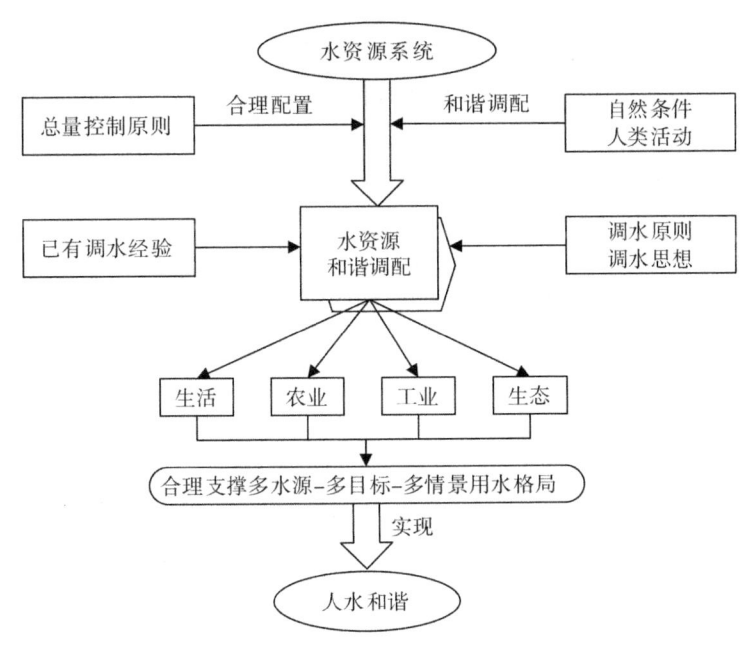

图 2.3 水资源和谐调配原理

2.1.3 水资源和谐调配的技术方法

2.1.3.1 水资源和谐调配方法体系

1) 常规调配方法

在水资源调配发展的起始阶段,常规方法是使用较广泛的一种方法。常规方法利用径流调节理论和水量计算方法,以普通调配准则为依据,在实施过程中总需要借助水库的抗洪能力图、防洪调度图等经验性图表来进行调度操作,是一种半经验、半理论的方法。1926 年莫洛佐夫提出水电站水库调节的概念,其后逐步发展形成以水库调度图为指南的水库调度方法,这种方法一直沿用至今。但常规方法存在着经验性,且不能考虑未来预报的情况,调配结果不能保证最优,只适合中小型水库群调度,不能满足目前的生产生活需求。

2) 系统分析方法

(1) 线性规划方法

线性规划是将非线性关系进行线性化处理,然后再应用到函数之间,但在应用过程中必须将复杂的目标函数和与它相关的约束函数转化成简单的可以用线性关系表示的线性函数,或者是在一定程度上接近我们常用的线性函数关系式。通过这样的转化,可以较轻松地求取优化问题的解,但是由于破坏了变量之间原有的约束关系,使得求解精度也大大降低了,而且也不能客观地反映原函数之间的非线性关系,所以线性规划方法的应用范围受到了很大的限制,但对于那些复杂的、对求解精度要求不高的大规模问题,这种简化求解方法还是有一定适用性的。

（2）非线性规划方法

非线性规划方法在实际的工程领域中是应用最广、最普遍的一种优化技术,但是该方法在实际水资源调度过程中没办法避免自身的缺点。由于非线性规划模型中的目标函数或约束条件是非线性的,其计算过程比较复杂,目前没有可行的解法和程序,通常将非线性问题转化为线性问题求解,或与其他方法结合。因此在计算时间方面劣势比较明显,这一缺点在很大程度上限制了该方法在水库调度中的实际应用。

（3）动态规划方法

与前面提到的线性规划方法和非线性规划方法相比,动态规划的应用更为广泛,在解决水资源调度问题时,动态规划方法发挥了很大的作用,这也是由它独特的一面决定的,它不要求待解决问题具有什么样的结构。但我们现在的水资源调度系统都是多水源的系统,当水库群数量较大时,动态规划不再实用,必须针对高维问题先进行降维处理,然后才可以解决问题。动态规划法是处理多阶段决策问题的有效方法,是水库群优化调度中应用最广泛的数学规划法。

（4）多目标优化方法

水资源调度兼顾防洪、灌溉、发电等多方面效益,决定了水资源调度的多目标特点,是一个多个目标叠加的系统,但这种叠加不是简单的数学运算,是需要根据生产、生活、环境等多方面的效益来取个平衡值,所以引入多目标优化方法是有积极意义的。多目标分析方法可考虑不同等级用户的相互组合以及实际地区受到气流等因素的影响,因而它的调度结果具有更好的实用价值。

（5）大系统分解-协调法

水资源系统所具有的特点和大系统具有的特征相似,比如说高维性、不确定性、规模庞大、结构复杂、功能综合因素众多等,需要一种逆向的解决思维。而大系统分解-协调法正好具有简化复杂性的优点,即可以将复杂的大系统协调分解成为不同的小系统,它可直接利用现有不同模型以求解子系统,并可用于静态及动态系统。该方法几乎贯穿于大系统理论的所有方面,能合理地解决多水源、多用户、多保证率的问题,但其收敛性差,计算收敛时间长,对随机入流因素的考虑存在困难,所以应用也受到一定的限制。

（6）模拟模型法

模拟模型是通过数学关系建立系统参数和变量之间的数学模型,详细地描述系统的物理特征和经济特征,并在模型中融入决策者的经验和判断,它的概念易于理解且便于使用,还可利用计算机仿真系统比较真实地再现系统的情况。最早的水资源系统模拟始于20世纪50年代,美国陆军工程师兵团以整个系统的发电量最大为目标,模拟了密西西比河支流上6座水库的联合调度。

（7）智能优化算法

随着系统工程理论和现代计算机技术的发展,特别是现代智能启发算法的兴起,在常规优化算法求解困难时,现代智能优化算法便开始体现优势。

①遗传算法。遗传算法是模仿自然界生物进化过程中自然选择机制而发展起来的一

种全局优化方法,由霍兰德在20世纪70年代初期提出,是演算算法的重要分支。

②人工神经网络。人工神经网络以生物神经网络为模拟模型,具有自学习、自适应、自组织、高度非线性和并行处理等优点,是目前国内外比较流行和具有发展前途的系统之一。

此外,蚁群算法、退火算法、粒子群算法等新型智能算法在水资源调度领域也得到广泛的应用。近年来,系统科学中的对策论、存贮论、模糊数学和灰色理论等多种理论和方法被引入,极大地丰富了水资源系统联合调度问题的研究手段和途径。

3) 和谐调度方法

和谐论是探讨和谐问题的理论和方法,随着人类社会的进步,和谐逐步被应用到各个领域,包括水资源调配中。在传统水资源常规调配及优化调配方法的基础上,参考和谐论方法的论述,运用人水和谐论相关知识系统分析水资源调配问题,其中包括和谐辨识、和谐行为集优选以及和谐调度等方法。

(1) 和谐论解读水资源调配问题

具体来讲,和谐论是研究多方参与者共同实现和谐行为的理论和方法,并提出了和谐论五要素的概念,即和谐参与者、和谐目标、和谐规则、和谐因素、和谐行为。只要把和谐论五要素描述清楚,就能够科学合理表达和谐问题及其解决途径;参考和谐五要素的阐述,本节采用和谐论五要素解读水资源调配问题。

①和谐参与者:这里指调水工程多种水资源调配受水区。

②和谐目标:为了实现最终的和谐平衡而要达到的目标。可以是调水工程的总调配水量不能超过河流的可调配水量,也可以是受水区的总体和谐度不低于某一阈值。

③和谐规则:针对跨流域水资源调配,其和谐规则就是如何配置和调度水资源,即水资源调配的具体要求。可以是按照受水区平均分配,也可以是按照流域面积或者人口比调水,或者按照特定的需水要求进行调水。总之,和谐规则就是水资源调配的具体思路与途径,与水资源调配方法密切相关。

④和谐因素:影响调配最终结果的变量。主要有各受水区的人口数量、水资源量、经济发展程度、用水需求等内部因素,也包括各受水区的社会地位、综合实力、地理位置等外部因素。水资源和谐调配问题为多因素和谐问题。

⑤和谐行为:为促进最终和谐而要付诸行动的具体做法。就是指各受水区最终具体的调水量,即针对某一调水工程的水资源调配方案。

(2) 水资源调配中影响因素的和谐辨识

水资源调配是一个水资源学、社会学、经济学等多学科交叉的重大水管理问题。由于涉及的学科多、内容多,其研究起来较为困难,这就需要从基本的影响因素入手,虽然影响水资源调配的因素众多,但也是有主要因素和次要因素之分。比如,人口数量、水资源量、城镇化率、社会地位、科技水平等影响因素中,哪些是主要因素、哪些是次要因素,对水资源调配结果的影响程度如何,都可以采用和谐辨识进行深入分析,有助于剖开问题表面看本质,将复杂问题简单化。

通俗地讲,水资源调配影响因素的和谐辨识就是通过和谐度计算方法建立各影响因素与总体和谐程度的函数关系,从而量化影响因素与和谐目标的关联程度,由此进行主次影响因素以及影响程度的分析。这样便于深入了解调水工程所涉及的问题,从而有针对性地进行水资源调配。

(3) 水资源调配中的和谐行为集优选

从根本上来说,水资源调配是在满足人类生活基本需求的基础上,促进社会的发展。因此,针对水资源调配不仅要得出调配方案,还要从经济效益和生态效益等方面确保调配方案最优,以使水资源调配的总体效益最大。

约束条件不够完善等原因,会导致按照目标函数及各种约束得到的一系列调配结果不都是最优的,因此需要进行优选。此外,针对任意调水工程,在满足目标的情况下一般都可以制定出多种情景的水资源调配方案,以构成和谐行为集,而从这些调配方案中找出最优的调配方案,便是水资源调配中的和谐行为集优选。可以使用和谐度的计算方法,通过计算整体和谐程度,使其保持最大或接近最大,来优选最终的水资源调配方案。

2.1.3.2 水资源和谐调配模型构建

水资源和谐调配建模思想是以维护生态平衡和环境质量、维持流域健康及区域高质量发展以及促进人水关系和谐平衡为目标的。本节利用分层序列法对水资源和谐调配模型的构建进行阐述。

(1) 建模方法思想

考虑到调水工程的受水区用水户的需水环境、社会和经济效益等,水资源和谐调配成为"多水源-多用户-多目标"的调水模式。因此,假设调水目标有 m 个,将不同目标按照其重要性排成一个序列,分为最重要目标、次重要目标等。设给出的重要性序列为 $(p_1,\cdots,p_n)$(优先因子),其对应目标序列为 $f_1(x),f_2(x),\cdots,f_m(x)$。

先对第 1 个目标求最优,并找出所有最优解的集合,记为 R_0;然后,在 R_0 内求第 2 个目标的最优解,记这时的最优解集合为 R_1;一直到求出第 m 个目标最优解 x_0,其模型为:

$$\begin{aligned}
f_1(x^0) &= \max f_1(x)(x \in R_0 \subset R) \\
f_2(x^0) &= \max f_2(x)(x \in R_1 \subset R_0) \\
&\vdots \\
f_m(x^0) &= \max f_m(x)(x \in R_{m-1} \subset R_{m-2})
\end{aligned} \quad (2.1)$$

此方法的前提是 R_0、R_1、$\cdots$、R_{m-1} 非空,且都不能只有一个元素。工程应用中,为使后一目标最优,允许已优化的前一目标有一定变化范围作为约束条件,而不必达到严格最优,$R_i = \{x \mid f_i(x) > f_i(x^i) - a_i, x \in R\}$,其中 a_i 为预先给定的变化范围值,这就成为求一系列有变化范围的极值问题。

(2) 和谐调配模型建立

传统的水资源优化调配系统过程主要包括水资源调度目的的分析、调度模型的建立、方案优选以及综合方案确定等几部分,因此,在传统的水资源调度模型的目标函数构建基础上,结合和谐论方程,建立水资源和谐调配模型,寻找和谐度最大时的最优和谐行为,以达到和谐调配的目的。

水资源和谐调配的目的是在保障人类生活需求的基础上,促进社会经济的快速发展,保护生态环境的平衡发展,因此目标函数需涵盖社会、经济和环境等方面的效益。本研究在此基础上,考虑水资源调配的整体和谐度,拟选取受水区相关指标来表征水资源调配的和谐度。

模型中以和谐度最大为目标的函数为:

$$\begin{cases} Z = \max[HD(X)] \\ G(X) \leqslant 0 \\ X > 0 \end{cases} \quad (2.2)$$

式中,X 为决策变量;Z 为目标函数,即和谐度最大值;$G(X)$ 为约束条件。

2.1.3.3 水资源和谐调配方案制定

为了实现调水工程的正常运行,水资源调配必须按照国家水法及有关法规,根据调配运行的需要和实际情况及有关依据,编制调水工程系统及其中各项水利工程设施(水库、堤防、水电站、水泵、水闸等)相应的运行调度方案和年度计划。水资源和谐调配方案是在近期若干年内对水资源系统及其中各项工程设施调度运用起指导作用的总设想、总部署和总计划,而年度计划则是运行调配方案在规划年份的具体实施安排。

(1) 调配方案编制的基本依据

在编制水资源和谐调配方案和运行调度计划时,应先收集和掌握有关资料,作为编制的基本依据。要收集和掌握的主要资料有以下几个部分。

① 党和国家的有关方针、政策,国家和上级主管部门颁布、颁发的有关法律法规,以及临时下达的有关指示等文件。这些文件都是指导水资源调配的基本依据,它们对加强水资源科学管理,提高水量调度运行水平有直接的指导意义,需要认真贯彻执行。

② 调水工程中,水源地与受水区各种水利枢纽、水电站、水泵站、水闸、出水池以及水库等的原规划和设计资料,如规划报告、设计书、计算书及设计图表等,以及工程现状情况资料。

③ 调水工程中,水源地与受水区各种水利枢纽、水电站、水库等建筑物及其机电设备的历年调度运行情况,如过去编制的调配方案和历年的计划、历年运行调度总结、历年事迹记录、统计资料(上、下游水位,水库来水、泄放水过程及各时段和全年的水量平衡计算,洪水过程及度汛情况,水电站水头、引用流量及出力过程和发电量、耗水率等),有关水电站及水库运行调度的科研成果和试验资料等。

④ 各有关部门的用水方面与国民经济方面的资料,与设计时相比可能发生变化,应从多方面通过多途径调查研究获取。

⑤ 流域及水库的自然地理、地形及水文气象方面的资料,如流域水系,地形图,主河道纵剖面图,水库特性,库区蒸发、渗漏、淹没、坍塌、回水影响的范围,土地利用情况等资料,历年已整编刊印的水文、气象观测统计资料,河道水位-流量关系曲线,现有水文站、气象站网的分布及水文、气象预报的有关资料,陆生和水生生物种类的分布,社会经济发展状况,水质情况、污染源等资料。

(2) 调配方案的制定

为了选定合理的水资源调配方案,必须同时对所依据的基本资料及水电站水库的防洪与兴利特征值(参数)和主要指标进行复核计算。复核的内容如下。

①在基本资料方面,重点要求进行径流(包括洪水、年径流及其年内分配)资料的复核分析计算。

②在防洪方面,要求选定不同时期的防洪限制水位、调洪方式、各种频率洪水所需的调洪库容及相应的最高调洪水位、最大泄洪流量等防洪特征值和指标。

③在发电兴利方面,要求核定合理的水库正常蓄水位、死水位、多年调节水库的年正常消落水位及相应的兴利库容与年库容,绘制水库调度图并拟定相应的调度规则,复核计算有关的水利动能指标,阐明它们与主要特征值的关系等。

(3) 编制步骤

①拟定比较方案。按照调水工程再生水利枢纽所要满足的防洪、发电及其他综合利用要求的水平及保证程度,一定坝高下的调洪库容、兴利库容的大小及二者的结合程度,水泵站以及水库工作方式等因素的不同组合,水资源调配方案可能有多种(严格来说,可有无穷多不同因素的组合方案),拟定若干可行方案作为比较方案。

②计算并绘制各比选方案的水资源调配图表,拟定相应的调配规则。

③按各个比较方案的调度图表和调度规则,根据长系列径流资料,复核计算水利枢纽及水库的有关水利动能指标、正常工作保证率、多年平均供排水量,以及灌溉、航运等部门用水的有关指标、水库蓄水保证率等。

④按照水资源和谐调配的基本原则,对各调配方案的相关水资源指标及其他有关因素和条件,进行比较和综合分析,选定合理的水资源调配方案。

2.2 水资源动态优化调配方案

2.2.1 水资源调配原则

引江济淮工程(河南段)主要任务以城乡供水为主,兼顾改善水生态环境。水资源调配要以维持河南省淮河流域水资源配置格局为原则,根据引江济淮工程分配给河南省的水量、供水需求及供水计划实行统一调度,科学管理,合理利用引江水和当地水资源,实现水资源的优化调配,保证工程安全运行,充分发挥工程的社会效益和经济效益。

2.2.1.1 水量调配原则

(1) 强化节水、总量控制。在强化受水区节约用水措施,抑制不合理的用水需求的基础上,统筹协调省界供水及受水区用水,以批准的河南省引江水量分配指标为水量调配基本依据,服从水资源统一调度,严格按分配的水量和流量进行调度。

(2) 联合运用、综合调度。引江济淮工程是河南省受水区的补充水源,引江济淮水应与当地地表水、地下水、引黄水等联合运用,实现水资源优化调配和合理利用。

正常调水期下,受水区供水水源配置次序为引江济淮水、当地地表水、浅层地下水、再生水。且根据河南省及流域的有关规划,考虑到现状实际情况,规划水平年浅层地下水将主要用于农业灌溉。

(3) 生活保证、合理利用。配水过程中优先保证各受水区域城乡基本生活用水,统筹考虑生产和生态用水。河南受水区城镇生活、工业供水保证率为95%;农业灌溉用水为当地水,农业灌溉设计保证率为50%~75%。

2.2.1.2 工程调度原则

供水调度实行引江济淮工程与原有工程整体运用,工程调度服从河道防洪除涝任务,接受防汛指挥部门调度,发挥防洪、供水、生态等综合效益。

(1) 供水工程总体调度

正常引水位应满足河道现有引水灌溉需求,同时应严格按照除涝水位控制,接受防汛指挥部门调度。为防控洪水风险,当汛期河道水位(上游来水与引水位叠加后)达到除涝水位时停止引水。

(2) 重要控制断面调度水量

按照规划水平年供水过程控制省界断面(即西淝河穿练沟河倒虹吸出口断面,其流量和水量等同于袁桥泵站水量和流量)、赵楼泵站、试量泵站和各市县分水口引水量(流量和水量)。当省界断面停止供水时,为确保河道控制断面生态问题,河南段引江水停止供水。

(3) 主要工程调度原则

①泵站工程

清水河袁桥站、赵楼站和试量站3级提水泵站进行逐级提水,各泵站设计输水流量为 43 m^3/s、42 m^3/s、40 m^3/s。9处分水口门后接加压泵站按照输水量要求正常运行,协调上、下游泵站机组开停机,临近各站运行应相互匹配,保证正常输水。

②节制闸

为保证日常输水和清水河行洪排涝,节制闸控制输水流向及输水水位,根据工程总体布局,保留试量节制闸,重建清水河、赵楼、任庄、白沟河节制闸,新建后陈楼节制闸,清水河、赵楼、试量节制闸布置于清水河主河槽内,任庄、白沟河、后陈楼节制闸布置于鹿辛运河主河槽内。

输水期间(调水期),清水河、赵楼、试量、后陈楼4处节制闸关挡蓄水保持输水水位,任庄、白沟河2处节制闸打开控制输水流量。

③调蓄水库

在满足防洪排涝要求的基础上,在引江济淮具备引水条件时,无论受水区是否缺水,均应引(提)水充蓄调蓄水库和拦河闸调蓄,使调蓄水库达到设计水位,充分发挥输水干线在线调蓄水库的调蓄能力。

2.2.2 水资源调配节点图

根据引江济淮工程河南段地形、地貌、土壤、气象水文条件、工程建设和布局,以及行政区划情况,以输水河道和压力管道为主线,以水库、泵站、节制闸为控制节点,以受水县

(区)为计算单元,结合河流渠系分布状况,确定各节点间水力联系,如图 2.4 所示。

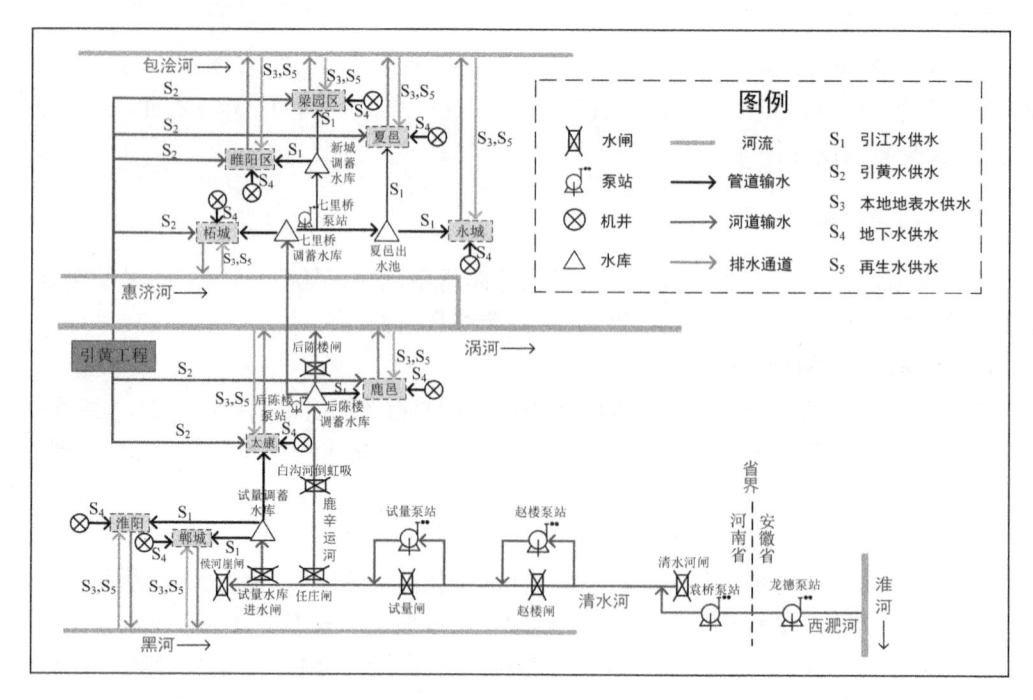

图 2.4　引江济淮工程河南受水区水资源调配节点图

2.2.3　基于多目标规划的水资源优化调配模型

2.2.3.1　目标函数

(1) 受水区缺水率平方和最小

$$\min F_1(x) = \sum_{j=1}^{J} \left(\frac{L_{j,t} - \mu_j \cdot X_{j,t}^{江}}{D_{j,t}} \right)^2 \tag{2.3}$$

式中,$L_{j,t}$ 为在 t 时段内 j 受水区不考虑引江济淮工程供水情况下的时段总缺水量;$X_{j,t}^{江}$ 为在 t 时段内引江济淮工程向 j 受水区供给的水量;μ_j 为水量损失系数。

(2) 各用水户产生的总经济效益最大

$$\max F_2(x) = \sum_{j=1}^{J} \sum_{k=1}^{K} \sum_{i=1}^{I} (b_{ijk} - c_{ijk}) \cdot X_{ijk,t} R_{ijk} \cdot \sigma_i \cdot \varphi_k \tag{2.4}$$

式中,b_{ijk} 为 i 水源向 j 受水区 k 用水户的单位供水量效益系数;c_{ijk} 为 i 水源向 j 受水区 k 用水户的单位供水量费用系数;$X_{ijk,t}$ 为在 t 时段内 i 水源向 j 受水区的 k 用水户供给的水量;R_{ijk} 为 i 水源向 j 受水区 k 用水户的配水关系;σ_i 为 i 水源的供水次序系数;φ_k 为 k 用水户的用水公平系数。

2.2.3.2 约束条件

1) 受水区约束

(1) 水源可供水量约束

$$\sum_{t=1}^{T}\sum_{k=1}^{K}X_{ijk,t} \leqslant W_{ij}^{\max} \tag{2.5}$$

式中，$W_{ij}^{\max}$ 为 j 受水区不同水源的最大供水能力。

(2) 不同用户需水量约束

$$D_{jk,t}^{\min} \leqslant \sum_{k=1}^{K}D_{jk,t} \leqslant D_{jk,t}^{\max} \tag{2.6}$$

式中，$D_{jk,t}^{\min}$ 为 j 受水区的最小需水量，一般指最小生态需水量；$D_{jk,t}^{\max}$ 为 j 受水区的最大需水量。

(3) 受水区接入点流量约束

$$0 \leqslant Q_{j,t} \leqslant Q_{j,t}^{\max} \tag{2.7}$$

式中，$Q_{j,t}^{\max}$ 为 j 受水区接入点的最大流量。

2) 水库特性约束

(1) 水量平衡约束

$$V_{m,t} = V_{m,t-1} + (QR_{m,t} - QC_{m,t})\Delta t - E_{m,t} \tag{2.8}$$

式中，$V_{m,t-1}$、$V_{m,t}$ 分别为在 t 时段初、时段末 m 水库的库容；$QR_{m,t}$、$QC_{m,t}$ 分别为在 t 时段内 m 水库的入库与出库流量；$E_{m,t}$ 为在 t 时段内 m 水库的水量损失。

(2) 水位约束

$$Z_{m,t}^{\min} \leqslant Z_{m,t} \leqslant Z_{m,t}^{\max} \tag{2.9}$$

式中，$Z_{m,t}^{\min}$ 为在 t 时段内 m 水库的水位极小值，这里指死水位；$Z_{m,t}^{\max}$ 为在 t 时段内 m 水库水位极大值，通常情况下，非汛期内该值为正常蓄水位，汛期内该值为防洪限制水位。

(3) 下泄流量约束

$$0 \leqslant QC_{m,t} \leqslant QC_{m,t}^{\max} \tag{2.10}$$

式中，$QC_{i,m}^{\max}$ 为水库最大出库流量。

3) 泵站提水流量约束

$$0 \leqslant QS_{p,t} \leqslant QS_{p,t}^{\max} \tag{2.11}$$

式中，$QS_{p,t}^{\max}$ 为在 t 时段内泵站 p 的最大提水流量。

4) 闸坝约束

(1) 过水流量约束

$$0 \leqslant QG_{q,t} \leqslant QG_{q,t}^{\max} \tag{2.12}$$

式中，$QG_{q,t}^{\max}$ 为在 t 时段内闸坝 q 的最大过水流量。

(2) 水位约束

$$0 \leqslant Z_{q,t}^{\text{up}} \leqslant Z_{q,t}^{\text{up-max}} \tag{2.13}$$

$$0 \leqslant Z_{q,t}^{\text{down}} \leqslant Z_{q,t}^{\text{down-max}} \tag{2.14}$$

式中，$Z_{q,t}^{\text{up-max}}$、$Z_{q,t}^{\text{down-max}}$ 分别为在 t 时段内闸坝 q 闸上、闸下设计水位。

5) 河道、管道约束

(1) 水量平衡约束

$$W_{n,t} = W_{n,t-1} + W_{n\text{-}in,t} - W_{n\text{-}out,t} - E_{n,t} \tag{2.15}$$

$$W_{u,t} = W_{u,t-1} + W_{u\text{-}in,t} - W_{u\text{-}out,t} - E_{u,t} \tag{2.16}$$

式中，$W_{u,t}$、$W_{u,t-1}$（$W_{n,t}$、$W_{n,t-1}$）为在 t 时段初、末河道 u（管道 n）的水量；$W_{u\text{-}in,t}$（$W_{n\text{-}in,t}$）为在 t 时段内上游下泄水量；$W_{u\text{-}out,t}$（$W_{n\text{-}out,t}$）为在 t 时段内河道 u（管道 n）的下泄水量；$E_{u,t}$（$E_{n,t}$）为在 t 时段内河道 u（管道 n）的水量损失。

(2) 输配水过流流量约束

$$0 \leqslant QP_{n,t} \leqslant QP_{n,t}^{\max} \tag{2.17}$$

$$0 \leqslant QP_{u,t} \leqslant QP_{u,t}^{\max} \tag{2.18}$$

式中，$QP_{u,t}^{\max}$（$QP_{n,t}^{\max}$）为在 t 时段内输配水河道 u（管道 n）的最大流量。

(3) 输配水水质约束

$$WQ_{n,t} \leqslant WQ_{n,t}^{\max} \tag{2.19}$$

式中，$WQ_{n,t}^{\max}$ 为在 t 时段内输配水河道 n 的纳污能力。

6) 非负约束

$$X_{ijk,t} \geqslant 0 \tag{2.20}$$

2.2.3.3 公式符号说明

表 2.1 引江济淮工程（河南段）水资源优化调度模型构建符号说明表

符号	含义	取值范围及解释说明	单位
i	水源	$i=1$（引江济淮水），2（地表水），3（地下水），4（再生水）	—
j	受水区（用水单元）	$j=1$（郸城县），2（淮阳区），3（太康县），4（鹿邑县），5（柘城县），6（梁园区），7（睢阳区），8（夏邑县），9（永城市）	—
k	用水户	$k=1$（生活用水），2（工业用水），3（农业用水），4（生态用水）	—
u_j	水量损失系数	工程输水至 j 受水区的水量损失系数，$u_j \in [0,1]$	—
b_{ijk}	效益系数	i 水源向 j 受水区 k 用水户的单位供水量效益系数	元/m³
c_{ijk}	费用系数	i 水源向 j 受水区 k 用水户的单位供水量费用系数	元/m³

续表

符号		含义	取值范围及解释说明	单位
R_{ijk}		配水关系	i 水源向 j 受水区 k 用水户的配水关系，1 表示配水，0 表示不配水	—
σ_i		供水次序系数	i 水源的供水次序系数，$\sigma_i \in [0,1]$	—
φ_k		用水公平系数	k 用水户的用水公平系数，$\varphi_k \in [0,1]$	—
X（供水量）	$X_{ijk,t}$		在 t 时段内 i 水源向 j 受水区的 k 用水户的供水量	m^3
	$X_{j,t}^{江}$		在 t 时段内引江济淮工程向 j 受水区的供水量	m^3
D（需水量）	$D_{jk,t}$		在 t 时段内 j 受水区 k 用水户的时段总需水量	m^3
	DH_{jk}		j 受水区 k 用水户需水量的上限	m^3
	DL_{jk}		j 受水区 k 用水户需水量的下限	m^3
L（缺水量）	$L_{j,t}$		在 t 时段内 j 受水区的时段总缺水量	m^3
W（水量）	$W_{u,t}$		在 t 时段末 u 河道的水量	m^3
	$W_{n,t}$		在 t 时段末 n 管道的水量	m^3
	$WQ_{n,t}$		在 t 时段内 n 河道污染物入河量	m^3
	$\Delta W_{j,t}$		在 t 时段末 j 受水区的供水满足需水后的多余水量，当缺水时值为负	m^3
E（损失水量）	$E_{m,t}$		在 t 时段内 m 水库的水量损失	m^3
	$E_{u,t}$		在 t 时段内 u 河道的水量损失	m^3
	$E_{n,t}$		在 t 时段内 n 管道的水量损失	m^3
Q（流量）	$Q_{j,t}$		在 t 时段内 j 地分水口—接入点的流量	m^3/s
	$QR_{m,t}$		在 t 时段内 m 水库的入库流量	m^3/s
	$QC_{m,t}$		在 t 时段内 m 水库的出库流量	m^3/s
	$QS_{p,t}$		在 t 时段内 p 泵站的提水流量	m^3/s
	$QG_{q,t}$		在 t 时段内 q 闸坝的过水流量	m^3/s
	$QP_{u,t}$		在 t 时段内 u 河道的输水流量	m^3/s
	$QP_{n,t}$		在 t 时段内 n 管道的输水流量	m^3/s
Z（水位）	$Z_{m,t}$		在 t 时段末 m 水库的水位	m
	$Z_{q,t}^{up}$		在 t 时段末 m 闸坝的闸上水位	m
	$Z_{q,t}^{down}$		在 t 时段末 m 闸坝的闸下水位	m
$V_{m,t}$			在 t 时段末 m 水库的库容	m^3
S（灌溉面积）	S_{yx}		有效灌溉面积	亩
	S_{bz}		保证灌溉面积	亩
G			综合灌溉定额	$m^3/$亩
HD			和谐度	—
SHD			系统和谐度	—
DHD			部门和谐度	—

续表

符号	含义	取值范围及解释说明	单位
β_1、β_2		系统和谐度、部门和谐度的指数权重	—
a、b		各层次计算和谐度考虑的因素个数	—
ω_a、ω_b		各层次考虑的因素 a 和 b 的权重	—

2.2.3.4 模型参数确定

(1) 效益系数

①生活用水效益无法用数值定量描述,根据工程的水资源配置原则,城乡居民生活用水应得到保证,根据受水区的实际,确定生活用水效益系数为 600 元/m³。

②工业用水的效益系数采用规划水平年工业万元增加值用水量的倒数,根据用水定额预测结果,确定工业用水效益系数为 550 元/m³。

③农业用水效益系数采用下式计算:

$$b_l = \frac{\Delta y_l \cdot p_l \cdot \varepsilon_l}{M_l} \tag{2.21}$$

式中,b_l 为作物 l 在某一水文年的灌溉增产效益系数,元/m³;Δy_l 为作物 l 灌溉单位面积增产量,kg/亩①;p_l 为作物 l 单价,元/kg;ε_l 为灌溉效益分摊系数,与降雨量密切相关,在河南省该值约为 0.4~0.6,由于受水区年降雨量与全省均值相当,因此取其均值 0.5;M_l 为作物 l 灌溉定额,m³/亩。

依据《河南省统计年鉴》、《周口市统计年鉴》与《商丘市统计年鉴》数据,最终求得农业用水效益系数为 3.3 元/m³。

④生态用水效益同生活用水效益,都属社会效益。生态用水是维持河流自然功能的诉求,生活用水取决于人类生产生活发展的需要。没有前者,人类未来的可持续发展将会受到限制;缺乏后者,维护生态健康也失去了实际意义。且河南受水区受自然条件和先天取水工程不足的影响,出现了地下水超采严重、水质恶化等一系列生态环境问题。因此同样取生态用水效益系数为 600 元/m³。

(2) 费用系数

费用系数是指供水工程在供水过程中产生的费用,可以参考当地水费征收标准来确定。因此,受水区生活、工业、农业、生态用水费用系数分别为 2.4、3.2、0.47、2.4 元/m³。

(3) 配水关系

鉴于浅层地下水出水不稳定且水质较差,难以满足生活饮用水供水保证率及水质标准,因此规划水平年浅层地下水将主要用于农业灌溉,少量用于乡镇工业用水;考虑到再生水的水质,规划水平年再生水一般用于高耗水行业;受水区引黄水仅用于农田灌溉,主要涉及赵口引黄灌区的太康、鹿邑和柘城 3 个县以及三义寨引黄灌区的梁园区和睢阳区 2 个区。

---

① 1 亩≈666.67 m²。

表 2.2 不同水源向各用水户配水关系

水源	用水户			
	生活	农业	工业	生态
引江济淮水	1	0	1	1
地表水	1	1	1	1
浅层地下水	0	1	1	0
中深层地下水(非常工况)	1	0	1	0
再生水	0	0	1	1
引黄水	0	1	0	0

注：1 表示配水，0 表示不配水。

(4) 供水次序系数

供水次序系数 σ_i 指受水区内水源之间供水的优先程度，为方便体现，一般采用式(2.22)计算，将各水源的优先程度转换成[0,1]区间的系数。

$$\sigma_i = \frac{1+n_{\max}-n_i}{\sum_{i=1}^{I}(1+n_{\max}-n_i)} \tag{2.22}$$

式中，$n_{\max}$ 为水源最大供水序号；n_i 为水源 i 的供水序号。

根据河南省及工程的相关规划，确定供水水源配置次序为：引江济淮水、地表水、地下水、再生水。通过式(2.22)计算，供水次序系数分别为0.4、0.3、0.2、0.1。

(5) 用户公平系数

用户公平系数 φ_k 是指受水区用水户之间得到供水的优先程度。按照水资源配置原则，当地水配置用水次序为：生活、农业、工业、生态；引江济淮工程水源配置用水次序为：生活、工业、生态。

同样地，参考公式(2.22)计算，结果见表2.3。

表 2.3 不同水源向各用水户配水的用户公平系数

水源	用水户			
	生活	农业	工业	生态
引江济淮水	0.5	0	0.3	0.2
地表水	0.4	0.3	0.2	0.1
浅层地下水	0	0.67	0.33	0
中深层地下水(备用水源)	0.67	0	0.33	0
再生水	0	0	0.33	0.67
引黄水	0	1	0	0

(6) 需水量上、下限

①生活需水量上、下限

考虑到居民生活用水的重要性，因此取城乡居民生活需水量的预测值作为上、下限。

$$DH_{j1} = DL_{j1} = D_{j1} \tag{2.23}$$

②工业需水量上、下限

综合考虑受水区工业用水特征,工业需水量上、下限由式(2.24)和式(2.25)计算求得。

$$DH_{j2}=D_{j2} \tag{2.24}$$

$$DL_{j2}=0.95 \cdot D_{j2} \tag{2.25}$$

③农业需水量上、下限

农业需水量的上限取为规划水平年农业需水量,下限取为该需水量的0.6倍。

$$DH_{j3}=D_{j3} \tag{2.26}$$

$$DL_{j3}=0.6 \cdot D_{j3} \tag{2.27}$$

④生态需水量上、下限

被挤占的河道内生态用水将在引江济淮工程实施后退还,此处的生态需水量指的是河道外生态需水,其上、下限由式(2.28)计算求得。

$$DH_{j4}=DL_{j4}=D_{j4} \tag{2.28}$$

(7)不同建筑物的约束条件参数

不同建筑物的约束条件参数见表2.4。

表2.4 引江济淮工程(河南段)不同建筑物约束条件参数

约束类型	约束对象		约束条件
流量约束	闸坝类	调水期	清水河控制闸,按设计输水流量43 m³/s控制; 赵楼节制闸,按设计输水流量42 m³/s控制; 试量节制闸,按设计输水流量40 m³/s控制; 任庄节制闸,按设计输水流量30.9 m³/s控制; 白沟河倒虹吸,按设计输水流量30.9 m³/s控制
		非调水期	清水河节制闸,按设计流量372 m³/s控制; 小洪河口闸,按设计流量359 m³/s控制; 人民沟口闸,按设计流量293 m³/s控制; 白杨寺沟口闸,按设计流量260 m³/s控制; 试量节制闸,按设计流量229 m³/s控制; 任庄节制闸,按设计流量47 m³/s控制; 后陈楼节制闸,按设计流量66 m³/s控制
	受水区分水口—接入点		淮阳区与太康县分水口—接入点,均按设计输水流量3.3 m³/s控制; 郸城县分水口—接入点,按设计输水流量3.0 m³/s控制; 鹿邑县分水口—接入点,按设计输水流量8.0 m³/s控制; 柘城县分水口—接入点,按设计输水流量2.5 m³/s控制; 梁园区分水口—接入点,按设计输水流量3.1 m³/s控制; 睢阳区分水口—接入点,按设计输水流量3.5 m³/s控制; 夏邑分水口—接入点,按设计输水流量2.8 m³/s控制; 永城市分水口—接入点,按设计输水流量11.0 m³/s控制

续表

约束类型	约束对象	约束条件
流量约束	水库类	试量调蓄水库:按设计输水流量,入库流量 9.6 m³/s;该水库—郸城县出库流量为 3.0 m³/s,该水库—淮阳区出库流量为 3.3 m³/s,该水库—太康县出库流量为 3.3 m³/s。 后陈楼调蓄水库:按设计输水流量,入库流量为 30.9 m³/s;水库—鹿邑县出库流量为 8.0 m³/s。 七里桥调蓄水库:按设计输水流量,入库流量为 30.9 m³/s;水库—柘城县出库流量为 2.5 m³/s。 新城调蓄水库:按设计输水流量,入库流量为 6.6 m³/s;水库—梁园区出库流量为 3.1 m³/s,水库—睢阳区出库流量为 3.5 m³/s。 夏邑出水池:按设计输水流量,入库流量为 6.6 m³/s;夏邑出水池—夏邑县出库流量为 2.8 m³/s,夏邑出水池—永城市出库流量为 11.0 m³/s
	泵站类	袁桥泵站,按设计输水流量 43 m³/s 控制; 赵楼泵站,按设计输水流量 42 m³/s 控制; 试量泵站,按设计输水流量 40 m³/s 控制; 后陈楼泵站,按设计输水流量 22.9 m³/s 控制; 七里桥泵站,按设计输水流量 20.4 m³/s 控制
	河渠类	清水河段,按设计输水流量 40~43 m³/s 控制; 鹿辛运河,按设计输水流量 30.9 m³/s 控制; 后陈楼泵站—七里桥调蓄水库压力管道段,按设计输水流量 22.9 m³/s 控制; 七里桥泵站—新城调蓄水库压力管道段,按设计输水流量 6.6 m³/s 控制; 七里桥泵站—出水池压力管道段,按设计输水流量 13.8 m³/s 控制
水位约束	水库类	试量调蓄水库:正常蓄水位为 40.90 m,死水位为 37.50 m; 后陈楼调蓄水库:正常蓄水位为 39.95 m,死水位为 37.25 m; 七里桥调蓄水库:正常蓄水位为 46.00 m,死水位为 42.00 m; 新城调蓄水库:正常蓄水位为 48.50 m,死水位为 42.50 m
	闸坝类	清水河控制闸:正常输水状况下,闸上设计水位为 36.35 m; 赵楼节制闸:正常输水状况下,闸上设计水位为 37.60 m,闸下设计水位为 36.15 m; 试量节制闸:正常输水状况下,闸上设计水位为 41.60 m,闸下设计水位为 36.00 m; 任庄节制闸:正常输水状况下,闸上设计水位为 41.06 m,闸下设计水位为 40.96 m; 白沟河倒虹吸:正常输水状况下,闸上设计水位为 40.58 m,闸下设计水位为 40.48 m; 后陈楼节制闸:正常输水状况下,闸上设计水位为 40.42 m

2.2.4 面向和谐的水资源优化调配模型

2.2.4.1 目标函数

引江济淮工程(河南段)水资源和谐调配的目的是在水库群正常运行的情况下,最大限度地满足受水区城乡供水量、水压和水质要求,同时通过制定和调整跨流域多水源调度运行方案,寻找和谐度最大时的最优和谐行为,以达到和谐调配的目的。根据工程规划及受水区水资源供需状况,遵循分解协调的规划理念,构建三层规划模型。每层模型既是相互区别的,又是彼此关联的:它们具有不同的决策变量、目标函数和约束条件,上层的决策变量传递到下层作为参量参与下层约束决策,下层的目标函数也会影响上层模型的结果寻优,彼此相互反馈,指导找到整体最优的多水源和谐配置方案。

在引江济淮工程调水过程中,以受水区整体供水缺额率最小为目标,对第一层次的系统进行优化,目的是在受水区可调引江水总量一定的情况下,合理分配各受水区的调水量;在满足第一层目标的前提下,以受水区整体水资源供需和谐度最大为目标,进行第二层次的系统优化,目的是对各用水户进行合理的水量配置;将第一、第二层优化后的决策变量作为第三层次系统的约束条件,以受水区整体供水效益最大为目标,求解不同水源对不同用户的水资源配置情况。

(1) 水资源供需和谐度最大

$$\max F_1(x) = SDHD = \sum_{k=1}^{K} \varphi_k \sum_{j=1}^{J} SDHC_j (a\tau - b\delta) \tag{2.29}$$

式中,$SDHD$ 为受水区水资源供需和谐度,$SDHD \in [0,1]$,是表达受水区水资源供需和谐程度的指标,$SDHD$ 越大,表示受水区水资源的调配总体供需和谐程度越高;a 为统一度,b 为分歧度,$a = \begin{cases} \dfrac{x_{jk}}{D_{jk}}, & x_{pk} \leqslant D_{jk} \\ 1, & x_{pk} > D_{jk} \end{cases}$,$b = 1-a$,$a,b \in [0,1]$;$x_{jk}$ 为 j 受水区 k 用水户配水量,D_{jk} 为 j 受水区 k 用水户需水量;τ 为和谐系数,反映受水区水资源调配对和谐目标的满足程度,取 $\tau = \begin{cases} \dfrac{x_{jk}}{D_{jk}}, & x_{jk} \leqslant D_{jk} \\ \dfrac{2D_{jk}-x_{jk}}{D_{jk}}, & D_{jk} < x_{jk} \leqslant 2D_{jk} \end{cases}$,$\tau \in [0,1]$;$\delta$ 为不和谐系数,反映受水区水资源调配对分歧现象的重视程度,$\delta \in [0,1]$,为简化计算,此处设 δ 为定值 0.5;φ_k 为 k 用水户的用水公平系数;$SDHC_j$ 为 j 受水区水资源供需和谐平衡系数。

(2) 受水区供水缺额率最小

$$\min F_2(x) = \sum_{j=1}^{J} (L_j - \mu_j \cdot X_j^{江}) \tag{2.30}$$

式中,L_j 为 j 受水区调水前的缺水量;$X_j^{江}$ 为规划水平年中引江济淮水为 j 受水区调水量。

(3) 多水源供水净效益最大

$$\max F_3(x) = \sum_{j=1}^{J} \sum_{k=1}^{K} \sum_{i=1}^{I} p_{ijk} x_{ijk} \varphi_k \sigma_i R_{ijk} \tag{2.31}$$

式中,x_{ijk} 为规划水平年 i 水源向 j 受水区 k 用水户配水量;p_{ijk} 为 i 水源向 j 受水区 k 用水户配水的净效益系数;σ_i 为 i 水源的供水次序系数;R_{ijk} 为配水关系。

2.2.4.2 约束条件

除章节 2.2.3.2 中的约束条件,面向和谐的水资源优化调配模型(以下简称水资源和谐调配模型)还应包括和谐约束条件,即:

$$SDHD_{\min} \leqslant SDHD \leqslant SDHD_{\max} \tag{2.32}$$

式中,$SDHD_{\max}$ 为受水区整体水资源供需和谐度最大值;$SDHD_{\min}$ 为受水区整体水资源供需和谐度最小值。根据水资源供需和谐度等级划分,将受水区整体供需和谐水平保持在较和谐及以上，$SDHD_{\min}=0.6$，$SDHD_{\max}=1$。

2.2.4.3 模型参数确定

水资源和谐调配模型与基于多目标规划的水资源优化调配模型共用的参数确定过程见章节 2.2.3.4，除此之外，和谐调配模型还应确定水资源供需和谐平衡系数。

水资源供需和谐平衡系数作为模型主要参数，再次进行简要介绍：首先，根据受水区实际情况，构建指标体系；其次，从水资源调配机理出发，建立水资源开发利用状况、水量紧缺程度、潜在用水水平三个层面的要素；最后通过相关计算求得水资源供需和谐平衡系数。

1) 指标体系的构建

跨流域水资源和谐调配计算指标体系从跨流域调水理论出发，共分为水资源开发利用状况、水量紧缺程度、潜在用水水平三个准则层，并在此基础上进行分类，进一步细化指标，具体指标如表 2.5 所示。

表 2.5 跨流域调水工程受水区水资源供需和谐平衡系数计算指标体系

目标层	准则层	指标层	单位	编号	含义
受水区水资源供需和谐平衡系数	水资源开发利用状况	水资源总量	万 m³	A101	反映受水区地表水和地下水总水量
		年降水量	mm	A102	反映受水区水资源补充能力
		产水系数	—	A103	反映降雨转化为水资源量的能力
		水资源开发利用率	%	A104	反映水资源开发利用能力
		污水处理率	%	A105	反映污水处理水平
		再生水回用率	%	A106	反映再生水回用水平
	水量紧缺程度	城乡生活需水量	万 m³	B101	反映受水区城乡生活需水状况
		工业需水量	万 m³	B102	反映受水区工业需水状况
		农业需水量	万 m³	B103	反映受水区农业需水状况
		生态需水量	万 m³	B104	反映受水区生态需水状况
		地下水可供水量	万 m³	B201	反映受水区地下水可供水状况
		地表水可供水量	万 m³	B202	反映受水区地表水可供水状况
		再生水可供水量	万 m³	B203	反映受水区再生水可供水状况
	潜在用水水平	人均用水量	m³	C101	反映人均综合用水水平
		人均生产总值	万元	C102	反映人均综合经济水平
		农田灌溉水有效利用系数	—	C201	反映农业用水水平
		万元工业增加值用水量	m³	C202	反映工业用水水平
		万元 GDP 用水量	m³	C203	反映生活用水水平
		生态用水占比	%	C204	反映生态用水水平
		城镇化率	%	C301	反映城市化水平
		GDP 增长率	%	C302	反映经济增长水平和趋势
		人口增长率	%	C303	反映人口增长趋势
		环境保护投资指数	%	C304	反映环境保护的投资比例

2）水资源供需和谐平衡系数的计算

针对跨流域和谐调水，拟采用水资源开发利用状况、水量紧缺程度、潜在用水水平这三个层面的要素分别表征受水区的水资源状况、缺水状况和用水能力，借鉴"单指标量化-多指标综合-多准则集成"评价方法，通过相应指标的计算综合确定分水比例，作为水量配置依据进行调水。

（1）水资源开发利用状况——水资源开发利用状态基数 T 的计算

不同受水区影响跨流域调水的因素也各不相同，正是这些差异性影响着需水量的多少。本节将水资源总量、水资源开发利用效率、再生水回用率以及产水系数等作为衡量水资源开发利用状况的指标，以此来综合计算开发利用状态基数，这从一定程度上体现了调水满足水资源实际的准则。当然，这些指标是常用指标，如遇特殊情况可适当调整指标，具体的计算步骤如下。

① 单指标量化

设第 j 个受水区的第 q 个指标值为 x_{jq} ，所占比例为 y_{jq} ，则

$$y_{jq} = \frac{x_{jq}}{\sum_{i=1}^{p} x_{iq}} \tag{2.33}$$

式中，p 为受水区数量；q 为不同指标。

② 指标标准化

对于正向指标

$$y'_{jq} = \frac{y_{jq} - \min\{y_{jq}\}}{\max\{y_{jq}\} - \min\{y_{jq}\}} \tag{2.34}$$

对于逆向指标

$$y'_{jq} = \frac{\max\{y_{jq}\} - y_{jq}}{\max\{y_{jq}\} - \min\{y_{jq}\}} \tag{2.35}$$

其中，水资源开发利用率为正向指标，水资源总量、年降水量、产水系数、污水处理率、再生水回用率为负向指标。

③ 多指标综合

按照组合权重的计算方法计算指标的最终权重，设各指标权重分别为 w_j ，则第 j 个受水区的水资源开发利用状态基数为：

$$T_j = \sum_{q=1}^{p} y'_{jq} \cdot w_q \tag{2.36}$$

（2）水量紧缺程度——调整系数 K 计算

跨流域水资源调配方案的确定应以水资源供需分析为基础，根据实际需水量进行适当调整，故此处采用水资源供需分析数据和各地区用水数据进行是否缺水以及缺水程度的分析，然后确定基于用水紧缺程度的调整系数。具体计算步骤如下。

①缺水程度量化

根据受水区水资源供需情况,设第 j 个受水区的缺水量为 L_j,需水量为 D_j。则第 j 个受水区的缺水程度可表示为:

$$z_j = \frac{L_j}{D_j} \tag{2.37}$$

②调整系数计算

设受水区总的缺水量为 L_0,以水资源供需分析中各受水区缺水量比例为基础,以缺水程度为调整因子,则第 j 个受水区的调整系数为:

$$K_j = \frac{L_j}{L_0} \cdot (1 + z_j) \tag{2.38}$$

(3) 潜在用水水平——系统协调度 CD 的计算

从跨流域水资源调配的全局出发,使水资源利用效率及人水关系朝着更好的方向发展,需要分析各地区的潜在用水水平,选择用水效率和用水效益指标进行计算。本研究采用协调度来表征水资源利用与经济社会发展之间的协调程度,协调程度越高、用水状况就相对越好、所调水量就相应越多。协调度计算方法具体步骤如下。

①匹配度 MD 的计算

匹配是指两种或两种以上系统或系统要素之间正相关或负相关的配合关系,针对水资源调配,分别选取人均用水量和人均生产总值作为水资源综合利用系统和经济社会发展系统的代表性指标,分析其系统匹配程度。计算公式如下:

$$MD(j) = 1 - \frac{|n_1(j) - n_2(j)|}{J - 1} \tag{2.39}$$

式中,$n_1(j)$ 和 $n_2(j)$ 分别为各相关指标排序的序号。

②综合协调指数 Q 的计算

$$Q = \alpha \cdot f(x) + \beta \cdot g(y) \tag{2.40}$$

式中,$f(x)$、$g(y)$ 分别表示一个系统的综合指标,此处对应于水资源综合利用指数和经济社会发展指数;α、$\beta \in [0,1]$,为权重,且 $\alpha + \beta = 1$。

水资源综合利用指数采用农田灌溉水有效利用系数、万元工业增加值用水量以及万元 GDP 用水量等指标计算;经济社会发展指数采用城镇化率、GDP 增长率、人口自然增长率以及环境保护投资指数等指标计算。首先对数据分正向指标和逆向指标进行标准化处理,然后采用多指标综合方法得到 $f(x)$ 和 $g(y)$,此处假定水资源综合利用和经济社会发展同等重要,取 $\alpha = \beta = 0.5$。

③协调度 CD 的计算

$$CD = MD^u \cdot Q^r \tag{2.41}$$

式中,u、r 分别为 MD、Q 的指数权重,且 $u + r = 1$。根据匹配度和综合协调指数的概念及内涵,假定综合协调指数比匹配度稍微重要,本研究取 $u = 0.4$、$r = 0.6$。

(4）受水区跨流域水资源供需和谐平衡系数的确定

跨流域水资源调度综合考虑用水规模大小、用水紧缺程度和用水激励机制三个层面的要素，相应引入三个待定系数 γ_1、γ_2、γ_3，分别代表这三个层面的相对重要程度，根据实际情况及专家经验确定待定系数值，本研究采用 $r_1=0.3, r_2=0.5, r_3=0.2$。

则各受水区水资源供需和谐平衡系数为：

$$SDHC_j = \frac{\gamma_1 \cdot T_j + \gamma_2 \cdot K_j + \gamma_3 \cdot CD(j)}{\sum_j^J (\gamma_1 \cdot T_j + \gamma_2 \cdot K_j + \gamma_3 \cdot CD(j))} \tag{2.42}$$

2.2.5 模型求解方法

研究构建的两个水资源优化调配模型，根据不同目标函数，属于线性和非线性优化模型，拟借助相关计算机软件（LINGO）进行求解。

2.2.6 水资源年优化调配方案

2.2.6.1 基于多目标规划的水资源优化调配方案

按照上文思路，依照水资源调配原则，对年优化配置模型进行求解，得到年优化配置方案（表2.6、表2.7），该方案由引江济淮水、地表水、地下水、再生水（多水源）联合供水，按生活、农业、工业、生态（多用户）进行水资源优化配置。

规划年2030年受水区多年平均总配置水量25.99亿 m^3，其中生活、农业、工业、生态配置水量分别为4.44亿 m^3、15.98亿 m^3、4.59亿 m^3 和0.98亿 m^3；引江济淮水、地表水、地下水、再生水配置水量分别为5.00亿 m^3、7.63亿 m^3、11.99亿 m^3、1.37亿 m^3。

规划年2040年受水区多年平均总配置水量28.63亿 m^3，其中生活、农业、工业、生态配置水量分别为5.48亿 m^3、15.99亿 m^3、6.01亿 m^3 和1.16亿 m^3；引江济淮水、地表水、地下水、再生水配置水量分别为6.34亿 m^3、7.85亿 m^3、11.99亿 m^3、2.45亿 m^3。

表2.6 引江济淮工程河南受水区2030年水资源优化配置成果表　　　单位：万 m^3

受水对象		保证率	分水源供水量					分用户配水量				
			引江水	地表水	地下水	再生水	合计	生活	农业	工业	生态	合计
周口市	郸城县	多年平均	3 338	7 478	17 259	1 078	29 153	4 695	20 071	4 083	304	29 153
		50%	3 022	7 562	17 915	1 078	29 577	4 695	20 495	4 083	304	29 577
		75%	3 809	5 865	20 088	1 078	30 840	4 695	21 758	4 083	304	30 840
		95%	6 369	4 453	20 931	1 078	32 831	4 695	23 749	4 083	304	32 831
	淮阳区	多年平均	4 398	6 242	16 163	965	27 768	4 632	18 066	3 522	1 548	27 768
		50%	4 062	6 311	16 810	965	28 147	4 632	18 445	3 522	1 548	28 147
		75%	5 174	4 895	18 287	965	29 320	4 632	19 618	3 522	1 548	29 320
		95%	6 869	3 716	18 835	965	30 385	4 632	20 683	3 522	1 548	30 385

续表

受水对象		保证率	分水源供水量					分用户配水量				
			引江水	地表水	地下水	再生水	合计	生活	农业	工业	生态	合计
周口市	太康县	多年平均	4 338	8 790	16 872	1 260	31 260	5 236	20 225	4 825	975	31 260
		50%	4 039	8 889	17 547	1 260	31 735	5 236	20 699	4 825	975	31 735
		75%	4 765	6 894	19 875	1 260	32 795	5 236	21 759	4 825	975	32 795
		95%	7 380	5 234	20 472	1 260	34 346	5 236	23 310	4 825	975	34 346
	鹿邑县	多年平均	9 611	10 672	11 609	1 518	33 410	4 930	21 162	6 573	744	33 410
		50%	9 810	10 785	11 841	1 518	33 953	4 930	21 706	6 573	744	33 953
		75%	10 123	8 365	13 525	1 518	33 530	4 930	21 283	6 573	744	33 530
		95%	10 353	6 351	14 093	1 518	32 314	4 930	20 067	6 573	744	32 314
商丘市	梁园区	多年平均	3 259	5 576	5 732	1 358	15 925	3 939	7 626	3 041	1 319	15 925
		50%	3 116	5 634	5 847	1 358	15 955	3 939	7 656	3 041	1 319	15 955
		75%	4 382	4 749	6 268	1 358	16 757	3 939	8 459	3 041	1 319	16 757
		95%	6 098	3 317	6 532	1 358	17 305	3 939	9 007	3 041	1 319	17 305
	睢阳区	多年平均	4 560	6 088	8 207	1 611	20 466	4 770	10 780	4 249	666	20 466
		50%	4 427	6 152	8 330	1 611	20 520	4 770	10 835	4 249	666	20 520
		75%	5 929	5 195	8 719	1 611	21 454	4 770	11 769	4 249	666	21 454
		95%	6 607	3 622	9 417	1 611	21 257	4 770	11 571	4 249	666	21 257
	柘城县	多年平均	2 921	7 464	9 307	900	20 592	3 835	12 898	3 070	788	20 592
		50%	2 736	7 544	9 773	900	20 953	3 835	13 259	3 070	788	20 953
		75%	4 186	5 851	11 164	900	22 101	3 835	14 408	3 070	788	22 101
		95%	5 927	4 442	11 633	900	22 902	3 835	15 209	3 070	788	22 902
	夏邑县	多年平均	3 684	8 947	15 019	1 105	28 754	4 829	19 884	3 494	547	28 754
		50%	3 398	9 047	15 620	1 105	29 170	4 829	20 300	3 494	547	29 170
		75%	4 461	7 786	17 146	1 105	30 498	4 829	21 628	3 494	547	30 498
		95%	7 085	5 327	17 867	1 105	31 383	4 829	22 513	3 494	547	31 383
	永城市	多年平均	13 916	15 010	19 715	3 914	52 556	7 569	29 050	13 056	2 880	52 556
		50%	14 940	15 168	20 109	3 914	54 132	7 569	30 627	13 056	2 880	54 132
		75%	17 275	12 805	21 627	3 914	55 621	7 569	32 116	13 056	2 880	55 621
		95%	18 675	8 932	22 535	3 914	54 057	7 569	30 552	13 056	2 880	54 057
受水区总计		多年平均	50 028	76 267	119 883	13 708	259 886	44 435	159 767	45 913	9 772	259 886
		50%	49 550	77 092	123 791	13 708	264 141	44 435	164 022	45 913	9 772	264 141
		75%	60 104	62 405	136 700	13 708	272 917	44 435	172 798	45 913	9 772	272 917
		95%	75 363	45 394	142 315	13 708	276 780	44 435	176 661	45 913	9 772	276 780

注：表中合计值误差来源于计算过程的四舍五入。表2.7、表2.9、表2.10同。

表 2.7 引江济淮工程河南受水区 2040 年水资源优化配置成果表   单位：万 m³

受水对象		保证率	分水源供水量					分用户配水量				
			引江水	地表水	地下水	再生水	合计	生活	农业	工业	生态	合计
周口市	郸城县	多年平均	5 164	7 793	17 259	2 146	32 362	5 947	21 045	4 924	446	32 362
		50%	5 396	7 684	17 915	2 146	33 140	5 947	21 823	4 924	446	33 140
		75%	5 832	6 214	20 088	2 146	34 280	5 947	22 963	4 924	446	34 280
		95%	7 815	4 646	20 931	2 146	35 538	5 947	24 221	4 924	446	35 538
	淮阳区	多年平均	4 795	8 157	16 163	1 923	31 038	5 919	19 108	4 224	1 787	31 038
		50%	4 938	8 043	16 810	1 923	31 714	5 919	19 784	4 224	1 787	31 714
		75%	5 923	6 505	18 287	1 923	32 638	5 919	20 708	4 224	1 787	32 638
		95%	7 919	4 863	18 835	1 923	33 540	5 919	21 610	4 224	1 787	33 540
	太康县	多年平均	5 202	8 789	16 872	2 501	33 364	6 476	19 816	5 858	1 214	33 364
		50%	5 440	8 666	17 547	2 501	34 154	6 476	20 606	5 858	1 214	34 154
		75%	5 641	7 009	19 875	2 501	35 026	6 476	21 478	5 858	1 214	35 026
		95%	7 750	5 240	20 472	2 501	35 963	6 476	22 415	5 858	1 214	35 963
	鹿邑县	多年平均	11 047	11 188	11 609	3 285	37 129	6 081	20 709	9 418	921	37 129
		50%	11 956	11 031	11 841	3 285	38 113	6 081	21 693	9 418	921	38 113
		75%	12 270	8 922	13 525	3 285	38 002	6 081	21 582	9 418	921	38 002
		95%	12 872	6 670	14 093	3 285	36 920	6 081	20 500	9 418	921	36 920
商丘市	梁园区	多年平均	4 333	5 866	5 732	2 095	18 026	4 796	7 405	4 217	1 608	18 026
		50%	4 341	5 784	5 847	2 095	18 066	4 796	7 445	4 217	1 608	18 066
		75%	5 867	4 678	6 268	2 095	18 908	4 796	8 287	4 217	1 608	18 908
		95%	8 324	3 497	6 532	2 095	20 447	4 796	9 826	4 217	1 608	20 447
	睢阳区	多年平均	5 219	6 148	8 207	2 607	22 180	5 837	10 309	5 228	806	22 180
		50%	5 236	6 062	8 330	2 607	22 234	5 837	10 363	5 228	806	22 234
		75%	6 940	4 903	8 719	2 607	23 168	5 837	11 297	5 228	806	23 168
		95%	7 754	3 665	9 417	2 607	23 443	5 837	11 572	5 228	806	23 443
	柘城县	多年平均	4 564	6 679	9 307	1 815	22 365	4 710	12 562	4 224	869	22 365
		50%	4 410	6 585	9 773	1 815	22 582	4 710	12 779	4 224	869	22 582
		75%	5 185	5 326	11 164	1 815	23 490	4 710	13 687	4 224	869	23 490
		95%	7 607	3 982	11 633	1 815	25 036	4 710	15 234	4 224	869	25 036
	夏邑县	多年平均	5 857	7 997	15 019	2 197	31 070	5 977	19 744	4 708	640	31 070
		50%	5 482	7 885	15 620	2 197	31 183	5 977	19 858	4 708	640	31 183
		75%	6 884	6 377	17 146	2 197	32 605	5 977	21 279	4 708	640	32 605
		95%	8 837	4 768	17 867	2 197	33 669	5 977	22 343	4 708	640	33 669

续表

受水对象		保证率	分水源供水量					分用户配水量				
			引江水	地表水	地下水	再生水	合计	生活	农业	工业	生态	合计
商丘市	永城市	多年平均	17 254	15 868	19 715	5 972	58 809	9 036	29 205	17 303	3 265	58 809
		50%	17 744	15 645	20 109	5 972	59 470	9 036	29 866	17 303	3 265	59 470
		75%	20 607	12 654	21 627	5 972	60 860	9 036	31 256	17 303	3 265	60 860
		95%	20 975	9 460	22 535	5 972	58 943	9 036	29 339	17 303	3 265	58 943
受水区总计		多年平均	63 436	78 485	119 883	24 540	286 344	54 780	159 904	60 104	11 556	286 344
		50%	64 942	77 385	123 791	24 540	290 657	54 780	164 218	60 104	11 556	290 657
		75%	75 149	62 588	136 700	24 540	298 977	54 780	172 537	60 104	11 556	298 977
		95%	89 853	46 791	142 315	24 540	303 498	54 780	177 059	60 104	11 556	303 498

2.2.6.2 面向和谐的水资源优化调配方案

(1) 水资源供需和谐平衡系数

水资源供需和谐平衡系数表示不同受水区水资源供需和谐度对整个受水区的贡献程度,取值范围为[0,1],其值越接近1则表示为和谐度贡献越大,越接近0则表示贡献越小。引江济淮工程(河南段)各受水区水资源供需和谐平衡系数如表2.8所示,可见河南段大部分受水区规划年水资源供需和谐平衡系数降低了,各个县区中永城市供需和谐平衡系数最大,柘城县最小。

表2.8 河南受水区水资源供需和谐平衡系数

规划率	郸城县	淮阳区	太康县	梁园区	睢阳区	柘城县	夏邑县	永城市	鹿邑县
2030年	0.096 9	0.089 2	0.093 2	0.092 8	0.093 6	0.080 6	0.102 1	0.217 4	0.134 2
2040年	0.094 0	0.086 5	0.101 2	0.094 8	0.092 5	0.079 5	0.100 8	0.210 7	0.134 0

(2) 水资源和谐优化调配结果

按照上文思路,根据面向供需和谐的水资源配置原则,对河南段水资源配置模型进行求解,得到年度和谐配置方案(表2.9、表2.10),该方案由引江济淮水、地表水、地下水、再生水(多水源)联合供水,按生活、农业、工业、生态(多用户)进行水资源和谐配置。

规划年2030年受水区多年平均总配置水量25.99亿 m^3,水资源供需和谐度为0.976 6。其中生活、农业、工业、生态配置水量分别为4.44亿 m^3、15.98亿 m^3、4.59亿 m^3 和0.98亿 m^3;引江济淮水、地表水、地下水、再生水配置水量分别为5.00亿 m^3、7.63亿 m^3、11.99亿 m^3、1.37亿 m^3。

规划年2040年受水区多年平均总配置水量28.63亿 m^3,水资源供需和谐度为0.979 8。其中生活、农业、工业、生态配置水量分别为5.48亿 m^3、15.99亿 m^3、6.01亿 m^3 和1.16亿 m^3;引江济淮水、地表水、地下水、再生水配置水量分别为6.34亿 m^3、7.85亿 m^3、11.99亿 m^3、2.45亿 m^3。

表 2.9 引江济淮工程河南受水区 2030 年水资源和谐配置成果表　　　　单位：万 m³

受水对象		保证率	分水源供水量					分用户配水量					供需和谐度
			引江水	地表水	地下水	再生水	合计	生活	农业	工业	生态	合计	
周口市	郸城县	多年平均	3 177	7 478	17 259	1 078	28 992	4 695	19 910	4 083	304	28 992	0.962 9
		50%	3 174	7 562	17 915	1 078	29 729	4 695	20 647	4 083	304	29 729	0.984 7
		75%	4 114	5 865	20 088	1 078	31 145	4 695	22 063	4 083	304	31 145	0.978 2
		95%	5 389	4 453	20 931	1 078	31 851	4 695	22 769	4 083	304	31 851	0.886 2
	淮阳区	多年平均	3 671	6 242	16 163	965	27 041	4 632	17 339	3 522	1 548	27 041	0.944 7
		50%	3 676	6 311	16 810	965	27 761	4 632	18 059	3 522	1 548	27 761	0.968 5
		75%	4 669	4 895	18 287	965	28 816	4 632	19 114	3 522	1 548	28 816	0.955 4
		95%	5 918	3 716	18 835	965	29 434	4 632	19 732	3 522	1 548	29 434	0.867 9
	太康县	多年平均	3 722	8 790	16 872	1 260	30 644	5 236	19 608	4 825	975	30 644	0.945 3
		50%	3 721	8 889	17 547	1 260	31 417	5 236	20 381	4 825	975	31 417	0.967 8
		75%	4 939	6 894	19 875	1 260	32 968	5 236	21 933	4 825	975	32 968	0.971 8
		95%	6 812	5 234	20 472	1 260	33 778	5 236	22 743	4 825	975	33 778	0.883 5
	鹿邑县	多年平均	10 383	10 672	11 609	1 518	34 181	4 930	21 933	6 573	744	34 181	0.583 6
		50%	10 426	10 785	11 841	1 518	34 570	4 930	22 322	6 573	744	34 570	0.592 4
		75%	11 571	8 365	13 525	1 518	34 978	4 930	22 731	6 573	744	34 978	0.550 6
		95%	13 245	6 351	14 093	1 518	35 206	4 930	22 958	6 573	744	35 206	0.450 8
商丘市	梁园区	多年平均	3 259	5 576	5 732	1 358	15 925	3 939	7 626	3 041	1 319	15 925	1.000 0
		50%	3 126	5 634	5 847	1 358	15 965	3 939	7 667	3 041	1 319	15 965	1.000 0
		75%	4 431	4 749	6 268	1 358	16 807	3 939	8 508	3 041	1 319	16 807	1.000 0
		95%	6 071	3 317	6 532	1 358	17 278	3 939	8 979	3 041	1 319	17 278	0.918 8
	睢阳区	多年平均	4 560	6 088	8 207	1 611	20 466	4 770	10 781	4 249	666	20 466	1.000 0
		50%	4 427	6 152	8 330	1 611	20 520	4 770	10 835	4 249	666	20 520	1.000 0
		75%	5 511	5 195	8 719	1 611	21 036	4 770	11 351	4 249	666	21 036	0.973 8
		95%	6 473	3 622	9 417	1 611	21 123	4 770	11 438	4 249	666	21 123	0.911 6
	柘城县	多年平均	2 837	7 464	9 307	900	20 508	3 835	12 815	3 070	788	20 508	0.976 3
		50%	2 755	7 544	9 773	900	20 972	3 835	13 279	3 070	788	20 972	0.998 4
		75%	3 511	5 851	11 164	900	21 426	3 835	13 733	3 070	788	21 426	0.961 0
		95%	4 516	4 442	11 633	900	21 491	3 835	13 798	3 070	788	21 491	0.855 0
	夏邑县	多年平均	3 221	8 947	15 019	1 105	28 292	4 829	19 422	3 494	547	28 292	0.963 4
		50%	3 278	9 047	15 620	1 105	29 049	4 829	20 179	3 494	547	29 049	0.986 8
		75%	4 247	7 786	17 146	1 105	30 284	4 829	21 414	3 494	547	30 284	0.975 0
		95%	6 540	5 327	17 867	1 105	30 838	4 829	21 968	3 494	547	30 838	0.884 0

续表

受水对象		保证率	分水源供水量					分用户配水量					供需和谐度
			引江水	地表水	地下水	再生水	合计	生活	农业	工业	生态	合计	
商丘市	永城市	多年平均	15 199	15 010	19 715	3 914	53 838	7 569	30 333	13 056	2 880	53 838	0.992 4
		50%	14 967	15 168	20 109	3 914	54 159	7 569	30 653	13 056	2 880	54 159	0.996 3
		75%	17 111	12 805	21 627	3 914	55 458	7 569	31 953	13 056	2 880	55 458	0.967 2
		95%	20 399	8 932	22 535	3 914	55 781	7 569	32 276	13 056	2 880	55 781	0.858 7
受水区总计		多年平均	50 028	76 267	119 883	13 708	259 886	44 435	159 767	45 913	9 772	259 886	0.976 6
		50%	49 550	77 092	123 791	13 708	264 141	44 435	164 022	45 913	9 772	264 141	0.985 5
		75%	60 104	62 405	136 700	13 708	272 917	44 435	172 798	45 913	9 772	272 917	0.969 1
		95%	75 363	45 394	142 315	13 708	276 780	44 435	176 661	45 913	9 772	276 780	0.876 0

表 2.10 引江济淮工程河南受水区 2040 年水资源和谐配置成果表   单位：万 m³

受水对象		保证率	分水源供水量					分用户配水量					供需和谐度
			引江水	地表水	地下水	再生水	合计	生活	农业	工业	生态	合计	
周口市	郸城县	多年平均	4 961	7 793	17 259	2 146	32 159	5 947	20 842	4 924	446	32 159	0.970 3
		50%	5 104	7 684	17 915	2 146	32 849	5 947	21 532	4 924	446	32 849	0.989 6
		75%	5 767	6 214	20 088	2 146	34 215	5 947	22 898	4 924	446	34 215	0.977 6
		95%	6 603	4 646	20 931	2 146	34 326	5 947	23 009	4 924	446	34 326	0.868 2
	淮阳区	多年平均	4 939	8 157	16 163	1 923	31 182	5 919	19 252	4 224	1 787	31 182	0.983 8
		50%	4 922	8 043	16 810	1 923	31 698	5 919	19 768	4 224	1 787	31 698	0.999 3
		75%	6 054	6 505	18 287	1 923	32 769	5 919	20 839	4 224	1 787	32 769	0.981 7
		95%	7 514	4 863	18 835	1 923	33 135	5 919	21 205	4 224	1 787	33 135	0.883 6
	太康县	多年平均	4 947	8 789	16 872	2 501	33 109	6 476	19 561	5 858	1 214	33 109	0.966 2
		50%	5 446	8 666	17 547	2 501	34 159	6 476	20 611	5 858	1 214	34 159	1.000 0
		75%	6 204	7 009	19 875	2 501	35 590	6 476	22 042	5 858	1 214	35 590	0.997 9
		95%	7 390	5 240	20 472	2 501	35 603	6 476	22 055	5 858	1 214	35 603	0.880 9
	鹿邑县	多年平均	12 211	11 188	11 609	3 285	38 293	6 081	21 874	9 418	921	38 293	1.000 0
		50%	12 257	11 031	11 841	3 285	38 414	6 081	21 994	9 418	921	38 414	1.000 0
		75%	14 382	8 922	13 525	3 285	40 114	6 081	23 694	9 418	921	40 114	0.995 4
		95%	16 986	6 670	14 093	3 285	41 034	6 081	24 615	9 418	921	41 034	0.896 1

续表

受水对象		保证率	分水源供水量					分用户配水量					供需和谐度
			引江水	地表水	地下水	再生水	合计	生活	农业	工业	生态	合计	
商丘市	梁园区	多年平均	4 333	5 866	5 732	2 095	18 026	4 796	7 405	4 217	1 608	18 026	1.000 0
		50%	4 341	5 784	5 847	2 095	18 067	4 796	7 445	4 217	1 608	18 067	1.000 0
		75%	5 250	4 678	6 268	2 095	18 291	4 796	7 670	4 217	1 608	18 291	0.945 8
		95%	6 814	3 497	6 532	2 095	18 937	4 796	8 316	4 217	1 608	18 937	0.887 3
	睢阳区	多年平均	5 219	6 148	8 207	2 607	22 180	5 837	10 309	5 228	806	22 180	1.000 0
		50%	5 236	6 062	8 330	2 607	22 235	5 837	10 363	5 228	806	22 235	1.000 0
		75%	6 384	4 903	8 719	2 607	22 613	5 837	10 742	5 228	806	22 613	0.963 9
		95%	7 803	3 665	9 417	2 607	23 491	5 837	11 620	5 228	806	23 491	0.944 3
	柘城县	多年平均	3 969	6 679	9 307	1 815	21 770	4 710	11 967	4 224	869	21 770	0.957 1
		50%	4 410	6 585	9 773	1 815	22 582	4 710	12 779	4 224	869	22 582	1.000 0
		75%	5 419	5 326	11 164	1 815	23 724	4 710	13 921	4 224	869	23 724	0.997 1
		95%	6 537	3 982	11 633	1 815	23 967	4 710	14 164	4 224	869	23 967	0.884 3
	夏邑县	多年平均	5 279	7 997	15 019	2 197	30 492	5 977	19 167	4 708	640	30 492	0.978 0
		50%	5 482	7 885	15 620	2 197	31 184	5 977	19 858	4 708	640	31 184	1.000 0
		75%	6 020	6 377	17 146	2 197	31 741	5 977	20 415	4 708	640	31 741	0.963 6
		95%	7 039	4 768	17 867	2 197	31 871	5 977	20 545	4 708	640	31 871	0.862 8
	永城市	多年平均	17 576	15 868	19 715	5 972	59 131	9 036	29 527	17 303	3 265	59 131	0.995 5
		50%	17 744	15 645	20 109	5 972	59 470	9 036	29 866	17 303	3 265	59 470	1.000 0
		75%	19 668	12 654	21 627	5 972	59 921	9 036	30 317	17 303	3 265	59 921	0.950 9
		95%	23 166	9 460	22 535	5 972	61 134	9 036	31 530	17 303	3 265	61 134	0.858 7
受水区总计		多年平均	63 436	78 485	119 883	24 540	286 344	54 780	159 904	60 104	11 556	286 344	0.979 8
		50%	64 942	77 385	123 791	24 540	290 657	54 780	164 218	60 104	11 556	290 657	0.993 0
		75%	75 149	62 588	136 700	24 540	298 977	54 780	172 537	60 104	11 556	298 977	0.966 8
		95%	89 853	46 791	142 315	24 540	303 498	54 780	177 059	60 104	11 556	303 498	0.876 9

2.2.6.3 年调配方案的比较分析

由于水资源优化调配模型的目标函数、约束条件与模型参数等存在差异,求解结果往往不同。基于此,对目前3种年调配方案进行比较(表2.11),其中调配方案1来源于《引江济淮工程(河南段)水资源论证报告书》(2017年),调配方案2为基于多目标规划的优化调配模型求解得到的年优化调配方案(章节2.2.6.1),调配方案3为依据面向和谐的水资源优化调配模型求解得到的年和谐调配方案(章节2.2.6.2)。

由表2.11可知,方案1较方案2、3存在一定差异,特别是鹿邑、夏邑、永城三地,原因一方面是因为规划基准年的不同,2010年、2015年甚至到2020年期间受水区经济社会发展并没有按照初设报告中规划来发展;此外《河南省水利厅与河南省发展改革委关于印发"十四五"用水总量和强度双控目标的通知》(2022年)、《河南省四水同治规划(2021—

2035年)》(2022年)、《河南省人民政府关于地下水超采综合治理工作的实施意见》(2022年)、《河南省涡河、洪汝河、史灌河水量分配方案》(2019年)等政策出台也导致了结果的差异。综上认为出现此种差异是合理的。

此外,对于优化调配方案和和谐调配方案来说,两个方案均满足用水总量控制指标,较大差异主要存在于鹿邑县和永城市,其中和谐调配方案的引江水分配大于优化调配方案。究其原因,和谐调配方法区别于其他优化调配方法,不同受水区因其水资源禀赋、人口数量、经济发展状况等不同,其水资源供需和谐对整个受水区水资源供需和谐平衡的贡献度也是不同的。本研究和谐调配模型目标并非是"需要多少水,就配多少水",而是从整个河南省受水区水资源供需和谐平衡状态出发,通过工程输配水使和谐程度较高。因此,引江济淮工程河南受水区多水源和谐调配的结果对某一受水区的利益或水资源供需和谐水平并不是最好,但对整个受水区来讲,总体和谐水平是最优的,水系统与人文系统的供需关系是最和谐的。综上,我们认为出现这种差异是合理的,并且以和谐调配方案作为水资源调配推荐方案。

表 2.11 引江济淮工程河南受水区多年平均下年调配方案对比　　　　单位:万 m³

受水区	引江水供水	方案1(论证报告)	方案2(优化调配)	方案3(和谐调配)	方案1与2差值	方案1与3差值	方案2与3差值
郸城县	2030年	3 237	3 338	3 177	−101	60	161
	2040年	4 276	5 164	4 961	−888	−685	203
淮阳区	2030年	3 786	4 398	3 671	−612	115	727
	2040年	4 998	4 795	4 939	203	59	−144
太康县	2030年	3 725	4 338	3 722	−613	3	616
	2040年	4 919	5 202	4 947	−283	−28	255
鹿邑县	2030年	9 826	9 611	10 383	215	−557	−772
	2040年	12 873	11 047	12 211	1 826	662	−1 164
梁园区	2030年	3 690	3 259	3 259	431	431	0
	2040年	4 461	4 333	4 333	128	128	0
睢阳区	2030年	4 327	4 560	4 560	−233	−233	0
	2040年	5 246	5 219	5 219	27	27	0
柘城县	2030年	2 868	2 921	2 837	−53	31	84
	2040年	3 705	4 564	3 969	−859	−264	595
夏邑县	2030年	3 281	3 684	3 221	−403	60	463
	2040年	4 306	5 857	5 279	−1 551	−973	578
永城市	2030年	15 287	13 916	15 199	1 371	88	−1 283
	2040年	18 651	17 254	17 576	1 397	1 075	−322
受水区合计	2030年	50 028	50 028	50 028	0	0	0
	2040年	63 436	63 436	63 436	0	0	0

2.2.7 水资源月优化调配方案

基于年度水资源调配方案,分析年内不同月份内的供需,利用优化调配模型开展月尺度水资源调配研究。

2.2.7.1 不同月份供需水确定

规划年水量月尺度调度按照前文水资源年度配置方案进行,受配置总量控制。根据受水区历史水文及气象条件,对规划年进行丰、枯月份的划分。根据工程实际情况,在正常调度工况时,综合考虑现状受水区用水水平、节水水平及地方性标准,工业、生活以及生态用水在规划年内每个月份用水情况保持平稳,即在月尺度调度时,除农业用水外,其余部门在统一规划年内不同月份配水量相等。

而在农业用水中,因为农田灌溉定额主要在种植结构调整、田间节水技术改造及灌区灌溉方式等的基础上确定,植物生长不同周期对用水需求变化较大,因此农业部门在统一规划年内不同月份用水量有所变化。受水区是河南省重要的粮食生产基地,现状受水区农作物以小麦、玉米、棉花、花生等旱作物为主。

规划年内主要灌溉月份的农业灌溉用水量计算方式如下:

$$W_G = \sum_{e=1}^{E} W_{Ge} \tag{2.43}$$

式中,W_G 为主要灌溉月内不同作物灌溉用水量总和;W_{Ge} 为主要灌溉月内不同作物灌溉用水量;e 为不同农作物种类(小麦、玉米、棉花、花生,$e=1、2、3、4$);E 为农作物种类总和,$E=4$。

$$W_{Ge} = M_e \cdot p_e \cdot A_e \cdot \mu_e \tag{2.44}$$

式中,M_e 为不同作物的灌溉定额,根据初设报告规划取得;p_e 为不同作物的种植比例;A_e 为不同受水区有效灌溉面积;μ_e 为不同受水区农业保证率。

规划年内不同用水户各月份调度量计算方式如下。

①工业用水户

$$W_{p,t,\text{工}} = \frac{1}{12} W_{p,\text{工}} \tag{2.45}$$

式中,$W_{p,\text{工}}$ 为规划年内 p 受水区工业用水户水资源配置量;$W_{p,t,\text{工}}$ 为规划年内 p 受水区 t 月份工业用水户水资源调度量。

②农业用水户

$$W_{p,t,\text{农}} = \begin{cases} W_{p,t,G} + W_{p,t,o}, & t \text{ 为灌溉月份} \\ W_{p,t,o}, & t \text{ 为非灌溉月份} \end{cases} \tag{2.46}$$

$$W_{p,t,o} = \frac{1}{12}(W_{p,\text{农}} - W_{p,G}) \tag{2.47}$$

式中，$W_{p,t,农}$为规划年内 p 受水区 t 月份农业用水户水资源调度量；$W_{p,t,o}$ 为 p 受水区 t 月份农业用水户除用于作物灌溉（包括但不限于林牧渔畜）的水资源调度量；$W_{p,t,G}$ 为灌溉月份内用于农作物灌溉的水量；$W_{p,农}$ 为规划年内 p 受水区农业部门水资源配置量；$W_{p,G}$ 为规划年内 p 受水区所有农作物灌溉总量。

③生活用水户

$$W_{p,t,生} = \frac{1}{12} W_{p,生} \qquad (2.48)$$

式中，$W_{p,生}$ 为规划年内 p 受水区生活用水户水资源配置量；$W_{p,t,生}$ 为规划年内 p 受水区 t 月份生活用水户水资源调度量。

④生态用水户

$$W_{p,t,态} = \frac{1}{12} W_{p,态} \qquad (2.49)$$

式中，$W_{p,态}$ 为规划年内 p 受水区生态用水户水资源配置量；$W_{p,t,态}$ 为规划年内 p 受水区 t 月份生态用水户水资源调度量。

结合初设报告及相关规划，根据引江济淮工程河南受水区主要农作物需水规律、水资源调配原则，以及供水水源配置次序、用水户配置次序，按照上述计算方式，得出主要农作物规划年内灌溉用水量，如表 2.12、表 2.13 所示。

2.2.7.2 基于多目标规划的水资源月优化调配方案

水资源月优化调度方案以年优化配置结果为基础，从月供需分析入手，利用优化调配模型求得调水期内各个月最优调配水方案。规划水平年 2030 年、2040 年在多年平均下，受水区多水源逐月供水、分用水户逐月配水方案见表 2.14～表 2.17。

2.2.7.3 面向和谐的水资源月优化调配方案

面向和谐的水资源月优化调配以年和谐配置结果为基础，从月供需分析入手，利用和谐调配模型求得调水期内各个月最优和谐调配水方案。规划年 2030 年、2040 年内不同月份在多年平均下分水源逐月供水方案与分用户逐月供水方案如表 2.26～表 2.29 所示，其中规划年所有月份调度水量总量与年度配置水量保持一致。规划水平年 2030 年、2040 年在多年平均下工程沿线 4 座调蓄水库和夏邑出水池月和谐调度方案见表 2.18～表 2.25。

2.2.7.4 月调配方案的比较分析

在章节 2.2.6.3 对两类年优化调配方案进行了比对，最终以和谐调配方案作为推荐方案，但不意味着优化调配方案不正确，只是和谐调配方案在此基础上，进一步考虑了河南省受水区人水和谐来进行调配水，因此对两类调配方案均进行了月调配方案计算（章节 2.2.7.2、章节 2.2.7.3），旨在为决策者提供参考。

表 2.12 规划水平年 2030 年主要农作物灌溉用水量

农作物灌溉用水量(万 m³)

受水对象	有效灌溉面积(万亩)	小麦 11月	小麦 3月	小麦 5月	玉米 7月	玉米 8月	棉花 4月	棉花 5月	棉花 8月	花生 7月	花生 8月	合计 3月	合计 4月	合计 5月	合计 7月	合计 8月	合计 11月
郸城县	136.39	3 203	3 310	3 630	2 381	2 381	299	299	313	686	720	3 310	299	3 929	3 067	3 414	3 203
淮阳区	113.49	2 663	2 752	3 018	1 980	1 980	249	249	260	570	599	2 752	249	3 267	2 550	2 839	2 663
太康县	140.00	3 261	3 370	3 696	2 424	2 424	304	304	318	698	733	3 370	304	4 000	3 123	3 476	3 261
鹿邑县	124.00	2 883	2 979	3 267	2 143	2 143	269	269	281	617	648	2 979	269	3 536	2 760	3 073	2 883
梁园区	44.25	1 017	1 051	1 152	756	756	95	95	99	218	229	1 051	95	1 247	974	1 084	1 017
睢阳区	94.32	1 501	1 715	1 787	1 340	1 340	206	206	216	473	497	1 715	206	1 993	1 814	2 053	1 501
柘城县	105.47	2 025	2 106	2 187	1 519	1 519	234	234	245	537	564	2 106	234	2 421	2 056	2 327	2 025
夏邑县	137.04	2 586	2 689	2 792	2 172	2 068	299	299	312	685	719	2 689	299	3 091	2 857	3 100	2 586
永城市	178.00	3 832	3 959	4 343	2 849	2 849	358	358	374	821	862	3 959	358	4 700	3 669	4 084	3 832
受水区合计	1 072.96	22 970	23 931	25 873	17 564	17 461	2 312	2 312	2 417	5 305	5 571	23 931	2 312	28 185	22 869	25 449	22 970

注：表中合计值误差来源于计算过程的四舍五入。表 2.13 至表 2.17 同。

表2.13 规划水平年2040年主要农作物灌溉用水量

农作物灌溉用水量(万 m³)

受水对象	有效灌溉面积(万亩)	小麦 3月	小麦 5月	小麦 11月	玉米 5月	玉米 7月	玉米 8月	棉花 4月	棉花 5月	棉花 8月	花生 7月	花生 8月	合计 3月	合计 4月	合计 5月	合计 7月	合计 8月	合计 11月
郸城县	148.25	3 310	3 630	3 203	2 381	2 381	299	299	313	686	720	3 310	299	3 929	3 067	3 414	3 203
淮阳区	123.00	2 752	3 018	2 663	1 980	1 980	249	249	260	570	599	2 752	249	3 267	2 550	2 839	2 663
太康县	140.00	3 370	3 696	3 261	2 424	2 424	304	304	318	698	733	3 370	304	4 000	3 123	3 476	3 261
鹿邑县	124.00	2 979	3 267	2 883	2 143	2 143	269	269	281	617	648	2 979	269	3 536	2 760	3 073	2 883
梁园区	44.25	1 051	1 152	1 017	756	756	95	95	99	218	229	1 051	95	1 247	974	1 084	1 017
睢阳区	94.32	1 715	1 787	1 501	1 340	1 340	206	206	216	473	497	1 715	206	1 993	1 814	2 053	1 501
柘城县	105.47	2 106	2 187	2 025	1 519	1 519	234	234	245	537	564	2 106	234	2 421	2 056	2 327	2 025
夏邑县	137.04	2 689	2 792	2 586	2 172	2 068	299	299	312	685	719	2 689	299	3 091	2 857	3 100	2 586
永城市	178.00	3 959	4 343	3 832	2 849	2 849	358	358	374	821	862	3 959	358	4 700	3 669	4 084	3 832
受水区合计	1 094.33	23 931	25 872	22 971	17 564	17 460	2 313	2 313	2 418	5 305	5 571	23 931	2 313	28 184	22 870	25 450	22 971

表 2.14　多年平均下 2030 年河南受水区多水源逐月优化配水方案

单位:万 m³

受水对象		分水源供水	1月	2月	3月	4月	5月	6月	7月	8月	9月	10月	11月	12月	合计
周口市	郸城县	引江水	85	85	533	112	619	85	499	547	85	85	518	85	3 338
		地表水	623	623	623	623	623	623	623	623	623	623	623	623	7 478
		地下水	239	239	3 018	407	3 555	239	2 808	3 109	239	239	2 926	239	17 259
		再生水	90	90	90	90	90	90	90	90	90	90	90	90	1 078
		小计	1 037	1 037	4 264	1 231	4 888	1 037	4 020	4 369	1 037	1 037	4 157	1 037	29 153
	淮阳区	引江水	252	252	517	273	567	252	497	526	252	252	508	252	4 398
		地表水	520	520	520	520	520	520	520	520	520	520	520	520	6 242
		地下水	279	279	2 747	473	3 215	279	2 564	2 826	279	279	2 666	279	16 163
		再生水	80	80	80	80	80	80	80	80	80	80	80	80	965
		小计	1 131	1 131	3 865	1 346	4 383	1 131	3 662	3 952	1 131	1 131	3 775	1 131	27 768
	太康县	引江水	124	124	672	167	776	124	632	690	124	124	655	124	4 338
		地表水	733	733	733	733	733	733	733	733	733	733	733	733	8 790
		地下水	188	188	3 002	410	3 535	188	2 793	3 092	188	188	2 910	188	16 872
		再生水	105	105	105	105	105	105	105	105	105	105	105	105	1 260
		小计	1 150	1 150	4 512	1 415	5 149	1 150	4 262	4 619	1 150	1 150	4 402	1 150	31 260
	鹿邑县	引江水	313	313	1 468	242	1 720	313	1 369	1 510	313	313	1 424	313	9 611
		地表水	889	889	889	889	889	889	889	889	889	889	889	889	10 672
		地下水	375	375	1 777	289	2 084	375	1 657	1 829	375	375	1 725	375	11 609
		再生水	126	126	126	126	126	126	126	126	126	126	126	126	1 518
		小计	1 704	1 704	4 261	1 547	4 819	1 704	4 042	4 355	1 704	1 704	4 165	1 704	33 410

续表

2 引调水工程水资源优化调配与水环境保护关键技术与应用

受水对象		分水源供水	1月	2月	3月	4月	5月	6月	7月	8月	9月	10月	11月	12月	合计
商丘市	梁园区	引江水	192	192	383	164	428	192	365	390	192	192	375	192	3 259
		地表水	465	465	465	465	465	465	465	465	465	465	465	465	5 576
		地下水	197	197	871	97	1 030	197	809	898	197	197	844	197	5 732
		再生水	113	113	113	113	113	113	113	113	113	113	113	113	1 358
		小计	968	968	1 831	839	2 036	968	1 751	1 866	968	968	1 796	968	15 925
	睢阳区	引江水	208	208	589	251	652	208	611	665	208	208	541	208	4 560
		地表水	507	507	507	507	507	507	507	507	507	507	507	507	6 088
		地下水	50	50	1 434	222	1 658	50	1 513	1 706	50	50	1 377	50	8 207
		再生水	134	134	134	134	134	134	134	134	134	134	134	134	1 611
		小计	900	900	2 665	1 114	2 951	900	2 766	3 012	900	900	2 560	900	20 466
	柘城县	引江水	57	57	480	93	545	57	470	526	57	57	464	57	2 921
		地表水	622	622	622	622	622	622	622	622	622	622	622	622	7 464
		地下水	50	50	1 698	189	1 952	50	1 657	1 876	50	50	1 633	50	9 307
		再生水	75	75	75	75	75	75	75	75	75	75	75	75	900
		小计	804	804	2 875	978	3 195	804	2 824	3 099	804	804	2 793	804	20 592
	夏邑县	引江水	118	118	547	61	629	118	581	631	118	118	526	118	3 684
		地表水	746	746	746	746	746	746	746	746	746	746	746	746	8 947
		地下水	481	481	2 231	248	2 565	481	2 371	2 573	481	481	2 146	481	15 019
		再生水	92	92	92	92	92	92	92	92	92	92	92	92	1 105
		小计	1 437	1 437	3 616	1 146	4 032	1 437	3 790	4 041	1 437	1 437	3 509	1 437	28 754

续表

受水对象		分水源供水	月份												合计
			1月	2月	3月	4月	5月	6月	7月	8月	9月	10月	11月	12月	
商丘市	永城市	引江水	693	693	1 792	660	2 025	693	1 701	1 831	693	693	1 752	693	13 916
		地表水	1 251	1 251	1 251	1 251	1 251	1 251	1 251	1 251	1 251	1 251	1 251	1 251	15 010
		地下水	544	544	3 131	466	3 679	544	2 916	3 223	544	544	3 036	544	19 715
		再生水	326	326	326	326	326	326	326	326	326	326	326	325	3 914
		小计	2 814	2 814	6 500	2 703	7 281	2 814	6 194	6 631	2 814	2 814	6 365	2 814	52 556
受水区合计		引江水	2 042	2 042	6 982	2 022	7 962	2 042	6 725	7 316	2 042	2 042	6 763	2 042	50 024
		地表水	6 356	6 356	6 356	6 356	6 356	6 356	6 356	6 356	6 356	6 356	6 356	6 356	76 267
		地下水	2 404	2 404	19 910	2 800	23 272	2 404	19 088	21 130	2 404	2 404	19 262	2 404	119 883
		再生水	1 142	1 142	1 142	1 142	1 142	1 142	1 142	1 142	1 142	1 142	1 142	1 142	13 708
		合计	11 944	11 944	34 390	12 320	38 732	11 944	33 311	35 944	11 944	11 944	33 523	11 944	259 882

表 2.15　多年平均下 2030 年河南受水区用水户逐月优化配水方案

单位:万 m³

受水对象		分用户配水	1月	2月	3月	4月	5月	6月	7月	8月	9月	10月	11月	12月	合计
周口市	郸城县	生活	391	391	391	391	391	391	391	391	391	391	391	391	4 695
		农业	280	280	3 507	475	4 131	280	3 263	3 612	280	280	3 400	280	20 071
		工业	340	340	340	340	340	340	340	340	340	340	340	340	4 083
		生态	25	25	25	25	25	25	25	25	25	25	25	25	304
		合计	1 037	1 037	4 264	1 231	4 888	1 037	4 020	4 369	1 037	1 037	4 157	1 037	29 153
	淮阳区	生活	386	386	386	386	386	386	386	386	386	386	386	386	4 632
		农业	322	322	3 056	538	3 574	322	2 853	3 143	322	322	2 967	322	18 066
		工业	294	294	294	294	294	294	294	294	294	294	294	294	3 522
		生态	129	129	129	129	129	129	129	129	129	129	129	129	1 548
		合计	1 131	1 131	3 865	1 346	4 383	1 131	3 662	3 952	1 131	1 131	3 775	1 131	27 768
	太康县	生活	436	436	436	436	436	436	436	436	436	436	436	436	5 236
		农业	231	231	3 592	495	4 229	231	3 343	3 699	231	231	3 482	231	20 225
		工业	402	402	402	402	402	402	402	402	402	402	402	402	4 825
		生态	81	81	81	81	81	81	81	81	81	81	81	81	975
		合计	1 150	1 150	4 512	1 415	5 149	1 150	4 262	4 619	1 150	1 150	4 402	1 150	31 260
	鹿邑县	生活	411	411	411	411	411	411	411	411	411	411	411	411	4 930
		农业	683	683	3 240	526	3 798	683	3 021	3 334	683	683	3 144	683	21 162
		工业	548	548	548	548	548	548	548	548	548	548	548	548	6 573
		生态	62	62	62	62	62	62	62	62	62	62	62	62	744
		合计	1 704	1 704	4 261	1 547	4 819	1 704	4 042	4 355	1 704	1 704	4 165	1 704	33 410

续表

受水对象		分用户配水	月份												合计
			1月	2月	3月	4月	5月	6月	7月	8月	9月	10月	11月	12月	
商丘市	梁园区	生活	328	328	328	328	328	328	328	328	328	328	328	328	3 939
		农业	276	276	1 140	148	1 344	276	1 060	1 174	276	276	1 105	276	7 626
		工业	253	253	253	253	253	253	253	253	253	253	253	253	3 041
		生态	110	110	110	110	110	110	110	110	110	110	110	110	1 319
		合计	968	968	1 831	839	2 036	968	1 751	1 866	968	968	1 796	968	15 925
	睢阳区	生活	398	398	398	398	398	398	398	398	398	398	398	398	4 770
		农业	92	92	1 858	307	2 144	92	1 959	2 205	92	92	1 753	92	10 780
		工业	354	354	354	354	354	354	354	354	354	354	354	354	4 249
		生态	56	56	56	56	56	56	56	56	56	56	56	56	666
		合计	900	900	2 665	1 114	2 951	900	2 766	3 012	900	900	2 560	900	20 466
	柘城县	生活	320	320	320	320	320	320	320	320	320	320	320	320	3 835
		农业	163	163	2 234	337	2 553	163	2 183	2 458	163	163	2 152	163	12 898
		工业	256	256	256	256	256	256	256	256	256	256	256	256	3 070
		生态	66	66	66	66	66	66	66	66	66	66	66	66	788
		合计	804	804	2 875	978	3 195	804	2 824	3 099	804	804	2 793	804	20 592
	夏邑县	生活	402	402	402	402	402	402	402	402	402	402	402	402	4 829
		农业	697	697	2 877	407	3 293	697	3 051	3 302	697	697	2 770	697	19 884
		工业	291	291	291	291	291	291	291	291	291	291	291	291	3 494
		生态	46	46	46	46	46	46	46	46	46	46	46	46	547
		合计	1 437	1 437	3 616	1 146	4 032	1 437	3 790	4 041	1 437	1 437	3 509	1 437	28 754

续表

受水对象		分用户配水	月份												合计
			1月	2月	3月	4月	5月	6月	7月	8月	9月	10月	11月	12月	
商丘市	永城市	生活	631	631	631	631	631	631	631	631	631	631	631	631	7 569
		农业	855	855	4 541	744	5 322	855	4 235	4 673	855	855	4 407	855	29 050
		工业	1 088	1 088	1 088	1 088	1 088	1 088	1 088	1 088	1 088	1 088	1 088	1 088	13 056
		生态	240	240	240	240	240	240	240	240	240	240	240	240	2 880
		合计	2 814	2 814	6 500	2 703	7 281	2 814	6 194	6 631	2 814	2 814	6 365	2 814	52 556
受水区合计		生活	3 703	3 703	3 703	3 703	3 703	3 703	3 703	3 703	3 703	3 703	3 703	3 703	44 435
		农业	3 600	3 600	26 046	3 977	30 389	3 600	24 968	27 601	3 600	3 600	25 179	3 600	159 763
		工业	3 826	3 826	3 826	3 826	3 826	3 826	3 826	3 826	3 826	3 826	3 826	3 826	45 913
		生态	814	814	814	814	814	814	814	814	814	814	814	814	9 772
		合计	11 944	11 944	34 390	12 320	38 732	11 944	33 311	35 944	11 944	11 944	33 523	11 944	259 882

表 2.16 多年平均下 2040 年河南受水区多水源逐月优化配水方案

单位:万 m³

受水对象		分水源供水	1月	2月	3月	4月	5月	6月	7月	8月	9月	10月	11月	12月	合计
周口市	郸城县	引江水	192	192	748	206	859	192	704	766	192	192	728	192	5 164
		地表水	649	649	649	649	649	649	649	649	649	649	649	649	7 793
		地下水	330	330	2 914	393	3 433	330	2 711	3 002	330	330	2 825	330	17 259
		再生水	179	179	179	179	179	179	179	179	179	179	179	179	2 146
		小计	1 351	1 351	4 490	1 426	5 120	1 351	4 243	4 596	1 351	1 351	4 382	1 351	32 362
	淮阳区	引江水	233	233	622	243	700	233	591	635	233	233	608	233	4 795
		地表水	680	680	680	680	680	680	680	680	680	680	680	680	8 157
		地下水	391	391	2 619	451	3 065	391	2 445	2 694	391	391	2 543	391	16 163
		再生水	160	160	160	160	160	160	160	160	160	160	160	160	1 923
		小计	1 464	1 464	4 081	1 534	4 605	1 464	3 876	4 169	1 464	1 464	3 991	1 464	31 038
	太康县	引江水	238	238	690	269	777	238	656	705	238	238	675	238	5 202
		地表水	732	732	732	732	732	732	732	732	732	732	732	732	8 789
		地下水	227	227	2 957	411	3 481	227	2 752	3 045	227	227	2 867	227	16 872
		再生水	208	208	208	208	208	208	208	208	208	208	208	208	2 501
		小计	1 406	1 406	4 588	1 620	5 199	1 406	4 349	4 691	1 406	1 406	4 483	1 406	33 364
	鹿邑县	引江水	422	422	1 595	395	1 841	422	1 498	1 636	422	422	1 552	422	11 047
		地表水	932	932	932	932	932	932	932	932	932	932	932	932	11 188
		地下水	330	330	1 828	297	2 143	330	1 704	1 881	330	330	1 774	330	11 609
		再生水	274	274	274	274	274	274	274	274	274	274	274	274	3 285
		小计	1 958	1 958	4 629	1 898	5 190	1 958	4 409	4 723	1 958	1 958	4 532	1 958	37 129

续表

受水对象		分水源供水	月份												合计
			1月	2月	3月	4月	5月	6月	7月	8月	9月	10月	11月	12月	
商丘市	梁园区	引江水	301	301	444	286	477	301	432	450	301	301	439	301	4 334
		地表水	489	489	489	489	489	489	489	489	489	489	489	489	5 866
		地下水	175	175	897	100	1 061	175	833	925	175	175	869	175	5 732
		再生水	175	175	175	175	175	175	175	175	175	175	175	175	2 095
		小计	1 139	1 139	2 005	1 050	2 201	1 139	1 928	2 038	1 139	1 139	1 971	1 139	18 027
	睢阳区	引江水	326	326	580	333	631	326	560	589	326	326	571	326	5 219
		地表水	512	512	512	512	512	512	512	512	512	512	512	512	6 148
		地下水	144	144	1 402	180	1 654	144	1 304	1 445	144	144	1 359	144	8 207
		再生水	217	217	217	217	217	217	217	217	217	217	217	217	2 607
		小计	1 199	1 199	2 712	1 242	3 014	1 199	2 594	2 763	1 199	1 199	2 660	1 199	22 180
	柘城县	引江水	211	211	612	184	700	211	577	627	211	211	597	211	4 564
		地表水	557	557	557	557	557	557	557	557	557	557	557	557	6 679
		地下水	278	278	1 457	199	1 715	278	1 355	1 500	278	278	1 412	278	9 307
		再生水	151	151	151	151	151	151	151	151	151	151	151	151	1 815
		小计	1 197	1 197	2 776	1 091	3 123	1 197	2 641	2 835	1 197	1 197	2 717	1 197	22 365
	夏邑县	引江水	147	147	936	209	1 085	147	877	961	147	147	910	147	5 856
		地表水	666	666	666	666	666	666	666	666	666	666	666	666	7 997
		地下水	113	113	2 744	320	3 243	113	2 549	2 828	113	113	2 658	113	15 019
		再生水	183	183	183	183	183	183	183	183	183	183	183	183	2 197
		小计	1 109	1 109	4 529	1 378	5 177	1 109	4 275	4 638	1 109	1 109	4 418	1 109	31 069

续表

受水对象		分水源供水	月份												合计
			1月	2月	3月	4月	5月	6月	7月	8月	9月	10月	11月	12月	
商丘市	永城市	引江水	965	965	2 070	973	2 296	965	1 982	2 108	965	965	2 032	965	17 254
		地表水	1 322	1 322	1 322	1 322	1 322	1 322	1 322	1 322	1 322	1 322	1 322	1 322	15 868
		地下水	460	460	3 227	478	3 792	460	3 005	3 322	460	460	3 129	460	19 715
		再生水	498	498	498	498	498	498	498	498	498	498	498	498	5 972
		小计	3 246	3 246	7 117	3 271	7 908	3 246	6 807	7 250	3 246	3 246	6 981	3 246	58 809
受水区合计		引江水	3 035	3 035	8 297	3 098	9 366	3 035	7 878	8 477	3 035	3 035	8 112	3 035	63 436
		地表水	6 540	6 540	6 540	6 540	6 540	6 540	6 540	6 540	6 540	6 540	6 540	6 540	78 485
		地下水	2 448	2 448	20 046	2 829	23 587	2 448	18 658	20 642	2 448	2 448	19 435	2 448	119 883
		再生水	2 045	2 045	2 045	2 045	2 045	2 045	2 045	2 045	2 045	2 045	2 045	2 045	24 540
		合计	14 068	14 068	36 928	14 512	41 538	14 068	35 121	37 704	14 068	14 068	36 133	14 068	286 344

表 2.17　多年平均下 2040 年河南受水区用水户逐月优化配水方案

单位:万 m³

受水对象		分用户配水	1月	2月	3月	4月	5月	6月	7月	8月	9月	10月	11月	12月	合计
周口市	郸城县	生活	496	496	496	496	496	496	496	496	496	496	496	496	5 947
		农业	408	408	3 547	483	4 177	408	3 300	3 653	408	408	3 439	408	21 045
		工业	410	410	410	410	410	410	410	410	410	410	410	410	4 924
		生态	37	37	37	37	37	37	37	37	37	37	37	37	446
		合计	1 351	1 351	4 490	1 426	5 120	1 351	4 243	4 596	1 351	1 351	4 382	1 351	32 362
	淮阳区	生活	493	493	493	493	493	493	493	493	493	493	493	493	5 919
		农业	469	469	3 087	540	3 611	469	2 882	3 175	469	469	2 997	469	19 108
		工业	352	352	352	352	352	352	352	352	352	352	352	352	4 224
		生态	149	149	149	149	149	149	149	149	149	149	149	149	1 787
		合计	1 464	1 464	4 081	1 534	4 605	1 464	3 876	4 169	1 464	1 464	3 991	1 464	31 038
	太康县	生活	540	540	540	540	540	540	540	540	540	540	540	540	6 476
		农业	277	277	3 459	491	4 070	277	3 220	3 562	277	277	3 354	277	19 816
		工业	488	488	488	488	488	488	488	488	488	488	488	488	5 858
		生态	101	101	101	101	101	101	101	101	101	101	101	101	1 214
		合计	1 406	1 406	4 588	1 620	5 199	1 406	4 349	4 691	1 406	1 406	4 483	1 406	33 364
	鹿邑县	生活	507	507	507	507	507	507	507	507	507	507	507	507	6 081
		农业	590	590	3 260	530	3 822	590	3 040	3 355	590	590	3 163	590	20 709
		工业	785	785	785	785	785	785	785	785	785	785	785	785	9 418
		生态	77	77	77	77	77	77	77	77	77	77	77	77	921
		合计	1 958	1 958	4 629	1 898	5 190	1 958	4 409	4 723	1 958	1 958	4 532	1 958	37 129

续表

受水对象		分用户配水	月份												合计
			1月	2月	3月	4月	5月	6月	7月	8月	9月	10月	11月	12月	
商丘市	梁园区	生活	400	400	400	400	400	400	400	400	400	400	400	400	4 796
		农业	254	254	1 120	165	1 316	254	1 043	1 153	254	254	1 086	254	7 405
		工业	351	351	351	351	351	351	351	351	351	351	351	351	4 217
		生态	134	134	134	134	134	134	134	134	134	134	134	134	1 608
		合计	1 139	1 139	2 005	1 050	2 201	1 139	1 928	2 038	1 139	1 139	1 971	1 139	18 027
	睢阳区	生活	486	486	486	486	486	486	486	486	486	486	486	486	5 837
		农业	210	210	1 723	253	2 025	210	1 604	1 774	210	210	1 671	210	10 309
		工业	436	436	436	436	436	436	436	436	436	436	436	436	5 228
		生态	67	67	67	67	67	67	67	67	67	67	67	67	806
		合计	1 199	1 199	2 712	1 242	3 014	1 199	2 594	2 763	1 199	1 199	2 660	1 199	22 180
	柘城县	生活	392	392	392	392	392	392	392	392	392	392	392	392	4 710
		农业	380	380	1 959	274	2 306	380	1 824	2 018	380	380	1 900	380	12 562
		工业	352	352	352	352	352	352	352	352	352	352	352	352	4 224
		生态	72	72	72	72	72	72	72	72	72	72	72	72	869
		合计	1 197	1 197	2 776	1 091	3 123	1 197	2 641	2 835	1 197	1 197	2 717	1 197	22 365
	夏邑县	生活	498	498	498	498	498	498	498	498	498	498	498	498	5 977
		农业	165	165	3 585	435	4 234	165	3 332	3 695	165	165	3 474	165	19 744
		工业	392	392	392	392	392	392	392	392	392	392	392	392	4 708
		生态	53	53	53	53	53	53	53	53	53	53	53	53	640
		合计	1 109	1 109	4 529	1 378	5 177	1 109	4 275	4 638	1 109	1 109	4 418	1 109	31 069

续表

受水对象		分用户配水	月份												合计
			1月	2月	3月	4月	5月	6月	7月	8月	9月	10月	11月	12月	
商丘市	永城市	生活	753	753	753	753	753	753	753	753	753	753	753	753	9 036
		农业	779	779	4 650	804	5 441	779	4 340	4 783	779	779	4 514	779	29 205
		工业	1 442	1 442	1 442	1 442	1 442	1 442	1 442	1 442	1 442	1 442	1 442	1 442	17 303
		生态	272	272	272	272	272	272	272	272	272	272	272	272	3 265
		合计	3 246	3 246	7 117	3 271	7 908	3 246	6 807	7 250	3 246	3 246	6 981	3 246	58 809
受水区合计		生活	4 565	4 565	4 565	4 565	4 565	4 565	4 565	4 565	4 565	4 565	4 565	4 565	54 780
		农业	3 531	3 531	26 391	3 975	31 002	3 531	24 585	27 167	3 531	3 531	25 596	3 531	159 904
		工业	5 009	5 009	5 009	5 009	5 009	5 009	5 009	5 009	5 009	5 009	5 009	5 009	60 104
		生态	963	963	963	963	963	963	963	963	963	963	963	963	11 556
		合计	14 068	14 068	36 928	14 512	41 538	14 068	35 121	37 704	14 068	14 068	36 133	14 068	286 344

表 2.18　多年平均下 2030 年试量调蓄水库月和谐调度方案

时间序列(月)	月初水位(m)	月初库容(万 m³)	入库流量(m³/s)	入库水量(万 m³)	出库流量(m³/s) 郸城县	出库流量(m³/s) 淮阳区	出库流量(m³/s) 太康县	出库水量(万 m³) 郸城县	出库水量(万 m³) 淮阳区	出库水量(万 m³) 太康县	水量损失(万 m³)	月末库容(万 m³)	月末水位(m)
1	37.5	10	1.97	511	0.52	0.57	0.61	134	147	158	1	80	40.9
2	40.9	80	1.70	442	0.52	0.57	0.61	134	147	158	2	80	40.9
3	40.9	80	5.63	1459	1.68	1.98	1.96	435	513	508	2	80	40.9
4	40.9	80	2.06	534	0.62	0.70	0.73	161	180	190	2	80	40.9
5	40.9	80	6.36	1649	1.90	2.24	2.21	492	581	574	2	80	40.9
6	40.9	80	1.70	442	0.52	0.57	0.61	134	147	158	2	80	40.9
7	40.9	80	5.34	1385	1.59	1.88	1.86	413	486	483	3	80	40.9
8	40.9	80	5.76	1492	1.72	2.02	2.00	445	525	519	3	80	40.9
9	40.9	80	1.70	442	0.52	0.57	0.61	134	147	158	2	80	40.9
10	40.9	80	1.70	442	0.52	0.57	0.61	134	147	158	2	80	40.9
11	40.9	80	5.50	1426	1.64	1.93	1.92	426	501	497	2	80	40.9
12	40.9	80	1.70	442	0.52	0.57	0.61	134	147	158	2	80	40.9
合计	—	—	3.38	10666	1.01	1.16	1.18	3176	3668	3719	25	—	—

注：流量值为均值，下表同。

表 2.19　多年平均下 2030 年后陈楼调蓄水库月和谐调度方案

时间序列(月)	月初水位(m)	月初库容(万 m³)	入库流量(m³/s)	入库水量(万 m³)	出库流量(m³/s) 鹿邑县	出库流量(m³/s) 七里桥调蓄水库	出库水量(万 m³) 鹿邑县	出库水量(万 m³) 七里桥调蓄水库	水量损失(万 m³)	月末库容(万 m³)	月末水位(m)
1	37.25	31	11.42	2 959	2.27	8.24	590	2 136	3	262	39.95
2	39.95	262	9.24	2 396	2.27	6.95	590	1 801	5	262	39.95
3	39.95	262	19.98	5 180	4.73	15.24	1 225	3 950	5	262	39.95
4	39.95	262	10.22	2 648	2.50	7.70	647	1 996	5	262	39.95
5	39.95	262	22.00	5 702	5.19	16.79	1 344	4 353	5	262	39.95
6	39.95	262	9.25	2 397	2.27	6.95	590	1 802	5	262	39.95
7	39.95	262	19.20	4 978	4.55	14.63	1 179	3 793	6	262	39.95
8	39.95	262	20.33	5 270	4.80	15.50	1 245	4 018	6	262	39.95
9	39.95	262	9.25	2 397	2.27	6.95	590	1 802	5	262	39.95
10	39.95	262	9.25	2 397	2.27	6.95	590	1 802	5	262	39.95
11	39.95	262	19.64	5 090	4.65	14.97	1 205	3 880	5	262	39.95
12	39.95	262	9.24	2 396	2.27	6.95	590	1 801	5	262	39.95
合计	—	—	13.89	43 810	3.29	10.51	10 385	33 134	60	—	—

表 2.20　多年平均下 2030 年七里桥调蓄水库月和谐调度方案

时间序列(月)	月初水位(m)	月初库容(万 m³)	入库流量(m³/s)	入库水量(万 m³)	出库流量(m³/s) 柘城县	出库流量(m³/s) 新城调蓄水库	出库流量(m³/s) 夏邑出水池	出库水量(万 m³) 柘城县	出库水量(万 m³) 新城调蓄水库	出库水量(万 m³) 夏邑出水池	水量损失(万 m³)	月末库容(万 m³)	月末水位(m)
1	42	17	7.75	2 008	0.32	2.82	4.05	82	730	1 050	2	160	46
2	46	160	6.53	1 693	0.32	2.15	4.05	82	558	1 050	3	160	46
3	46	160	14.32	3 713	1.69	3.39	9.24	438	877	2 394	3	160	46
4	46	160	7.24	1 876	0.44	2.27	4.52	114	588	1 171	3	160	46
5	46	160	15.79	4 092	1.95	3.62	10.21	504	938	2 646	3	160	46
6	46	160	6.54	1 694	0.32	2.16	4.05	82	559	1 050	3	160	46
7	46	160	13.76	3 566	1.59	3.30	8.86	412	855	2 296	3	160	46
8	46	160	14.57	3 777	1.73	3.43	9.40	449	889	2 437	3	160	46
9	46	160	6.54	1 694	0.32	2.16	4.05	82	559	1 050	3	160	46
10	46	160	6.54	1 694	0.32	2.16	4.05	82	559	1 050	3	160	46
11	46	160	14.07	3 647	1.65	3.35	9.07	426	867	2 351	3	160	46
12	46	160	6.53	1 693	0.32	2.15	4.05	82	558	1 050	3	160	46
合计	—	—	9.88	31 147	0.90	2.71	6.21	2 835	8 537	19 595	35	—	—

表 2.21　多年平均下 2030 年新城调蓄水库月和谐调度方案

时间序列(月)	月初水位(m)	月初库容(万 m³)	入库流量(m³/s)	入库水量(万 m³)	出库流量(m³/s) 梁园区	出库流量(m³/s) 睢阳区	出库水量(万 m³) 梁园区	出库水量(万 m³) 睢阳区	水量损失(万 m³)	月末库容(万 m³)	月末水位(m)
1	42.2	12	2.65	686	0.64	1.37	166	355	2	175	48.5
2	48.5	175	2.02	524	0.64	1.37	166	355	3	175	48.5
3	48.5	175	3.18	825	1.58	1.59	410	412	3	175	48.5
4	48.5	175	2.13	552	0.72	1.39	188	361	4	175	48.5
5	48.5	175	3.40	882	1.76	1.63	455	423	4	175	48.5
6	48.5	175	2.03	525	0.64	1.37	166	355	4	175	48.5
7	48.5	175	3.10	804	1.51	1.57	392	408	4	175	48.5
8	48.5	175	3.22	835	1.61	1.60	417	414	4	175	48.5
9	48.5	175	2.03	525	0.64	1.37	166	355	4	175	48.5
10	48.5	175	2.03	525	0.64	1.37	166	355	4	175	48.5
11	48.5	175	3.14	815	1.55	1.58	402	410	3	175	48.5
12	48.5	175	2.02	524	0.64	1.37	166	355	3	175	48.5
合计	—	—	2.54	8 022	1.03	1.45	3 260	4 558	42	—	—

表 2.22　多年平均下 2040 年试量调蓄水库月和谐调度方案

时间序列(月)	月初水位(m)	月初库容(万 m³)	入库流量(m³/s)	入库水量(万 m³)	出库流量(m³/s) 郸城县	出库流量(m³/s) 淮阳区	出库流量(m³/s) 太康县	出库水量(万 m³) 郸城县	出库水量(万 m³) 淮阳区	出库水量(万 m³) 太康县	水量损失(万 m³)	月末库容(万 m³)	月末水位(m)
1	37.5	10	2.69	698	0.84	0.80	0.78	217	208	202	1	80	40.9
2	40.9	80	2.43	629	0.84	0.80	0.78	217	208	202	2	80	40.9
3	40.9	80	7.86	2 037	2.59	2.61	2.65	670	677	687	2	80	40.9
4	40.9	80	2.92	756	0.99	0.97	0.95	258	250	246	2	80	40.9
5	40.9	80	8.87	2 300	2.91	2.95	3.00	755	765	777	2	80	40.9
6	40.9	80	2.43	629	0.84	0.80	0.78	217	208	202	2	80	40.9
7	40.9	80	7.46	1 934	2.46	2.48	2.51	637	643	651	3	80	40.9
8	40.9	80	8.03	2 082	2.64	2.67	2.71	685	692	702	3	80	40.9
9	40.9	80	2.43	629	0.84	0.80	0.78	217	208	202	2	80	40.9
10	40.9	80	2.43	629	0.84	0.80	0.78	217	208	202	2	80	40.9
11	40.9	80	7.68	1 991	2.53	2.56	2.59	656	662	671	2	80	40.9
12	40.9	80	2.43	629	0.84	0.80	0.78	217	208	202	2	80	40.9
合计	—	—	4.74	14 943	1.57	1.57	1.57	4 963	4 937	4 946	25.00	—	—

表 2.23　多年平均下 2040 年后陈楼调蓄水库月和谐调度方案

时间序列(月)	月初水位(m)	月初库容(万 m³)	入库流量(m³/s)	入库水量(万 m³)	出库流量(m³/s) 鹿邑县	出库流量(m³/s) 七里桥调蓄水库	出库水量(万 m³) 鹿邑县	出库水量(万 m³) 七里桥调蓄水库	水量损失(万 m³)	月末库容(万 m³)	月末水位(m)
1	37.25	31	13.48	3 494	2.69	9.89	697	2 563	3	262	39.95
2	39.95	262	11.31	2 930	2.69	8.60	697	2 228	5	262	39.95
3	39.95	262	24.71	6 406	5.54	19.16	1 436	4 965	5	262	39.95
4	39.95	262	12.52	3 246	2.95	9.55	764	2 477	5	262	39.95
5	39.95	262	27.23	7 058	6.07	21.13	1 574	5 478	5	262	39.95
6	39.95	262	11.31	2 932	2.69	8.60	697	2 229	6	262	39.95
7	39.95	262	23.74	6 153	5.33	18.39	1 382	4 765	6	262	39.95
8	39.95	262	25.15	6 518	5.63	19.49	1 459	5 052	5	262	39.95
9	39.95	262	11.31	2 932	2.69	8.60	697	2 229	5	262	39.95
10	39.95	262	11.31	2 932	2.69	8.60	697	2 229	5	262	39.95
11	39.95	262	24.28	6 294	5.45	18.81	1 412	4 877	5	262	39.95
12	39.95	262	11.31	2 930	2.69	8.60	697	2 228	5	262	39.95
合计	—	—	17.07	53 825	3.87	13.10	12 209	41 320	60	—	—

表 2.24　多年平均下 2040 年七里桥调蓄水库月和谐调度方案

时间序列(月)	月初水位(m)	月初库容(万 m³)	入库流量(m³/s)	入库水量(万 m³)	出库流量(m³/s) 柘城县	出库流量(m³/s) 新城调蓄水库	出库流量(m³/s) 夏邑出水池	出库水量(万 m³) 柘城县	出库水量(万 m³) 新城调蓄水库	出库水量(万 m³) 夏邑出水池	水量损失(万 m³)	月末库容(万 m³)	月末水位(m)
1	42	17	9.30	2 409	0.41	3.29	5.03	106	853	1 305	2	160	46
2	46	160	8.08	2 095	0.41	2.63	5.03	106	681	1 305	3	160	46
3	46	160	18.01	4 667	2.41	4.13	11.45	625	1 071	2 969	3	160	46
4	46	160	8.98	2 328	0.59	2.77	5.61	153	717	1 455	3	160	46
5	46	160	19.87	5 149	2.78	4.42	12.65	722	1 145	3 280	3	160	46
6	46	160	8.08	2 096	0.41	2.63	5.03	106	682	1 305	3	160	46
7	46	160	17.28	4 480	2.26	4.02	10.98	587	1 043	2 847	3	160	46
8	46	160	18.32	4 749	2.47	4.18	11.66	641	1 084	3 021	3	160	46
9	46	160	8.08	2 096	0.41	2.63	5.03	106	682	1 305	3	160	46
10	46	160	8.08	2 096	0.41	2.63	5.03	106	682	1 305	3	160	46
11	46	160	17.69	4 584	2.35	4.08	11.25	608	1 058	2 915	3	160	46
12	46	160	8.08	2 095	0.41	2.63	5.03	106	681	1 305	3	160	46
合计	—	—	12.32	38 844	1.26	3.29	7.71	3 972	10 379	24 317	35	—	—

表 2.25 多年平均下 2040 年新城调蓄水库月和谐调调度方案

时间序列(月)	月初水位(m)	月初库容(万 m³)	入库流量(m³/s)	入库水量(万 m³)	出库流量(m³/s) 梁园区	出库流量(m³/s) 睢阳区	出库水量(万 m³) 梁园区	出库水量(万 m³) 睢阳区	水量损失(万 m³)	月末库容(万 m³)	月末水位(m)
1	42.2	12	3.09	802	0.89	1.57	231	406	2	175	48.5
2	48.5	175	2.47	640	0.89	1.57	231	406	3	175	48.5
3	48.5	175	3.88	1 007	2.05	1.82	531	472	3	175	48.5
4	48.5	175	2.60	674	1.00	1.59	258	412	4	175	48.5
5	48.5	175	4.15	1 076	2.27	1.87	587	485	4	175	48.5
6	48.5	175	2.47	641	0.89	1.57	231	406	4	175	48.5
7	48.5	175	3.78	981	1.96	1.80	509	468	4	175	48.5
8	48.5	175	3.93	1 019	2.09	1.83	541	475	4	175	48.5
9	48.5	175	2.47	641	0.89	1.57	231	406	4	175	48.5
10	48.5	175	2.47	641	0.89	1.57	231	406	4	175	48.5
11	48.5	175	3.84	995	2.01	1.81	521	470	3	175	48.5
12	48.5	175	2.47	640	0.89	1.57	231	406	3	175	48.5
合计	—	—	3.09	9 757	1.37	1.65	4 333	5 218	42	—	—

表 2.26 多年平均下 2030 年河南受水区多水源逐月和谐配水方案

单位:万 m³

受水对象		分水源供水	1月	2月	3月	4月	5月	6月	7月	8月	9月	10月	11月	12月	合计
周口市	郸城县	引江水	134	134	435	161	492	134	413	445	134	134	426	134	3 177
		地表水	394	394	923	441	1 022	394	884	940	394	394	906	394	7 478
		地下水	908	908	2 131	1 019	2 359	908	2 041	2 169	908	908	2 091	908	17 259
		再生水	90	90	90	90	90	90	90	90	90	90	90	90	1 078
		合计	1 526	1 526	3 579	1 711	3 963	1 526	3 429	3 644	1 526	1 526	3 513	1 526	28 992
	淮阳区	引江水	147	147	513	180	581	147	486	525	147	147	501	147	3 671
		地表水	307	307	799	351	891	307	763	814	307	307	783	307	6 242
		地下水	794	794	2 069	909	2 307	794	1 975	2 109	794	794	2 028	794	16 163
		再生水	80	80	80	80	80	80	80	80	80	80	80	80	965
		合计	1 329	1 329	3 461	1 521	3 860	1 329	3 305	3 529	1 329	1 329	3 393	1 329	27 041
	太康县	引江水	158	158	508	190	574	158	483	519	158	158	497	158	3 722
		地表水	465	465	1 082	520	1 198	465	1 037	1 102	465	465	1 062	465	8 790
		地下水	892	892	2 078	999	2 299	892	1 991	2 115	892	892	2 039	892	16 872
		再生水	105	105	105	105	105	105	105	105	105	105	105	105	1 260
		合计	1 620	1 620	3 773	1 814	4 176	1 620	3 615	3 841	1 620	1 620	3 704	1 620	30 644
	鹿邑县	引江水	590	590	1 225	647	1 344	590	1 179	1 245	590	590	1 205	590	10 383
		地表水	642	642	1 212	694	1 319	642	1 170	1 230	642	642	1 194	642	10 672
		地下水	699	699	1 319	755	1 435	699	1 273	1 338	699	699	1 299	699	11 609
		再生水	126	126	126	126	126	126	126	126	126	126	126	126	1 518
		合计	2 057	2 057	3 883	2 222	4 224	2 057	3 749	3 940	2 057	2 057	3 824	2 057	34 181

续表

受水对象		分水源供水	月份												合计
			1月	2月	3月	4月	5月	6月	7月	8月	9月	10月	11月	12月	
商丘市	梁园区	引江水	166	166	410	188	455	166	392	417	166	166	402	166	3 259
		地表水	337	337	632	364	687	337	610	641	337	337	622	337	5 576
		地下水	346	346	649	374	706	346	627	659	346	346	639	346	5 732
		再生水	113	113	113	113	113	113	113	113	113	113	113	113	1 358
		合计	962	962	1 804	1 038	1 961	962	1 742	1 830	962	962	1 777	962	15 925
	睢阳区	引江水	355	355	412	361	423	355	408	414	355	355	410	355	4 560
		地表水	483	483	539	488	549	483	535	541	483	483	537	483	6 088
		地下水	651	651	727	658	741	651	721	729	651	651	724	651	8 207
		再生水	134	134	134	134	134	134	134	134	134	134	134	134	1 611
		合计	1 624	1 624	1 812	1 641	1 847	1 624	1 798	1 818	1 624	1 624	1 806	1 624	20 466
	柘城县	引江水	82	82	438	114	504	82	412	449	82	82	426	82	2 837
		地表水	314	314	1 024	378	1 157	314	972	1 047	314	314	1 002	314	7 464
		地下水	391	391	1 277	471	1 443	391	1 212	1 305	391	391	1 249	391	9 307
		再生水	75	75	75	75	75	75	75	75	75	75	75	75	900
		合计	862	862	2 815	1 039	3 180	862	2 672	2 876	862	862	2 752	862	20 508
	夏邑县	引江水	136	136	441	164	498	136	419	451	136	136	431	136	3 221
		地表水	472	472	1 103	529	1 220	472	1 056	1 122	472	472	1 082	472	8 947
		地下水	793	793	1 851	888	2 049	793	1 773	1 884	793	793	1 817	793	15 019
		再生水	92	92	92	92	92	92	92	92	92	92	92	92	1 105
		合计	1 493	1 493	3 486	1 673	3 859	1 493	3 340	3 549	1 493	1 493	3 422	1 493	28 292

续表

受水对象		分水源供水	月份												合计
			1月	2月	3月	4月	5月	6月	7月	8月	9月	10月	11月	12月	
商丘市	永城市	引江水	851	851	1 810	937	1 989	851	1 739	1 840	851	851	1 779	851	15 199
		地表水	924	924	1 677	992	1 818	924	1 622	1 701	924	924	1 653	924	15 010
		地下水	1 214	1 214	2 203	1 303	2 388	1 214	2 131	2 234	1 214	1 214	2 171	1 214	19 715
		再生水	326	326	326	326	326	326	326	326	326	326	326	326	3 914
		合计	3 315	3 315	6 016	3 559	6 522	3 315	5 818	6 101	3 315	3 315	5 929	3 315	53 838
河南受水区		引江水	2 620	2 620	6 193	2 943	6 861	2 620	5 931	6 305	2 620	2 620	6 077	2 620	50 028
		地表水	4 338	4 338	8 992	4 758	9 862	4 338	8 650	9 138	4 338	4 338	8 841	4 338	76 267
		地下水	6 689	6 689	14 303	7 376	15 728	6 689	13 745	14 543	6 689	6 689	14 057	6 689	119 883
		再生水	1 142	1 142	1 142	1 142	1 142	1 142	1 142	1 142	1 142	1 142	1 142	1 142	13 708
		合计	14 788	14 788	30 629	16 219	33 593	14 788	29 468	31 128	14 788	14 788	30 118	14 788	259 886

注：表中数据为四舍五入后数值，合计计算应用原始数据。表 2.27 至表 2.29 同。

表 2.27 多年平均下 2030 年河南受水区用水户逐月和谐配水方案

单位:万 m³

受水对象		分用户配水	1月	2月	3月	4月	5月	6月	7月	8月	9月	10月	11月	12月	合计
周口市	郸城县	生活	391	391	391	391	391	391	391	391	391	391	391	391	4 695
		农业	769	769	2 822	954	3 206	769	2 672	2 887	769	769	2 756	769	19 910
		工业	340	340	340	340	340	340	340	340	340	340	340	340	4 083
		生态	25	25	25	25	25	25	25	25	25	25	25	25	304
		合计	1 526	1 526	3 579	1 711	3 963	1 526	3 429	3 644	1 526	1 526	3 513	1 526	28 992
	淮阳区	生活	386	386	386	386	386	386	386	386	386	386	386	386	4 632
		农业	520	520	2 653	713	3 052	520	2 497	2 720	520	520	2 584	520	17 339
		工业	294	294	294	294	294	294	294	294	294	294	294	294	3 522
		生态	129	129	129	129	129	129	129	129	129	129	129	129	1 548
		合计	1 329	1 329	3 461	1 521	3 860	1 329	3 305	3 529	1 329	1 329	3 393	1 329	27 041
	太康县	生活	436	436	436	436	436	436	436	436	436	436	436	436	5 236
		农业	700	700	2 854	895	3 257	700	2 696	2 922	700	700	2 784	700	19 608
		工业	402	402	402	402	402	402	402	402	402	402	402	402	4 825
		生态	81	81	81	81	81	81	81	81	81	81	81	81	975
		合计	1 620	1 620	3 773	1 814	4 176	1 620	3 615	3 841	1 620	1 620	3 704	1 620	30 644
	鹿邑县	生活	411	411	411	411	411	411	411	411	411	411	411	411	4 930
		农业	1 036	1 036	2 862	1 201	3 204	1 036	2 728	2 919	1 036	1 036	2 803	1 036	21 933
		工业	548	548	548	548	548	548	548	548	548	548	548	548	6 573
		生态	62	62	62	62	62	62	62	62	62	62	62	62	744
		合计	2 057	2 057	3 883	2 222	4 224	2 057	3 749	3 940	2 057	2 057	3 824	2 057	34 181

续表

受水对象		分用户配水	月份												合计
			1月	2月	3月	4月	5月	6月	7月	8月	9月	10月	11月	12月	
商丘市	梁园区	生活	328	328	328	328	328	328	328	328	328	328	328	328	3 939
		农业	271	271	1 112	347	1 270	271	1 050	1 139	271	271	1 085	271	7 626
		工业	253	253	253	253	253	253	253	253	253	253	253	253	3 041
		生态	110	110	110	110	110	110	110	110	110	110	110	110	1 319
		合计	962	962	1 804	1 038	1 961	962	1 742	1 830	962	962	1 777	962	15 925
	睢阳区	生活	398	398	398	398	398	398	398	398	398	398	398	398	4 770
		农业	817	817	1 005	834	1 040	817	991	1 011	817	817	999	817	10 781
		工业	354	354	354	354	354	354	354	354	354	354	354	354	4 249
		生态	56	56	56	56	56	56	56	56	56	56	56	56	666
		合计	1 624	1 624	1 812	1 641	1 847	1 624	1 798	1 818	1 624	1 624	1 806	1 624	20 466
	柘城县	生活	320	320	320	320	320	320	320	320	320	320	320	320	3 835
		农业	221	221	2 174	398	2 539	221	2 031	2 235	221	221	2 111	221	12 815
		工业	256	256	256	256	256	256	256	256	256	256	256	256	3 070
		生态	66	66	66	66	66	66	66	66	66	66	66	66	788
		合计	862	862	2 815	1 039	3 180	862	2 672	2 876	862	862	2 752	862	20 508
	夏邑县	生活	402	402	402	402	402	402	402	402	402	402	402	402	4 829
		农业	754	754	2 747	934	3 120	754	2 601	2 810	754	754	2 683	754	19 422
		工业	291	291	291	291	291	291	291	291	291	291	291	291	3 494
		生态	46	46	46	46	46	46	46	46	46	46	46	46	547
		合计	1 493	1 493	3 486	1 673	3 859	1 493	3 340	3 549	1 493	1 493	3 422	1 493	28 292

续表

受水对象		分用户配水	月份											
			1月	2月	3月	4月	5月	6月	7月	8月	9月	10月	11月	12月	合计
商丘市	永城市	生活	631	631	631	631	631	631	631	631	631	631	631	631	7 569
		农业	1 357	1 357	4 058	1 600	4 563	1 357	3 860	4 143	1 357	1 357	3 970	1 357	30 333
		工业	1 088	1 088	1 088	1 088	1 088	1 088	1 088	1 088	1 088	1 088	1 088	1 088	13 056
		生态	240	240	240	240	240	240	240	240	240	240	240	240	2 880
		合计	3 315	3 315	6 016	3 559	6 522	3 315	5 818	6 101	3 315	3 315	5 929	3 315	53 838
河南受水区		生活	3 703	3 703	3 703	3 703	3 703	3 703	3 703	3 703	3 703	3 703	3 703	3 703	44 435
		农业	6 445	6 445	22 286	7 876	25 250	6 445	21 125	22 785	6 445	6 445	21 775	6 445	159 767
		工业	3 826	3 826	3 826	3 826	3 826	3 826	3 826	3 826	3 826	3 826	3 826	3 826	45 913
		生态	814	814	814	814	814	814	814	814	814	814	814	814	9 772
		合计	14 788	14 788	30 629	16 219	33 593	14 788	29 468	31 128	14 788	14 788	30 118	14 788	259 886

表 2.28　多年平均下 2040 年河南受水区多水源逐月和谐配水方案

单位:万 m³

受水对象		分水源供水	1月	2月	3月	4月	5月	6月	7月	8月	9月	10月	11月	12月	合计
周口市	郸城县	引江水	217	217	670	258	755	217	637	685	217	217	656	217	4 961
		地表水	434	434	931	479	1 024	434	895	947	434	434	915	434	7 793
		地下水	960	960	2 062	1 060	2 269	960	1 982	2 097	960	960	2 027	960	17 259
		再生水	179	179	179	179	179	179	179	179	179	179	179	179	2 146
		合计	1 789	1 789	3 843	1 975	4 227	1 789	3 692	3 908	1 789	1 789	3 777	1 789	32 159
	淮阳区	引江水	208	208	677	250	765	208	643	692	208	208	662	208	4 939
		地表水	438	438	996	488	1 100	438	955	1 013	438	438	978	438	8 157
		地下水	868	868	1 973	967	2 180	868	1 892	2 008	868	868	1 937	868	16 163
		再生水	160	160	160	160	160	160	160	160	160	160	160	160	1 923
		合计	1 674	1 674	3 806	1 866	4 205	1 674	3 650	3 874	1 674	1 674	3 738	1 674	31 182
	太康县	引江水	202	202	687	246	777	202	651	702	202	202	671	202	4 947
		地表水	485	485	1 056	536	1 163	485	1 014	1 074	485	485	1 038	485	8 789
		地下水	930	930	2 028	1 029	2 233	930	1 947	2 062	930	930	1 992	930	16 872
		再生水	208	208	208	208	208	208	208	208	208	208	208	208	2 501
		合计	1 825	1 825	3 979	2 020	4 382	1 825	3 821	4 047	1 825	1 825	3 909	1 825	33 109
	鹿邑县	引江水	697	697	1 436	764	1 574	697	1 382	1 459	697	697	1 412	697	12 211
		地表水	701	701	1 234	749	1 334	701	1 195	1 251	701	701	1 217	701	11 188
		地下水	727	727	1 281	777	1 384	727	1 240	1 298	727	727	1 263	727	11 609
		再生水	274	274	274	274	274	274	274	274	274	274	274	274	3 285
		合计	2 399	2 399	4 225	2 564	4 567	2 399	4 091	4 283	2 399	2 399	4 166	2 399	38 293

续表

受水对象		分水源供水	月份												合计
			1月	2月	3月	4月	5月	6月	7月	8月	9月	10月	11月	12月	
商丘市	梁园区	引江水	231	231	531	258	587	231	509	541	231	231	521	231	4 333
		地表水	370	370	644	395	695	370	624	653	370	370	635	370	5 866
		地下水	362	362	629	386	679	362	610	638	362	362	621	362	5 732
		再生水	175	175	175	175	175	175	175	175	175	175	175	175	2 095
		合计	1 137	1 137	1 979	1 213	2 136	1 137	1 917	2 005	1 137	1 137	1 952	1 137	18 026
	睢阳区	引江水	406	406	472	412	485	406	468	475	406	406	470	406	5 219
		地表水	490	490	542	494	552	490	538	543	490	490	540	490	6 148
		地下水	654	654	723	660	736	654	718	725	654	654	721	654	8 207
		再生水	217	217	217	217	217	217	217	217	217	217	217	217	2 607
		合计	1 767	1 767	1 955	1 784	1 990	1 767	1 941	1 961	1 767	1 767	1 949	1 767	22 180
	柘城县	引江水	106	106	625	153	722	106	587	641	106	106	608	106	3 969
		地表水	297	297	896	351	1 008	297	852	915	297	297	876	297	6 679
		地下水	414	414	1 248	489	1 404	414	1 187	1 275	414	414	1 221	414	9 307
		再生水	151	151	151	151	151	151	151	151	151	151	151	151	1 815
		合计	968	968	2 920	1 144	3 285	968	2 777	2 981	968	968	2 857	968	21 770
	夏邑县	引江水	228	228	717	272	808	228	681	732	228	228	701	228	5 279
		地表水	440	440	962	487	1 060	440	924	979	440	440	946	440	7 997
		地下水	826	826	1 808	915	1 991	826	1 736	1 838	826	826	1 776	826	15 019
		再生水	183	183	183	183	183	183	183	183	183	183	183	183	2 197
		合计	1 677	1 677	3 670	1 857	4 043	1 677	3 524	3 733	1 677	1 677	3 606	1 677	30 492

续表

受水对象		分水源供水	月份												合计
			1月	2月	3月	4月	5月	6月	7月	8月	9月	10月	11月	12月	
商丘市	永城市	引江水	998	998	2 074	1 095	2 275	998	1 995	2 108	998	998	2 039	998	17 576
		地表水	1 008	1 008	1 733	1 074	1 868	1 008	1 680	1 756	1 008	1 008	1 709	1 008	15 868
		地下水	1 252	1 252	2 153	1 334	2 321	1 252	2 087	2 181	1 252	1 252	2 124	1 252	19 715
		再生水	498	498	498	498	498	498	498	498	498	498	498	498	5 972
		合计	3 756	3 756	6 457	4 000	6 963	3 756	6 259	6 542	3 756	3 756	6 370	3 756	59 131
河南受水区		引江水	3 294	3 294	7 889	3 709	8 749	3 294	7 552	8 034	3 294	3 294	7 741	3 294	63 436
		地表水	4 662	4 662	8 995	5 053	9 805	4 662	8 677	9 131	4 662	4 662	8 855	4 662	78 485
		地下水	6 993	6 993	13 905	7 617	15 199	6 993	13 399	14 123	6 993	6 993	13 682	6 993	119 883
		再生水	2 045	2 045	2 045	2 045	2 045	2 045	2 045	2 045	2 045	2 045	2 045	2 045	24 540
		合计	16 993	16 993	32 834	18 424	35 798	16 993	31 673	33 333	16 993	16 993	32 323	16 993	286 344

表 2.29　多年平均下 2040 年河南受水区用水户逐月和谐配水方案

单位：万 m³

受水对象		分用户配水	1月	2月	3月	4月	5月	6月	7月	8月	9月	10月	11月	12月	合计
周口市	郸城县	生活	496	496	496	496	496	496	496	496	496	496	496	496	5 947
		农业	846	846	2 900	1 032	3 284	846	2 749	2 964	846	846	2 834	846	20 842
		工业	410	410	410	410	410	410	410	410	410	410	410	410	4 924
		生态	37	37	37	37	37	37	37	37	37	37	37	37	446
		合计	1 789	1 789	3 843	1 975	4 227	1 789	3 692	3 908	1 789	1 789	3 777	1 789	32 159
	淮阳区	生活	493	493	493	493	493	493	493	493	493	493	493	493	5 919
		农业	680	680	2 812	872	3 211	680	2 656	2 879	680	680	2 744	680	19 252
		工业	352	352	352	352	352	352	352	352	352	352	352	352	4 224
		生态	149	149	149	149	149	149	149	149	149	149	149	149	1 787
		合计	1 674	1 674	3 806	1 866	4 205	1 674	3 650	3 874	1 674	1 674	3 738	1 674	31 182
	太康县	生活	540	540	540	540	540	540	540	540	540	540	540	540	6 476
		农业	696	696	2 850	891	3 253	696	2 692	2 918	696	696	2 780	696	19 561
		工业	488	488	488	488	488	488	488	488	488	488	488	488	5 858
		生态	101	101	101	101	101	101	101	101	101	101	101	101	1 214
		合计	1 825	1 825	3 979	2 020	4 382	1 825	3 821	4 047	1 825	1 825	3 909	1 825	33 109
	鹿邑县	生活	507	507	507	507	507	507	507	507	507	507	507	507	6 081
		农业	1 031	1 031	2 857	1 196	3 199	1 031	2 723	2 914	1 031	1 031	2 798	1 031	21 874
		工业	785	785	785	785	785	785	785	785	785	785	785	785	9 418
		生态	77	77	77	77	77	77	77	77	77	77	77	77	921
		合计	2 399	2 399	4 225	2 564	4 567	2 399	4 091	4 283	2 399	2 399	4 166	2 399	38 293

续表

受水对象		分用户配水	___月份___												合计
			1月	2月	3月	4月	5月	6月	7月	8月	9月	10月	11月	12月	
商丘市	梁园区	生活	400	400	400	400	400	400	400	400	400	400	400	400	4 796
		农业	252	252	1 094	328	1 251	252	1 032	1 120	252	252	1 067	252	7 405
		工业	351	351	351	351	351	351	351	351	351	351	351	351	4 217
		生态	134	134	134	134	134	134	134	134	134	134	134	134	1 608
		合计	1 137	1 137	1 979	1 213	2 136	1 137	1 917	2 005	1 137	1 137	1 952	1 137	18 026
	睢阳区	生活	486	486	486	486	486	486	486	486	486	486	486	486	5 837
		农业	778	778	965	795	1 001	778	952	971	778	778	959	778	10 309
		工业	436	436	436	436	436	436	436	436	436	436	436	436	5 228
		生态	67	67	67	67	67	67	67	67	67	67	67	67	806
		合计	1 767	1 767	1 955	1 784	1 990	1 767	1 941	1 961	1 767	1 767	1 949	1 767	22 180
	柘城县	生活	392	392	392	392	392	392	392	392	392	392	392	392	4 710
		农业	151	151	2 103	327	2 468	151	1 960	2 164	151	151	2 040	151	11 967
		工业	352	352	352	352	352	352	352	352	352	352	352	352	4 224
		生态	72	72	72	72	72	72	72	72	72	72	72	72	869
		合计	968	968	2 920	1 144	3 285	968	2 777	2 981	968	968	2 857	968	21 770
	夏邑县	生活	498	498	498	498	498	498	498	498	498	498	498	498	5 977
		农业	733	733	2 726	913	3 099	733	2 580	2 789	733	733	2 662	733	19 167
		工业	392	392	392	392	392	392	392	392	392	392	392	392	4 708
		生态	53	53	53	53	53	53	53	53	53	53	53	53	640
		合计	1 677	1 677	3 670	1 857	4 043	1 677	3 524	3 733	1 677	1 677	3 606	1 677	30 492

续表

受水对象		分用户配水	1月	2月	3月	4月	5月	6月	7月	8月	9月	10月	11月	12月	合计
商丘市	永城市	生活	753	753	753	753	753	753	753	753	753	753	753	753	9 036
		农业	1 289	1 289	3 990	1 533	4 496	1 289	3 792	4 075	1 289	1 289	3 903	1 289	29 527
		工业	1 442	1 442	1 442	1 442	1 442	1 442	1 442	1 442	1 442	1 442	1 442	1 442	17 303
		生态	272	272	272	272	272	272	272	272	272	272	272	272	3 265
		合计	3 756	3 756	6 457	4 000	6 963	3 756	6 259	6 542	3 756	3 756	6 370	3 756	59 131
河南受水区		生活	4 565	4 565	4 565	4 565	4 565	4 565	4 565	4 565	4 565	4 565	4 565	4 565	54 780
		农业	6 456	6 456	22 298	7 887	25 261	6 456	21 136	22 796	6 456	6 456	21 787	6 456	159 904
		工业	5 009	5 009	5 009	5 009	5 009	5 009	5 009	5 009	5 009	5 009	5 009	5 009	60 104
		生态	963	963	963	963	963	963	963	963	963	963	963	963	11 556
		合计	16 993	16 993	32 834	18 424	35 798	16 993	31 673	33 333	16 993	16 993	32 323	16 993	286 344

2.2.8 水资源调配方案动态修正

(1) 年优化配置方案。每年年末,在供需预测的时空序列中,更新过去一年受水区的来水、需水数据,以保证供需水预测结果的科学性和准确性;同时密切关注国家、河南省、受水区及流域最新的水资源管理和用水总量控制政策,并进行相关调整。

(2) 月优化调度方案。以年优化配置方案为主要控制指标,每月下旬可以根据最新供需水预测结果,进行月优化调度方案的修正。同时由于各地的缺水状况各不相同,会出现部分受水对象增加或减少申报水量,这时需合理调整调配水量,修正月优化调度方案。

2.3 水资源优化调配系统研发

2.3.1 技术综述

引江济淮工程(河南段)输水线路通过西淝河新建龙德站提水,沿西淝河向河南供水,西淝河通过穿练沟河倒虹吸进入河南境内,经袁桥泵站提水后进入清水河,两省输水线路工程界面位于清水河右岸堤防外侧,桩号 0—505 处。

引江济淮工程(河南段)水资源调度管理系统采用 Java EE 和 JavaScript 进行开发,采用 B/S 架构和 MVC 设计模式,分别运用 Vue 框架和 SpringBoot 框架进行系统前后端的开发,使用 Maven 来进行项目的构建和管理。在数据库部分,使用 MySQL 数据库来储存数据。

2.3.2 系统设计

2.3.2.1 系统整体结构

根据系统的需求可将系统分为 4 个模块,分别为:基本信息模块、供需水平衡分析模块、水资源配置模型模块、调度模型模块,具体的划分如图 2.5 所示。

1) 基本信息模块

基本信息模块总体结构如图 2.6 所示。

(1) 调度区

调度区是基本信息的子模块,用于展示整个调度区的边界以及受水区内水库、水闸、水泵的位置。

(2) 调水路线

调水路线是基本信息的子模块,用于展示水资源调度系统在调水期和非调水期的调水路线,图 2.7 为非调水期(汛期)的排水路线。

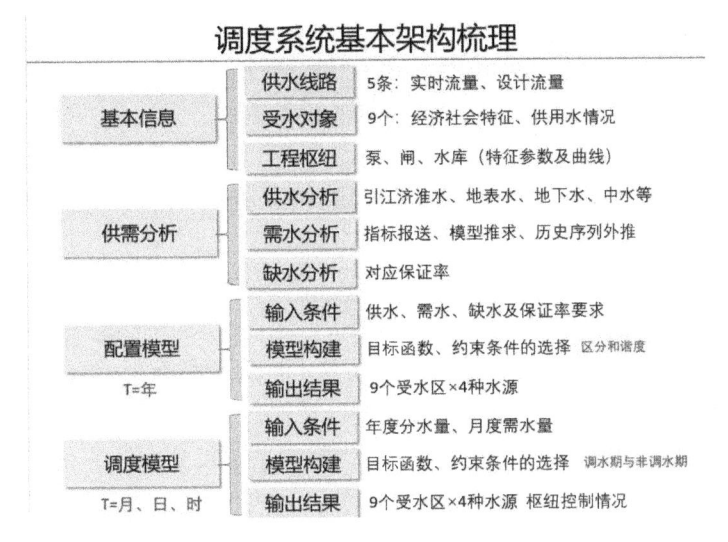

2 引调水工程水资源优化调配与水环境保护关键技术与应用

调度系统基本架构梳理

基本信息
- 供水线路：5条：实时流量、设计流量
- 受水对象：9个：经济社会特征、供用水情况
- 工程枢纽：泵、闸、水库（特征参数及曲线）

供需分析
- 供水分析：引江济淮水、地表水、地下水、中水等
- 需水分析：指标报送、模型推求、历史序列外推
- 缺水分析：对应保证率

配置模型 T=年
- 输入条件：供水、需水、缺水及保证率要求
- 模型构建：目标函数、约束条件的选择 区分和谐度
- 输出结果：9个受水区×4种水源

调度模型 T=月、日、时
- 输入条件：年度分水量、月度需水量
- 模型构建：目标函数、约束条件的选择 调水期与非调水期
- 输出结果：9个受水区×4种水源 枢纽控制情况

图 2.5 调度系统架构图

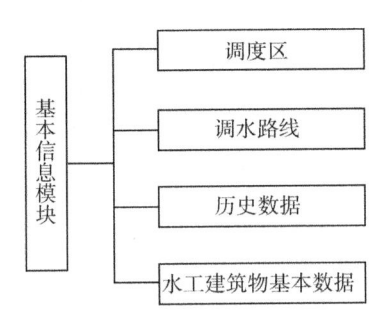

基本信息模块
- 调度区
- 调水路线
- 历史数据
- 水工建筑物基本数据

图 2.6 基本信息模块整体结构图

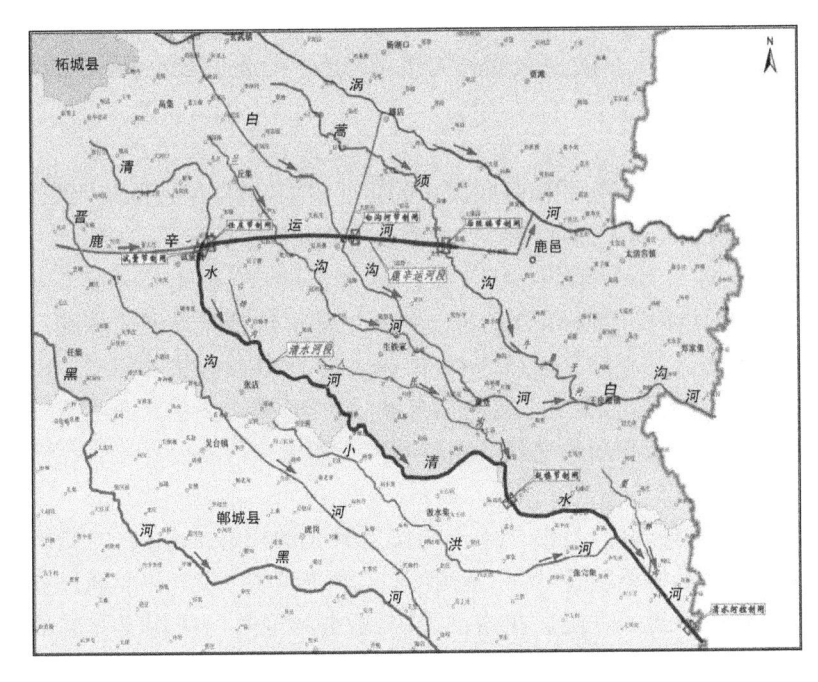

图 2.7 非调水期（汛期）的排水路线

(3) 历史数据

历史数据是基本信息的子模块,用于展示 9 个受水区历史的经济指标数据以及地表水、再生水、浅层地下水、深层地下水对项目区的供给数据。

(4) 水工建筑物基本资料

水工建筑物基本资料是基本信息的子模块,用于展示水库及水工建筑物基本参数以及运行的特征曲线。

2) 供需分析模块

供需分析模块主要包括三个部分。

(1) 需水分析:利用定额法,对受水区未来需水量进行测算。

(2) 供水分析:对现状可利用的引江济淮水、地表水、地下水、再生水等进行预测分析。

(3) 缺水分析:针对不同的设计保证率对供需关系进行分析。

3) 配置模型模块

水资源配置模型实现主要分为两类。

(1) 不考虑和谐度:针对不同的约束条件建立缺水量最小和经济效益最大的双目标函数,将 LINGO 计算软件集成到系统中来求解目标函数。

(2) 考虑和谐度:根据和谐度的不同来进行配水,使受水区综合和谐度达到最大水平。

4) 调度模型模块

区分调水期和非调水期,根据不同的约束条件对受水区的水资源进行调度。

2.3.2.2 系统架构设计

水资源调度系统是一个综合性平台,在对系统进行需求分析时,既要关注总体结构,又要关注其各子系统的结构特点(系统架构图见图 2.8),以期获得灵活简洁的系统框架。系统应具备以下几个特点:①遵循网络和相关技术的协议;②友好、美观而又可扩展的客户端环境;③可同时满足平台的独立性和应用结构多样性的需要;④系统兼容性强,可以运用到其他系统中。

(1) 表现层

表现层是水资源调度系统平台面向用户的主要界面,该层通过图形用户接口 GUI(即用户界面)为用户提供与系统的交互、输入数据、输出数据显示等功能。该层应用层由 Vue 框架实现,采用了 B/S 架构,用户可通过主流的 Web 浏览器(Microsoft Edge、Chrome、Firefox 等)访问。信息展示功能包括项目基本信息和查询信息的展示。用户通过该系统能获取项目区地理位置信息、经济指标数据、水资源现状等信息。CSS 技术可以设计出系统展示需要的样式,提供丰富的信息展示功能,图文交互界面丰富、友好,可以满足本系统查询、分析、展示和用户交互等功能的综合需求。

(2) 业务层

业务层(也称业务处理层)是整个水资源调度系统的核心部分,它的作用主要是架起了外界与业务层沟通的桥梁,表现层在调用接口访问相关业务时,都会通过业务层去调用相关代码并把数据返回给表现层。在该系统中,业务层通过与应用支撑层的交互获取相关经济社会指标,可以以特定的形式向表现层发布,供用户进行信息查询;同时用户在表

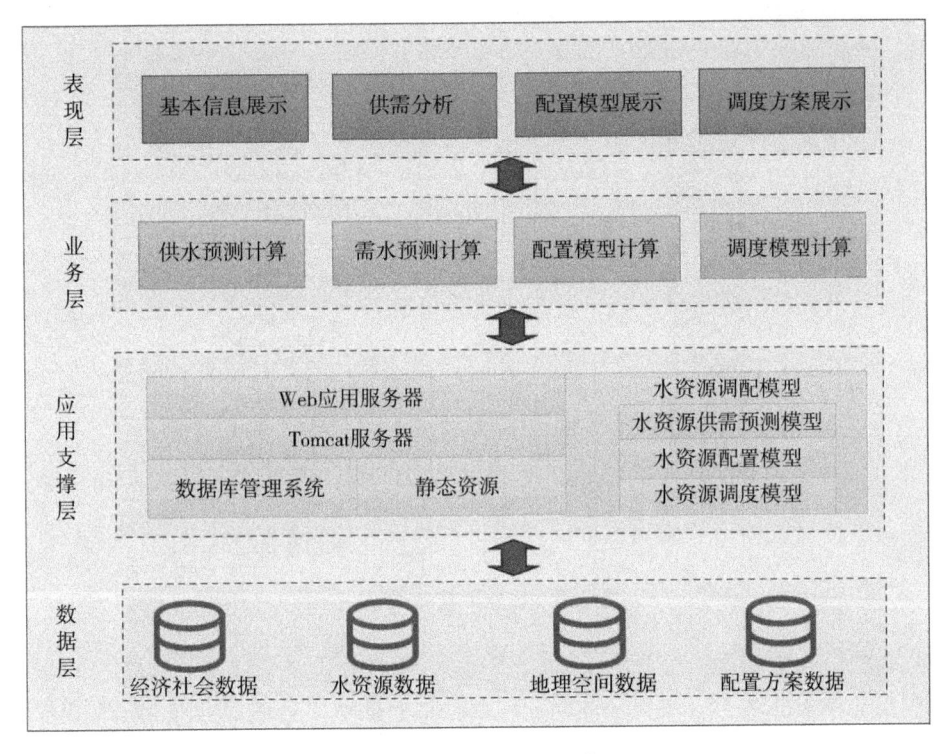

图 2.8 系统架构设计

现层输入的模型边界条件由该层传递到应用支撑层中的水资源配置模型、水资源调度模型，模型的计算结果会再次返回业务层，经过数据的归纳、分析、整合，选出最佳的方案并以图形界面返回到表现层，为水资源调度系统提供有力的决策方案。

(3) 应用支撑层

应用支撑层位于数据层和业务层之间，在平台中起着承上启下的作用，主要为业务层提供应用支撑服务。

(4) 持久层

持久层（也称数据层）为整个水资源优化调度系统的应用支撑层提供数据服务，具有对数据增删改查的功能。系统的数据资源主要包括经济社会数据、水资源数据、地理空间数据和配置方案数据。由于该系统采用了 B/S 架构的多层软件体系，数据层中的数据可存放在本地或者云空间，数据层通过统一的数据交换平台可实现对各类数据信息资源的全面整合集成，并向信息支撑平台层提供基于这些信息资源的数据方法服务。其中，经济社会数据主要提供项目区主要的经济指标数据，如人口、经济产值、农业灌溉水量等。水资源数据主要提供项目区不同保证率下的供水量和需水量。地理空间数据主要提供项目区的位置和配水的路线信息。配置方案数据库提供对业务层配置方案的存储。

2.3.2.3 数据库设计

数据库分为地理信息数据库、受水区经济指标数据库、水工建筑物数据库、历史资料数据库。数据库的 E-R 图能够很好地反映出数据库中实体与属性以及实体与实体之间的联系。数据库整体设计图如图 2.9 所示。

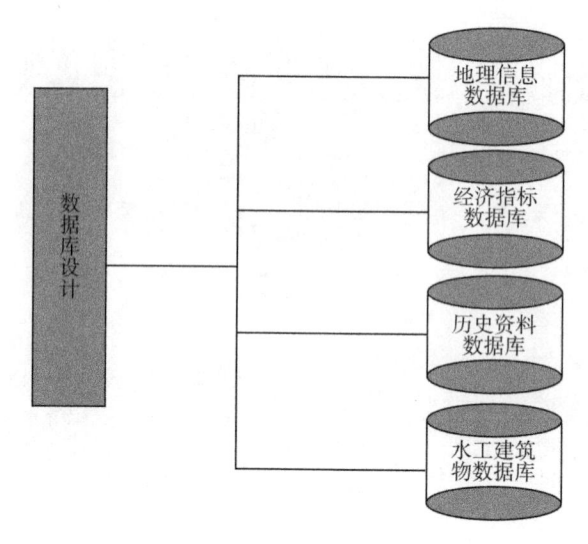

图 2.9　数据库整体设计图

（1）地理信息数据库

地理信息数据库存储了受水区边界点数据、主要的水工建筑物坐标数据、调水路线点数据，地理信息数据实体与属性 E-R 图如图 2.10 所示。

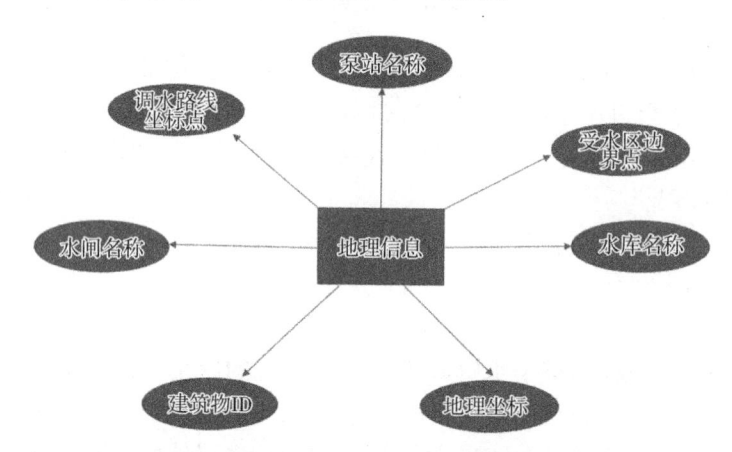

图 2.10　地理信息数据实体与属性 E-R 图

（2）经济指标数据库

经济指标数据库存储了受水区 2030 年和 2040 年的用水定额数据，以及 2010—2020 年的常住人口数据、生产总值数据、三产数据、农林牧渔等用水数据，经济指标数据用来预测将来的需水量，为供需分析计算提供数据，经济指标数据实体与属性 E-R 图如图 2.11 所示。

（3）历史资料数据库

历史资料数据库存储了受水区 2020—2030 年地表水、地下水、再生水的供给情况以及受水区的降雨、温度等气象数据，历史资料数据实体与属性 E-R 图如图 2.12 所示。

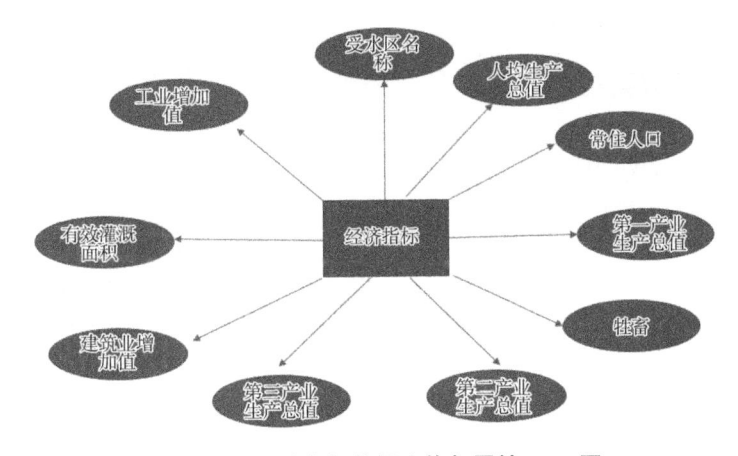

图 2.11　经济指标数据实体与属性 E-R 图

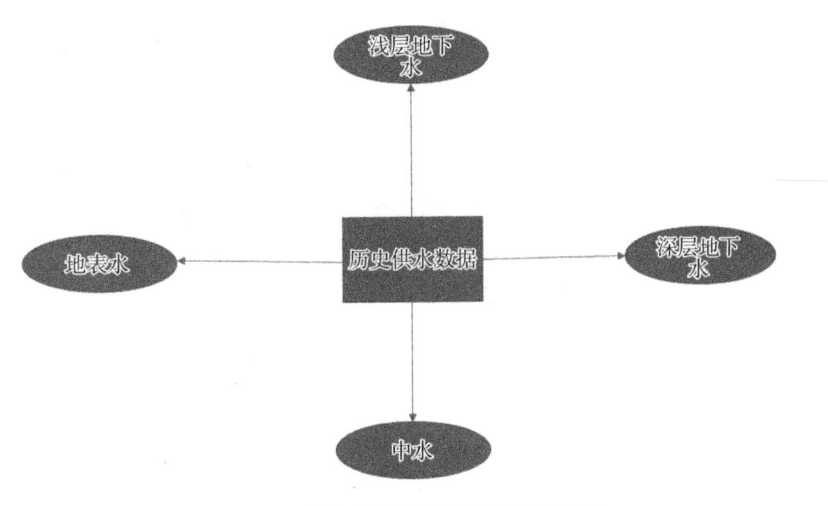

图 2.12　历史资料实体与属性 E-R 图

（4）水工建筑物数据库

水工建筑物数据库存储了调度区范围内水库、泵站、水闸的基本参数以及特征曲线。水工建筑物数据实体与属性 E-R 图如图 2.13 所示。

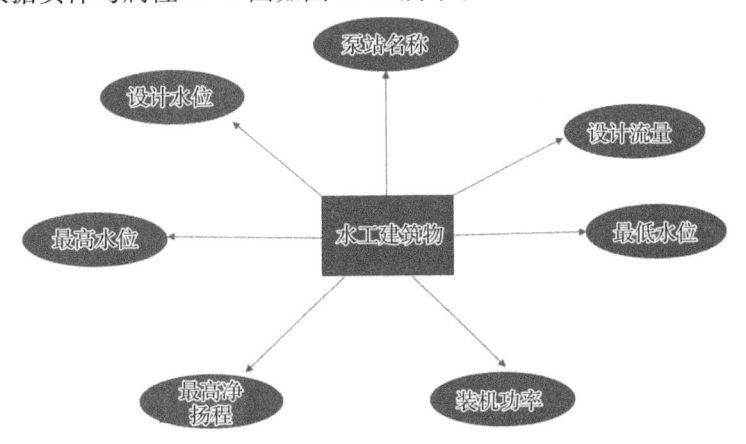

图 2.13　水工建筑物实体与属性 E-R 图

2.3.3 关键技术与实现

2.3.3.1 利用天地图 API 实现 WebGIS

天地图 API 是国家地理信息公众服务平台提供的地图开发接口，可满足各类基于地理信息的应用的开发需求。开发者可通过注册相关用户信息获取连接数据库的密钥，根据 API 使用文档就可以开发自己想用的地图了。用户可以根据自己的需求加载多个图层，添加标注、覆盖物等控件。在地图调用时，前端程序会向国家地理信息公众服务平台发送 AJAX 请求，请求通过后会获取 JSON 格式的数据，通过数据格式的转换渲染成我们所熟悉的地图信息资源。

2.3.3.2 基于 LINGO 的配水模型求解

LINGO(Linear Interactive and General Optimizer)，即"交互式的线性和通用优化求解器"，是由美国 LINDO 系统公司(Lindo System Inc.)推出的，可以用于求解非线性规划，也可以用于一些线性和非线性方程组的求解等，功能十分强大，是求解优化模型的最佳选择。LINGO 一大优势是交互性强，可以与 Java、Excel、VB 和 Fortran 等软件进行数据交换。LINGO 通过调用 Windows 下的动态链接库为用户提供了与 Java 的标准化接口，可以在 Java 环境下实现与 LINGO 的混合编程，从而实现系统调用 LINGO 软件来求解水资源优化调度系统配水的问题，Java - LINGO 交互如图 2.14 所示。

图 2.14 Java - LINGO 交互图

2.3.3.3 ECharts 绘图技术

ECharts 是一个使用 JavaScript 语言实现的开源可视化库，涵盖各行业图表，图表精致美观，操作简单，可以满足各种图表展示需求，在网络服务开发中广泛应用。ECharts 使用的基本步骤如下：

(1) 引入 Echarts 文件；
(2) 创建一个容器(必须有宽高)；

(3) 获取 DOM 元素(容器),初始化 Echarts 实例;
(4) 指定图表的配置项和数据;
(5) 使用配置项和数据渲染图表(渲染到容器中)。

图 2.15 为历史供水数据图,实现了不同年份 4 种水源供水变化的直观展示。

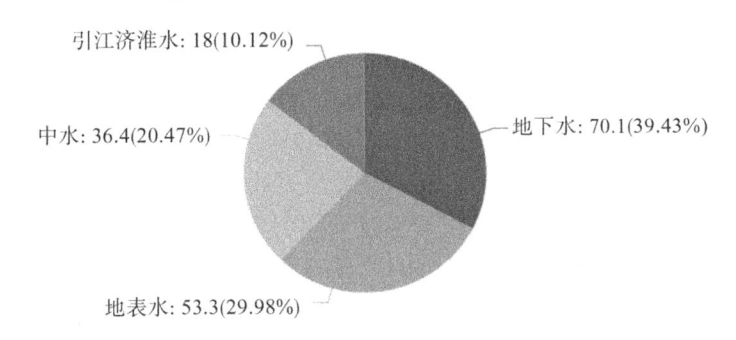

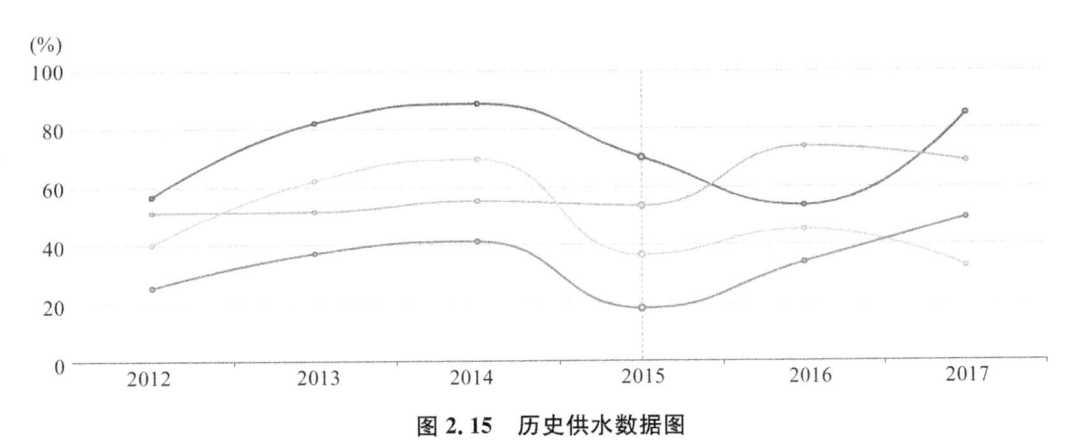

图 2.15 历史供水数据图

2.3.3.4 前后端分离的开发模式

前后端分离是目前一种非常流行的开发模式,它使项目的分工更加明确。后端:负责处理、存储数据;前端:负责显示数据。前端和后端开发人员通过接口进行数据的交换。

1) 基于 Vue 框架的前端设计

Vue 是一套用于构建用户界面的渐进式框架。与其他大型框架不同的是,Vue 被设计为可以自底向上逐层应用。Vue 的核心库只关注视图层,不仅易于上手,还便于与第三方库或既有项目整合。另一方面,当与现代化的工具链以及各种支持类库结合使用时,Vue 也完全能够为复杂的单页应用提供驱动。其核心优点如下。

(1) 单页应用程序(SPA)是加载单个 HTML 页面并在用户与应用程序交互时动态更新该页面的 Web 应用程序。在传统水资源调度系统开发中,当用户点击不同模块时会向服务器发送请求,在接收到新的返回数据后页面会重新加载,而且当模块多时会同时加载多个界面影响用户视觉,如果所加载的页面内容较多会增加用户等待的时间,带来不好的访问体验。Vue 通过路由技术来实现不同模块的跳转,不需要重复刷新网页就可以在一个界面中访问不同的模块。

（2）双向绑定机制。Vue通过将视图与模型进行双向绑定，开发者不需要操作Dom树就可以动态地获取数据，可以很大程度简化开发，提升开发效率。

2）基于Spring Boot框架的后端设计

Spring是一款目前主流的Java EE轻量级开源框架，是Java世界最为成功的框架之一。Spring由"Spring之父"Rod Johnson提出并创立，其目的是用于简化Java企业级应用的开发难度和开发周期。Spring Boot是一个基于Spring的开源框架，用于创建微服务。它由Pivotal团队开发，用于构建独立的生产就绪Spring应用。

水利水电系统开发面向的客户是大多是水利局、设计院、科研单位，访问的客户属于小群体，并发量小，因此采用Tomcat服务器来访问数据库。以获取研究区的历年供水数据为例，Tomcat的具体实现分为客户端发送请求到服务器和服务器调用数据库接口。当用户在HTML页面（表现层）上的表单中选择要查询的地点和时间并点击提交按钮后，Vue会监听到你的提交事件并带着你选择的数据发送一个Ajax类型的POST请求，在数据传输过程中HTTPS协议会保障传输数据的安全性并完成和服务器的对话。服务器在接收客户的请求后通过controller容器把任务分发到模型层，模型层通过mapper代理的方式把请求传递到持久层，最后服务器以JSON的形式返回用户的数据，经过浏览器的渲染形成视图。流程图见图2.16。

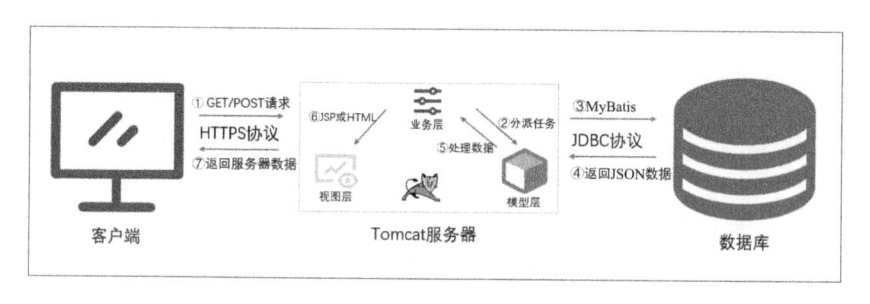

图2.16 数据传输流程图

2.3.4 水资源优化调度系统实现与界面

2.3.4.1 基本信息模块

信息服务模块为系统基础部分，提供引江济淮工程（河南段）基本信息的展示，包括水资源综合信息展示、调水路线信息展示以及历史数据管理三个方面内容。水资源综合信息展示包括水系、受水区、水库、水闸的基础信息的展示；调水路线展示包括引江济淮工程（河南段）清水河段、鹿辛运河段、后陈楼调蓄水库—七里桥调蓄水库段（压力管道）、七里桥调蓄水库—新城调蓄水库（压力管道）、七里桥调蓄水库—夏邑出水池（压力管道）共五部分，用户可以在项目规划图中查看调水路线信息；历史数据管理包括用户可以查询受水区2010—2020年地表水、地下水、中水对工业、农业、生活、生态多部门的历史供水数据，以及经济发展指标等数据功能。

通过调用天地图提供的 API,开发了水资源调度系统的基本信息展示图。地图上展示了受水区的边界图,七里桥水库、袁桥泵站、试量闸等水工建筑物的地理位置,配水路线以及受水区未来两小时的降雨量情况等信息。用户点击相应的图标可以获取水工建筑物的基本参数信息以及它在水资源配置中起到的作用,受水区基本信息展示图如图 2.17 所示。

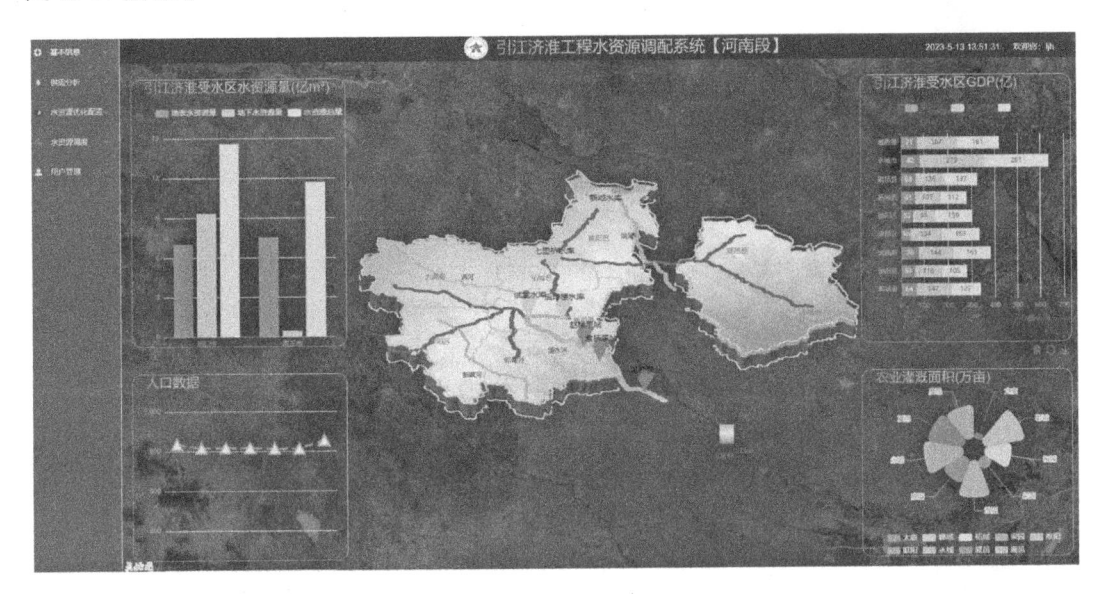

图 2.17　受水区基本信息展示图

2.3.4.2　供需分析模块

供需分析模块包括需水量预测、供水量预测、供需平衡分析三个部分。

（1）需水预测。系统采用多种方法进行需水量的预测,包括 BP 神经网络、LASSO 回归、GM(1,1)灰色预测模型以及定额法,用户可结合数据的特征和模型的适用性选择合适的预测模型。以灰色预测模型为例,用户需要在前端页面以 Excel 表格导入训练数据并输入预测的时间,模型在系统后端完成计算,在前端页面展示了数据的预处理结果、模型构建过程以及模型预测结果(图 2.18)。定额法是指直接根据有关指标定额来计算确定计划指标的一种方法,基于 2010—2020 年的数据进行模型率定,给出 2030 年、2040 年两个远景水平年下每个受水区的需水量预测结果,其预测结果较为稳定,可作为其他方法计算结果的参考值,如图 2.20 所示。

（2）可供水量预测。可供水量包括地表水量、地下水量以及中水,通过对现状蓄水工程、外调水工程、污水处理工程、地下水预测期可开采量进行分析,利用定额法对规划年 2030 年和 2040 年的可供水量进行了预测,如图 2.21,在 2030 年,95% 的设计保证率下,浅层地下水可供水量最大为 20 931 万 m^3,地表水、中水的供水量分别为 4 553 万 m^3 和 1 078 万 m^3。

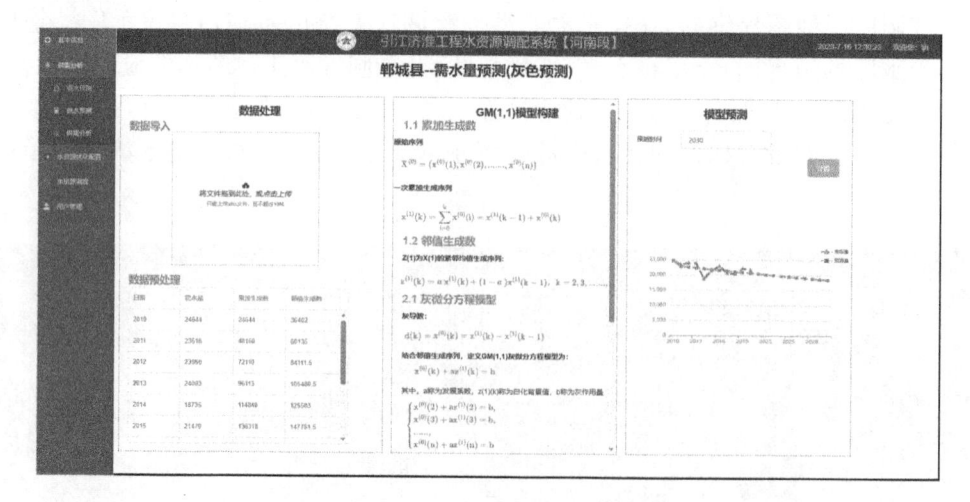

图 2.18　灰色模型需水量预测图

图 2.19　BP 神经网络需水量预测图

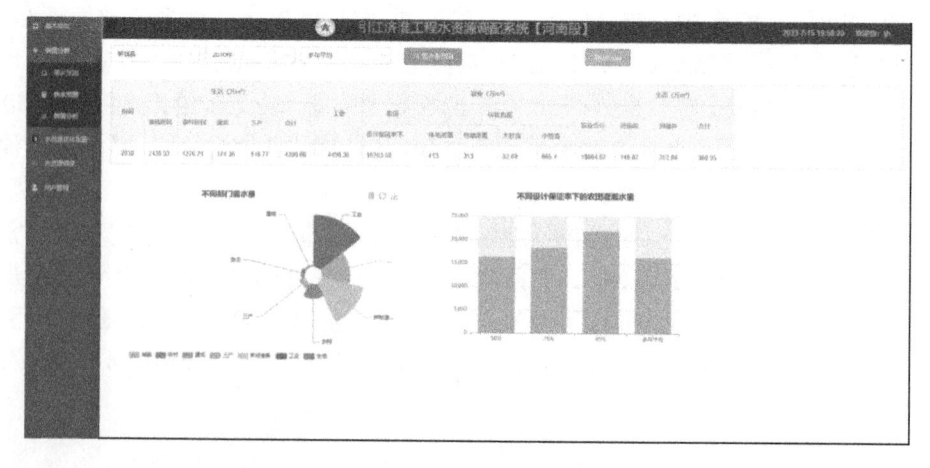

图 2.20　定额法需水量预测图

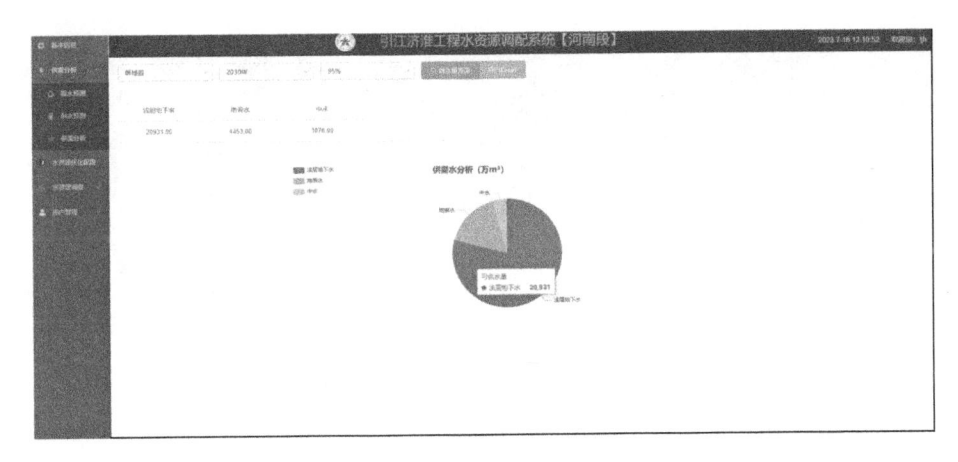

图 2.21 可供水量预测图

(3) 供需平衡分析。水资源供需分析是建立在基准年和规划水平年经济社会发展对水资源需求的影响基础上,在无引江济淮工程的前提下,区域内水资源供求态势的分析。如图 2.22 所示,在定额法下郸城县 2030 年多年平均总需水量为 3 亿 m^3,总供水量为 2.58 亿 m^3,缺水量为 0.42 亿 m^3,缺水率为 14%。可以看出,由于经济社会的快速发展,如无外水补给,受水区规划水平年的水资源供需矛盾仍然存在。

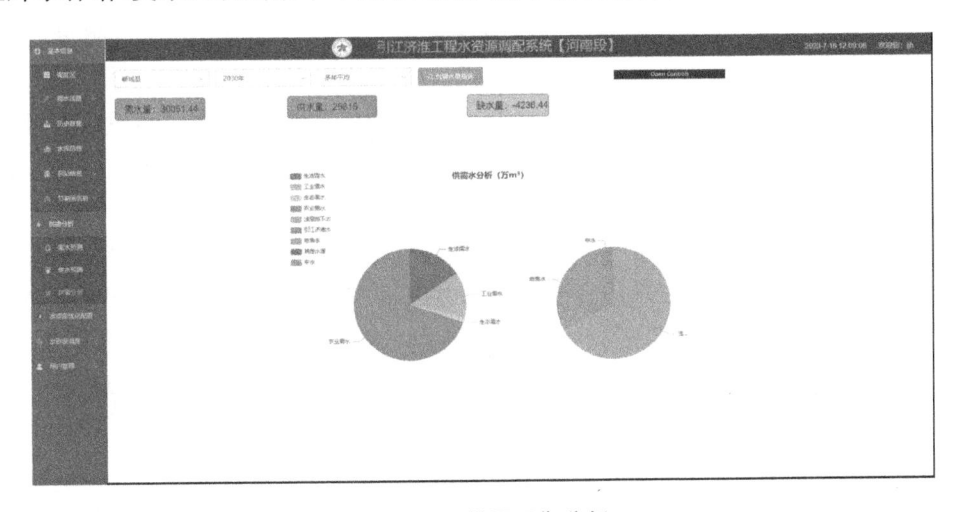

图 2.22 供需平衡分析

2.3.4.3 水资源配置模块

(1) 常规配置。基于受水区缺水率平方和最小和各用水户产生的总经济效益最大两个目标建立了水资源优化配置模型,通过将 LINGO 计算软件嵌入系统来求解模型中的双目标函数。系统会基于供需水模块求解出的供需数据以及根据用户输入的决策变量和设置的不同约束条件来求解水资源配置模型,如图 2.23 所示,展示了在多年平均下,2030 年综合缺水率为 13%,总经济效益为 793 亿元。用户可以通过本系统完成各种供需水情景下的水资源配置模型求解。

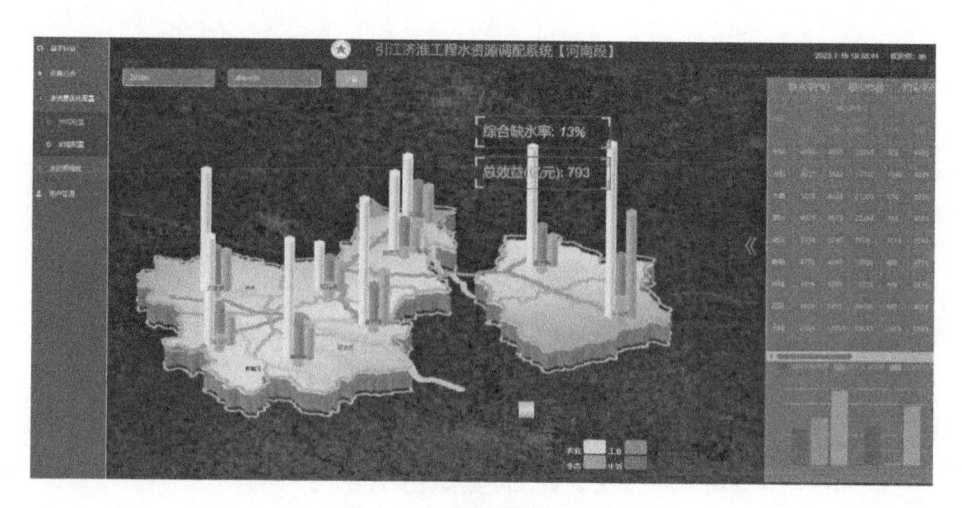

图 2.23　常规配置成果图

（2）和谐配置。引江济淮工程（河南段）水资源和谐调配的目的是减少受水区供需矛盾，促进受水区人水和谐以及高质量发展。通过制定和调整跨流域多水源调度运行方案，寻找和谐度最大时的最优和谐行为，以达到和谐调配的目的。

水资源年度和谐配置以 9 个受水区为主要研究对象，基于受水区缺水率平方和最小、和谐度最大、各用水户产生的总经济效益最大三个目标建立了水资源和谐配置模型，针对 3 个优化目标将模型分为三层进行求解。其中和谐度计算采用了和谐论的基本思想，通过建立评价体系摸清受水区经济发展和水资源利用现状，借鉴"单指标量化-多指标综合-多准则集成"评价方法，计算和谐分水系数和和谐需水量（图 2.24），然后计算其和谐度。用户需在前端输入决策变量、约束条件、用水保证率以及规划年，数据经过后端模型的处理会返回 9 个受水区在规划年中多水源（地表水、地下水、引江济淮水、中水）对工业、农业、生活、生态四个部门的配水量以及受水区的缺水率、和谐度，实现对年度水资源配置的优化计算，通过报表和图片的生成和导出，为调度部门提供多水源、多用户、多目标的年度

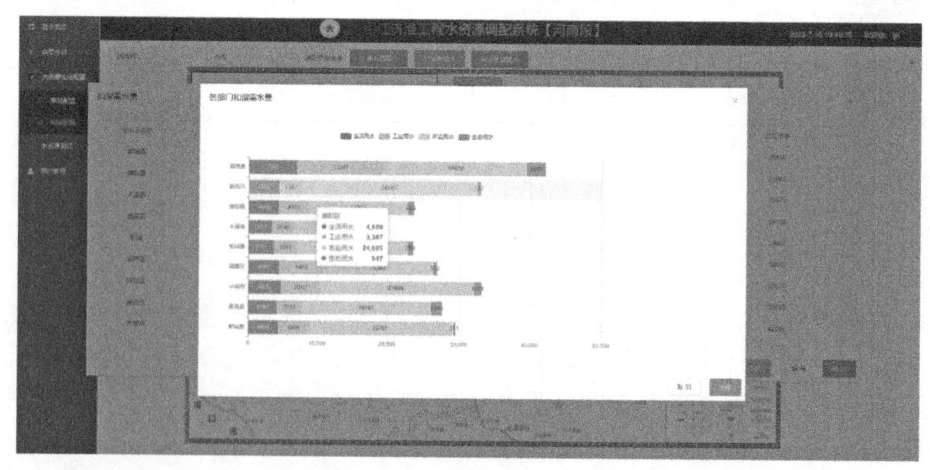

图 2.24　和谐需水量成果图

和谐配置等信息。图 2.25 展示了在 2030 规划年,75% 的供水保证率下的配水情况,图中左边曲线代表不同的水源对不同用户的配水情况,右边曲线代表不同用户对不同部门的配水情况,曲线的粗细代表了水量的多少,将鼠标放在相应曲线位置可显示具体数据。从图中可以看出受水区地下水的供应量最大,农业部门的用水量最大,和谐度为 0.92,综合缺水率为 8%,相对引水配置前减小 6%。

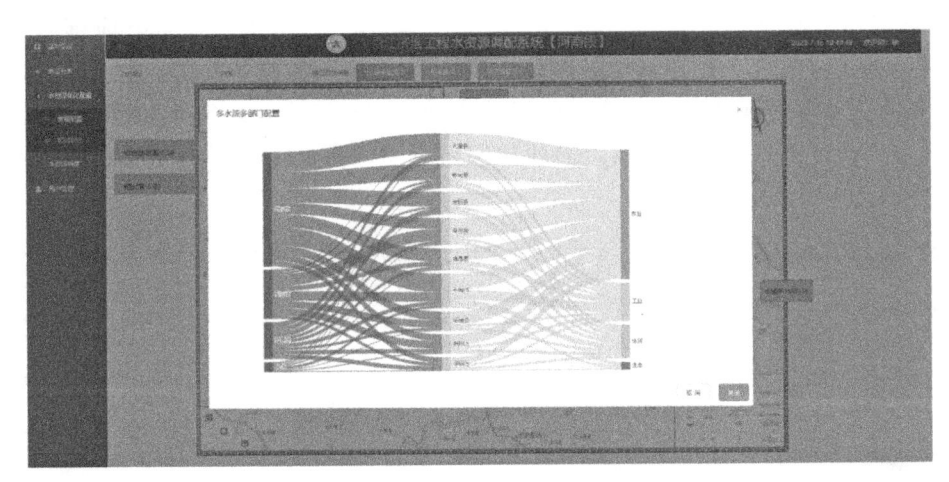

图 2.25 多水源多部门配置成果图

2.3.4.4 水资源调度模块

水资源月度优化调度以水库和泵站为主要研究对象,以各受水对象缺水率平方和最小为目标函数,以年优化配置结果为边界条件,以各时段水库的出库流量为决策变量,以月为调度时段对工程来水进行调度,最终求得调水期内各个时段内各水库、泵站的调度计划(最优调度过程、水库水位及出入库流量)。在 2030 年水平年下,受水区月调水量见图 2.26(左),1 月份不同节点的流量见图 2.26(右)。

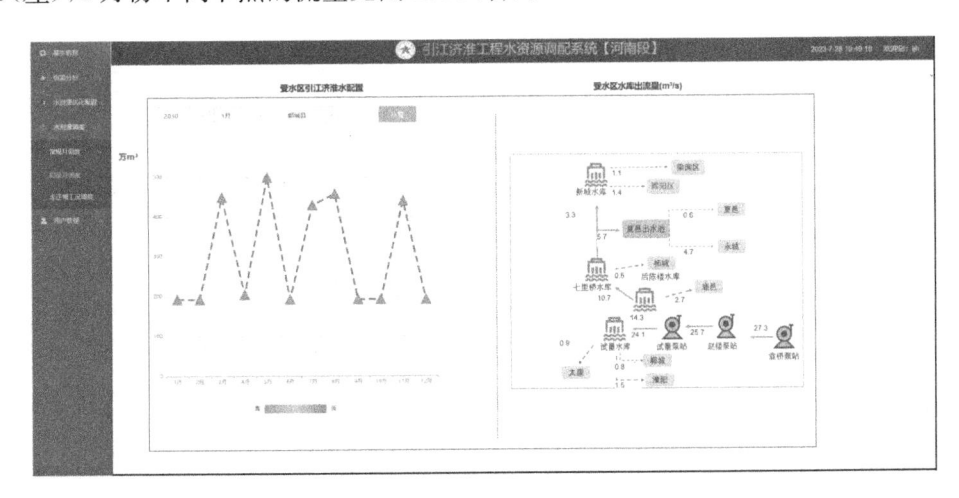

图 2.26 水资源月调度成果图

2.3.4.5 非正常工况调度

在泵站运行过程中,因设备损坏、断电等原因造成的突然停机,会对整个泵站系统运行产生巨大影响。基于此,以清水河梯级泵站输水系统为研究对象,分别在单机泵站停机状态与全部泵站停机状态下,模拟不同运行水位工况的水力变化过程,分析事故发生后上下级泵站之间的影响,并计算水位超出安全运行区间的时间,提出应急响应调度运行方案,为决策者提供参考。用户可选择损坏的泵站,后端模型会返回泵站低水位、高水位、设计水位运行工况下的最大应急响应时间以及当前工况达到最高(低)水位需要的时间,图2.27模拟了当赵楼泵站出现故障后的处理响应时间。模拟结果可辅助用户制定针对各种突发情况的应急解决方案。

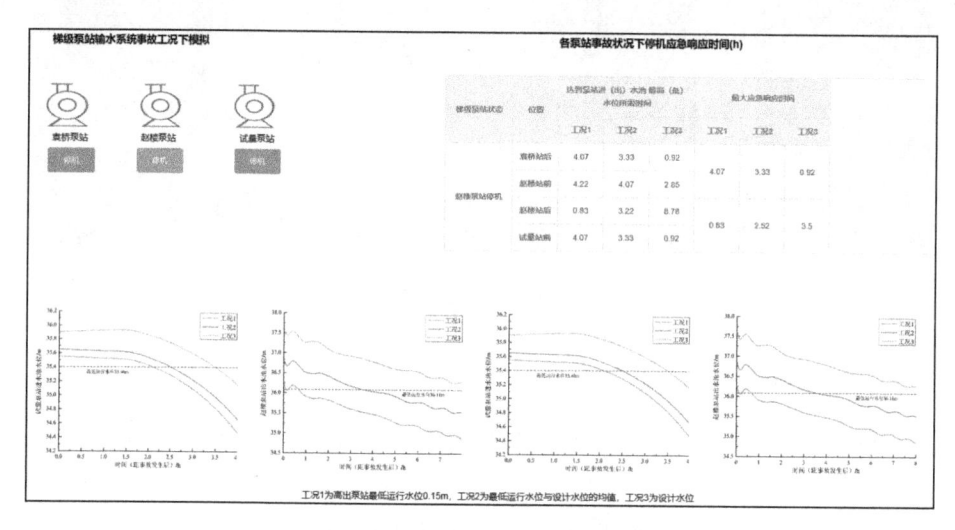

图 2.27 非正常工况调度成果图

2.3.5 项目管理

2.3.5.1 项目部署

云服务器(Elastic Compute Service,ECS)是具有弹性可扩展处理能力的简单、高效、安全和可靠的计算服务器。它的管理方法比物理服务器更简单、更高效。用户可以快速创建或发布任意数量的云服务器,而无需事先购买硬件。项目采用了前后端分离的开发模式,前后端程序分开打包部署在了阿里云服务器,服务器的公网 IP 地址为 8.130.135.233。系统中使用了 LINGO 软件进行模型的求解,LINGO 软件需要与 Windows 操作系统进行交互,因此项目部署采用了一台 Windows 服务器,部署在乌兰察布地区。见图 2.28。

2 引调水工程水资源优化调配与水环境保护关键技术与应用

图 2.28 阿里云服务器

2.3.5.2 数据库管理

引江济淮水资源调度管理系统采用的是 MySQL 数据库,MySQL 是一个开源的关系型数据库管理系统,也是当今最流行的数据库管理系统之一。数据库程序同样运行在阿里云服务器操作系统上,可以通过 Navicat for MySQL 软件进行远程连接,见图 2.29。项目中前端页面展示的数据、供需水预测以及调度模型求解的基础数据均来自数据库,数据库数据可以动态更新与其相关的内容。

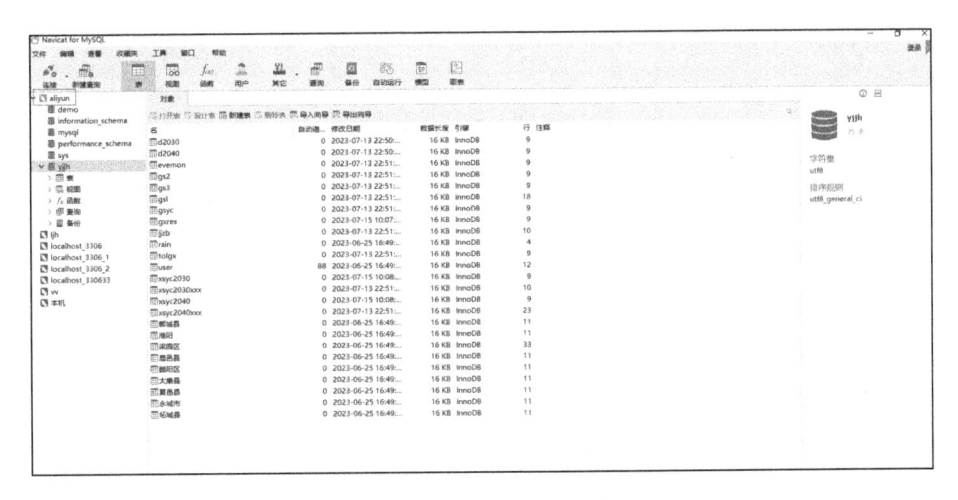

图 2.29 Navicat 远程连接数据库

2.4 输水河道与调蓄水库水量损失分析及周边水环境研究

引江济淮工程(河南段)输水线路全长 195.14 km,其中输水河道长达 63.72 km,利用天然河道疏浚扩挖达 62.97 km,新建调蓄水库 4 座。初步勘察揭示,输水河道沿线地层为第四系松散沉积物,河道疏浚后,部分河段河床及岸坡出露沙壤土和粉细砂,渗透强、抗冲刷能力差,且输水水位一般高于地下水位,河道存在渗漏及对地下水的补给问题。与输水河道相似,新城、试量、后陈楼、七里桥4座调蓄水库库底多出露沙壤土或粉砂层,库底存在渗透性强的砂质地层,由于实际地层分布的差异性及复杂性,河道及调蓄水库将不同程度地发生较大的水量补给,直接影响着输水流量和地下水补给量的大小;承压地下水的渗压稳定对工程供水安全也具有潜在的危害。因此,开展输水河道与调蓄水库水量损失分析及其对周边水环境研究对于解决工程实际问题很有必要。

2.4.1 输水河道与调蓄水库水量损失分析与渗漏等级划分

2.4.1.1 水量损失分析

本书根据实测地下水位的变化规律对引江济淮工程(河南段)输水河道与调蓄水库的水量损失进行分析,考虑到2022年12月初试通水引起地表水位抬升,地下水补给趋势发生较大变化,因此,将试通水日期至2023年2月底的时间认为是通水期,并对通水期阶段输水河道及调蓄水库的渗漏量进行估算以及对比分析。

本节通过实测地下水位的变化趋势对不同监测断面的渗漏量进行估算,并进一步估算工程对象的渗漏量。对不同工程对象的不同监测断面从试通水起至2023年2月底之间的渗漏量进行估算。不同监测断面的单宽渗漏量及以每年365天为标准换算而得的年均单宽渗漏量如表2.30所示。由于疫情原因,在2022年12月初试通水前有个别监测断面尚未布设完成,因此对其渗漏量不做估算。如表2.30所示,由于地层分布的差异,不同监测断面的年均每千米渗漏量存在显著区别,最小值为11.498万 m^3,最大值可达53.304万 m^3。

表2.30 不同监测断面的渗漏估计

工程对象	监测断面	开始时间	结束时间	天数	每千米渗漏量(万 m^3)	年均每千米渗漏量(万 m^3)
清水河	6+700	2022-12-01	2023-02-28	89	2.913	11.946
	14+380	2022-12-01	2023-02-28	89	5.019	20.582
	16+090	2022-12-01	2023-02-28	89	10.254	42.053
	27+720	2022-12-01	2023-02-28	89	3.772	15.470
	29+830	2022-12-01	2023-02-28	89	3.783	15.515
鹿辛运河	5+700	2022-12-10	2023-02-28	80	2.520	11.498
	11+940	2022-12-10	2023-02-28	80	11.683	53.304
	12+393	2022-12-10	2023-02-28	80	3.064	13.979
后陈楼水库	0+100	2022-12-10	2023-02-28	80	3.788	17.283
	2+987	2022-12-10	2023-02-28	80	4.865	22.199

根据引江济淮工程输水河道的长度以及调蓄水库的周长,统计不同工程对象的年均渗漏量,考虑到地层分布的复杂性,分别取同一工程对象不同断面渗漏量估计值的最大值、平均值及最小值来代表此工程对象的渗漏量,以期对工程渗漏量有一个范围性的

2 引调水工程水资源优化调配与水环境保护关键技术与应用

认识。根据引江济淮的初步调水规划,即到 2030 年水平年年供水量约为 50 000 万 m³,到 2040 年水平年年供水量约为 60 000 万 m³,对工程渗漏量占年均供水量比值进行计算,得到结果如表 2.31 所示。可见,引江济淮工程(河南段)年均渗漏量最小估计值约为 852 万 m³,占年供水量比值分别为 1.70% 和 1.42%(分别以 2030 年及 2040 年水平年供水量为基准);最大估计值可达 2 988 万 m³,占年供水量比值分别为 5.98% 和 4.98%;平均值为 1 540.96 万 m³,占年供水量比值分别为 3.04% 和 2.57%。考虑到工程尚未正式运行,地下水有待补给,尚未处于稳定状态,因此,以当前运行工况所估计的渗漏量可能会高于工程实际运行时的渗漏量,因此,本项目将根据工程正式运行后的工况进一步计算渗漏程度。

表 2.31 年均渗漏量及占比统计表

工程对象	年均渗漏量(万 m³)			占年供水量比值					
				以 2030 年水平年供水量 50 000 万 m³ 为基准			以 2040 年水平年供水量 60 000 万 m³ 为基准		
	最小值	最大值	平均值	最小值	最大值	平均值	最小值	最大值	平均值
清水河	566.97	1 995.85	1 002.04	1.13%	3.99%	2.00%	0.94%	3.33%	1.67%
鹿辛运河	186.96	866.73	426.99	0.37%	1.73%	0.85%	0.31%	1.44%	0.71%
后陈楼水库	97.99	125.87	111.93	0.20%	0.25%	0.19%	0.16%	0.21%	0.19%
合计	851.92	2 988.44	1 540.96	1.70%	5.98%	3.04%	1.42%	4.98%	2.57%
备注	最小值、最大值及平均值分别表示参照工程对象中断面渗漏量的最小值、最大值及平均值而对整个工程对象进行估算的结果。								

2.4.1.2 渗漏等级划分

(1)渗漏等级划分依据

依据《水利水电工程地质勘察规范》(GB 50487—2008)"附录 F 岩土体渗透性分级及渗透结构类型划分",在估算对应渗漏量的基础上,参照《渠道防渗工程技术规范》(SL 18—2004)"渠道防渗结构的允许最大渗漏量及适用条件"以及《渠道防渗衬砌工程技术标准》(GB/T 50600—2020)"渠道防渗等级划分标准",对调水工程输水河道典型河段渗漏等级进行划分,初步拟定为 4 个等级:极微、微、弱、中等透水。具体划分情况见表 2.32。

表 2.32 渗漏等级划分及界定

渗透性等级	渗透系数 k (cm/s)	对应土体组成情况	渗漏量 [m³/(m²·d)]	渗漏等级及界定
极微透水	$k < 10^{-6}$	黏土为主,少量粉质黏土、重粉质壤土	<0.000 864	Ⅰ级:现阶段对供水不会有影响
微透水	$10^{-6} \leq k < 10^{-5}$	粉质黏土、重黏质壤土为主,少量黏土、壤土	0.000 864(含)~ 0.008 64	Ⅱ级:可能会影响供水
弱透水	$10^{-5} \leq k < 10^{-4}$	重粉质壤土、壤土为主,少量粉质黏土、沙壤土	0.008 64(含)~ 0.086 4	Ⅲ级:对供水有一定影响

续表

渗透性等级	渗透系数 k（cm/s）	对应土体组成情况	渗漏量 [$m^3/(m^2 \cdot d)$]	渗漏等级及界定
中等透水	$k \geqslant 10^{-4}$	壤土、沙壤土为主，少量重粉质壤土	$\geqslant 0.086\ 4$	Ⅳ级：对供水及周边水环境产生影响

（2）渗漏等级划分结果

根据表 2.32 渗漏划分等级，估算各输水河段和调蓄水库的年允许渗漏量，具体见表 2.33。

表 2.33　输水河道及调蓄水库各级别年允许渗漏量

允许渗漏量 [$m^3/(m^2 \cdot d)$]	年允许渗漏量（万 m^3）						渗漏等级
	清水河	鹿辛运河	试量水库	后陈楼水库	七里桥水库	新城水库	
<0.000 864	<63.54	<15.52	<7.22	<31.27	<12.27	<9.76	Ⅰ级
0.000 864（含）~0.008 64	63.54~635.37	15.52~155.16	7.22~72.24	31.27~312.72	12.27~122.72	9.76~97.59	Ⅱ级
0.008 64（含）~0.086 4	635.37~6 353.69	155.16~1 551.59	72.24~722.37	312.72~3 127.24	122.72~1 227.16	97.59~975.94	Ⅲ级
$\geqslant 0.086\ 4$	$\geqslant 6\ 353.69$	$\geqslant 1\ 551.59$	$\geqslant 722.37$	$\geqslant 3\ 127.24$	$\geqslant 1\ 227.16$	$\geqslant 975.94$	Ⅳ级

根据表 2.33，对基于实测地下水位的各工程区年均渗漏量（表 2.32）进行等级划分，确定需要重点关注的区域和部位，为供水工程安全运行提供有力的支撑。

由表 2.33、表 2.32 可知，除后陈楼水库渗漏等级为轻微渗漏，可能会影响供水外，清水河、鹿辛运河及七里桥水库、新城水库渗漏等级均为弱渗漏，可能会影响供水，应持续对其周边地下水位进行观测。

2.4.2　河道及调蓄水库水质监测分析及供水安全影响研究

依据相关标准、规范，结合地表水、地下水质量现状和施工期、运行期污染影响分析结果，制定 2 条输水河道（清水河、鹿辛运河）及 4 个调蓄水库（试量水库、后陈楼水库、七里桥水库、新城水库）的地表水及地下水水质监测方案，包括确定施工期、运行期地表水、地下水监测项目和采样周期，确定地表水、地下水监测断面、取样点位置等。进行持续性水质监测工作，研究通水前后地表水与地下水变化规律，基于监测结果，编制水质分布图，确定水环境防护等级。

2.4.2.1　地表水监测成果分析

依据《地表水环境质量标准》（GB 3838—2002）中Ⅲ类水水质的标准要求，地表水主要考察检测项目 pH、化学需氧量、氨氮、总磷、总氮的限值见表 2.34。

2022 年 10 月—2023 年 9 月，地表水 pH 变化范围为 7.35~9.16，其中出现 pH 超限的为新城水库，除新城水库外，其他河道、水库的 pH 指标均满足Ⅲ类水水质标准。化学需氧量未检出,化学需氧量指标满足Ⅲ类水水质标准。氨氮变化范围为 0.013 mg/L～0.323 mg/L,远小于 1.0 mg/L 限值要求,氨氮满足Ⅲ类水水质标准。

表 2.34 Ⅲ类地表水标准限值

水环境类别	pH	化学需氧量 (mg/L)	氨氮 (mg/L)	总氮 (mg/L)	总磷 (mg/L)
地表水	6～9	≤20	≤1.0	≤1.0	≤0.2(湖、库 0.05)

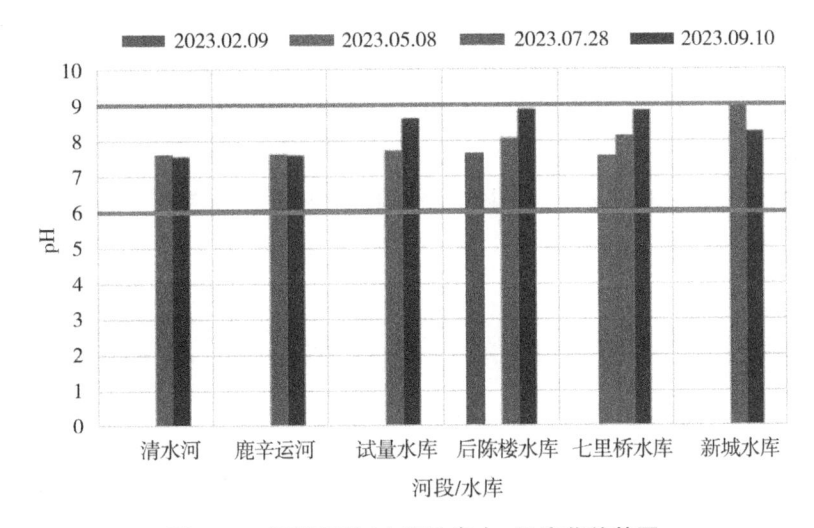

图 2.30 不同河段/水库地表水 pH 变化趋势图

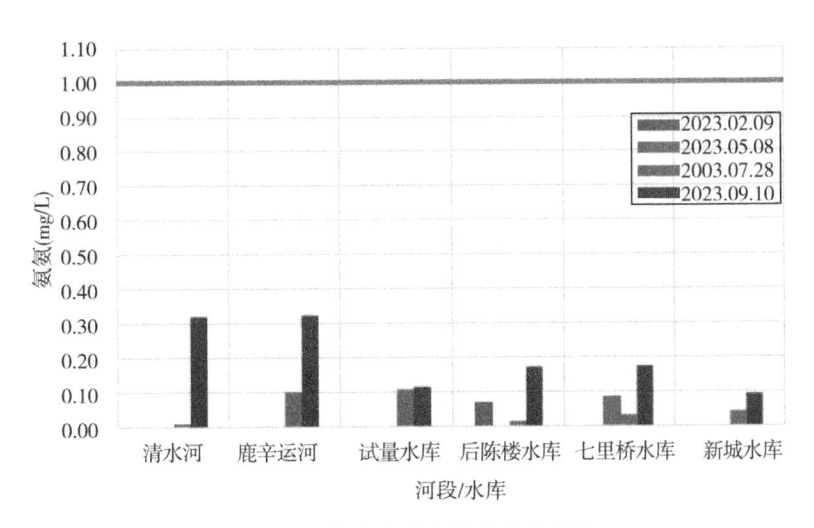

图 2.31 地表水氨氮值变化趋势图

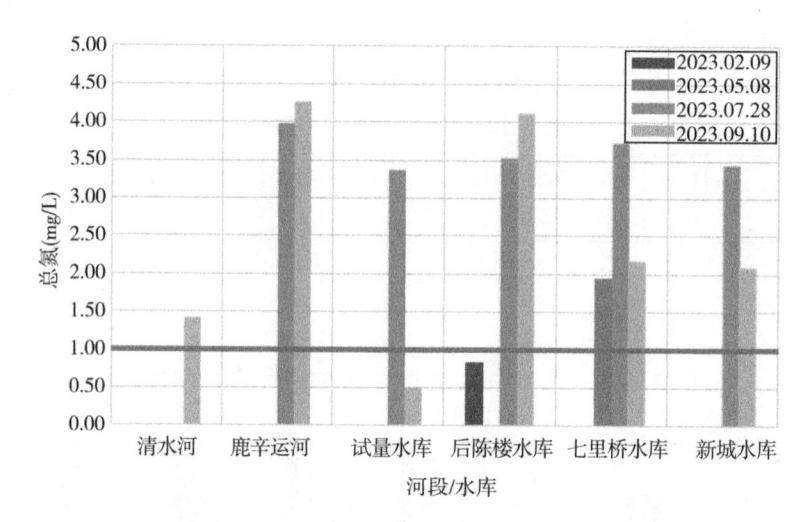

图 2.32 不同河段/水库地表水总氮值变化趋势图

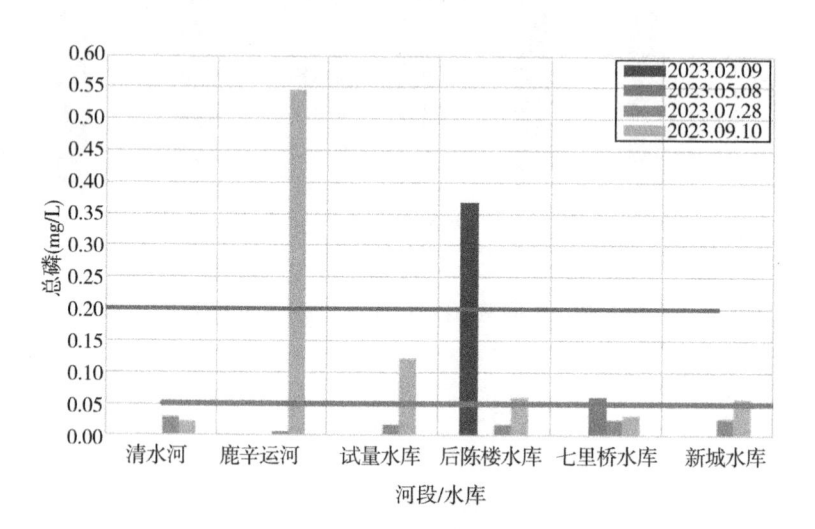

图 2.33 不同河段/水库地表水总磷值变化趋势图

2.4.2.2 地下水监测成果分析

依据《地下水质量标准》(GB/T 14848—2017)中Ⅲ类水水质的标准要求,地下水主要考察检测项目 pH、氨氮的限值见表 2.35。

表 2.35　Ⅲ类地下水标准限值

水环境类别	pH	氨氮（mg/L）
地下水	6.5～8.5	≤0.50

2022 年 10 月—2023 年 9 月,地下水 pH 变化范围为 7.13～8.66,其中出现 pH 超限的为试量水库 1+540 附近地下水,其他河道、水库的地下水 pH 指标均满足Ⅲ类水水质标准。化学需氧量仅清水河附近地下水有检出,值为 1.13 mg/L。此外检测的 49 处地下

水中,氨氮超限的有 9 处,且均发生在 2023 年 2 月前,可见通水后对提升水质有一定的作用。

2.5 水质-水量调度与水质风险防控研究和输水线路重大突发水污染事件预警研究

引江济淮工程(河南段)整体调度情况较为复杂,在工程常规运行时段下各调蓄水库会面临水质自然劣化的问题。此外,引江济淮工程(河南段)的干渠采用明渠输水且沿程交叉建筑物众多,存在突发水污染事件的隐患。突发性水污染事件发生时间短、不确定性大、处理复杂,如处置不当或不及时,将造成严重的经济损失和环境影响,甚至威胁用户的生命健康。因此,工程在常规时段与应急时段均面临着水质的问题,如何采取相应的调度措施来兼顾处理水质问题与保证向受水区供水是工程运行调度的关键。在工程运行过程中若缺乏合理的水质-水量联合调度方案会导致受水区用户出现缺水或用水不安全的严重问题,引江济淮工程(河南段)亟须建立符合工程实际情况的运行调度方案来保证工程整体安全、高效地运行,其对促进区域社会稳定和可持续发展具有十分重要的意义。

2.5.1 常规时段水质-水量联合调度研究

2.5.1.1 水质指标的选取及影响因素分析

(1) 水质指标的选取

《地表水环境质量标准》(GB 3838—2002)中规定了一系列表征水体质量等级的水质指标及其限值,水质指标主要包括:水温、pH 值、溶解氧、高锰酸盐指数、化学需氧量(COD)、五日生化需氧量(BOD_5)、氨氮(NH_3-N)、总磷(TP)、总氮(TN)、铜、锌、汞、粪大肠菌群等。

由引江济淮工程(河南段)初步设计报告可知,本工程在调蓄水库区域划定了水源地保护区,采取措施防止污染物进入保护区,因此在研究过程中认为在常规运行时段各调蓄水库不存在外界污染物进入,主要选取对受水体中有机物、微生物影响较大的指标作为水体水质变化模拟时的关键指标。结合《地表水环境质量标准》(GB 3838—2002)中地表水环境质量标准基本项目标准限值表中所规定水质指标,本研究选取溶解氧(DO)、化学需氧量(COD)、五日生化需氧量(BOD_5)、氨氮(NH_3-N)、总磷(TP)、总氮(TN)作为表征水体水质的主要指标,这 6 种水质指标可以反映水体中有机物的含量、受污染程度和自净能力。

(2) 水质影响因素分析

引江济淮工程(河南段)各调蓄水库周边严格管理,无外界污染进入水库,而水体系统的水环境特征易受到外部条件的影响,因此主要考虑自然气候对库水水质的影响,例如气温、降水、异常气象等。

在自然条件下，入流、水温、风和降雨等因素通过影响水体的水平输运、垂直混合、沉降和初级生产力等过程调节库水的水动力与水质状况。风力通过影响水体水动力过程，从而间接影响水体中各种污染物质的输移扩散；水质变化还与大气交换有关，大气受污染程度、大气和降雨中氮磷等含量在一定程度上会影响水质变化；水温直接影响着水体中藻类的生长速率、营养物质的再循环和生物分解、有机物的衰变速率。

引江济淮工程（河南段）所处地区四季气温变化明显、温差较大，年平均降雨量较低，年平均风速较小，风力、降雨对调蓄水库的水质影响较小，而温度对调蓄水库的水质变化影响较大。因此，研究不同温度下库水在一定时间内的变化规律是十分必要的，可为调蓄水库总体的水质-水量调度方案的制定提供切实可靠的理论依据。

2.5.1.2 不同工况下水质变化规律模拟

根据前文水质影响因素分析可知：温度是影响引江济淮工程（河南段）调蓄水库水质变化的最主要原因，因此将进行调蓄水库在不同温度条件下的水质变化模拟。研究区域全年历史最高温度为39℃，每月日均最高温度最大为34℃，每月日均最低温度最小为－2℃。结合实际经验，夏季水体平均温度通常小于外界温度，冬季水体平均温度高于外界气温，因此选取模拟水温最高为35℃，最低为5℃，模拟库水在5~15℃、15~25℃、25~35℃三种温度区间下的水质变化；结合引江济淮工程（河南段）调蓄水库常规时段运行情况，选定库水静置、间隔补水、连续补水三种调蓄水库运行工况；河道中来水水质存在不确定性，因此分别假定调蓄水库的水质初始浓度为"Ⅲ类水标准值"和"Ⅱ类水与Ⅲ类水标准中间值"两种。根据构建的水质-水量数值模型模拟调蓄水库在不同温度区间、不同工况、不同水质初始浓度下的水质变化，研究调蓄水库的水质特性和演变规律，制定满足受水区用水需求的调蓄水库调度方式。

根据《地表水环境质量标准》（GB 3838—2002），水质初始浓度如表2.36所示。

表 2.36　水质初始浓度　　　　　　　　　　　　　　　　　单位：mg/L

	BOD_5	DO	NH_3-N	TP	TN	COD
Ⅱ类水标准值	3	6	0.5	0.025	0.5	15
Ⅲ类水标准值	4	5	1.0	0.05	1.0	20
Ⅱ类水与Ⅲ类水标准中间值	3.5	5.5	0.75	0.0375	0.75	17.5

模拟发现4座调蓄水库的水质变化规律相同，因此仅详细描述试量调蓄水库在不同条件下的具体水质变化模拟情况。

1) 库水静置工况下的水质模拟

库水静置工况下调蓄水库蓄满，无外来补水且不向受水区供水。下文模拟分析了该工况下调蓄水库水体30天内的水质变化。

（1）水质指标初始浓度为地表Ⅲ类水标准值

以试量调蓄水库在温度25~35℃的水质变化为例，绘出各污染物在第10天的迁移转化示意图，如图2.34至图2.39所示。

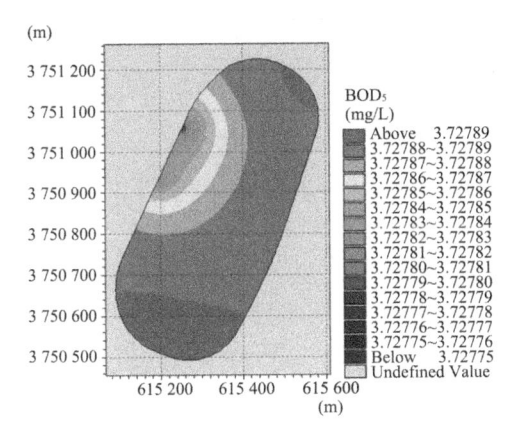

图 2.34 BOD₅ 迁移转化示意图

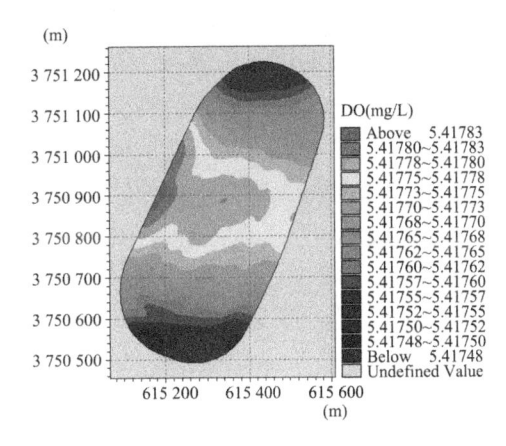

图 2.35 DO 迁移转化示意图

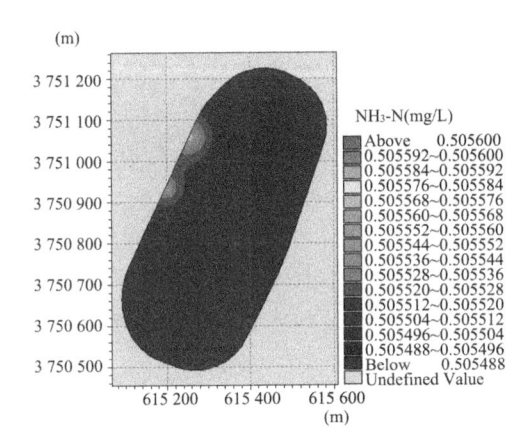

图 2.36 NH₃-N 迁移转化示意图

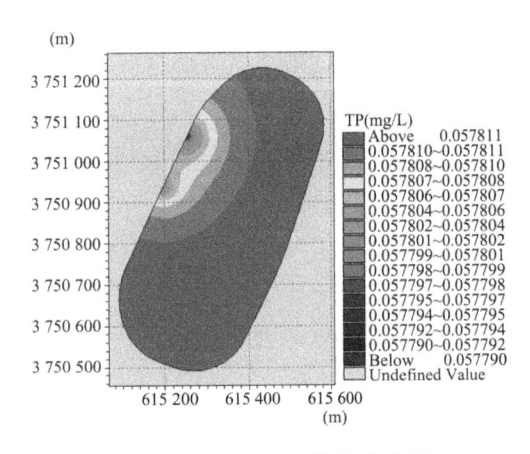

图 2.37 TP 迁移转化示意图

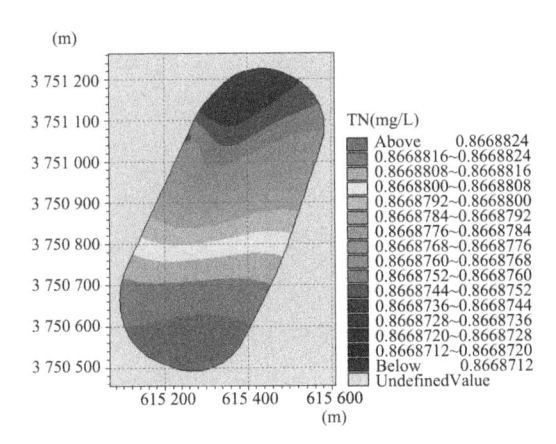

图 2.38 TN 迁移转化示意图

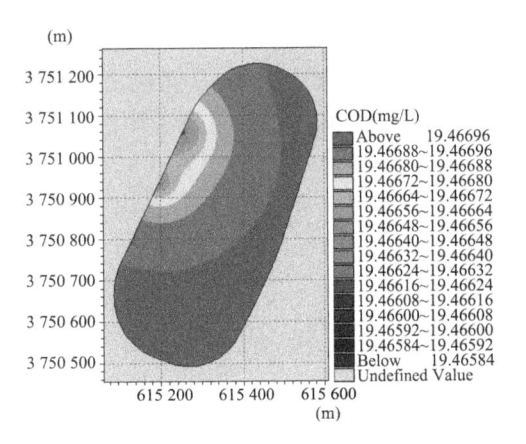

图 2.39 COD 迁移转化示意图

不同温度区间下不同水质指标的浓度变化如图 2.40 至图 2.45 所示。

①BOD_5（五日生化需氧量，Ⅲ类水质标准≤4.0 mg/L）

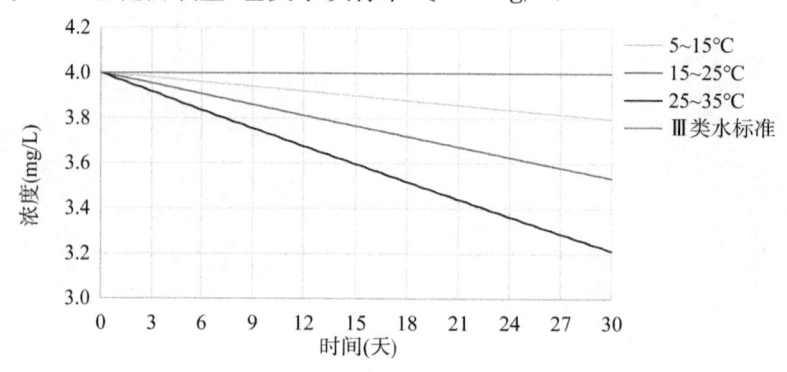

图 2.40　BOD_5 浓度变化模拟结果

在不同温度区间下，BOD_5 在 30 天内呈下降趋势，均小于 4.0 mg/L，满足Ⅲ类水质标准。

②DO（溶解氧，Ⅲ类水质标准≥5.0 mg/L）

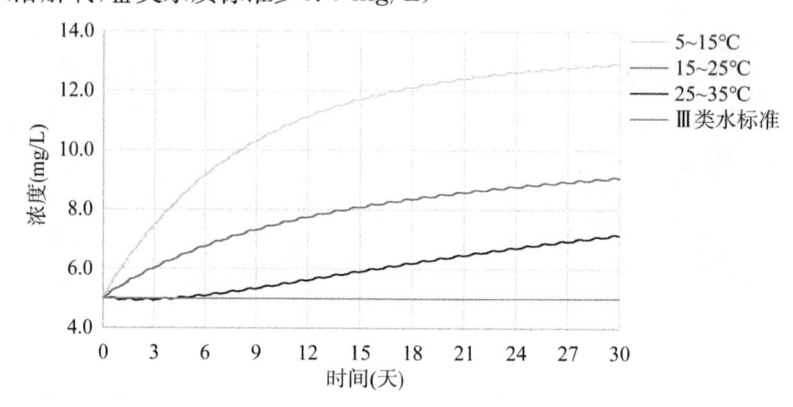

图 2.41　DO 浓度变化模拟结果

在不同温度区间下，溶解氧浓度在 30 天内呈现上升趋势，均大于 5.0 mg/L，且温度越低溶解氧浓度上升越快，满足Ⅲ类水质标准。

③NH_3-N（氨氮，Ⅲ类水质标准≤1.0 mg/L）

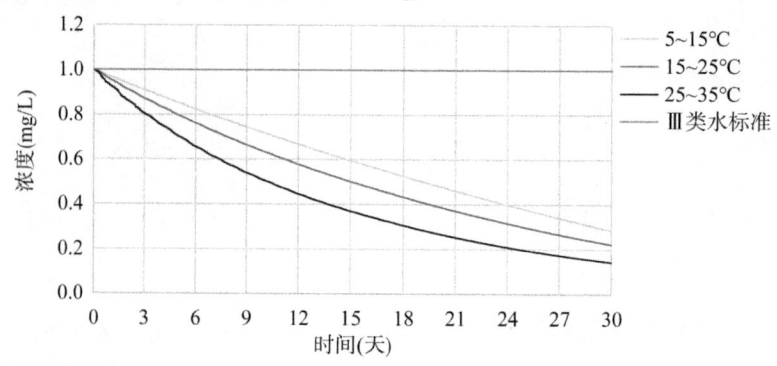

图 2.42　NH_3-N 浓度变化模拟结果

在不同温度区间下,氨氮浓度在30天内呈下降趋势,均小于1.0 mg/L,且温度越高氨氮浓度下降越快,满足Ⅲ类水质标准。

④TP(总磷,Ⅲ类水质标准≤0.05 mg/L)

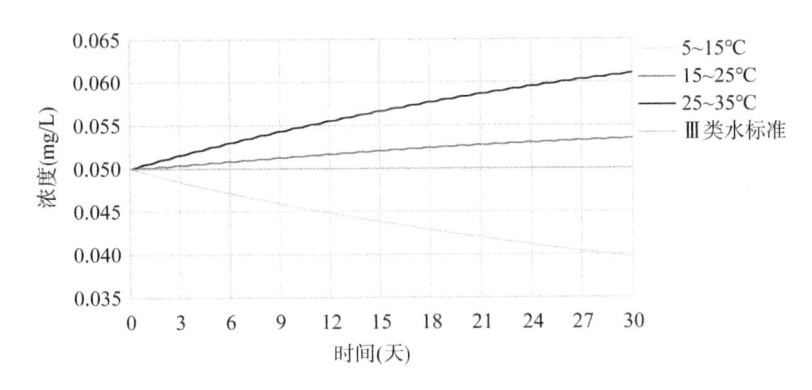

图2.43 TP浓度变化模拟结果

当温度高于15℃时,总磷浓度呈现上升趋势,且温度越高,总磷浓度上升越快,不满足Ⅲ类水质标准。在5~15℃下,总磷含量呈下降趋势,在30天内满足Ⅲ类水质标准;在15~25℃下,总磷浓度在30天后超过Ⅲ类水质标准约7%;在25~35℃下,总磷浓度在第12天超过Ⅲ类水标准约10%,在30天之后超过Ⅲ类水质标准约22%。

⑤TN(总氮,Ⅲ类水质标准≤1.0 mg/L)

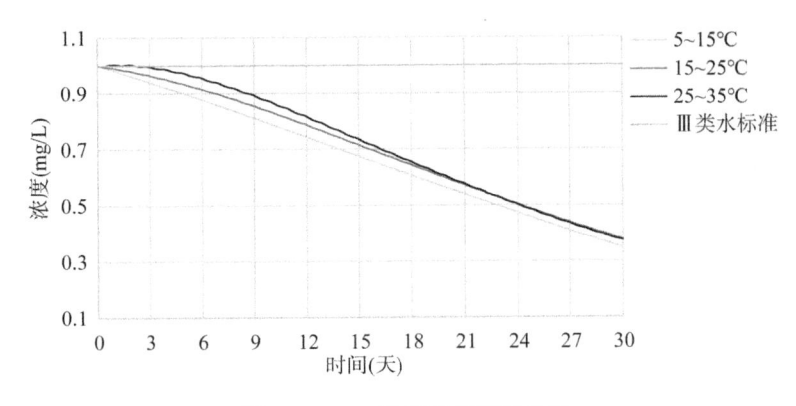

图2.44 TN浓度变化模拟结果

在不同温度区间下,总氮浓度在30天内呈下降趋势,均小于1.0 mg/L,满足Ⅲ类水质标准。

⑥COD(化学需氧量,Ⅲ类水质标准为≤20 mg/L)

在不同温度区间下,COD浓度在30天内呈下降趋势,均小于20 mg/L,且温度越高COD浓度下降越快,满足Ⅲ类水质标准。

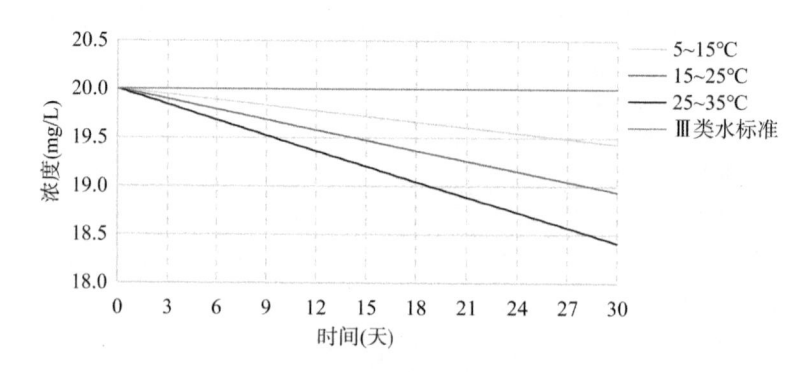

图 2.45　COD 浓度变化模拟结果

（2）水质指标初始浓度为地表Ⅱ类水与Ⅲ类水标准中间值

以试量调蓄水库在温度 25～35℃的水质变化为例，绘出各污染物在第 10 天的迁移转化示意图，如图 2.46 至图 2.51 所示。

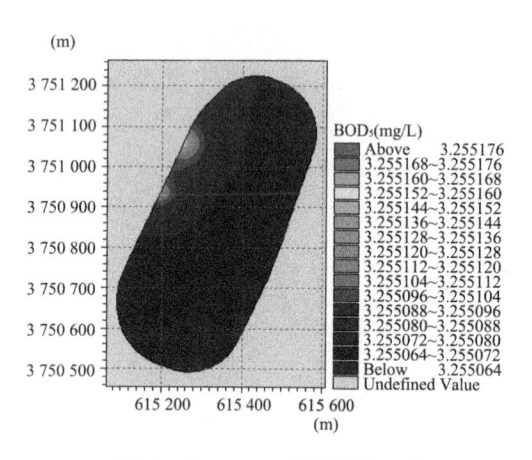

图 2.46　BOD_5 迁移转化示意图

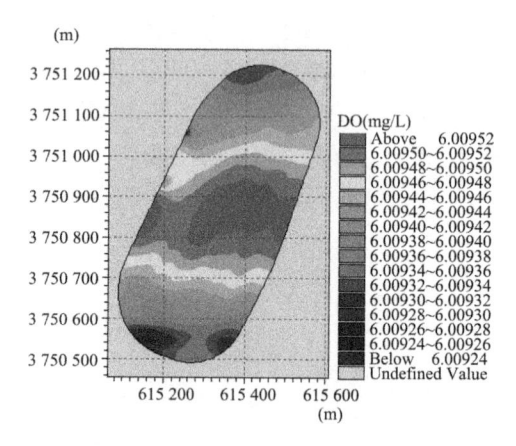

图 2.47　DO 迁移转化示意图

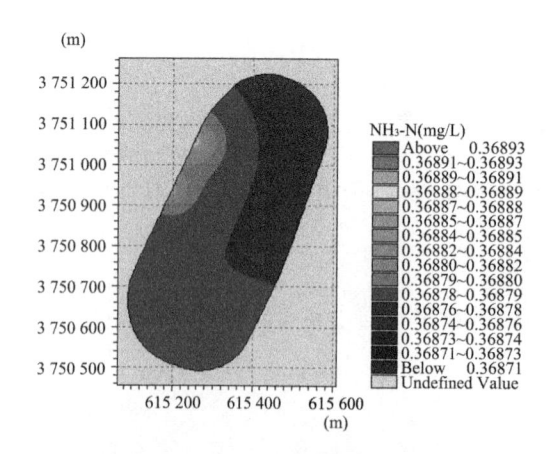

图 2.48　NH_3-N 迁移转化示意图

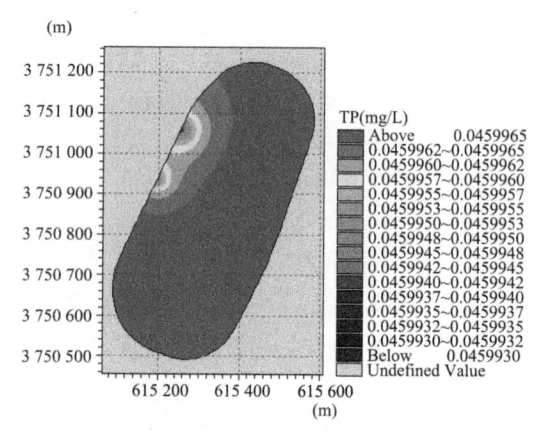

图 2.49　TP 迁移转化示意图

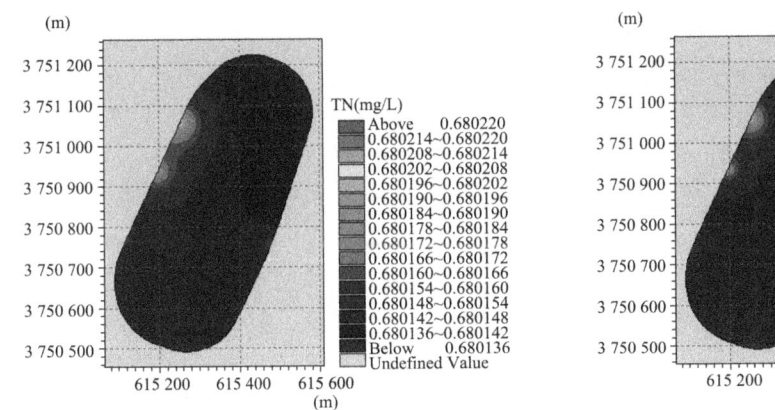

2 引调水工程水资源优化调配与水环境保护关键技术与应用

图 2.50 TN 迁移转化示意图

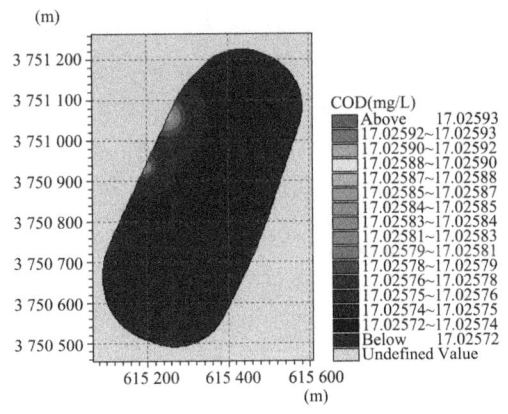

图 2.51 COD 迁移转化示意图

不同温度区间下不同水质指标的浓度变化如图 2.52 至图 2.57 所示。

①BOD$_5$（五日生化需氧量，Ⅲ类水质标准≤4.0 mg/L）

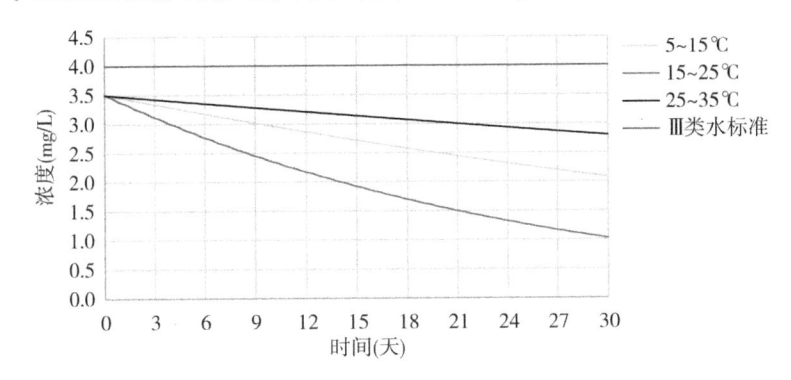

图 2.52 BOD$_5$ 浓度变化模拟结果

在不同温度区间下，BOD$_5$ 在 30 天内呈下降趋势，均小于 4.0 mg/L，满足Ⅲ类水质标准。

②DO（溶解氧，Ⅲ类水质标准≥5.0 mg/L）

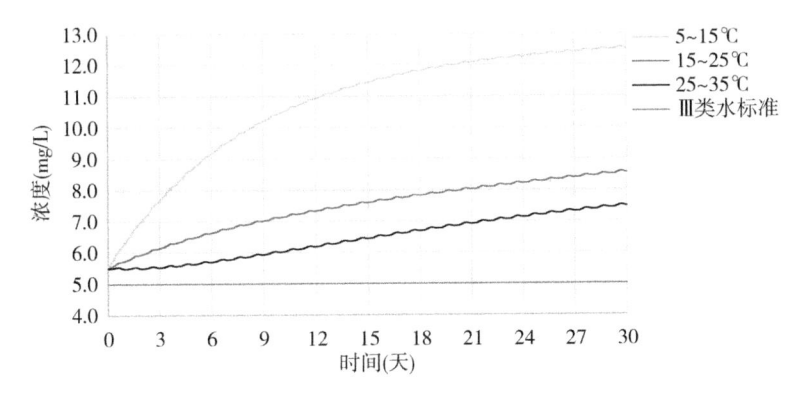

图 2.53 DO 浓度变化模拟结果

在不同温度区间下，溶解氧浓度在 30 天内呈现上升趋势，均大于 5.0 mg/L，且温度越低溶解氧浓度上升越快,满足Ⅲ类水质标准。

③NH₃-N(氨氮,Ⅲ类水质标准≤1.0 mg/L)

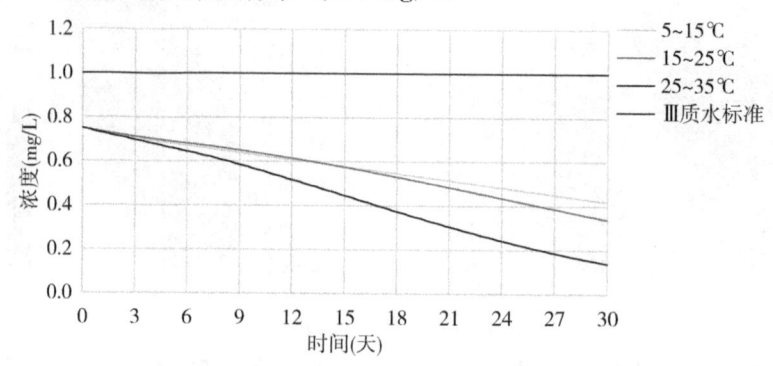

图 2.54　NH₃-N 浓度变化模拟结果

在不同温度区间下,氨氮浓度在 30 天内呈下降趋势,均小于 1.0 mg/L,且温度越高氨氮浓度下降越快,满足Ⅲ类水质标准。

④TP(总磷,Ⅲ类水质标准≤0.05 mg/L)

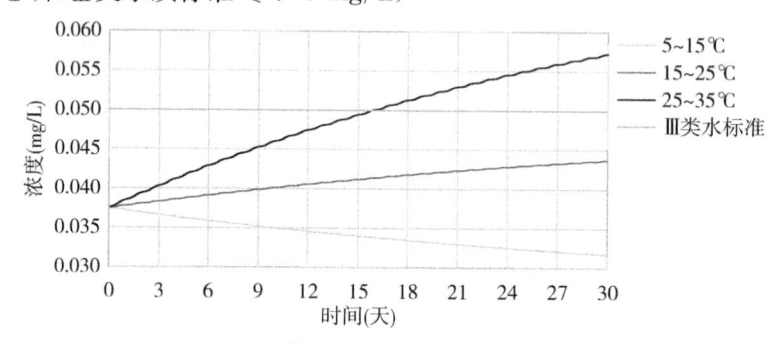

图 2.55　TP 浓度变化模拟结果

在 5~15℃下,总磷含量呈下降趋势,在 30 天内满足Ⅲ类水质要求;当温度高于 15℃时,总磷含量呈现上升趋势,且温度越高,总磷含量上升越快。在 15~25℃下,总磷含量在 30 天内满足Ⅲ类水质要求;在 25~35℃下,总磷含量在 16 天内满足Ⅲ类水质要求,在第 17 天超过Ⅲ类水质要求。

⑤TN(总氮,Ⅲ类水质标准≤1.0 mg/L)

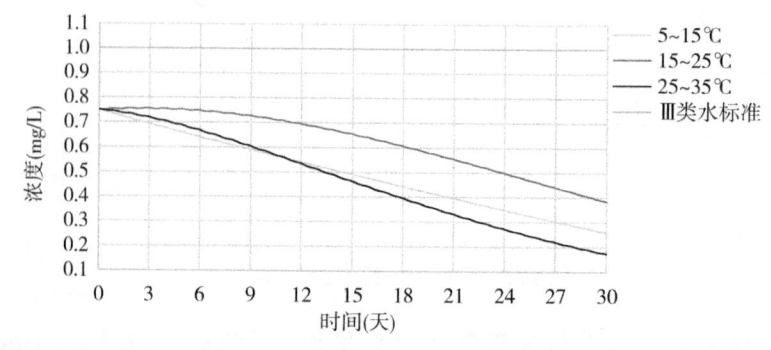

图 2.56　TN 浓度变化模拟结果

2 引调水工程水资源优化调配与水环境保护关键技术与应用

在不同温度区间下,总氮浓度在30天内呈下降趋势,均小于1.0 mg/L,满足Ⅲ类水质标准。

⑥COD(化学需氧量,Ⅲ类水质标准为≤20 mg/L)

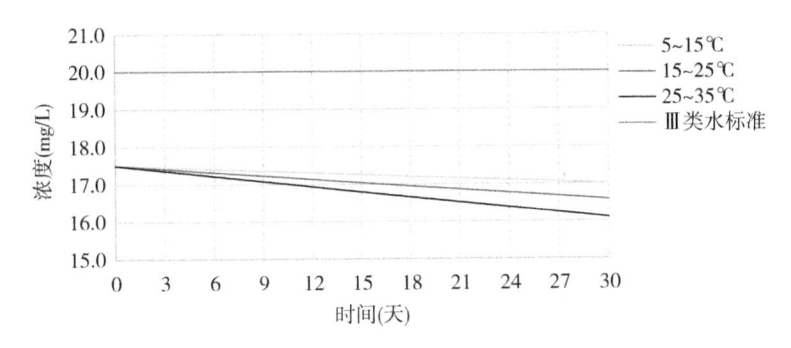

图2.57 COD浓度变化模拟结果

在不同温度区间下,COD浓度在30天内呈下降趋势,均小于20 mg/L,且温度越高COD浓度下降越快,满足Ⅲ类水质标准。

2) 间隔补水工况下的水质模拟

间隔补水工况即在调蓄水库运行初期,调蓄水库蓄满情况下以设计出水流量的30%持续向受水区供水,在水库运行到死水位时以50%和100%的设计进水流量对其进行补水(同时不断向受水区供水)。模拟分析该工况下调蓄水库水体30天内的水质变化。

(1) 水质指标初始浓度为地表Ⅲ类水标准值

以试量调蓄水库按照50%的设计进水流量、30%的设计出水流量在温度25~35℃下间隔补水时的水质变化为例,绘出各污染物在第10天的迁移转化示意图,如图2.58至图2.63所示。

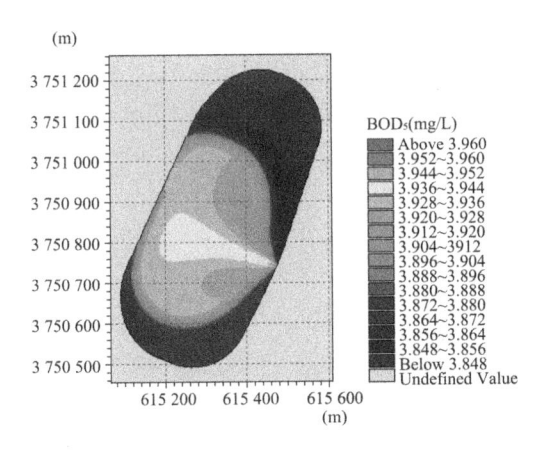

图2.58 BOD_5 迁移转化示意图

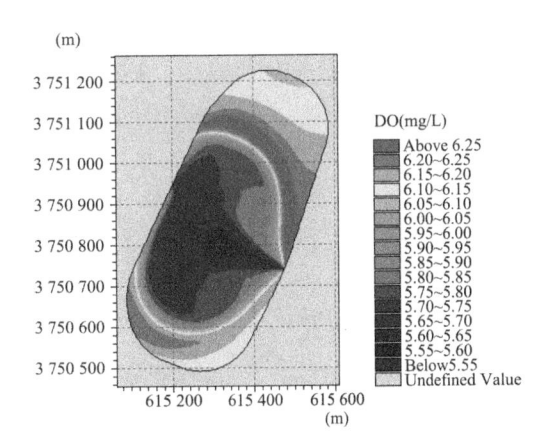

图2.59 DO迁移转化示意图

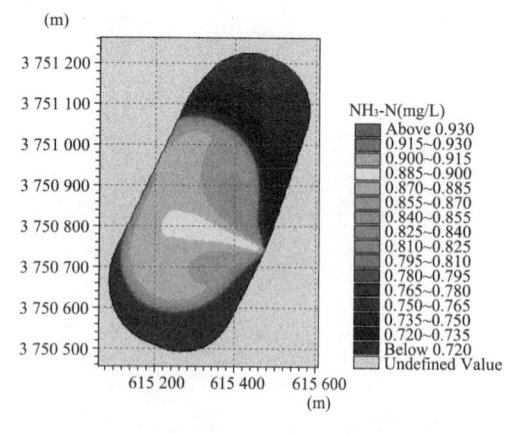

图 2.60 NH₃-N 迁移转化示意图

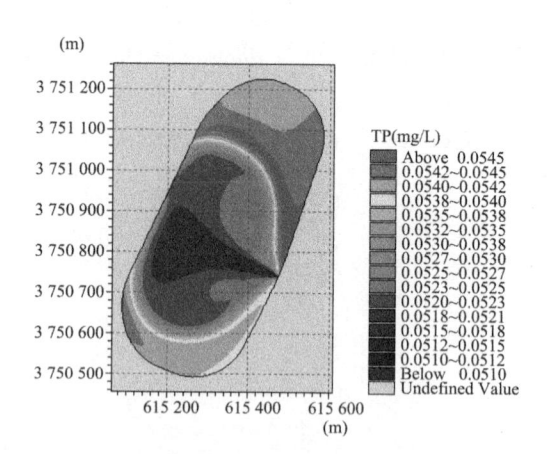

图 2.61 TP 迁移转化示意图

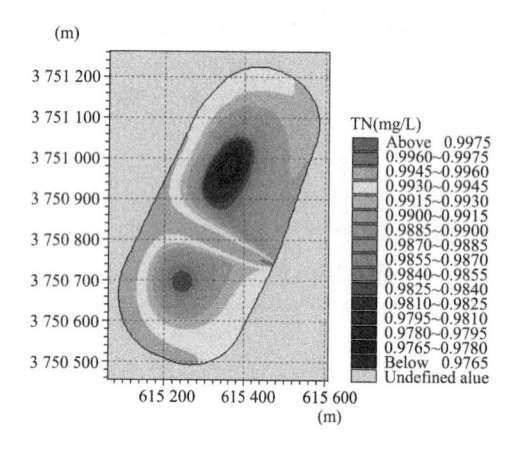

图 2.62 TN 迁移转化示意图

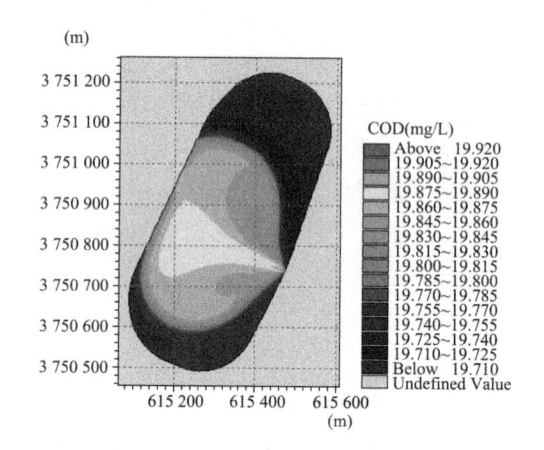

图 2.63 COD 迁移转化示意图

以 50% 的设计进水流量进行间隔补水,不同温度区间下不同水质指标的浓度变化如图 2.64 至图 2.69 所示。

①BOD₅(五日生化需氧量,Ⅲ类水质标准≤4.0 mg/L)

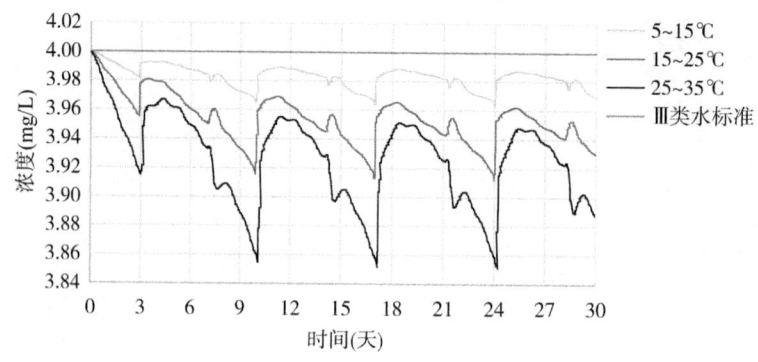

图 2.64 BOD₅ 浓度变化模拟结果

在不同温度区间下,BOD₅ 浓度在每次调蓄水库补水过程中迅速上升,随后浓度下降,在 30 天内多次间隔补水之后 BOD₅ 浓度小于 4.0 mg/L,满足Ⅲ类水质标准。

②DO(溶解氧,Ⅲ类水质标准≥5.0 mg/L)

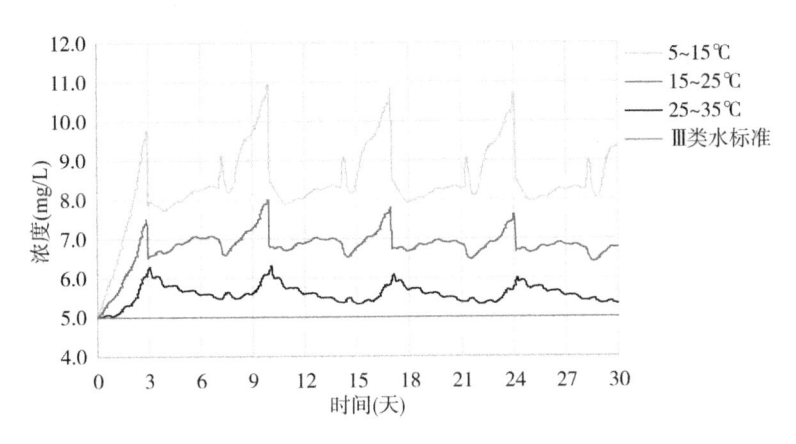

图 2.65 DO 浓度变化模拟结果

在不同温度区间下,DO 浓度在每次调蓄水库补水过程中下降,随后浓度上升,在 30 天内多次间隔补水之后 DO 浓度大于 5.0 mg/L,满足Ⅲ类水质标准。

③NH_3-N(氨氮,Ⅲ类水质标准≤1.0 mg/L)

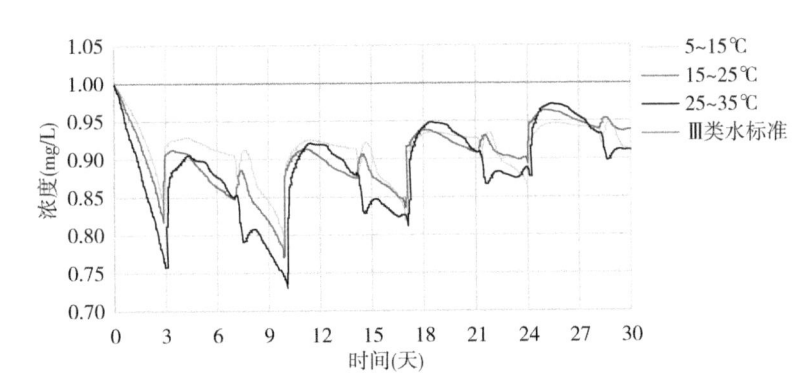

图 2.66 NH_3-N 浓度变化模拟结果

在不同温度区间下,氨氮浓度在每次调蓄水库补水过程中迅速上升,随后浓度下降,在 30 天内多次间隔补水之后氨氮浓度逐渐接近 1.0 mg/L,但小于 1.0 mg/L,满足Ⅲ类水质标准。

④TP(总磷,Ⅲ类水质标准≤0.05 mg/L)

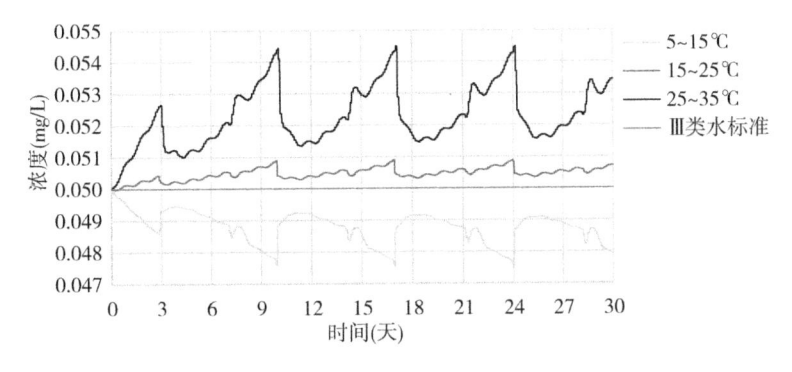

图 2.67 TP 浓度变化模拟结果

当温度高于15℃时，总磷浓度呈现上升趋势，大于0.05 mg/L，在每次调蓄水库补水过程中总磷浓度迅速下降，随后浓度上升，不满足Ⅲ类水质标准；当温度低于15℃时，总磷浓度呈现下降趋势，小于0.05 mg/L，在每次调蓄水库补水过程中总磷浓度迅速上升，随后浓度下降，满足Ⅲ类水质标准。

⑤TN(总氮，Ⅲ类水质标准≤1.0 mg/L)

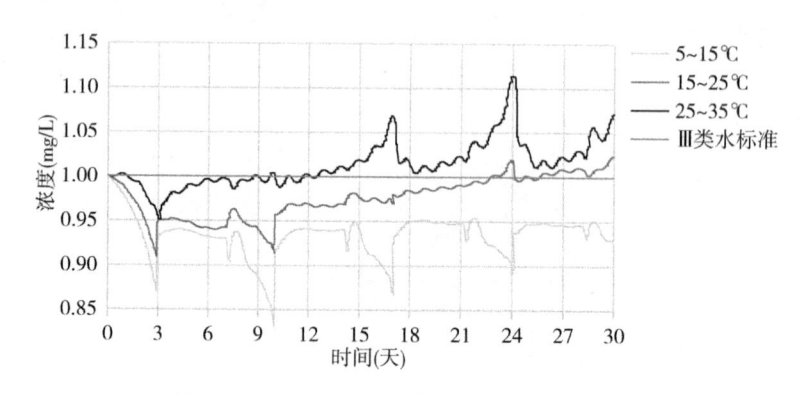

图2.68 TN浓度变化模拟结果

在5~15℃下，总氮浓度在仅向受水区供水期间持续下降，在调蓄水库补水期间迅速上升，在30天内多次间隔补水之后总氮浓度逐渐接近1.0 mg/L，但小于1.0 mg/L，满足Ⅲ类水质标准；在15~25℃下，总氮浓度在调蓄水库间隔补水初期小于1.0 mg/L，但在第23天大于1.0 mg/L，首次不满足Ⅲ类水质标准；在25~35℃下，总氮浓度在调蓄水库间隔补水初期小于1.0 mg/L，但在第13天大于1.0 mg/L，首次不满足Ⅲ类水质标准。

⑥COD(化学需氧量，Ⅲ类水质标准为≤20 mg/L)

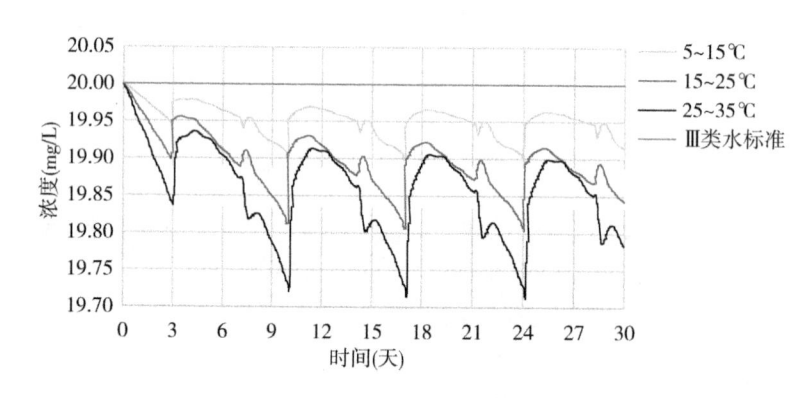

图2.69 COD浓度变化模拟结果

在不同温度区间下，COD浓度在仅向受水区供水期间持续下降，在调蓄水库补水期间迅速上升，在30天内多次间隔补水之后COD浓度小于20.0 mg/L，满足Ⅲ类水质标准。

以100%的设计进水流量进行间隔补水，不同温度区间下不同水质指标的浓度变化如图2.70至图2.75所示。

①BOD_5(五日生化需氧量，Ⅲ类水质标准≤4.0 mg/L)

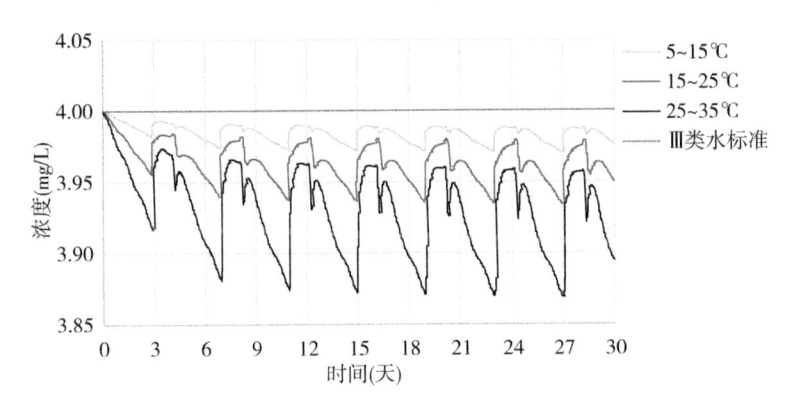

图 2.70 BOD₅ 浓度变化模拟结果

在不同温度区间下，BOD₅ 浓度在每次调蓄水库补水过程中迅速上升，随后浓度下降，在 30 天内多次间隔补水之后 BOD₅ 浓度小于 4.0 mg/L，满足Ⅲ类水质标准。

②DO(溶解氧，Ⅲ类水质标准≥5.0 mg/L)

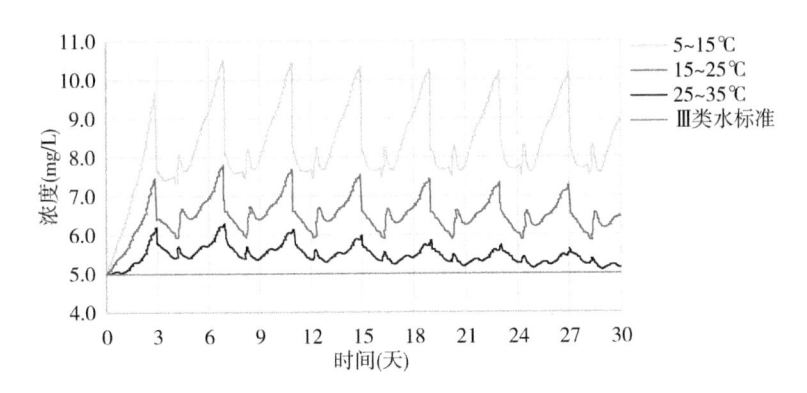

图 2.71 DO 浓度变化模拟结果

在不同温度区间下，DO 浓度在每次调蓄水库补水过程中迅速下降，随后浓度上升，在 30 天内多次间隔补水之后 DO 浓度大于 5.0 mg/L，满足Ⅲ类水质标准。

③NH_3-N(氨氮，Ⅲ类水质标准≤1.0 mg/L)

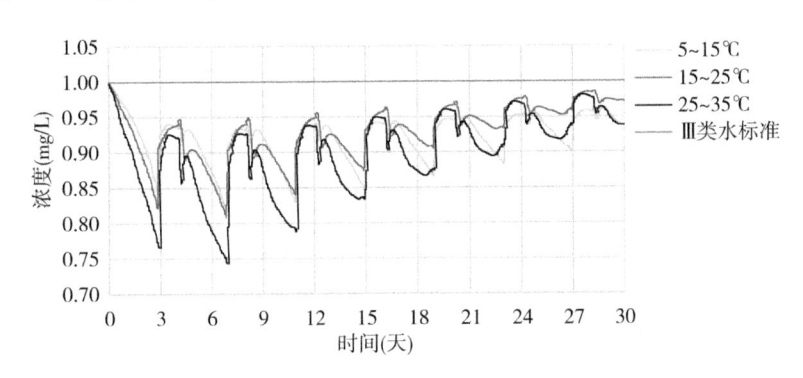

图 2.72 NH_3-N 浓度变化模拟结果

在不同温度区间下,氨氮浓度在每次调蓄水库补水过程中迅速上升,随后浓度下降,在30天内多次间隔补水之后氨氮浓度逐渐接近1.0 mg/L,但小于1.0 mg/L,满足Ⅲ类水质标准。

④TP(总磷,Ⅲ类水质标准≤0.05 mg/L)

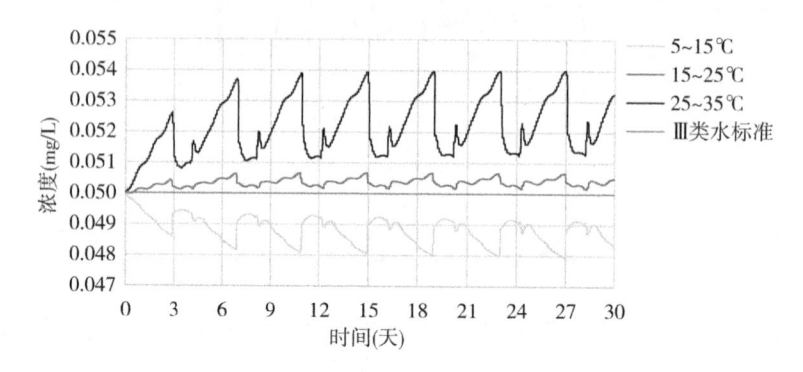

图2.73 TP浓度变化模拟结果

当温度高于15℃时,总磷浓度呈现上升趋势,大于0.05 mg/L,在每次调蓄水库补水过程中总磷浓度迅速下降,随后浓度上升,不满足Ⅲ类水质标准;当温度低于15℃时,总磷浓度呈现下降趋势,小于0.05 mg/L,在每次调蓄水库补水过程中总磷浓度迅速上升,随后浓度下降,满足Ⅲ类水质标准。

⑤TN(总氮,Ⅲ类水质标准≤1.0 mg/L)

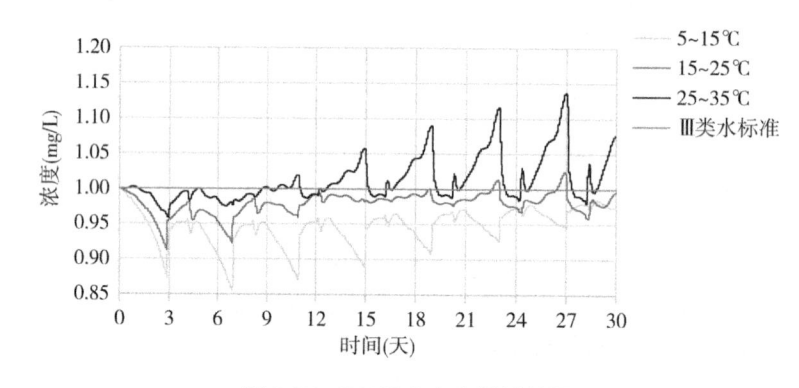

图2.74 TN浓度变化模拟结果

在5~15℃下,总氮浓度在仅向受水区供水期间持续下降,在调蓄水库补水期间迅速上升,在30天内多次间隔补水之后总氮浓度逐渐接近1.0 mg/L,但小于1.0 mg/L,满足Ⅲ类水质标准;在15~25℃下,总氮浓度在调蓄水库间隔补水初期小于1.0 mg/L,但在第23天大于1.0 mg/L,首次不满足Ⅲ类水质标准;在25~35℃下,总氮浓度在调蓄水库间隔补水初期小于1.0 mg/L,但在第10天大于1.0 mg/L,首次不满足Ⅲ类水质标准。

⑥COD(化学需氧量,Ⅲ类水质标准为≤20 mg/L)

在不同温度区间下,COD浓度在仅向受水区供水期间持续下降,在调蓄水库补水期间迅速上升,在30天内多次间隔补水之后COD浓度小于20.0 mg/L,满足Ⅲ类水质标准。

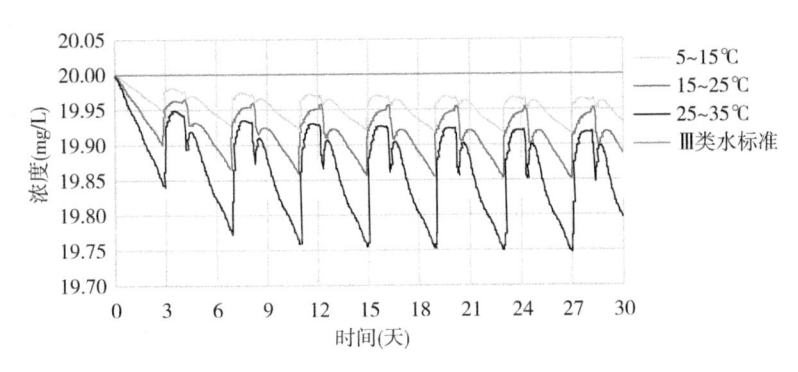

图 2.75 COD 浓度变化模拟结果

（2）水质指标初始浓度为地表Ⅱ类水与Ⅲ类水标准中间值

以试量调蓄水库按照 50% 的设计进水流量、30% 的设计出水流量在温度 25～35℃下间隔补水时的水质变化为例，绘出各污染物在第 10 天的迁移转化示意图，如图 2.76 至图 2.81 所示。

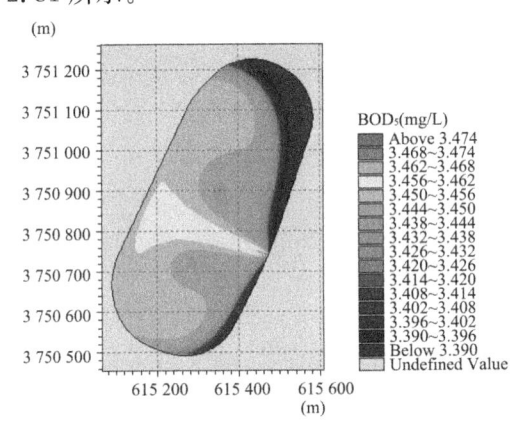

图 2.76 BOD₅ 迁移转化示意图

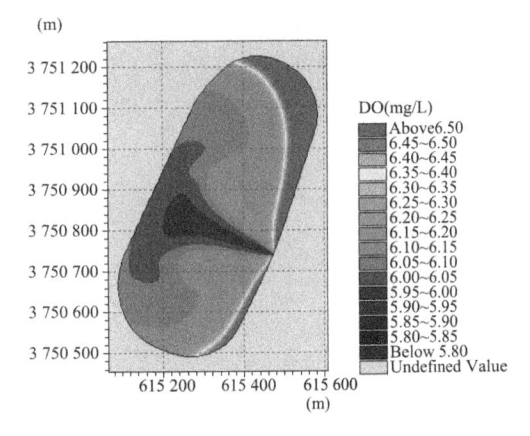

图 2.77 DO 迁移转化示意图

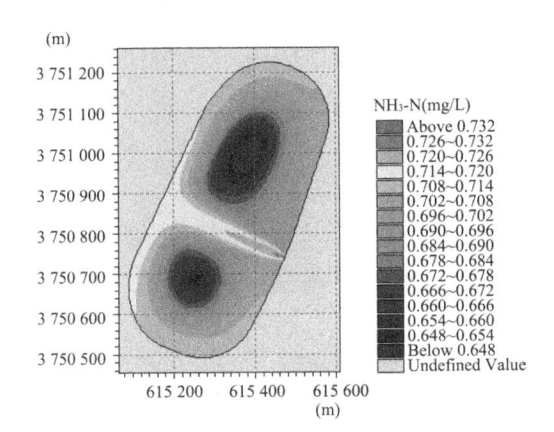

图 2.78 NH₃-N 迁移转化示意图

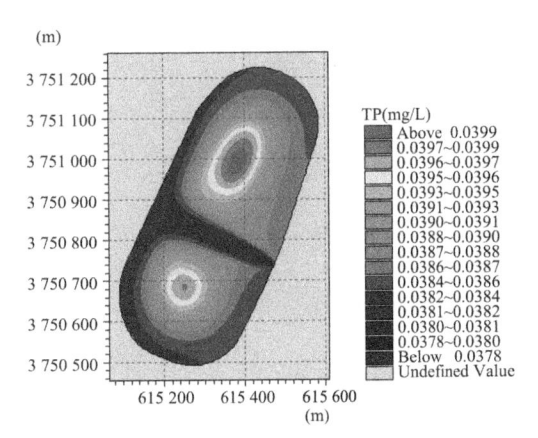

图 2.79 TP 迁移转化示意图

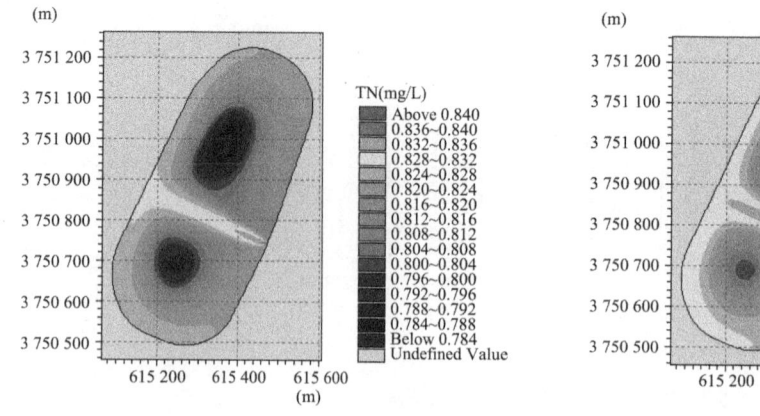

图 2.80　TN 迁移转化示意图 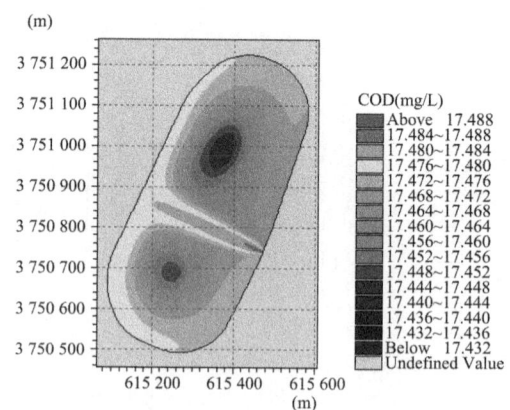　　　　　图 2.81　COD 迁移转化示意图

以 50%的设计进水流量进行间隔补水,不同温度区间下不同水质指标的浓度变化如图 2.82 至图 2.87 所示。

①BOD_5(五日生化需氧量,Ⅲ类水质标准≤4.0 mg/L)

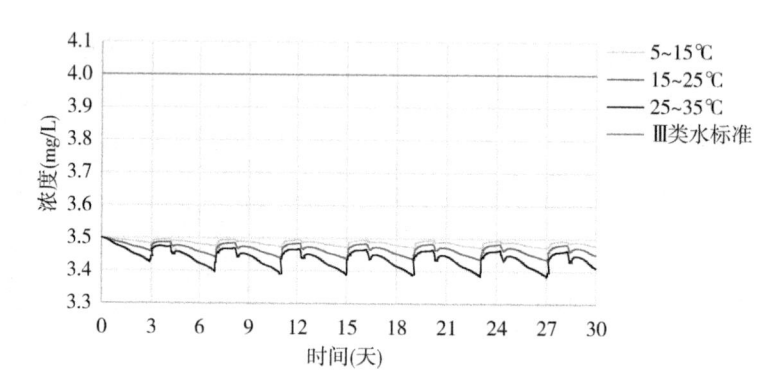

图 2.82　BOD_5 浓度变化模拟结果

在不同温度区间下,BOD_5 在仅向受水区供水期间持续下降,在调蓄水库补水期间迅速上升,在 30 天内多次间隔补水之后 BOD_5 浓度小于 4.0 mg/L,满足Ⅲ类水质标准。

②DO(溶解氧,Ⅲ类水质标准≥5.0 mg/L)

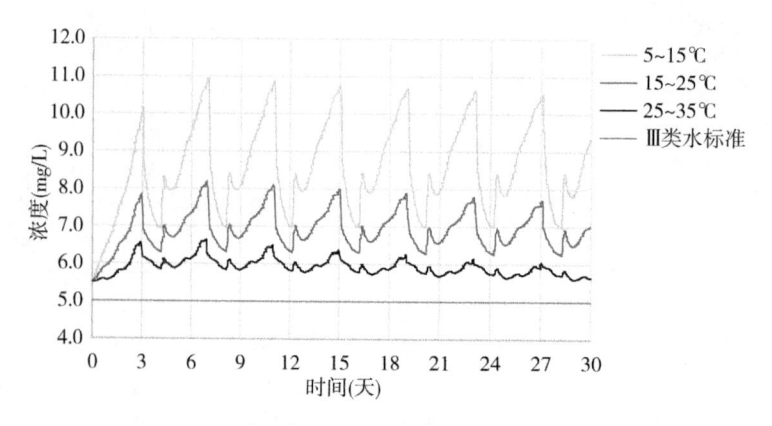

图 2.83　DO 浓度变化模拟结果

在不同温度区间下,溶解氧浓度在仅向受水区供水期间持续上升,在调蓄水库补水期间迅速下降,在 30 天内多次间隔补水之后溶解氧浓度大于 5.0 mg/L,满足Ⅲ类水质标准。

③NH_3-N(氨氮,Ⅲ类水质标准≤1.0 mg/L)

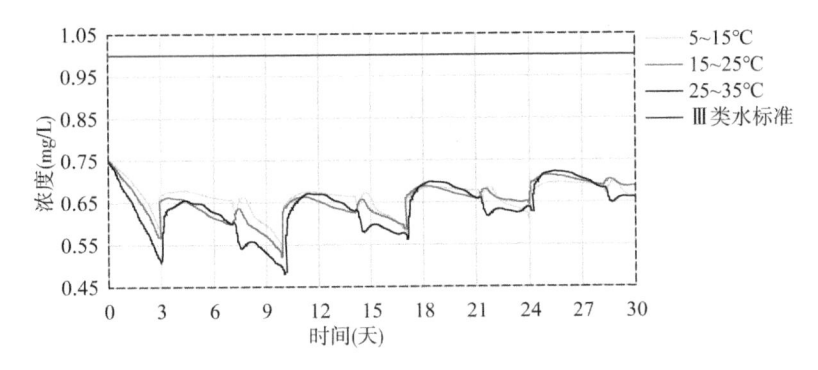

图 2.84　NH_3-N 浓度变化模拟结果

在不同温度区间下,氨氮浓度在仅向受水区供水期间持续下降,在调蓄水库补水期间迅速上升,在 30 天内多次间隔补水之后氨氮浓度小于 1.0 mg/L,满足Ⅲ类水质标准。

④TP(总磷,Ⅲ类水质标准≤0.05 mg/L)

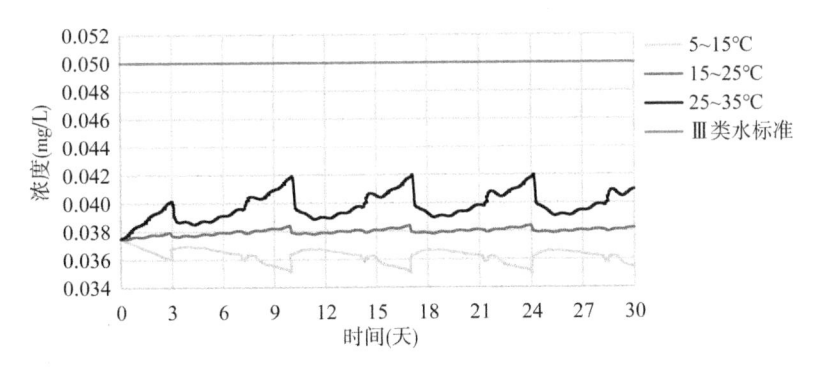

图 2.85　TP 浓度变化模拟结果

当温度高于 15℃时,总磷浓度呈现上升趋势,在每次调蓄水库补水过程中总磷浓度迅速下降,随后浓度上升,但仍满足Ⅲ类水质标准;当温度低于 15℃时,总磷浓度呈现下降趋势,在每次调蓄水库补水过程中总磷浓度迅速上升,随后浓度下降,满足Ⅲ类水质标准。

⑤TN(总氮,Ⅲ类水质标准≤1.0 mg/L)

在 5~15℃下,总氮浓度在仅向受水区供水期间持续下降,在调蓄水库补水期间迅速上升,在 30 天内多次间隔补水之后总氮浓度逐渐接近 0.75 mg/L,满足Ⅲ类水质标准;在高于 15℃时,进过多次间隔补水之后,总氮浓度将高于 0.75 mg/L,但仍低于 1.0 mg/L,满足Ⅲ类水质标准。

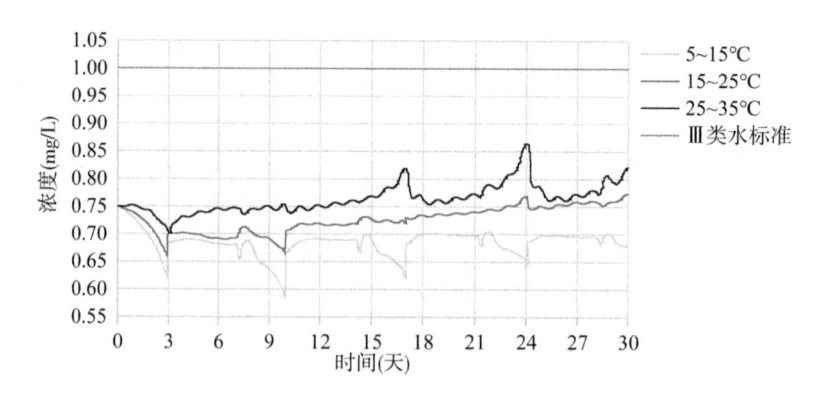

图 2.86 TN 浓度变化模拟结果

⑥COD(化学需氧量,Ⅲ类水质标准为≤20 mg/L)

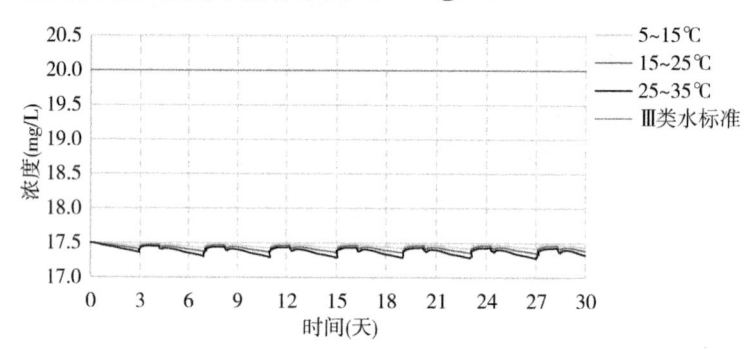

图 2.87 COD 浓度变化模拟结果

在不同温度区间下,COD 浓度在仅向受水区供水期间持续下降,在调蓄水库补水期间迅速上升,在 30 天内多次间隔补水之后 COD 浓度小于 20 mg/L,满足Ⅲ类水质标准。

以 100% 的设计进水流量进行间隔补水,不同温度区间下不同水质指标的浓度变化如图 2.88 至图 2.93 所示。

①BOD_5(五日生化需氧量,Ⅲ类水质标准≤4.0 mg/L)

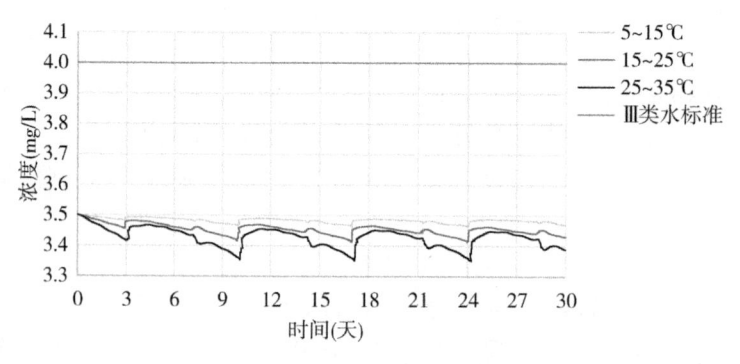

图 2.88 BOD_5 浓度变化模拟结果

在不同温度区间下,BOD_5 在仅向受水区供水期间持续下降,在调蓄水库补水期间迅速上升,在 30 天内多次间隔补水之后 BOD_5 浓度小于 4.0 mg/L,满足Ⅲ类水质标准。

②DO(溶解氧，Ⅲ类水质标准≥5.0 mg/L)

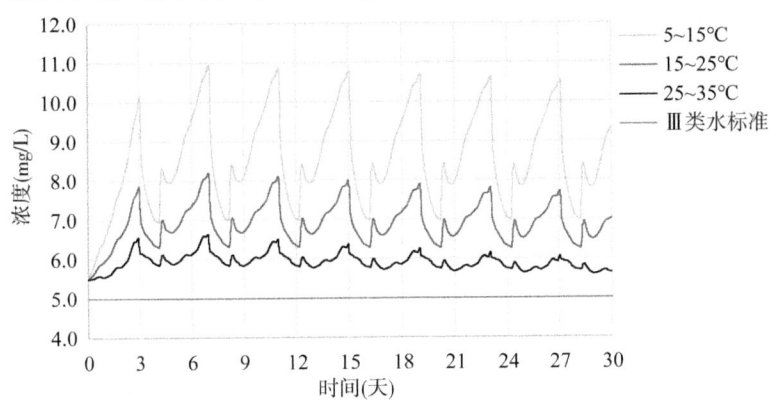

图 2.89　DO 浓度变化模拟结果

在不同温度区间下，溶解氧浓度在仅向受水区供水期间持续上升，在调蓄水库补水期间迅速下降，在 30 天内多次间隔补水之后溶解氧浓度大于 5.0 mg/L，满足Ⅲ类水质标准。

③NH_3-N(氨氮，Ⅲ类水质标准≤1.0 mg/L)

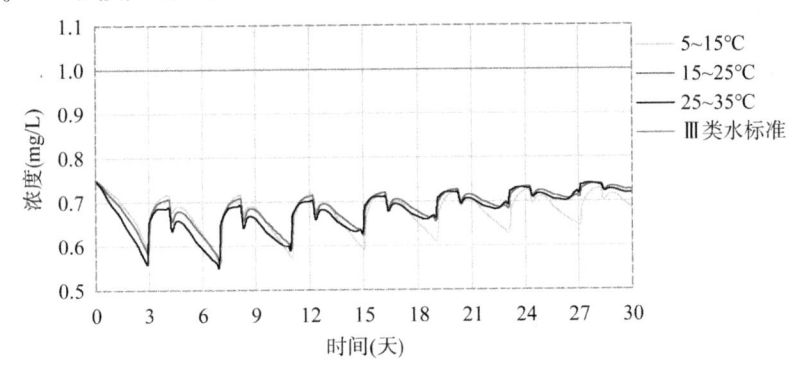

图 2.90　NH_3-N 浓度变化模拟结果

在不同温度区间下，氨氮浓度在仅向受水区供水期间持续下降，在调蓄水库补水期间迅速上升，在 30 天内多次间隔补水之后氨氮浓度小于 1.0 mg/L，满足Ⅲ类水质标准。

④TP(总磷，Ⅲ类水质标准≤0.05 mg/L)

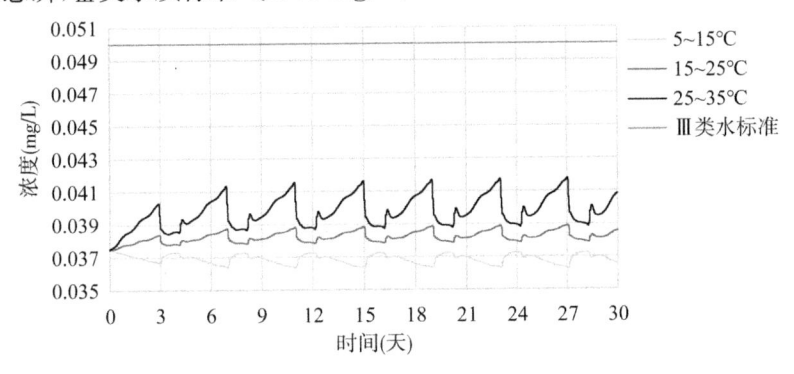

图 2.91　TP 浓度变化模拟结果

当温度高于15℃时,总磷浓度呈现上升趋势,在每次调蓄水库补水过程中总磷浓度迅速下降,随后浓度上升,但仍满足Ⅲ类水质标准;当温度低于15℃时,总磷浓度呈现下降趋势,在每次调蓄水库补水过程中总磷浓度迅速上升,随后浓度下降,满足Ⅲ类水质标准。

⑤TN(总氮,Ⅲ类水质标准≤1.0 mg/L)

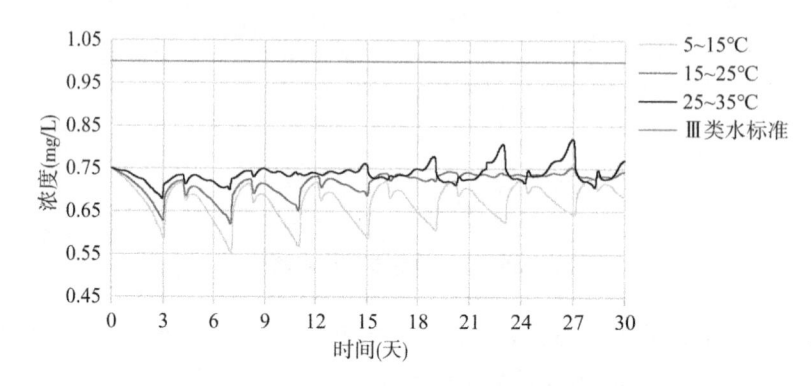

图2.92　TN浓度变化模拟结果

在5～15℃下,总氮浓度在仅向受水区供水期间持续下降,在调蓄水库补水期间迅速上升,在30天内多次间隔补水之后总氮浓度逐渐接近0.75 mg/L,满足Ⅲ类水质标准;在高于15℃时,进过多次间隔补水之后,总氮浓度将高于0.75 mg/L,但仍低于1.0 mg/L,满足Ⅲ类水质标准。

⑥COD(化学需氧量,Ⅲ类水质标准为≤20 mg/L)

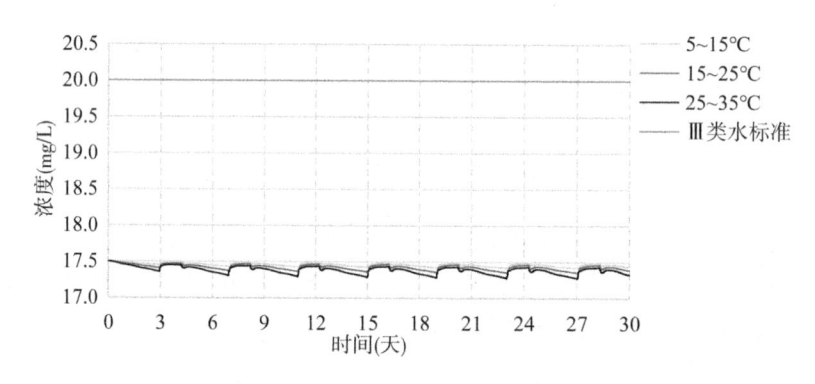

图2.93　COD浓度变化模拟结果

在不同温度区间下,COD浓度在仅向受水区供水期间持续下降,在调蓄水库补水期间迅速上升,在30天内多次间隔补水之后COD浓度小于20 mg/L,满足Ⅲ类水质标准。

3)连续补水工况下的水质模拟

连续补水工况下调蓄水库一边向受水区供水,一边进行补水。考虑受水区用水情况,选定调蓄水库进出水流量为设计流量的30%、50%和100%三种。模拟分析三种流量下调蓄水库水体30天内的水质变化。

(1) 水质指标初始浓度为地表Ⅲ类水标准值

以试量调蓄水库按照 30% 的设计流量在温度 25~35℃ 下连续补水时的水质变化为例，绘出各污染物在第 10 天的迁移转化示意图，如图 2.94 至图 2.99 所示。

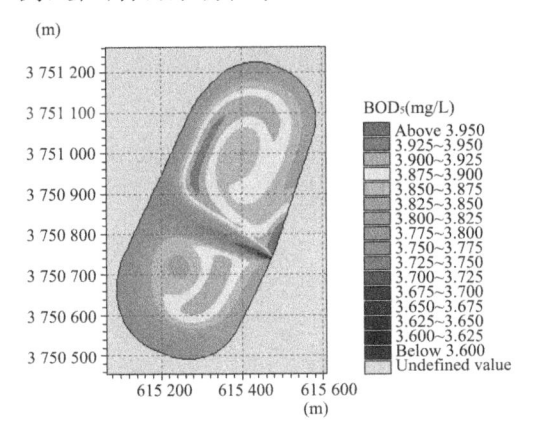

图 2.94 BOD$_5$ 迁移转化示意图

图 2.95 DO 迁移转化示意图

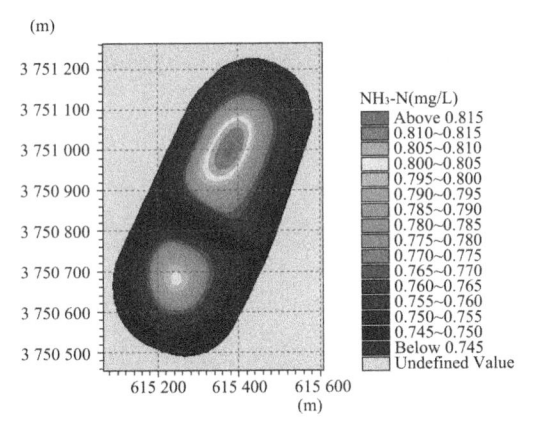

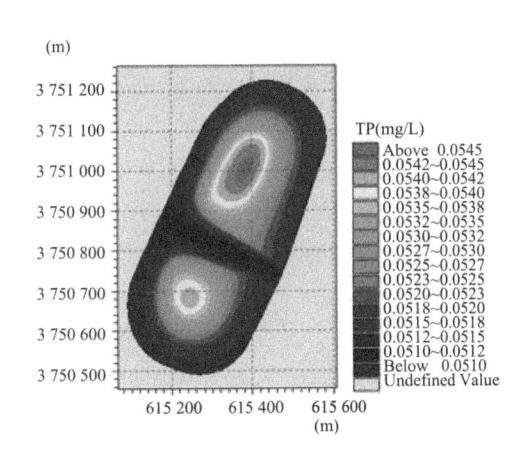

图 2.96 NH$_3$-N 迁移转化示意图

图 2.97 TP 迁移转化示意图

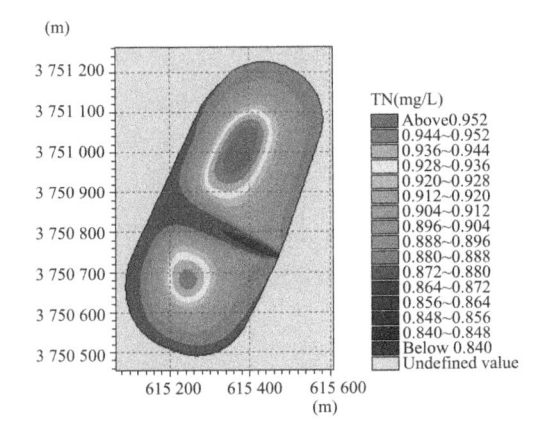

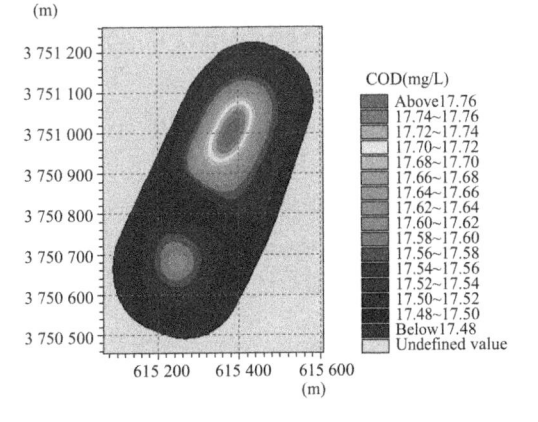

图 2.98 TN 迁移转化示意图

图 2.99 COD 迁移转化示意图

以 30% 的设计流量连续补水,不同温度区间下不同水质指标的浓度变化如图 2.100 至图 2.105 所示。

①BOD$_5$(五日生化需氧量,Ⅲ类水质标准≤4.0 mg/L)

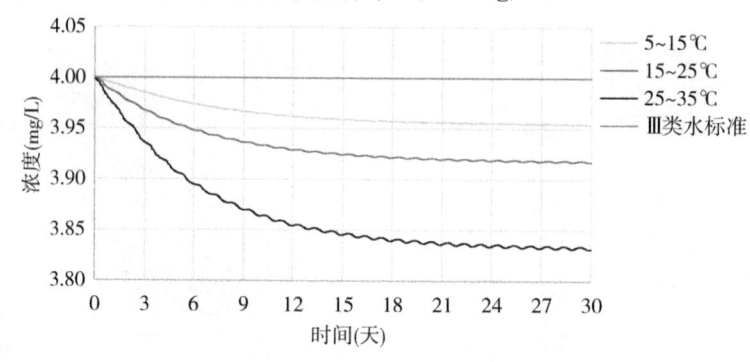

图 2.100　BOD$_5$ 浓度变化模拟结果

在不同温度区间下,BOD$_5$ 浓度在 30 天内呈下降趋势,均小于 4.0 mg/L,满足Ⅲ类水质标准。

②DO(溶解氧,Ⅲ类水质标准≥5.0 mg/L)

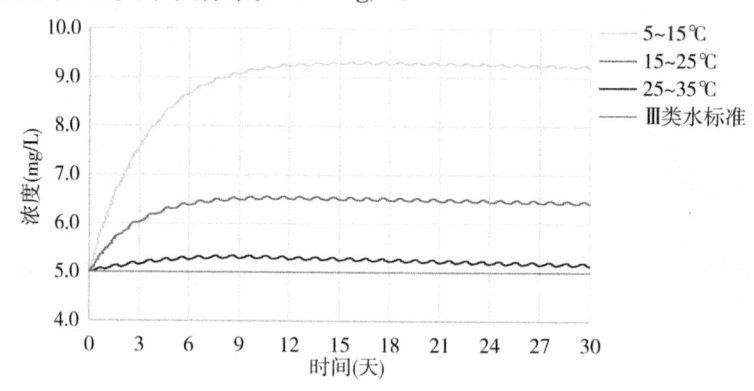

图 2.101　DO 浓度变化模拟结果

在不同温度区间下,溶解氧浓度呈现上升趋势,且温度越低,溶解氧浓度上升越快,在长时间连续补水后溶解氧浓度逐渐趋近于一个定值,大于 5.0 mg/L,满足Ⅲ类水质标准。

③NH$_3$-N(氨氮,Ⅲ类水质标准≤1.0 mg/L)

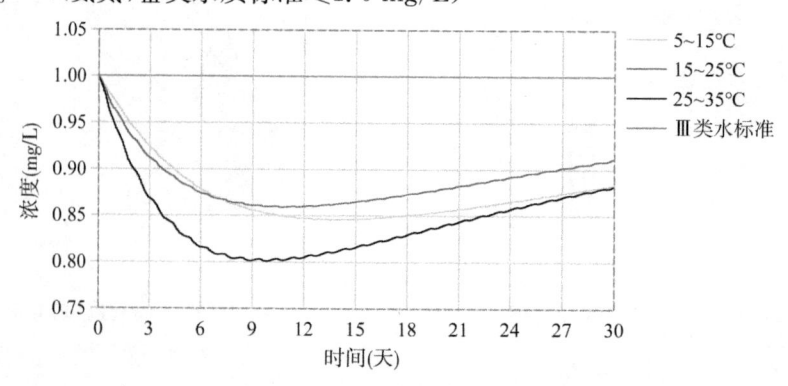

图 2.102　NH$_3$-N 浓度变化模拟结果

在不同温度区间下,氨氮浓度在 30 天内呈先下降后上升趋势,调蓄水库以 30% 最大进出水流量连续补水 30 天内氨氮浓度小于 1.0 mg/L,满足Ⅲ类水质标准。

④TP(总磷,Ⅲ类水质标准≤0.05 mg/L)

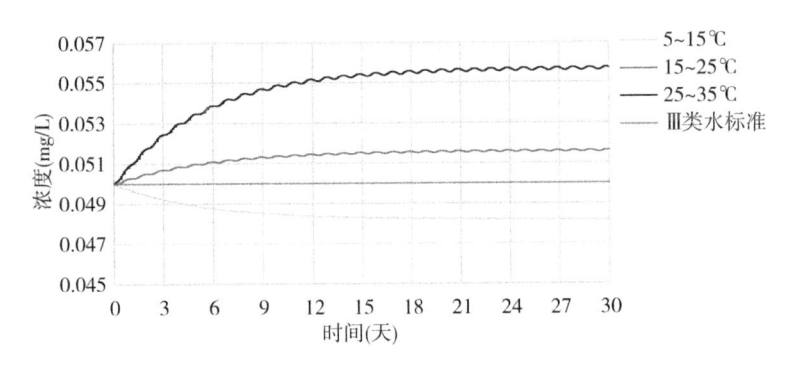

图 2.103　TP 浓度变化模拟结果

当温度高于 15℃时,总磷浓度呈现上升趋势,且温度越高,总磷浓度上升越快,在长时间连续补水后总磷浓度有小幅度上升且逐渐趋近于一个定值,大于 0.05 mg/L,不满足Ⅲ类水质标准;在温度低于 15℃时,总磷浓度呈现下降趋势,在长时间连续补水后总磷浓度有小幅度下降且逐渐趋近于一个定值,小于 0.05 mg/L,满足Ⅲ类水质标准。

⑤TN(总氮,Ⅲ类水质标准≤1.0 mg/L)

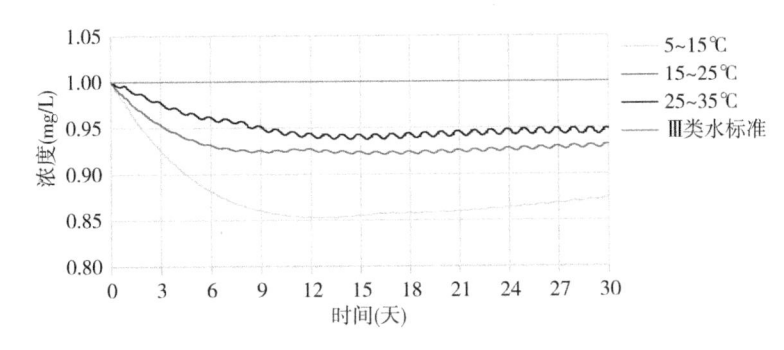

图 2.104　TN 浓度变化模拟结果

在不同温度区间下,总氮浓度在 30 天内先下降,后缓慢上升,但小于 1.0 mg/L,满足Ⅲ类水质标准。

⑥COD(化学需氧量,Ⅲ类水质标准为≤20.0 mg/L)

在不同温度区间下,COD 浓度在 30 天内呈下降趋势,均小于 20 mg/L,且温度越高 COD 浓度下降越快,满足Ⅲ类水质标准。

以 50% 的设计流量连续补水,不同温度区间下不同水质指标的浓度变化如图 2.106 至图 2.111 所示。

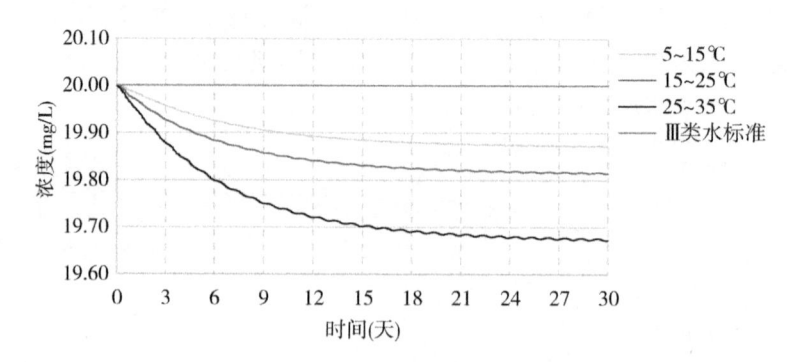

图 2.105　COD 浓度变化模拟结果

①BOD$_5$（五日生化需氧量，Ⅲ类水质标准≤4.0 mg/L）

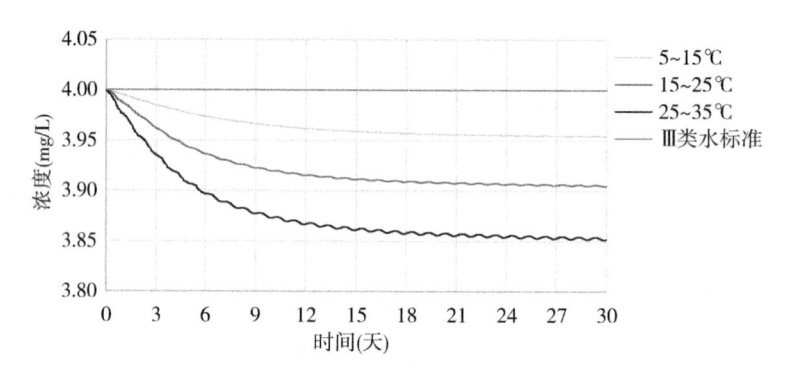

图 2.106　BOD$_5$ 浓度变化模拟结果

在不同温度区间下，BOD$_5$ 浓度在 30 天内呈下降趋势，均小于 4.0 mg/L，满足Ⅲ类水质标准。

②DO（溶解氧，Ⅲ类水质标准≥5.0 mg/L）

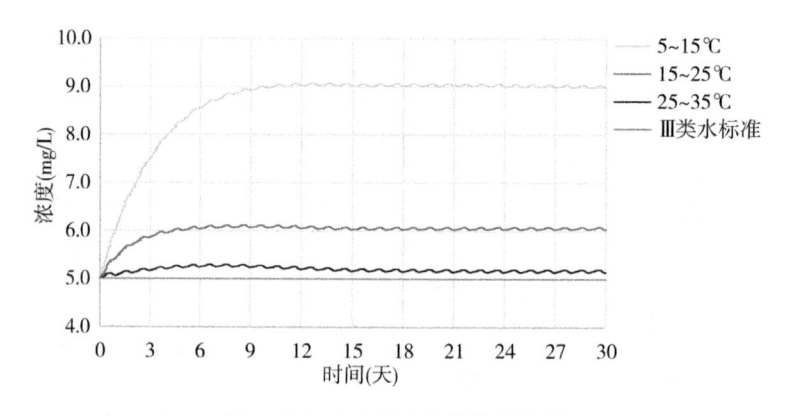

图 2.107　DO 浓度变化模拟结果

在不同温度区间下，溶解氧浓度呈现上升趋势，且温度越低，溶解氧浓度上升越快，在长时间连续补水后溶解氧浓度逐渐趋近于一个定值，大于 5.0 mg/L，满足Ⅲ类水质标准。

③NH$_3$-N(氨氮，Ⅲ类水质标准≤1.0 mg/L)

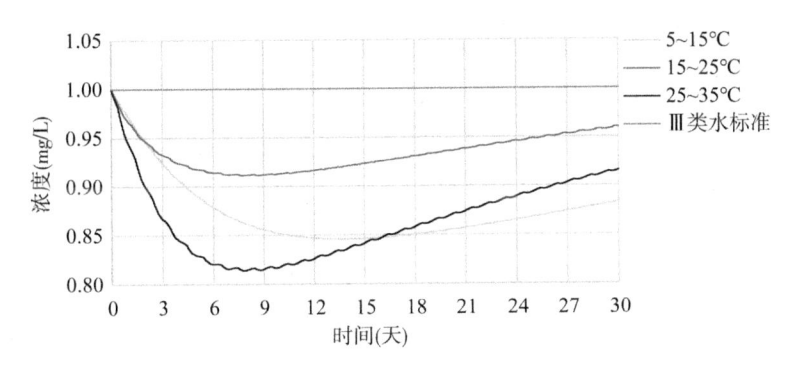

图 2.108　NH$_3$-N 浓度变化模拟结果

在不同温度区间下，氨氮浓度在 30 天内呈先下降后上升趋势，在调蓄水库连续补水 30 天内氨氮浓度小于 1.0 mg/L，满足Ⅲ类水质标准。

④TP(总磷，Ⅲ类水质标准≤0.05 mg/L)

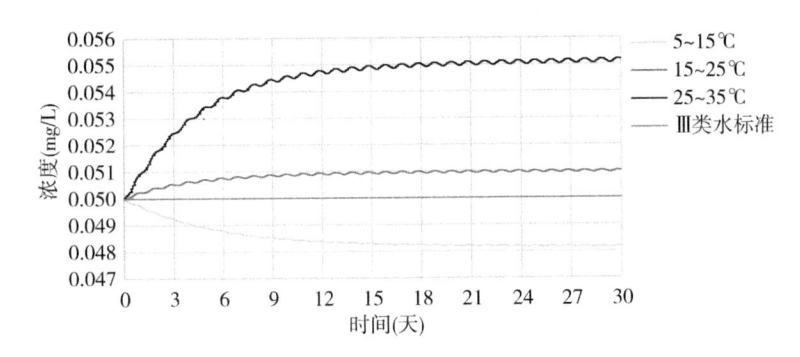

图 2.109　TP 浓度变化模拟结果

当温度高于 15℃时，总磷浓度呈现上升趋势，且温度越高，总磷浓度上升越快，在长时间连续补水后总磷浓度有小幅度上升且逐渐趋近于一个定值，大于 0.05 mg/L，不满足Ⅲ类水质标准；在温度低于 15℃时，总磷浓度呈现下降趋势，在长时间连续补水后总磷浓度有小幅度下降且逐渐趋近于一个定值，小于 0.05 mg/L，满足Ⅲ类水质标准。

⑤TN(总氮，Ⅲ类水质标准≤1.0 mg/L)

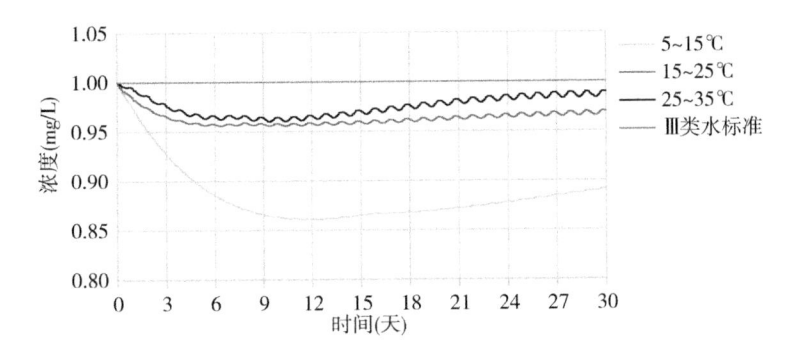

图 2.110　TN 浓度变化模拟结果

在不同温度区间下,总氮浓度在30天内先下降,后缓慢上升,逐渐趋近于1.0 mg/l,但仍小于1.0 mg/L,满足Ⅲ类水质标准。

⑥COD(化学需氧量,Ⅲ类水质标准为≤20.0 mg/L)

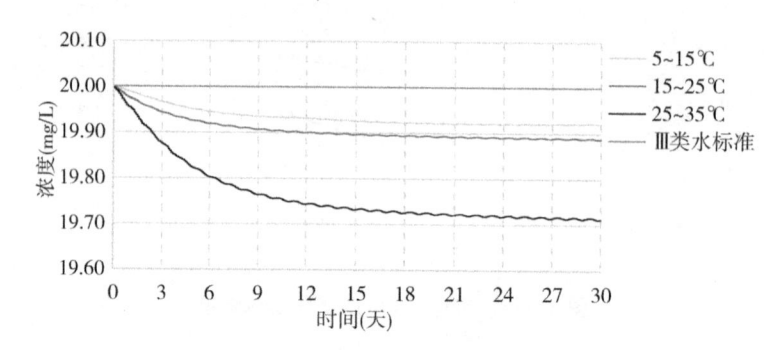

图 2.111　COD 浓度变化模拟结果

在不同温度区间下,COD浓度在30天内呈下降趋势,均小于20 mg/L,且温度越高COD浓度下降越快,满足Ⅲ类水质标准。

以100%的设计流量连续补水,不同温度区间下不同水质指标的浓度变化如图2.112至图2.117所示。

①BOD$_5$(五日生化需氧量,Ⅲ类水质标准≤4.0 mg/L)

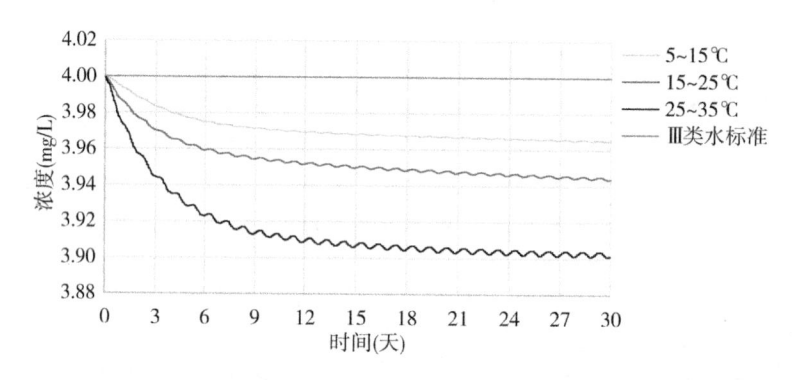

图 2.112　BOD$_5$ 浓度变化模拟结果

在不同温度区间下,BOD$_5$浓度在30天内呈下降趋势,均小于4.0 mg/L,满足Ⅲ类水质标准。

②DO(溶解氧,Ⅲ类水质标准≥5.0 mg/L)

在不同温度区间下,溶解氧浓度在30天内缓慢上升趋近于一个定值,且温度越低,其溶解氧浓度越高,调蓄水库以100%最大进出水流量连续补水30天内溶解氧浓度大于5.0 mg/L,满足Ⅲ类水质标准。

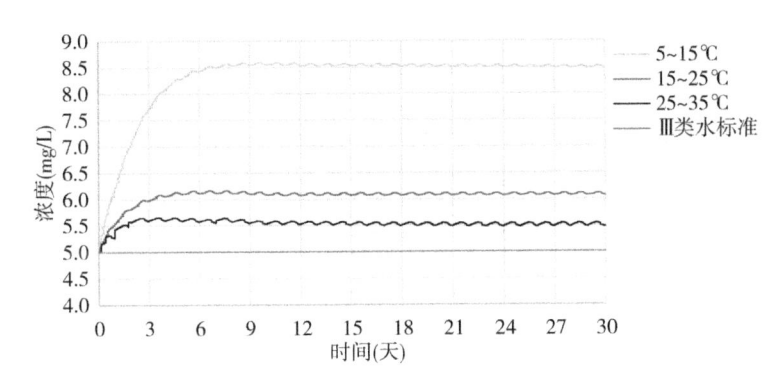

图 2.113　DO 浓度变化模拟结果

③NH_3-N(氨氮,Ⅲ类水质标准≤1.0 mg/L)

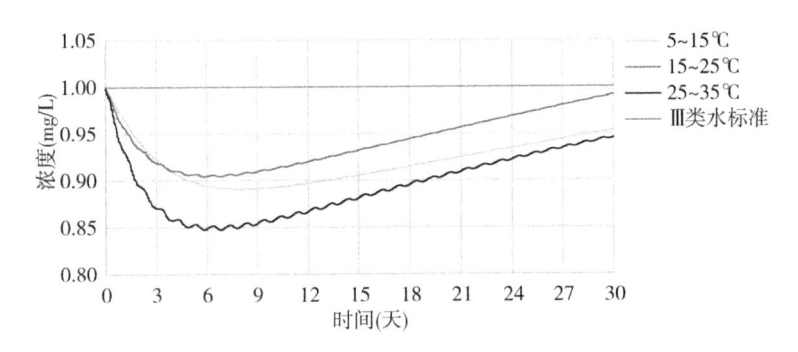

图 2.114　NH_3-N 浓度变化模拟结果

在不同温度区间下,氨氮浓度在 30 天内呈先下降后上升趋势,调蓄水库以 100% 最大进出水流量连续补水 30 天内氨氮浓度小于 1.0 mg/L,满足Ⅲ类水质标准。

④TP(总磷,Ⅲ类水质标准≤0.05 mg/L)

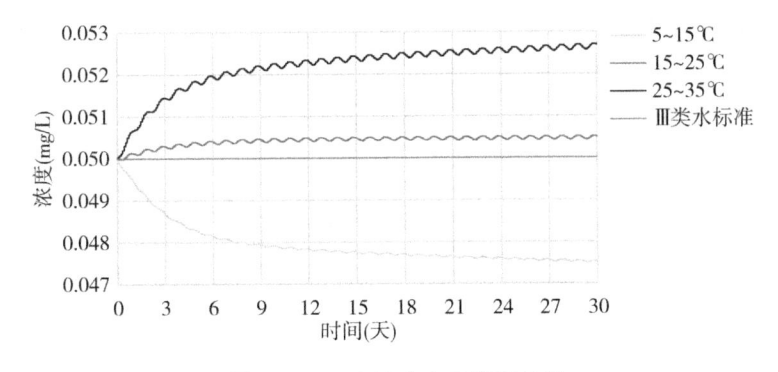

图 2.115　TP 浓度变化模拟结果

当温度高于 15℃时,总磷浓度呈现上升趋势,且温度越高,总磷浓度上升越快,在长时间连续补水后总磷浓度有小幅度上升且逐渐趋近于一个定值,大于 0.05 mg/L,不满足Ⅲ类水质标准;在温度低于 15℃时,总磷浓度呈现下降趋势,在长时间连续补水后总磷浓度有小幅度下降且逐渐趋近于一个定值,小于 0.05 mg/L,满足Ⅲ类水质标准。

⑤TN(总氮，Ⅲ类水质标准≤1.0 mg/L)

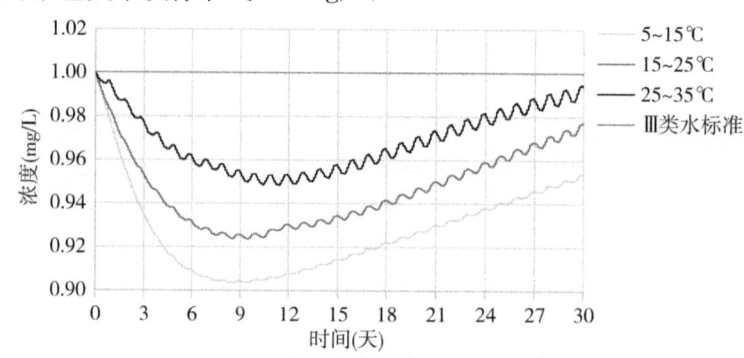

图 2.116　TN 浓度变化模拟结果

在不同温度区间下，总氮浓度在 30 天内先下降，后缓慢上升，均小于 1.0 mg/L，满足Ⅲ类水质标准。

⑥COD(化学需氧量，Ⅲ类水质标准为≤20.0 mg/L)

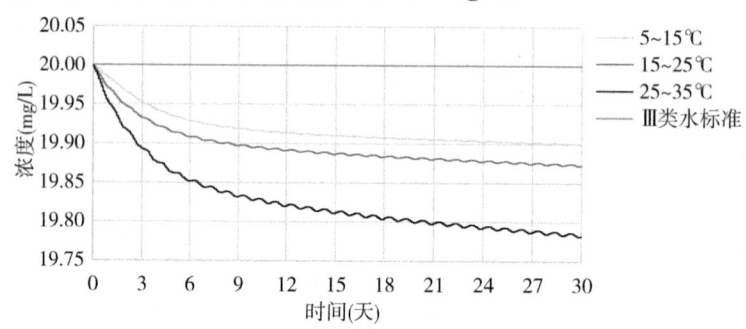

图 2.117　COD 浓度变化模拟结果

在不同温度区间下，COD 浓度在 30 天内呈下降趋势，均小于 20 mg/L，且温度越高 COD 浓度下降越快，满足Ⅲ类水质标准。

（2）水质指标初始浓度为地表Ⅱ类水与Ⅲ类水标准中间值

以试量调蓄水库按照 30% 的设计流量在温度 25～35℃下连续补水时的水质变化为例，给出各污染物在第 10 天的迁移转化示意图，如图 2.118 至图 2.123 所示。

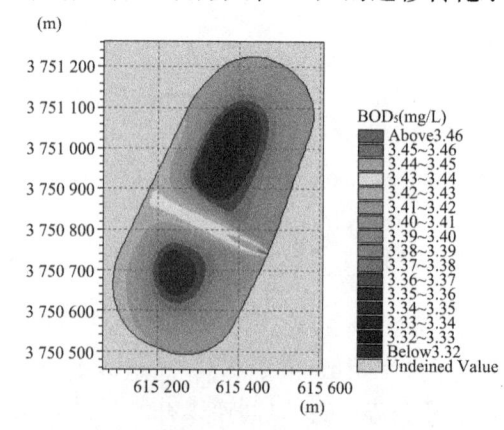

图 2.118　BOD$_5$ 迁移转化示意图

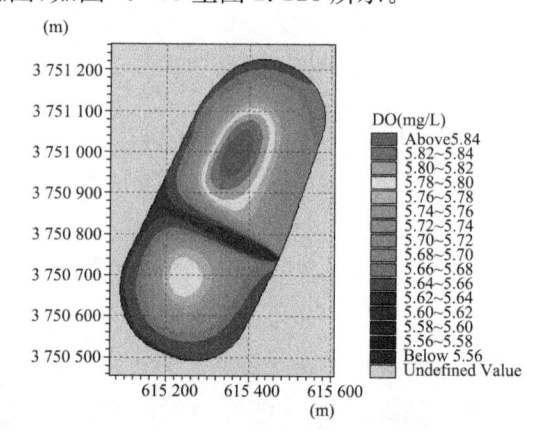

图 2.119　DO 迁移转化示意图

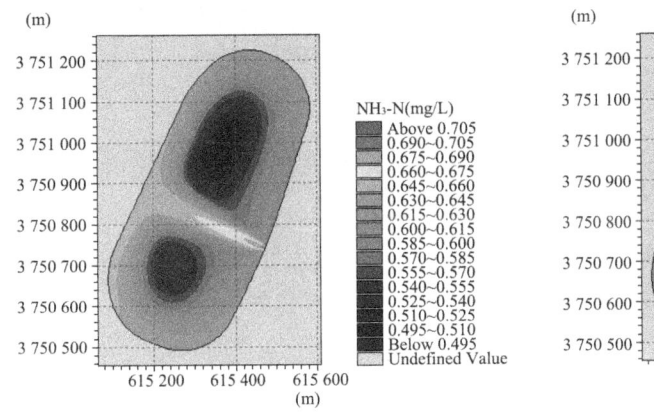

图 2.120 NH₃-N 迁移转化示意图

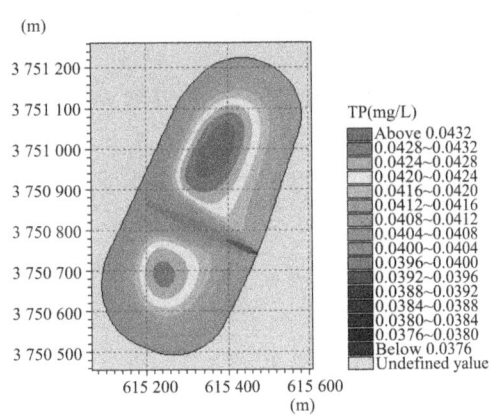

图 2.121 TP 迁移转化示意图

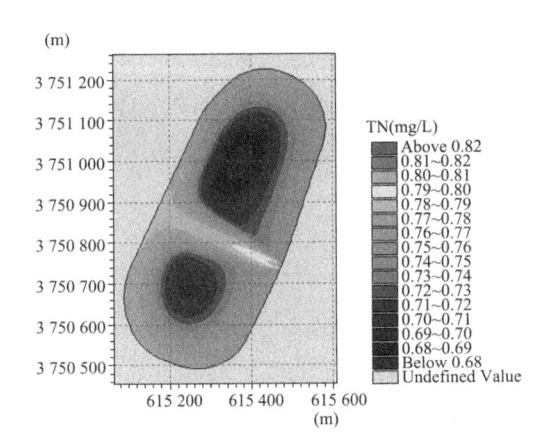

图 2.122 TN 迁移转化示意图

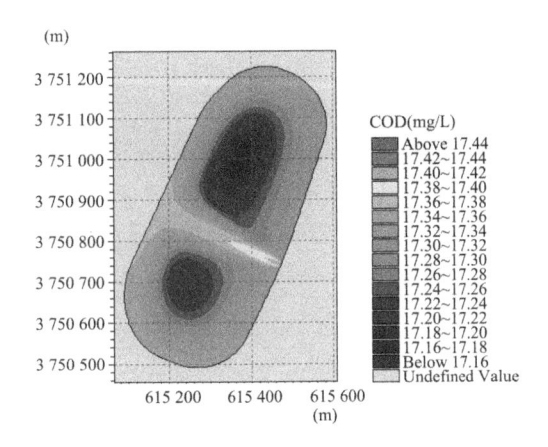

图 2.123 COD 迁移转化示意图

以 30% 的设计流量连续补水，不同温度区间下不同水质指标的浓度变化如图 2.124 至图 2.129 所示。

① BOD_5（五日生化需氧量，Ⅲ类水质标准 ≤ 4.0 mg/L）

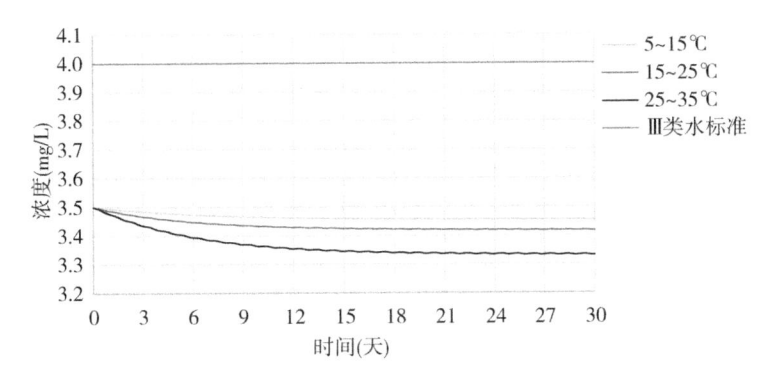

图 2.124 BOD_5 浓度变化模拟结果

在不同温度区间下，BOD_5 浓度在 30 天内呈下降趋势，均小于 4.0 mg/L，满足Ⅲ类水质标准。

②DO（溶解氧，Ⅲ类水质标准≥5.0 mg/L）

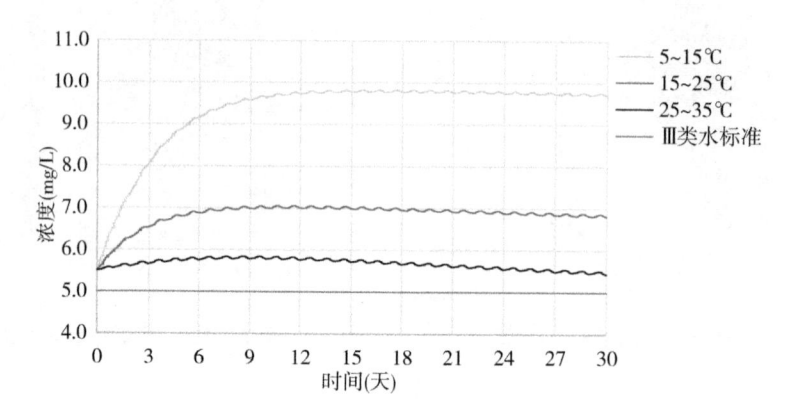

图 2.125　DO 浓度变化模拟结果

在不同温度区间下，溶解氧浓度在 30 天内呈先上升而后下降的趋势，且温度越低，其溶解氧浓度越高，调蓄水库以 30% 最大进出水流量连续补水 30 天内溶解氧浓度大于 5.0 mg/L，满足Ⅲ类水质标准。

③NH_3-N（氨氮，Ⅲ类水质标准≤1.0 mg/L）

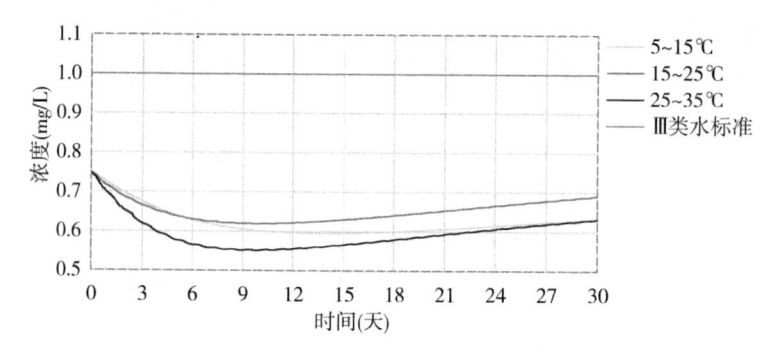

图 2.126　NH_3-N 浓度变化模拟结果

在不同温度区间下，氨氮浓度在 30 天内呈先下降后上升趋势，调蓄水库以 30% 最大进出水流量连续补水 30 天内氨氮浓度小于 1.0 mg/L，满足Ⅲ类水质标准。

④TP（总磷，Ⅲ类水质标准≤0.05 mg/L）

当温度高于 15℃时，总磷浓度呈现上升趋势，且温度越高，总磷浓度上升越快，在长时间连续补水后总磷浓度有小幅度上升且逐渐趋近于一个定值，小于 0.05 mg/L，满足Ⅲ类水质标准；在温度低于 15℃时，总磷浓度呈现下降趋势，在长时间连续补水后总磷浓度有小幅度下降且逐渐趋近于一个定值，小于 0.05 mg/L，满足Ⅲ类水质标准。

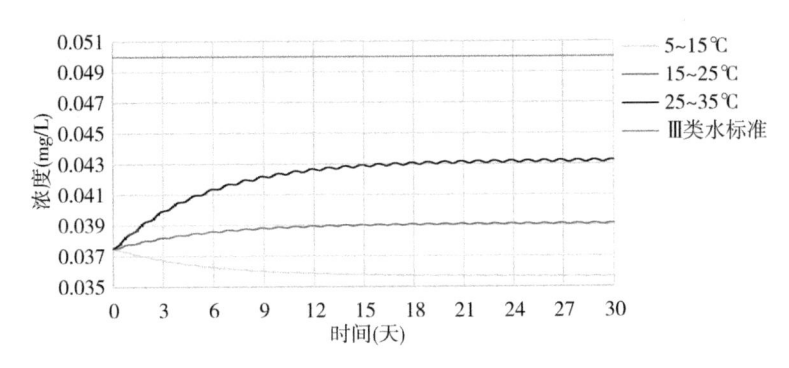

2 引调水工程水资源优化调配与水环境保护关键技术与应用

图 2.127 TP 浓度变化模拟结果

⑤TN(总氮,Ⅲ类水质标准≤1.0 mg/L)

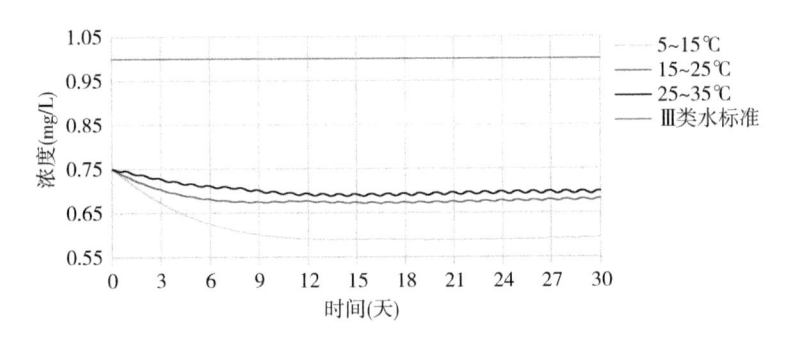

图 2.128 TN 浓度变化模拟结果

在不同温度区间下,总氮浓度在 30 天内呈下降趋势,均小于 1.0 mg/L,且温度越低总氮浓度下降越快,满足Ⅲ类水质标准。

⑥COD(化学需氧量,Ⅲ类水质标准为≤20.0 mg/L)

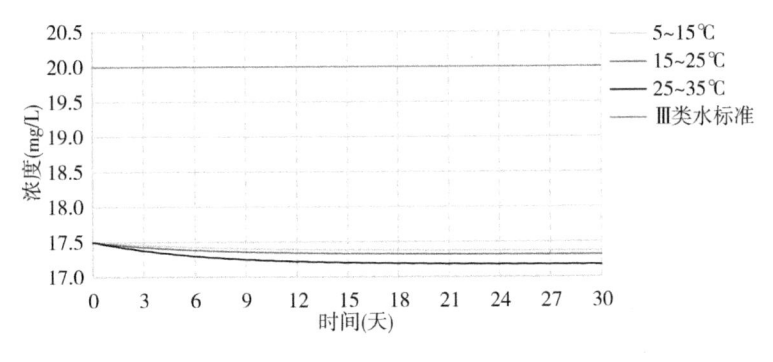

图 2.129 COD 浓度变化模拟结果

在不同温度区间下,COD 浓度在 30 天内呈下降趋势,均小于 20 mg/L,且温度越高 COD 浓度下降越快,满足Ⅲ类水质标准。

以 50%的设计流量连续补水,不同温度区间下不同水质指标的浓度变化如图 2.130 至图 2.135 所示。

①BOD$_5$（五日生化需氧量，Ⅲ类水质标准≤4.0 mg/L）

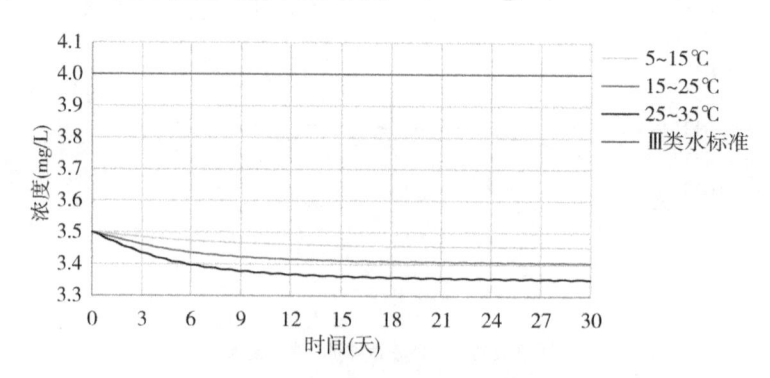

图 2.130　BOD$_5$ 浓度变化模拟结果

在不同温度区间下，BOD$_5$ 浓度在 30 天内呈下降趋势，均小于 4.0 mg/L，满足Ⅲ类水质标准。

②DO（溶解氧，Ⅲ类水质标准≥5.0 mg/L）

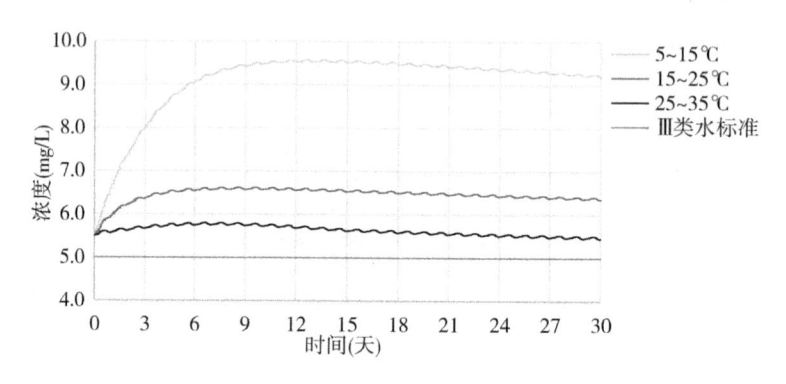

图 2.131　DO 浓度变化模拟结果

在不同温度区间下，溶解氧浓度在 30 天内呈先上升而后下降的趋势，且温度越低，其溶解氧浓度越高，调蓄水库以 50% 最大进出水流量连续补水 30 天内溶解氧浓度大于 5.0 mg/L，满足Ⅲ类水质标准。

③NH$_3$-N（氨氮，Ⅲ类水质标准≤1.0 mg/L）

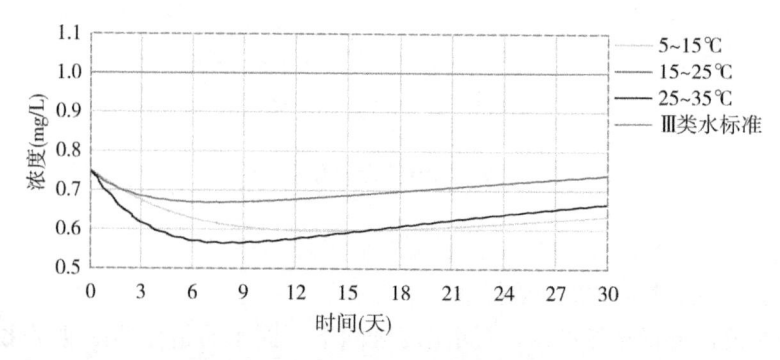

图 2.132　NH$_3$-N 浓度变化模拟结果

在不同温度区间下,氨氮浓度在 30 天内呈先下降后上升趋势,调蓄水库以 50% 最大进出水流量连续补水 30 天内氨氮浓度小于 1.0 mg/L,满足Ⅲ类水质标准。

④TP(总磷,Ⅲ类水质标准≤0.05 mg/L)

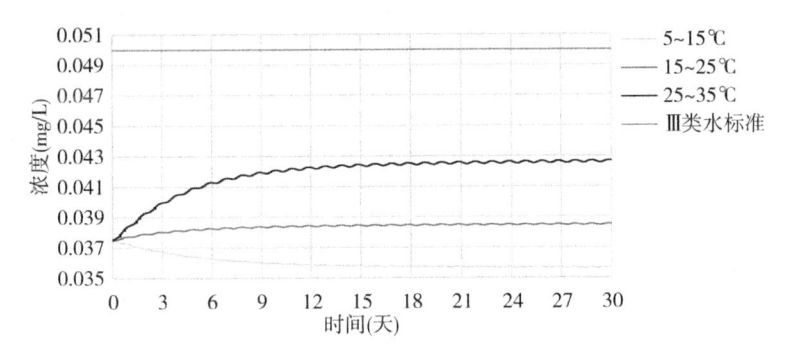

图 2.133 TP 浓度变化模拟结果

当温度高于 15℃时,总磷浓度呈现上升趋势,且温度越高,总磷浓度上升越快,在长时间连续补水后总磷浓度有小幅度上升且逐渐趋近于一个定值,小于 0.05 mg/L,满足Ⅲ类水质标准;在温度低于 15℃时,总磷浓度呈现下降趋势,在长时间连续补水后总磷浓度有小幅度下降且逐渐趋近于一个定值,小于 0.05 mg/L,满足Ⅲ类水质标准。

⑤TN(总氮,Ⅲ类水质标准≤1.0 mg/L)

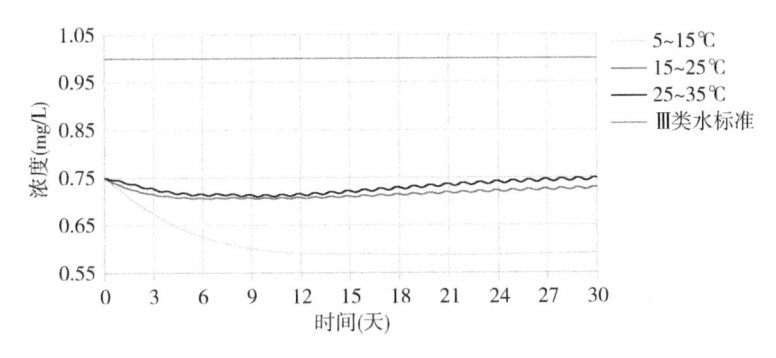

图 2.134 TN 浓度变化模拟结果

在不同温度区间下,总氮浓度在 30 天内先下降,后缓慢上升,小于 1.0 mg/L,满足Ⅲ类水质标准。

⑥COD(化学需氧量,Ⅲ类水质标准为≤20.0 mg/L)

在不同温度区间下,COD 浓度在 30 天内呈下降趋势,均小于 20 mg/L,且温度越高 COD 浓度下降越快,满足Ⅲ类水质标准。

以 100% 的设计流量连续补水,不同温度区间下不同水质指标的浓度变化如图 2.136 至 2.141 所示。

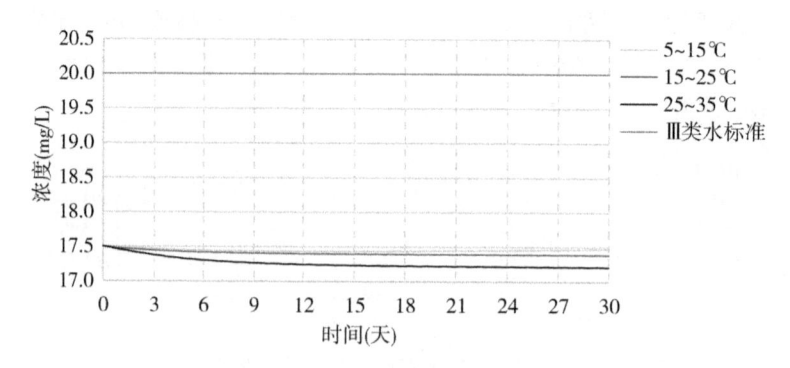

图 2.135　COD 浓度变化模拟结果

①BOD$_5$（五日生化需氧量，Ⅲ类水质标准≤4.0 mg/L）

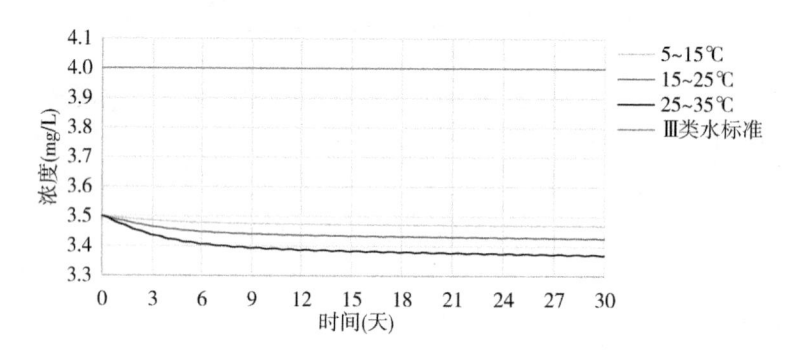

图 2.136　BOD$_5$ 浓度变化模拟结果

在不同温度区间下，BOD$_5$ 浓度在 30 天内呈下降趋势，均小于 4.0 mg/L，满足Ⅲ类水质标准。

②DO（溶解氧，Ⅲ类水质标准≥5.0 mg/L）

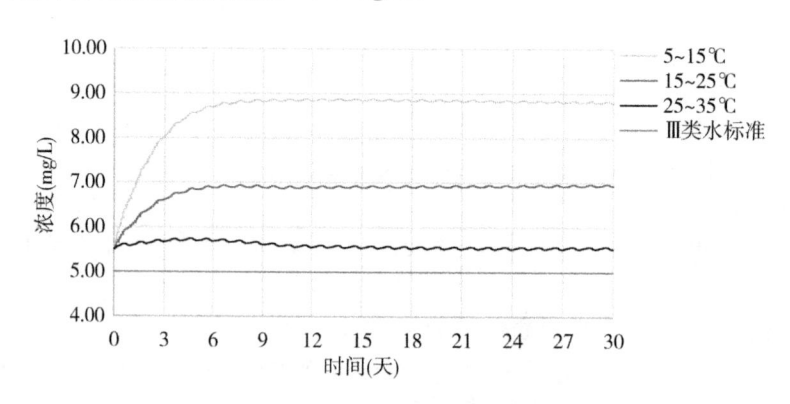

图 2.137　DO 浓度变化模拟结果

在不同温度区间下，溶解氧浓度在 30 天内缓慢上升趋近于一个定值，且温度越低，其溶解氧浓度越高，调蓄水库以 100% 的设计流量连续补水 30 天内溶解氧浓度大于 5.0 mg/L，满足Ⅲ类水质标准。

③NH_3-N(氨氮,Ⅲ类水质标准≤1.0 mg/L)

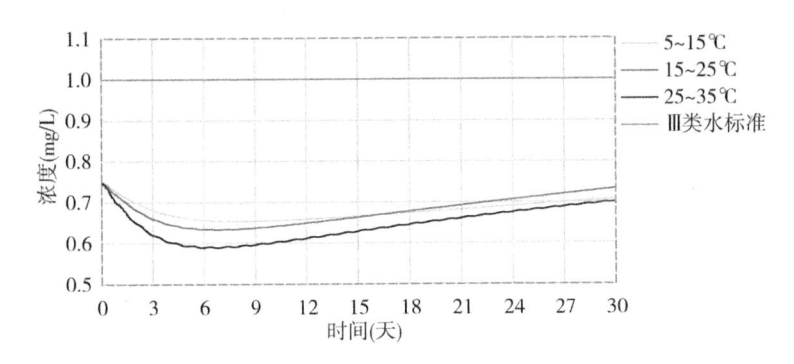

图 2.138　NH_3-N 浓度变化模拟结果

在不同温度区间下,氨氮浓度在 30 天内呈先下降后上升趋势,调蓄水库以 100% 的设计流量连续补水 30 天内氨氮浓度小于 1.0 mg/L,满足Ⅲ类水质标准。

④TP(总磷,Ⅲ类水质标准≤0.05 mg/L)

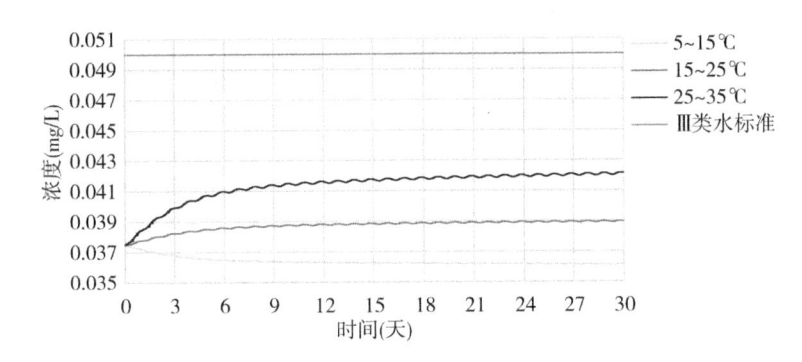

图 2.139　TP 浓度变化模拟结果

当温度高于 15℃时,总磷浓度呈现上升趋势,且温度越高,总磷浓度上升越快,在长时间连续补水后总磷浓度有小幅度上升且逐渐趋近于一个定值,小于 0.05 mg/L,满足Ⅲ类水质标准;在温度低于 15℃时,总磷浓度呈现下降趋势,在长时间连续补水后总磷浓度有小幅度下降且逐渐趋近于一个定值,小于 0.05 mg/L,满足Ⅲ类水质标准。

⑤TN(总氮,Ⅲ类水质标准≤1.0 mg/L)

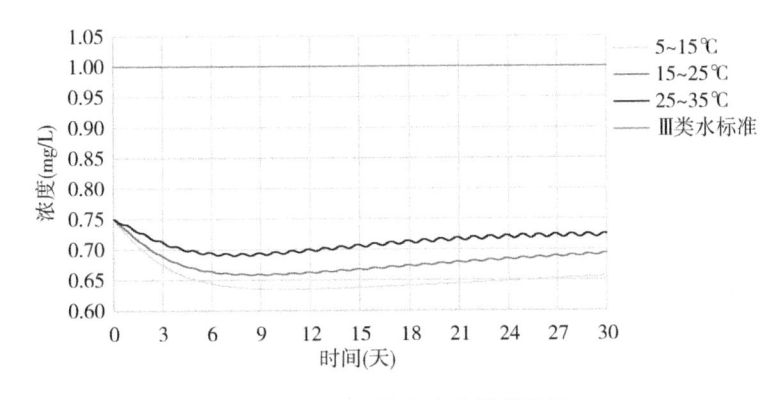

图 2.140　TN 浓度变化模拟结果

在不同温度区间下,总氮浓度在30天内先下降,后缓慢上升,均小于1.0 mg/L,满足Ⅲ类水质标准。

⑥COD(化学需氧量,Ⅲ类水质标准为≤20.0 mg/L)

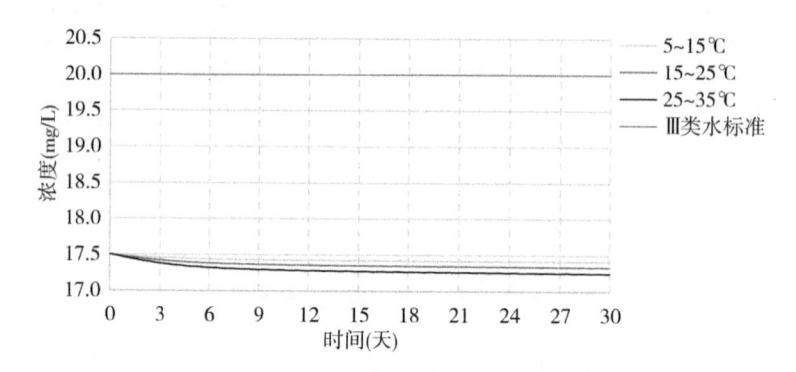

图2.141　COD浓度变化模拟结果

在不同温度区间下,COD浓度在30天内呈下降趋势,均小于20 mg/L,且温度越高COD浓度下降越快,满足Ⅲ类水质标准。

2.5.1.3　调蓄水库水质-水量调度技术

1) 各调蓄水库调度建议

（1）调蓄水库不需要向受水区供水,水库处于静置状态时

①水质指标初始浓度为地表Ⅲ类水标准值

水质指标初始浓度为地表Ⅲ类水标准值时,当库水温度在5~15℃时,调蓄水库水质满足Ⅲ类水质标准;当库水温度在15~35℃时,库水中总磷浓度将持续性升高,不满足Ⅲ类水质标准。

②水质指标初始浓度为地表Ⅱ类水与Ⅲ类水标准中间值

水质指标初始浓度为地表Ⅱ类水与Ⅲ类水标准中间值时,当库水温度在5~25℃时,调蓄水库水质满足Ⅲ类水质标准;当库水温度在25~35℃时,库水中总磷浓度将持续性升高,在第17天不满足Ⅲ类水质标准,因此各调蓄水库在该条件下最长静置时间为16天。

（2）调蓄水库向受水区供水时

①水质指标初始浓度为地表Ⅲ类水标准值

水质指标初始浓度为地表Ⅲ类水标准值时,当库水温度在5~15℃时,调蓄水库水质满足Ⅲ类水质标准;当库水温度在15~35℃时,总磷和总氮浓度将上升,间隔补水时不满足Ⅲ类水质标准。

②水质指标初始浓度为地表Ⅱ类水与Ⅲ类水标准中间值

水质指标初始浓度为地表Ⅱ类水与Ⅲ类水标准中间值时,各调蓄水库在间隔补水与连续补水工况下均满足Ⅲ类水质要求。

综合上述分析,当清水河闸处来水流量满足设计来水流量要求,且水质优于Ⅱ类水与Ⅲ类水标准中间值时,建议各调蓄水库采用间隔补水的运行方式;当清水河闸处来水流量不满足设计来水流量要求,或水质接近Ⅲ类水标准值时,为了保证向受水区供水的保证

率,建议采用连续补水的运行方式。这时需要加强相关指标监测,加强调蓄水库向用水户输水水质的监测,并与水厂做好沟通,强化水厂对相关指标的处理工作,从而保障受水区群众用水安全。

2)调蓄水库总体调度建议

(1)调蓄水库不向受水区供水工况下,各调蓄水库水体处于静置状态,建议在水体温度高于15℃时,处于Ⅲ类水质标准临界值的水体不应进入调蓄水库,将各调蓄水库蓄满,并在此过程中加强对调蓄水库水体水质的监测。

(2)调蓄水库向受水区供水工况下

①结合2.5.1.2节所得各个水库水质变化特点,秉持各调蓄水库调度运行方式一致的原则(否则河道泵站运行过于复杂),建议最优调度方案为:当上游来水有较好保障,各调蓄水库的调蓄容量全部供给各受水区后,能够以设计进水流量持续对各调蓄水库再次蓄水,此情况下从经济性角度考虑,建议各调蓄水库采用间隔补水的方式(来水情况需业主单位与上游来水单位沟通确定);当上游来水保障程度不高,各调蓄水库的调蓄容量全部供给各受水区后无法以设计进水流量持续对各调蓄水库蓄水,导致蓄满水所需时间较长,此情况下从保证对用户供水的角度考虑,建议各调蓄水库采用连续性补水的方式(来水情况需业主单位与上游来水单位沟通确定)。这时需要加强相关指标监测,加强调蓄水库向用户输水水质的监测,并与水厂做好沟通,强化水厂对相关指标的处理工作,从而保障受水区群众用水安全。

②当工程按照设计标准满负荷运行时,不能采用间隔补水的运行方式,工程调度冗余程度将变小,建议调蓄水库采取连续补水的运行方式。此时应加强对于来水、调蓄水库水质的监测,向用户输水水质的监测,并与水厂做好沟通,强化水厂对相关指标的处理工作,从而保障受水区群众用水安全。

(3)上述模拟结果均基于理论状况,实际上来水、气象等参数均在实时变化,对水质预测产生影响,因此在实际运行过程中应加强对相关水质参数的监测。此外,随着工程的稳定运行,水质变化趋势将逐渐稳定且特征明显,建议在工程运行过程中,做好水质参数以及影响水质的相关气象参数的长时间监测,并开展进一步的跟踪性研究,为常规时段水质-水量联合调度提供更为切合实际的指导。

2.5.2 应急事件水质-水量联合调度研究

2.5.2.1 潜在突发水污染来源及类型分析

1)潜在风险源排查

风险源是风险发生的源头和基础,识别突发水污染事件风险源是进行风险分析和管理的重要前提。突发水污染事件风险源识别主要通过以下途径。

(1)流域环境调查:搜集流域河流、湖泊、水库、取水口分布,水环境质量,水文气象条件等图文数据。

(2)潜在风险源调查:对区域潜在风险源进行依次排查,对其主要风险物质、风险物质储存量进行记录。

(3) 历史突发水污染事件调查：调查统计由水陆交通事故、生产事故、违规排放等引起的突发水污染事件。

2) 潜在污染物类型分析

(1) 突发水污染事件类型分析

①交叉流域污染分析

引江济淮工程（河南段）输水渠道的交叉河流主要利用河道沟口闸、倒虹吸等建筑物使河流与输水干渠的水质互不干扰，并建有截污导流工程，支流对输水干渠的影响较小。

②面源污染分析

引江济淮工程（河南段）在常规输水工况下，输水渠道没有生活废水、工业废水的排入且渠道常年通水保持流动，发生河道水体富营养化以及一些面源污染的风险性较小。

引江济淮工程（河南段）在排涝工况下，输水渠道会作为临时排涝渠道，输水渠道中的河道沟口闸打开，此时渠道沿线的生活废水、工业废水会通过渠道沟口闸流入渠道，造成一定的面源污染。但此类工况不在本书的研究范围内。

③点源污染分析

沿线工矿企业距离较远，由工矿企业管理不当或突发事故而引起的污染物随雨水进入输水工程的突发水污染事件属于小概率事件。

沿线有多座跨河桥梁，输水干渠沿线交通发达，该段发生事故造成突发水污染事件的可能性较大，且运输物质造成的污染可能引起严重后果。

(2) 污染物类型选择

根据污染物类型分析，主要考虑移动点污染源事故（如：运输车发生事故）的污染物类型：

①铅、汞、铬、镉等重金属和类金属砷等污染物；

②油类污染物；

③硫酸盐、氯化物、硝酸盐、可溶性铁、锰等常规污染物。

2.5.2.2 污染物迁移削减规律研究

1) 模拟工况

引江济淮工程（河南段）输水量由人为控制，根据初步设计报告，清水河不同工况下的来水量如下。袁桥泵站三台机组同时运行工况下的来水量为 43 m^3/s，二台机组同时运行工况下的来水量为 28.6 m^3/s，仅一台机组运行工况下的来水量为 14.3 m^3/s；鹿辛运河上游来水量在上游清水河试量站三台机组运行且任庄闸闸门全部开启的情况下为 30.9 m^3/s，清水河试量站一台机组运行且鹿辛运河任庄闸闸门局部开启下为 10.3 m^3/s。根据主要风险点位置，模拟事故点选择为清水河桩号 0+300、5+076、17+775、33+067，鹿辛运河桩号 0+300、4+100、12+393。根据历史类似事故的污染物泄漏量进行统计分析，污染物泄漏量受化学品种类和负载量的影响，预估在几百千克到 1 t 之间。考虑到引江济淮工程（河南段）的实际情况，为探究不同污染物类型的削减规律，选择了 600 kg 的污染物泄漏量。为探究污染物泄漏量和来水量对污染物削减规律的影响，结合渠道水量和污染物类型，对清水河段选择 60 kg、120 kg、300 kg 的污染物泄漏量，对鹿辛运河段选择 30 kg、60 kg、

120 kg 的污染物泄漏量。

(1) 为探究不同污染物类型的削减规律,结合实际工程特点,设计以下工况。

工况1:在清水河桩号0+300处,在输水河道各泵站满负荷输水情况下,分别发生泄漏量为600 kg 的铅、铬、镉、锰、硫化物、汞和可溶性铁七种污染物的污染事件。

工况2:在鹿辛运河桩号0+300处,上游清水河试量站三台机组运行且任庄闸闸门全部开启的情况下(来水量30.9 m³/s),分别发生泄漏量为600 kg 的铅、铬、镉、锰、硫化物、汞和可溶性铁七种污染物的污染事件。

(2) 为探究污染物泄漏量和来水量对不同类型污染物削减规律的影响,结合实际工程特点,设计以下工况。

工况3:在清水桩号0+300、5+076、17+775、33+067处,清水河道的一级泵站、二级泵站和三级泵站同时开启三台机组运行工况下(输水量42~43 m³/s),清水河道的一级泵站、二级泵站和三级泵站同时开启二台机组运行工况下(输水量28~28.6 m³/s),以及清水河道水位为正常输水水位且清水河道一级泵站、二级泵站和三级泵站同时开启一台机组运行工况下(输水量14~14.3 m³/s),分别发生泄漏量为60 kg、120 kg、300 kg 的污染事件。污染物类型选择常见的可溶性污染物:铅、硫化物。

工况4:在鹿辛运河事故桩号段0+300、4+100以及12+393处,在清水河试量站三台机组运行且鹿辛运河段任庄闸闸门全部开启(来水量30.9 m³/s)、清水河试量站一台机组运行情况下(来水量10.3 m³/s)时,分别发生污染物泄漏量为30 kg、60 kg 和120 kg 的污染事件。污染物类型选择常见的可溶性污染物:铅、硫化物。

2) 模拟结果与分析

(1) 模拟结果

①工况1条件下,七种污染物削减规律变化对比如图2.142至图2.148所示(水质标准参照国家地表水环境质量标准基本项目Ⅲ类水质标准和集中式生活引用水地表水源地补充项目标准)。

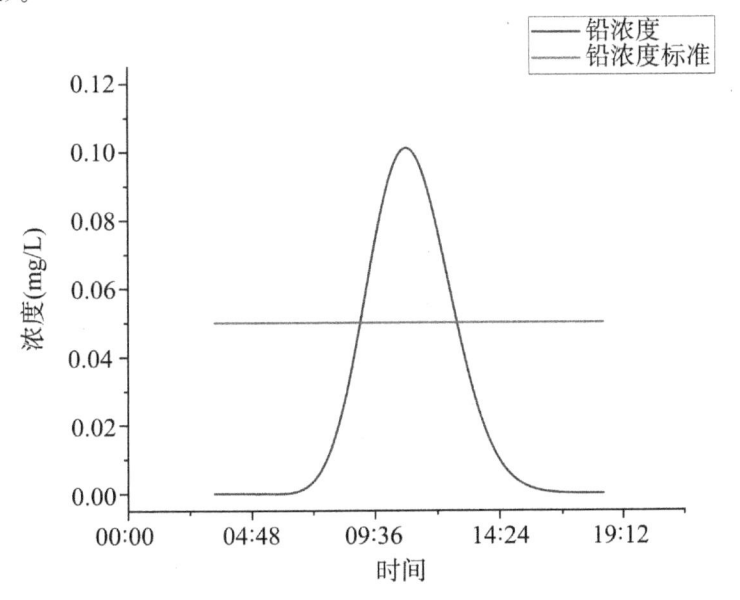

图2.142 在工况1下试量节制闸处铅类污染物浓度随时间变化

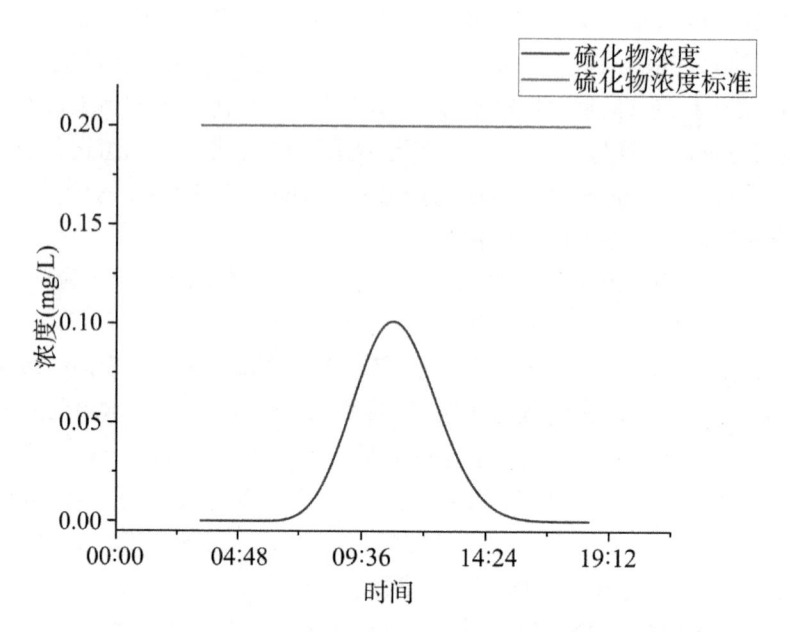

图 2.143　在工况 1 下试量节制闸处硫化物浓度随时间变化

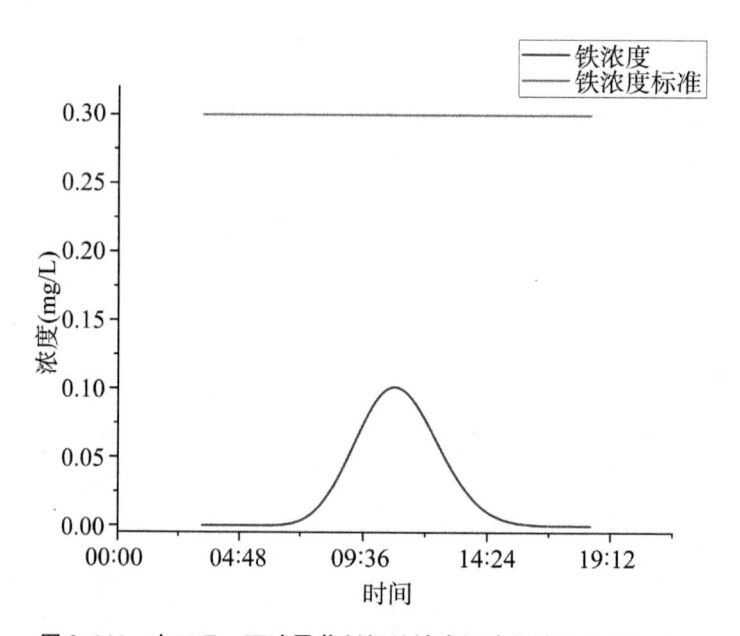

图 2.144　在工况 1 下试量节制闸处铁类污染物浓度随时间变化

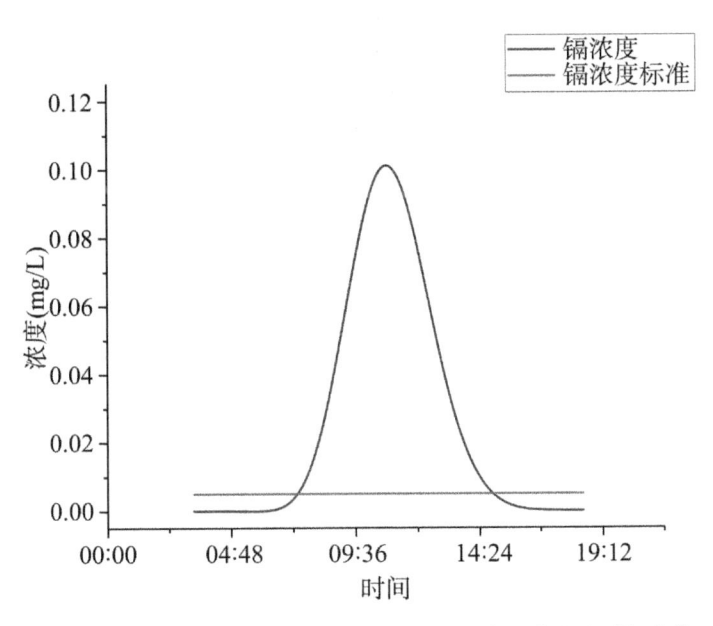

图 2.145　在工况 1 下试量节制闸处镉类污染物浓度随时间变化

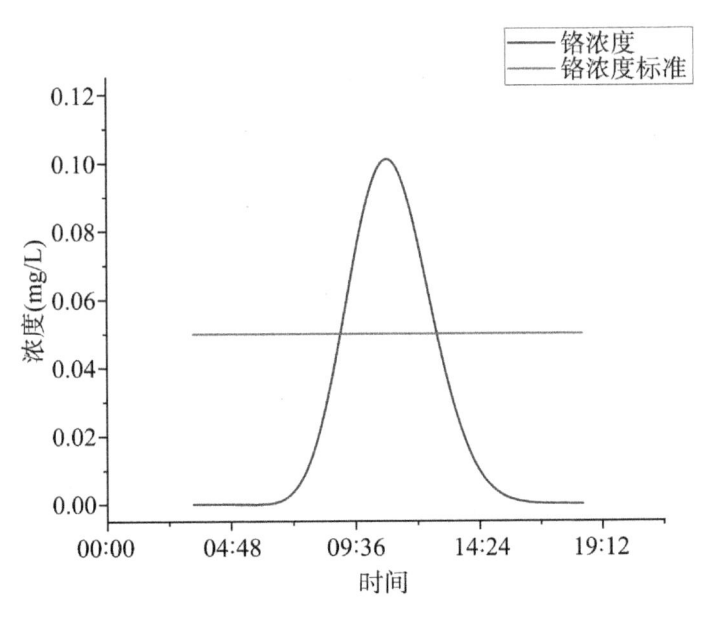

图 2.146　在工况 1 下试量节制闸处铬类污染物浓度随时间变化

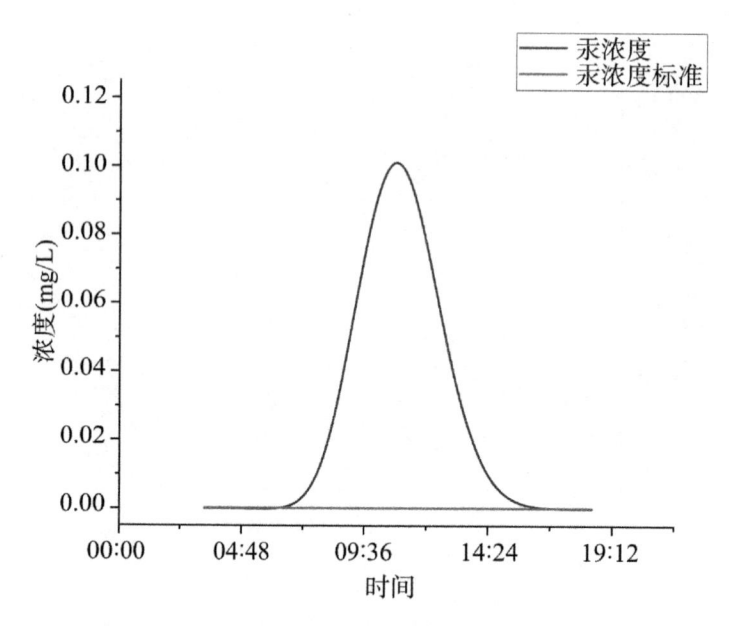

图 2.147　在工况 1 下试量节制闸处汞类污染物浓度随时间变化

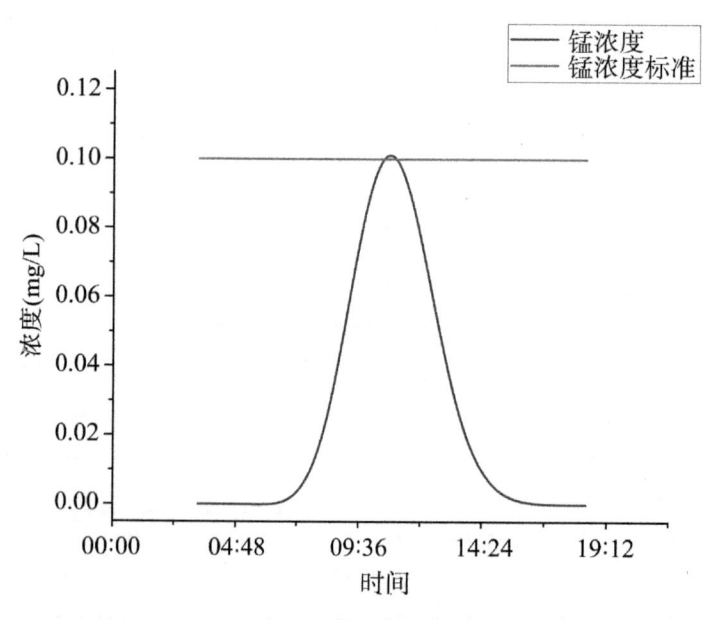

图 2.148　在工况 1 下试量节制闸处锰类污染物浓度随时间变化

②工况 2 条件下,七种污染物削减规律变化对比如图 2.149 至图 2.155 所示(水质标准参照国家地表水环境质量标准基本项目Ⅲ类水质标准和集中式生活引用水地表水源地补充项目标准)。

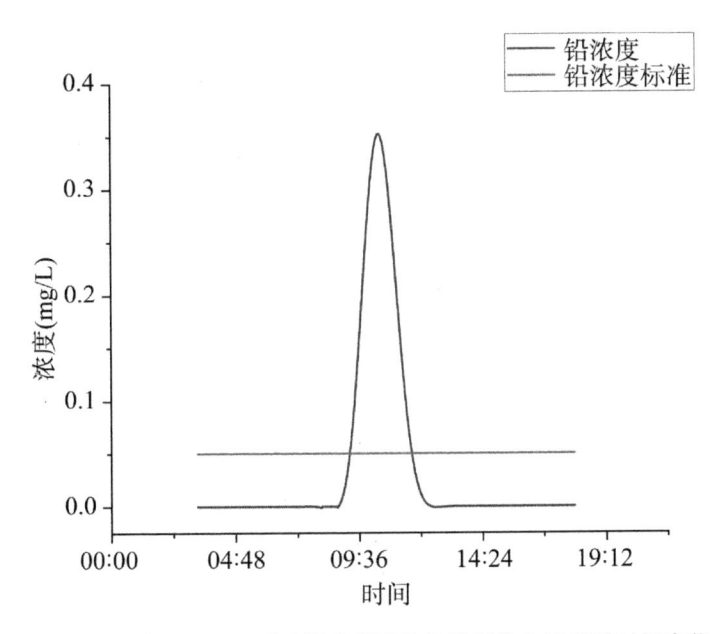

图 2.149 在工况 2 下后陈楼节制闸处铅类污染物浓度随时间变化

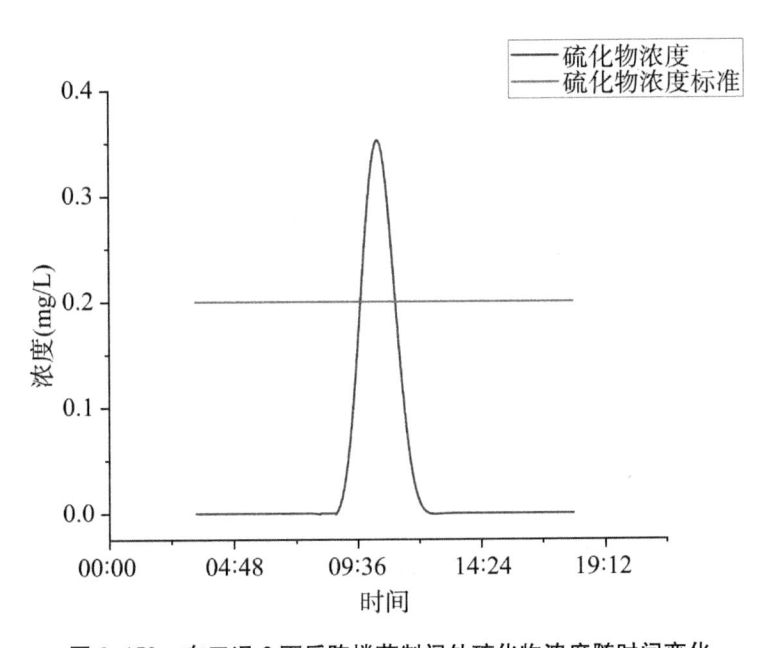

图 2.150 在工况 2 下后陈楼节制闸处硫化物浓度随时间变化

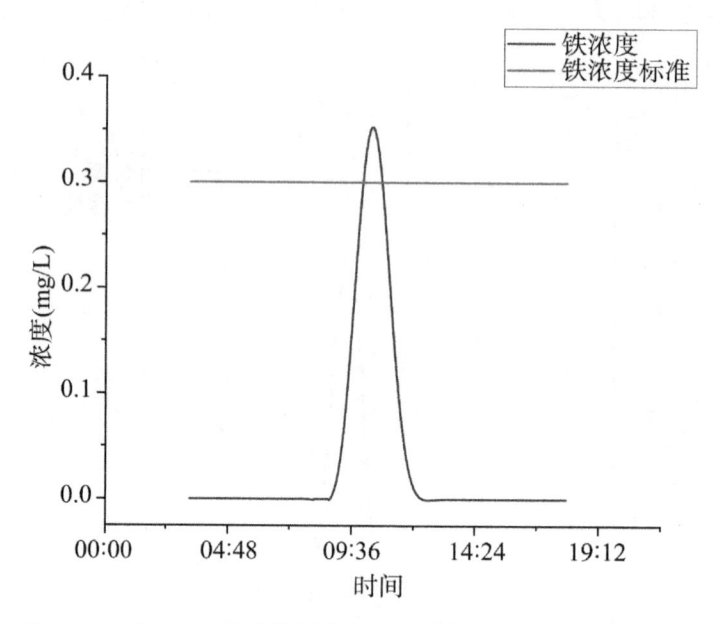

图 2.151　在工况 2 下后陈楼节制闸处铁类污染物浓度随时间变化

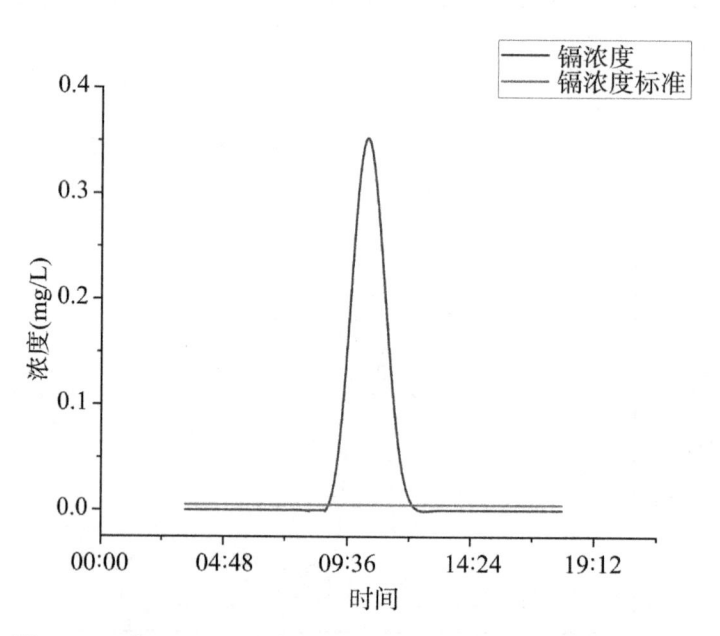

图 2.152　在工况 2 下后陈楼节制闸处镉类污染物浓度随时间变化

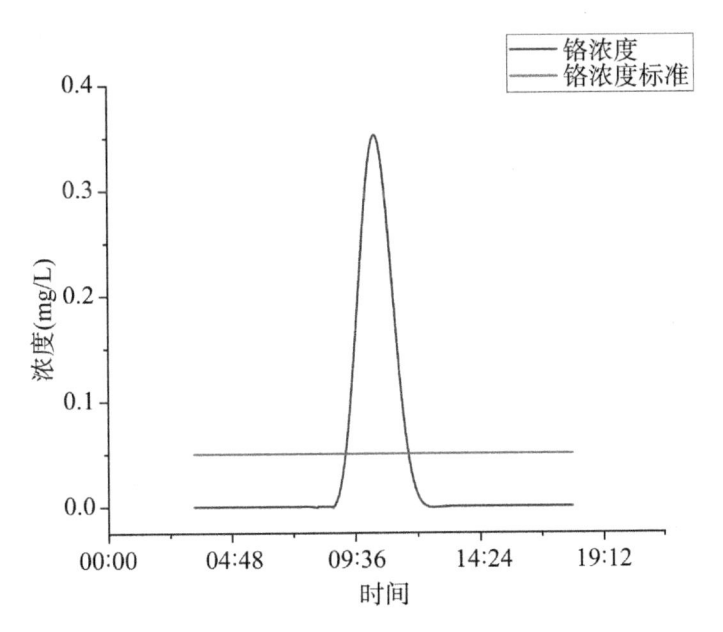

2 引调水工程水资源优化调配与水环境保护关键技术与应用

图 2.153 在工况 2 下后陈楼节制闸处铬类污染物浓度随时间变化

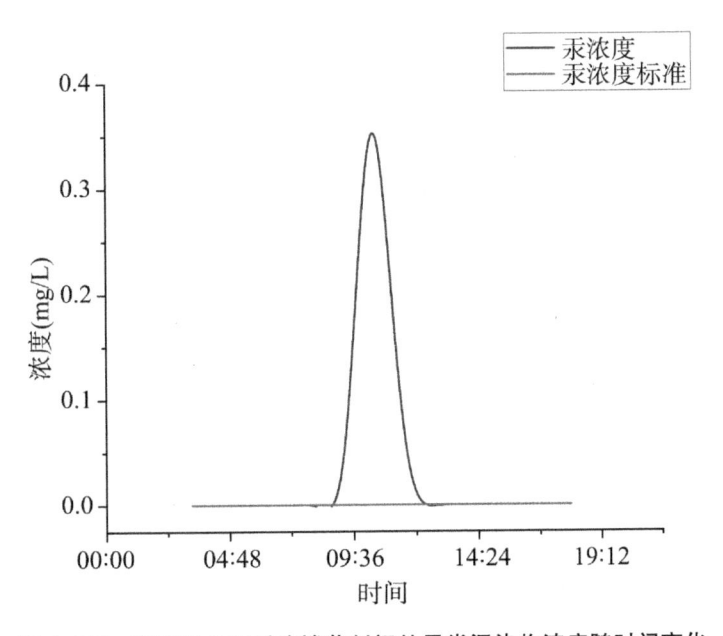

图 2.154 在工况 2 下后陈楼节制闸处汞类污染物浓度随时间变化

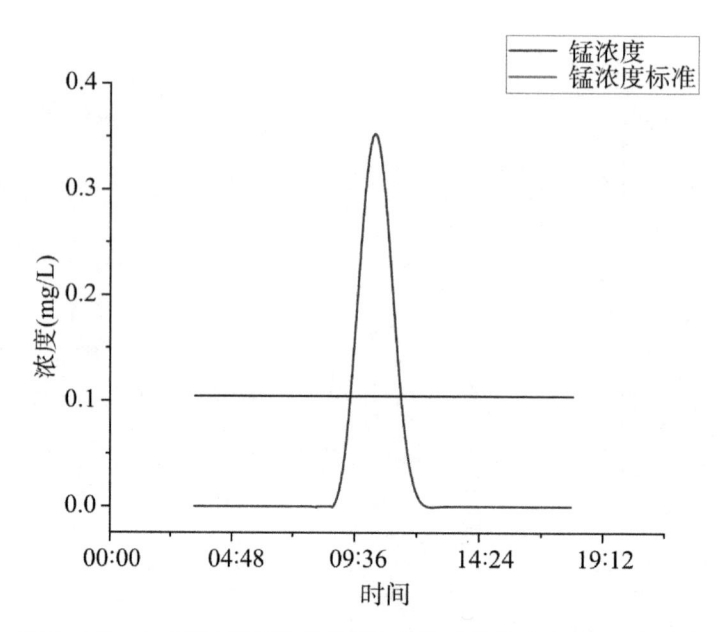

图 2.155　在工况 2 下后陈楼节制闸处锰类污染物浓度随时间变化

③工况 3 下,铅、硫化物两种污染物在九种情景下的浓度变化如图 2.156 至图 2.173 所示(水质标准参照国家地表水Ⅲ类水质标准)。

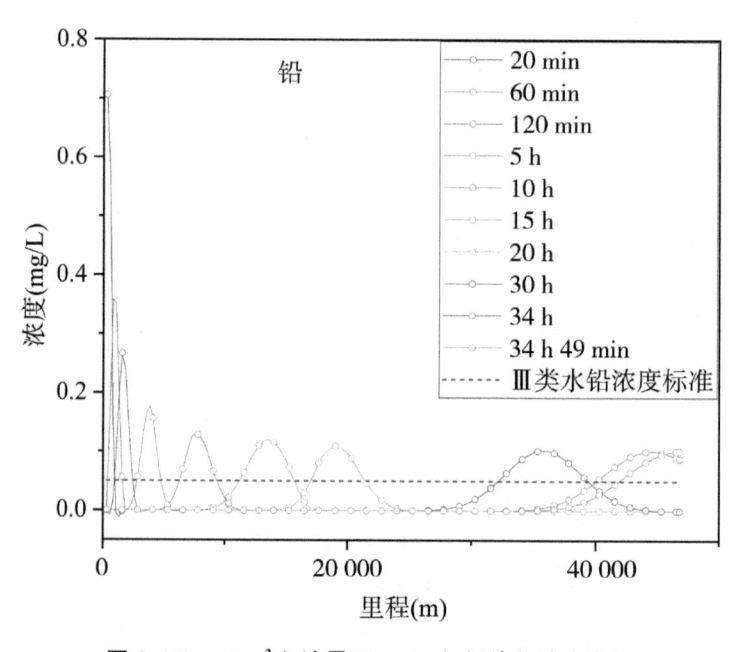

图 2.156　43 m³/s 流量下 60 kg 铅污染物浓度变化

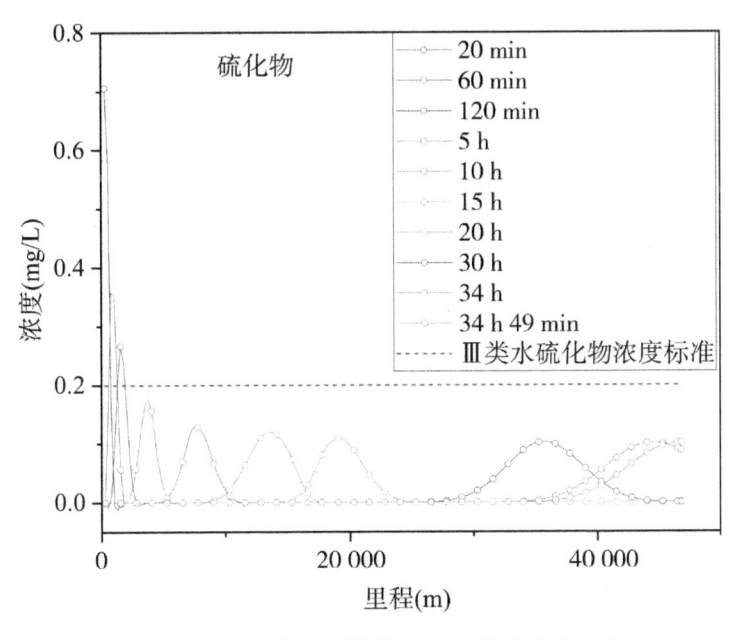

2 引调水工程水资源优化调配与水环境保护关键技术与应用

图 2.157　43 m³/s 流量下 60 kg 硫化物浓度变化

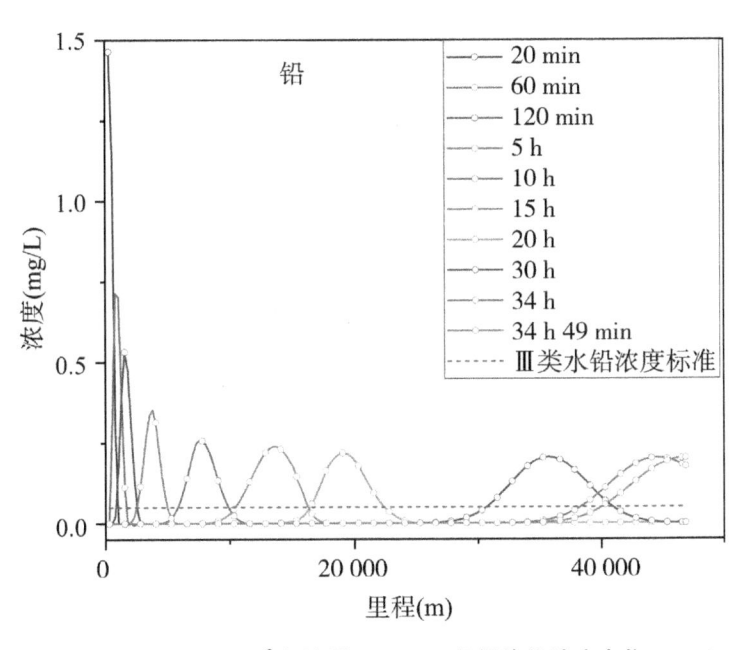

图 2.158　43 m³/s 流量下 120 kg 铅污染物浓度变化

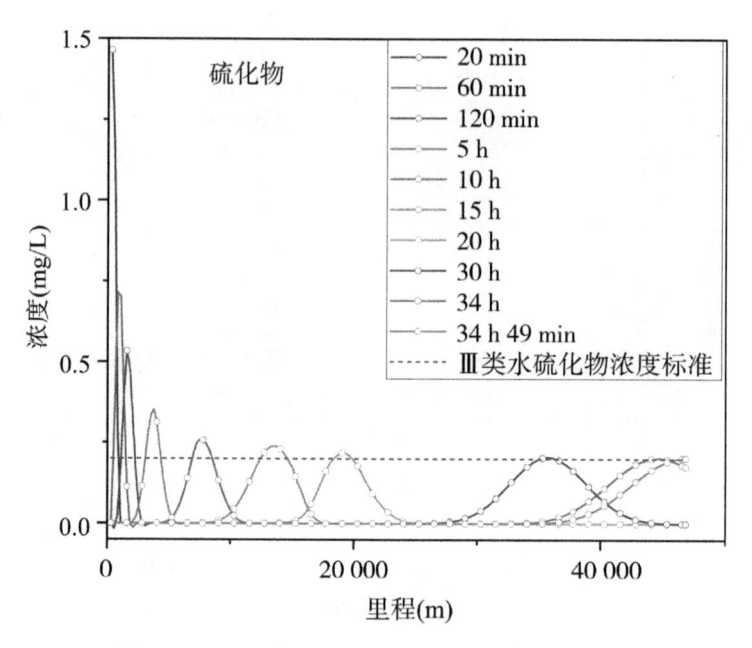

图 2.159　43 m³/s 流量下 120 kg 硫化物浓度变化

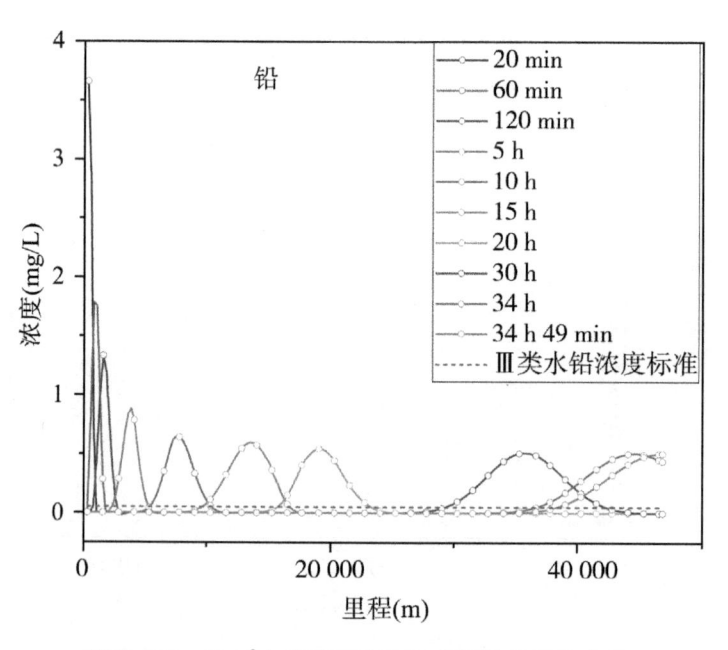

图 2.160　43 m³/s 流量下 300 kg 铅污染物浓度变化

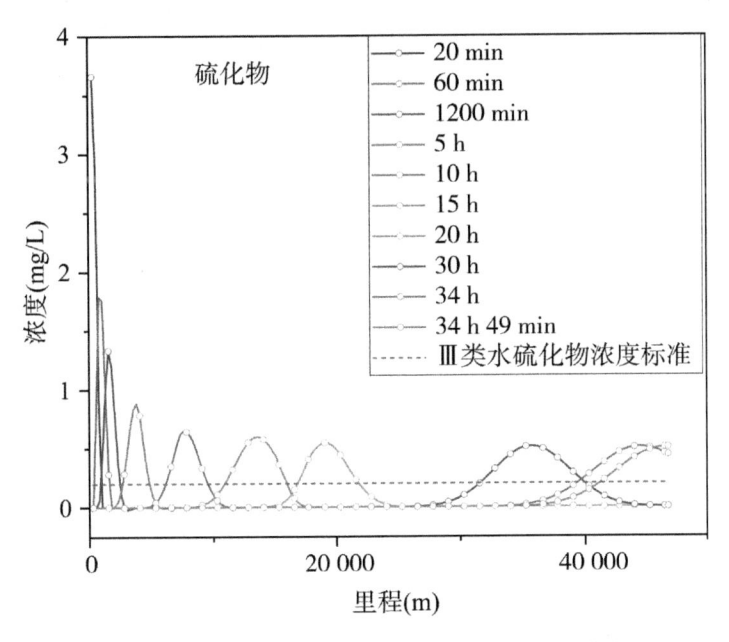

图 2.161　43 m³/s 流量下 300 kg 硫化物浓度变化

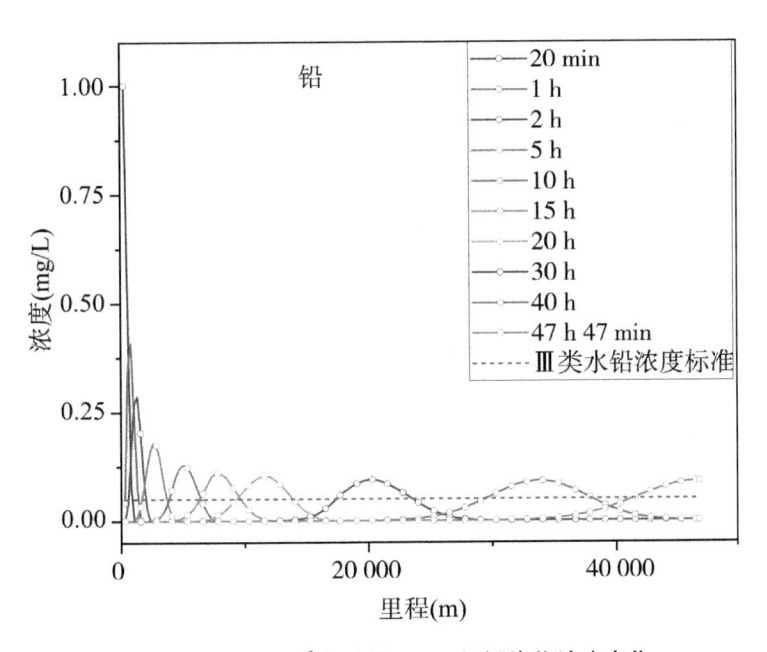

图 2.162　28.6 m³/s 流量 60 kg 铅污染物浓度变化

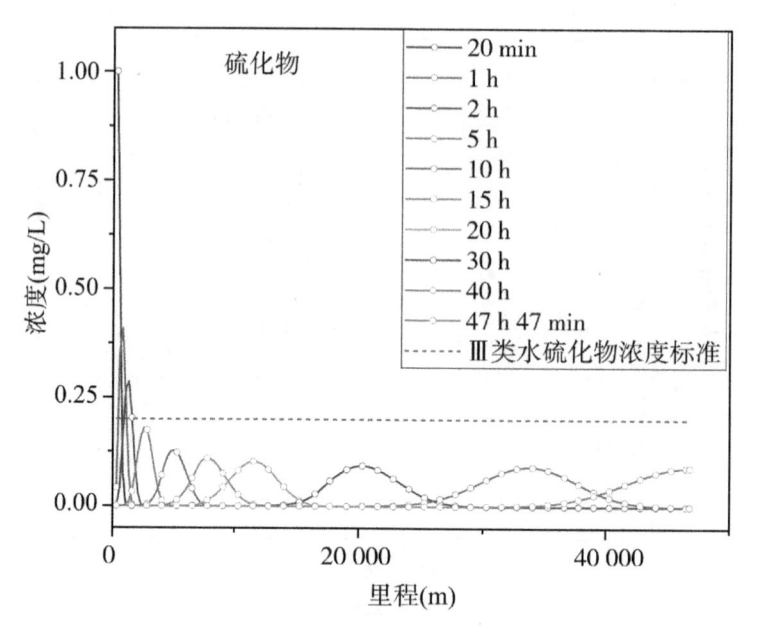

图 2.163　28.6 m³/s 流量 60 kg 硫化物浓度变化

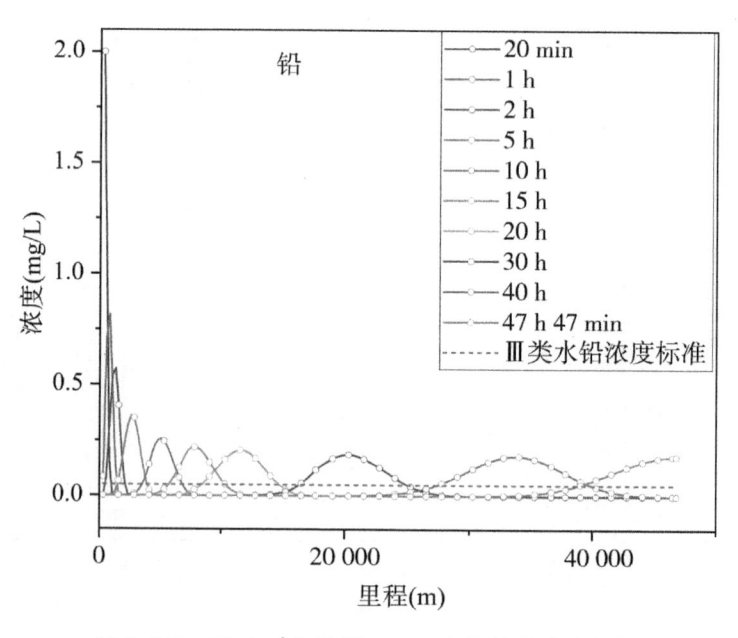

图 2.164　28.6 m³/s 流量 120 kg 铅污染物浓度变化

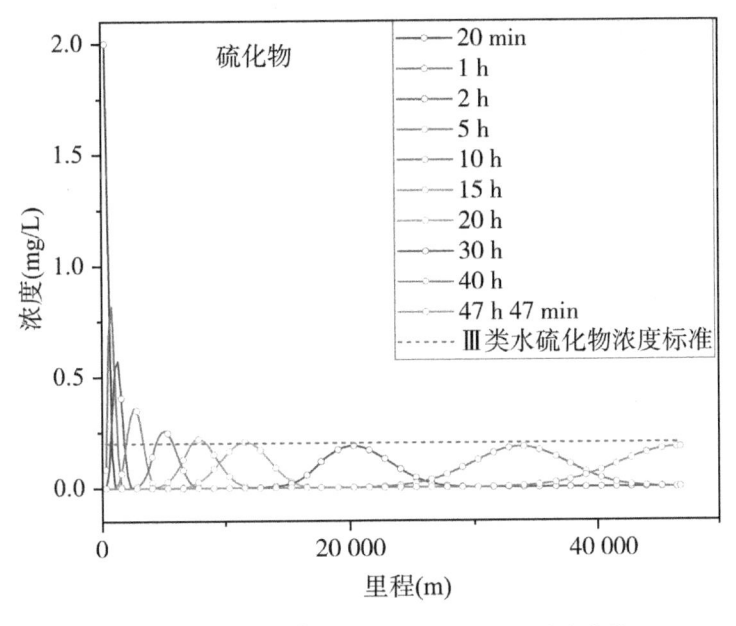

图 2.165　28.6 m³/s 流量 120 kg 硫化物浓度变化

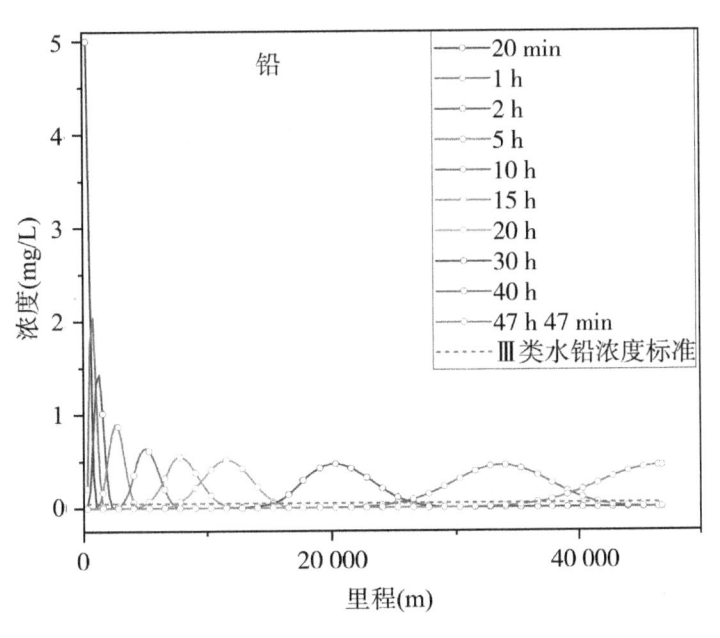

图 2.166　28.6 m³/s 流量 300 kg 铅污染物浓度变化

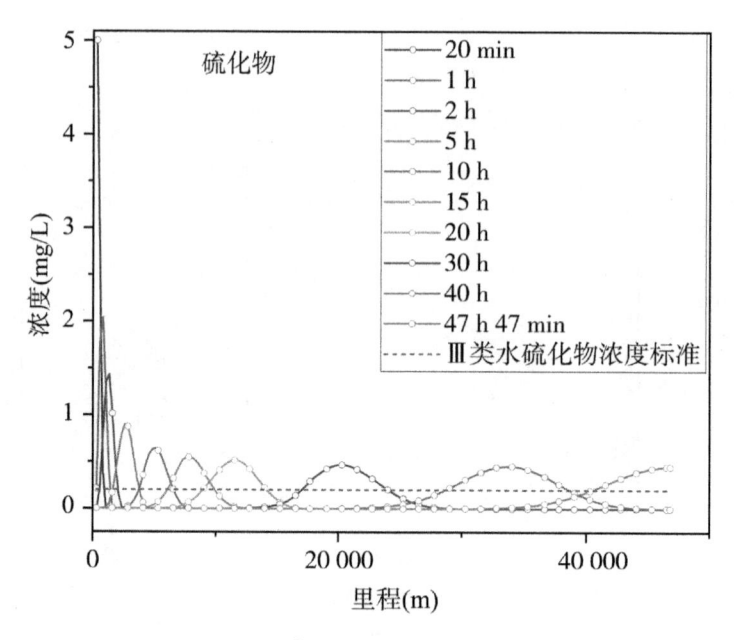

图 2.167　28.6 m³/s 流量 300 kg 硫化物浓度变化

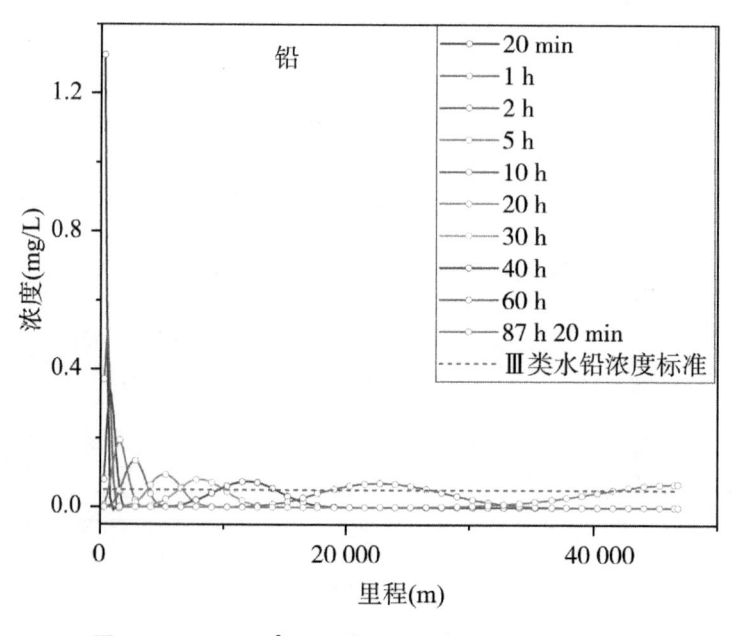

图 2.168　14.3 m³/s 流量下 60 kg 铅污染物浓度变化

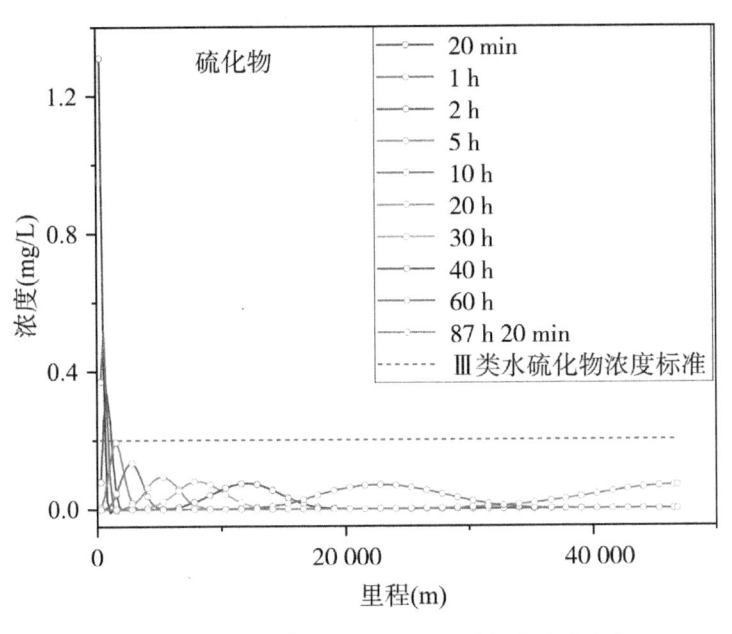

图 2.169　14.3 m³/s 流量下 60 kg 硫化物浓度变化

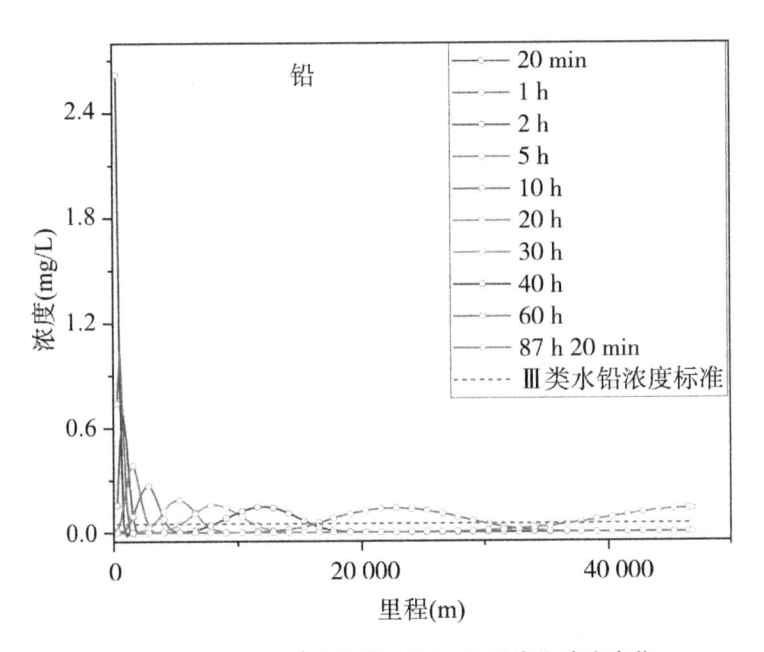

图 2.170　14.3 m³/s 流量 120 kg 铅污染物浓度变化

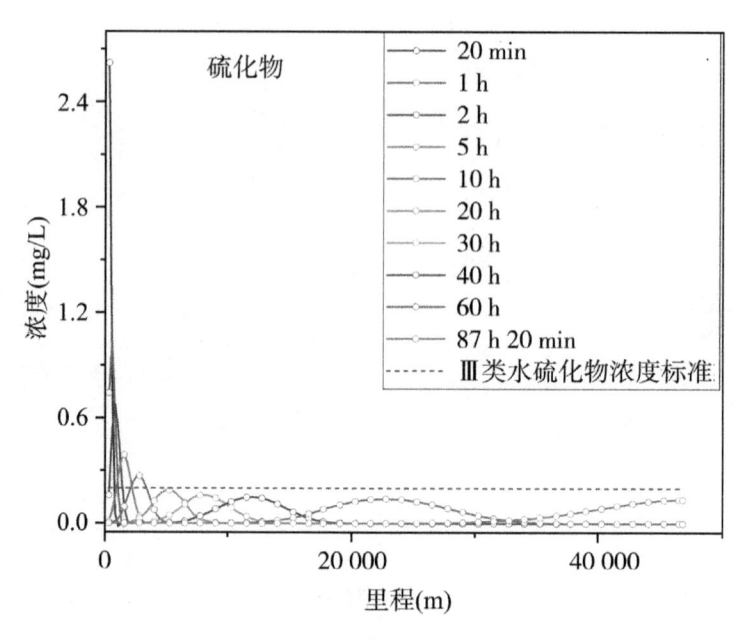

图 2.171　14.3 m³/s 流量 120 kg 硫化物浓度变化

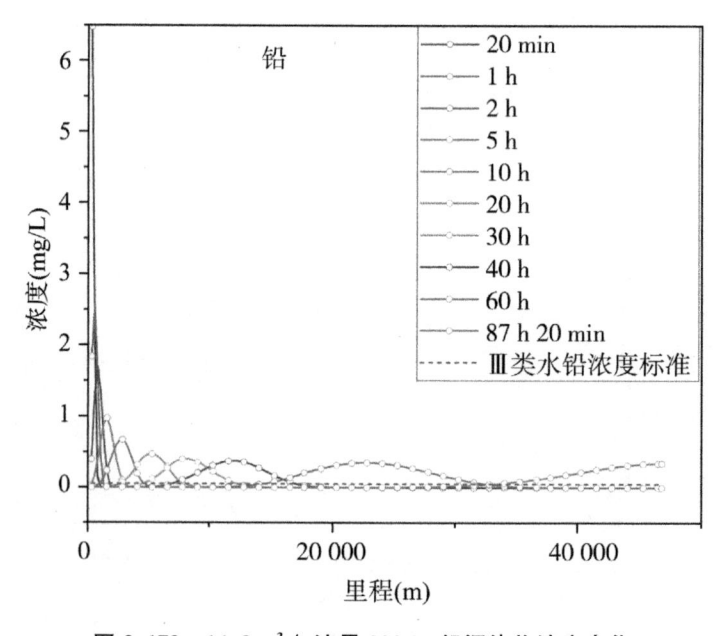

图 2.172　14.3 m³/s 流量 300 kg 铅污染物浓度变化

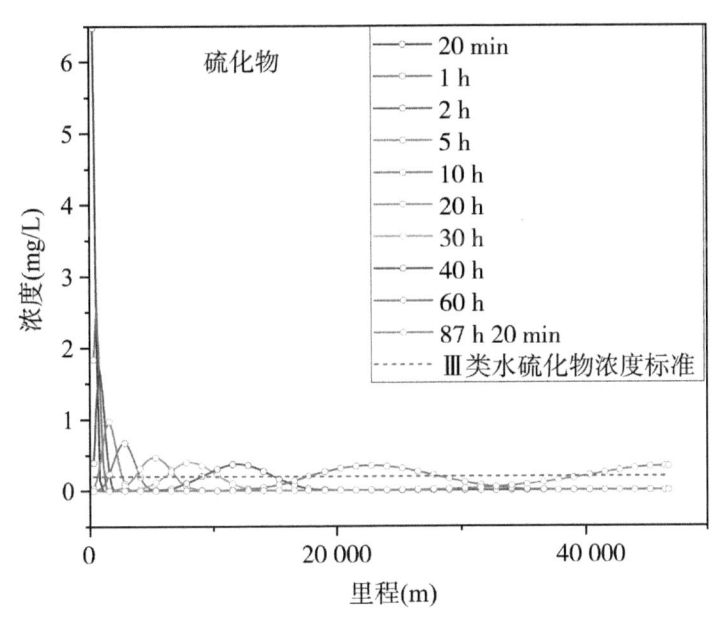

2 引调水工程水资源优化调配与水环境保护关键技术与应用

图 2.173 14.3 m³/s 流量 300 kg 硫化物浓度变化

④工况 3 条件下,铅类污染物在赵楼闸处、试量闸处的污染物峰值和超标时间如表 2.37 所示(水质标准参照国家地表水Ⅲ类水质标准)。

⑤工况 4 条件下,铅类污染物在后陈楼节制闸处的污染物峰值和超标时间如表 2.38 所示(水质标准参照国家地表水Ⅲ类水质标准)。

(2) 结果分析

①污染物最大浓度影响因素

a. 污染物泄露量

污染物泄漏量是影响污染物浓度的最重要因素,泄漏量越高,渠道沿线的峰值浓度越高,下游关键节点水质超标时间越长,如表 2.37、表 2.38 所示,清水河段 300 kg 污染物泄漏量下的污染物浓度始终大于 60 kg 和 120 kg 泄漏量下的污染物浓度,鹿辛运河段 120 kg 污染物泄漏量下的污染物浓度始终大于 60 kg 和 30 kg 泄漏量下的污染物浓度。

污染物泄漏量是影响下游污染物浓度的重要因素,在实际工程中,可重点考虑不同桩号处的污染物泄漏量,以污染物泄漏量作为不同调控技术的选择依据。

b. 来水量

来水流量对下游污染物浓度峰值有一定影响,但清水河段与鹿辛运河段的来水量对于污染物浓度峰值的影响趋势不同。在清水河段流量越小,下游关键节点的污染物浓度峰值越低,但对下游关键节点的影响时间越长,如表 2.37 所示。对于鹿辛运河段,来水流量越小,污染物在鹿辛运河下游处的浓度峰值越大且对其影响时间更长,如表 2.38 所示。

表 2.37　铅类污染物在九种情景下对下游关键点的影响程度

事故点桩号	污染量(kg)	三台机组运行					二台机组运行					一台机组运行				
			赵楼闸		试量闸		赵楼闸		试量闸		赵楼闸		试量闸	
			污染物峰值(mg/L)	超Ⅲ类水质时间	污染物峰值(mg/L)	超Ⅲ类水质时间	污染物峰值(mg/L)	超Ⅲ类水质时间	污染物峰值(mg/L)	超Ⅲ类水质时间	污染物峰值(mg/L)	超Ⅲ类水质时间	污染物峰值(mg/L)	超Ⅲ类水质时间
0+300	60	0.120	3 h 32 min	0.101	3 h 44 min	0.099	5 h 34 min	0.089	5 h 42 min	0.072	10 h 25 min	0.068	10 h 37 min
0+300	120	0.239	4 h 41 min	0.202	5 h 14 min	0.199	7 h 52 min	0.179	10 h 26 min	0.145	18 h 41 min	0.135	18 h 21 min
0+300	300	0.598	5 h 48 min	0.505	6 h 40 min	0.499	10 h 7 min	0.446	11 h 2 min	0.363	25 h 39 min	0.339	27 h
5+076	60	0.193	2 h 44 min	0.136	3 h 19 min	0.162	4 h 30 min	0.126	5 h 7 min	0.117	10 h 18 min	0.099	11 h
5+076	120	0.386	3 h 20 min	0.272	4 h 17 min	0.324	5 h 38 min	0.252	6 h 45 min	0.234	13 h 07 min	0.199	15 h 43 min
5+076	300	0.966	3 h 50 min	0.680	5 h 15 min	0.810	6 h 50 min	0.630	8 h 25 min	0.585	18 h	0.497	20 h 30 min
17+775	60	—	—	0.232	2 h 25 min	—	—	0.232	3 h 30 min	—	—	0.214	7 h 33 min
17+775	120	—	—	0.464	2 h 50 min	—	—	0.463	4 h 10 min	—	—	0.429	9 h 07 min
17+775	300	—	—	1.159	3 h 17 min	—	—	1.158	4 h 38 min	—	—	1.072	10 h 47 min
33+067	60	—	—	0.448	1 h 28 min	—	—	0.448	1 h 50 min	—	—	0.443	2 h 30 min
33+067	120	—	—	0.895	1 h 38 min	—	—	0.895	2 h	—	—	0.887	2 h 47 min
33+067	300	—	—	2.238	1 h 45 min	—	—	2.238	2 h 08 min	—	—	2.217	3 h

表 2.38　铅类污染物在不同工况下对后陈楼节制闸处的影响程度

事故点桩号	污染量 (kg)	任庄闸闸门全部开启		任庄闸闸门局部开启	
		污染物峰值(mg/L)	超Ⅲ类水质时间	污染物峰值(mg/L)	超Ⅲ类水质时间
0+300	30	0.168	2 h	0.205	8 h 10 min
0+300	60	0.336	2 h 23 min	0.410	9 h
0+300	120	0.672	2 h 55 min	0.798	10 h 14 min
4+100	30	0.182	2 h	0.222	8 h
4+100	60	0.363	2 h 21 min	0.443	9 h
4+100	120	0.727	2 h 40 min	0.850	10 h
12+393	30	0.265	1 h 30 min	0.287	3 h
12+393	60	0.529	1 h 45 min	0.567	3 h 32 min
12+393	120	1.058	2 h	1.302	4 h

由于清水河段利用原有河道，并通过在清水河上新建 3 级泵站提水逆流而上，向河南境内输水，减少来水量不影响河道内总水量。而鹿辛运河是利用原河道自流至调蓄水库，减少来水量会使河道水量减少进而使污染物浓度上升。因此，对于清水河段，来水流量越小，污染物在试量闸处的浓度峰值越小，但对其影响时间更长，同时污染团到达下游关键受体的时间更长，即应急反应时间更多。

对于清水河段，发生突发水污染状况时，可减少泵站机组台数，以增加应急反应时间以及减少污染团在下游关键点的峰值浓度。对于鹿辛运河段，不建议采取减少流量调控。

c. 污染物发生位置

污染事件发生位置也是污染物最大浓度影响因素之一，发生位置与下游水库入水口越近，下游水库入水口峰值浓度越高且影响时间更短（表 2.37、表 2.38）。距离发生点越远，污染物峰值浓度越低，但污染物峰值浓度随着距离发生点越远，下降幅度也相对放缓。工况 3 条件下，在清水河 0+300 处发生 60 kg 铅类事故，在桩号 5+340 处污染物峰值浓度为 0.147 mg/L，在桩号 10+340 处，峰值浓度为 0.123 mg/L，在赵楼闸（桩号 15+340）处污染物浓度峰值为 0.120 mg/L，从桩号 5+340 到 10+340 处，污染物浓度峰值 5 km 下降 0.024 mg/L，下降 16%；在桩号 10+340 到 15+340 处，5 km 下降 0.003 mg/L，下降 2.5%。

d. 污染物类型

污染物类型决定了污染物的衰减效率。在清水河段以及鹿辛运河河段，以上各污染物的浓度变化趋势一致。相同工况下，不同污染物在试量闸和后陈楼闸处的污染物峰值浓度以及浓度变化趋势基本一致。

②污染物传播速度影响因素

上游来水量是污染物传播速率的重要影响因素，对清水河段与鹿辛运河段影响趋势一致。在清水河段以及鹿辛运河段，上游来水量越大，下游水库进水口到达浓度峰值时间越短，污染物传播速度越快，在清水河段，袁桥泵站三台机组同时运行工况下（来水量 43 m³/s）、二台机组同时运行工况下（来水量 28.6 m³/s）、仅一台机组运行工况下（来水量

14.3 m³/s），下游试量水库进水口段到达浓度峰值时间分别为 34 h 49 min、47 h 47 min 和 87 h 20 min，上游来水量越大污染物传播速率越快。

当采取减小流量调控措施时，会使污染团的传播速度减慢，从而增加了应急处理的时间，但同时延长了污染物的调控时间。

2.5.2.3 突发水污染事件调控技术研究

1）不同调控技术效果模拟

（1）流量调控分析

①流量调控措施

河道输水流量应与向受水区供水流量相匹配，向受水区供水流量不会突然增大，无法采用增大流量的措施。因此，考虑减少流量对于污染物的影响情况。a. 在清水河段，采取减少流量的调控措施为：袁桥站、赵楼站和试量站泵站运行机组由三台变为一台（也可以将各泵站三台机组转换为二台机组，但为了最大限度降低下游污染物浓度峰值，故都采取由三台机组转换为一台机组的调控措施）。b. 在鹿辛运河段，采取减少流量的调控措施为：由清水河试量站三台机组运行且鹿辛运河任庄闸闸门全部开启下来水（30.9 m³/s）变为清水河试量站一台机组运行下来水量（10.3 m³/s）。

②流量调控效果

a. 可溶性污染物调控效果

铅、锰等污染物衰减系数都为 0，它们的削减规律一致，因此将其归为可溶性污染物。通过增大或减少上游来水量，来研究流量调控对污染物浓度削减的作用，设计以下模拟工况。

工况 1：在清水河三台梯级泵站同时开启三台机组（43 m³/s）、二台机组（28.6 m³/s）以及一台机组时（14.3 m³/s）时，在事故桩号段清水河 0+300、5+076、17+775 以及 33+067 处，发生污染物泄漏量为 60 kg、120 kg 和 300 kg 的污染事件。

工况 2：清水河泵站正常运行且鹿辛运河段任庄闸闸门全部开启（30.9 m³/s）、闸门局部开启（10.3 m³/s）时，在事故桩号段 0+300、4+100 以及 12+393 处，发生污染物泄漏量为 30 kg、60 kg 和 120 kg 的污染事件。

设置不同流量工况进行模拟，下游试量调蓄水库和后陈楼调蓄水库入水口处可溶性污染物峰值浓度如表 2.39 和表 2.40 所示。

表 2.39 清水河段不同流量模拟结果

清水河事故点桩号(m)	污染量(kg)	三台机组运行 污染物峰值(mg/L)	二台机组运行 污染物峰值(mg/L)	一台机组运行 污染物峰值(mg/L)
0+300	60	0.101	0.089	0.068
0+300	120	0.202	0.179	0.135
0+300	300	0.505	0.446	0.339
5+076	60	0.136	0.126	0.099
5+076	120	0.272	0.252	0.199

续表

清水河事故点桩号 (m)	污染量 (kg)	三台机组运行 污染物峰值(mg/L)	二台机组运行 污染物峰值(mg/L)	一台机组运行 污染物峰值(mg/L)
5+076	300	0.680	0.630	0.497
17+775	60	0.232	0.232	0.214
17+775	120	0.464	0.463	0.429
17+775	300	1.159	1.158	1.072
33+067	60	0.448	0.448	0.443
33+067	120	0.895	0.895	0.887
33+067	300	2.238	2.238	2.217

表 2.40 鹿辛运河段不同流量模拟结果

事故点桩号 (m)	污染量 (kg)	任庄闸闸门全部开启 污染物峰值(mg/L)	任庄闸闸门局部开启 污染物峰值(mg/L)
0+300	30	0.168	0.205
0+300	60	0.336	0.410
0+300	120	0.672	0.798
4+100	30	0.182	0.222
4+100	60	0.363	0.443
4+100	120	0.727	0.85
12+393	30	0.265	0.287
12+393	60	0.529	0.567
12+393	120	1.058	1.302

由表 2.39 可知,在清水河段,对于发生在清水河 0+300(清水河闸—赵楼闸段)、清水河 5+706(清水河闸—赵楼闸段)处的污染事件,采取由三台机组减少到一台机组的减少流量调控措施时,水库入水口处的污染物浓度峰值明显下降;对于发生在清水河 17+775(赵楼闸—试量闸段)、清水河 33+067(赵楼闸—试量闸段)处的污染事件,由三台机组减少到一台机组时,污染物浓度峰值有一定下降,但下降幅度有所减缓。在鹿辛运河段,鹿辛运河来水量由 30.9 m³/s 变为 10.3 m³/s 时(清水河段机组做相应调整),污染物浓度峰值有一定程度上升。

综上,对于清水河前 20 km 左右桩号段发生的污染事件采取减少流量调控,可降低污染物到达水库前的峰值浓度,延长污染团到达下游关键受体的时间,但其调控时间较长。

b. 油类污染物调控效果

对于浮油类污染物,由于油类密度小于水密度,且油类污染物与自然界发生复杂的氧化反应,不会随着水流离散降解。进行流量调控不能减少污染物浓度,反而会使油水混合,使污染团难以处理。

③流量调控适用工况

根据流量调控效果,流量调控适用于在清水河前 23 km 桩号段发生的可溶性污染事件。

(2) 闭闸调控分析

①闭闸调控目标

闭闸调控的主要目标是考虑如何控制污染物的范围,并对污染物进行处理。其适用于污染严重且污染物易于处理(如油类、铅、铬、镉、硫化物、铁和锰类污染物)的工况。

②污染范围控制

下达闭闸调控决策时,判断污染物所在渠道,然后采取相应闸、泵控制措施。

A. 突发水污染事件位于清水河闸—赵楼闸段

a. 闸泵调节措施

清水河闸、赵楼闸和试量闸保持关闭,同时关闭袁桥泵站、赵楼泵站的全部机组。

b. 水力安全分析

常规满负荷输水阶段,同时关闭袁桥泵站以及赵楼泵站后,赵楼闸闸前水位变化如图 2.174 所示。

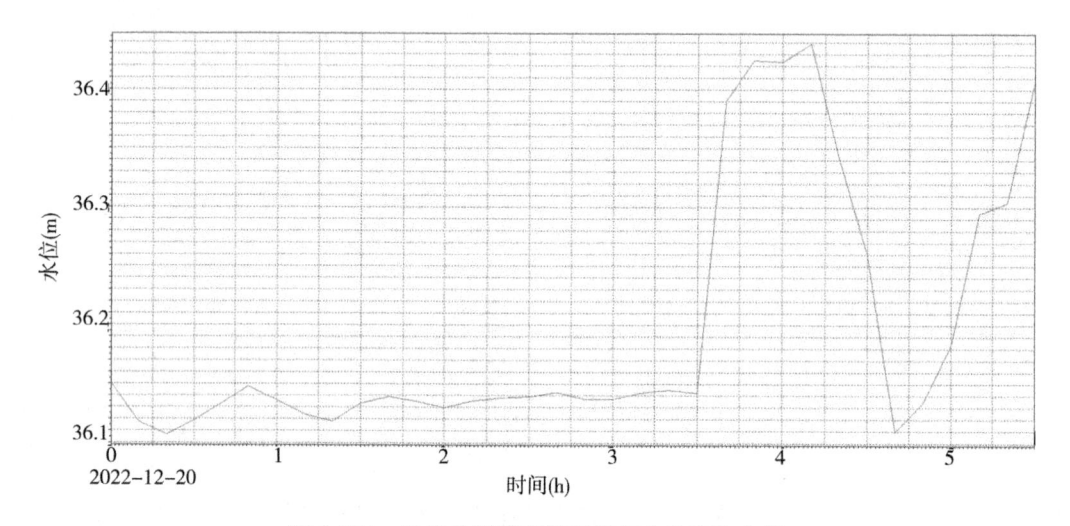

图 2.174　机组关闭后赵楼闸闸前水位变化曲线

常规满负荷输水阶段,同时关闭袁桥泵站以及赵楼泵站的全部机组,赵楼闸闸前水位由 36.15 m 上升至 36.44 m,此时未超过赵楼泵站进水池最高水位 36.6 m,以及赵楼闸 50 年一遇设计水位 40.77 m。

B. 突发水污染事件位于赵楼闸—试量闸段

a. 闸泵调节措施

清水河闸、赵楼闸和试量闸保持关闭,同时关闭袁桥泵站、赵楼泵站和试量泵站的全部机组。

b. 水力安全分析

常规满负荷输水阶段,同时关闭袁桥泵站、赵楼泵站和试量泵站机组后,试量闸闸前

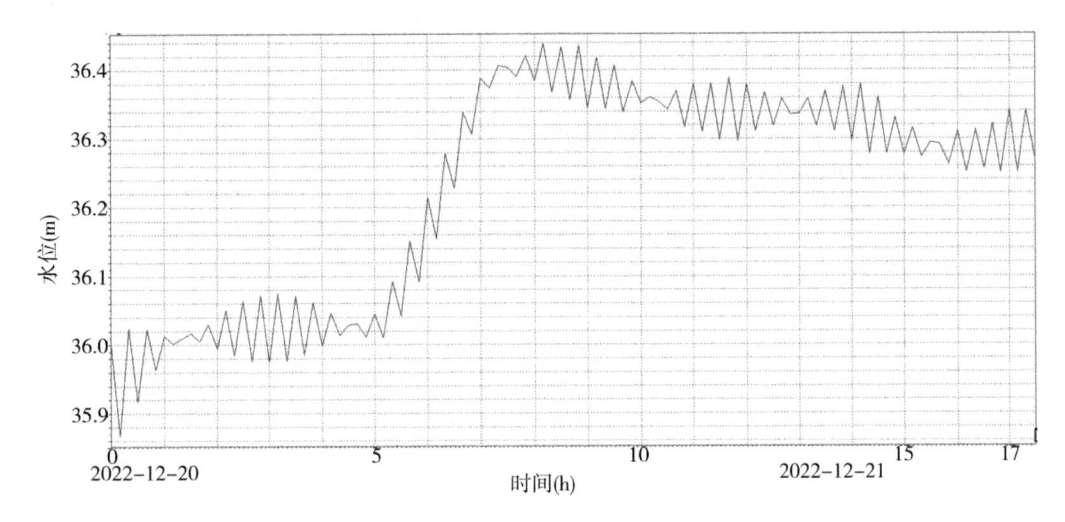

水位变化如图 2.175 所示。

图 2.175 机组关闭后试量闸闸前水位变化曲线

常规满负荷输水阶段，同时关闭赵楼泵站、试量泵站和袁桥泵站全部机组，试量闸闸前水位由 36 m 上升至 36.44 m，此时未超过试量泵站进水池最高水位 37.81 m。

C. 突发水污染事件位于任庄闸—白沟河倒虹吸段

a. 闸泵调节措施

袁桥泵站、赵楼泵站和试量泵站减少供水流量，仅向试量调蓄水库供水。同时关闭任庄闸、白沟河倒虹吸闸。

b. 水力安全分析

常规满负荷输水阶段，同时关闭任庄闸、白沟河倒虹吸闸后，白沟河倒虹吸闸前水位变化如图 2.176 所示。

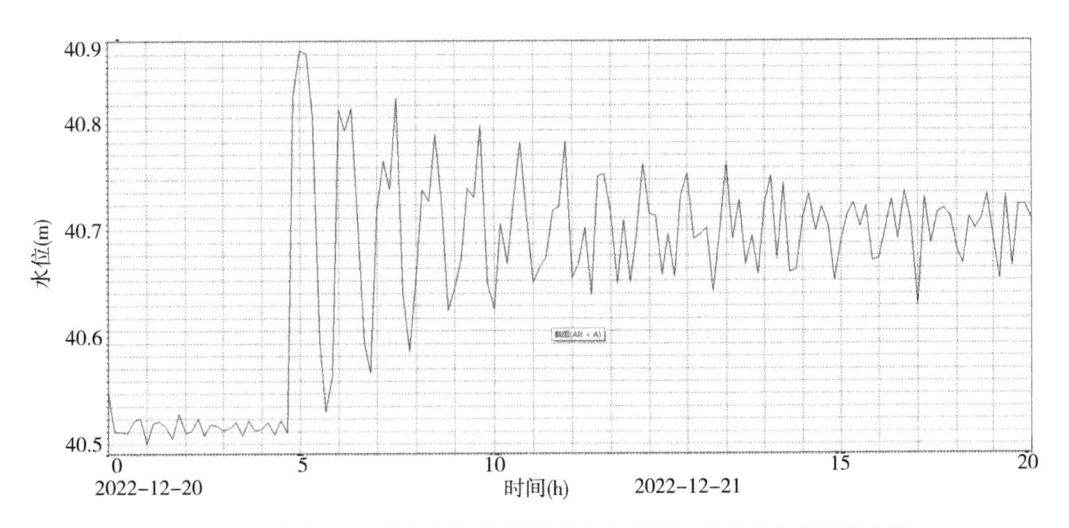

图 2.176 任庄闸、白沟河倒虹吸闭闸后白沟河倒虹吸闸前水位变化曲线

常规满负荷输水阶段,关闭任庄闸、白沟河倒虹吸闸,白沟河倒虹吸闸前水位由40.58 m上升至40.85 m,此时未超过白沟河倒虹吸闸50年一遇设计水位42.69 m。

D. 突发水污染事件位于白沟河节制闸—后陈楼节制闸段

a. 闸泵调节措施

袁桥泵站、赵楼泵站和试量泵站减少供水流量,仅向试量调蓄水库供水。同时关闭白沟河节制闸、后陈楼节制闸门,关闭后陈楼调蓄水库进水闸停止向后陈楼调蓄水库供水。

b. 水力安全分析

常规满负荷输水阶段,关闭白沟河倒虹吸,后陈楼节制闸闸前水位如图2.177所示。

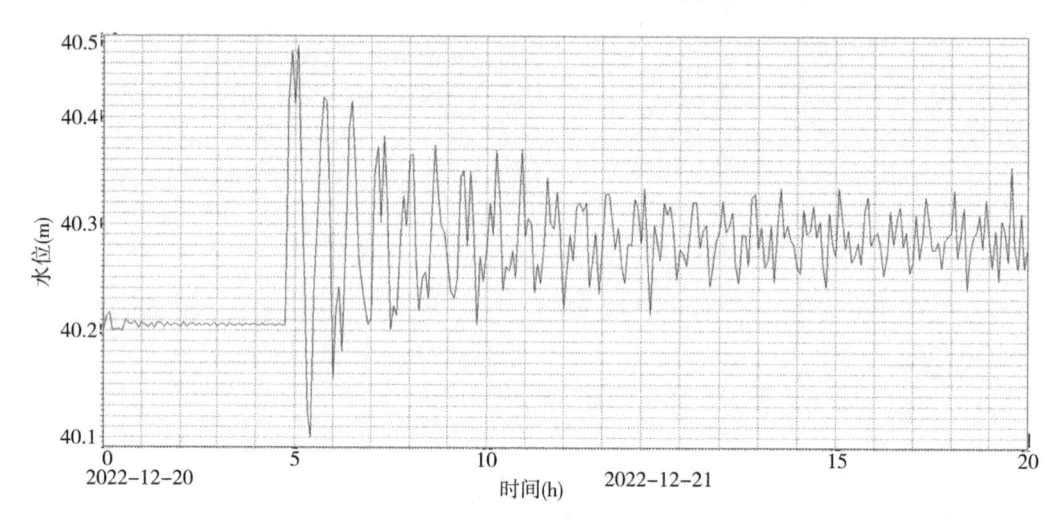

图 2.177　白沟河倒虹吸闭闸后后陈楼节制闸闸前水位变化曲线

常规输水阶段,关闭白沟河倒虹吸,后陈楼节制闸闸前水位由40.2 m上升至40.47 m,此时未超过后陈楼节制闸50年一遇设计水位41.65 m。

③污染物人工处理

闭闸调控效果与采取的污水处理措施有关,需考虑采用人工投加化学药剂或人工治理的方法降低污染的危害程度和范围。各类污染物闭闸处理措施如表2.41所示。

表 2.41　闭闸调控措施表

污染物类型	闸泵调控措施	污染物处理措施
油类	全段输调水暂停,将污染物集中在事故段进行处理;避免油类污染物经过泵站、闸门等水工建筑物,使油类漂浮于水面之上,利于集中处理	①采用分散剂将油污分散成极微小的油滴,降低油污的吸附性。②沉降剂法,采用密度大于水的沉降剂进行吸油,吸油后沉降到水底采用机械方式进行回收。③在条件合适的情况下,也可以采用点火器或油芯等各种助燃剂,就地燃烧
铅	全段输调水暂停,将污染物集中在事故段进行处理	硫化物沉淀,碱性混凝沉淀
铬	全段输调水暂停,将污染物集中在事故段进行处理	硫化物沉淀,碱性混凝沉淀

续表

污染物类型	闸泵调控措施	污染物处理措施
镉	全段输调水暂停,将污染物集中在事故段进行处理	首先加碱把原水调成弱碱性,以矾花絮体吸附水中的镉;再把pH调回到7.5~7.8,以满足生活饮用水的要求
硫化物	全段输调水暂停,将污染物集中在事故段进行处理	首先加碱把原水调成弱碱性,以矾花絮体吸附水中的硫化物;再把pH调回到7.5~7.8,以满足生活饮用水的要求
铁	全段输调水暂停,将污染物集中在事故段进行处理	硫化物沉淀,碱性混凝沉淀
锰	全段输调水暂停,将污染物集中在事故段进行处理	硫化物沉淀,碱性混凝沉淀

(3) 泄水调控分析

①适用情景

A. 难以处理的污染物

汞类污染物Ⅲ类水标准为≤0.0001 mg/L,其处理技术比较复杂,若用化学沉淀技术处理至Ⅲ类水标准,则将消耗大量的化学试剂。对此类污染物,若超过流量调控范围,一律采用泄水调控。

B. 供水任务紧急

综合考虑调蓄水库水量、用户需水情况、污染物处理所需时间等因素,在供水任务紧急情况下,可将污染团处理至满足可排放要求之后,进行泄水调控。

C. 污染物范围过大

因没有及时将污染物控制在一定范围,污染物范围较大,难以集中处理。

②调节措施

A. 突发水污染事件位于清水河闸—赵楼闸段

清水河闸、赵楼闸和试量闸保持关闭。袁桥泵站、赵楼泵站同时关闭。水质处理到达可排放要求后(Ⅳ类水或Ⅴ类水标准,需跟相关部门沟通),打开清水河闸门,将污水排至油河。

B. 突发水污染事件位于赵楼闸—试量闸段

a. 对于桩号15+300—46+230段,清水河闸、赵楼闸和试量闸保持关闭。赵楼泵站、试量泵站和袁桥泵站依次紧急关闭。进行人工处理,水质处理到达可排放要求后(Ⅳ类水或Ⅴ类水标准,需跟相关部门沟通),依次打开赵楼闸、清水河闸门,将污水排至油河。

b. 对于46+230(试量闸)—47+700(试量调蓄水库)段,关闭试量调蓄水库进水闸,依次关闭袁桥泵站、赵楼泵站、试量泵站、后陈楼泵站、任庄闸,利用清水河段和鹿辛运河段的河道水量向水库供水。待鹿辛运河水位降至最低运行水位时打开任庄闸,关闭后陈楼节制闸,将试量闸—试量调蓄水库段的污染水体经鹿辛运河通过后陈楼节制闸下泄。

C. 突发水污染事件位于任庄闸—白沟河倒虹吸段

袁桥泵站、赵楼泵站和试量泵站减少提水流量,仅向试量调蓄水库输水。任庄闸、白沟河倒虹吸和后陈楼调蓄水库进水闸依次紧急关闭。水质处理到达可排放要求后(Ⅳ类水或Ⅴ类水标准,需跟相关部门沟通),任庄闸保持关闭,同时开启白沟河倒虹吸和后陈楼节制闸(后陈楼调蓄水库进水闸保持关闭),将污水排至鹿辛运河下游。

D. 突发水污染事件位于白沟河倒虹吸—后陈楼节制闸段

袁桥泵站、赵楼泵站和试量泵站减少供水流量,仅向试量调蓄水库供水。白沟河节制闸、后陈楼调蓄水库进水闸和后陈楼节制闸门依次紧急关闭,停止向后陈楼调蓄水库供水。水质处理到达可排放要求后(Ⅳ类水或Ⅴ类水标准,需跟相关部门沟通),打开后陈楼节制闸(后陈楼调蓄水库进水闸保持关闭),将污水排至鹿辛运河下游。

2) 不同调控技术适用范围分析

将突发水污染事件工况确定为两种,分别为"污染位置已知"工况和"污染位置未知"工况。

"污染位置已知"工况指的是在工程的某一段发生了突发事故,且此事故位置和污染量已知,此事故有可能对河道水质造成污染。

"污染位置未知"工况指的是在工程实际运行中,出现污染事件尚未明确的情况,但此时监测断面中的水质指标出现了明显的变化,超出了工程所制定的标准。这时便需要从监测断面所反映的情况进行分析,并及时采取相应调控措施。

对于"污染位置已知"工况,制作不同调控措施在各个桩号段的污染物量阈值表。对于"污染位置未知"工况,制作不同调控措施在各检测断面的污染物浓度阈值表。

(1) 污染物量阈值

A. 流量调控污染物量阈值范围表

对于清水河段,清水河三台梯级泵站100%负荷运行工况下,对多个事故点进行突发水污染事件模拟,分析水库进水口处污染物浓度变化。若断面最大污染物浓度超过Ⅲ类水质标准,则将模拟中上游污染物排放量调小,反之则将事故点污染物排放量调大,直至断面最大浓度恰好为Ⅲ类水质标准所规定值。结合上述模拟,在此污染物量下,可通过流量调控方式使调蓄水库进水口水质达标。因此,此时事故点的污染物排放量值为流量调控阈值范围的下限值。

对于清水河段,模拟采取流量调控措施(泵站由三台机组变为一台机组运行)下,清水河段在不同桩号点发生污染泄漏,分析水库进水口处污染物浓度变化。若断面最大污染物浓度超过Ⅲ类水质标准,则将模拟中事故点污染物排放量调小,反之则将上游污染物排放量调大,直至断面污染物最大浓度恰好为Ⅲ类水质标准所规定的值。结合上述模拟,若污染物泄漏量超过此污染物量,采取流量调控方式不能使调蓄水库进水口水质达标。因此,此时不同事故点桩号的污染物排放量值为该桩号流量调控阈值范围的上限值。

汇总各个桩号的流量调控阈值范围的上限值和下限值,形成清水河段流量调控污染物量阈值范围表,如表2.42所示。若各桩号段发生的污染物的量低于表2.42所示范围阈值的下限,则不需采取调控措施,按当前流量继续正常进行输水和供水。若各桩号段发生的污染物的量在表2.42所示的范围内,采取流量调控。

由于鹿辛运河采取减小流量调控时,不能减少后陈楼调蓄水库入水口处污染物最大浓度,因此鹿辛运河不适合采取流量调控。对于鹿辛运河段,直接根据闭闸调控污染物量阈值表判断是否采取闭闸调控。

表 2.42 清水河段流量调控方式污染物量阈值范围表

桩号	污染物类型						
	铅(kg)	铬(kg)	镉(kg)	硫化物(kg)	汞(g)	可溶性铁(kg)	锰(kg)
清水河 0+300— 1+000	28～42	28～42	2.8～4.19	113～216	56～84	170～249	56～84
清水河 1+000— 2+000	27～39	27～39	2.6～3.9	107.8～156.9	54～79	162～237	53～78
清水河 2+000— 4+000	24.4～34	24.4～34	2.4～3.4	97.8～136	49～69	146～215	48～69
清水河 4+000— 6+000	22～29.8	22～29.8	2.2～3	89～118.6	44～61	131～195	44～61
清水河 6+000— 8+000	20～25.8	20～25.8	1.9～3.4	82～167.9	44.5～54.6	131～175	44～54
清水河 8+000— 10+000	18.4～22.4	18.4～22.4	1.8～2.2	76～156.9	36～49	105.9～157	36～46
清水河 10+000— 12+000	16.8～19	16.8～19	1.6～1.9	71～75.6	33～44	94.9～140	32～41
清水河 12+000— 15+300	14～15	14～15	1.4～1.6	57～65	29～34.8	78～128	27～33
清水河 15+300— 18+000	12～12.8	12～12.8	1.2～1.3	50～53	24～28	73～108	26～27.8
清水河 18+000— 20+000	11.5～12.4	11.5～12.4	1.19～1.2	46～47.5	23.2～25.3	70.5～92	23.5～25.6
清水河 20+000— 23+000	10～11	10～11	1～1.1	40～41.2	20.84～20.85	62～80	19～20.8
清水河 23+000— 26+000	—	—	—	—	—	—	—
清水河 26+000— 30+000	—	—	—	—	—	—	—
清水河 30+000— 35+000	—	—	—	—	—	—	—

续表

桩号	污染物类型							
	铅(kg)	铬(kg)	镉(kg)	硫化物(kg)	汞(g)	可溶性铁(kg)	锰(kg)
清水河 35+000— 40+000	—	—	—	—	—	—	—
清水河 40+000— 42+000	—	—	—	—	—	—	—
清水河 42+000— 44+000	—	—	—	—	—	—	—

B. 闭闸调控污染物量阈值范围表

对于清水河 0+300—清水河 23+000 桩号段,若污染物超过流量调控污染物量阈值表的上限值,采取流量调控方式不能使调蓄水库进水口水质达标,则需进行闭闸调控。此时流量调控的污染物量阈值表的上限值为闭闸调控污染物量阈值的下限值。

由于清水河 23+000—清水河 46+950 桩号段以及鹿辛运河段不适用流量调控,因此对该桩号段,若各桩号点污染物泄漏量引起下游水库进水口的污染物浓度超过Ⅲ类水标准,则需采取闭闸调控。

对于清水河 23+000—清水河 46+950 桩号段以及鹿辛运河段,在清水河三座梯级泵站 100%负荷运行且鹿辛运河的闸门全部开启的工况下,对多个事故点进行突发水污染事件模拟,分析水库进水口处污染物浓度变化,若断面最大浓度超过Ⅲ类水质标准,则将模拟中上游污染物排放量调小,反之则将上游排放量调大,直至断面最大浓度恰好为Ⅲ类水质标准所规定值。此时事故点污染物排放量为闭闸调控污染物量阈值的下限值。

汇总闭闸调控污染物量的阈值,形成闭闸调控污染物量阈值范围表,如表 2.43 和表 2.44 所示。若各桩号段发生的污染物的量在表 2.43 和表 2.44 所示的范围内,采取闭闸调控。

表 2.43 清水河闭闸调控方式各段阈值范围表

桩号	污染物类型					
	铅(kg)	铬(kg)	镉(kg)	硫化物(kg)	可溶性铁(kg)	锰(kg)
清水河 0+300—1+000	>42	>42	>4	>167	>249	>84
清水河 1+000—2+000	>39	>39	>3.9	>156	>237	>78
清水河 2+000—4+000	>34	>34	>3.4	>136	>215	>69
清水河 4+000—6+000	>29	>29	>3	>118	>195	>61
清水河 6+000—8+000	>25.8	>25.8	>2.5	>167	>175	>54

续表

桩号	污染物类型					
	铅(kg)	铬(kg)	镉(kg)	硫化物(kg)	可溶性铁(kg)	锰(kg)
清水河 8+000—10+000	>22	>22	>2.3	>156	>157	>46
清水河 10+000—12+000	>19	>19	>1.9	>75	>140	>41
清水河 12+000—15+300	>15	>15	>1.6	>57	>128	>33
清水河 15+300—18+000	>12.8	>12.8	>1.3	>53	>108	>27
清水河 18+000—20+000	>12.4	>12.4	>1.2	>47	>92	>25
清水河 20+000—23+000	>10	>10	>1	>41	>80	>20
清水河 23+000—26+000	>93	>93	>0.9	>38	>71	>18
清水河 26+000—30+000	>7	>7	>0.78	>32	>59	>16
清水河 30+000—35+000	>6	>6	>0.623	>24	>40	>12
清水河 35+000—40+000	>4.5	>4.5	>0.47	>18.5	>28	>8.5
清水河 40+000—42+000	>3.8	>3.8	>0.4	>17	>23	>7.2
清水河 42+000—44+000	>3	>3	>0.3	>12	>18	>6.2

表 2.44 鹿辛运河闭闸调控方式各段阈值范围表

桩号段	污染物类型					
	铅(kg)	铬(kg)	镉(g)	硫化物(kg)	可溶性铁(kg)	锰(kg)
鹿辛运河 0+300—1+000	>9.3	>9.3	>899	>36.3	>53	>17.6
鹿辛运河 1+000—2+000	>9	>9	>881	>35.7	>52	>17.2
鹿辛运河 2+000—3+000	>8.7	>8.7	>862	>35	>51	>16.95
鹿辛运河 3+000—4+000	>8.5	>8.5	>841	>34.3	>49	>16.5
鹿辛运河 4+000—6+000	>8.1	>8.1	>796	>32.5	>46	>15.8
鹿辛运河 6+000—8+000	>7.6	>7.6	>739	>30	>43	>14.8

续表

桩号段	污染物类型					
	铅(kg)	铬(kg)	镉(g)	硫化物(kg)	可溶性铁(kg)	锰(kg)
鹿辛运河 8+000—9+191	>7.3	>7.3	>698	>28	>41	>14
鹿辛运河 9+191—11+000	>6.6	>6.6	>622	>24	>36	>12.7
鹿辛运河 11+000—12+500	>5.8	>5.8	>545	>21	>32	>11
鹿辛运河 12+500—14+000	>4.3	>4.3	>453	>17	>26	>8.7

C. 泄水调控污染物量阈值范围表

a. 若各桩号段发生的污染物的量在表2.43、表2.44所示的范围内,且污染物难以集中处理,或者处理成本过高时,则采取泄水调控(具体需由应急小组或者专家组结合实际情况进行判断)。

b. 由于汞类污染物Ⅲ类水标准为0.0001mg/L,其处理技术比较复杂,对此类污染物,若超过流量调控范围,一律采用泄水调控。

对于清水河0+300—清水河23+000段,该段适用于流量调控,但汞类污染物不适用于闭闸调控,所以超过流量调控阈值范围直接采取泄水调控。对于清水河0+300—清水河23+000段,若汞类污染物超过流量调控污染物量阈值表的上限值,则需进行泄水调控,此时流量调控的污染物量阈值表的上限值为泄水调控污染物量阈值的下限值。

由于清水河23+000—清水河46+950段以及鹿辛运河段不适用流量调控且汞类污染物不适用于闭闸调控,因此对该桩号段,若各桩号点汞类污染物泄漏量引起下游水库进水口的汞类污染物浓度超过Ⅲ类水标准,则需采取泄水调控。

对于清水河23+000—清水河46+950段以及鹿辛运河段,在清水河三座梯级泵站100%负荷运行且鹿辛运河的闸门全部开启的工况下,对多个事故点进行汞类污染事件模拟,分析水库进水口处污染物浓度变化,若断面最大浓度超过Ⅲ类水质标准,则将模拟中事故点处汞类污染物排放量调小,反之则将事故点处汞污染物排放量调大,直至断面最大浓度恰好为Ⅲ类水质标准的规定值。此时事故点汞类污染物排放量为泄水调控污染物量的阈值的下限值。

记录各事故点处汞污染物量排放值,形成泄水调控污染物量阈值范围表,如表2.45、表2.46所示。若各桩号段发生的污染物的量在表2.44、表2.45所示的范围内,采取泄水调控。

表2.45 清水河泄水调控方式各段阈值范围表

桩号	污染物类型
	汞(g)
清水河0+300—1+000	>84

续表

桩号	污染物类型
	汞(g)
清水河 1+000—2+000	>79
清水河 2+000—4+000	>69
清水河 4+000—6+000	>61
清水河 6+000—8+000	>54
清水河 8+000—10+000	>49
清水河 10+000—12+000	>44
清水河 12+000—15+300	>34
清水河 15+300—18+000	>28
清水河 18+000—20+000	>25
清水河 20+000—23+000	>20
清水河 23+000—26+000	>18
清水河 26+000—30+000	>16
清水河 30+000—35+000	>12
清水河 35+000—40+000	>9
清水河 40+000—42+000	>8
清水河 42+000—44+000	>6

表 2.46 鹿辛运河泄水调控方式各段阈值范围表

桩号段	污染物类型
	汞(g)
鹿辛运河 0+300—1+000	>19.3
鹿辛运河 1+000—2+000	>18.0
鹿辛运河 2+000—3+000	>17.5
鹿辛运河 3+000—4+000	>16.8
鹿辛运河 4+000—6+000	>16.6
鹿辛运河 6+000—8+000	>15.0
鹿辛运河 8+000—9+191	>13.6
鹿辛运河 9+191—11+000	>11.0
鹿辛运河 11+000—12+500	>11.3
鹿辛运河 12+500—14+000	>8.5

(2) 污染物浓度阈值

在"污染位置未知"工况中,只依据各检测断面的污染物浓度选择调控技术。偏安全考虑,可假设检测断面检测到的污染物浓度为污染在发生渠段起始点经过充分扩散分解后的污染物浓度。

A. 流量调控浓度阈值表

a. 若污染事件发生在清水河闸—赵楼闸段,但不知道污染物具体位置

若安徽段来水达标,在清水河闸—赵楼闸段监测到污染物,则可知污染物发生在该段。

在清水河三座梯级泵站满负荷运行工况下,对清水河闸—赵楼闸段起始点(清水河0+300)进行突发水污染事件模拟,分析水库进水口处污染物浓度变化,若断面最大污染物浓度超过Ⅲ类水质标准,则在模拟中将上游污染物排放量调小,反之则将模拟事故点处排放量调大,直至断面最大浓度恰好为Ⅲ类水质标准规定值。此时,各风险点断面的污染物浓度值为流量调控浓度阈值的下限值。

模拟清水河采取流量调控措施(三座梯级泵站由三台机组运行变为一台机组运行)工况下,在清水河闸—赵楼闸段起始点(清水河0+300)发生污染泄漏,分析水库进水口处污染物浓度变化。若水库进水口处断面最大污染物浓度超过Ⅲ类水质标准,则将模拟事故点处污染物排放量调小,反之则将模拟事故点处排放量调大,直至断面最大浓度恰好为Ⅲ类水质标准所规定的上限值。此时,各风险点断面的污染物浓度值为流量调控浓度阈值的上限值。

汇总各个风险点断面的流量调控浓度阈值的上限值和下限值,形成流量调控污染物浓度阈值表,如表2.47所示。若相应监测站浓度低于表2.47下限值,则不采取任何措施。若相应监测站浓度处于表2.47范围内,采取流量调控。

表2.47　清水河闸—赵楼闸段流量调控各风险点断面浓度阈值表

监测点	污染物类型						
	铅 (mg/L)	铬 (mg/L)	镉 (mg/L)	硫化物 (mg/L)	汞 (mg/L)	铁 (mg/L)	锰 (mg/L)
袁桥村桥 (清水河4+100)	0.083 ~0.124	0.083 ~0.124	0.0083 ~0.0125	0.333 ~0.500	0.00016 ~0.00024	0.50 ~0.75	0.16 ~0.25
郭竹园桥 (清水河11+430)	0.06 ~0.08	0.06 ~0.08	0.006 ~0.008	0.24 ~0.33	0.00012 ~0.00017	0.36 ~0.50	0.121 ~0.168
何堂桥 (清水河17+775)	0.054 ~0.060	0.054 ~0.060	0.005 ~0.006	0.20 ~0.24	0.00010 ~0.00012	0.32 ~0.36	0.10 ~0.13
丁桥口桥 (清水河33+067)	—	—	—	—	—	—	—
石板桥 (清水河43+234)	—	—	—	—	—	—	—

b. 若污染事件发生在赵楼闸—试量闸段,但不知道污染物具体位置

若在清水河闸—赵楼闸段未监测到污染物,但在赵楼闸—试量闸段监测到污染物,则可知污染物发生在赵楼闸—试量闸段。

在清水河三座梯级泵站满负荷运行工况下,对赵楼闸—试量闸段起始点(清水河15+340)进行突发水污染事件模拟,分析水库进水口处污染物浓度变化,若断面最大污染物浓度超过Ⅲ类水质标准,则在模拟中将模拟事故点处污染物排放量调小,反之则将模拟事故点处污染物排放量调大,直至断面最大浓度恰好为Ⅲ类水质标准规定值。此时,各检测断面的污染物浓度值为流量调控浓度阈值的下限值。

2 引调水工程水资源优化调配与水环境保护关键技术与应用

模拟清水河采取流量调控措施(三座梯级泵站由三台机组运行变为一台机组运行)工况下,在赵楼闸—试量闸段起始点(清水河15+340)发生污染泄漏,分析水库进水口处污染物浓度变化。若水库进水口处断面最大浓度超过Ⅲ类水质标准,则将模拟事故点处污染物排放量调小,反之则将模拟事故点处排放量调大,直至断面最大浓度恰好为Ⅲ类水质标准所规定的上限值。此时,各检测断面的污染物浓度值为流量调控浓度阈值的上限值。

汇总各个监测断面的流量调控浓度阈值的上限值和下限值,形成流量调控污染物浓度阈值表,如表2.48所示。

若相应监测站浓度低于表2.48下限值,则不采取任何措施。若相应监测站浓度处于表2.48范围内,采取流量调控措施。对于监测点丁桥口桥(清水河33+067)、石板桥(清水河43+234),由于流量调节在清水河23+000—清水河46+950段调节作用较差,且该监测点靠近水库,若丁桥口桥(清水河33+067)、石板桥(清水河43+234)处污染浓度阈值超过Ⅲ类水标准,则需根据闭闸调控浓度阈值表判断是采取闭闸调控还是不采取措施。

表2.48 赵楼闸—试量闸段流量调控各风险点断面浓度阈值表

监测点	铅 (mg/L)	铬 (mg/L)	镉 (mg/L)	硫化物 (mg/L)	汞 (mg/L)	铁 (mg/L)	锰 (mg/L)
袁桥村桥 (清水河4+100)	—	—	—	—	—	—	—
郭竹园桥 (清水河11+430)	—	—	—	—	—	—	—
何堂桥 (清水河17+775)	0.078 ~0.084	0.078 ~0.084	0.0077 ~0.0083	0.3 ~0.33	0.00015 ~0.00017	0.46 ~0.50	0.155 ~0.167
丁桥口桥 (清水河33+067)	—	—	—	—	—	—	—
石板桥 (清水河43+234)	—	—	—	—	—	—	—

B. 闭闸调控浓度阈值表

a. 若污染事件发生在清水河闸—赵楼闸段,但不知道污染物具体位置

若袁桥村桥(清水河4+100)监测站检测到污染物浓度,且污染物浓度超过流量调控浓度阈值表2.47上限值,采取流量调控方式不能使调蓄水库进水口水质达标,需进行闭闸调控。因此,此时闭闸调控浓度阈值的下限值为流量调控浓度阈值(表2.47)的上限值。闭闸调控阈值如表2.49所示。

表2.49 清水河闸—赵楼闸段闭闸调控各风险点断面浓度阈值表

监测点	铅 (mg/L)	铬 (mg/L)	镉 (mg/L)	硫化物 (mg/L)	铁 (mg/L)	锰 (mg/L)
袁桥村桥 (清水河4+100)	>0.124	>0.124	>0.0125	>0.5	>0.75	>0.25

续表

监测点	污染物类型					
	铅 (mg/L)	铬 (mg/L)	镉 (mg/L)	硫化物 (mg/L)	铁 (mg/L)	锰 (mg/L)
郭竹园桥 (清水河 11+430)	>0.08	>0.08	>0.008	>0.33	>0.5	>0.168
何堂桥 (清水河 17+775)	—	—	—	—	—	—
丁桥口桥 (清水河 33+067)	—	—	—	—	—	—
石板桥 (清水河 43+234)	—	—	—	—	—	—

b. 若污染事件发生在赵楼闸—试量闸段,但不知道污染物具体位置

若何堂桥(清水河 17+775)监测站检测到污染物浓度超标,且污染物浓度超过流量调控浓度阈值表 2.48 上限值,采取流量调控方式不能使调蓄水库进水口水质达标,需进行闭闸调控。因此,此时闭闸调控浓度阈值的下限值为流量调控浓度阈值(表 2.48)的上限值。

若何堂桥(清水河 17+775)监测站检测不到污染物浓度,丁桥口桥(清水河 33+067)或石板桥(清水河 43+234)处检测到污染物浓度超标,则说明事故位于何堂桥(清水河 17+775)下游。从安全角度考虑,在上游泵站满负荷运行工况下,对赵楼闸—试量闸段起始点(15+340)进行突发水污染模拟,若断面最大污染物浓度超过Ⅲ类水标准,则将模拟事故点处污染物排放量调小,反之调大,直至断面最大污染物浓度为Ⅲ类水质标准所规定的上限值。此时,各风险点处的污染物浓度为闭闸调控浓度阈值的下限值,如表 2.50 所示。

表 2.50 赵楼闸—试量闸段闭闸调控各风险点断面浓度阈值表

监测点	污染物类型					
	铅 (mg/L)	铬 (mg/L)	镉 (mg/L)	硫化物 (mg/L)	铁 (mg/L)	锰 (mg/L)
袁桥村桥 (清水河 4+100)	—	—	—	—	—	—
郭竹园桥 (清水河 11+430)	—	—	—	—	—	—
何堂桥 (清水河 17+775)	>0.084	>0.084	>0.008 3	>0.33	>0.50	>0.167
丁桥口桥 (清水河 33+067)	>0.054	>0.054	>0.005 3	>0.21	>0.32	>0.110
石板桥 (清水河 43+234)	>0.05	>0.05	>0.005	>0.2	>0.3	>0.100

c. 若污染事件发生在任庄闸—白沟河倒虹吸段,但不知道污染物具体位置

鹿辛运河上游试量站三台机组运行且任庄闸闸门全部开启的情况下,对任庄闸—白

沟河倒虹吸段起始点(鹿辛运河 0+300)处进行突发水污染事件模拟,分析水库进水口处污染物浓度变化。若断面最大浓度超过Ⅲ类水质标准,则在模拟中将上游污染物排放量调小,反之则将上游污染物排放量调大,直至断面最大污染物浓度恰好为Ⅲ类水质标准所规定的上限值。此时,各风险点的污染物浓度值为闭闸调控浓度阈值的下限值,如表 2.51 所示。

表 2.51　任庄闸—白沟河倒虹吸段闭闸调控各风险点断面浓度阈值表

桩号段	污染物类型					
	铅 (mg/L)	铬 (mg/L)	镉 (mg/L)	硫化物 (mg/L)	铁 (mg/L)	锰 (mg/L)
胡庄桥 2 (鹿辛运河 1+065)	>0.216	>0.216	>0.0217	>0.87	>1.3	>0.43
连堂桥 (鹿辛运河 5+076)	>0.101	>0.101	>0.0102	>0.4	>0.61	>0.2
小李庄桥 (鹿辛运河 7+805)	>0.083	>0.083	>0.0083	>0.32	>0.58	>0.16
赵西村桥 (鹿辛运河 8+943)	>0.075	>0.075	>0.0074	>0.30	>0.45	>0.15
王小庄桥 (鹿辛运河 12+393)	>0.06	>0.06	>0.006	>0.24	>0.36	>0.12
后陈楼闸 (鹿辛运河 14+800)	>0.05	>0.05	>0.005	>0.2	>0.0001	>0.3
陈楼村桥 (鹿辛运河 15+790)	>0.05	>0.05	>0.005	>0.2	>0.3	>0.1

d. 若污染事件发生白沟河倒虹吸—后陈楼节制闸段,但不知道污染物具体位置

鹿辛运河上游试量站三台机组运行且任庄闸闸门全部开启的情况下,对白沟河倒虹吸—后陈楼节制闸段起始点(鹿辛运河 9+230)进行突发水污染事件模拟,分析水库进水口处污染物浓度变化。若断面最大浓度超过Ⅲ类水质标准,则在模拟中将上游污染物排放量调小,反之则将上游排放量调大,直至断面最大浓度恰好为Ⅲ类水质标准所规定的上限值。此时,各风险点的污染物浓度值为闭闸调控浓度阈值的下限值,如表 2.52 所示。

表 2.52　白沟河倒虹吸—后陈楼节制闸段闭闸调控各风险点断面浓度阈值表

桩号段	污染物类型					
	铅 (mg/L)	铬 (mg/L)	镉 (mg/L)	硫化物 (mg/L)	铁 (mg/L)	锰 (mg/L)
胡庄桥 2 (鹿辛运河 1+065)	—	—	—	—	—	—
连堂桥 (鹿辛运河 5+076)	—	—	—	—	—	—
小李庄桥 (鹿辛运河 7+805)	—	—	—	—	—	—

续表

桩号段	污染物类型					
	铅 (mg/L)	铬 (mg/L)	镉 (mg/L)	硫化物 (mg/L)	铁 (mg/L)	锰 (mg/L)
赵西村桥 (鹿辛运河 8+943)	—	—	—	—	—	—
王小庄桥 (鹿辛运河 12+393)	>0.07	>0.07	>0.007	>0.28	>0.4	>0.13
后陈楼闸 (鹿辛运河 14+800)	>0.05	>0.05	>0.005	>0.2	>0.3	>0.1
陈楼村桥 (鹿辛运河 15+790)	>0.05	>0.05	>0.005	>0.2	>0.3	>0.1

C. 泄水调控浓度阈值表

a. 若各桩号段发生的污染物的浓度在如表 2.49 至表 2.52 所示的范围内,且污染物难以集中处理,或者处理成本过高时,则采取泄水调控(具体需由应急小组或者专家组结合实际情况进行判断)。

b. 由于汞类污染物Ⅲ类水标准为 0.000 1 mg/L,其处理技术比较复杂,对此类污染物,若超过流量调控范围,一律采用泄水调控。

(a) 若汞类污染事件发生在清水河闸—赵楼闸段,但不知道污染物具体位置

若袁桥村桥(清水河 4+100)监测站监测到汞类污染物,且污染物浓度超过流量调控浓度阈值表 2.47 上限值,则需进行泄水调控,此时泄水调控浓度阈值为流量调控浓度阈值(表 2.47)的上限值,泄水调控阈值如表 2.53 所示。

表 2.53　清水河闸—赵楼闸段泄水调控各风险点断面浓度阈值表

监测点	污染物类型
	汞(mg/L)
袁桥村桥(清水河 4+100)	>0.000 24
郭竹园桥(清水河 11+430)	>0.000 17
何堂桥(清水河 17+775)	—
丁桥口桥(清水河 33+067)	—
石板桥(清水河 43+234)	—

(b) 若污染事件发生在赵楼闸—试量闸段,但不知道污染物具体位置

若何堂桥(清水河 17+775)监测站检测到汞类污染物浓度超标,且污染物浓度超过流量调控浓度阈值表 2.48 上限值,则需进行泄水调控,此时泄水调控浓度阈值为流量调控浓度阈值(表 2.48)的上限值。

若何堂桥(清水河 17+775)监测站检测不到污染物,丁桥口桥(清水河 33+067)或石板桥(清水河 43+234)处检测站检测到汞类污染物浓度超标,则说明事故位于何堂桥(清水河 17+775)下游。出于安全角度考虑,对赵楼闸—试量闸段起始点(清水河 15+340)进行突发水污染事件模拟,分析水库进水口处污染物浓度变化,若断面最大浓度超过Ⅲ类

水质标准,则将事故模拟点处污染物排放量调小,反之则将事故模拟点处污染物排放量调大,直至断面最大浓度恰好为Ⅲ类水质标准所规定的上限值。此时,各风险点的浓度值为泄水调控浓度阈值的下限值,如表 2.54 所示。

表 2.54　赵楼闸-试量闸段泄水调控各风险点断面浓度阈值表

监测点	污染物类型
	汞(mg/L)
袁桥村桥(清水河 4+100)	—
郭竹园桥(清水河 11+430)	—
何堂桥(清水河 17+775)	>0.000 17
丁桥口桥(清水河 33+067)	>0.000 11
石板桥(清水河 43+234)	>0.000 1

(c) 若污染事件发生在任庄闸—白沟河倒虹吸段,但不知道污染物具体位置

鹿辛运河上游试量站三台机组运行且任庄闸闸门全部开启的情况下,对任庄闸—白沟河倒虹吸段起始点(鹿辛运河 0+300)处进行突发水污染事件模拟,分析水库进水口处污染物浓度变化。若断面最大浓度超过Ⅲ类水质标准,则在模拟中将上游污染物排放量调小,反之则将上游污染物排放量调大,直至断面最大浓度恰好为Ⅲ类水质标准所规定的上限值。此时,各风险点的浓度值为泄水调控浓度阈值的下限值。如表 2.55 所示。

表 2.55　任庄闸—白沟河倒虹吸段泄水调控各风险点断面浓度阈值表

桩号段	污染物类型
	汞(mg/L)
胡庄桥 2(鹿辛运河 1+065)	>0.000 49
连堂桥(鹿辛运河 5+076)	>0.000 23
小李庄桥(鹿辛运河 7+805)	>0.000 18
赵西村桥(鹿辛运河 8+943)	>0.000 17
王小庄桥(鹿辛运河 12+393)	>0.000 14
后陈楼闸(鹿辛运河 14+800)	>0.000 10
陈楼村桥(鹿辛运河 15+790)	>0.000 10

(d) 若污染事件发生白沟河倒虹吸—后陈楼节制闸段,但不知道污染物具体位置

鹿辛运河上游试量站三台机组运行且任庄闸闸门全部开启的情况下,对白沟河倒虹吸—后陈楼节制闸段起始点(鹿辛运河 9+230)进行突发水污染事件模拟,分析水库进水口处污染物浓度变化。若断面最大污染物浓度超过Ⅲ类水质标准,则在模拟中将上游污染物排放量调小,反之则将上游污染物排放量调大,直至断面最大浓度恰好为Ⅲ类水质标准所规定的上限值。此时,各风险点的浓度值为泄水调控浓度阈值的下限值,如表 2.56 所示。

表 2.56 白沟河倒虹吸—后陈楼节制闸段泄水调控各风险点断面浓度阈值表

桩号段	污染物类型 汞(mg/L)
胡庄桥 2(鹿辛运河 1+065)	—
连堂桥(鹿辛运河 5+076)	—
小李庄桥(鹿辛运河 7+805)	—
赵西村桥(鹿辛运河 8+943)	—
王小庄桥(鹿辛运河 12+393)	>0.000 13
后陈楼闸(鹿辛运河 14+800)	>0.000 10
陈楼村桥(鹿辛运河 15+790)	>0.000 10

2.5.3 水质预警与标准体系构建

2.5.3.1 突发水污染事件等级划分标准

参考《突发环境事件分级标准》，将突发水污染事件分为四个等级，分别为特别重大（Ⅰ级）突发污染事件、重大（Ⅱ级）突发污染事件、较大（Ⅲ级）突发污染事件、一般（Ⅳ级）突发污染事件。

突发水污染事件等级需要根据污染物类型、水质污染等级、污染发生位置三项评价指标综合分析确定。以相关行业标准为依据，结合已有研究，对各评价指标进行等级划分。

1) 水质监测指标选取

结合前文，选取铅、铬、镉、汞、石油类、铁、锰、硫化物作为水质指标，将其分为三种污染类型，分别为重金属污染物、油类污染物、常规污染物。根据各污染物类型的危害，确定污染物类型等级。

(1) 重金属污染物

根据《地表水环境质量标准》(GB 3838—2002)，结合实地调研情况，选取铅、铬、镉、汞四种污染物作为重金属污染物指标。铅、铬、镉、汞等重金属元素是剧毒物质，会对水生动物、水生植物以及人体造成严重危害。

不同重金属污染物在水体存在不同程度的积累，最终造成不同程度的危害，所选取的各类重金属污染物具体危害如下：水体中的铅通过饮用水、食物等途径进入人体，可能会造成人体出现失眠、贫血和免疫力低下等症状，铅还会对多种细胞器（如叶绿体、线粒体和细胞核等）产生毒害作用，降低发芽率和发芽指数；在铬化合物中，六价铬毒性最强，三价铬次之，二价铬以及单质铬毒性很小或无毒，三价铬和六价铬对人体健康都有害；镉在水体中会被植物吸收，影响植物的正常生长，并随着食物链转移到人体；汞具有很强的毒性。

从《地表水环境质量标准》(GB 3838—2002)中关于铅、铬、镉、汞的标准限制可以看出，极其少量的重金属污染物也会对水质造成极大影响。《地表水环境质量标准》(GB 3838—2002)中铅、铬、镉、汞的标准如表 2.57 所示。

表 2.57 《地表水环境质量标准》(GB 3838—2002)——重金属污染物　　单位:mg/L

	Ⅰ类	Ⅱ类	Ⅲ类	Ⅳ类	Ⅴ类
铅	≤0.01	≤0.01	≤0.05	≤0.05	≤0.1
铬(六价)	≤0.01	≤0.05	≤0.05	≤0.05	≤0.1
镉	≤0.001	≤0.005	≤0.005	≤0.005	≤0.01
汞	≤0.00005	≤0.00005	≤0.0001	≤0.001	≤0.001

（2）油类污染物

油类物质由上千种化学性质不同的物质组成,主要包括饱和烃、芳香烃类化合物,沥青质,树脂类等,是非常复杂的有机有毒碳氢化合物。《地表水环境质量标准》(GB 3838—2002)中油类标准如表 2.58 所示。

表 2.58 《地表水环境质量标准》(GB 3838—2002)——油类污染物　　单位:mg/L

	Ⅰ类	Ⅱ类	Ⅲ类	Ⅳ类	Ⅴ类
石油类	≤0.05	≤0.05	≤0.05	≤0.5	≤1.0

（3）常规污染物

根据应急事件水质-水量联合调度研究,选取铁、锰、硫化物三种污染物作为常规污染物指标。微量的常规污染物不会危害到水体和人体健康,甚至微量的铁、锰还有益于人体健康。但一旦常规污染物超出规定阈值,也会对水体和人体健康造成极大的伤害。

过量的铁、锰会危害人体器官、损害神经系统、影响骨骼发育、引起消化系统紊乱等。

过量的铁、锰不仅给人体健康带来危害,还会对工业生产造成不利影响,具体表现如表 2.59 所示。

表 2.59　铁、锰对工业生产影响的具体表现

影响	具体表现
影响食品用品的质量	器皿发黄、影响产品的味道
腐蚀工业设备	影响传热效果、降低传导效率、腐蚀设备
影响工作效率	腐蚀输水管道,影响供水水质

硫化物是水体污染的一项重要指标。过量的硫化物进入水体后,会对人体健康和环境造成极大危害。根据 2.5.2 节可知,常规污染物随水体运动浓度有明显的减少的规律,易于降解,便于处理。因此常规污染物危害严重程度低于重金属污染物和油类污染物。

所选取的常规污染物指标标准在《地表水环境质量标准》(GB 3838—2002)中有明确规定,如表 2.60 所示。

表 2.60 《地表水环境质量标准》(GB 3838—2002)——常规污染物　　单位:mg/L

项目	标准值
铁	0.3
硫化物	0.2

续表

项目	标准值
锰	0.1

综上所述,污染物类型按污染严重程度从高到低依次为:重金属污染物、油类污染物、常规污染物。根据污染物类型危害严重程度进行等级划分,如表 2.61 所示。

表 2.61 污染物类型等级划分

污染物类型	等级
重金属污染物	Ⅰ级
油类污染物	Ⅱ级
常规污染物	Ⅲ级

2) 水质污染等级划分标准

突发水污染事件有"污染位置已知"和"污染位置未知"两种工况。对"污染位置已知"工况制定污染量等级标准表,对"污染位置未知"工况制定污染浓度等级标准表。

(1)"污染位置已知"工况污染量等级标准

在"污染位置已知"这一工况下,已经明确了污染的具体位置、污染物的种类以及其具体污染量。基于风险点,可以将涉及的两条河道划分为多个不同的河道段。每段遵循该段的污染量等级标准表。

根据 2.5.2 节中模拟得出的污染量削减规律,并结合《地表水环境质量标准》(GB 3838—2002),为各个河道段制定相应的污染量阈值表,以便对突发水污染事件分级。污染量等级标准表见附表 B。

(2)"污染位置未知"工况污染浓度等级标准

在"污染位置未知"工况中,此时无法得知污染事件发生的具体位置和污染量,只能根据河道段中的监测设备测值得出污染浓度。偏安全考虑,可假设检测断面检测的污染物浓度为发生在该渠段起始点污染经过充分扩散分解后的污染物浓度。根据《地表水环境质量标准》(GB 3838—2002)中关于污染指标的规定,结合 2.5.2 节中的模拟结果,针对每一监测断面确定出各污染指标的污染浓度等级标准表,见附表 C。

3) 污染发生位置等级划分标准

突发水污染事件发生位置不同,相应的处理难度不同。若突发水污染事件发生位置距离将要输往的调蓄水库较远,此时给出的响应时间充足,可采用的调控方式较多;若突发水污染事件发生位置距离水库较近,需要迅速进行响应并对突发水污染事件进行处理,以防止污染物进入水库,此时给出的响应时间短,情况较紧急。因此按污染发生位置与水库距离进行分级。污染发生位置与水库距离计算如式(2.50)所示。

$$d = a - b \tag{2.50}$$

式中,a 为污染所在河道末端调蓄水库桩号;b 为污染发生位置桩号。

"污染发生位置"评价指标主要用于衡量污染处理难度,而污染处理措施以启闭工程内闸泵和倒虹吸为主,因此将输水河道中闸泵和倒虹吸作为该指标等级划分依据。

（1）鹿辛运河

鹿辛运河输水长度为 16.26 km，相比清水河较短，因此污染发生位置等级较高。以白沟河倒虹吸为分界，分为任庄闸—白沟河倒虹吸段和白沟河倒虹吸段—后陈楼节制闸段。根据式(2.50)计算出白沟河倒虹吸距离后陈楼调蓄水库距离为 7 km，将污染发生位置 I 级标准定为 0~7 km，为便于工程使用，II 级标准取整定为 7(不含)~17 km。

（2）清水河

清水河输水长度为 47 km，根据节制闸分布，可将清水河分为清水河闸—赵楼闸段和赵楼闸—试量闸段两段。由于污染物处理需要依靠闸泵来调度，因此根据节制闸位置制定污染发生位置等级标准，根据式(2.50)计算出赵楼闸到试量调蓄水库距离为 32 km，清水河节制闸到试量调蓄水库距离为 47 km。若污染物发生于 17(不含)~32 km 处，预留响应时间较长，可定为污染发生位置 III 级标准。IV 级标准定为 32(不含)~47 km。

依据各河道段分段情况，制定出污染发生位置等级标准，分级标准如表 2.62 所示。

表 2.62　污染发生位置等级标准

污染发生位置与水库距离 d (km)	等级
$0<d\leqslant 7$	I 级
$7<d\leqslant 17$	II 级
$17<d\leqslant 32$	III 级
$32<d\leqslant 47$	IV 级

4）突发水污染事件综合评价

（1）评价指标权重计算

运用层次分析法（AHP）确定污染物类型、水质污染等级、污染发生位置三项评价指标权重。

A. 构建判断矩阵

对每个评价指标的重要性进行两两比较，构建判断矩阵，以体现各评价指标对突发水污染事件等级评价的影响程度。例如：各评价指标 $C_1, C_2, \cdots, C_n$ 对于评价目标 A 的相对重要性，通过两两比较得到，判断矩阵如式(2.51)所示。

$$A = \begin{bmatrix} a_{11} & a_{12} & \cdots & a_{1n} \\ a_{21} & a_{22} & \cdots & a_{21} \\ \cdots & \cdots & \cdots & \cdots \\ a_{n1} & a_{n2} & \cdots & a_{nn} \end{bmatrix} \quad (2.51)$$

式中，$a_{ij}(i=1,2,\cdots,n)$ 为评价指标 C_i 相对于 C_j 的重要性，取值参考如表 2.63 所示。其中 $a_{ij}>0$，且 $a_{ij}=1/a_{ji}$。

表 2.63　a_{ij} 取值表

a_{ij}	含义
1	第 i 个元素与第 j 个元素相比同等重要

续表

a_{ij}	含义
3	第 i 个元素与第 j 个元素相比前者稍微重要
5	第 i 个元素与第 j 个元素相比前者重要
7	第 i 个元素与第 j 个元素相比前者强烈重要
9	第 i 个元素与第 j 个元素相比前者极其重要
2、4、6、8	第 i 个元素与第 j 个元素相比的重要性介于上述数值中间

对污染物类型、水质污染等级、污染发生位置三项评价指标进行两两比较。

a. 对比污染物类型和水质污染等级

当突发水污染事件水质污染等级较高时，若其污染物类型为常规污染物，则调控难度较低，突发水污染事件预警等级小于等于水质污染等级；当突发水污染事件水质污染等级较低时，若其污染物类型为重金属污染物，则调控难度大，后果危害大，需要给出较高的预警等级，突发水污染事件预警等级大于等于水质污染等级。因此污染物类型与水质污染等级相比，污染物类型更重要，由于水质污染等级划分标准也考虑到了污染物类型，因此污染物类型评价指标与水质污染等级评价指标相比，重要性介于同等重要与稍微重要之间。

b. 对比污染物类型和污染发生位置

当突发水污染事件污染物类型为重金属污染物时，若其发生位置距将要进入的调蓄水库较远，则有较为充足的时间对其进行处理，供选择的调控方式较多，突发水污染事件预警等级小于等于水质污染等级；当突发水污染事件污染物类型为常规污染物时，若其发生位置距与要进入的调蓄水库较近，则处理时间不充足，较难采用流量调控的方式进行处理，处理难度较大，将会面临着污染物进入水库的风险，依然需要给出较高的预警等级，突发水污染事件预警等级大于等于水质污染等级。因此污染物类型与污染发生位置相比，污染发生位置稍微重要。

c. 对比水质污染等级和污染发生位置

当突发水污染事件水质污染等级较高时，若其发生位置与将要进入的调蓄水库距离较远，则有较为充足的时间对其进行处理，突发水污染事件预警等级小于等于水质污染等级；当突发水污染事件水质污染等级较低时，若其发生位置与将要进入的调蓄水库较近，则处理时间不充足，将会面临着污染物进入水库的风险，依然需要给出较高的预警等级，突发水污染事件预警等级大于等于水质污染等级。因此污染发生位置与水质污染等级相比，污染发生位置稍微重要。

根据以上分析，构建判断矩阵，如表 2.64 所示。

表 2.64 判断矩阵

评价指标	污染物类型	水质污染等级	污染发生位置
污染物类型	1	2	$\dfrac{1}{3}$

续表

评价指标	污染物类型	水质污染等级	污染发生位置
水质污染等级	$\dfrac{1}{2}$	1	$\dfrac{1}{3}$
污染发生位置	3	3	1

B. 一致性检验

由于客观事物的复杂性和认识的片面性,所构造的判断矩阵可能存在不满足一致性要求的情况。例如:3 个评价指标 C_1、C_2、C_3 进行两两比较,由 C_1 与 C_2 比较得 a_{12},由 C_2 和 C_3 比较得 a_{23},由 C_1 和 C_3 比较得 a_{13},但可能出现 $a_{12} a_{23} \neq a_{13}$。因此,需要对构建的判断矩阵 A 进行一致性检验。

首先,计算判断矩阵一致性比例 CR,如式(2.52)和式(2.53)所示。

$$CI = \frac{\lambda_{\max} - n}{n - 1} \tag{2.52}$$

$$CR = \frac{CI}{RI} \tag{2.53}$$

式中,CI 为一致性指标;CR 为一致性比例;RI 为随机一致性指标,取值如表 2.65 所示。

表 2.65　AHP 平均随机一致性指标值

阶数	1	2	3	4	5	6	7	8	9
RI	0	0	0.58	0.9	1.12	1.24	1.32	1.41	1.46

当判断矩阵 A 阶数 <3 时,一致性必定满足无需检验;矩阵的阶数 $\geqslant 3$ 时,若 $CR \leqslant 0.1$,说明矩阵一致性较好,若 $CR > 0.1$ 说明矩阵一致性较差,需要再次评判指标重要性,直至 $CR \leqslant 0.1$。

根据式(2.52)、式(2.53)、表 2.65,可计算出表 2.64 的判断矩阵一致性比例为 0.051,$\leqslant 0.1$。

C. 权重值计算

计算矩阵 A 的最大特征值 $\lambda_{\max}$,再根据特征方程 $Aw = \lambda_{\max} w$ 计算对应的特征向量 w,将特征向量 w 进行归一化处理后,即为各评价指标相对于评价目标的权重,如式(2.54)所示。

$$w = (w_1, w_2, \cdots, w_n) = \left(\frac{b_i}{\sum_{i=1}^{n} b_i}\right) (i = 1, 2, \cdots, n) \tag{2.54}$$

式中,w_i 为权重值;b_i 为特征向量 w 对应的特征值元素。

按照上述层次分析法计算过程,得到各指标权重,如表 2.66 所示。

表 2.66　各评价指标权重值

目标	评价指标	指标权重(w_i)
突发水污染事件等级	污染物类型	0.25
	水质污染等级	0.17
	污染发生位置	0.58

(2) 突发水污染事件等级综合评价

A. 评价指标评分

根据表 2.61 确定污染物类型等级；根据附表 B、附表 C 确定水质污染等级；根据表 2.62 确定污染发生位置等级。根据各评价指标等级，给出相应等级的分值，各等级指标分值如表 2.67 所示。

表 2.67　各评价指标分值

评价指标等级	指标分值(I)
Ⅰ级	100
Ⅱ级	75
Ⅲ级	50
Ⅳ级	25

B. 突发水污染事件风险值计算

突发水污染事件等级综合评价计算如式(2.55)所示。

$$R = \sum_{i=1}^{n}(w_i \times I_i) \tag{2.55}$$

式中，w_i 为各指标权重；I_i 为各评价指标分值。

根据式(2.55)计算风险值 R，根据计算出的风险值 R 参照表 2.68 确定突发水污染事件的风险等级。

表 2.68　突发水污染事件等级划分

风险值 R	等级
(75,100]	特别重大(Ⅰ级)突发污染事件
(50,75]	重大(Ⅱ级)突发污染事件
(25,50]	较大(Ⅲ级)突发污染事件
[0,25]	一般(Ⅳ级)突发污染事件

各等级突发水污染事件具体表征如下。

a. 特别重大(Ⅰ级)突发污染事件

因对突发污染事件调控，导致全线停止输水；

急性中毒等危险程度高的污染物进入或可能进入输水河道；

因突发污染事件导致一定范围水质污染量或水质污染浓度极高；

突发水污染事件发生位置距调蓄水库极近。

b. 重大（Ⅱ级）突发污染事件

因对突发污染事件调控，导致损失大量水体；

慢性中毒等危险程度中等的污染物大量进入或可能大量进入输水河道；

因突发污染事件导致一定范围水质污染量或水质污染浓度较高；

突发水污染事件发生位置距调蓄水库较近。

c. 较大（Ⅲ级）突发污染事件

因对突发污染事件调控，导致损失较多水体；

危险程度较低的一般污染物大量进入或可能大量进入输水河道；

因突发污染事件导致一定范围水质污染量或水质污染浓度略高；

突发水污染事件发生位置距调蓄水库略远。

d. 一般（Ⅳ级）突发污染事件

对突发污染事件调控不会导致损失水体；

危险程度较低的一般污染物少量进入或可能少量进入输水河道；

因突发污染事件导致一定范围水质污染量或水质污染浓度略低；

突发水污染事件发生位置距调蓄水库较远。

C. 突发水污染事件等级确定

列举出三项评价指标等级所有组合情况（共计36个），如表2.69所示。其中当突发水污染事件污染物类型为油类污染物时，事件等级取决于污染发生位置，为保守起见，污染物类型为Ⅱ级（油类污染物）时，水质污染等级默认为Ⅱ级。

表2.69 评价指标等级组合情况

序号	水质污染等级	污染物类型	污染发生位置
1	Ⅰ	Ⅰ	Ⅰ
2	Ⅰ	Ⅰ	Ⅱ
3	Ⅰ	Ⅰ	Ⅲ
4	Ⅰ	Ⅰ	Ⅳ
5	Ⅱ	Ⅰ	Ⅰ
6	Ⅱ	Ⅰ	Ⅱ
7	Ⅱ	Ⅰ	Ⅲ
8	Ⅱ	Ⅰ	Ⅳ
9	Ⅲ	Ⅰ	Ⅰ
10	Ⅲ	Ⅰ	Ⅱ
11	Ⅲ	Ⅰ	Ⅲ
12	Ⅲ	Ⅰ	Ⅳ
13	Ⅳ	Ⅰ	Ⅰ
14	Ⅳ	Ⅰ	Ⅱ
15	Ⅳ	Ⅰ	Ⅲ
16	Ⅳ	Ⅰ	Ⅳ

续表

序号	水质污染等级	污染物类型	污染发生位置
17	II	II	I
18	II	II	II
19	II	II	III
20	II	II	IV
21	I	III	I
22	I	III	II
23	I	III	III
24	I	III	IV
25	II	III	I
26	II	III	II
27	II	III	III
28	II	III	IV
29	III	III	I
30	III	III	II
31	III	III	III
32	III	III	IV
33	IV	III	I
34	IV	III	II
35	IV	III	III
36	IV	III	IV

结合表 2.66 和表 2.67 确定指标权重和分值，根据式（2.55）计算得出突发水污染事件风险值 R，根据计算得出的风险值 R 参考表 2.68 可确定突发水污染事件等级。为便于工程使用，计算出表 2.69 中所列举的 36 种情况的突发水污染事件风险值，并参考表 2.68 确定突发水污染事件等级，突发水污染事件等级标准表见附表 D。

2.5.3.2 突发水污染事件应急预警

突发水污染事件分为四个等级，分别为特别重大（I 级）突发污染事件、重大（II 级）突发污染事件、较大（III 级）突发污染事件、一般（IV 级）突发污染事件，每个等级对应相应颜色的预警信号。

各等级预警信号如表 2.70 所示。

表 2.70 预警信号

突发水污染事件等级	预警信号
特别重大（I 级）突发污染事件	红
重大（II 级）突发污染事件	橙

续表

突发水污染事件等级	预警信号
较大（Ⅲ级）突发污染事件	黄
一般（Ⅳ级）突发污染事件	蓝

1) 应急监测

(1) 应急监测要求

应急监测应按照现场应急指挥部或其他命令，根据现场实际情况制定监测方案，对可能被污染的空气、水体和土壤等开展应急监测和动态监控，协助提供污染物的扩散速度和事件发生地的气象数据，及时报告监测数据变化情况，为应急处置方案的制定提供决策依据和技术支持。

(2) 应急监测流程

响应流程主要包括：启动响应、指挥协调、装备准备、现场监测、数据分析、信息报告、应急终止、后续监测、资料归档等。

(3) 应急监测布点要求

监测断面设置分为4类：背景断面、对照断面、控制断面和削减断面。背景断面设在尚未受到事件影响的河段。对照断面设在事发地输水起始方向上。控制断面设在可能受事件影响的河段。削减断面一般设在加药处置或污水与清水混合输水后方1 km处。对于水溶性污染物，河道水深大于5 m的，可考虑布设垂向监测点位；对于采取投撒药剂、吸附等处理措施沉降污染物的情况，可考虑布设底泥监测点位。

2) 信息收集

信息来源主要包括以下5个方面。

(1) 通过在线监测（常规和预警监测断面）和移动水质监测车等日常监管渠道获取水质异常信息，也可以通过水文气象、地质灾害、污染源排放等信息开展水质预测预警，获取水质异常信息。

(2) 市生态环境局通过电话、网络等途径获取突发污染事件信息；市公安局、市交通运输局通过交通事故报警获取交通运输事故信息。

(3) 周口市人民政府不同部门之间、鹿邑县政府之间建立信息收集与共享渠道，获取突发污染事件信息。

(4) 河南省人民政府或省生态环境厅等省直部门通过自动监控或通过掌握的污染事件信息，通知周口市人民政府或周口市生态环境局等对口部门。

(5) 跨界行政区域境内发生突发污染事件，污染较为严重，可能会导致水体污染的情况，采用预警通报。

3) 信息报告和处理

(1) Ⅰ级、Ⅱ级事件

要求在发现事件后立即上报应急领导小组；应急领导小组接到报告后，应当在事件发现后2小时内报告河南省水利厅和河南省人民政府。

(2) Ⅲ级事件

要求在发现事件后立即上报应急领导小组；应急领导小组接到报告后，应当在事件发现后2小时内报告河南省水利厅。

(3) Ⅳ级事件

要求在发现事件后立即上报应急领导小组；必要时，应急领导小组上报河南省水利厅。

报告内容为：突发污染事件的发生时间、地点、信息来源、事件起因和性质、基本过程、主要污染物和数量、监测结果、人员伤亡情况、输水河道受影响情况、事件发展趋势、处置情况、拟采取的措施以及下一步工作建议等初步情况。

紧急情况下，事故报告单位可越级上报。

报告分事件发生报告、事件处理报告和事件处理结果报告三种，可采用直接报告、电话及正式书面报告等形式。

4) 分级响应

(1) Ⅰ级事件—Ⅲ级事件响应

A. 应急领导小组下达启动应急预案的命令。

B. 受应急领导小组任命的现场应急指挥部的总指挥第一时间到达现场，组织开展应急响应工作。

C. 通知现场应急指挥部中的有关单位和人员做好应急准备，进入待命状态，必要时到达现场开展相关工作。

D. 通知水源地对应的供水单位进入待命状态，做好停止取水、深度处理、低压供水或启动备用水源等准备。

E. 加强信息监控，核实突发污染事件污染来源、进入水体的污染物种类和总量、污染扩散范围等信息。

F. 开展应急监测或做好应急监测准备。

G. 做好事件信息上报和通报。

H. 调集所需应急物资和设备，做好应急保障。

I. 在危险区域设置提示或警告标志。

J. 必要时，及时通过媒体向公众发布信息。

K. 加强舆情监测、引导和应对工作。

(2) Ⅳ级事件响应

A. 加强信息监控，收集事件信息。

B. 指示相关职能部门加强监测、调查。

C. 密切关注事态的发展，及时研判事故的级别。

D. 加强舆情监测、引导和应对工作。

5) 保障方案

(1) 物资保障。防护物品包括防护口罩、护目镜、防护服、防护鞋、药品、手电筒等，为应急必备物资。按照职责分工，做好防护物品的储备、调拨和紧急配送工作，保障突发水污染事件应急监测工作需要。

（2）设备保障。①制定仪器设备的日常管理和维护计划。②监测物资储备还包括电脑、试剂、器皿等，应根据工作需要及时提出仪器、配件、耗材的采购需求，并定期清查、更换。③储备应急监测时需要的标准、方法、设备作业指导书。

（3）加强预警监测。加强清水河和鹿辛运河监测断面水质在线监测、预警监测手段，确保第一时间获取水质异常信息。

（4）培训、演练和经费保障。常态化组织、参与应急监测培训和演练。

3 引调水工程河道穿越施工关键技术与应用

3.1 导流明渠设计与施工技术

3.1.1 导流明渠设计

本工程输水河道及主要建筑物级别为 2 级,按照《水利水电工程等级划分及洪水标准》(SL 252—2017)的规定,根据其保护对象、失事后果、使用年限,惠济河导流建筑物按 4 级建筑物标准设计。

根据《水利水电工程施工导流设计规范》(SL 623—2013)及《水利水电工程施工组织设计规范》(SL 303—2017)的规定及风浪影响,施工期设计洪水按非汛期(11—次年 4 月)十年一遇流量 137.8 m^3/s 计算。导流明渠进口渠底高程 34 m,纵向坡比 1/1 000,出口渠底高程 33.54 m,渠底宽 8 m,最大开挖深度约 10 m,最小开挖深度约 6 m,开挖深度超过 6 m 设马道,马道宽度 1.5 m,沙壤土层边坡坡比 1:1.5,重粉质壤土层边坡坡比 1:1,马道以下采用土工膜全断面防护,进口段 10 m 范围内土工膜上部采用编织袋装土压重防护措施。导流明渠开口两侧留 1 m 平台,平台外修筑高 1 m、顶宽 1 m、边坡 1:1 的挡水堤,北侧土埂外修筑 5 m 宽便道。导流明渠拟定典型横断面如图 3.1 至图 3.4 所示。

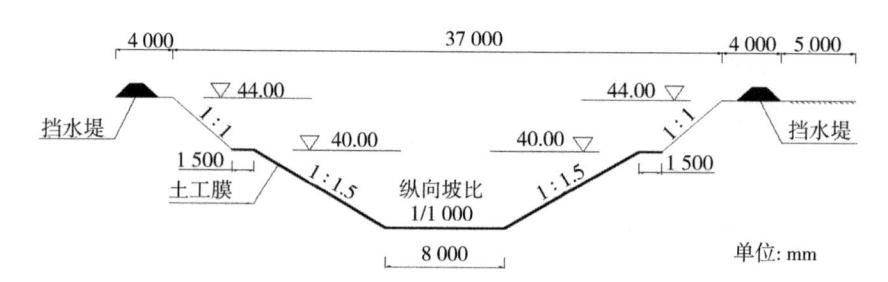

图 3.1 导流明渠拟定典型横断面一

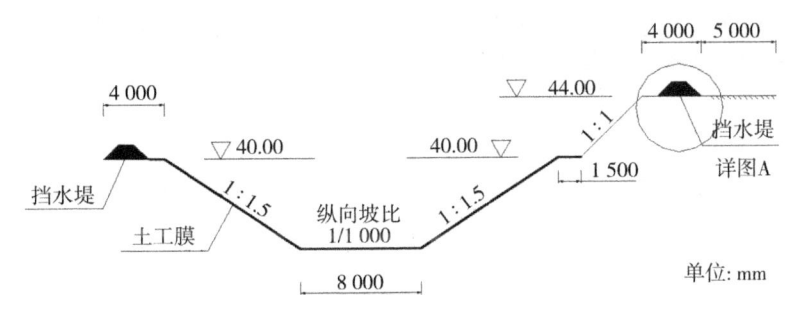

图 3.2 导流明渠拟定典型横断面二

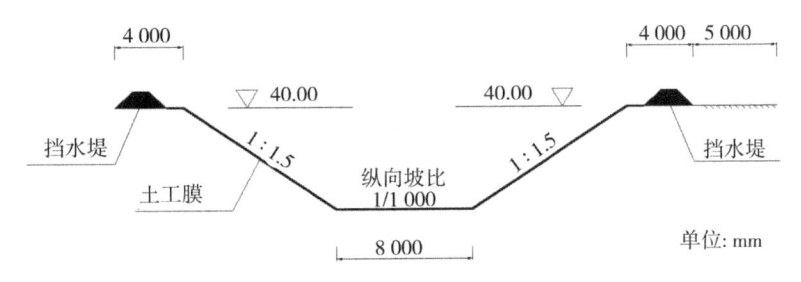

图 3.3 导流明渠拟定典型横断面三

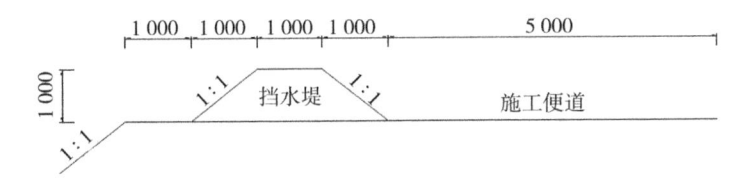

图 3.4 挡水堤详图 A

3.1.2 导流明渠施工

根据导流明渠设计,导流明渠一部分位于滩地(高程 40.0 m),一部分位于滩地上方田地内(高程 44.0 m),两者高差约 4 m。导流明渠开挖前在南侧设置降水井,距离导流明渠开口线 1 m,降水井内径 50 cm,井深 25 m,降水井间距为:惠济河主河槽开挖范围与导流明渠交界处 10 眼降水井间距 10 m,其余部位降水井间距 15 m,根据现场实际放线。导流明渠施工共布局 30 眼降水井,单侧布置,待降水井施工完成,降水 7~10 天后进行下部土方开挖。

导流明渠开挖采用分层开挖,首先对田地内表土进行剥离,剥离厚度 0.5 m,采用 1 m³ 挖掘机开挖,15 t 自卸汽车运输至堆土区,单独堆放,便于后期复耕使用;导流明渠共分 3 层进行开挖,第一层开挖滩地以上(高程 40.0~44.0 m)土方,从惠济河上游至下游方向进行开挖,一次开挖完成;第二层开挖高程 40.0~37.0 m 之间土方,开挖深度 3 m;第三层开挖 37.0 m 以下土方,一次开挖至导流明渠设计底高程。

为保证导流明渠进口免受水流冲刷破坏,在进口段开挖矩形槽浇筑混凝土压重,矩形槽深0.8 m,宽1.0 m,长度为马道以下全断面(图3.5、图3.6)。

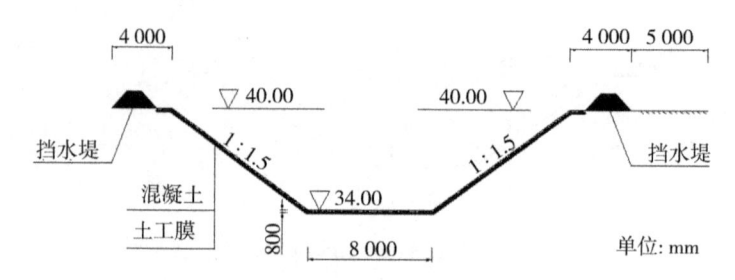

图3.5 导流明渠进口混凝土压重横断面图

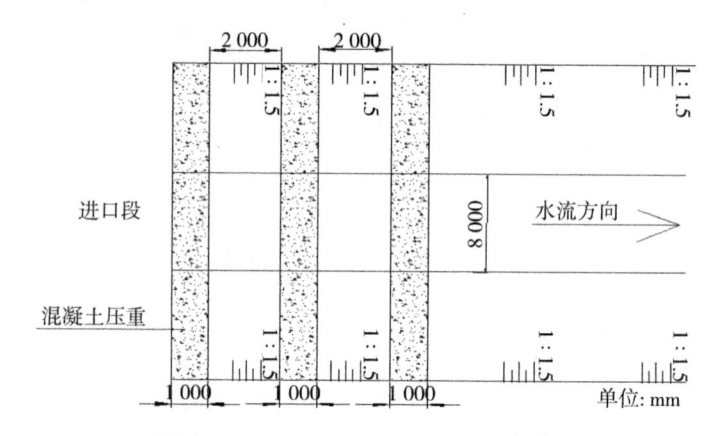

图3.6 导流明渠进口混凝土压重平面图

3.2 大口径PCCP管道穿越工程施工关键技术——针对PCCP的概述

3.2.1 PCCP输水管道穿越大断面河流施工关键技术

3.2.1.1 导流明渠技术

运用美国陆军工程兵团工程水文中心(HEC)开发的河道水力计算程序HEC-RAS对明渠泄流能力进行数值模拟,优选最优明渠导流方案。通过计算确定最高效最经济的导截流参数,进行导截流施工,按施工期间的导流流量,确定导流明渠的开挖断面和防渗结构。利用反铲分层开挖,将开挖土方堆存明渠两侧。如图3.7至图3.10所示。

穿越包河段导流明渠进口渠底高程36.68 m,纵向坡比1/1 000,出口渠底高程36.32 m,总长295 m,渠底宽20 m,开挖深度3 m,粉细土层边坡坡比1∶1.5,重粉质壤土层采用土工膜全断面防护,进口段10 m范围内土工膜上部采用编织袋装土压重防护措施。导流明渠开口两侧留1 m平台,平台外修筑高1 m、顶宽1 m、边坡1∶1的挡水堤,北侧土埂外修筑5 m宽便道。

3 引调水工程河道穿越施工关键技术与应用

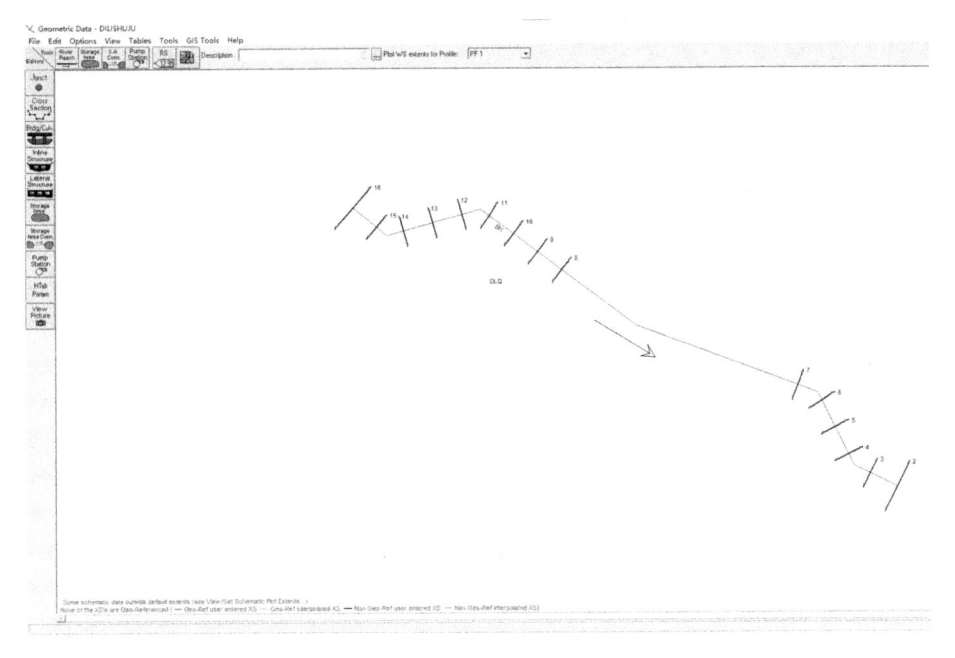

图 3.7　包河河道模型建立

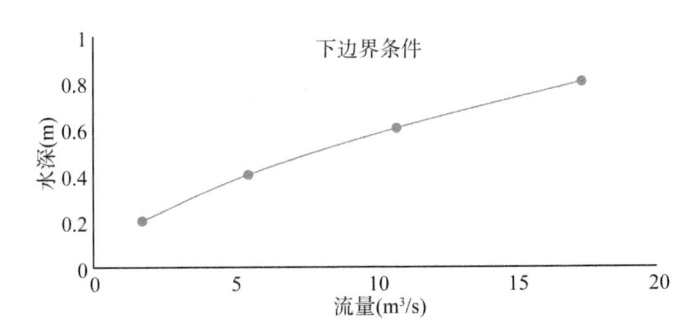

图 3.8　包河河道下边界条件

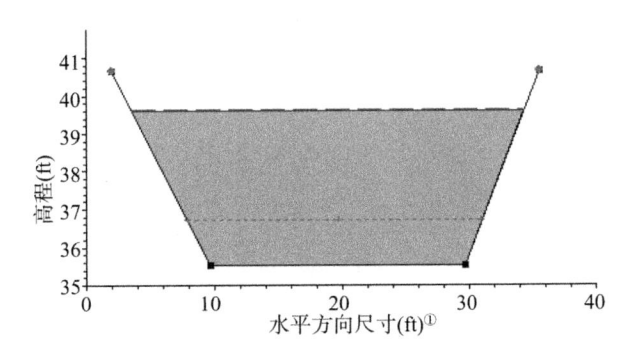

图 3.9　明渠断面示意图

---

① 1 ft＝0.304 8 m。

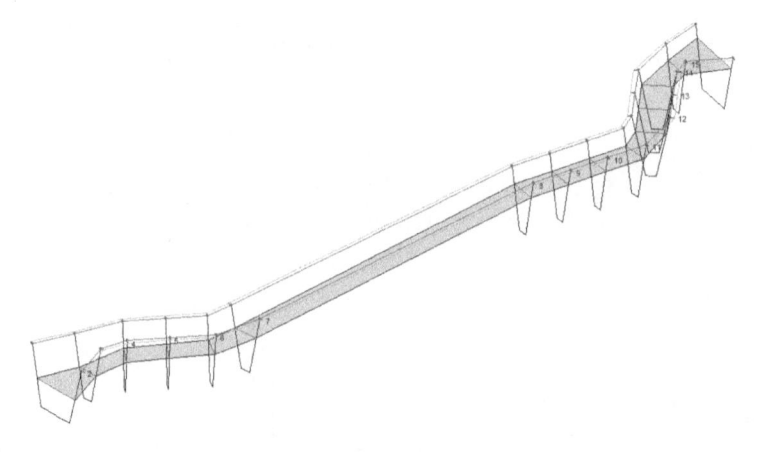

图 3.10　明渠泄流三维图

3.2.1.2　河道基坑降水

河道排水区年均降雨量 781.9 mm，以左右岸滩地及上下游围堰间面积作为汇流区域面积，汇流面积约 5 000 m²（上下游距管道中心各 50 m），则汇水量为 1.09 m³/h。

覆盖层自身含水率按穿越包河地质勘察报告中粉细砂层天然含水率 26.2% 计，该含水率为所有覆盖层最大含水率，则覆盖层含水量为 4 933.789 m³。

结合降排水设计方案进行建模，剖分后的整体网格总图和局部降水井见图 3.11 和图 3.12。计算域的基坑上游截取边界、下游截取边界以及底边界均视为隔水边界面；基坑左右岸为已知水头边界；边坡以及渠底考虑为可溢出边界；降水井内则根据计算要求，可设定为已知水头边界或可溢出边界，以控制降水井的抽水量。

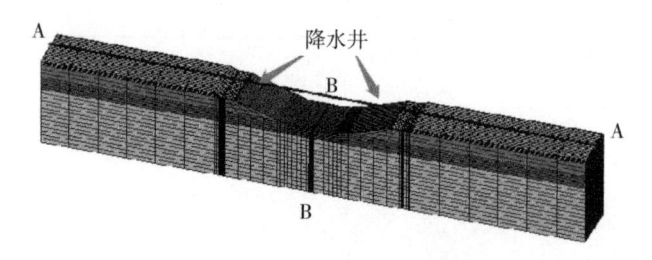

图 3.11　包河整体降水网格总图

图 3.12　局部降水井三维示意图

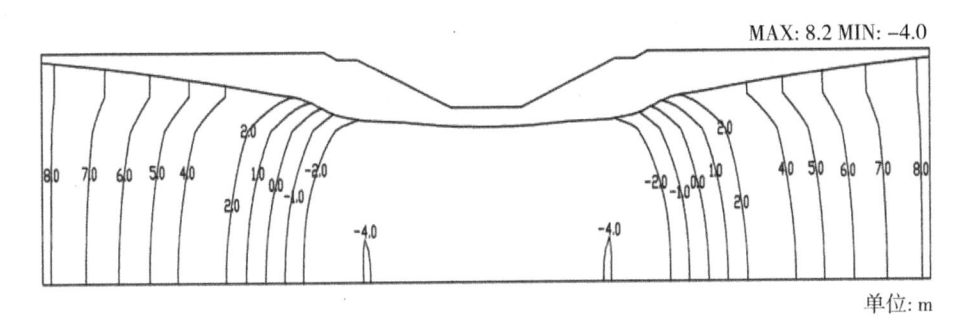

图 3.13　A—A 剖面水头等值线

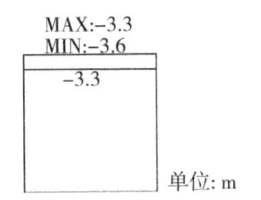

图 3.14　B—B 剖面水头等值线

通过计算确定穿越包河段管井降水参数为：管井降水井采用双排布置，井间距 16 m，井深 24 m，水泵 5.5 kW（扬程 40 m，流量 35 m³/h）。

图 3.15　管井施工　　　　　图 3.16　基坑降水

3.2.1.3　穿河斜坡段管道安装

穿越河道斜坡段管道吊装采用 300 t 履带吊，在沟槽一侧可以直接安装三线管道。吊装时，根据斜坡角度，采用长短吊索捆绑，使管道起吊后管轴线基本与基础面呈平行布置，待装管道与已安装管道夹角越小，对接摩阻力越小。

正常安装时，已经安装完成、腋角回填到位的管道与基础面之间的摩阻力较大，能满足下一节管道内拉施工时的作用力，所以管道对接内拉力受力横梁布置在最近一节已经安装完成的管道处。但是位于斜坡上的管道，对接时需要的内拉力本来就比正常处大，如果直接利用最近一节安装好的管道，容易造成该节管道下滑，引起返工。采用增加内拉构件连杆长度,跨两节管进行内拉的方式来解决该问题。

在斜坡段管道安装时,第二次打压合格后,及时完成管道外缝灌缝施工,并且将承插口端工作坑填塞捣实,增加管道与基础面受力面积。对于不能及时固定的,在管内增加一道临时固定内拉构件,临时固定构件主要由上下游受力横梁、连杆和10 t手拉葫芦组成,详见图3.17。

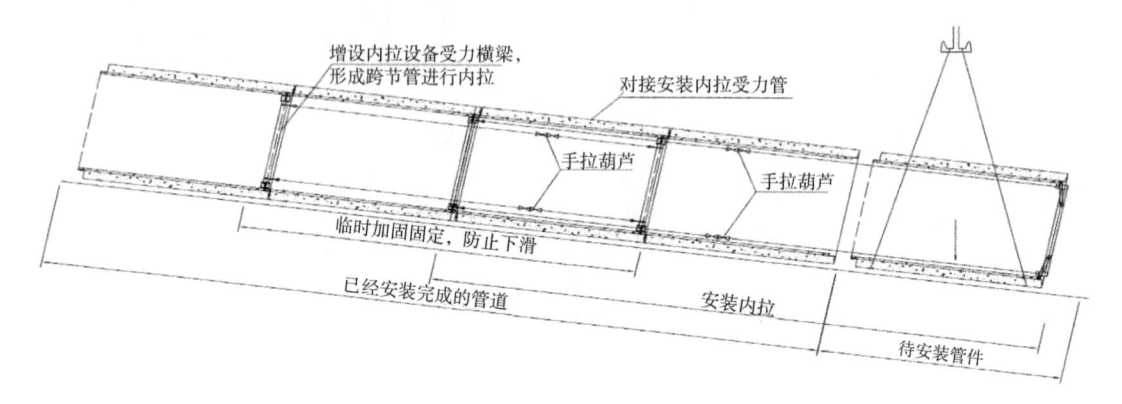

图3.17 斜坡段管道吊装示意图

图3.18 斜坡段沟槽开挖

图3.19 斜坡段管道吊装

3.2.1.4 转角处增设加固措施

穿越包河处开挖深度变大,预应力钢筒混凝土管(PCCP)与河道左岸(管线东侧)连接处高程差为3.674 m,此处设计一节长7.4 m的竖向镇墩做加固处理;PCCP管线与河道右岸(管线西侧)连接处高程差为4.563 m,此处设计一节长8.051 m的竖向镇墩做加固处理。

关于镇墩及支墩施工,在开挖完成后先浇筑垫层混凝土,保证管道安装先行,待管道安装后,立模浇筑支墩混凝土,侧面模板采用钢模,管周采用木模板。混凝土拆模后开始立模浇筑镇墩填充混凝土,回填混凝土根据高度分层浇筑。

临近两端高程骤降(升)处增设空气阀井来降低"水锤效应"给管道带来的危害,从而提高工程寿命。在开挖完成后先浇筑垫层混凝土,而后钢套管与混凝土同步施工,将阀井混凝土施工完毕。待两侧标准管安装完毕,最后安装井内钢配件、阀件、伸缩节等。

3 引调水工程河道穿越施工关键技术与应用

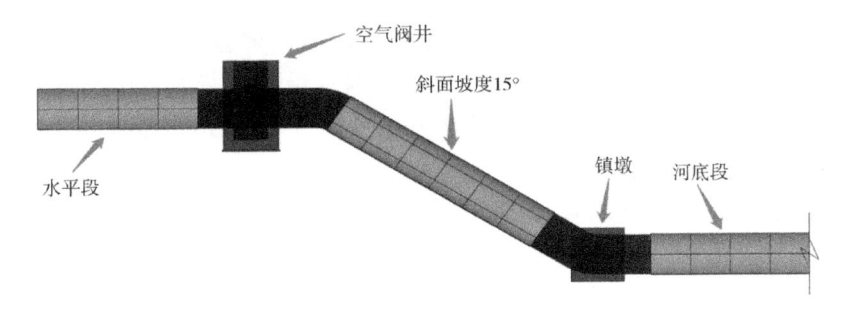

图 3.20 转角处加固布置图

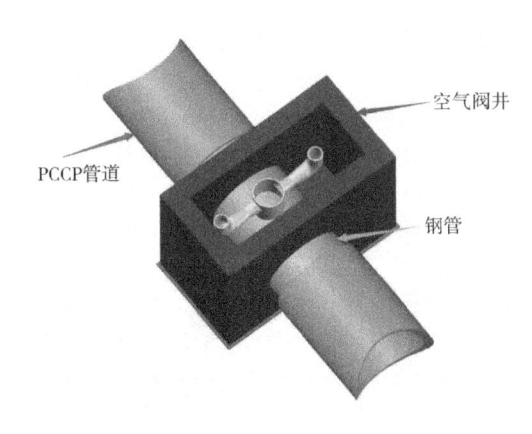

图 3.21 空气阀井结构图

图 3.22 镇墩包封　　　　　图 3.23 空气阀井

3.2.2　PCCP 输水管道穿越高速公路施工关键技术

3.2.2.1　沉井不排水下沉施工

（1）悬挂式止水帷幕

由于运营中的济广高速两侧坡脚 50 m 范围内对降水控制要求严格，为尽量减少施工期间渗水和流沙现象及高地下水位粉细砂层地质对本工程施工的影响,防止沉井下沉期间发生渗水、流沙、管涌等不利现象,以及避免因过量降水造成济广高速地面不均匀沉降,采用在沉井四周设置截渗墙作为悬挂式止水帷幕,便于顶管始发井及接收井的安全施工。

止水帷幕采用高喷防渗墙施工,防渗墙中心线距沉井外壁 2 m,成墙厚度不小于 40 cm,渗透系数不大于 1.0×10^{-5} cm/s,防渗墙低于沉井底部 2 m,顶管始末段进行进出洞口的高喷局部加固处理,处理范围为管中心线两侧各 4 m,高度为管中心线上侧 6 m、下侧 4 m,长度为沉井外壁沿顶进方向 6 m。旋喷桩设计桩径:0.8 m,桩间距:0.5 m。高喷灌浆防渗挡墙平面图及施工图见图 3.24 和图 3.25。

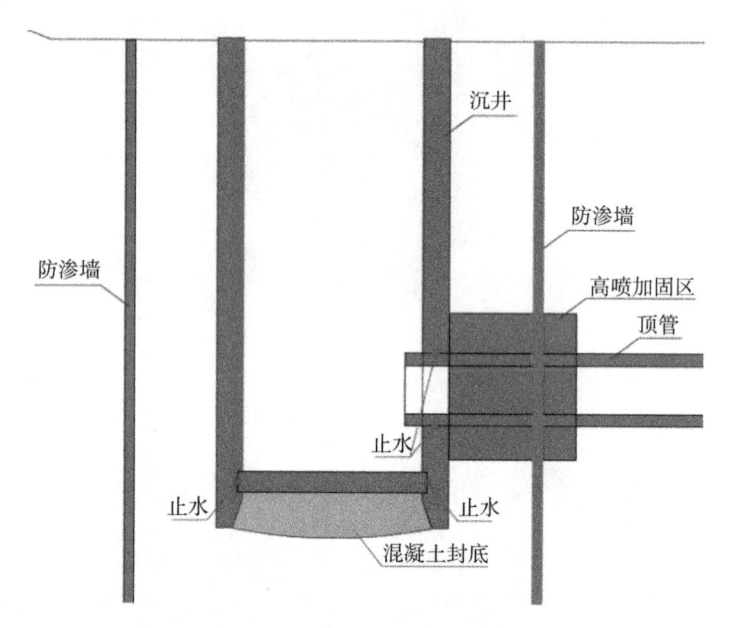

图 3.24　高喷灌浆防渗挡墙平面图

图 3.25　高喷灌浆防渗挡墙施工图

（2）沉井制作

穿越济广高速顶管施工，工作井、接收井均采取四节制作、三次下沉施工工艺。沉井第一次制作浇筑至 4 m 高，包含了刃脚及部分侧墙；第二次制作浇筑至 10 m；第三次制作浇筑至 16 m；第四次制作浇筑至 20.7 m。水平施工缝处采用 651 型橡胶止水带和厚度不小于 1 mm 紫铜止水片双层止水保障措施。新老混凝土界面应进行凿毛，在新混凝土浇筑前应清理垃圾，并洒水湿润新老混凝土接缝处，同时在浇捣前在施工缝处先铺一层 2～3 cm 厚与混凝土级配相同的水泥砂浆。

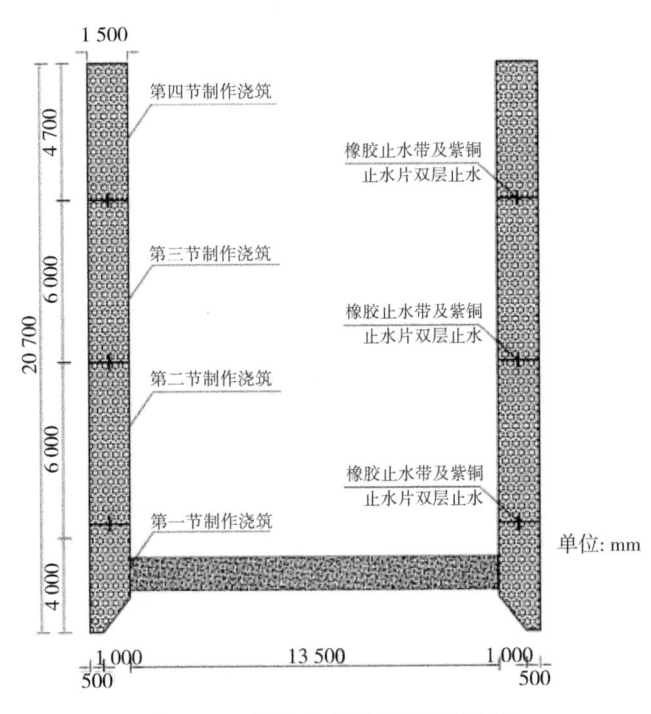

图 3.26 沉井分节制作浇筑示意图

图 3.27 沉井分节制作浇筑

(3) 沉井不排水下沉

沉井下沉前要求混凝土达到设计强度，并在沉井四周的地面上设置纵横十字中心控制线、水准点进行沉井平面位置、标高的控制。

刃脚混凝土达到设计规定的强度后方可拆除刃脚下垫木，应分区域拆除，按次序、均衡对称同步地进行，并应注意沉井四周下沉是否均匀，沉井下沉必须分层、对称、均匀地进行。

针对济广高速沉井开挖下沉深度较深的问题，通过长臂挖机配合高压水枪＋吸泥泵进行开挖下沉。在下沉 15 m 范围内，采用长臂挖机进行挖土下沉，下沉深度 15～20.7 m 内，长臂挖机挖土不便，故利用高压水枪射出的高压水流冲刷土层，使其形成一定稠度的泥浆汇流至集泥坑，然后用吸泥机将泥浆吸出，从排泥管排出井外弃土处。该方法挖土方法操作简单便捷，效率较高。

下沉过程中的刃脚高差控制：刃脚高差"锅底"的形成和移动均比较直观，根据高差的大小可以有效改变"锅底"大小、深浅和平面位置，以此来达到对刃脚高差的控制。通过控制刃脚高差也可以控制沉降平面的位移。

沉井下沉速度控制：一般来说，刃脚高差不大时（在水平间距的 0.5％以内），沉井的下沉速度越快越好；下沉速度以均匀为宜；在易引起涌砂土层中下沉时越快越好。

图 3.28 沉井水位

图 3.29 长臂挖机挖土下沉

图 3.30 水力吸泥机

图 3.31 高压水枪＋吸泥泵冲刷土体下沉

3　引调水工程河道穿越施工关键技术与应用

(4) 潜水员水下封底

沉井沉至设计标高后,经观测稳定后,采用 C30P6 混凝土进行水下封底。水下封底时,潜水员潜水探摸沉井底部情况,指挥岸上人员采用挖机或吸泥泵等工具,把沉井底部修整吸出"锅底"形。潜水员下水使用钢刷作业,铺排式刷除井壁四周的粘物,并进行刷除后的检查,确保墙体清洁到位,不留附着物。

采用提升导管法,导管可按扩散半径均匀布置在井内,上部带有装料漏斗,间距一般为 2.5~4 m,最深点应布置有导管。导管骨料多采用细砂,粗细骨料之比为 1:1~1:1.35,坍落为 180~220 mm,灌注先从最低点开始,当混凝土表面与左右基底相平后,再开始其余导管的同时灌注,避免混凝土从上往下流淌。采用多导管同时灌注混凝土,每根导管的灌注强度应不小于 5~10 m^3/m^2,相邻两管混凝土的高差不得超过管距的 1/5~1/20,混凝土灌注应连续同步进行。

水下封底混凝土浇筑时应防止分层软弱混凝土被遮盖,造成封底混凝土内形成很多灌弱夹层和斜搓接缝,影响封底质量。混凝土封底时要经常量测混凝土表面标高,以宁高不低为原则,防止起不到止水作用。

图 3.32　潜水员下潜作业　　　　　图 3.33　"锅底"最低点混凝土浇筑

3.2.2.2　路基预注浆加固

为保证顶管施工过程安全,对穿越济广高速段现状地面以下土体进行袖阀管预注浆加固,采用袖阀管注浆的方法进行高速路基注浆加固时,影响注浆效果的主要因素有袖阀管套壳料、注浆材料和注浆压力,采用脆性高、收缩率小、析水干缩率小、早期注浆强度高、稳定性高的套壳料,能较好地保证在袖阀管注浆时套壳料开环的压力小,达到较好的浆液注入率,对提高济广高速路基土体整体强度效果十分明显,降低高速路面发生不均匀沉降事故的概率。

试注浆时,采用钻孔取芯方式对注浆效果进行检验,第 1 次取芯孔位置距离注浆孔 1 m。如该孔砂土层注浆料填充密实,将试块浸泡在自来水中无崩解,则注浆效果能够达到设计扩散范围要求;如无浆液扩散至此,进一步按照 0.5 m 间距进行取芯检验,根据取芯结果对注浆参数等进行调整。

根据浸水试验结果判定,经注浆处理后的细砂和浆液混合体具备较好的水稳性,试样经水浸泡均不崩解。

1#孔，取样深度 8.0 m

图 3.34　取样深度 8.0 m

1#孔，取样深度 10.5 m

图 3.35　取样深度 10.5 m

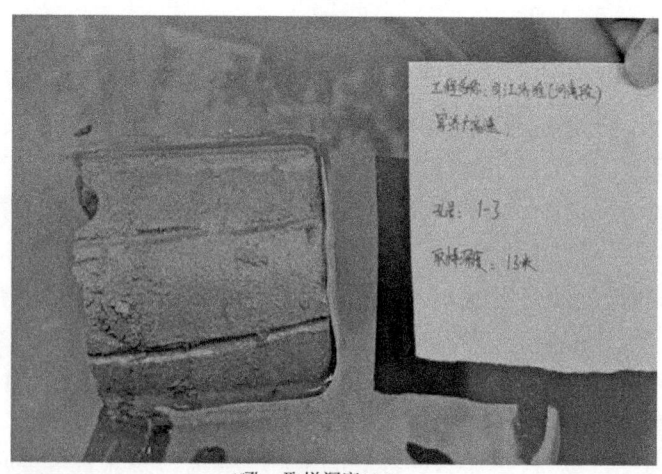

1#孔，取样深度 13.0 m

图 3.36　取样深度 13.0 m

3 引调水工程河道穿越施工关键技术与应用

1#孔,取样深度15.5 m

图 3.37　取样深度 15.5 m

1#孔,取样深度18.0 m

图 3.38　取样深度 18.0 m

1#孔,取样深度20.5 m

图 3.39　取样深度 20.5 m

本次穿越高速路基注浆加固经试验后参数选择：套壳料采用膨润土现场配制（水泥：膨润土：水＝1：1.3：1.8），具有脆性高、收缩率小、析水干缩率小、早期注浆强度高等特点；注浆采用水泥水玻璃浆液，水灰比暂定1：1.05，水玻璃掺量3%，注浆压力0.5～1.5 MPa。

表3.1 袖阀管注浆试验成果参数表

项目名称		内容	备注
注浆孔直径		φ90 mm	
袖阀管外径		φ48 mm	
注浆深度		20.403～23.703 m	
注浆参数	套壳料	水泥：膨润土：水＝1：1.3：1.8	
	水泥水玻璃浆液	水泥：水＝1：1.05	水玻璃掺量3%
	注浆压力	0.5～1.5 MPa	
	有效扩散半径	1 500 mm	
	注浆量(L/min)	4～5	
	提管间隔高度	50 cm	

注浆采用由下而上的竖向注浆方式，注浆范围横断面方向为坡脚以外15 m（不含顶管试验段）；行车方向为各顶管两侧20 m宽范围；对于顶管正上方区域竖向注浆深度至顶管顶面高程以上0.5 m，其余竖向注浆深度至顶管底面高程以下2 m。

套壳料注浆孔平面采用梅花型布置，从高速公路路基中心线两侧各1.5 m开始，按照行车方向间距1.5 m、顶管方向排距1.5 m的方式布置注浆孔，注浆孔钻孔直径设计为90 mm，注浆管采用直径48 mm PVC袖阀管。

注浆采用水泥水玻璃浆液，水泥采用P·O42.5水泥，水灰比暂定1：1.05，水玻璃掺量3%，注浆压力0.5～1.5 MPa。

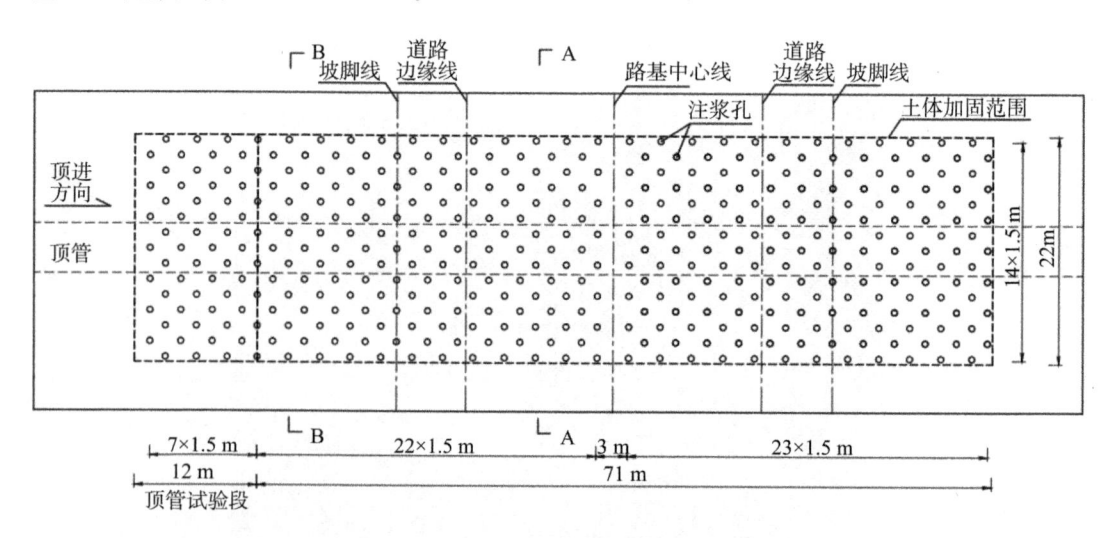

图3.40 济广高速路基注浆平面示意图

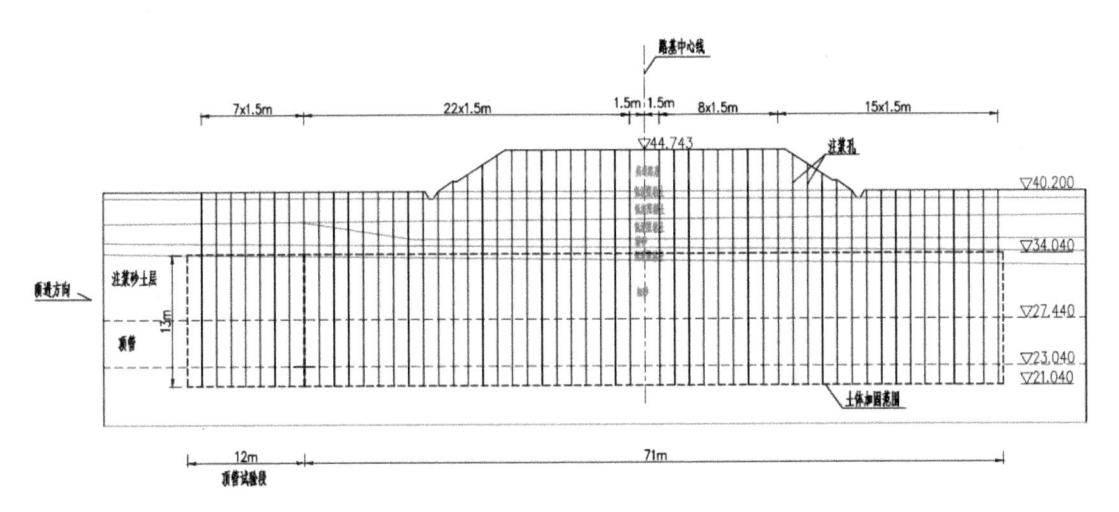

图 3.41　济广高速路基注浆断面示意图

图 3.42　袖阀管注浆加固试验图

图 3.43　高速路面正式注浆加固

图 3.44　泥浆配比成品图

图 3.45　泥浆比重抽检

3.2.2.3 泥水平衡顶管施工

顶管机选型：该顶管工程管道直径达到 4.14 m，4.14 m 直径的顶管穿越高速公路在河南省内属于首次，采用泥水平衡顶管法进行顶管施工，顶管掘进机拟采用泥水平衡顶管掘进机，机头外径 4 200 mm，采用 8 只 3 000 kN 双冲程等推力油缸，总推力 24 000 kN。

图 3.46　泥水平衡 TP4200 顶管机

洞口止水：为防止在顶进及出洞时水压力过大泥浆涌入工作井或接受井内，在洞口处设置环形橡胶止水圈及止水封板进行封堵，橡胶止水圈内径小于顶管机头直径 60 mm，橡胶止水圈厚度不小于 20 mm。

图 3.47　洞口止水钢板及环形橡胶圈

主顶进系统：8 个 2 000 kN 双冲程等推力油缸，总推力 16 000 kN。8 只主顶油缸组装在油缸架内安装，中心位置必须与设计图一致，以使顶进受力点和后座受力都保持良好状态。安装后的油缸中心误差小于 10 mm。

顶进施工：当砖砌封门破除后，开动顶管机刀盘，用主顶油缸徐徐把顶管机推入土中，将机头后方的管材与机头管连接，形成一个整体。顶进顶力 12 000 kN，泥仓压力为 1.2~1.4 MPa。为防止在千斤顶回程时已顶进的管道在水压力作用下后退，在回程前在轨道上安装限位挡块，待限位挡块固定后，进行回顶安装下一节管道。正常顶进速度控制在 1.0~1.5 cm/min。

3 引调水工程河道穿越施工关键技术与应用

图 3.48 泥水平衡 TP4200 顶管机主顶进系统

图 3.49 顶进施工过程照片

泥浆减阻:为了保证顶进顶力保持基本稳定,顶进采用两套泥浆管路减阻系统,即一套管路紧跟顶管机尾部管道注浆口注浆;另一套管路在其他管道注浆口不断循环注浆。润滑泥浆材料主要采用钠基膨润土、纯碱、CMC。物理性能指标:比重 1.05~1.08 g/cm³,黏度 30~40 s,泥皮厚 3~5 mm。

图 3.50 膨润土泥浆减阻注浆

管周置换注浆：为了充填顶管管材和原状土的缝隙，保证两者结合良好，顶管段管材四周采用回填灌浆处理。回填灌浆范围为全断面内，采用水泥砂浆把润滑泥浆全部置换，顶管管材上预留灌浆孔位置，排距为 2.5 m，每排 6 个，角度为 60°间隔布置。初拟灌浆压力为 0.3～0.5 MPa，施工时根据现场具体情况确定，灌浆材料为普通硅酸盐水泥，强度等级为 P·O42.5 以上。灌浆时应加强观测，以防管壁发生变形破坏。

泥浆置换完工后，采用雷达对管壁四周进行检测，对于存在脱空的位置采用注浆加固，确保管周密实无缺陷。

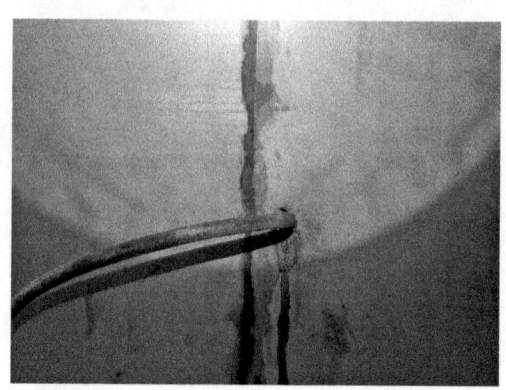

图 3.51 管周置换注浆

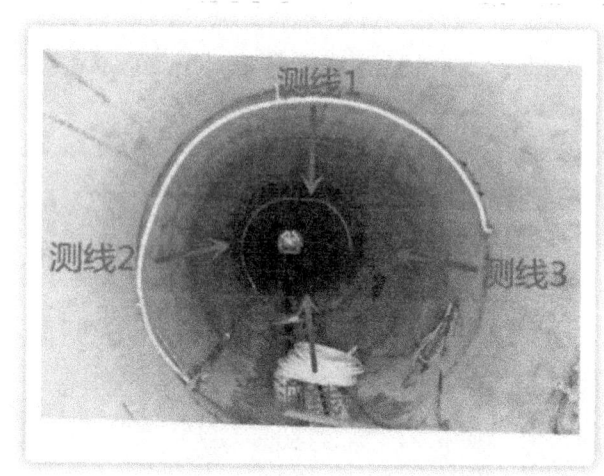

图 3.52 管周置换注浆雷达检测示意图

3.2.2.4 泥水平衡顶管施工

1）基准点的布设

穿越济广高速监测基准网采用独立坐标系和独立高程系统。该项目共布设 3 个基准点，构成监测基准网。基准点全部布设在施工区以外稳固的结构物上。基准点布设完成后，对基准网经过多次复测，确认基准点处于稳定状态时方可使用。监测期间，基准点与测点同步观测,并与初始状态和历史状态相比较,在确定基准点稳固的基础上计算测点相对初始状态和历史状态变形量。

2) 高速路基及地面沉降监测

针对济广高速公路路基沉降以及地面沉降监测,采取沿管道轴线及管道两侧间距 5 m 布线,分别在路中、路肩、坡脚、坡脚外 10 m 布点。公路路基及地面沉降监测点布置图如图 3.53 所示。

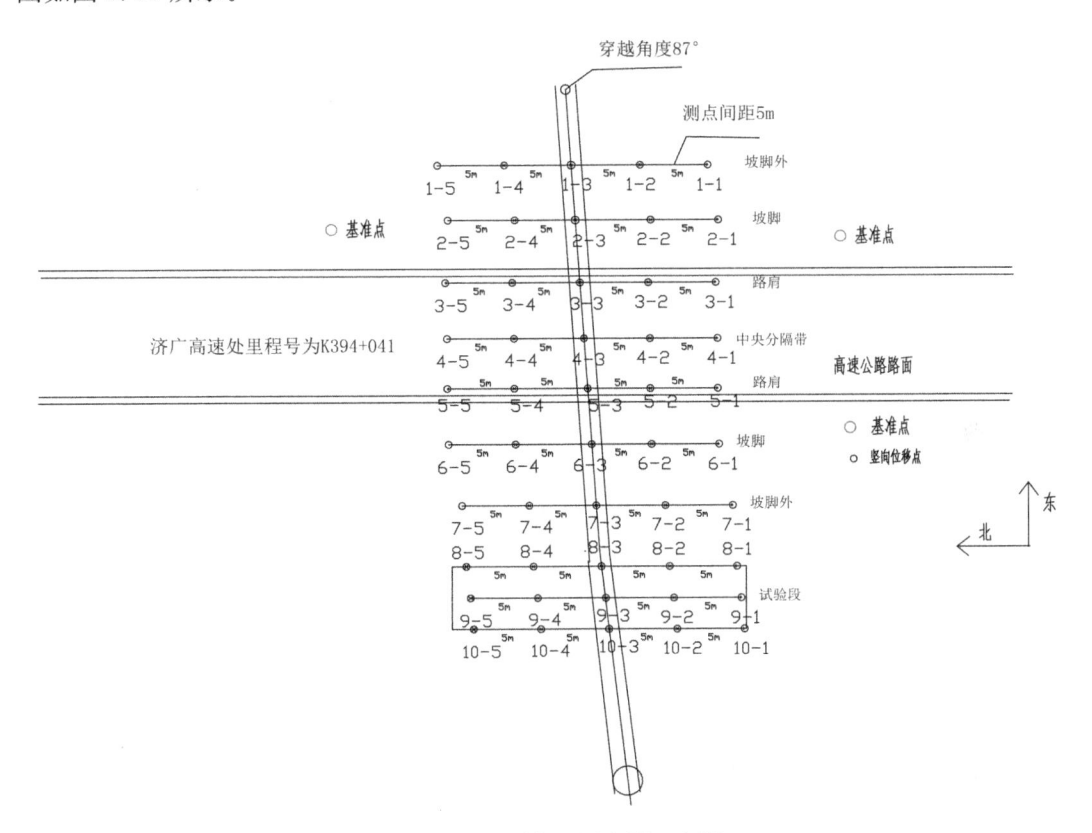

图 3.53 观测点平面布置示意图

3) 分层沉降观测点的布设

分层沉降监测点采用钻孔法埋设分层沉降计及分层沉降标志的方法测定,点位应设置于变形体的特征部位,要求设置便于观测,结构合理。根据穿越处设计文件及现场实际施工情况,确定监测点的布设。沿管道轴线及管道两侧各 2.5 m 布线,分别在路肩、坡脚、坡脚外各 2.5 m 布点。共布置 30 个监测点,测点布置平面示意图如图 3.54 所示。

钻孔埋设分层沉降测点要点如下。

(1) 钻孔:在测点位置准确放样后即可进行钻孔,孔径为 100 mm,采用铅垂测量钻孔。钻孔深度应穿过管道穿越处土层。为避免缩孔或塌孔等现象,钻头应在预装完成后再拔出并立即进行埋设。

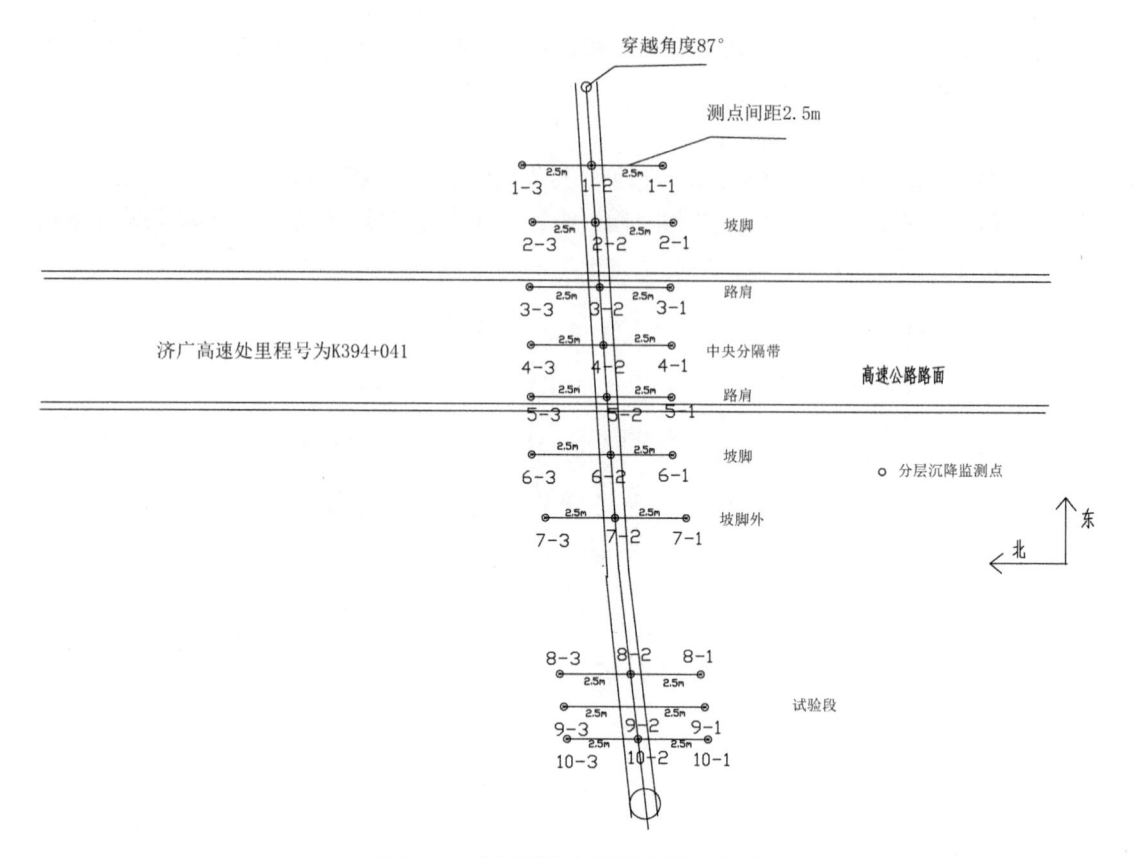

图 3.54　分层沉降点平面布置示意图

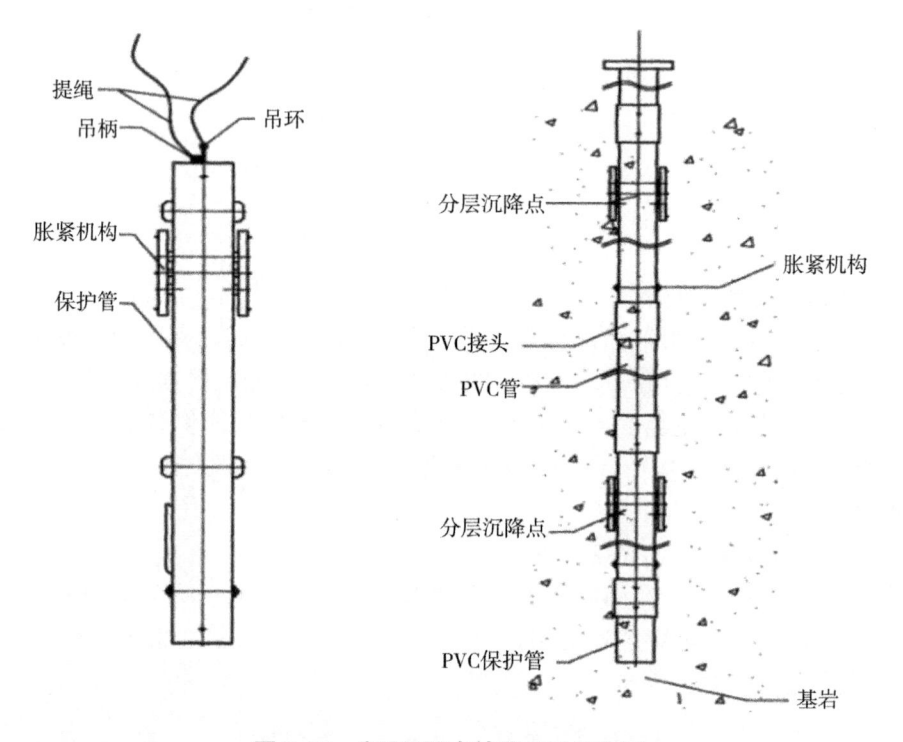

图 3.55　分层沉降点钻孔埋设示意图

（2）预装：根据钻孔深度和所测土层高程计算出每截 PVC 管的长度和提绳的长度，计算时 PVC 管长度应加 1 m，提绳长度应加 10 m。根据每截单点沉降单元测量高程连接不同长度的提绳，提绳上要做好标示，标示包括编号（层号）和用途，提绳连接必须牢固。然后将 PVC 管、PVC 接头、单点沉降单元按安装顺序依次摆放于孔口，用于电钻引钻 PVC 管自攻螺丝孔，并穿好提绳，提绳尽量不要缠绕。

（3）安装：将穿好提绳的 PVC 管、PVC 接头、单点沉降单元依次装入孔内，用螺丝连接牢固。安装时要特别注意不要让控制胀开机构的提绳受力，以免胀紧机构未到测量高程就胀开。到底后用控制测量机构的提绳将测量机构提到要求高程，用读数仪校对，确认每个测量机构都可以提到要求高程，由下至上提起每一个控制胀开机构的提绳，胀开机构胀紧在所需位置。锯掉多余的 PVC 管和提绳，盖上孔盖。

（4）监测实施：采用磁环式分层沉降仪监测时，初次测量记录下管口高程，然后将分层沉降仪的探头缓缓放入沉降管中，当接收仪发生蜂鸣或指针偏转最大时，就是磁环的位置，自上而下逐点测出孔内各磁环距离管口的距离，换算出各点的高程。

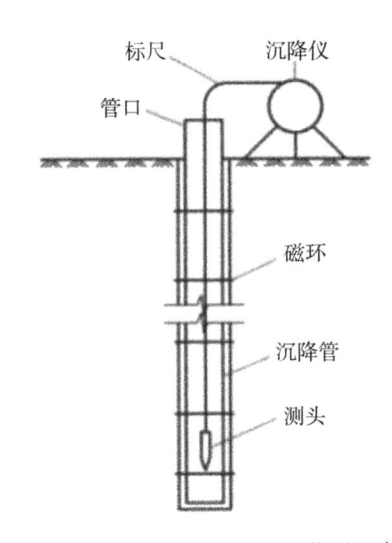

图 3.56　磁环式分层沉降仪监测示意图

监测步骤如下。

①扩松绕线盘后面螺丝，让绕线盘转动自由，按下电源按钮，手持测量电缆，将探头放入沉降管中，缓慢地向下移动。

②当探头穿过土层中磁环时，接收系统的蜂鸣器便会发出连续不断的蜂鸣声，此时读出测量电缆在管口处的深度尺寸，这样由上向下测量到孔底，称为进程测读。

③从下向上收回测量电缆，当探头再次通过磁环时，蜂鸣器再次发出蜂鸣声，此时第二次读出监测电缆在管口处的深度尺寸，如此测量至孔口，称为回程测读。

图 3.57　磁环式分层沉降仪测点安装

图 3.58　分层沉降仪

图 3.59　现场测试 1

图 3.60　现场测试 2

4）监测频率及允许值

监测工作必须随施工需要实行跟踪服务，为确保施工安全，监测点的布设立足于随时可获得全面信息，监测频率必须根据施工需要实行跟踪服务。

高速公路路基沉降变形监测：初次测量应对全部测点进行测量，以获得各监测点的初始值。监测点的监测频率根据变形速度和变形量的大小以及施工状况确定。施工期间从工作井开挖降水开始，每小时 1 次；顶推施工结束后 15 天每天监测 1 次，45 天每周 1 次，60 天后每月监测一次，连续 4 次沉降值为零可终止监测。

标准：相邻两侧测量沉降差不超过 5 mm，该区域顶进完成前后总沉降不超过 10 mm。

当发现测点监测数据达到报警值、监测数据变化较大或变形速率加快时，应提高监测频率。变形监测初期应适当提高监测频率，以获取测点的大致变形速率，以便根据变形速率确定后续监测频率。变形监测到期后出具监测总报告。

表 3.2　测点的监测频率

工程阶段	监测频率	备注
工作井降水、开始施工	每小时 1 次	施工出现坍塌、流沙、管涌、渗漏或沉陷时应加强观测，并随时上报监测数据，做出预警
顶管结束后 15 天	每天 1 次	恶劣天气应加强观测

续表

工程阶段	监测频率	备注
顶管结束 45 天后	每 7 天 1 次	恶劣天气应加强观测
顶管结束 60 天后	每 30 天 1 次	恶劣天气应加强观测

图 3.61 沉降点监测

5）监测成果数据

（1）地面沉降监测点竖向位移成果

穿越济广高速段地面变形测点竖向累计位移如图 3.62 至图 3.64 所示。

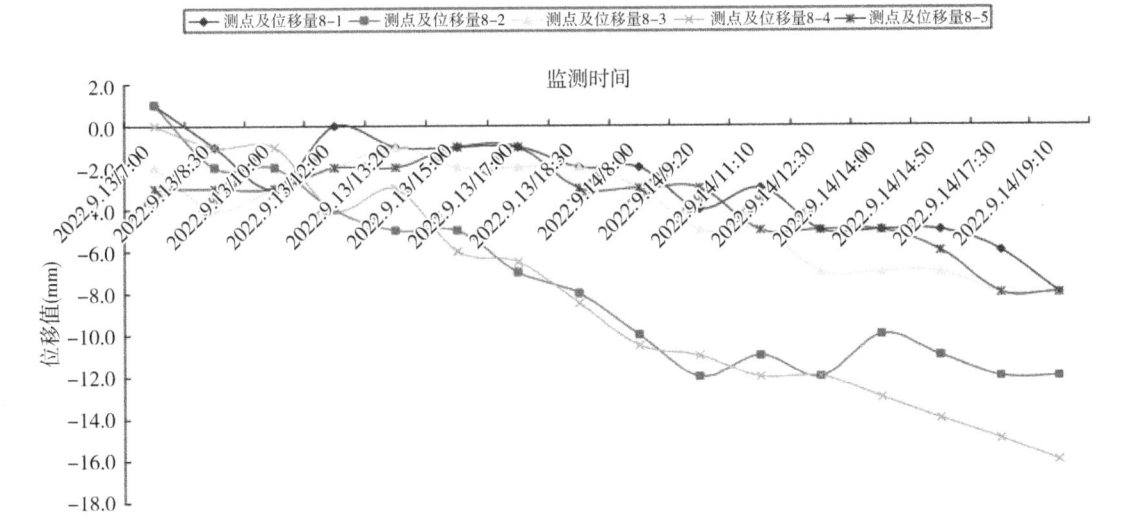

图 3.62 测点 8-1 至 8-5 变形曲线图

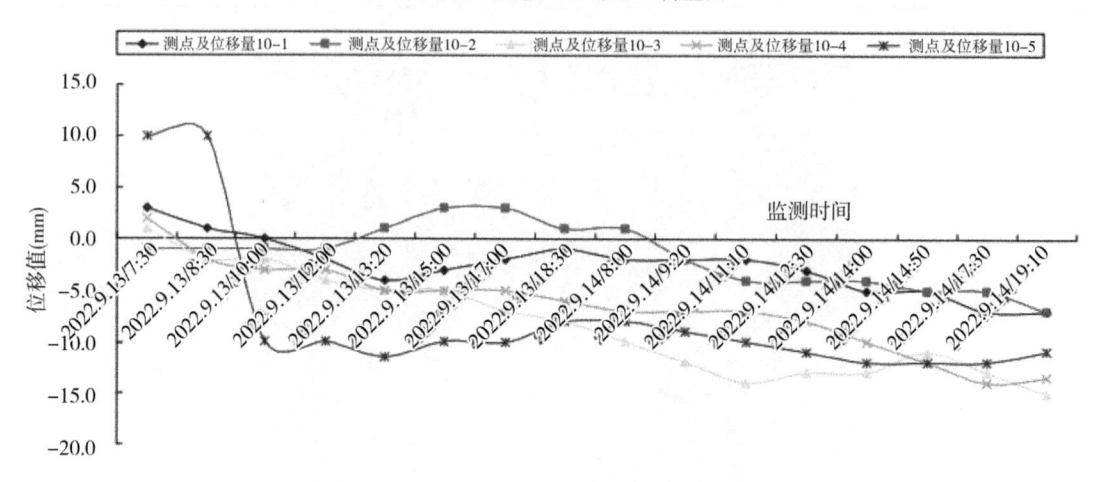

图 3.63 测点 10-1 至 10-5 变形曲线图

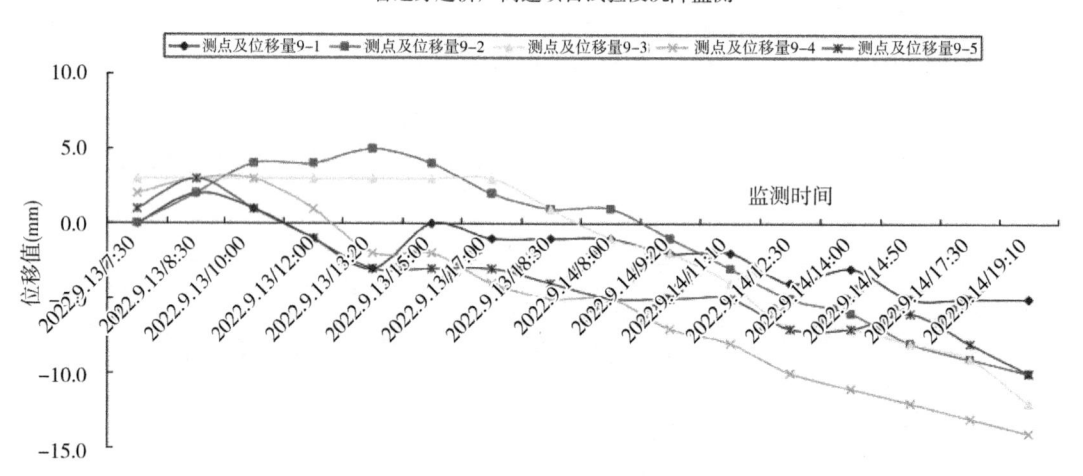

图 3.64 测点 9-1 至 9-5 变形曲线图

（2）分层沉降监测点沉降变化成果

穿越济广高速段地面分层沉降变形测点累计位移如图 3.65 至图 3.67 所示。

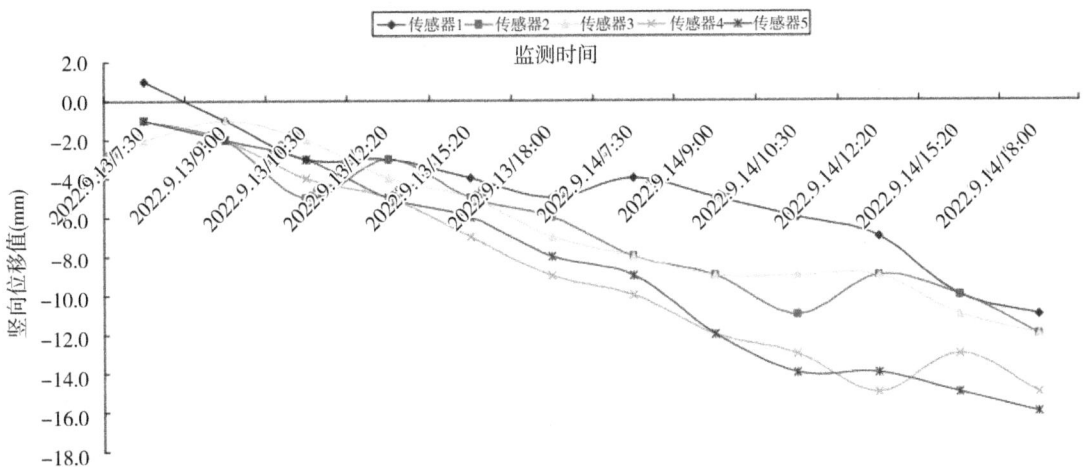

图 3.65　分层沉降观测 4-1# 测点变形曲线图

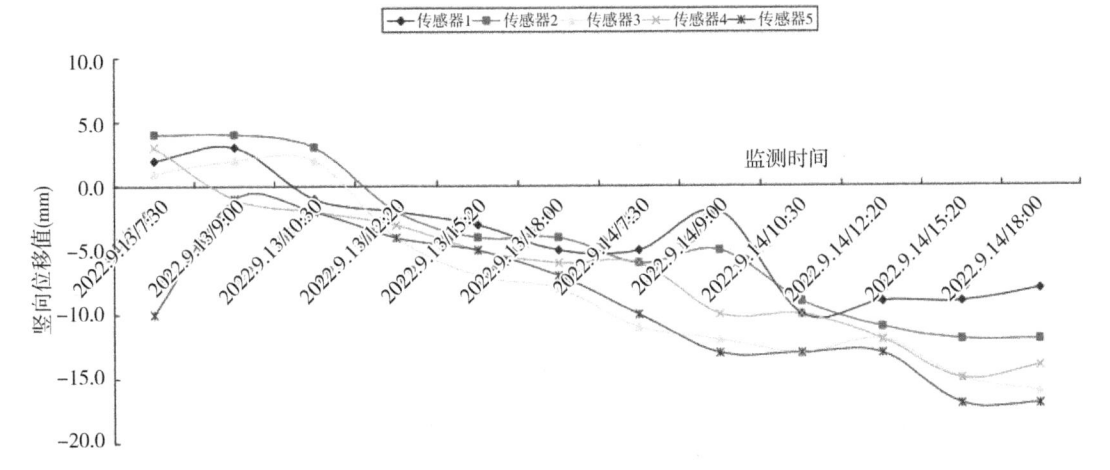

图 3.66　分层沉降观测 4-2# 测点变形曲线图

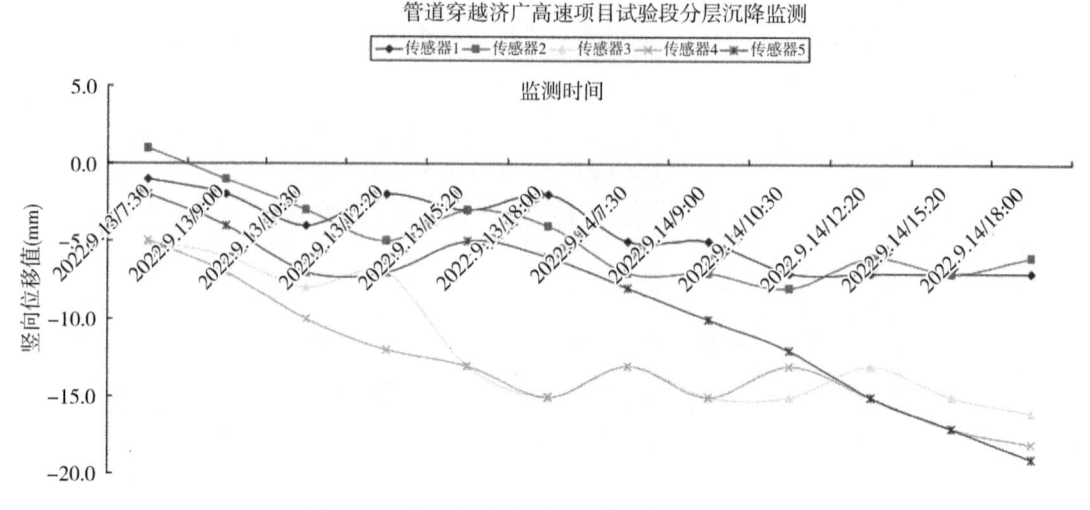

图 3.67　分层沉降观测 4-3# 测点变形曲线图

6）监测总体结论

在管道穿越济广高速公路施工过程中，按监测方案对地面变形进行了全过程监测和巡查，监测总体结论如下。

（1）监测过程中，试验段地面变形测点累计最大竖向变形量为 19 mm，小于预设报警值 20 mm；监测过程中，测点竖向位移变形速率最大值为 2 mm/d，小于预设报警值 3 mm/d。

（2）监测过程中未出现流沙、管涌、隆起、陷落或渗漏等情况。

（3）周边地面未出现突发裂缝或危害结构的变形裂缝。

（4）施工现场周边未见其他异常。

3.2.3　顶管工程内穿 PCCP 钢制管件施工关键技术

3.2.3.1　技术准备

（1）准备工作

DN3200 PCCP 钢管在进场前，应出厂验收合格，进场验收时应再次检测管道质量，安装人员应到位，安装机具应准备齐全、运行良好。钢管安装前进行对口检查，先修口，使钢管焊接端坡口角度、钝边、圆度等符合对口接头尺寸的要求。对口内壁采用长 400 mm 的直尺在接口内壁周围依次找平。钢管对口后及时用支架固定，支架位置必须正确合理。支架安装必须平整牢固，与管道接触良好，避免焊接或预热过程中产生变形。

钢管逐根测量、编号；选用管径相差最小的管节组对接；所有钢管安装应当平直，与设计轴线的平直度误差应不大于 0.2%，中心的偏差和管口圆度应符合现行规范的规定；钢管始装节的里程偏差不应超过±5 mm，弯管起点的里程偏差不应超过±10 mm；始装节两端垂直偏差不应超过±3 mm。

（2）搭接焊接平台

在顶管的工作坑内修建一个焊接钢管的施工平台，主要采用钢桁架搭设，钢支撑每个立杆下部直接作用在混凝土垫层上，钢支撑与管道接触部位设计一块 15 cm×15 cm×1.5 cm 的钢板，增加钢支撑对管道的接触面积，防止应力集中破坏管道，确保管件稳定牢固。钢桁架根据安装高程与基础面间距离提前制作完成，制作尺寸应略小于管外壁与基础面高差，钢制管件现场安装就位后采用垫块及楔铁进行位置调整与加固。

穿越 S203 顶管总长 98 m，DN3200 PCCP 钢制管件单根 7.5 m，共计 14 根钢管，15 条焊缝。焊接操作须在工作坑内的焊接平台上完成，且该焊接平台的高程应与钢管设计底高一致，便于钢管间的安装焊接。

（3）钢管吊装

DN3200 PCCP 钢制管件单根重约为 22.5 t，沉井预留洞口底板高 11.7 m，起吊深度 13.5 m，采用 200 t 汽车吊进行钢管的吊装作业。

管道吊入基坑时，采用两点起吊，吊点分别在钢制管件的两端，使钢制管件在吊装过程中保持稳定，以保证起吊平稳和管道受力均匀。通过主钩将管道吊至工作井水平居中，再徐徐下降至焊接平台，并调整钢管位置，以达到焊接、安装最佳位置。吊装前，检查钢丝绳、卸口的安全性；检查吊车起吊的回转半径是否合理及安全防护配套措施的设置。

图 3.68　坡口打磨

图 3.69　钢制管件吊装

图 3.70　焊接作业平台

图 3.71　焊口对齐

3.2.3.2 钢制管件对口焊接

(1) 内穿施工流程

DN3200 PCCP 钢制管件焊接工艺流程:焊接前准备→正式施焊→焊接外观检验→超声波探伤检测→检验合格→后续管道焊接。

(2) 焊接工艺流程

正式焊接工艺流程为:焊缝处坡口打磨→钢板正面对接→背面定位焊→正面填充焊接→盖面焊接→焊后清理→钢板背面碳刨清根→填充焊接→盖面焊接。

(3) 焊接过程

PCCP 钢制管材焊接采用 CO_2 气体保护焊,焊缝为 30°+5°V 形坡口,焊接前先把两侧管道对口,再进行背面定位焊接,防止管口焊接受热发生移位。正面采用 CO_2 气体保护焊打底、填充、盖面 5 层(其中第 1 层打底,最后 1 层盖面,中间为填充层),在背面焊接前先用碳刨清根将正面第 1 层打底的焊肉全部清除干净再焊接 2 层(填充、盖面各 1 层),Q355C 钢材壁厚 30 mm 焊缝最终焊接 7 遍成型 6 层。

每焊一遍,焊渣都要清除干净,合理控制电流,焊接完成后,检查内缝没有透焊处,重新补焊,确保焊缝质量。

图 3.72 焊接作业

图 3.73 环形焊缝成型

(4) 焊缝检测

焊缝检测单位应选择有资质的第三方检测机构进行检验。

①外观质量检验

外观质量检验执行《水工金属结构焊接通用技术条件》(SL 36—2016)标准。所有焊缝必须进行外观检查,不得有裂纹、气孔、夹渣、咬边(咬肉)、未焊透、焊瘤、熔合性飞溅、未填满弧坑等缺陷。焊缝外形均匀一致,焊道和焊道、焊道和母材之间平顺过渡;焊缝出现超标裂纹、气孔、夹渣、未焊透时,焊工不得擅自处理,必须查清原因,制定出修补措施后,用碳弧气刨清除缺陷,用原焊接方法进行返修;返修后的焊缝应立即修磨成与原焊缝基本一致,并按原质量要求进行复检;同一部位焊缝的返修次数不得超过两次,每次返修做好记录。

②内部无损探伤检测

焊缝在焊接 24 h 后进行无损检验,内部无损检测执行 SL 36—2016 标准。本工程焊缝为一类焊缝,施工现场焊缝内部无损检测委托质量检测公司进行。本工程焊缝无损检测设计要求进行 100% 超声波无损检验、10% TOFD 检测。

图 3.74　超声波无损检验 1　　　　图 3.75　超声波无损检验 2

3.2.3.3　内、外防腐层处理

钢管现场拼装焊接完成并无损探伤检测后,进行焊缝周围防腐处理。

(1) 外防腐

PCCP 钢制管件外部防腐采用无毒无溶剂液体环氧树脂涂料处理,涂料厚度不小于 600 μm,除锈等级 Sa2.5。施工前将无溶剂环氧树脂涂料预热至 50℃ 左右,采用双组分高压无气喷涂机进行喷涂。施工工艺参数:喷涂机进气压力 0.4~0.6 MPa;喷枪与工件的距离 30~50 cm;喷幅宽度 30~40 cm;喷枪移动速度 0.5~0.8 m/s。

无溶剂液体环氧树脂涂料相比于普通环氧粉末涂料,液体涂料一次成膜性厚,减少施工道数,减少了涂料消耗量,防腐能力强,同时减少了有机挥发物的排放,绿色环保,施工的安全性高。

(2) 内防腐

PCCP 钢制管件内部防腐采用水泥砂浆内衬防腐,内衬厚度为 20 mm,内衬砂浆强度 ≥30 MPa,衬砌前需清理焊缝周围表面杂物、油污并除锈,除锈等级 St2.0。

采用非收缩水泥 P·O42.5 以上,沙子采用施工地天然砂,使用饮用水进行拌和,且添加补偿收缩材料。

在水泥砂浆内衬配置钢筋焊接网,$d \geqslant 4$ mm,网格尺寸为 50 mm×50 mm,配置在钢板表面,网片环向焊点最大间距≤200 mm,以提高内部水泥砂浆防腐层整体抗裂能力。

水泥砂浆防腐施工时,先将钢丝网焊接在钢管内壁上,再采用机械式浇筑加人工模压方式衬砌。水泥砂浆防腐后,裂缝宽度不大于 0.5 mm,沿管道纵向长度不大于 1 m;厚度偏差±2 mm,缺陷面积不大于 5 cm²;防腐层平整度偏差不大于 2 mm。

图 3.76 液体环氧树脂涂料　　　　　图 3.77 水泥砂浆内衬防腐

3.2.3.4 钢制管件内穿施工

内穿钢管施工时,因空间有限仅为 200 mm,为降低内穿钢管拖拽时摩擦阻力、加快施工进度,采用卷扬机拖拽、滑轮组件减阻、吊车辅助配合的施工方法,高效准确地将内穿钢管拉进混凝土管的指定位置。

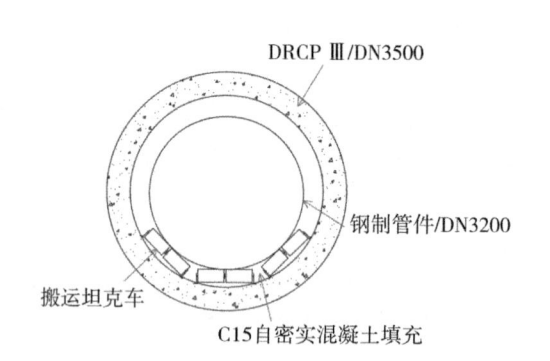

图 3.78 内穿钢管安装横断面图

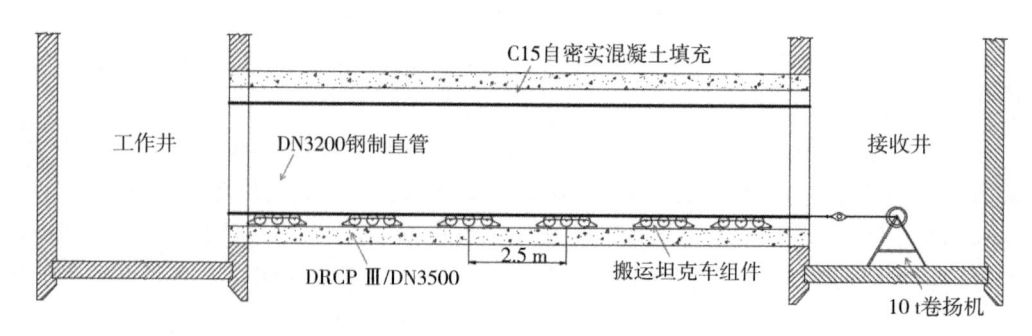

图 3.79 内穿钢管安装剖面图

(1) 卷扬机安装

采用 10 t 卷扬机以及滑轮组件作为牵引动力源,钢丝绳加滑轮组件牵引作为钢管的穿进动力。卷扬机安装在接收井一侧,安装中心位置与管道中心位置一致,避免牵引管道时,发生轴线偏差。

图 3.80　卷扬机安装

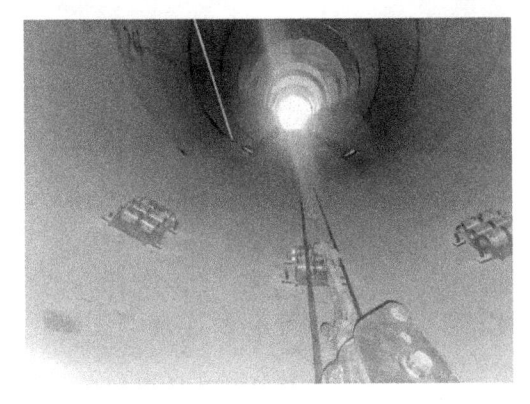

图 3.81　钢丝绳牵引

(2) 滑轮组件安装

减阻设备由数个载重 8 t 的搬运坦克车组成,安装时,将原受力平板锚固在顶进施工法用钢筋泥凝土排水管(DRCP)Ⅲ级管底部,滑轮反向朝上,作为钢制管件拖拽时减少摩擦阻力的设备,搬运坦克车沿垂直管道方向 3 个为 1 组,分别布置在管底 120°范围,沿平行管道方向每组 2.5 m 等间距布置,可减少摩擦阻力、钢管磨损以及拖拽效率,提高施工质量、加快施工进度。

图 3.82　滑轮组件安装

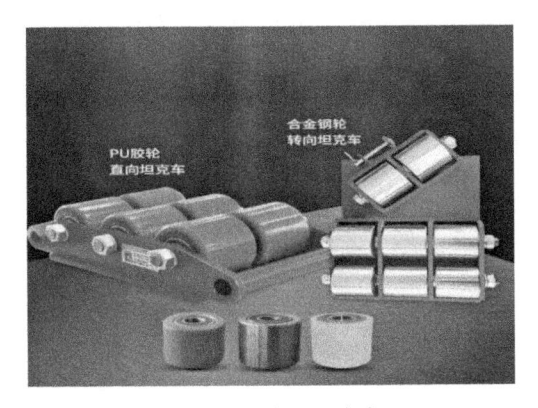

图 3.83　搬运坦克车

(3) 内穿施工

将卷扬机作为牵引动力源,钢丝绳加滑轮组件牵引作为钢管的穿进动力,在顶管内部安装定位导向滑轮,上穿钢绳,钢管一头焊接牵引挂钩,挂钩上连接一个滑轮,钢绳穿入,利用卷扬机前端滑轮组减少穿进拉力;同时利用吊车配合卷扬机工作,在拉进过程中,两者应同时作业,且吊车不必将管道吊离地面,只需要适当用力,减少管道与垫层的滑动摩擦力。

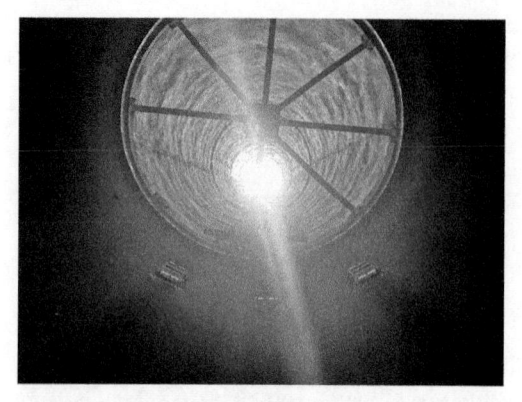

图 3.84 钢管牵引施工　　　　　　图 3.85 管道缝隙

3.2.3.5 管缝填充自密实混凝土

由于本次顶管套管的总长度超过了自密实混凝土的最大流动距离,在施工过程中会造成顶部填充不密实,存在空隙的情况,在施工中拟采用带压混凝土泵对管道内部空隙进行灌注,以达到填充密实的目的。特别要控制好混凝土坍落度和碎石粒径,尽量增大混凝土流动性,同时控制好混凝土泵压,保证连续灌注,中间不要停顿,一气呵成。灌注结束后顶部存在空隙时,从预埋灌注钢管中二次压入水泥砂浆或者水泥浆,保证填充密实。

拉进内穿钢管前,首先在 DN3500 钢筋混凝土顶管内壁预设 6 根长度不同的 DN100 镀锌钢管,顶管的上、下游两端分别设置 3 根,在顶管内壁钻孔,用膨胀螺栓及 ϕ22 定位钢筋将 6 根长度不同的 DN100 镀锌钢管固定在顶管管道顶部中心位置用于灌注自密实混凝土,6 根 DN100 镀锌钢管从工作井和接收井两端分别向顶管里穿入,长度分别为 49 m(编号 1 和 4)、33 m(编号 2 和 5)及 17 m(编号 3 和 6),以此来弥补自密实混凝土流动距离过短问题,灌注时按照由里向外的顺序进行灌注。以管道上游为例:先从工作井通过 49 m 长的 DN100 镀锌钢管灌注,待混凝土流动到 33 m 长的镀锌钢管管道影响范围后,再通过 17 m 长的 DN100 镀锌钢管灌注,以此类推。管道下游 3 根镀锌钢管采用同种方法灌注自密实混凝土。该种浇筑方式能使混凝土充满顶管与穿越管之间的空隙。

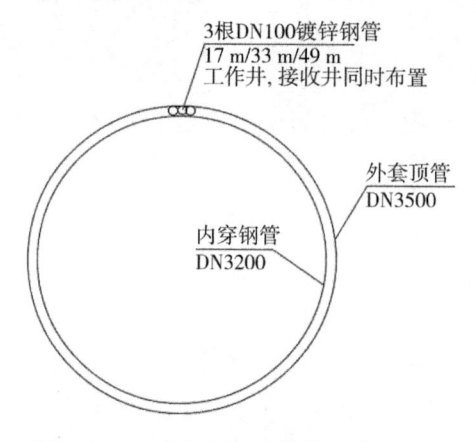

图 3.86 工作井侧预埋镀锌钢管剖面图

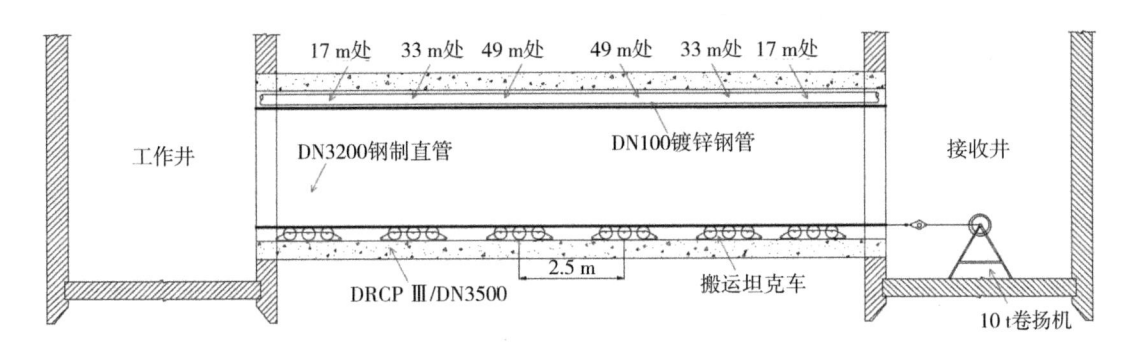

3 引调水工程河道穿越施工关键技术与应用

图 3.87　C15 自密实混凝土灌注横断面图

3.2.4　超长 PCCP 钢制弯管整体吊装施工技术

超长大口径 PCCP 钢制弯管施工前通过提前在加工厂按照设计转角和尺寸加工制作成整体构件,采用超长平板运管车运输至现场,钢制弯管整体吊装前,进行安装轴线控制点测放,根据排管图测放弯管承插口、转角节点位置和高程,并在承插口安装方向上延长一个控制点,采用水泥桩固定钢钉做标记,可有效提高安装精度。

吊装时采取多点吊装,确保整个弯头平衡受力,在施工中的测量定位主要以履带吊吊带定位为主,以履带吊吊顶动滑轮和定滑轮控制位微调来保证安装精度,并且可以调节钢制弯管角度,保证钢制弯管安装前能准确调整到设计要求的角度,稳定顺利地达到管件准确对接的目的。较传统现场拼装焊接施工相比,该施工技术无需进行现场焊接,保证了施工质量,节约了施工工期及成本。技术水平可达到国内先进水平,技术难度较大。

3.2.4.1　空间弯头轴线控制

以本工程中较为典型的桩号 QX41+996.950 处的 60# 钢制弯管为例。首先根据排管图测放 60# 钢制弯管(水平转角 61.11°,竖向转角 5.543°,全长 12.145 m)承插口、转角节点位置和高程,并在承插口安装方向上个延长一个控制点(延长长度大于 2.5 m 为宜),采用水泥桩和钢钉做标记,详见图 3.88 至图 3.90。

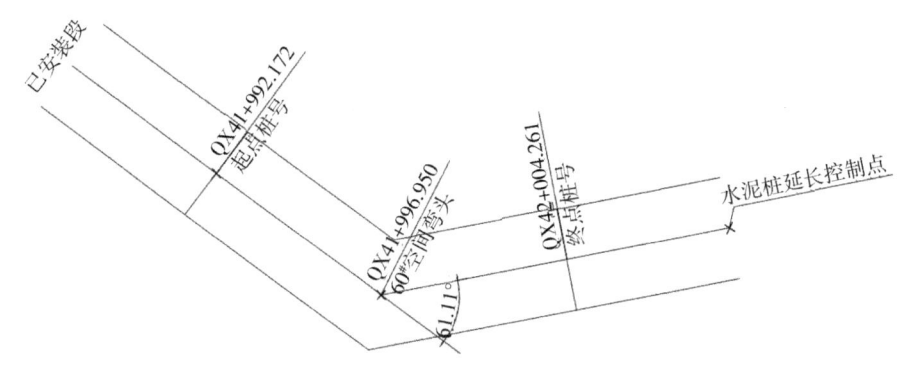

图 3.88　60# 钢制弯管水平转角平面图

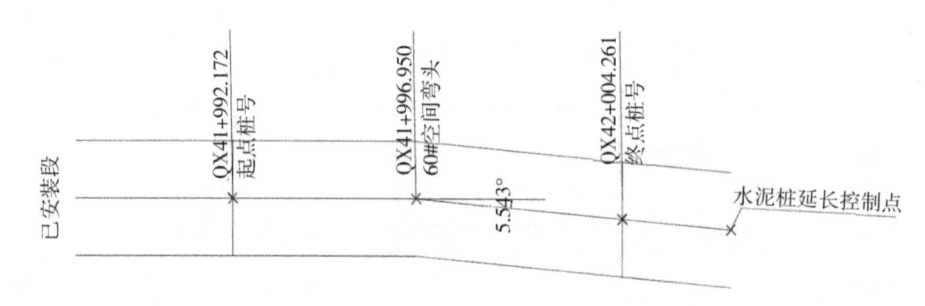

图3.89　60#钢制弯管竖向转角平面图

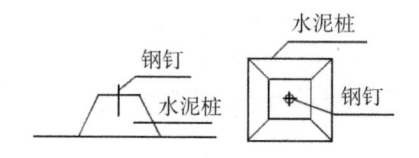

图3.90　测量控制点布设平面图

60#钢制弯管在水平与竖向转角重叠引起的空间转角,导致空间与水平弯头的几何尺寸存在较大差异,因此,要实现空间与水平弯头的准确对接减少或避免弯头安装误差,应严格按照标准管节安装的方位角和纵坡。在钢制弯管承插口处寻找管道制造时做好的水平标记,采用线绳连接,即为水平径向方向。

3.2.4.1　空间弯头吊装

1) 空间弯头安装前工作

(1) 管件在工厂按照设计转角和尺寸加工制作成整体构件,采用超长平板运管车运输至现场。

(2) 因空间弯头的几何尺寸和水平弯头的几何尺寸有很大差别,要准确地对接空间弯头,必须严格控制空间弯头前标准管节安装的方位角和纵坡,尽量减少安装误差。

(3) 在空间弯头承插口处寻找管道制造时做好的水平标记,采用线绳连接,即为水平径向方向。

2) 管件捆绑

(1) 主要安装设备及器具

①安装设备:400 t履带吊1台,平板拖车1台,电焊机2台,气焊(割)1套。

②工器具:钢丝绳6条(2条21 m长,2条16 m长,两条1.5 m长),2个5 t吊链,2个5 t卸扣,2个10 t吊链(安装内拉用)。

(2) 捆绑方式

①2条21 m钢丝绳吊装管件两端,为主要承重钢丝绳,见图3.91中的1#和4#钢丝绳。

②2条16 m钢丝绳将管件环抱捆绑,捆绑节点设置在管道腰线部位,捆绑节点采用5 t卸扣连接。两条钢丝绳捆绑时,一个捆绑节点在管件左侧,一个捆绑节点在管件右侧。

3 引调水工程河道穿越施工关键技术与应用

捆绑后,两条钢丝绳剩下的一端各采用一个 5 t 吊链与吊钩上部 1.5 m 长钢丝绳连接。

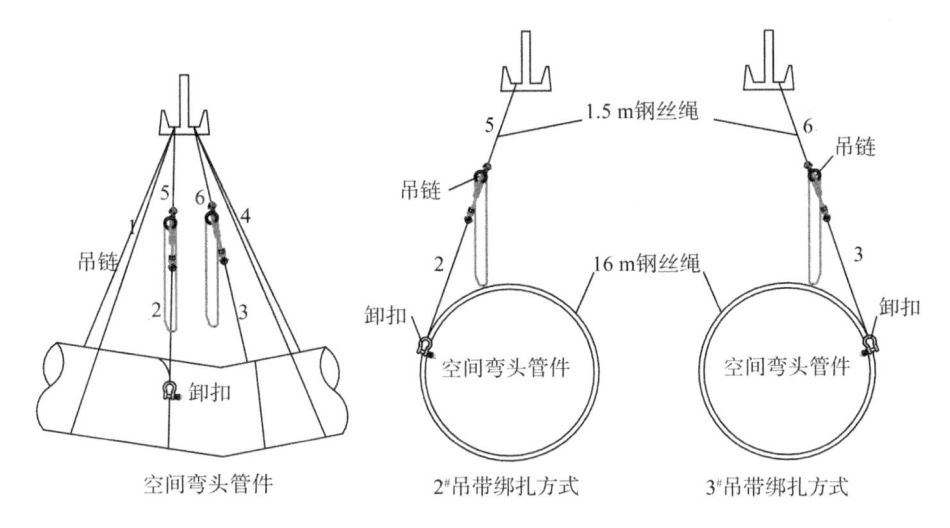

图 3.91 管件吊装捆绑图

3) 初步定位

管件捆绑好后,采用履带吊吊起,管件受力后(管件不离开地面),人工调整 2#、3# 吊带吊链,使管件旋转,旋转至管端径向线绳水平位置,即基本为管件设计安装方向和水平转角。

4) 管件对接及微调

(1) 管件对接采用 PCCP 标准管常规内拉方式对接,即在已经安装好的标准管管缝处和空间弯头安装方向管端各设置受力横梁,采用 10 t 吊链内拉,并辅以起重吊车上下轻微摆动,使管件对接至内缝 80 mm 左右,对接方式详见图 3.92。

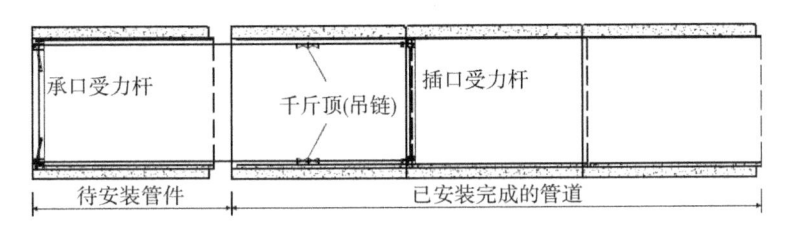

图 3.92 管件安装内拉图

(2) 管件对接至内缝 80 mm 时,进行管件安装方向微调。

轴线控制主要利用安装前空间弯头安装方向测设的两个中线控制点。在管端放置一根长 2.5 m∠50×50×5 角钢,角钢上部放置一 80 cm 长水平尺,将角钢调成水平放置,在角钢中心处挂线锤,通过管件左右两侧 2#、3# 吊带吊链调整吊带长度以旋转管件达到微调目的,调节管道中心与控制桩吻合,管端安装到位。

(3) 管件轴线调整后,继续内拉对接,使管件与上一节管道内缝达到设计要求(小于 25 cm),然后调节安装方向管端高程。

空间弯头管件安装方向轴线复核达到设计要求后,根据管道中心高程推算管内底高程,然后采用水准仪测量,通过起重设备上下微调确保管端内底高程符合设计要求(设计高程±3 cm)。

(4) 管道轴线复核

为了确保空间弯头安装方向管道方位角与设计吻合,分别测量2.5 m∠50×50×5角钢(角钢始终保持水平状态)两端至中线控制点2的距离。通过内拉设备左右微调和2#、3#吊带吊链旋转微调,调节至边长1=边长2时,管端横截面与管轴线垂直,即管件安装方向的方位角和管件轴线与设计中心线吻合,详见图3.93。

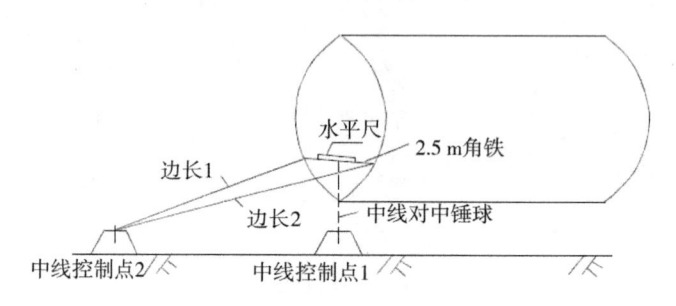

图3.93 管件安装轴线复核方法图

(5) 管道安装完成后,进行接头打压,采用手提式打压泵,管道连接后将试压嘴固定在管道插口的试压孔上,连接试压泵,将压力升至试验压力,恒压2 min,无压力下降,该接缝压力试验合格。

3.2.4.1 空间弯管件固定

管件轴线、高程及接头打压均满足设计要求后即可固定空间弯头管件,空间弯头管件主要采用φ75的钢管支架支撑。钢支撑每个立杆下部设置一块30 cm×30 cm×2 cm的钢板,钢支撑与管道接触部位设计一块20 cm×20 cm×2 cm的钢板,增加钢支撑对管道的接触面积,防止应力集中破坏管道。空间弯头管件因水平和竖向转角,管件本身为不稳定体,为此在承口端和插口端支撑各不少于两处,并且在转角节点处也设置一道支撑桁架,确保管件稳定牢固。

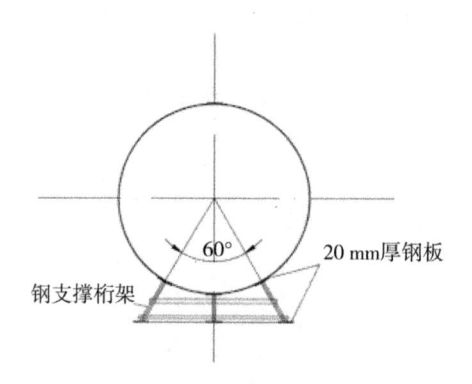

图3.94 钢管支架支撑

3.2.5 PCCP 管道静水压试验技术

根据设计要求,PCCP 管道穿越段完成后,进行管道水压试验,每段试验段长度不宜大于 1 km。按此要求,需进行 37 段水压试验,根据管道充水量计算每一段试验所需水量为 8 038 m^3。大多试验段附近距现有河道较远,取水极为困难;试验完成后,将管道内水排放相对比较困难,且费用高。每段试验均需要混凝土堵头作靠背,且存在本段进行水压试验时下一段不能进行施工的情况,工期难以保证。鉴于以上原因,综合成本和工期考虑,必须对水压试验方案分段和堵头设计进行优化。

3.2.5.1 优化试验段

通过仔细研究招标文件、设计图纸以及相关规范,在《给水排水管道工程施工及验收规范》(GB 50268—2008)、《预应力钢筒混凝土管道技术规范》(SL 702—2015)中都有提到特殊情况下可以根据工程具体情况划分水压试验段长度,实施前需经专家论证同意。

根据《给水排水管道工程施工及验收规范》(GB 50268—2008)第 9 章第 9.1.9 节规定,管道的试验长度除本规范规定和设计另有要求外,压力管道水压试验的管段长度不宜大于 1.0 km,对于无法分段试验的管道,应由工程有关方面根据工程具体情况确定;第 9 章第 9.2.10 节规定,当工作压力≤0.6 MPa 时,水压试验的试验压力为 1.5 倍工作压力。

根据《预应力钢筒混凝土管道技术规范》(SL702—2015)中相关规定,对于长距离、大口径、管线附近无水源及排水困难的管道工程,实施难度大,若有充分论证或专项设计,可不受分段长度限制。

据此,工程项目部组织专家论证,明确了可以根据实际情况划分试验段长度以及管道设计工作压力为 0.4 MPa 时可以采用蝶阀作为堵板的意见。

根据以上规范以及已建工程经验(如辽西北 DN3600 PCCP 管道供水工程,采用先进行首段水压试验,合格后,再进行管道通长水压试验的方法),并充分考虑现场实际情况,建议将本次水压试验分段处设在现有检修阀处。全线水压试验划分 5 个打压段,最终获得项目公司、监理单位、设计单位的同意。

各打压段内均有现状河流、沟渠,打压时可协调由上游分水闸放水,保证试验用水,且河流水质均较好,能够满足水压试验水质要求。试验完成后,排水可排至原河道。

3.2.5.2 定制打压管

本工程水压试验利用法兰将平盖封头与打压管固定,平盖封头采用内外加筋圆形结构。

依据《压力容器 第 3 部分:设计》(GB150.3—2011),加筋圆形平盖厚度计算公式如下:

$$\delta_p = 0.55d\sqrt{\frac{P_c}{[\sigma]^t \times \varphi}}$$

式中，d——当量直径，取 d_1 和 d_2 中的较大者，其中 $d_1 = \frac{\sin(180°/n)}{1+\sin(180°/n)}D_c$；

δ_p——堵板厚度；

P_c——水压试验最高允许压力，取 1.5 倍设计压力；

$[\sigma]^t$——许用应力（$[\sigma]^{20℃} = 147.5$ MPa）；

φ——基本应力修正系数，取 0.9。

此外加筋板与平盖组合截面抗弯模量 W 应满足下式，且平盖中心加强圆环截面的抗弯模量不小于加强筋板的截面抗弯模量。

$$W \geqslant 0.08\frac{P_c \times D_c\verb|^|3}{n[\sigma]^t}$$

式中，n——加筋板个数；

D_c——计算直径。

表 3.3 DN3200 平盖封头设计计算书

设计依据	GB 150.3—2011	值	单位
一、设计条件			
公称直径	D	3 200	mm
计算直径	D_c	3 260	mm
工作压力	P	0.6	MPa
允许压力	P_c	0.9	MPa
材料强度		295	MPa
材料许用应力	$[\sigma]^t$	147.5	MPa
焊接接头系数	ψ	0.8	
二、结构计算			
内环筋板数量	n	8	
内环筋板切线圆直径	$d_1 = d_2'\sin(180°/n)/[1+\sin(180°/n)]$	296.142 46	mm
内环加强圆环直径	d_2	300	mm
外环筋板数量	n'	16	
外环筋板切线圆直径	$d_1' = D_c'\sin(180°/n')/[1+\sin(180°/n')]$	532.172 705	mm
外环加强圆环直径	d_2'	1 070	mm

续表

设计依据	GB 150.3—2011	值	单位
当量直径	d	532.172 705	mm
内环筋板间距	L_3	114.805 03	mm
外环筋板间距	L_3'	208.746 645	mm
平盖计算厚度	$\delta_p = 0.55d\sqrt{(P_c/[\sigma]^t\varphi)}$	25.562 042	mm
平盖厚度取值		30	mm
筋板厚度取值	δ_1	30	mm
内环筋板组合截面最小抗弯模量	$W_1 = 0.08 \cdot Pc \cdot d_2'^{\wedge}3/(n \cdot [\sigma]^t)$	74 748.386 44	mm³
内环筋板计算高度	h_1	300	mm
行心至平盖底面距离	$y_1 = [\delta_1 \cdot h_1(h_1/2 + \delta_p) + L_3 \cdot \delta_p(\delta_p/2)]/(\delta_1 \cdot h_1 + L_3 \cdot \delta_p)$	134.333 172	mm
内环筋板组合截面抗弯模量	W	1 009 233.601	mm³
	$W > W_1$		
外环筋板组合截面最小抗弯模量	$W_1' = 0.08 \cdot Pc \cdot D_c^{\wedge}3/(n' \cdot [\sigma]^t)$	1 056 995.878	mm³
外环筋板计算高度	h_1'	300	mm
行心至平盖底面距离	$y_1' = [\delta_1 \cdot h_1'(h_1'/2 + \delta_p) + L_3' \cdot \delta_p(\delta_p/2)]/(\delta_1 \cdot h_1' + L_3' \cdot \delta_p)$	112.297 939	mm
外环筋板组合截面抗弯模量	W'	1 500 537.251	mm³
	$W' > W_1'$		
	加强筋校核通过		
三、设计结果			
筋板设计厚度	Q355	30	mm
筋板设计高度	双面加筋(按单面加筋计算)	300	mm
平盖厚度	Q355	30	mm
内环筋板数量		8	
内环加强圆环直径		300	mm
外环筋板数量		16	
外环加强圆环直径		1 070	mm

由计算结果可知在设计内压条件下,平盖设计厚度30 mm,在采用单面加筋(内、外环及筋板加筋)结构构造,并且满足规范对截面抗弯模量要求的情况下,内环直径为300 mm,加筋板数量为8条,外环直径1 070 mm,加筋板数量为16条,筋板高度300 mm。平盖封头结构简图见图3.95。

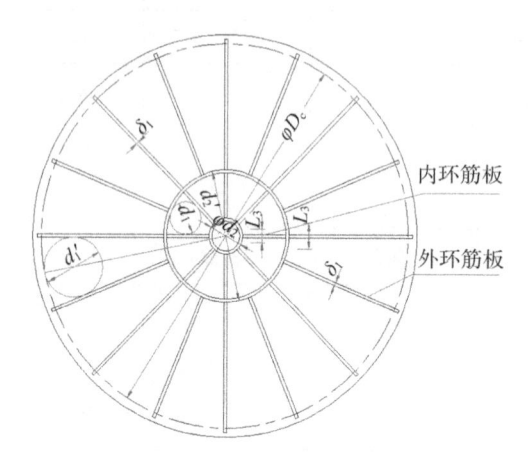

图3.95 DN3200平盖封头结构设计图

图3.96 平盖封头生产加工图

3.2.5.3 靠背及止推环设计

输水管线QX30+000～QX61+621.399段设计工作压力0.4 MPa(水压试验压力为1.5 P,即0.6 MPa),水压试验划分段两端选用现有检修阀井阀件,蝶阀设计工作压力为0.6 MPa,密封试验压力为0.66 MPa,壳体试验压力0.9 MPa,未超过蝶阀正常工作压力,可将蝶阀作为此试验段的两端封堵板。

表3.4 蝶阀主要技术指标表

试验段	名称	设计值
1	设计公称压力	0.6 MPa
2	适用介质	水
3	使用温度	≤80℃
4	空载操作试验	空载启闭3次,最大工作压差启闭1次
5	蝶阀壳体强度试验压力	1.5倍公称压力
6	蝶阀密封试验压力	1.1倍公称压力(双向承压)
7	传力接头强度试验压力	1.5倍公称压力
8	传力接头密封试验压力	1.25倍公称压力
9	防腐层厚度	不小于250 μm

本工程在前期设计中考虑了在检修阀井前后设置止推环,并额外在检修阀井内部增加了 12# 工字钢支撑,通过止推环与钢支撑共同作用,将阀门关闭后由静水压力产生的推力传递到阀井上,可利用阀井作靠背,可在阀井上下游浇筑混凝土镇墩加大摩擦力来增加抗滑稳定,从而达到靠背作用。

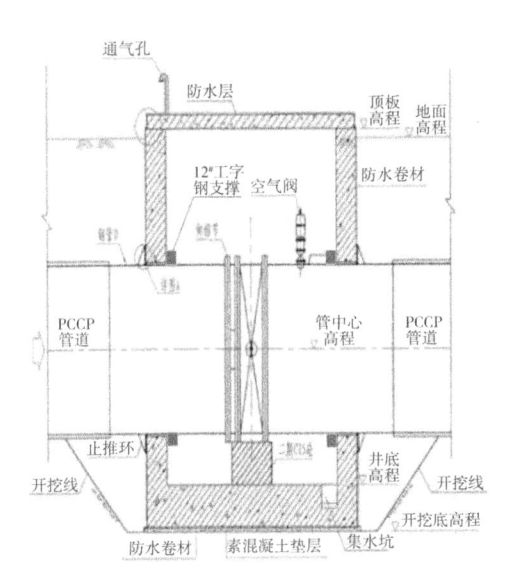

图 3.97 工字钢支撑设计图

图 3.98 止推钢板焊接

3.2.5.4 试验流程

水压试验时,将试验段两端现有蝶阀阀门拆卸,安装定制打压管堵板与蝶阀伸缩节连接,通过伸缩节活动来调节堵板受力情况。

图 3.99 传统方案:混凝土靠背

图 3.100 拆除蝶阀阀门

图 3.101 安装打压管堵板　　　　图 3.102 优化后:定制打压管堵板

3.2.5.5 主要结论

(1) PCCP 管道穿越大断面河流施工时,通过优化导流明渠、降排水布置、斜坡段管道安装以及通过在临近两端高程骤降(升)处增设空气阀井来降低"水锤效应"对管道带来的危害等,该技术达到国内外先进水平。

(2) 采用沉井不排水下沉及潜水员水下封底、高速路基预注浆加固、泥水平衡顶管施工以及路面分层沉降观测点等技术,将穿越高速路面沉降控制在要求范围 20 mm 内。在高水位粉细砂层地质条件下直径为 4 140 mm 的顶管穿越高速公路施工在河南省尚属首次。

(3) 内穿钢管安装时,通过总结的制作钢桁架定位平台、定制搬运坦克车组件的减阻及定位施工技术,可有效提高施工质量和安装速度,该项技术达到国内先进水平。

(4) PCCP 空间弯头整体吊装施工时,通过采用多点吊装方式、吊链微调及钢桁架支撑固定技术,可提高施工精度,该项技术可达到国内先进水平。

(5) PCCP 管道静水压试验时,采用定制打压管替换检修蝶阀作为水压试验的堵板,该项技术可达到国内先进水平。

3.3 围堰施工与渗流分析方法

3.3.1 围堰设计与施工

3.3.1.1 围堰设计

穿越惠济河围堰分为一期围堰和二期围堰。

(1) 一期围堰设计

一期围堰布置在主河槽内,为横向围堰,考虑了基坑开挖放坡,并留有适当距离,以保证围堰坡脚的安全,同时满足开挖出渣、基础处理等下基坑所必需的施工道路布置需要。

3 引调水工程河道穿越施工关键技术与应用

根据以上要求，上游围堰布置在管轴线上游约 136 m 处，下游围堰布置在管轴线下游约 171 m 处。围堰平面布置如图 3.103 所示。

根据保护对象，确定本工程临时围堰等级为 4 级。按照 20 年一遇洪水标准进行设计，最高水位 39.2 m，加风浪爬高及安全超高，围堰顶高程确定为 41.0 m。一期上游围堰轴线布置在距两管中线约 136 m 处，与导流明渠上游右岸挡水堤相接。堰顶宽 6.0 m，堰长 113 m，迎水面坡比为 1∶3，背水面坡比为 1∶2.5，围堰底高程约 31 m，堰顶高程 41 m，最大堰高 10 m。依据《小型水利水电工程碾压式土石坝设计规范》(SL189—2013)，围堰压实度取 0.95。在上游围堰背水面坡脚处设置戗堤，戗堤顶宽 5 m，高度 5 m，边坡坡比 1∶3，压实度 0.95。在围堰迎水面水位最大突降位置高程 34.0~39.2 m 铺设土工膜，防止迎水面土体冲刷破坏。

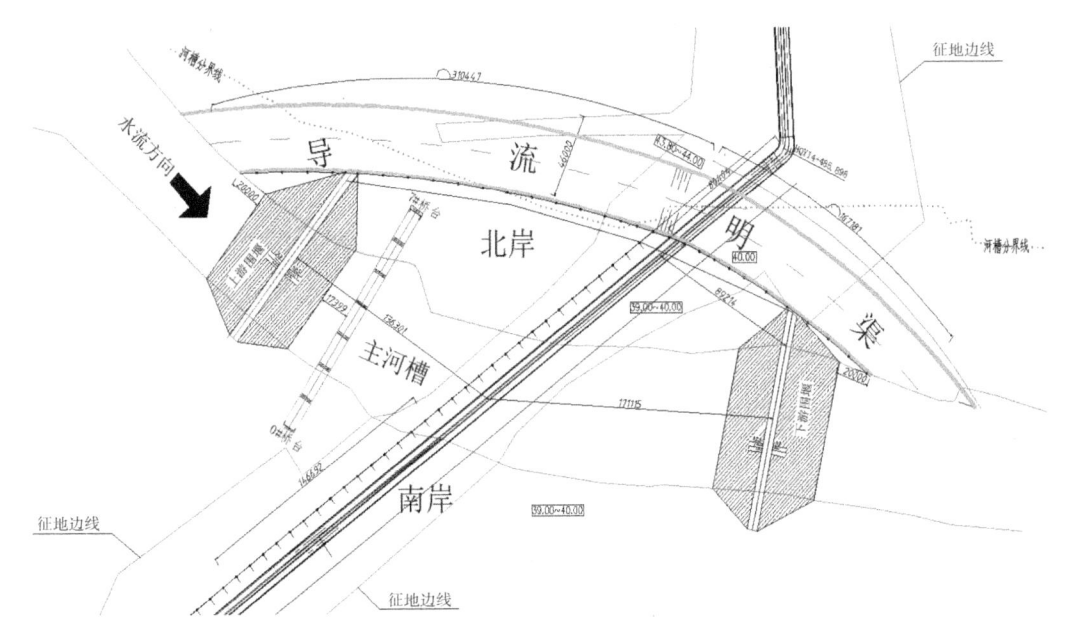

图 3.103 惠济河围堰平面布置

一期下游围堰布置在距管道轴线下游约 171 m 处，围堰长度约 113 m，围堰顶宽 6.0 m，迎水面坡比水上为 1∶3，背水面坡比为 1∶2.5。由于导流明渠出口处距下游围堰堰脚 20 m，出口处流速大，水面流态复杂，在下游围堰左岸堰坡脚设 2 层土袋防护，厚度约 40 cm。依据《小型水利水电工程碾压式土石坝设计规范》(SL189—2013)，围堰压实度取 0.95。在下游围堰背水面坡脚处设置戗堤，戗堤顶宽 5 m，高度 5 m，边坡坡比 1∶3，压实度 0.95。

因受下游东孙营闸影响，现上游河道内为静水，考虑整个施工期东孙营闸无法开闸放水，主河槽内静水工况，无水流冲击，采用导流明渠开挖出的重粉质壤土随围堰施工直接截流，围堰右端超出主河槽宽度不小于 20 m，围堰左端与导流明渠右岸挡水堤相连接。

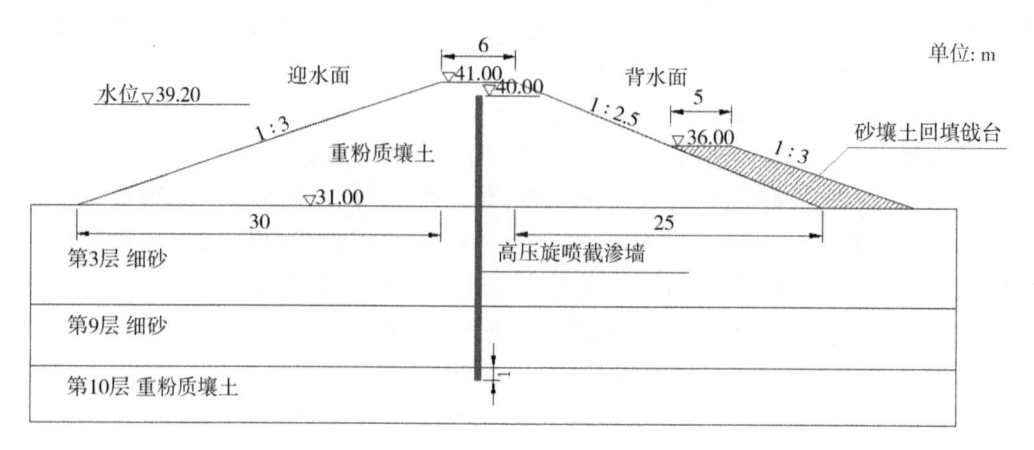

图 3.104　一期上游围堰断面图

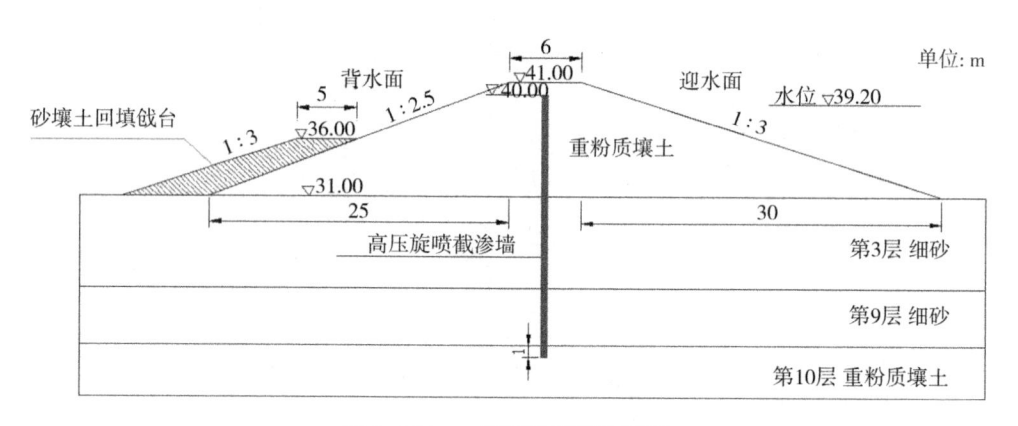

图 3.105　一期下游围堰断面图

（2）二期围堰设计

二期围堰为纵向围堰，考虑左岸开挖区与右岸开挖区在汛期施工，管线穿越惠济河水位标准为 30 年一遇设计、100 年一遇校核；30 年一遇洪水位为 42.93 m，100 年一遇洪水校核水位为 43.9 m。围堰设置在左、右岸开挖区外，靠近主河槽侧滩地内，围堰顶部高程 43.5 m，堰高 4 m，堰顶宽度 1.5 m，边坡坡比 1∶1.5，两端与两岸高点（堤顶）相接。

围堰填筑土料采用导流明渠开挖的重粉质壤土，1.0 m³ 或 2.0 m³ 挖掘机装 15 t 自卸汽车运输，用于填筑围堰，进占法施工。围堰填筑水下部分采用抛填，水上部分每层铺土厚 0.35 m，TY220 推土机分层整平，YZ20 自行式凸块振动碾分层碾压。

3.3.1.2　围堰施工方法

围堰填筑量 7.6 万 m³，戗堤填筑量 5 600 m³，考虑不可预见因素影响，按计算戗堤抛投量的 1.2 倍进行备料，备料量为 6 720 m³。

惠济河河床存在 1.6～1.9 m 淤泥层，围堰回填前采用长臂挖掘机（25 m）对上、下游围堰基础范围内淤泥进行挖除，因设备工作幅度限制，无法一次将整个河槽淤泥清理完成，河床淤泥清理随围堰向前推进逐步清理。

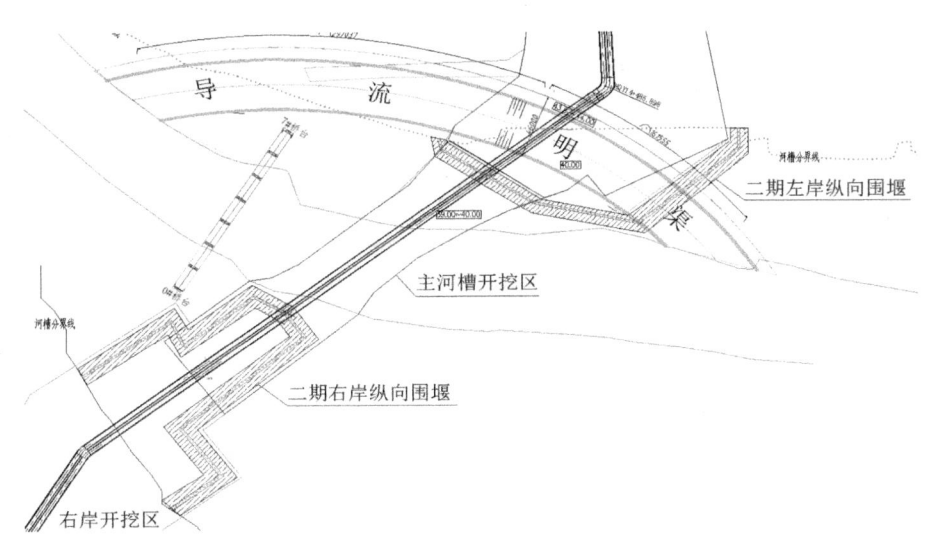

3 引调水工程河道穿越施工关键技术与应用

图 3.106 二期纵向围堰平面布置示意图

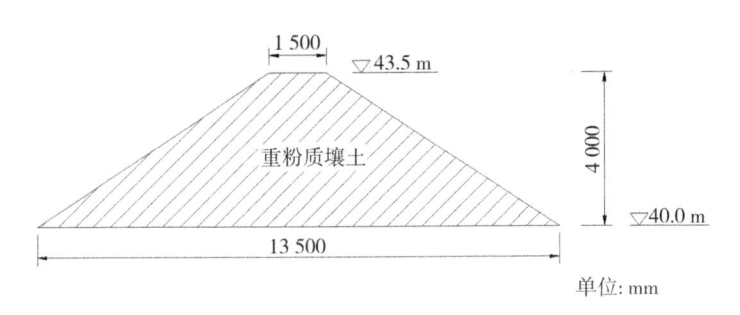

图 3.107 二期纵向围堰横断面示意图

上、下游围堰填筑均从北岸向南岸推进,因惠济河河道内水位较深,下游东孙营闸无法开闸放水,河槽内为静水,水面以下采用自卸汽车进占法施工,待填筑土料超出堰前水位 0.8 m 后(高程 40.0 m)在承载力满足碾压设备作业的条件下,向前继续填筑直至惠济河南岸,随后进行围堰高压旋喷施工。高压旋喷截渗墙施工完成后,分层填筑围堰至高程 41.0 m。

用于围堰填筑的主要机械有 PC240、PC360 挖掘机装 15 t 自卸汽车,围堰填筑水下部分采用抛填,水上部分每层铺土厚 0.3~0.4 m,压实度采用 0.92,TY220 推土机分层整平,YZ20 自行式凸块振动碾分层碾压。高喷截渗墙插入下部不透水层深度不小于 1 m。

3.3.2 围堰渗流分析

(1)渗流分析内容

采用数值分析方法进行上、下游围堰平面有限元渗流分析。

(2) 计算工况

后陈楼—七里桥调蓄水库输水管线穿越惠济河，由于受下游东孙营闸关闸影响，水位长期位于38～39.2 m高程。考虑围堰建成后无法开闸下泄的情况，上下游围堰堰前水位将最高达到39.2 m高程。考虑最不利因素影响，以39.2 m高程水位分析围堰渗流及稳定性。

围堰地基存在第二层沙壤土及第九层细砂，为中等透水性层，易发生涌砂及渗透破坏，对基坑造成影响，拟采用高压旋喷防渗墙进行基础防渗处理。根据防渗墙破坏时的水力坡降确定墙体厚度d，计算公式如下：

$$d = \frac{\Delta H_{\max}}{J_P}$$

式中，$\Delta H_{\max}$——作用在防渗墙上的最大水头差；

J_P——防渗墙允许承受的水力坡降，取80。

防渗墙阻挡围堰上游水向基坑渗漏，堰前设计洪水位为39.20 m，基坑地下水位控制在明挖建基面以下1 m，高程为21.0 m，最大水头差为18.20 m，按此工况进行计算，$d=0.23$ m。根据防渗墙施工经验，并结合本次成桩施工深度，防渗墙成墙设计厚度取0.55 m，旋喷桩桩径取1.0 m，桩间距0.8 m，桩体成墙理论设计厚度0.6 m＞0.55 m，防渗墙顶部高程为40.0 m，底部高程进入下部第十层重粉质壤土1 m。

(3) 方法及计算模型

围岩渗透稳定分析采用河海大学工程力学研究所研制的AutoBank7。根据岩土体物理力学性质、渗透性等水文地质条件，结合地质勘察剖面，分别选取上、下游围堰最大堰高断面进行渗流及渗透稳定计算。

计算过程及结果如下。

①围堰渗流计算参数

土体的渗透系数采用《引江济淮工程（河南段）后陈楼调蓄水库—七里桥调蓄水库输水管线穿越惠济河变更设计工程地质勘察报告》中相关参数，详见表3.5。

表3.5 围堰各材料渗透系数

材料	渗透系数
重粉质壤土（填筑料）	1.49×10^{-6} cm/s
河床表层淤泥	1×10^{-6} cm/s
第2层重粉质壤土	6×10^{-5} cm/s
第3层细砂	5×10^{-3} cm/s
第9层细砂	8.5×10^{-3} cm/s

②渗流稳定分析结果及评价

按照设置防渗墙后进行渗流稳定计算，成果见表3.6，上、下游围堰堰前39.2 m水位等水头线分别见图3.108和图3.109。由计算成果可知，进行防渗处理后，堰后边坡出逸点高程降低,高喷防渗对维持围堰渗透稳定和控制下部细砂层渗漏量起到较好作用。

表 3.6　渗流稳定计算成果表

设计断面	堰前水位	堰后水位(基坑)	堰后边坡出逸点高程(m)	渗流量[m³/(s·m)]
上游围堰最大堰高断面	水位 39.20 m	无水	32.45	5.34×10^{-7}
下游围堰最大堰高断面	水位 39.20 m	无水	32.41	1.33×10^{-8}

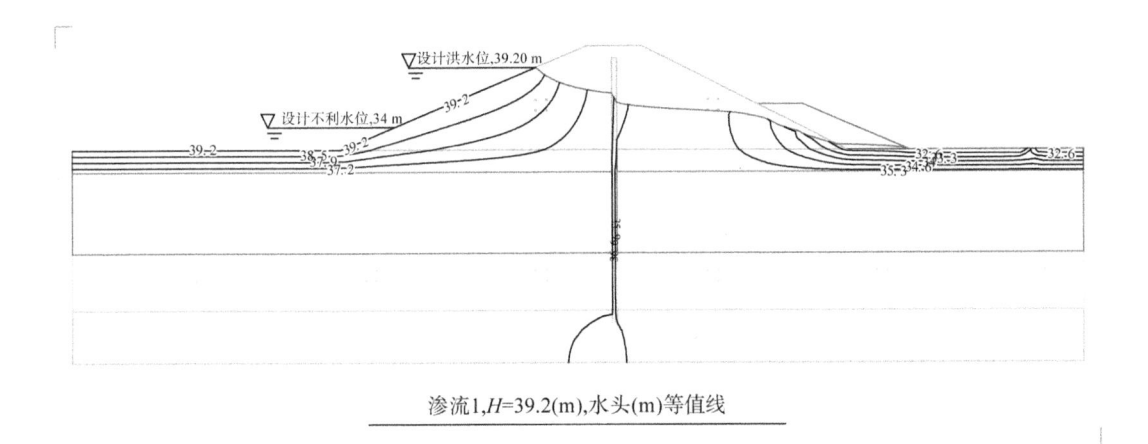

图 3.108　上游围堰堰前 39.2 m 水位等水头线(进行高喷防渗处理)

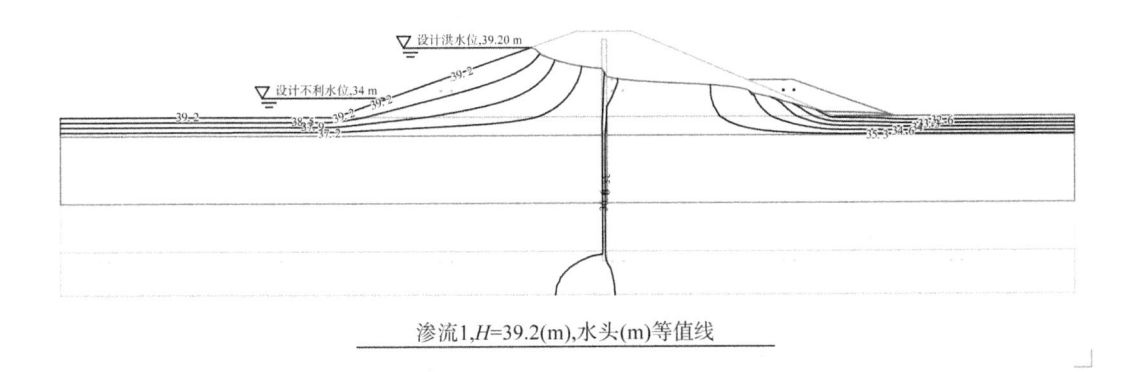

图 3.109　下游围堰堰前 39.2 m 水位等水头线(进行高喷防渗处理)

经计算,围堰渗流及渗流稳定性满足要求。

3.4 输水管线基坑开挖及降排水施工方法

3.4.1 基坑降排水施工技术与方法

3.4.1.1 基坑降排水

(1) 基坑初期排水

截流后基坑平均净水深约 8 m,基坑长度约 310 m,初期排水按 1.5 倍基坑估算,排水总量约为 327 360 m³。计划按 1 m/d 的下降速度排水,计划在 7 d 内排干基坑。每天按 24 小时计,排水强度约为 1 364 m³/h,基坑内共安置 10 台离心式水泵(功率 45 kW,流量 200 m³/h,扬程 40 m)承担基坑初期排水任务,直接抽排至下游堰外河道。

(2) 基坑经常性排水

明水抽排完成后,主河槽开挖区在高喷截渗基础上,直管段在基坑上游边坡 30.0 m 高程马道上设置降水井,作为经常性降水管井,井距为 15 m,距离基坑坡脚 15 m,降水井内径 50 cm,主河槽井深 15 m,两侧滩地井深 25 m,主河槽开挖区共布置降水井 16 眼。左、右岸开挖区开挖时全部依靠管井降水,输水管线两侧设置,井间距均为 10 m,梅花型布置。直管段上游管井距离基坑坡脚 15 m,井深 30 m;直管段下游管井距离基坑坡脚 15 m,井深 30 m;斜坡段上游管井距离基坑坡脚 15 m,井深 30 m;斜坡段下游管井距离基坑坡脚 15 m,井深 30 m;降水井内径均为 50 cm。左岸开挖区共布设降水管井 46 眼,右岸开挖区共布设降水管井 51 眼。

3.4.1.2 施工工艺流程

穿越惠济河土方开挖前,首先进行降水井施工,待降水井施工完成并抽排约 10 天左右再进行土方开挖。穿越惠济河基坑开挖及降排水施工工艺流程见图 3.110。

1) 施工准备

(1) 施工技术准备

收集准备本工程适用的国家及行业规范规程,收集与本工程条件类似的工程资料,组织项目施工技术人员学习熟悉图纸及相关规范规程,了解各项施工技术参数指标及有关施工强制性规定。

施工前,根据设计图纸和控制坐标,依据设计开挖线进行测量放线,标出开挖边线等,埋设平面和断面控制桩,然后对各断面实际开挖断面进行复测,绘制断面图,计算开挖工程量。

开挖前,测量人员根据现场的实地高程放出开挖边线,并对土方作业队进行技术交底。

(2) 施工安全管理准备

对参与深基坑施工的全体人员进行安全教育,提高施工人员的安全意识和安全生产知识,并现场进行安全施工技术交底。

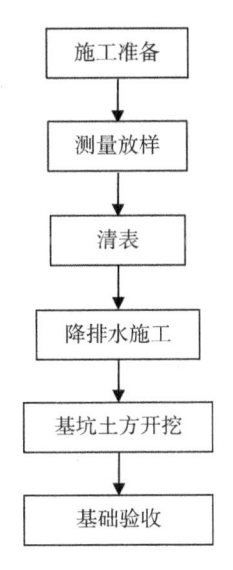

```
施工准备
   ↓
测量放样
   ↓
清表
   ↓
降排水施工
   ↓
基坑土方开挖
   ↓
基础验收
```

图 3.110 施工工艺流程图

工程开工前,项目技术负责人向参加施工的各类人员,就审批后的施工方案进行交底,特别是对涉及的各类安全技术措施要进行详细交底并做好交底记录,确保每一名员工都明白工程施工特点以及各个时段的安全施工要求。

(3) 施工机械准备

按照工程施工设计情况,精心进行设备选型,确定施工机械型号及数量,并制定详细的施工设备需用计划。对机械设备进行检查、维修和保养,并预留足够数量的易损零部件。施工设备在进场前进行试运转,保证机械设备状况良好。

(4) 工程材料准备

根据基坑开挖及降排水方案,准备充足的管路、电缆及其他零星材料,为工程施工做好材料准备。

(5) 施工用电、排水及道路准备

根据降水设备用量,进行水、电需用量测算,制定用水、用电计划表。对施工现场及周围进行详细考察,确定用电、排水接入点。

对进场线路进行研究,规划设备及物资进场路线及置放地点,同时施工现场做好准备工作,施工设备和材料进场做到有条不紊。

2) 测量放样

施工前,根据穿越惠济河的设计图纸和控制坐标,依据设计开挖线进行测量放线,标出输水管道的轴线位置、开挖边线、井位等,埋设平面和断面控制桩,然后对各断面实际开挖断面进行复测,计算开挖工程量。

3) 清表

采用D16型推土机进行清表,清表厚度50 cm,清表土采用1 m³挖掘机装运15 t自卸汽车运至堆放区。

4）降排水施工

（1）降水形式

井点布置图见图 3.111 至图 3.113。

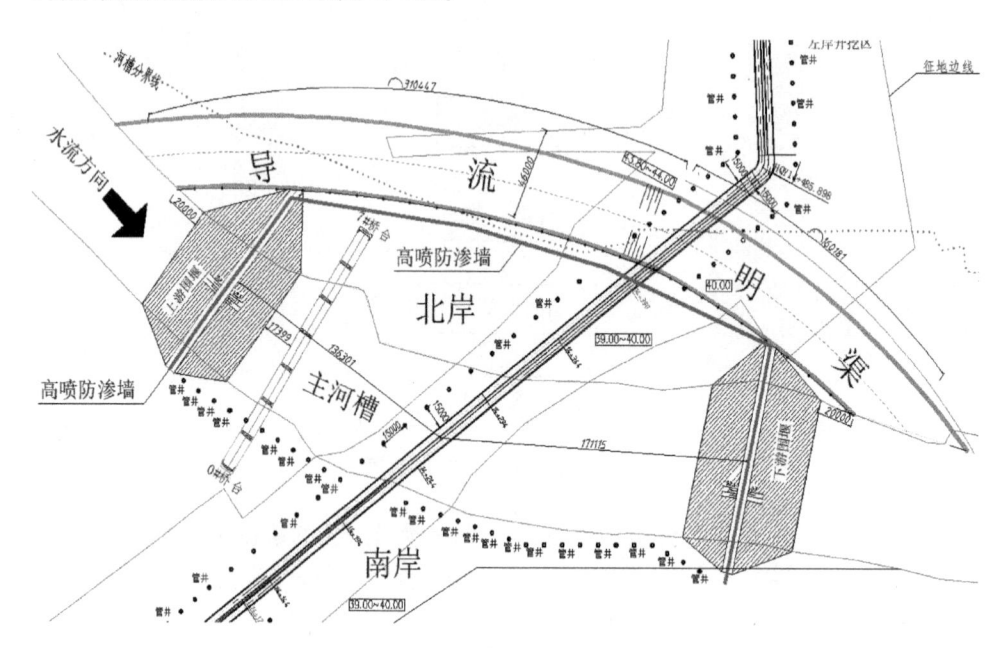

图 3.111　主河槽开挖区井点布置图

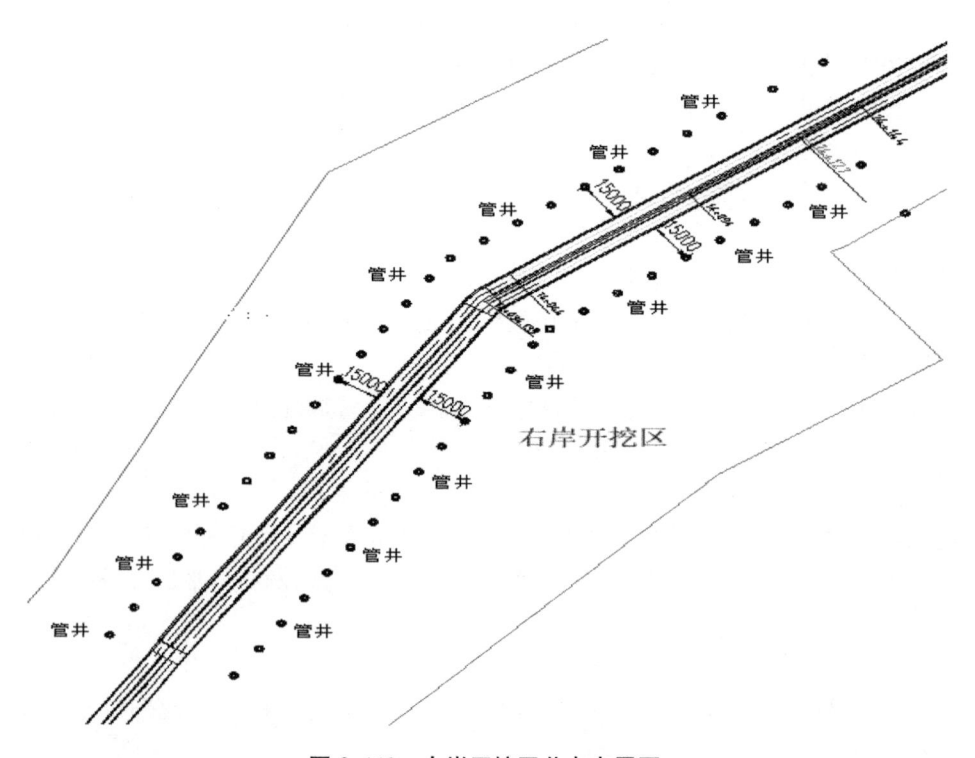

图 3.112　右岸开挖区井点布置图

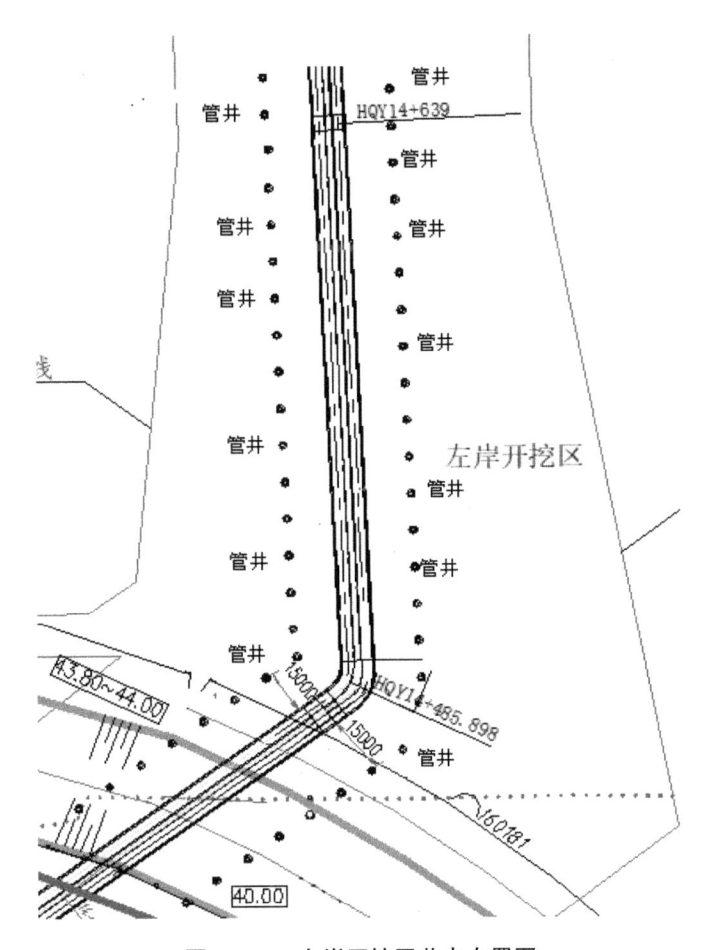

3 引调水工程河道穿越施工关键技术与应用

图3.113 左岸开挖区井点布置图

(2) 降水井结构

降水管井具体结构为：开孔直径700 mm；混凝土无砂管节外径600 mm，内径500 mm；管外包裹2~3层纱滤网，过滤料为粗砂。

(3) 管井降水工艺流程

A. 井点测量定位

按照本方案要求布设井点，并测量地面标高、降水井距输水管线边线距离，以设计好的井点为中心，700 mm直径做圆，井位采用白灰进行明显标示。

B. 挖泥浆坑

泥浆池位置根据管井位置就近布置，采用1井1池，泥浆池大小为3 m×3 m×1.2 m，开挖后的泥浆池注意防渗处理，采用塑料薄膜将泥浆池周边及池底进行铺盖，防止发生跑浆、漏浆。

C. 钻机就位

钻孔采用GF—250反循环钻机，钻一次成孔，钻机进入施工现场后按照预先放样的井位进行放置，采用水准仪找平，做到稳固、周正、水平，保证钻进过程中钻机稳定。同时对钻机的动力系统、升降系统、钻塔、钻头等部件全面检查和维护保养，使其保持良好状态。

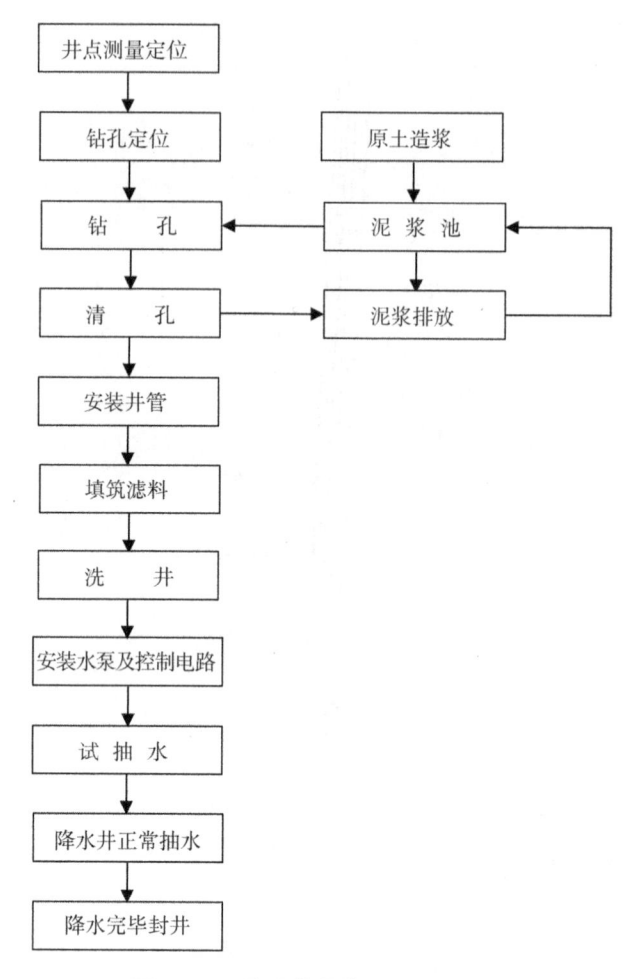

```
                    ┌──────────────┐
                    │  井点测量定位  │
                    └──────┬───────┘
                           ↓
                    ┌──────────────┐    ┌──────────────┐
                    │   钻孔定位    │    │   原土造浆    │
                    └──────┬───────┘    └──────┬───────┘
                           ↓                    ↓
                    ┌──────────────┐    ┌──────────────┐
                    │    钻  孔    │◄───│   泥浆池     │◄──┐
                    └──────┬───────┘    └──────┬───────┘   │
                           ↓                    ↓           │
                    ┌──────────────┐    ┌──────────────┐   │
                    │    清  孔    │───►│   泥浆排放    │───┘
                    └──────┬───────┘    └──────────────┘
                           ↓
                    ┌──────────────┐
                    │   安装井管    │
                    └──────┬───────┘
                           ↓
                    ┌──────────────┐
                    │   填筑滤料    │
                    └──────┬───────┘
                           ↓
                    ┌──────────────┐
                    │    洗  井    │
                    └──────┬───────┘
                           ↓
                    ┌──────────────────┐
                    │ 安装水泵及控制电路 │
                    └──────┬───────────┘
                           ↓
                    ┌──────────────┐
                    │   试 抽 水    │
                    └──────┬───────┘
                           ↓
                    ┌──────────────┐
                    │  降水井正常抽水 │
                    └──────┬───────┘
                           ↓
                    ┌──────────────┐
                    │  降水完毕封井  │
                    └──────────────┘
```

图 3.114　降水管井施工工艺流程图

D. 钻孔成井

在钻井过程中,观察循环水的变化,保持循环泥浆水不低于井口以下 1 m,严格控制钻孔的垂直度,井管顶角偏斜不得超过 1°,以利混凝土井管的顺利安装;同时,钻进过程中要保持井内泥浆性能稳定,每隔 4 h 或每钻进 15 m 测量一次泥浆比重,使泥浆比重保持在 1.1~1.36 之间。成孔直径 70 cm,钻孔达到设计深度时,再深入 0.5 m 左右,停止钻孔。

E. 清孔

钻进至设计标高后(大于设计深度 0.5 m),及时进行清孔,清除孔底沉渣(护壁泥浆)。将钻机钻头提高 0.5 m 左右,然后注入清水继续启动反循环泵替换泥浆,并清除井底的沉渣及稠泥浆。

F. 井管安装

降水井管采用混凝土无砂管,安装前,检查井管有无残缺、空洞、断裂及弯曲,检查合格后使用小型吊机吊起混凝土管,配合人员吊放入孔,两节井管接头处使用细纱布缠绕包裹并对称放置 3 片竹枕,用铁丝固定两圈。其底部配置 2 m 高混凝土盲管,盲管上接混凝土无砂透水管,管口对齐布置,管中心与成井中心重合在一铅垂线上。安装完成后管顶超出地面30～50 cm。

G. 回填过滤料

混凝土管井吊装完毕后,开始回填滤料。管壁与孔壁之间设置5 cm厚的滤料层,下部砂层颗粒极细,采用豆石无法过滤细砂,大量细砂进入管井中,经研究,为保证管井质量,管井四周过滤料采用中粗砂回填。将滤料缓慢填入,一次不得填入太多,滤料填至距管口约1.5 m左右采用黏土封口,管口顶部需高出周边地面30～50 cm,以防外部雨水流入井内。

H. 洗井施工

在滤料填充完成后立即洗井,并从上部开始逐渐加深。洗井时,采用潜水泵进行抽水,使残留在滤料内的泥浆、细砂随着水流带出,以增强其透水性。洗井持续时间3～5个小时,直至水清、砂净,降水管井含砂量小于1/10万(重量比)。

I. 安装水泵及控制电路

洗井完成后,由专业水电工安装水泵。水泵安装前,对水泵和控制电路做一次全面的检查,检查电机各部位螺丝是否拧紧,电缆接头连接有无松动,电缆有无破损折断等情况。检查无误后,将水泵用钢丝绳放入井中,井口放置一根横向钢管,将钢丝绳与钢管牢固捆绑。每台泵设置一个控制开关,安装完成后进行试抽水满足要求后投入正常使用。

J. 降排水

水泵出水管采用塑料软管排放,输水管线上游管井抽排至上游围堰外侧河道,下游管井抽排至下游围堰外侧河道,因围堰顶部具有施工道路功能,为保障排水的连续性,在围堰顶部根据排水实际情况设置过路管,过路管采用内径400 mm的钢管。

K. 降水井封井

降水完成后,对管井进行封堵,管井下部填入细砂掺碎石、上部(顶面以下2 m)采用素混凝土回填封井。

3.4.2 基坑土方开挖施工技术与方法

3.4.2.1 土方开挖原则

(1)严格按照有关规定安排施工程序,在保证工期的同时确保施工质量及施工安全。

(2)认真研究制定切实可行的施工总体方案,并在施工过程中不断优化,积极采用先进、合理的施工技术和优选施工工艺,在确保安全的前提下,采用"分区分块、分层开挖、逐块推进"的施工方法,统筹安排,合理计划,科学组织,做好人力、物力的综合平衡,力求均衡施工。

(3)制定切实可行的措施,确保贯彻执行各项劳动保护和安全文明施工、环境保护的法律法规和规程,改善劳动条件,保障作业人员的健康和安全。

3.4.2.2 基坑情况及整体施工顺序

穿越惠济河基坑开挖最大深度20 m,重粉质壤土层开挖边坡坡比不小于1∶1.5,沙壤土和细砂层开挖边坡坡比不小于1∶2,采砂扰动区开挖边坡1∶3。根据开挖深度不同设置马道,一级马道设置在建基面上部2 m位置,在一级马道上部每6 m设置二级马道、三级马道,马道宽度均为2 m。

穿越惠济河土方开挖总量约57万 m³,根据度汛要求,2021年5月底前惠济河进入汛期,汛期主河槽内不得有妨碍行洪的建筑物和施工作业,因此,汛前需完成主河槽内所有施工任务。根据施工进度安排,按照"分区分块、分层开挖、逐块推进"的原则,将穿越惠济河基坑开挖共分为主河槽开挖区、右岸开挖区、左岸开挖区3个施工区,分批施工。首先施工主河槽开挖区,开挖完成后及时进行回填和浆砌石护砌施工,保证满足汛期河道度汛要求,其次施工左、右岸开挖区,两个开挖区可同时施工。

主河槽开挖区土方量约18.5万 m³,右岸开挖区土方量约19.2万 m³,左岸开挖区土方量约19.3万 m³。

3.4.2.3 土方开挖施工

待基坑降排水10天左右,开始进行基坑土方开挖,主河槽区土方开挖最大深度16 m,基坑最小深度9 m。首先开挖左右岸滩地土方,待滩地土方开挖至河床高程时,整体开挖河床以下土方,分层开挖,每层开挖深度约3 m,共分6层(含基础处理区域开挖)。

待主河槽区回填完成后,进行左、右岸开挖区土方开挖,最大开挖深度20 m,最小开挖深度7 m,每层开挖深度约3 m,共分6层。

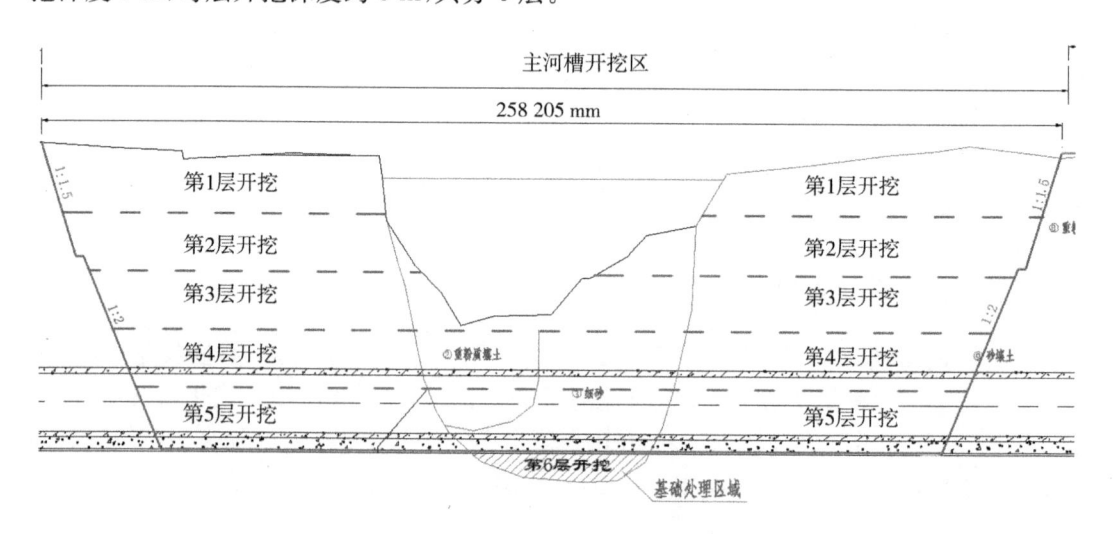

图3.115 主河槽开挖区分层开挖示意图

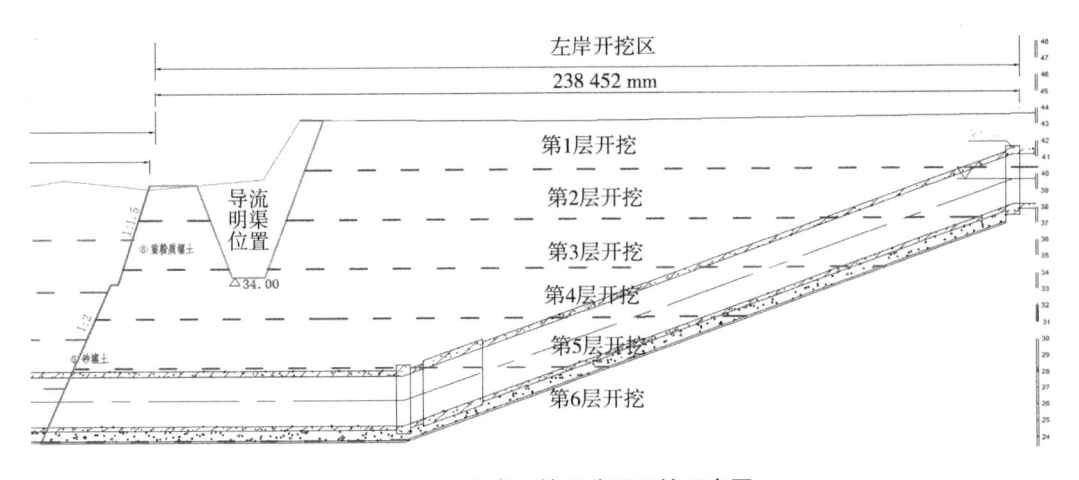

3 引调水工程河道穿越施工关键技术与应用

图 3.116 左岸开挖区分层开挖示意图

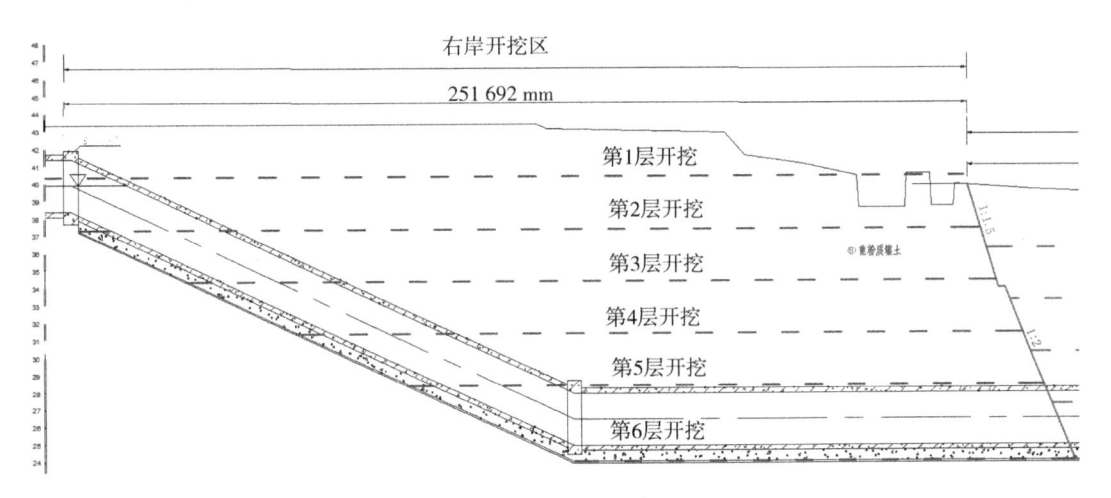

图 3.117 右岸开挖区分层开挖示意图

3.4.2.4 土方开挖施工工艺流程

施工准备→测量放线→机械开挖→自卸汽车运到弃料区和备料区→保护层人工开挖→验收→下道工序。

1)施工准备

施工准备工作详见第 3.4.1.2 节。

2)施工开挖放样测量

按照施工图纸的设计尺寸和边坡比,结合控制典型断面所测地形线,放样出明挖开口线,并用白灰洒出。

3)机械开挖

(1)主河槽开挖区施工

根据工程地质特点,基坑土方开挖采用后退法自上而下、分层分段依次开挖,每层开挖深度 3 m,采用 1 m³ 挖掘机开挖,15 t 自卸汽车运输土料,如图 3.118 所示。惠济河右岸开挖时在中部设置1条施工道路,道路宽10 m,纵向坡比1∶10,该道路作为右岸基坑开挖的主道路,路面高程根据开挖深度加大逐步下降,为便于开挖,在基坑内部根据实际情况修筑临时支路,临时支路宽度6 m。惠济河左岸开挖时在开挖线上游至围堰间修筑1条临时施工道路,与围堰左端相连接,道路宽10 m,纵向坡比1∶10,路面高程根据开挖深度加大逐步下降,为便于开挖,在基坑内部根据实际情况修筑临时支路,临时支路宽度6 m,开挖土料通过围堰顶部运输至南岸堆土区,待左岸开挖至河床高程,该临时道路不再使用,河床以下土方开挖全部通过左岸临时施工道路运输。

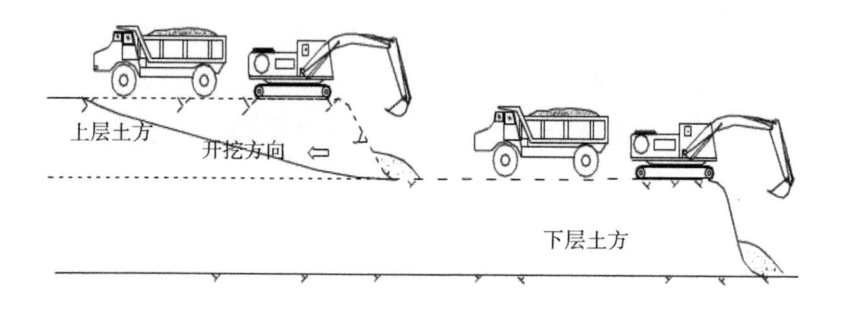

图 3.118　分层开挖示意图

接近基面开挖时,要加强测量控制,避免超欠挖。边坡开挖前,在边坡侧填筑临时挡水土堤,并挖设临时截水沟导流至不影响施工位置,防止外来地面水进入基坑。挡水堤断面形状为梯形,底宽1.3 m,顶宽0.3 m,高0.5 m。开挖过程中,由于边坡土体含水率较高,在34 m高程马道位置设置排水沟,将上部土体渗水引流至排水沟内,每间隔50 m设置一集水井,将渗水统一抽排出去;30 m高程马道设置降水管井,井深15 m,间距15 m,作为经常性排水井。

在基坑开挖过程中,及时保护开挖边坡,保证边坡稳定,对下部细砂层裸露部位采用 $350\ g/m^2$ 土工布进行覆盖,同时在土工布上部再覆盖15~20 cm碎石,保证砂体中含水能够排出、砂体不析出。将土工布采用长30 cm钢筋固定,钢筋间距按照 $10\ m×5\ m$(纵向×横向)布置,随开挖深度加大逐步覆盖,直至细砂层开挖完成,边坡全部覆盖。

(2) 左、右岸开挖区施工

左岸开挖区为直管段与斜坡段,按照设计图纸要求,斜坡段坡比约1∶12,左岸开挖区施工时,以斜坡段范围作为临时道路修筑位置,在中部修筑1条临时施工道路,道路宽10 m,坡比1∶12,与斜坡段建基面预留1 m厚保护层,防止开挖运输时破坏建基面。路面高程随着开挖深度加大逐步下降,为便于开挖,在基坑内部根据实际情况修筑临时支路,临时支路宽度6 m,开挖土料运输至北岸堆土区。

右岸开挖区同样为直管段与斜坡段,按照设计图纸要求,斜坡段坡比约1∶10,右岸开挖区施工时,以主河槽开挖区施工便道为基础,向南侧延伸,修筑临时施工道路,道路宽10 m,坡比1∶10,与斜坡段建基面预留1 m厚保护层,防止开挖运输时破坏建基面。路面高程随着开挖深度加大逐步下降,为便于开挖,在基坑内部根据实际情况修筑临时支路,临时支路宽度6 m,开挖土料运输至南岸堆土区。

4) 保护层开挖

建基面以上预留 1 cm 左右保护层，待基本开挖完成后，采用人工配合机械清除，避免扰动建基面。

5) 基坑开挖注意事项

（1）在开挖过程中，经常测量和校核施工区域的平面位置，水平标高和边坡坡度要确保符合设计要求。

（2）按设计图纸和规程规范的要求组织施工，加强土方开挖标高和边坡测量，控制开挖质量，做到不欠挖、不超挖。土方开挖从上至下分层分段依次进行，严禁自下而上或倒悬的开挖方法，同一区段内开挖同时平行下降。不能平行下挖时，则两者高差不宜大于一个梯段。

（3）坡面要严格清基和削坡。采用 1 m³ 挖掘机，分层从边坡顶部及边坡底部进行削坡，15t 自卸汽车外运。坡面采用机械开挖时，预留 30 cm 厚保护层采用人工配合机械开挖，与机械开挖同时进行，确保按设计坡度要求施工，避免超欠挖。

（4）在深基坑开挖过程中，严格检查边坡的安全稳定性，在边坡开挖的边线附近的适当位置，设置沉降和位移观测点，利用已布设的基准点，用全站仪定期测出位移观测点的三维坐标，并绘制三维坐标与时间关系曲线图，若发现问题及时上报有关部门进行原因分析，正确处理。

6) 完工验收

土方开挖至设计高程后，经自检合格，报监理单位组织项目公司、设计、地质及施工单位进行联合验收，验收合格后进行下一工序施工。建基面经验收合格后，立即进行构筑物施工。

3.5 管道吊装施工技术与方法

3.5.1 管道吊装整体布置

后陈楼—七里桥输水管道采用 2 根 DN3000 PCCP 管，管道单节长度 5 m，壁厚 30 cm。桩号 HQY0＋000～HQY15＋000、HQZ0＋000～HQZ15＋000 设计内压 0.6 MPa，单节管重 43.5 t；PCCP 管道接头采用双胶圈接头，PCCP 接头内缝采用密封胶填充，管道外部接缝的外侧部分采用聚硫密封胶封填，里侧部分采用闭孔泡沫塑料板填缝。

穿越惠济河输水管道建基面主要坐落在第 3、9 细砂层上，斜坡段 PCCP 管道位于第 5、7、8 层重粉质壤土层、第 6 沙壤土层及第 9 层细砂层中，对采砂扰动区采用 6% 水泥土进行换填，换填深度 2 m。

穿越惠济河吊装平台设在管线下游侧，桩号 HQY14＋044～HQY14＋471 段吊装平台位于 24.0 m 高程，吊装平台宽度 10 m。穿越惠济河 PCCP 管道型号为 DN3000，双管道吊装，单根管长 5 m，重 43.5 t，工作半径＝吊装最外侧（上游）管道中心线距离＋吊装机械距管沟开口线需预留安全距离（取 1.5 m）＋起重设备自身宽度，起重机作业半径 12.2 m，按 13 m 计算。经查所用 180 t 履带式起重机性能表，在工作半径 13 m 时，在主臂工况下，可吊装重量为67.3 t，吊钩采用50 t起重钩，重约1.4 t，管道+吊钩总重44.9 t，该履带式起重机在工作半径13 m时，起重量大于总重量，满足施工要求。

穿越惠济河两端均为斜坡，首先对直管段进行安装，安装后及时进行回填，随着回填高度的加大，以回填面作为履带式起重机工作平台吊装两端斜坡上管道。

建基面验收合格后，进行底部10 cm厚C15垫层混凝土施工，为加快施工进度，每个开挖区直管段混凝土垫层一次性浇筑完成，垫层施工完成后，进行支墩C25混凝土施工，支墩混凝土总厚度1.5 m，分两次进行浇筑，第1次浇筑管道底部以下0.5 m（管道外径以下），每20 m留1条施工缝，为便于后续密封胶施工，在每节管道接头部位预留宽1 m、深30 cm的打胶孔。待混凝土强度达到70%后，吊装管道至混凝土平台进行对接、安装，管道安放时在下部垫10 cm厚槽钢（平面朝上），便于安装吊带移除，安放后的PCCP管道两侧采用提前预制混凝土三角块对管身进行固定，每节管道4块（每侧各2块），防止混凝土振捣时管道发生偏移，并在混凝土三角块安装后采用钢筋进行固定，固定好后支立模板进行第2次浇筑（圆弧段0.9 m厚）混凝土。

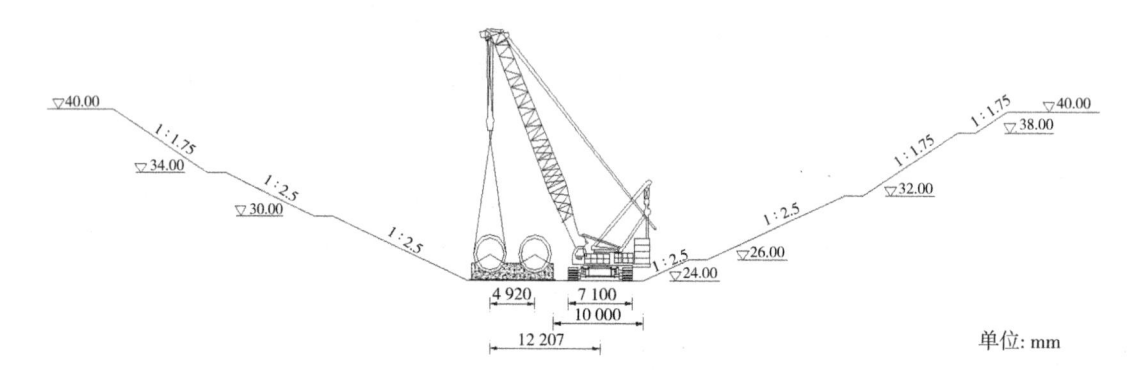

图3.119 吊装布置图

图3.120 履带式起重机性能表

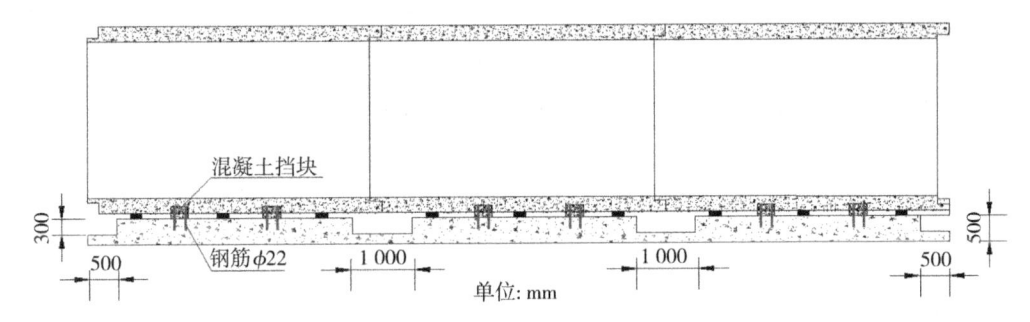

图 3.121 预留密封胶作业面及管道固定布置图

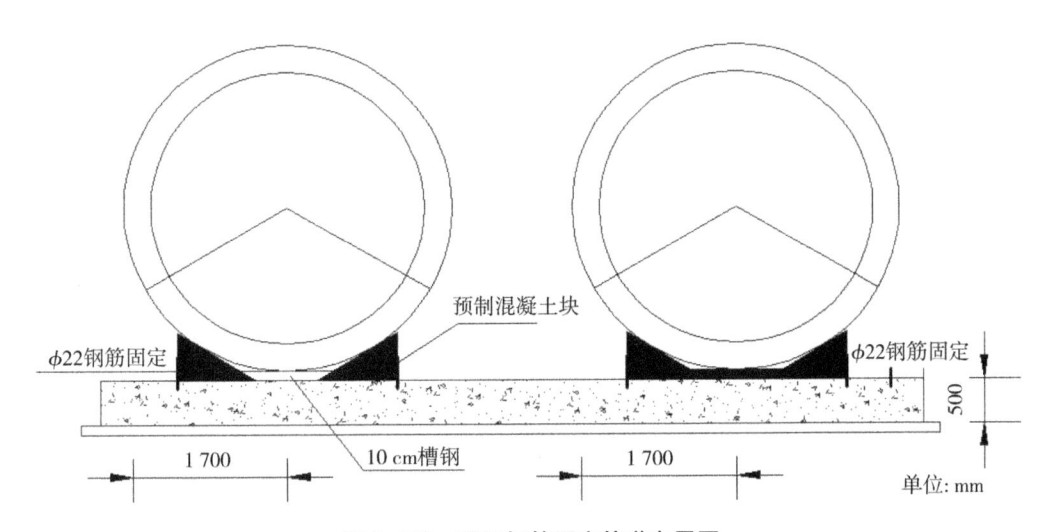

图 3.122 预埋钢筋固定管道布置图

3.5.2 管道吊装方法

3.5.2.1 施工工艺流程

施工铺设要按设计图纸要求的管径、工压、覆土厚度等将管道安装在正确的位置。管道安装施工流程如图 3.123 所示。

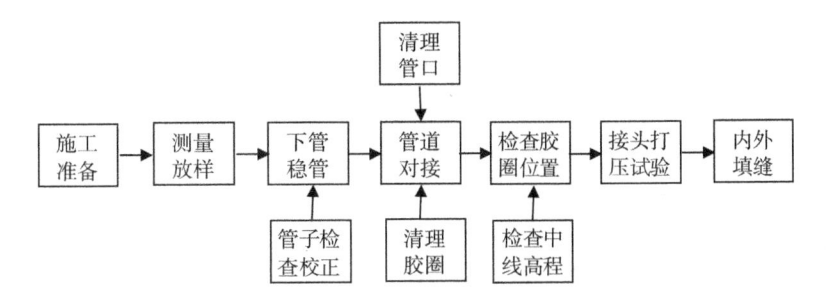

图 3.123 管道安装施工流程

3.5.2.2 施工准备——管道现场存放

①待底部第一次混凝土浇筑完成,强度达到70%以上时,通知管材生产厂家将管材通过吊装平台运至施工现场,采用180 t履带式起重机将管道卸至混凝土平台上,管道吊放时轻轻放置在混凝土平台上,并有4人用2根尼龙绳从管道对角轻轻拉住吊装带,以便顺利摆放。

现场存放时保持输水水流方向摆放,同时确保连接钢棒的两个预留凹槽位于管道中心线水平面附近(偏下)位置,试压孔在管道下部低于120°的部位,使下步要做的接头打压试验工作方便。

②管道单层存放,不允许堆放。

③施工过程中根据管道供应先后顺序,合理有序地组织管道安装,严格控制管材留置时间和整体工程进度。

④管道吊装前逐根检查管材和承插口,内壁混凝土平整光洁,承插口钢环工作面光洁干净,内表面不得出现浮渣、露石和严重浮浆,管内环向裂缝宽度或螺旋状裂缝宽度不大于0.5 mm(浮浆裂缝除外),距离管插口端300 mm范围内出现环向裂缝宽度不大于1.5 mm,管内表面不得出现长度大于150 mm的纵向裂缝。管端面混凝土不得有缺料、掉角、空洞等缺陷,端面应齐平、光滑,并与轴线垂直,端面垂直度允许偏差9 mm。

⑤承插口清理干净,如有飞边毛刺及时处理,以防划损橡胶密封圈,同时清除管内杂物。检查管外防腐层是否有损坏或孔洞,若发现破损,在检查报告单上做详细记录,然后根据实际情况报监理单位,按规定修补。

3.5.2.3 测量控制

(1) 方向、坡度控制

管道安装的方向和坡度偏差,满足以下要求。

①沿直线安装时,插口端面与承口底部的轴向间隙大于5 mm,不大于25 mm。

②管道曲线安装时,接头处的偏转角不得大于0.5°。

(2) 里程(长度)控制与调整

管道安装按照批准的设计图纸进行。管道的实际安装位置同管道安装配管图一致,施工过程中严格控制管线转折点、管道曲线段的起止点位置偏差。管道同建筑物交点的偏差符合设计要求,管道安装前,将管材制造的产品图纸和实物进行对照。充分了解其公称长度、设计安装正负偏差等尺寸关系。充分考虑安装过程中发生的偏差,当出现较大系统偏差时,掌握好调整时机,以保证管线符合设计要求。

3.5.2.4 管道吊装

(1) 吊装方法

采用吊装带吊装施工,吊装带与管子的夹角大于45°。

（2）管道安装方法

PCCP管道放置稳固后，采用180 t履带式起重机进行安装作业。安装时尤其要将第一根管按位置桩号、设计高程和中线稳固好，高程控制直接用水准引到槽底，中心控制用中心线或边线。第二根管吊至和第一根管大致对齐的位置，为防止承插口环碰撞，待装管要缓慢而平稳地移动，提前将泡沫板用双面胶粘贴至插口外壁上。对口时，使用吊车调整管子的左右上下位置（支设全站仪或水准仪进行观测控制），使插口端与承口端保持平行，并使圆周空隙大致相等，准确进行就位。

①管道对接前必须进行试吊，管道采用2根40 t吊装带吊装。吊装现场设隔离带和警戒线，吊车吊臂下面严禁站人。起吊前做好安全检查和设备调试，确保沟内无任何施工人员、设备运行状态良好。

②起重机下管时起重机架设的位置不得影响基坑边坡的稳定。

③管道安装前首先复测混凝土面标高、沟底宽度，符合设计要求，并清理土块、杂物等。

④管道对接完毕，立即对管顶标高及坐标进行测量，直至达到图纸和设计要求，并按要求填写测量成果表、管道工程隐蔽检查记录。

3.5.2.5 吊装注意事项

（1）管子装卸时注意事项

在装卸过程中要始终保持轻装轻放的原则，严禁溜放或用推土机、铲车等直接碰撞和推拉管子，不得抛、摔、滚、拖。

进场的管子堆放在指定区域，顺管道水流方向放置。

（2）吊装入槽注意事项

①安排熟练且具有丰富经验的安装和管理人员执行安装任务。在安装前集中时间组织全体施工管理人员进行有关业务和安全方面的培训，认真学习技术规范、设计文件、施工要求等，使全体参与安装人员对技术规范、设计要求、施工要求等均能深刻领会和掌握。

②对吊车基础采取加垫钢制路基板等措施，减少接地压强，保证吊装作业的安全。

③在起吊前先空转180°，在无咬声的情况下，做好试吊工作。

④起吊能力留有一定的富裕度，严禁超负荷或在不稳定的工作状况下进行起吊卸管。

⑤管件吊装时，管中不得有人，管件、吊臂下不得有人逗留。

⑥管件吊装采用两根吊带兜身吊，严禁穿心起吊。避免起吊索具的坚硬部位碰损管件及保护层，吊具使用橡胶或麻布包裹，管道向沟内吊运时，始终保持轻起、轻放的原则。

⑦十不吊原则：

A. 指挥信号不明不准吊；

B. 斜牵斜拉不准吊；

C. 被吊物重量不明或超负荷不准吊；

D. 散物捆扎不牢或物料装放过满不准吊；

E. 吊物上有人不准吊；

F. 埋在地下物不准吊；

G. 机械安全装置失灵不准吊；

H. 现场光线暗看不清吊物起落点不准吊；

I. 棱刃物与钢丝绳直接接触无保护措施不准吊；

J. 六级以上强风不准吊。

3.5.2.6 PCCP管道对接安装

(1) 管道入槽就位

以主河槽段PCCP管北侧为安装起点，管道安装时，将承口端朝向上游。下管前，要确保试压孔在管道下部低于120°的部位，使下步要做的接头打压试验工作方便。根据施工控制网引测的控制点平面、高程参数通过可靠方法投测到沟槽底部。使用水准仪、专用尺等放线，并在管道内部测量管道平面位置和坡度。按施工测量控制点仔细校测管道的轴线和标高，并做好施工记录。

(2) 安装密封橡胶圈

安装前，先清扫管道内部，清除插口和承口圈上的全部灰尘、泥土及异物，然后对承口工作面涂刷食品级植物类润滑油。严禁使用石油类润滑油。橡胶圈在套入插口环凹槽之前，将橡胶圈涂满润滑剂，或在装有润滑剂的专用容器内浸；套入插口环凹槽后，使用一根钢棒插入橡胶圈下绕整个接头转一圈，保证胶圈在插口的各部位上粗细调匀，使其均匀地箍在插口环凹槽内，且无扭曲、翻转现象，在每根安装好的胶圈外表面涂刷一层食品级植物类润滑油。

(3) 管道对接

安装时采用内拉法安装，在待装管后垫一根方钢，并在方钢两端焊接2 cm厚钢板，钢板和插口接触的位置用橡胶垫包住，以防止插口破坏，内侧采用PCCP管道安装电动液压机，拉动待装管，使待装管徐徐平行移动，在管道对接前，将切割好的泡沫板(厚20 mm或25 mm)安置在缝隙中，以保证管道的安装间隙达到设计要求。PCCP管安装完成后，细致进行管道位置和高程的校验，确保安装质量。对接中，设专人观察承插口对接情况，人站在管接口处，观察承插口的缝隙亮光是否均匀，如缝隙亮光均匀，说明承插口对正。在插口进入承口过程中，注意观察胶圈，一旦发现胶圈有异常挤压现象，立即停止进入，并检查胶圈是否完好，找出问题，调整后重新安装。用直尺及时检查环向间隙是否均匀，随时进行调整。整个对接过程必须保证接口清洁，严禁砂土及其他异物进入。

管道对接就位后，在管道承口端放置1 m的水平靠尺，利用靠尺中点上线锤确定管道中心线及管底标高测量点，用全站仪或J2型经纬仪确定管轴线是否符合要求(偏差≤20 mm)，用水准仪确定管内底标高是否符合要求(±20 mm)。高程和平面位置皆满足设计要求后，采用钢制测缝规检查密封橡胶圈是否仍在插口环的凹槽内，胶圈安装偏差是否在2 mm内，检查接口间隙是否符合规定要求。经检验合格后，才能将吊具移开，使其完全着地，再重新复核轴线、标高，符合要求后抽出吊带，然后用专用加压泵进行管道接头打压试验。管道放置混凝土平台前，在下部放置10 cm厚槽钢，以便抽取吊带。安装时，注意承插口处的打压孔和排气孔的正确位置。管子安装过程中若发现橡胶圈脱槽（或挤坏），则将管子拆除更换橡胶圈后再进行安装，这时承插口接头和橡胶圈须重新清洁、涂刷食用植物油。

每班安装工作开始前，要对此前已安装好的前一节管道进行复测，如发现位移，要重新复位，合格后再继续安装。为保证安装的坡度、高程，安装 50 m 后，用全站仪复测管道，记录管道的复测资料，以确保管道的安装质量，并预测下次管道的校正值。

3.5.3 接头打压检验

3.5.3.1 第一次接头打压检验

管道安装完成后，随即进行接头打压，以检验接头的密封性。接头打压使用经过率定的专用加压泵，从接头下部的进水孔压水，上部排气孔排气；排气结束后拧紧螺栓，加压至规定的试验压力，保持 5 min 压力不下降；打压完成立即将打压水排空。

3.5.3.2 第二次接头打压检验

每安装 3 节 PCCP 管后，对先前安装的第一根管接缝进行第二次接头打压，检验方法同第一次接头打压。

3.5.3.3 第三次接头打压检验

管顶上部土方回填 50 cm 以上，对管道接缝进行第三次接头打压，检验方法同第一次接头打压。

3.5.3.4 内外缝密封胶施工

表面处理：按照设计要求，对管道内外缝采用密封胶填充，密封部位基层必须严格进行表面清洁处理，除去灰尘和油污，保证基层干燥。对蜂窝麻面和多孔表面必须用磨光机、钢刷等工具，将涂胶面打磨平整并露出牢固的结构层，保证聚硫密封胶同承插口钢圈黏结牢固，聚硫密封胶充满缝宽。

涂胶工艺：先用毛刷在管缝两侧均匀涂刷一层底涂料，20~30 分钟后用刮刀或者手向涂胶面上涂 3~5 mm 密封胶，反复挤压，使密封胶与被黏结面更好地浸润；再用注胶枪向管缝中注胶，注胶过程要保证胶料全部压入并压实，保证涂胶深度。

密封胶需满足：密度 1.6 g/cm³，密度为规定值±0.1 g/cm³，下垂度≤3 mm，表干时间≤24 h，适应期≥2 h，定伸黏结性无破坏，浸水后定伸黏结性无破坏，冷拉-热压后黏结性无破坏，黏结拉伸强度≥0.4 MPa，黏结拉伸伸长率≥400%，低温柔性承载指标为−40℃，弹性回复率≥80%。

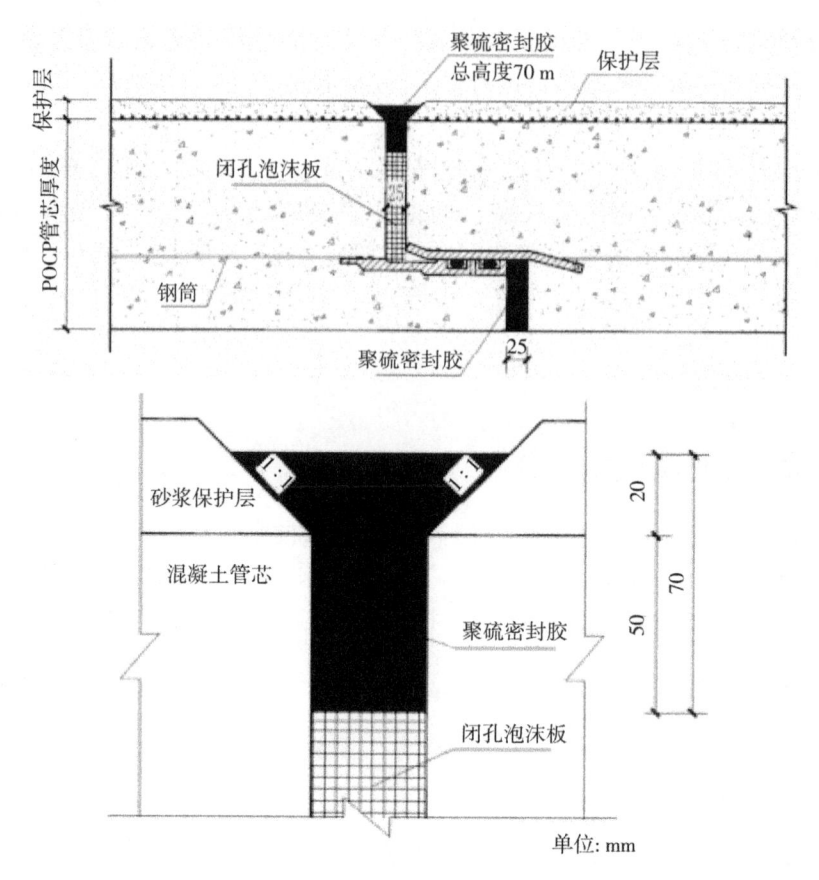

图 3.124　PCCP 管道内外缝填充密封胶图

3.5.4　已完成主河槽 PCCP 管防冲措施

主河槽 PCCP 管道安装完成后,对 PCCP 管道及时进行回填,每安装完成 10 节管道立即进行回填作业,保证管道上部约 0.5 m 的压重土层,防止管道受雨水冲刷。在管沟坡脚处设置纵向排水沟(顺管轴方向),并在两端设置集水井,对雨水及土体渗水及时进行抽排,同时在每级马道上设置挡水堤和集水井,防止边坡雨水下流冲刷边坡土体。同时,对开挖边坡进行防冲防护,采用土工膜或一层塑料布和一层土工膜进行覆盖防护,采用钢筋和土袋进行压重,保证边坡土体不受雨水冲刷破坏。

3.6　管道工程施工监理控制与常见问题处理方法

3.6.1　管道制造质量控制要点

3.6.1.1　承插口钢圈质量控制重点

(1)承插口钢圈的材质为 Q235B,应符合规范和设计要求。

3 引调水工程河道穿越施工关键技术与应用

(2) 插口钢圈应采用双胶圈接头,型钢制作,承插口钢圈下料长度应保证承插口钢圈在胀圆中超出弹性极限。

(3) 每个钢圈不允许超过两个接头,且接头焊缝间距不应小于 500 mm。接头应对接平整,错边不应大于 0.5 mm,采用双面熔透焊接,并打光磨平,采用超声波检测合格方可使用。

(4) 承插口钢圈具体公差及检验频率应符合要求。

(5) 承插口钢圈等金属表面防腐前必须进行除锈,等级应达到 Sa2.5 级。在现场补口防腐前采用电动工具除锈达到 St3 级。

(6) 承插口采用饮水舱漆进行防腐,按照厂家使用说明进行配置,采用人工喷涂方式,喷涂厚度不小于 120 μm,不大于 200 μm。

(7) 保证承插口之间的尺寸配合满足 1.0°接头转角要求。

3.6.1.2 螺旋焊接钢筒质量控制重点

(1) 制作钢筒的材质为 Q235B,材料应符合规范和设计要求。

(2) 钢筒采用不小于 1.5 mm 厚定长薄钢板或薄钢板卷材经焊接制成。钢筒应按要求的尺寸精确卷制,钢筒端面倾斜度≤9 mm,铠装管钢筒厚度按照抗拉计算确定。

(3) 钢筒的搭接可采用对接焊或搭接焊,焊缝可以是螺旋缝、环向缝或纵向缝,不允许出现"十"字形焊缝。焊缝应连续平直,采用对接焊时焊缝凸起高度不应大于 1.6 mm,采用搭接焊时焊缝凸起高度不应大于钢板厚度加上 1.6 mm。外观缺陷处或水压试验检出的缺陷处的补焊焊缝凸起高度不应大于 2.0 mm,且焊缝同一部位补焊不得超过两次。

(4) 钢筒表面凹陷和膨胀与钢筒圆柱形基准面偏差大于 10 mm 时必须整平后才能浇筑管芯混凝土。钢筒在制芯前,必须清除钢筒表层污物,并且不得采用油漆类材料进行标识。

3.6.1.3 钢筒水压试验质量控制重点

(1) 每一节钢筒都必须进行持续不少于 3 min 的静水压检验,压力不小于 0.17(0.22)MPa,以检验所有焊缝。如发现有渗水处,应做好标记,待卸压后补焊,并在补焊后再次进行水压检验,直到钢筒所有焊缝无渗漏为止。

(2) 每周对钢筒静水压试验机的压力计量系统进行检验,且检验在监造人见证下进行。

3.6.1.4 管芯浇筑质量控制重点

(1) 配置混凝土的所有原材料均应符合规范和合同要求。

(2) 严格按照审批后的 C50、C55 配合比进行混凝土配置。

(3) 称量或计量用的设备和计量精度应满足相关规范要求,并应每周进行混凝土拌和设备计量精度的检测、调整。

(4) 每天进行一次砂石骨料含水率的测定(阴雨天加大测定频率),据以调整砂石骨料和水的具体掺量;混凝土生产应采用强制式搅拌机,电子设备自动称量。混凝土拌和物入仓温度应控制在5～20℃之间,夏季和冬季应采用适当的温控措施,确保混凝土的入仓温度。

(5) 管芯模具设计、制造必须满足《预应力钢管混凝土压力管》(ANSI/AWWA C301—2014)标准中相关要求,振动器的振幅、频率、布置位置、安装数量应满足将混凝土振动密实和确保表面质量的要求;模具进厂后必须严格进行尺寸检测、调整、编号。装模严格按安装作业程序进行,准确到位,重点检查模具接缝、锚固块位置及底模顶模的到位情况。

(6) 混凝土管芯采用立式成型。成型过程中采用的振捣频率和振动成型时间应保证管芯获得足够的密实度,成型过程中钢筒不得出现变形、移位。浇筑过程中,钢筒内外混凝土面应均衡上升,高差(内高外低)不超过500 mm。

(7) 混凝土浇筑时必须记录环境温度。每根管芯的全部成型时间不得超过管芯底部混凝土的初凝时间。

(8) 混凝土28天龄期强度和缠丝强度应符合ANSI/AWWA C301—2014规定。现场制作2组试件,试件随管芯同条件养护,用于测定管芯混凝土的脱模强度、缠丝强度;每班取2组混凝土试件,试块随管芯蒸汽养护后进标养室养护到28天,以测定管芯28天龄期混凝土抗压强度。

(9) 混凝土入仓坍落度控制在90～110 mm之间,每4小时测量一次。蒸养不小于12小时,养护罩内的升温速率不得超过每小时22℃,最高温度不高于52℃,脱模温差应控制在20℃以内。

(10) 对管芯混凝土外表面缺陷的确认和处理,应在监造人在场的情况下进行。管芯表面不允许出现蜂窝麻面,对表面出现的深度或直径大于5 mm的凹坑或空隙及高于3 mm的凸起,以及超过1.6 mm的接缝错台应进行修整。缠丝前应检查每个管芯是否存在接缝错台、空隙、碎屑、裂缝、水泥浮皮、表面缺陷和外部物质。

3.6.1.5　管芯缠丝质量控制重点及对策

(1) 缠丝前管芯混凝土抗压强度不应低于设计抗压强度的70%,并不低于20.7 MPa,同时缠丝过程在管芯混凝土上施加的初始压应力不应超过缠丝时混凝土抗压强度的55%。

(2) 同层钢丝中心距不得小于钢丝直径的2倍,也不得大于38 mm(钢丝直径$\phi 7$ mm,抗拉强度1 577 MPa)。

(3) 管芯轴线方向任意0.6 m长内的环向钢丝数量不得少于设计要求。

(4) 除管芯端部可以按设计拉力的1/2缠一圈钢丝外,其余均应达到设计拉力。

(5) 缠丝过程应采用自动记录仪全过程连续记录钢丝缠绕过程中的拉力变化。张拉力偏离平均值的波动范围不得超过±5%。

(6) 缠丝机拉力装置每周检测一次;钢丝接头抗拉强度每周试验一次;钢丝锚固块按1/500的频率进行检测,锚固力不应小于钢丝最小极限抗拉强度的75%。

(7) 缠丝过程中,单节管材每层钢丝的接头不应超过1个,钢丝接头距缠丝初始位置距离不应小于300 mm。钢丝接头必须保持平顺,不得扭、翘。

（8）缠丝过程中都应对管芯表面连续喷涂水泥净浆，水泥净浆用水泥应与管芯混凝土相同，水灰比为 1∶0.7，涂覆量为 0.41(0.5)L/m²。

3.6.1.6 砂浆保护层质量控制重点

（1）制作水泥砂浆保护层应采用辊射法，所用水泥品种应与管芯混凝土相同。

（2）每天进行一次砂的含水率的测定（阴雨天加大测定频率），并进行实际生产配比计算，确保用于辊射水泥砂浆中砂的含水量不小于拌和物干重量的 7%。

（3）严格按照设计配合比进行 M45 砂浆配置，辊射时管芯的表面温度应不低于 2℃。

（4）双层缠丝时，第一层钢丝表面必须按照规定制作水泥砂浆保护层，二次缠丝时保护层水泥砂浆抗压强度不应低于设计强度的 70%，每班应制作一组砂浆试块，随管材一起养护，进行二次缠丝砂浆强度试验。为确保第二层缠丝前水泥砂浆保护层表面平整，应采用专用刮平设备对第一层保护层进行刮平处理，并在缠丝前彻底清除管道保护层表面的浮渣；刮平过程应确保砂浆不被扰动，强度、密实性不被降低。批量生产前应进行刮平专项试验。

（5）净保护层厚度不小于 25 mm。双层缠丝的第一层保护层净厚度不应小于钢丝直径的 1 倍。生产过程中应采用非破坏性检验方法（保护层厚度测定仪或钢针检测），逐根从上到下检查管材保护层厚度，检验数量不少于 5 处。

（6）制作完成的水泥砂浆保护层应采用适当方法进行养护，采用加速养护时，将辊射后的管放入养护罩（窑、坑）内，按照与管芯相同的养护方法，最少养护 12 小时。采用自然养护时，在保护层水泥砂浆充分凝固后，应间歇喷水保持湿润至少 4 天。在最初 24 小时环境温度若低于 10℃，则每有 1 小时环境温度低于 10℃，喷水养护时间增加 1 小时。必须及时喷水保证湿润。

（7）水泥砂浆抗压强度试验：每个月或每当改变细骨料或水泥来源时进行一次保护层水泥砂浆抗压强度试验。试验按照 ANSI/AWWA C301—2014 标准中 4.6.8.5 款要求进行。6 块立方体试块的 28 天龄期抗压强度平均值不得低于 47.4 MPa。

（8）每工作班应进行一次保护层水泥砂浆吸水率试验，每次取三个试样，水泥砂浆试样的养护应与管材砂浆保护层相同。试验方法应符合 ASTM C497 方法 A（煮沸式吸水率试验）。水泥砂浆吸水率全部试验数据的平均值不应超过 9%，单个值不应超过 11%。如连续 10 个工作班测得的保护层吸水率数值不超过 9%，则保护层水泥砂浆吸水率试验可调整为每周一次；如再次出现保护层水泥砂浆吸水率超过 9% 时，应恢复每工作班进行一次保护层水泥砂浆吸水率日常检验。阴雨天气当骨料含水率不稳定时，应重新恢复保护层水泥砂浆吸水率日常检验。更换水泥或细骨料来源时，应重新恢复保护层水泥砂浆吸水率日常检验。

（9）吸水率检验不合格的管材需要凿除保护层重新进行辊射处理。

（10）水泥砂浆保护层从养护好至发货前（有外表面防腐施工要求的应在防腐施工前），应用重量不超过 0.5 kg 的平头锤子逐根轻击管材保护层外部，检查有无分层和空鼓。发现保护层分层、空鼓应进行凿除、修补，并重新检查。

3.6.1.7 PCCP钢筋混凝土保护层质量控制重点

(1) 配置混凝土的所有原材料均应符合规范及合同要求,严格按照C55设计配合比进行配置。

(2) 称量或计量用的设备和计量精度应满足相关规范要求,并应每周进行混凝土拌和设备计量精度的检测、调整。

(3) 每天进行一次砂石骨料含水率的测定(阴雨天加大测定频率),据以调整砂石骨料和水的具体掺量;混凝土生产应采用强制式搅拌机,电子设备自动称量。混凝土拌和物入仓温度应控制在5~20℃之间,夏季和冬季应采用适当的温控措施,确保混凝土的入仓温度。

(4) 管子模具设计、制造必须满足ANSI/AWWA C301—2014标准中相关要求,振动器的振幅、频率、布置位置、安装数量应满足将混凝土振动密实和确保表面质量的要求;模具进厂后必须严格进行尺寸检测、调整、编号。装模严格按安装作业程序进行,准确到位,重点检查模具接缝、锚固块位置及底模顶模的到位情况。

(5) 混凝土保护层制作采用立式成型。成型过程中采用的振捣频率和振动成型时间应保证管子获得足够的密实度,成型过程中管芯不得出现变形、移位。

(6) 混凝土浇筑时必须记录环境温度。每根管子的全部成型时间不得超过管子底部混凝土的初凝时间。

(7) 混凝土28天龄期强度应符合ANSI/AWWA C301—2014规定。每班取2组混凝土试件,试块随管芯蒸汽养护后进标养室养护到28天,以测定管芯28天龄期混凝土抗压强度。

3.6.1.8 环氧煤沥青防腐质量控制重点

(1) 管道外水泥砂浆表面应洁净,应确保无油污、无浮尘,施工前用软毛刷、空压机、工业吸尘器等将其表面清理干净。

(2) 管道外水泥砂浆表面应干燥,控制表面深度20 mm的范围内含水率应小于6%。若含水率偏高,可采用涂刷固化涂料过渡,用高压空气吹PCCP管表面,清除疏松的混凝土面、浮浆、水泥翻沫及泥土。

(3) 应使用高压无气喷涂设备,辊涂和刷涂方式用于角落狭小部位及管件连接处,且施工人员必须是经过培训并有实际操作经验的熟练人员。

(4) 经清洁后的PCCP管道外表面在喷涂前应先对边缘、角落及管件连接处等喷涂难以达到的部位用辊涂和刷涂方式进行预涂,以保证这些部位的漆膜厚度。

(5) 根据当班用量适量配置涂料,涂料配置好后,应在施工技术要求规定的时间内用完。

(6) 外防腐涂装材料的使用应按设计图纸及制造厂的说明书进行,包括涂装材料品种以及层数、厚度、间隔时间、调配方法等均应严格执行,喷涂厚度不小于0.6 mm。

(7) 在PCCP管安装后需要补口时,首先检查表面是否符合要求,然后配置适量的涂料,待熟化后在两边各不少于100 mm的搭接处开始喷涂施工。补口、补伤处的防腐层结构及所用材料应与管体防腐层相同。

（8）如在管道吊装或安装过程中出现勒痕、划伤等损伤，应将损坏的防腐层表面清理干净，用砂纸打毛损伤面及周围（不小于 100 mm）的防腐层，搭接时应做成阶梯形接茬。

3.6.1.9　PCCP 钢制管件质量控制重点及对策

1) 钢板下料、卷制质量控制重点

（1）钢板材质为 Q355C，材料应符合规范设计要求。检查确认所用材料或其他外协件具有产品合格证、材质证明书等资格证明文件，量具符合标准，否则不准使用。

（2）由厂家对钢制管件进行结构设计，待审批后按设计进行生产。

（3）划线：用油漆分别标出钢管的分段、分节的编号，坡口角度及切割线等符号。其中弯管、渐变管等下料使用样板。过渡环可分 4～6 块钢板对接而成，分别划线。

（4）钢板下料：矩形钢板切割采用半自动切割等离子切割机，保证切割质量和切割效率，并且可以通过调整割炬角度加工各种形式的坡口。弯头、渐变管采用数控下料，并采用特制坡口半自动切割机开坡口。

（5）坡口打磨：切口的熔渣、缺口及毛刺使用角向磨光机或砂轮人工打磨。

（6）卷板：使用数控正三辊卷板机进行卷板，保证卷板精度，提高卷板效率。钢板就位，检查卷板方向，和钢板的压延方向一致；检查管段的素线与上辊中心线是否平行，防止卷曲成形后于管口处产生错牙。卷曲过程中及时清除辊轴及钢板上的氧化皮。

2) 部件拼装质量控制重点

（1）纵缝拼装、环缝拼装：采用顶压装置或带千斤顶的器具进行矫圆。矫圆后，检查钢管的弧度和周长，不符时进行修整，直至合格。

（2）过渡环与承插口的装配：在内外环面上分别划线，保证装配管端过渡环时承、插口与钢管的同轴度。

（3）承、插口组件与钢筒装配：在承、插口组件环面的另一侧划线标记处与钢筒拼接，保证装配钢管管端过渡环时与承、插口的同轴度。

3) 焊接制作质量控制重点

（1）按批准的焊接工艺评定进行分布焊接。

（2）焊工须持证上岗。

（3）按承插口钢环特制设备制定专门的配件承、插口环焊接工艺（CO_2 保护焊），严格控制焊接变形对承、插口环尺寸、椭圆度、局部圆度的影响，承插口环的公差指标应满足标准的要求。连续角焊缝高度不得小于 10 mm。

（4）采用自动埋弧焊机，焊接质量优良，焊接效率大大提高。

（5）所有焊缝必须 100% 进行超声波检查。

（6）10% 的焊缝进行 TOFD 抽查平行检验。

4) 砂浆衬砌质量控制重点

（1）钢丝网应敷设在砂浆衬砌层的中间部位。确定内外衬砌保护层钢丝网的长度、宽度及支撑点的数量。

（2）下料：根据以上确定的长度，分别下料，并分类存放。其中支撑点采用 $\phi 8$ 圆钢下料,长度20～30 mm。绑扎丝长度180～240 mm。

(3) 点焊支撑点:沿管配件钢筒内外表面环向、纵向间隔(400±5)mm划线,在交叉点上点焊支撑点。

(4) 钢丝网固定:均匀地将环向、纵向筋绑扎在肋筋上。绑扎点呈梅花形分布,间隔环向为(200±10)mm、水平方向(100±10)mm。管内壁环筋位于纵筋上面远离钢筒一侧;管外壁环筋位于纵筋外面远离钢筒一侧。

(5) 钢丝网成型的总体要求:纵筋顺直,端点、支撑点焊接牢固,环筋无扭曲,网格大小均匀并符合要求,绑扎点无遗漏。整个钢丝网应牢固、平滑地敷设在钢板表面,无明显的局部突起、松散。钢丝网敷设完成后,清除钢丝网下的焊条、钢丝、绑扎丝等杂物。

(6) 砂浆衬砌前采用喷砂法进行钢管内部除锈,等级应达到Sa2.5级。

(7) 温度要求:衬砌环境温度应不小于2℃,钢配件表面温度应大于2℃,砂浆拌和物温度高于2℃,并做好相应的温度测量记录。当环境温度低于2℃时,应采取施工环境的保温、增温措施。

(8) 砂浆制备:严格按照设计配比进行M30砂浆配置,按照工艺规定准确计量配料。搅拌时间不低于3分钟。混合料充分搅拌后,打开搅拌机料门卸料。

(9) 砂浆衬砌:检查钢丝网是否合格,清除管内杂物;将搅拌好的砂浆用喷浆泵喷到管壁上,喷涂要均匀、密实,每遍厚度不低于10 mm;每遍喷涂完后,用平板大致整理挡平,待凝固到一定硬度后才能进行下一遍喷涂,直至达到设计要求的厚度;内壁用平板抹至平整光滑;外壁抹平,保持毛面。对堵头、弯管及其他急弯的管段衬砌时应平滑过渡且保证衬砌厚度不低于20 mm。

(10) 洒水养护:管配件衬砌完成并蒸养后,按技术规范的要求进行洒水养护。

5) 四油两布外防腐质量控制重点

(1) 钢制管件外表面防腐前必须进行除锈,等级应达到Sa2.5级。

(2) 外防腐采用人工刷漆、涂覆方式,先打一层环氧沥青底漆,待底漆表干后,采用刷漆→涂覆玻璃丝网布→刷漆→涂覆玻璃丝网布→刷漆的方式。外防腐不得出现空鼓、翘边,表面平整,厚度不小于0.4 mm。

3.6.2 管道、阀件安装监理要点控制

3.6.2.1 沟槽开挖

控制重点:原始基准点、基准线的确定,测量放样,开挖方案,沟槽管井降水、沟槽基面开挖的检查等内容,同时督促承包人及时做好边坡和基础开挖面的地质编录工作。

控制节点:基准点、基准线的复核,测量放样,沟槽和阀井建基面的保护层开挖及隐蔽工程验收等。

检验标准:基础开挖完成后,主要量测项目包括沟槽轴线允许偏差±10 mm,槽底高程允许偏差±10 mm,槽底跨度不小于设计值,沟槽边坡不陡于设计值[壤土层边坡坡度不小于1∶1.5(1∶1.75),砂土层边坡坡度不小于1∶2]。

检查项目:若有基础处理的,基础表层没有不合格土,杂物全部清除,乱石、残积物、滑坡体等均已按设计要求处理,沟槽原状土无扰动;槽底无积水、软泥。原状基础面取样,基础面平整,无显著凹凸,无松土。

3.6.2.2 粗砂垫层回填

垫层用砂必须经检测合格后方能使用,细度模数要求为 3.1~3.7,垫层摊铺平整,碾压时控制碾压设备行走速度,避免对基础产生扰动,压实度不小于 90%,厚度 20 cm,平整度 10 mm/2 m,垫层以上粗砂回填参数及压实指标同粗砂垫层回填。

3.6.2.3 PCCP 管道安装

管道安装前,先清扫管道内部,清除插口和承口圈上的全部灰尘、泥土及异物,然后对承口工作面涂刷食品级植物类润滑油。严禁使用石油类润滑油。橡胶圈在套入插口环凹槽之前,将橡胶圈涂满润滑剂,或在装有润滑剂的专用容器内浸过;套入插口环凹槽后,使用一根钢棒插入橡胶圈下绕整个接头转一圈,将胶圈在插口的各部位上粗细调匀,使其均匀地箍在插口环凹槽内,且无扭曲、翻转现象,在每根安装好的胶圈外表面涂刷一层食品级植物类润滑油。当必须在低于 0℃气温下进行管道安装时,当改变或调整橡胶材料配方,使其适合于在低温条件下作业;或采取能够防止橡胶圈变硬的措施(如在热水中升温)。安装时,注意承插口处的打压孔和排气孔的正确位置。管子安装过程中若发现橡胶圈脱槽(或挤坏),则将管子拆除更换橡胶圈后再进行安装,这时承插口接头和橡胶圈须重新清洁、涂刷食用植物油。承插口安装后间隙 25 mm,允许偏差(-10 mm,+5 mm),安装高程允许偏差±20 mm,轴线偏差允许偏差±20 mm。管道安装定位完成后对腋角部位及时围封粗砂,并捣实。

3.6.2.4 接头打压

HQY0+000~HQY15+000 段压力为 0.6 MPa,HQY15+000~HQY29.877 段压力为 0.4 MPa。

(1)第一次接头打压检验

管道安装完成后,随即进行接头打压,以检验接头的密封性。接头打压应使用经过率定的专用加压泵,从接头下部的进水孔压水,上部排气孔排气,排气结束后拧紧螺栓,缓慢加压至规定的试验压力,保持 5 min 压力不下降,即为合格。打压完成立即将打压水排空,用螺丝封闭打压孔。打压孔螺丝需缠上止水带,拧紧螺丝。当接头打压不合格且有漏水点时,应拔出管材,找出原因,解决后再次安装,至打压合格。冬季施工时打压液体使用医用酒精,认真做好记录(管道编号及端口位置、试压开始和结束时间、压力大小等)。

(2)第二次接头打压检验

每安装 3 节 PCCP 管后,对先前安装的第一根管接缝进行第二次接头打压,检验方法同第一次接头打压。

(3) 第三次接头打压检验

管顶土方回填至管顶以上 50 cm 后，对管道接缝进行第三次接头打压，检验方法同第一次接头打压。

3.6.2.5　阴极保护

焊接管道承插口上的用于电连接的接线片、PCCP 管道之间的跨接片与承插口钢环或电缆连接前都对连接点处进行除锈。除锈等级应达到 Sa2.5 级或手工除锈达到 St3 级。钢带表面不得有氧化皮、铁锈油污、标记等影响电连接的异物。钢板除锈后在 4 小时内使用，否则重新除锈并达到要求。在 PCCP 入槽前，在 PCCP 两端的承口钢环和插口钢环上焊接 PCCP 管道阴极保护系统电连续性跨接用钢片。为避免焊接损坏 PCCP 管道两端的承口钢环和插口钢环，焊接电流应采用 90～120 A。

3.6.2.6　内外缝填充聚硫密封胶

表面处理：按照设计要求，对管道内外缝采用密封胶填充，填充密封胶前，密封部位基层必须严格进行表面清洁处理，除去灰尘和油污，保证基层干燥。对蜂窝麻面和多孔表面必须用磨光机、钢刷等工具，将涂胶面打磨平整并露出牢固的结构层，保证聚硫密封胶同承插口钢圈黏结牢固，聚硫密封胶充满缝宽。

涂胶工艺：先用毛刷在管缝两侧均匀地涂刷一层底涂料，20～30 分钟后用刮刀或者手向涂胶面上涂 3～5 mm 密封胶，反复挤压，使密封胶与被黏结面更好浸润；再用注胶枪向管缝中注胶，注胶过程要保证胶料全部压入并压实，保证涂胶深度。

密封胶需满足：密度 1.6 g/cm^3，密度为规定值±0.1 g/cm^3，下垂度≤3 mm，表干时间≤24 h，定伸黏结性无破坏，浸水后定伸黏结性无破坏，冷拉-热压后黏结性无破坏，黏结拉伸强度≥0.4 MPa，黏结拉伸伸长率≥400%，低温柔性承载指标为－40℃，弹性回复率 80%。内缝用聚硫密封胶填充，外缝用聚硫密封胶、泡沫板进行填充（密封胶厚度 70 mm），允许偏差（0，+5 mm）。

3.6.2.7　土方回填

土方回填应在管道外缝聚硫密封胶施工完毕已固化，阴极保护装置埋设焊接完毕且测试满足设计要求的基础上进行。

控制要点：测量放样、填料质量、击实试验及现场碾压试验、结合面质量、工作段结合、对称平行上升、铺筑厚度、压实遍数、压实度检查、腋角粗砂垫层高程等。

管沟回填分为Ⅰ、Ⅱ、Ⅲ区回填，管沟回填Ⅰ区铺料厚度每层为 25 cm，压实度不低于 90%，管道两侧回填对称进行，不得直接回填在管道上，层层放线控制回填高程，靠近管道约 30 cm 部位及两管中间部位采用人工配合振动冲击夯夯实。管沟回填Ⅱ区铺料厚度每层为 35 cm，压实度不低于 95%。Ⅲ区土方回填采用推土机推平压实，预留一定厚度的余土，使之高于原地面，以用自然沉实。

控制节点：根据击实试验结果和现场碾压试验，确定土方回填的参数（碾压设备、铺料厚度、碾压遍数等）施工段与段的接头处理，阀井及镇墩周边回填前隐蔽工程验收，回填土料与阀井、镇墩周边接触处理；每一填筑区、层碾压完成,下层填料铺筑前验收。

检验标准：(1) 沟槽内树根、乱石、杂物等清除干净,沟槽内不得有积水、保持降水系统正常运行,不得带水回填。(2) 回填压实应逐层对称进行且不得损伤管道,分段回填阶差不得超过1个填筑层,接茬处碾压应相互重叠机械作业不少于1 m,临近管道附近进行人工夯实,且不得漏压(夯)。(3) 铺料厚度根据碾压试验确定,允许偏差-20~0 mm。

3.6.2.8 阀件安装

在对阀门进行立式吊装时,应用吊索吊装前后吊装孔。吊装时,应尽量保持平稳,避免碰撞,以免造成油漆脱落或其他部件的损坏。

蝶阀安装：安装阀门时,不得采用生拉硬拽的强行对口连接方式,以免因受力不均,引起损坏；阀门上的箭头指示为主承压方向,不是水流方向。水流方向和主承压方向相反。阀门和传力伸缩器安装好以后,阀门上的指示箭头和传力伸缩器上的箭头应为相对应状态。

在对螺栓进行锁紧时,应采用对角锁紧,使法兰和垫片受力均匀,增加密封效果。安装完成后,检查有无漏锁紧螺栓,如进行其他施工作业,应将阀门进行遮盖,避免有异物污损表面影响外观。检查阀门和管道内是否有焊渣等其他杂物,如有应及时进行清理。

质量标准：

(1) 阀体水平度及垂直度合格标准：直径大于4 m的≤0.5 mm/m,其他≤1 mm/m；

(2) 活门关闭状态密封检查,实心橡胶密封、金属硬密封或橡胶密封应无间隙,关闭严密性试验漏水量不超过设计允许值,活门松动偏离不超过±1°；

(3) 阀体水流方向中心线偏离水平方向≤3 mm,阀体上下游位置水平度及垂直度偏离≤10 mm；

(4) 锁定动作试验,包括行程开关接点应动作灵活、位置正确。

偏心半球阀：安装阀门时,不得采用生拉硬拽的强行对口连接方式,以免因受力不均,引起损坏；查看阀腔内和管道内是否有异物存在,如有异物及时清理。安装时应注意密封垫片的平整性、有无破损现象、尺寸是否合适,锁紧螺栓时应对角锁紧。安装完成后,检查有无遗漏锁紧螺栓,如进行其他施工作业,应将阀门进行遮盖,避免有异物污损表面影响外观。

质量标准：

(1) 阀体水平度及垂直度合格标准：直径大于4 m的≤0.5 mm/m,其他≤1 mm/m；

(2) 关闭严密性试验漏水量不超过设计允许值,阀体水流方向中心线偏离水平方向≤3 mm,阀体上下游位置水平度及垂直度偏离≤10 mm；

(3) 工作密封和检修密封与止水面间隙用0.05 mm塞尺检查不能通过,密封环行程符合设计要求；

(4) 活门转动检查,转动灵活,与固定部件的间隙不小于2 mm。

空气阀：安装时检查橡胶垫片的完整性,有无破损,尺寸是否合适。安装偏心半球阀时,要注意箭头向上；将螺栓对角拧紧,不可一次把螺栓紧到底,均匀对角锁紧；螺栓紧好后,检查阀门内是否有异物,方向是否正确。将密封垫片放好后,把排气阀对齐放好。然后依次放入螺栓,在锁紧螺栓时,应对角锁紧。排气阀安装完成后,对偏心半球阀进行开关操作,查看阀门开关是否正常。安装完成后,检查有无漏锁螺栓,如进行其他施工作业,应将排气阀进行遮盖,避免有异物污损表面影响外观。

质量标准:

(1) 阀门开、关时间:无水状态下用秒表计时,阀门开关各1次符合设计要求;
(2) 空气阀接力器严密性试验符合《水轮发电机组安装技术规范》的要求;
(3) 操作系统严密性试验,在1.25倍工作压力下30 min无渗漏。

双法兰传力伸缩节:安装时压盘密封螺栓和限位固定螺栓无需松开。现场如需对传力接头进行调整,调整时先将压盘密封螺栓松开,水平拉伸伸缩短管,拉伸距离控制在5 cm以内。调整完成后限位固定螺栓固定好,压盘密封螺栓对角锁好。在试压过程中如出现压盘漏水,哪个地方漏水,紧哪个压盘螺栓和前后各一个螺栓。安装阀门时,不得采用生拉硬拽的强行对口连接方式,以免因受力不均,引起损坏;安装时应注意箭头指示方向,箭头指示方向为水流方向,箭头应与水流方向保持一致。竖直吊装时,不可将吊索全部集中到同一根螺栓上;并做好防护措施,以免对螺杆、螺纹造成损伤。与阀门连接前将传力接头与阀门连接面的螺帽松开拿掉后再安装,安装时确认传力接头的安装方向是否正确,传力接头上的箭头指示为水流方向;方向确认后,把密封垫片固定到传力接头上或者阀门上。注意:不能用胶水粘连。传力接头与阀门前后地脚连接处螺杆为加长螺杆,连接时注意分辨,并对准连接。在锁紧螺栓时,应采取对角锁紧,使胶垫受力均匀,不易出现跑位变形的情况。安装完成后,检查有无遗漏锁紧螺栓,如进行其他施工作业,应将传力接头进行遮盖,避免有异物污损表面影响外观。

质量标准:

(1) 充水后漏水量无滴漏;
(2) 伸缩节伸缩距离符合设计要求。

3.6.2.9 静水压试验

管道安装后,为保证管网系统的可靠性,根据《给排水管道施工验收规范》(GB50268—2008)要求分段进行水压试验,水压试验管段长度不宜大于1 km,试压压力为设计压力的1.5倍。水压试验前应满足以下要求:①管道所有接口完成打压试验并合格,管线的镇墩、支墩等混凝土达到设计强度要求;②管道顶部回填土宜留出接口位置以便检查渗漏处;③试验管段所有敞口应封闭,不得有渗漏水现象;④试验管段不得用闸阀作堵板,不得含有消防栓、水锤消除器、安全阀等附件;⑤试验前应清除管道内杂物。

试验开始,管道内注水应从下游缓慢注入,注入时在试验管段上游的管顶及管段中的高点设置排气阀,将管道内的气体排除。试验管段灌满水后,宜在不大于工作压力条件下充分浸泡后再进行试压,浸泡时间不少于72 h。

水压试验合格判定分两种情况。

1) 采用允许压力降值进行判定

(1) 预试验阶段,将管道内水压缓缓升至试验压力并稳压30 min,其间如有压力下降可补压,但不得高于试验压力。检查管道接口、配件等处有无漏水、损坏现象;有漏水、损坏现象时应及时停止试压。查明原因并采取相应措施后重新试压,若压力下降不超过试验压力的70%,则预试验结束,否则重新注水补压稳定30 min再进行观测,直至30 min后压力下降不超过试验压力的70%。

(2) 主试验阶段:停止注水补压,稳定15 min;当15 min后压力下降不超过0.03 MPa时,将试验压力降至工作压力进行外观检查,若无漏水现象则试压合格。

2) 采用允许渗水量判定

允许渗水量值测定应在主试验阶段进行。压力升至试验压力后开始计时。每当压力下降计时向管内补水,保持管道试压压力恒定,最大压降不超过0.03 MPa,稳压2 h,检查接口、管身无破损及漏水现象,且补水量(即渗漏量)不超过 $4\ m^3/24\ h/km$ 时,判定合格。

注意事项:

①注水口应设置在试验段管线最低处,排气孔设置在管线的高处,以便于排气;

②注水时控制注水流量,以较慢速度进行,流量小于 $1\ m^3/s$,以减少余留空气量及水锤压力;

③充水完成后,关闭注水口及阀门,逐个检查各个阀件及沿线管道是否存在漏水现象;

④水压试验应逐级缓缓升压,每次升压0.2 MPa为宜,每次升压后保持15 min,检查阀井、管线及接口无异常后再继续升压至下一级;

⑤管道水压试验合格后,应立即利用排空阀井水以解除管道内水压力;

⑥管道渗漏量主要由试验过程中的温度变化、管内残留空气量和混凝土管芯的吸水量确定,但无论所测渗漏量为多少,所有可见渗水点均为不合格,应及时修补。

安全措施:

①打压过程中,一切无关人员一律不得靠近作业面,后背顶撑管道两端严禁站人,并配专人负责巡视。排气阀井等主要井口必须上盖,严禁开口,防止人员掉入,发生磕碰、伤亡。

②水压试验时严禁对管身接口敲打或修补缺陷,遇有缺陷,做出标记,卸压后再修补。应在加压泵处安装两个压力表,以便复核压力读数,避免错误。且最大量程为试验压力的1.3~1.5倍。

③管内注水时,工作人员要24 h值班,沿线巡查管线及各种阀门是否正常工作。管道内灌满水后仍需充水排气,至排气孔出水为止。试验过程中,当出现管压升不上去,管堵损坏、渗漏较大时,应立即停止试验,找出原因,采取有关措施后,方可重新试验。

3.6.2.10 管道清理

管道水压试验后,竣工验收前,承包人应对管道进行冲洗消毒。

(1) 须连续冲洗,直至出水口处水浊度、色度与入水口处冲洗水浊度、色度相同为止。

(2) 冲洗时应保证排水管路畅通安全。

(3) 管道应采用氯离子浓度不低于20 mg/L的清洁水浸泡24 h,再次冲洗,直至水质管理部门取样化验合格为止。

安全措施:必须在出水口处设置围栏、夜间照明灯具、警示语,并指定专人看管,在分支阀门处指定负责人员看管,负责冲洗阀门时的安全。

3.6.3 工程质量缺陷及处理

3.6.3.1 土方作业

管沟开挖分为放坡开挖和垂直开挖,一般在城市街道或场地受限部位采取垂直开挖方式。其存在的工程质量缺陷及其成因分析、处理方法主要如下。

1) 垂直开挖支护不到位

(1) 成因分析

①支持体系设计不合理、支护结构的强度不足,结构构件发生破坏。

②支护桩埋深不足,造成支护结构倾覆或出现超常变形。

③施工质量差与管理不善。钢支撑的节点连接不牢,支撑构件错位严重;基坑周围乱堆材料设备,任意加大坡顶荷载;挖土方案不合理,不分层进行。

④降水措施不当或者基坑暴露时间过长等。

(2) 处理方法

①要严格按照相关规范施工、对垂直开挖支撑材料进行复核,满足现场要求后方可进行使用。

②施工中加强支撑施工质量检查,基坑周围和坡顶减小载荷,周围严禁堆放土方和施工材料等,开挖分层支护。

③减少基坑暴露时间和加强降排水措施。

2) 未按设计要求放坡开挖

(1) 成因分析

①开挖边坡一侧或者两侧场地受限,存在建筑物或者征迁场地影响无法按照设计放坡。

②施工方选择开挖设备不合理或者施工方有投机取巧因素。

(2) 处理方法

①对于场地受限无法按照设计边坡开挖的可以与设计单位沟通,根据现场实际情况改变开挖边坡,但务必保证边坡稳定安全且底宽要满足施工要求。

②由于施工方自身原因或者设备原因的根据合同技术条款土方工程计量与支付条款,组织施工单位量测开挖开口线和底口宽度,按设计和现场实际情况进行计量,促使施工单位按照设计边坡开挖。对于确实无法按照设计开挖的及时联系相关单位确认后可以变更开挖坡比。

3) 未完全进行分层回填压实

(1) 成因分析

施工方投机取巧,节省生产成本。

(2)处理方法

①开工前,要求投入足够小型碾压设备或打夯机械,进行填筑碾压试验。这项工作处于前期准备阶段,监理工程师容易采用多种措施督促落实,为后续工作顺利开展创造条件。

②阀井上下游侧是回填质量的关键控制点,一般在刚性与柔性基础交接处,易出现不均匀沉降,将接头拉开。

③发现上述问题后及时通知施工方停止回填,清理或开挖出不合格土料,组织人员、设备进行补压或从底层分层回填压实。

4)砂垫层回填不规范

分为砂垫层材料不满足要求、回填分层厚度大于设计要求、管子腋角未进行捣实三种。

(1)成因分析

①中粗砂原材料含水率过低或者原材料不合适。

②施工方自身管理、生产组织及节省成本等因素造成。

(2)处理方法

①更换回填砂原材料,对于含水率不合适的进行洒水补压。

②砂垫层填筑未分层或者填筑过厚的清除多余砂重新压实。

③管子腋角部位无法采用机械压实,该部位又是固定管节最有效部位,要求采用人工用木棍捣实等方法。

3.6.3.2 阀件、管道安装

1)阀件安装存在错误或偏差

(1)成因分析

①阀件安装作业人员经验不足或者安装前未与厂家售后人员及时沟通。

②安装人员利用阀件伸缩节调节安装偏差导致。

(2)处理方法及注意事项

①法兰要由一家厂家生产,避免错口无法安装。

②及时联系阀件厂家售后人员到现场指导安装,对于利用阀件伸缩节调节安装偏差的情况需要在厂家售后人员的指导下卸除阀件,调整好间隙后重新安装。

③法兰焊接后的防腐要在安装前进行。

2)钢管焊接检测不合格

(1)成因分析

①未按照一定的焊接工艺施焊、焊接人员技术原因、焊接材料保存不当。

②焊接后未进行外观质量检查,焊缝宽度及余高等不满足要求且存在对内外焊口打磨不到位的情况。

(2)处理方法

①钢管焊接检测后,其修复要结合检测时发现的不合格点深度、区域等综合分析原因,采用切除不合格点、补焊或者对内外焊口重新打磨等方式进行处理。

②修补后复测不合格则需要整道焊口全部切除重新焊接。

③要严格按照焊接作业指导书进行焊接作业,焊接材料做好保存防潮工作,对作业人员可以再进行交底或者培训。

3.6.3.3 PCCP管接口打压不合格

1)成因分析

(1)首次打压不合格主要原因为安装中未刷润滑油、橡胶圈安装不平顺、顶进中损坏橡胶圈或管口等。

(2)末次打压不合格主要原因为:管顶回填完成之后,由于本标段PCCP管道线路长,地质条件复杂,PCCP管道安装、沟槽土方回填完毕后,沿线降水井停止工作,地下水位上涨,浸泡回填砂、土,会偶有发生不均匀沉降现象,管道承插口对密封胶圈产生不同程度的挤压。

2)处理方法

(1)首次打压不合格的更换橡胶圈重新安装管道。

(2)末次打压不合格的管缝,采用特殊注胶材料对打压孔内部进行封堵,先用注胶材料将打压孔内部残留水全部排干净,然后加压注胶,压力稳定1~2分钟后封堵打压孔,后在管缝两侧涂刷聚脲、挂玻璃丝布。

3.6.3.4 钢管合拢焊口缺陷

1)成因分析

(1)缺陷主要分为焊口存在错台、焊缝中间加装金属材料、焊口用拼接钢板焊接。

(2)管口合拢前测量不精确,导致制作的管件中心不对应。

(3)用标准管制作管件时切割前测量不准确,导致切割的管件长度不合适等。

2)处理方法

(1)对焊缝中间夹带金属材料的采用割除焊口的方式,按照规范要求多切除一段管道,再采用截取标准钢管进行对接,保证两条环形焊缝间距不少于500 mm。

(2)对于拼接焊或者焊缝存在较大错台的应割除焊口,重新调整合拢管安装轴线进行焊接。

(3)对于合拢管件错台较大的应拆除合拢管,重新测量加工制作管件。

3.6.3.5 PCCP、DRCPⅢ顶管轴线偏差造成漏压

(1)成因分析

有的顶管工程为绕开不可拆迁轴线障碍物,造成实际轴线与原轴线偏差较大,顶管管缝存在密封不严或漏压可能。

(2)处理方法

全线排查此种走势顶管管线,对存在漏压的接口管缝按照"PCCP顶管接口打压不合格"处理方法进行处理。

3.6.3.6　PCCP管接头渗水

1）成因分析

（1）主要原因为打压孔、注浆孔未封堵在水压作用下发生渗漏。

（2）顶管接口错口,密封胶圈在顶进过程中发生偏差而失去密封作用。

（3）管缝未封堵及脱落造成渗漏。

2）处理方法

采取先清理基层、再焊接后填充防腐材料的方式进行处理。

（1）清基。人工清出焊接部位。

（2）焊接。对接口处承插口钢板采用氩弧焊焊接,材质与管材同材质,分三层焊满,及时清理焊渣。

（3）填缝及防腐。焊接完成后对此管口下层填充聚硫密封胶,表层刷涂环氧底漆后再刷单组份聚脲防水涂料,涂刷3遍（厚度≥1.5 mm,中间用聚脲增强网格布分隔）。

注意事项：

①焊工须持证上岗,挑选具有水下焊接经验的焊工；

②焊接材料在存放和运输过程中应密闭防潮,焊条使用前要提前烘干,使用时保存在恒温箱中,焊条药皮应无脱落和明显的裂纹,焊条使用前应清除铁锈和油污；

③聚脲防水涂料要严格按照工序要求进行施工,底层涂料施工完成后24小时内刷单组分聚脲涂料,每层涂刷时间间隔宜为6～8小时,如出现上一遍涂料完全干燥的情况时,则需涂刷聚脲专用界面活性剂,而后再进行下道涂料的涂刷。

3.6.3.7　管道接口处破损

1）成因分析

主要原因为机械作业磕碰损坏。

2）处理方法

（1）及时联系PCCP管生产厂家,对于大面积破损的则需要更换管道。

（2）修补要先将破损处混凝土进行剥离,清除表面剩余浮渣等,然后采用环氧砂浆进行修补作业,修补后要注意进行养护,待砂浆达到强度后再进行后续对口的相关作业。

3.6.3.8　混凝土施工

1）混凝土墙体裂缝渗水

（1）成因分析

①混凝土由于受自身及外部介质环境的影响,在温度、湿度变化和周边、基础约束的作用下,会产生很大的约束应力,产生约束裂缝。

②混凝土内外水分蒸发程度不同导致变形不同。混凝土受天气条件的影响,表面水分损失过快,变形较大,内部湿度变化较小,变形较小,较大的表面干缩变形受混凝土内部约束,产生较大拉应力而产生裂缝。

③风、高温导致混凝土面板开裂。

(2) 处理方法

①用钢丝刷将裂缝两侧各 5 cm、端部各 10 cm 范围内的混凝土表层清理洁净,并洒水润湿使其基面处于表干状态。

②用砂浆搅拌机或手提电钻配以搅拌齿进行水泥基柔性防水材料的现场搅拌工作,搅拌时间比普通砂浆要延长 2~3 分钟,最好先预搅拌 2 分钟,静停 2 分钟,再二次搅拌 2 分钟以便充分搅拌均匀。一次不要搅拌太多,根据涂抹速度进行搅拌,搅拌好的砂浆要在 2 小时内用完。

③使用毛刷在裂缝两侧及端部涂刷水泥基。涂刷一遍表干后再次涂刷,涂刷总厚度应大于 1 mm,并对表面压实、抹平。

④水泥基柔性防水材料凝结后,进行自然养护,养护温度不低于 5℃。水泥基柔性防水材料未达到硬化状态时,不得浇水养护或直接受雨水冲刷。

(3) 注意事项

①裂缝间的浮渣、污物必须清理洁净,薄弱部位需清理彻底。

②裂缝处理前期可涂刷水泥基作为临时封闭措施,避免其任意发展。

③处理后的裂缝需派专人进行养护,避免因养护工作不到位出现返工现象。

1) 阀井渗水

一般分为穿墙套管渗水、施工缝和拉筋孔浸水。

(1) 成因分析

①穿墙套管渗水一般是因为选用材料不合适或者施工时套管填充未完全捣实,导致遇水后渗漏。

②施工缝浸水是由于施工时预留缝隙未清理干净或者在浇筑前未先铺筑砂浆造成施工缝存在裂隙或者孔洞。

③拉筋孔浸水是在浇筑混凝土完成后未对拉筋处进行有效处理导致。

(2) 处理方法

①穿墙套管渗水处理方式:全部剔除穿墙套内填充物后按照设计要求用石棉水泥加油麻进行内填充,填充时要用木棍或者铁钎进行捣实,外部填充密封胶。

②施工缝和拉筋孔浸水可以采用处理混凝土墙体裂缝渗水相同的方法进行处理。

3.6.3.9 PCCP 制造质量缺陷及处理

1) 原材料不符合要求

(1) 成因分析

厂家为节约成本,使用不合格材料或不按合同文件要求进行采购,如驻厂监造中发现承插口钢板厚度不满足合同文件要求。

(2) 处理方法

不合格材料及时清出生产现场,重大事项及时报告建设单位。

2) 承、插口坡口打磨不符合要求

(1) 成因分析及问题描述

①承插口生产中因工人偷懒、质检检查不到位,存在坡口打磨不到位或者不打磨坡口

情况。

②承口圈环要进行扳边加工,后将承口圈置于胀圆机上进行胀圆定型,胀圆后存在弹性回缩,因此胀圆时要保证钢材所受应力超过屈服极限。

(2) 处理方法

①对坡口打磨不到位或不打磨坡口的进行返工处理(规范、合同要求焊缝抗拉强度要高于母材强度,坡口未打磨或打磨不到位将严重影响使用寿命,采用双面熔透焊接,并打光磨平)。

②对承口尺寸不满足要求的进行返工处理。

3) 钢筒静水压不符合要求

(1) 成因分析及问题描述

①钢筒焊接存在缺陷造成漏水现象。

②钢筒未做水压试验,或水压不合格返工后未重做试验。

(2) 处理方法

①水压试验是管材质量控制关键点,必须按照规范逐根试验。

②对漏水点进行补焊,补焊后按要求重做试验。

4) 管芯成型混凝土存在错台现象

(1) 成因分析

内外模合口缝未密封严实、模具存在变形情况。

(2) 处理方法

①对高于 1.6 mm 接缝错台采用磨光机修磨。

②及时修复、校正模具变形部位,无法修复的禁止使用。

5) 管芯保护层混凝土裂缝

(1) 成因分析

①砂子细度模数偏小、坍落度大、过振等原因。

②蒸汽养护方式不规范,如蒸养过程升温过快,内部应力不平衡导致裂缝。

(2) 处理方法

①调整保护层混凝土配合比砂率及用水量,重新报批;或减少减水剂用量。

②改进保护层混凝土的蒸养方式,将蒸汽管道沿保护层底模外壁呈圆环形敷设,并开孔,使蒸汽直接和保护层混凝土接触,升温不宜过快。

(3) 在工艺操作上,要求操作工在下料过程中按振动时间要求开关振动器,防止混凝土因过振产生离析现象。

6) 混凝土强度不满足要求

(1) 成因分析

①搅拌机计量设备故障,坍落度失控,混凝土强度离散性大。

②水泥过期或受潮,活性降低;砂、石集料级配不好,空隙大,含泥量大,杂物多,外加剂使用不当,掺量不准确。

③混凝土配合比不当,计量不准。

④混凝土加料顺序颠倒,搅拌时间不够,拌和不匀。

⑤冬季施工,拆模过早或早期受冻。
⑥夏季施工,试件未及时覆盖、养护。
⑦混凝土试块制作未振捣密实,养护管理不善,或养护条件不符合要求。
(2) 处理方法
①报废处理。
②经设计复核,项目法人(现场管理机构)及监理单位确认,能满足安全和使用功能要求,可不再进行处理。

7) 管芯混凝土存在蜂窝及直径、深度超过 10 mm 孔洞现象
(1) 成因分析
①混凝土坍落度不满足要求,或振捣不到位等原因。
②未及时处理内外模具积渣,或模具底部存在漏浆。
(2) 处理方法
①出现蜂窝的管芯,按不合格产品处理。
②对于管芯外表面直径、深度超过 10 mm 孔洞,现场人工清理干净,可采用环氧基液均匀涂刷,然后用环氧砂浆填充,最后用灰刀压实收平。

3.6.3.10 钢管制造常见缺陷处理

1) 原材料不符合要求
(1) 成因分析
厂家为节约成本、偷工减料,出现用不合格材料代替合格材料或者不按合同文件要求进行采购的现象。
(2) 处理方法
对不符合合同要求的原材料,禁止使用。

2) 焊缝余高问题
(1) 成因分析
影响焊缝余高的主要参数为焊接电流、电压、焊接速度。在其他条件不变的情况下,焊接电流增大,使焊丝熔化量增加,焊缝余高增加。在其他条件不变的情况下,电压降低,使熔池、熔滴温度降低,焊缝宽度减少变得高而窄。在其他条件不变的情况下,焊接速度减小,焊丝熔化量增加,焊缝余高也会增加。
(2) 处理方法
对余高过高的焊缝进行打磨处理,符合要求后做探伤检测。

3) 存在焊缝错边现象
(1) 成因分析
①钢带的镰刀弯是造成钢管错边的最主要因素,在螺旋焊管成型中,钢带的镰刀弯会不断地改变成型角,导致焊缝间隙变化,从而产生开缝、错边甚至搭边。
②由于不切边钢带头尾的形状和尺寸精度较差,对接时易造成钢带硬弯而引起错边。
③钢带头尾对接焊焊缝余高较大时,在成型时若处理不当,容易造成较大的错边。
④钢带边缘状况不佳是造成错边的另一重要原因。

(2) 处理方法

①将错边的方位磨平,然后进行补焊。

②假如经常呈现错边的状况,更换设备。

4) 钢管除锈不满足要求问题

(1) 成因分析

①除锈不满足要求主要是设备老旧、生产工艺问题的原因。(钢管主要除锈方法为喷(抛)射除锈,其除锈是采用大功率电机带动喷射叶片高速扭转,使钢砂、钢丸、铁丝段等磨料在离心力效果下对钢管外表面进行喷射处理,不仅可以彻底肃清铁锈、氧化物和污物,并且钢管在磨料冲击和摩擦力的效果下,还能达到所需求的平均粗糙度。)

②除锈后未及时防腐。

(2) 处理方法

①除锈质量对管道使用寿命起着关键作用。对除锈后的管道进行检查,检查是否达到合同规定等级,对不满足要求的重新进行除锈,直到满足要求。

②锚纹是影响涂层附着力和剪切强度的重要因素。螺旋焊管除锈完成后还要对内外表面锚纹深度、灰尘度进行检验。

3.6.4 进度控制

影响项目工期的因素主要有人的因素、物的因素、技术因素、资金因素、工程水文地质因素、气象因素、环境因素、社会环境因素以及其他难以预测的因素。结合本工程施工中遇到的不同问题,监理部采取相应措施,基本完成既定合同进度要求。

3.6.4.1 工程征地拆迁、专业项目迁建处理

本工程地处周口市鹿邑县、商丘市柘城县,呈线状分布,一般沿耕地布设,部分管线穿越民房、厂区,建设用地征用工作涉及的战线复杂,且施工过程中存在阻工现象。监理采取以下措施解决上述问题。

组织项目公司、施工单位等参建各方,分析征迁难点,要求施工单位结合实际修订进度计划,优化施工组织安排,分段、分点开工,降低征迁影响。

将明挖管线工程,改为顶管施工,降低征迁难度。如穿越 S206 及北湖路明挖改顶管,减小了征迁难度,加快施工进度。

定期召开监理例会,并邀请项目公司相关部门负责人参加,汇总施工单位所报征迁及阻工问题,会后督促协调解决。

3.6.4.2 多个采购厂家供货与土建单位的协调

采购厂家招标后,发生个别因素导致部分设备未能如期供货,监理部联合项目公司积极督促协调,措施如下。

召开联络会、专题会,要求厂家严格按照招标设计要求生产。

认真核对施工图,及时签发需求计划,涉及变更的部分及时通知厂家。

结合招标设计要求及施工图,认真审核采购厂家排管图设计、设备结构图设计,管材、设备生产过程采取驻厂、跟踪巡视方式,严格按照设计生产。

建立采购进度联系机制,定期沟通生产进度,针对进度滞后的厂家以监理通知形式进行督促,要求公司总负责人及生产部门给予重视。

3.6.4.3　合拢管与标段接头的处理

(1)合拢口是管道铺设的最后环节,由于易被忽略或不被重视,其往往是制约进度的因素。

管道施工前,提醒施工单位充分考虑合拢管厂家生产的必要时间,一般下达需求计划后,需要一定时间才能生产完成。赶工时,可预留比设计长度略长的空间,现场切割安装,以加快进度。

(2)标段接头处理经验总结。及时结合其他标段施工进度,合理安排作业时间,避免影响施工进度,如后陈楼—七里桥输水线路首端与后陈楼泵站、末端与七里桥水库交叉,合理安排可加快施工进度。

3.6.4.4　前期勘测设计的一些复核

施工单位进场后,监理部要求施工单位复核水文地质,排查永久及临时占地范围内地下、地上障碍物,要求及时上报,协调项目公司征迁部门或设计单位解决,尽量避免对工期造成影响。

(1)经复核,输水管道沿线水文地质情况与招标设计基本一致,结合水文地质情况,及时审批施工单位管线降排水等施工方案,没有因为水文地质原因造成工期延误。

(2)穿越S206及北湖路顶管处,因国防光缆干扰及征迁困难,因此由明挖变更为顶管施工。

3.6.4.5　施工单位的现场组织管理

(1)审批施工单位报送的施工总进度计划及年、季、月度施工进度计划,对进度计划实施情况检查、分析。

(2)落实项目监理机构中进度控制部门人员的具体控制任务和管理职责分工。

(3)确定进度协调工作制度,包括协调会议举行的时间,协调会议的参加人员等。

(4)审查施工单位提交的进度计划,使承包单位能在合理的状态下施工。

(5)及时办理工程预付款及工程进度款支付手续。

(6)加强合同管理,协调合同工期与进度计划之间的关系,保证合同中进度目标的实现。

3.6.4.6　设计供图和设计变更的协调

(1)由于本工程施工图设计涉及结构、管材、阀件等多个专业,有可能发生个别部位、个别时段供图不及时的问题,或者发生设计变更造成个别部位暂停施工的问题。

(2)召开专题会议,由设计单位进行现场答疑,对于不能当面答疑的问题,会后及时协调沟通。

（3）针对部分设计问题，简化流程，口头沟通，事后以报告单或设计通知单形式确认。

因客观原因造成图纸延误的，督促施工单位灵活调整进度，采取一定的赶工措施，减少工期影响。

3.6.4.7　优化施工组织设计的安排

后陈楼水库—七里桥水库段共计 29.877 km，工期紧施工任务重。本工程主体施工阶段基本处于疫情防控期间，部分原材料、中间产品进场困难，且部分时段道路封堵，交通不畅，极大地阻碍工程进度，监理部及时组织大家沟通协调。在大家的共同努力下，问题得到及时解决，施工任务按期完成。

采取措施如下。

（1）合理安排施工，增加作业面，增加人员设备，加快施工进度。

（2）明挖变顶管，减少征迁，加快施工进度。

4 引调水工程施工工法关键技术研究与应用

4.1 引江济淮工程跨清水河桥梁墩柱快速加固施工工法

引江济淮工程包含的清水河河道通过疏浚开挖现有河道满足输水流量要求,清水河输水线线路总长 47.46 km。因河道河底高程需要规划疏浚,导致沿线桥梁下部结构的桩基显露,显露桩基部位面临河道冲刷的问题,由于沿线涉及桥梁众多,涉及桥梁质量状态较好,拆除重建造成工程投资浪费,对影响到的桥梁桩基需及时进行加固并采取相应的预防性措施,是消除结构安全隐患的重要保障。由于现状河道具有规划疏浚要求,导致清水河全部桥梁桩基显露,部分河道经开挖后,较多桩基存在混凝土剥落及露筋情况,若不及时处理,将造成不可估量的安全隐患。另外,现将目前桥梁存在的问题进行分析,涉及的多为联通附近村庄、城镇的桥梁,需要寻求一种更为快捷、安全、有效的施工技术。本章研究并总结了引江济淮工程跨清水河桥梁墩柱快速加固施工工法,具有一定的参考价值。

4.1.1 工法特点

水下玻纤套筒加固技术是针对桥梁墩柱进行加固的一种新型施工工艺,也可以对存在稳定性问题的桥梁墩柱进行加固。该技术施工快捷,无需修筑围堰,并且可在水下作业。水下玻纤套筒加固技术在引江济淮工程施工中主要有以下三大特点。

4.1.1.1 可水下环境下施工

玻纤套筒技术所采用的环氧灌浆料可在水下施工,同时施工时可自流平,不离析,并具有较好的黏结力,另外采用该技术无需修筑围堰,在保证施工质量的同时,可大大提高施工速度。

4.1.1.2 材料防腐性较好

环氧灌浆料为高分子聚合物,有高强度的防腐蚀作用,可应对水质碱性和酸性腐蚀,另外玻纤套筒在化学反应中表现为惰性,对碱性和酸性物质也具有较好的抗性。

4.1.1.3 耐久性强

引江济淮工程（河南段）所在地属于北方区域，四季明显，存在干湿、冻融等环境影响因素，环氧灌浆材料及玻纤套筒适应环境变化能力强，适用于该地区。

4.1.2 适用范围

传统加固和修复工艺施工工期长，成本高，同时，可能在未来需要对墩柱进行重复维修。而水下玻纤套筒加固系统作为一个国外已经很成熟的用于水下墩柱和桩基加固、修复的一个加固工艺，无需任何围堰和排水作业，施工工期短，加固后结构整体耐久性好，在国内公路桥梁、码头等结构加固中有着广阔的应用前景。

4.1.3 工艺原理

引江济淮工程沿线河道涉及桥梁较多，重复修建投资大，不能充分发挥其剩余社会价值，另外桥梁是联通两岸村庄、城镇的必经之路，其安全性尤为重要。

引江济淮工程跨清水河桥梁墩柱快速加固施工工法采用环氧灌浆料按照 $A：B：C=2.5：1：9$ 比例进行拌制，在套筒底部均匀灌注 CMSR 水下环氧封口胶，水下灌注料灌注完成并待其固化后，在玻纤套筒顶部采用 CUCR 水下环氧封顶胶进行封顶。

4.1.4 施工工艺流程及操作要点

4.1.4.1 施工工艺流程

玻纤套筒加固的基本步骤为：现场调查→处理待加固构件表面→玻纤套筒安装→拌制并灌注水下环氧灌浆料→封顶胶封顶→固化。

4.1.4.2 操作要点

（1）现场调查

调查需加固的墩柱和桩基，需要加固部位的尺寸和形状。根据现场观察和测量的结果，制定符合工程条件的套筒形状，并用较小的套筒尺寸满足尽量多的墩柱和桩基。对于在河床的墩柱和桩基需要测量河床高程，查明河床淤泥及堆石的厚度，以便于制定可靠的维修加固方案。

（2）处理待加固构件表面

对墩柱或桩基表面进行处理，清除表面杂物、水生物、凿毛混凝土表面，凿毛深度视情况而定。查看钢筋情况，如果钢筋锈蚀，需要对钢筋进行除锈处理，确保钢筋完整。凿毛后要求混凝土表面干净、无异物，并符合施工规范对凿毛工艺的要求。

(3) 玻纤套筒的安装

用不锈钢钉将可压缩密封条固定在玻纤套筒底部。密封条放置前应量好尺寸,防止长度不符合而影响密封条的密闭效果,导致灌浆料跑漏。密封条的安装质量将会直接影响玻纤套筒的密闭性,必须检验合格后才能进行后续的施工。定制完成的玻纤套筒由厂家运到现场后需检查尺寸,验收合格后方可使用。安装前先在玻纤套筒的位置的上下两端预安装限位器,使桩基四周与玻纤套筒间有较均匀的间隙,保证灌注环氧灌浆料后包裹桩基的胶体厚度均匀。安装时先在套筒的锁扣槽内注入 CMSR 水下环氧封口胶,然后撑开玻纤套筒,包裹桩基,精确定位后使用紧固带临时固定套筒,紧固带间隔不大于 1 m,在套筒锁扣处每隔 10~15 cm 用不锈钢自攻螺钉进行紧固。节段间玻纤套筒衔接长度为 15 cm。

(4) 拌制并灌注水下环氧灌浆料

环氧灌浆料按照 $A:B:C=2.5:1:9$ 比例进行拌制,应先遵循先 A 再 B 后 C 的添加顺序,用电动搅拌器充分搅拌,直至颜色均匀为止。一次搅拌量不宜超过 30 kg。选用高位漏斗重力灌浆法,将漏斗置于套筒上沿,并采取有效的绑固措施,以便于灌注。将环氧灌浆料注入套筒底部至 15 cm 高度后暂停灌注,待其固化至少 8 小时后进行第二次环氧灌浆料浇筑,直至一个阶段的玻纤套筒内的水全部排出,灌浆料环周长方向平齐。

(5) 使用封顶胶封顶

环氧灌浆料浇筑完成后,在套筒顶端部用 CUCR 水下环氧封顶胶抹一个斜坡,进行封顶密封。在灌注水下环氧灌浆料时需要留出 1~2 cm 的空间,用于涂抹 CUCR 水下环氧封顶胶。

(6) 固化

等待 24 小时后水下环氧灌浆料即可完成固化,此时便可取下临时紧固带,完成此次维修加固工作。

4.1.5 材料与设备

4.1.5.1 劳动力配置

表 4.1 该工法劳动力配置表

序号	工种	单位	数量
1	吊车司机	人	2
2	测量工	人	2
3	基面处理	人	5
4	杂工	人	5

4.1.5.2 设备配置

表 4.2 该工法主要施工设备表

序号	机械、设备名称	型号	单位	数量
1	汽车吊	20 t	台	2

续表

序号	机械、设备名称	型号	单位	数量
2	水泵	2.8 kW	台	1
3	发电机	20 kW	台	2
4	电镐	900 W	台	2
5	砂轮切割机	1 kW	台	1

4.1.6 质量控制

（1）在施工过程中，全面贯彻以预防为主的方针，采取预防措施，防止发生不合格产品。水下作业部分每道工序完成必须有施工照片来检验完成质量。

（2）对施工中可能出现的质量通病，先分析原因，并针对主要影响因素制订相应的对策措施，派专人负责落实，杜绝质量事故的发生。

（3）质量记录是产品质量符合规定要求和质量体系有效运行的真实的、有效的证据，因此质量记录按规定要求做到真实、准确、及时、完整。

（4）质量记录严格按施工合同要求建立，并指定专人进行填写和填报。由技术部门归档管理，项目经理部每月组织相关部门进行监督检查，以确保质量记录的连续性和完整性。

4.1.7 安全措施

4.1.7.1 施工安全措施

（1）进入施工现场，应按规定穿戴安全帽、工作服、工作鞋等防护用品，正确使用安全绳、安全带等安全防护用具及工具，严禁穿拖鞋、高跟鞋或赤脚进入施工现场。

（2）吊车吊装模板、预制块等物资材料时，人员与车辆不得穿行，作业地段有专人监护。

（3）严禁酒后作业。

（4）起重、挖掘机等施工作业时，非作业人员严禁进入其工作范围内。

（5）检查、修理机械电气设备时，应停电并挂标志牌，标志牌应谁挂谁取。应在检查确认无人操作后方可合闸。严禁机械在运转时进行加油、擦拭或修理作业。

（6）严禁非电气人员安装、检修电气设备。

4.1.7.2 运输安全措施

（1）各类车辆必须处于完好状态，制动有效，严禁人料混载。

（2）所有运载车辆均不准超载、超宽、超高运输。反铲作业半径内禁止站人；汽车吊作业半径内禁止站人。

（3）装渣时将车辆停稳并制动。

(4) 运输车文明行驶，不抢道、不违章，施工区内行驶速度不能超过 20 km/h。

(5) 不得酒后开车，严禁上班时间饮酒。

(6) 配齐操作、保养人员，确保不打疲劳战，杜绝因疲劳连续工作造成安全事故。

4.1.7.3 供电与电气设备安全措施

(1) 施工现场用电设备定期进行检查，防雷保护、接地保护、变压器等每季度测定一次绝缘强度，移动式电动机、潮湿环境下的电气设备使用前检查绝缘电阻，对不合格的线路设备要及时维修或更换，严禁带故障运行。

(2) 线路检修、搬迁电气设备（包括电缆和设备）时，切断电源，并悬挂"有人工作，不准送电"的警告牌。

(3) 非专职电气值班员，不得操作电气设备。

(4) 操作高压电气设备回路时，必须戴绝缘手套，穿电工绝缘靴并站在绝缘板上。

(5) 手持式电气设备的操作手柄和工作中接触的部分，有良好绝缘，使用前进行绝缘检查。

(6) 低压电气设备，要加装触电保护装置。

(7) 电气设备外露的转动和传动部分（如皮带和齿轮等），必须加遮栏或防护罩。

(8) 36 V 以上的电气设备和由于绝缘损坏可能带有危险电压的金属外壳、构架等，必须有保护接地。

(9) 电气设备的保护接地，每班均有当班人员进行外表检查。

(10) 电气设备的检查、维修和调试工作，必须由专职的电气维修工进行。

4.1.8 环保措施

(1) 废水的处理标准符合受纳水体环境功能区规划规定的排放要求，不得将未处理的污水直接或间接排入河流水体中。

(2) 施工期间，除尘设备与生产设备同时运行，保持良好运行状态。

(3) 在施工过程中，产生的固体废弃物，包括建筑渣土、废弃的散装建筑材料、废弃的包装材料等要及时采取回收利用、焚烧处理、填埋等措施进行处理。

(4) 专门成立文明施工领导小组，定期组织文明施工大检查及总结会。

(5) 划定文明施工责任区，明确责任人，并树立文明施工标示牌。自觉维护施工红线范围内生产、生活及公共设施场所的环境；制定文明施工奖罚措施，每月评定一次，奖罚兑现。

(6) 合理安排施工顺序避免工序相互干扰，凡下道工序对上道工序会产生损伤或污染的，要对上道工序采取保护或覆盖措施。

(7) 制定严格的作业制度，规范施工人员作业行为，做到科学管理、文明施工，避免有害物质或不良行为对环境造成污染或破坏。

(8) 在运输工程材料、工程设备、运送垃圾或其他物质时，选择运输线路、运输工具或限制载重量等办法保持在运输中所经过的道路的清洁。

(9) 加强宣传教育和管理, 严禁超越征地范围毁坏植被和花草树木, 施工活动之外场地必须维持原状。

4.1.9 效益分析

(1) 相对传统桥梁桩基加固方法而言, 引江济淮工程跨清水河桥梁墩柱快速加固施工工法采用环氧灌浆料按照 $A:B:C=2.5:1:9$ 比例进行拌制, 在套筒底部均匀灌注 CM-SR 水下环氧封口胶, 水下灌注料灌注完成并待其固化后, 在玻纤套筒顶部采用 CUCR 水下环氧封顶胶进行封顶, 该工法加快了施工进度, 节约了施工成本, 经济效益显著。

(2) 引江济淮工程跨清水河桥梁墩柱快速加固施工工法采用水下玻纤套筒加固技术, 无需修筑围堰, 并且可在水下作业, 同时保证桥梁处的河道断面的输水能力, 该工法大大节约了施工工期, 解决了两岸村庄、城镇通行等待时间长问题, 通过该工法的应用使得引江济淮工程在汛期前快速完成施工, 保证了河道安全度汛, 社会效益显著。

4.2 泵站进出口曲型流道施工质量控制工法

在泵站工程设计中, 根据工程所在地的具体的水利条件, 需单独设计进、出口的流道形式, 为满足水力学水流流态要求, 减少水流对流道的侵蚀作用, 同时为减少土建工程量, 提高整个泵站工程的运行效率, 需专门设计专用的进水流道和出水流道。一般的情况下, 进出口流道多为优化曲型断面, 以满足各种边缘力学条件, 这为流道施工带来了一定的困难, 若流道在施工过程中把控不严, 尺寸上和形式上存在偏差, 会影响使用过程中水流和流道边缘的力学条件, 进而影响泵站的使用年限、耐久性和安全性能。在实际施工过程中, 如何严格按设计要求的流道断面形式施工成为一道难题。本节针对试量泵站工程进出口曲型流道施工, 进行曲型流道的整体施工工艺探索, 其中包括: 曲型流道的线型控制工艺、曲型流道模板整体制作及安装支护工艺、曲型流道混凝土浇筑工艺及曲型流道钢筋安装工艺研究, 为类似工程提供一定的借鉴。

4.2.1 工法特点

试量泵站水泵采用立式布置。进水流道断面沿水流方向由矩形渐变为圆形; 出水流道断面沿水流方向由圆形渐变为矩形。

进水流道最大截面尺寸为 4.6 m×4.0 m, 最小截面尺寸为直径 2.16 m 的圆, 流道平面长度为 11.73 m。出水流道最大截面尺寸为 4.6 m×3.0 m, 最小截面尺寸为直径 2.20 m 的圆, 流道平面长度为 17.0 m。本次工法有以下特点。

4.2.1.1 采用三维模型搭建与分割

三维模型的搭建与分割是本次工法中十分重要的一步, 全面透彻地理解设计意图, 准确无误地搭建流道的三维模型, 同时采取合理的分割参数, 收取科学有指导意义的数据,为后期的流道模板线型控制和支承体系的搭建提供保证,从而保证流道整体模板完成后形状与设计一致,同时成型美观,混凝土外观质量好。

4.2.1.2 钢衬支承体系与木模板结合

模板的支承体系与模板的加工安装是本次研发中最为重要的一步,支承体系要保证自身安全稳固不变形,从而保证施工过程中流道的圆滑线型和良好的流道外观质量;流道模板采用钢衬与木模板结合,在尽量使用整块模板减少模板拼接缝的情况下,既要与支承体系完美贴合,又要保证模板自身的弯曲变形程度不影响模板的正常性能。

4.2.1.3 流道模板圆变方一次性支设

流道较长,需要截取18个流道横断面,在模板加工中需严格按照图纸要求,同时,对木工班组技术水平有较高的要求。

4.2.1.4 大体积曲型断面混凝土一次性整体浇筑

流道整体混凝土方量在600 m^3左右,体积方量相对较大,同时钢筋和模板边角不规则,为混凝土的浇筑振捣带来一定困难,温控措施的采取,混凝土的质量保证,快速施工,都是本次研究的重要技术指标。

4.2.2 适用范围

在泵站工程设计中,根据工程所在地的具体的水利条件,需单独设计流道进、出口的形式,为满足水力学水流流态要求,减少水流对流道的侵蚀作用,同时为减少土建工程量,提高整个泵站工程的运行效率,需专门设计专用的进水流道和出水流道。我国泵站流道施工大多选用定型钢模板,若在施工过程中把控不严,尺寸上和形式上存在偏差,会影响使用过程中水流和流道边缘的力学条件,进而影响泵站的使用年限、耐久性和安全性能。在实际施工过程中,如何严格按设计要求的流道断面形式施工成为一道难题。通过流道的轴线确定及三维模型的建立、三维流道模型的分割和确定流道母线弧形、采取木模加钢衬组合施工方案、混凝土浇筑质量控制等措施能够较好控制流道施工质量,在水利工程施工中有着广阔的应用前景。

4.2.3 工艺原理

根据流道设计纵向剖面图,在流道全程截取18个横断面,沿此18个断面量取各个横断面的剖面长度,以此确定18个肋环的横截面尺寸。根据流道"由方变圆形,再由圆形变为方形"的特性和现场施工的可操作性及经营成本等方面考虑,直线段采用木模制作,进口异形段采用钢衬结构,保证流道渐变段弧度美观。考虑流道施工精度要求较高,模板制作前要设计好抗浮、抗倾覆、抗下沉等问题的加固和支撑体系,加固拉杆孔的位置等。模板安装包括进口收缩渐变段和弯道出口段,各分部段在制作间按1∶1的比例独立成型后,再进行连接。控制好模板中心线与流道底板中心线,肋环预留螺孔对准流道底板预埋螺杆。模板拼缝处采用腻子修复,有效减少了错台的发生。混凝土浇筑采用全面平铺法进行浇筑,且每层浇筑厚度宜在 30~40 cm 之间。宜在模板两侧混凝土浇筑后两侧同时进行振捣,避免振捣产生的震动使模板侧斜。

4.2.4 施工工艺流程及操作要点

4.2.4.1 施工工艺流程

三维模型的搭建与分割→施工准备→测量放线→支承体系的制作与模板加工和安装→模板加固→模板抗浮沉、抗位移措施→大体积曲型断面混凝土快速施工质量控制。

4.2.4.2 操作要点

(1) 三维模型的搭建与分割

根据试量泵站进出口流道立面图、平面图、展开图进行切分,进口流道异形段分为 18 个断面,出口流道异形段分为 18 个断面;计算每个断面尺寸和断面坐标位置并绘图,在此基础上绘制泵站流道三维模型。如图 4.1 至 4.5 所示。

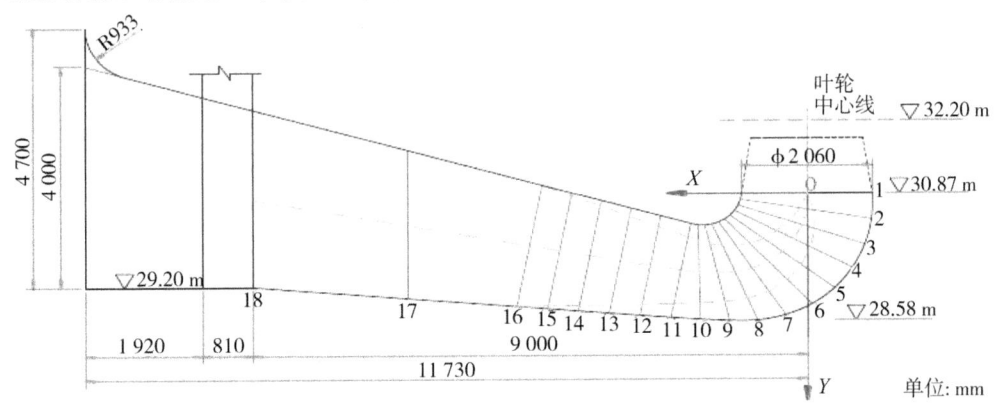

图 4.1 流道立面图

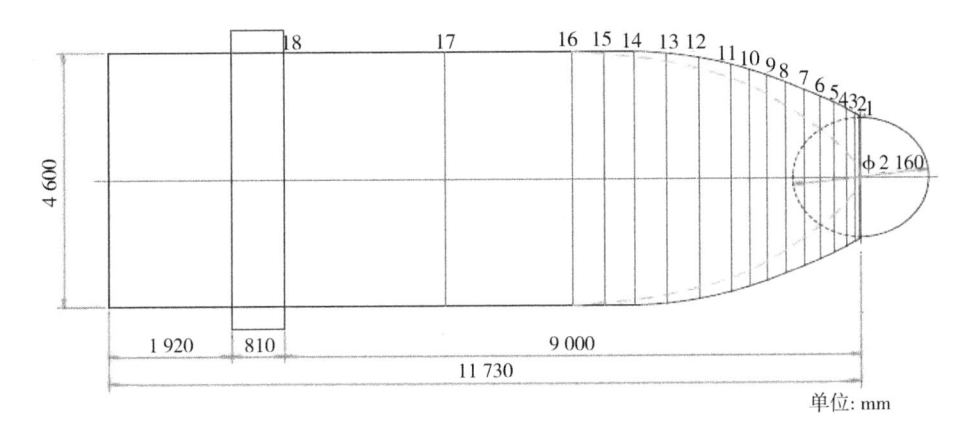

图 4.2 流道平面图

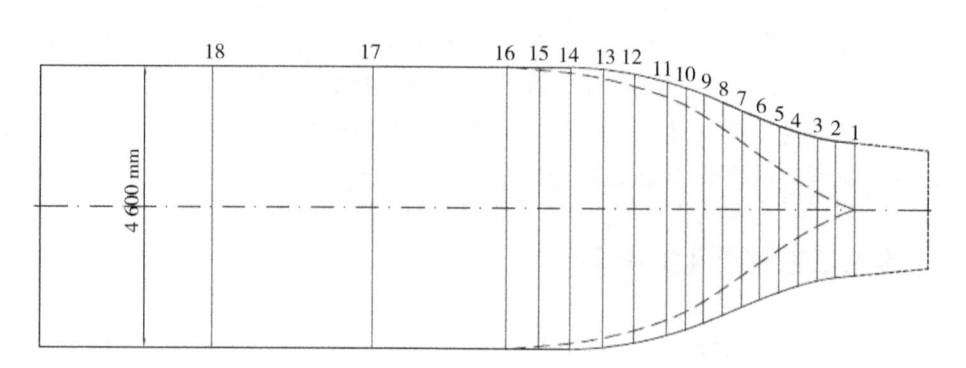

图 4.3　流道平面展开图

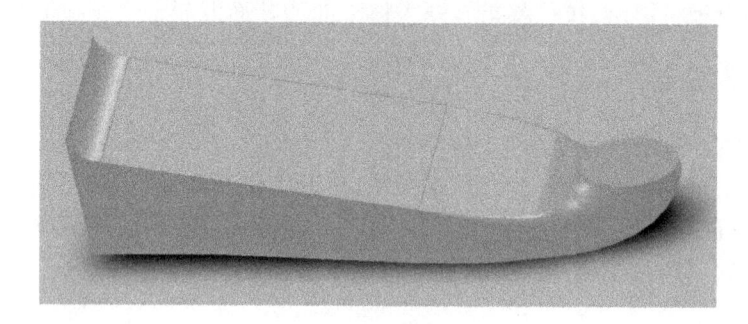

图 4.4　流道三维模型图

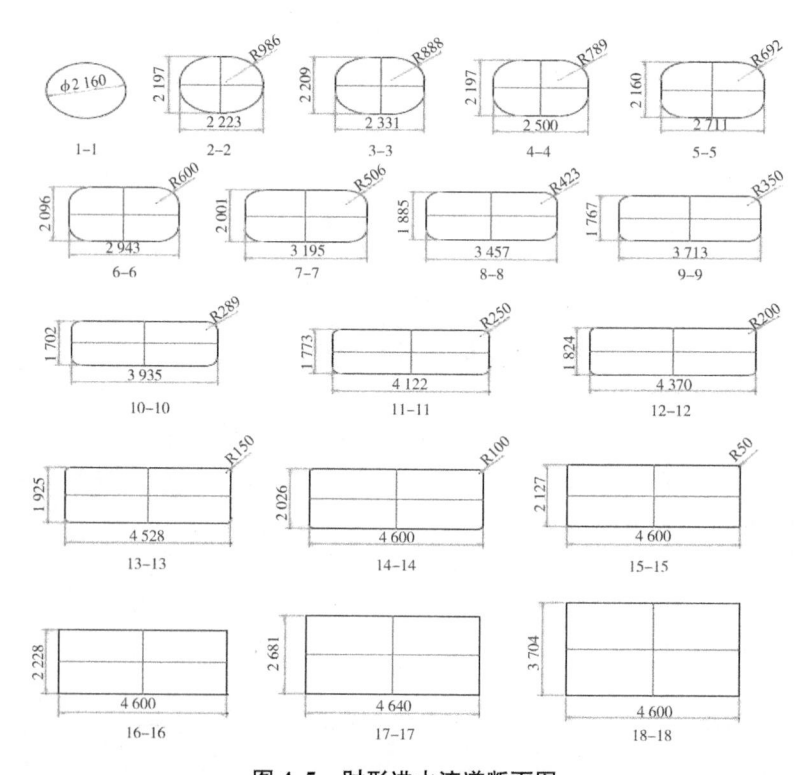

图 4.5　肘形进水流道断面图

(2) 施工准备

①通过对设计图纸优化,采用三维模型对项目部管理人员及施工作业队进行技术交底,让管理人员和操作工人对流道外形、流道加工过程等关键点有一个深刻的认识,在脑海中形成一个框架;

②钢衬、模板、方木、钢管、扣件、埋件等材料进场并验收合格;

③做好施工机械设备及工器具准备相关工作;

④施工用水及施工用电等布设到施工作业面;

⑤与流道接触的混凝土面完成凿毛等。

(3) 测量放线

对图纸提供的坐标、高程等有关数据进行复核,确认无误后采用全站仪放出流道中心线及辅助线并标记,放线时控制测量误差在允许范围。

(4) 支承体系的制作与模板的加工和安装

①钢衬肘管安装

进出口流道沿水流方向断面设计为"由方变圆形,再由圆形变为方形"。项目部结合工程本身特性、现场施工的可操作性及经营成本等方面考虑,直线段采用木模现场制作,进口异形段采用钢衬结构,如图 4.6 所示。

图 4.6 钢衬肘管安装示意图

②模板加工和安装

模板采用 18 mm 厚竹胶板,5 cm×10 cm 方木背肋,间距为 15 cm,$\phi 48 \times 3.0$ mm 钢管背档,间距不大于 50 cm。根据流道设计纵向剖面图,将截取 18 个流道横断面,在沿此 18 个断面量取各个横断面的剖面长度,以此确定 18 个肋环的横截面尺寸。

考虑流道施工精度要求较高,模板制作前要设计好抗浮、抗倾覆、抗下沉等问题的加固和支撑体系,加固拉杆孔的位置等;两个分部包括进口收缩渐变段和弯道出口段,各分部段在制作间按 1∶1 的比例独立成型后,再进行连接。控制好模板中心线与流道底板中心线,肋环预留螺孔对准流道底板预埋螺杆;对于模板接缝错台的现象,采取预拼装方法同时对拼缝进行腻子修复,有效减少了分缝产生的错台。钢模与木模接缝处增加木模侧立杆及方木的数量,大大减少了该部位错台的发生概率。

(5) 模板加固

模板拼装好后,为提高整体性,降低模板的变形量,采用ϕ48、壁厚3.0 mm无缝钢管在模板内部搭设满堂红承重架(60 cm×60 cm×90 cm),对模板拼缝搭接处进行重点加固。

①模板抗浮沉、抗位移措施

为避免表面薄层浇筑,在底板浇筑时提前预留50 cm,与流道混凝土一同浇筑。为防止钢模板下沉或上浮。在流道底部均匀预埋了Q235b槽钢和C25钢筋模板支撑、受拉构件。为防止钢模位移,在模板四周设置拉杆孔进行加固,钢模完成安装后,钢模两侧焊接定位筋固定钢模。

②大体积曲型断面混凝土快速施工质量控制

流道的水力学流场特征要求拆模后流道表面平整光滑,不得出现任何麻面、坑洞等。所以,流道混凝土内壁混凝土浇筑的核心控制内容是防止流道内模位移和避免出现流道内壁混凝土蜂窝、麻面等现象。

为减少模板一侧的混凝土压力过大,导致模板移位、变形等问题,混凝土浇筑采用全面平铺法进行浇筑,且每层浇筑厚度宜在30～40 cm之间。宜在模板两侧混凝土浇筑后两侧同时进行振捣,避免振捣产生的震动使模板侧斜。流道部位属于大体积混凝土,且混凝土厚度不均。为防止产生裂缝,项目部采用高效的减水剂和缓凝剂,减少水化热和延长混凝土散热时间。混凝土内部设置冷凝水管并预埋温度仪进行温度监控。

4.2.5 材料与设备

(1) 劳动力配置

表4.3 该工法劳动力配置表

序号	工种	单位	数量
1	吊车司机	人	2
2	测量员	人	2
3	模板工	人	15
4	钢筋工	人	15
5	混凝土工	人	7

(2) 材料配置

表4.4 该工法材料配置表

名称	规格	数量
钢衬	个	8
木板	20 mm厚	2 000 m²
方木	6 mm×10 mm×4 000 mm	1 500根

续表

名称	规格	数量
钢管	$\phi 48 \times 3.0$ mm	1 500 m
扣件	十字扣/旋转扣	1 700 个
混凝土	C25F150W4	600 m³

(2) 设备配置

表 4.5 该工法设备配置表

序号	机械、设备名称	型号	单位	数量	备注
1	汽车吊	20 t	台	2	吊运材料
2	水泵	2.8 kW	台	1	明排积水
3	发电机	20 kW	台	2	钢筋焊接
4	木工圆锯	MJ225	台	2	木模板施工
5	电焊机	BX1-500	台	4	钢筋焊接
6	插入式振捣器	ZDN50	个	5	混凝土施工

4.2.6 质量控制

4.2.6.1 模板工程

(1) 支设的模板必须具有足够的承载力、刚度和稳定性,尺寸准确,模板接缝不应大于 3 mm 且不得产生漏浆现象。

(2) 在模板工程中,模板应支撑牢固,并严格控制标高、轴线位置、截面几何尺寸,达到准确无误,消除爆模、轴线位移等潜在的质量隐患。

(3) 混凝土浇筑前认真复核模板位置,柱、墙模板垂直度和梁板标高,检查预留孔洞位置及尺寸是否准确无误,模板支撑是否牢靠,接缝是否严密。

4.2.6.2 混凝土工程

(1) 混凝土浇筑前,技术人员向操作班组进行技术交底,使其掌握浇筑方案、质量要求和关键部位的施工工艺。

(2) 混凝土输送应连续进行。如必须中断时,其中断时间不得超过混凝土从搅拌至浇筑完毕所允许的初凝时间。

(3) 浇捣时应防止混凝土离析,泵管口与浇筑面距离应控制在 2 m 以内。

(4) 安排专人负责捣振,专人负责看模,发现模板、钢筋、预埋件、留洞有变形、移位及破坏情况应立即进行整修;振捣时不得触及安全监测埋件及引出线。

(5) 混凝土下料均匀,预埋件附近、钢筋密集部位使用人工摊料,以防止骨料堆积。

(6) 混凝土浇筑宜逐层上升。振捣混凝土时,振动器应采取快插慢拔式振捣方法,根据浇筑层厚度准备控制插入深度,一般插入下层混凝土 5~10 cm,避免产生冷缝,每点振动时间10～15 s,以混凝土表泛浆不再显著下沉、冒出气泡为准,不可过振。

4.2.7 安全措施

(1) 实行三相五线制、三级配电二级保护,严禁电线拖地和埋压土中。

(2) 严格实行"一机、一闸、一漏",并做到闸具完好无损,漏电保护、闸具、熔断器配备齐全。

(3) 施工现场使用的电气开关设施有防雨、防潮措施,照明和动力电分别安装漏电保护装置。

(4) 施工人员必须戴好安全帽,工具要妥善放在工具袋内,在脚手架上不得嘻闹、严禁高空抛物,操作人员必须培训考核上岗。

(5) 振捣器不得放在初凝的混凝土、楼板、脚手架、道路和干硬的地面上进行试振。如检修或作业间断时,必须切断电源。

(6) 振捣器保持清洁,不得有混凝土凝结在电动机外壳上妨碍散热。发现温度过高时,停歇降温后方可使用。

4.2.8 环保措施

(1) 施工废弃料、生活垃圾不得在场地内随意堆放,必须设立专门的区域堆放并定期处理。

(2) 施工场地内做到材料堆放、机具停放整齐有序,并设立醒目的标示牌。机具停放要设立专门的区域,严禁乱停乱摆、甚至占用机动车道或施工便道。

(3) 废水的处理标准符合受纳水体环境功能区规划规定的排放要求,不得将未处理的污水直接或间接排入河流水体中。

(4) 施工期间,除尘设备与生产设备同时运行,保持良好运行状态。

(5) 制定严格的作业制度,规范施工人员作业行为,做到科学管理、文明施工,避免有害物质或不良行为对环境造成污染或破坏。

(6) 在运输工程材料、工程设备、运送垃圾或其他物质时,通过选择运输线路、运输工具或限制载重量等办法保持在运输中所经过的道路的清洁,不受污染。

(7) 施工场地内便道要合理规划,利于材料运输和大型机械通行。场地内交通疏导牌、警示牌、材料标示牌、机具操作规程牌等必须齐全、醒目、有序。不应随意移动、拆除、损坏安全卫生及环境保护设施和警示标志。

4.2.9 效益分析

(1) 泵站进出口曲型流道施工质量控制工法提前搭建三维模型及分割,并采用"钢衬＋木模"的组合方式现场制作施工:钢衬的使用保证了流道施工质量和水力特征满足设计要求,减少异形结构施工难度大、进度慢的问题,相较于常规支护可节省施工工期约7日。

流道为异形结构,采用钢模施工,周转使用率差,材料浪费严重;采用木模施工拼装速度快,且拼装线性、拼装质量、拼装精度皆能满足设计要求,相比较钢模施工大大降低材料费用,该工法经济效益显著。

(2)泵站进出口曲型流道施工质量控制工法包括:曲型流道的线型控制技术、曲型流道模板整体制作及安装支护技术、曲型流道混凝土浇筑技术、曲型流道钢筋加工技术研究,形成一套技术层面上涵盖全面,内容上表述完整的流道施工技术,现场施工效果较好,为以后同类结构施工提供方向和思路,社会效益显著。

4.3 狭长小断面线性混凝土结构连仓浇筑

随着对河道治理的重视程度增加,河道治理单体长度也在逐渐增加,传统护脚、压顶施工均为在伸缩缝处留置施工缝,设置堵头模板,进行跳仓浇筑。该施工工艺施工周期长,周转材料浪费大,不利于线性工程加快施工进度的要求。为加快护脚及压顶等小断面、长距离的狭长混凝土施工,达到连仓浇筑,突破传统跳仓施工工艺是加快河道治理工程施工进度的关键技术之一,而"高周转率专用夹具固定柔性嵌缝板,连仓浇筑"这一简单高效的新工法,由于成本低、施工快、材料易采购,实践过程中效果明显,技术稳定,有明显的社会效益和经济效益。

4.3.1 工法特点

本工法主要采用施工现场既有普通材料制作专用夹具固定柔性嵌缝板,防止柔性嵌缝板扭曲变形、歪斜倾倒,以达到混凝土连仓浇筑的目的。夹具材料易得、制作简单、使用方便,混凝土连仓浇筑施工简便、制约因素少、施工进度快。

4.3.2 适用范围

本工法主要适用于狭长小断面线形混凝土结构连仓浇筑施工。

4.3.3 工艺原理

本工法主要工艺原理就是固定柔性嵌缝板,以形成坚固、不宜破坏变形的定型结构,以实现混凝土连仓浇筑的目的。具体工艺过程:现场制作夹具,夹具牢固夹紧柔性嵌缝板,防止嵌缝板扭曲变形;利用夹具本身结构牢固固定夹具本身,防止其歪斜倾倒,以此将夹具与嵌缝板连成整体结构,并将夹具固定牢固,即可进行连仓混凝土浇筑;连仓浇筑先浇筑单仓中间段,最后浇筑嵌缝板位置,为保证浇筑质量及成效效果,应尽量降低嵌缝板两侧混凝土液面高差,防止混凝土液面高差过大,蓄积势能过大,冲垮破坏夹具;混凝土浇筑完成后,应在混凝土初凝前释放夹具压力,用手或木条压住嵌缝板顶端,提出夹具,并轻微振捣嵌缝板两侧混凝土,将嵌缝板两侧混凝土因夹具拔出留下的空隙振捣密实。

角钢作为夹指牢固夹紧柔性嵌缝板,主要利用角钢独特L形结构形式。角钢一条边与嵌缝板平行,有较大接触面积,相同挤压力可增大摩擦力牢固夹紧柔性嵌缝板;另外一条边与嵌缝板垂直,作为夹指背肋,可对角钢夹指施加较大应力,且受力较为均衡。

背肋筋主要为固定角钢夹指,两道背肋筋可抵消角钢受力筋焊点处力矩,增强夹具牢固性;两道背肋筋端头分别设置套环,套环圆心同心,可穿入加固筋,将两片夹具固定为一个整体,同时加固筋一端扎入地面固定夹具位置,防止夹具歪斜倾倒。

4.3.4 施工工艺流程及操作要点

4.3.4.1 施工工艺流程

施工准备→根据混凝土结构(嵌缝板尺寸)制作夹具→混凝土侧模搭设→夹具夹紧嵌缝板并置于设计位置→固定钢筋穿过套环扎入地面固定夹具→浇筑单仓中间位置混凝土→浇筑嵌缝板两侧混凝土→拔出夹具(留置嵌缝板)→轻微对称振捣嵌缝板两侧混凝土→收面→养护。

4.3.4.2 操作要点

1) 施工准备

(1) 开工前,做好各项技术准备工作(如:技术交底、安全交底等);
(2) 做好各种设备和器材等的准备工作;
(3) 混凝土结构两侧边模板按设计要求搭设完毕;
(4) 施工供电电缆铺设到护砌工作面;
(5) 基面验收完成。

2) 夹具制作

施工前应根据线形混凝土断面尺寸结构进行夹具尺寸确定,按混凝土断面尺寸现场制作夹具;装置主要由角钢夹指、套环、背肋筋、固定筋组成,分为 A、B 两片,夹指角钢型号及钢筋直径等可根据夹具大小适当调整。A、B 两片角钢夹指主要作用为对夹夹住柔性嵌缝板,背肋钢筋长度及角钢分部宽度可根据柔性嵌缝板宽度适当增减,角钢均匀焊接于背肋钢筋上,将其固定成为一个整体;高处两个横向背肋伸出混凝土结构边线一定长度,延伸长度稍微大于混凝土模板支护厚度即可,在两端分别焊接套环,套环内可穿插固定钢筋,固定钢筋扎入地面,以固定本装置不致倾倒。

角钢作为夹指牢固夹紧柔性嵌缝板,主要利用角钢独特L形结构形式。角钢一条边与嵌缝板平行,有较大接触面积,相同挤压力可增大摩擦力牢固夹紧柔性嵌缝板;另外一条边与嵌缝板垂直,作为夹指背肋,可对角钢夹指施加较大应力,且受力较为均衡。

A、B 片背肋钢筋、套环焊接位置错开一个钢筋直径,主要为避免背肋钢筋及套环高度在一个水平面上,防止背肋钢筋影响夹具最小夹紧厚度,背肋钢筋相互错开后,本夹具最小夹紧柔性嵌缝板厚度即为背肋钢筋直径;套环上下错开可使本夹具夹紧柔性嵌缝板

后 A、B 片套环圆心同心;使用固定钢筋穿入套环将夹具的 A、B 片固定成为整体,然后将固定钢筋扎入地面一定深度,即可保证该夹具在浇筑混凝土过程中不会倾倒;角钢位置互相对齐,可以更好地利用角钢宽度将柔性嵌缝板固定牢固,防止角钢错口导致夹紧后柔性嵌缝板扭曲;套环与第一根角钢间距比素混凝土模板支护宽度稍大即可。

背肋筋主要用于固定角钢夹指,两道背肋筋可抵消角钢受力筋焊点处力矩,增强夹具牢固性;两道背肋筋端头分别设置套环,套环圆心同心,可穿入加固筋,将两片夹具固定为整体,同时加固筋一端扎入地面固定夹具位置,防止夹具歪斜倾倒。

夹具形式如图 4.7 所示。

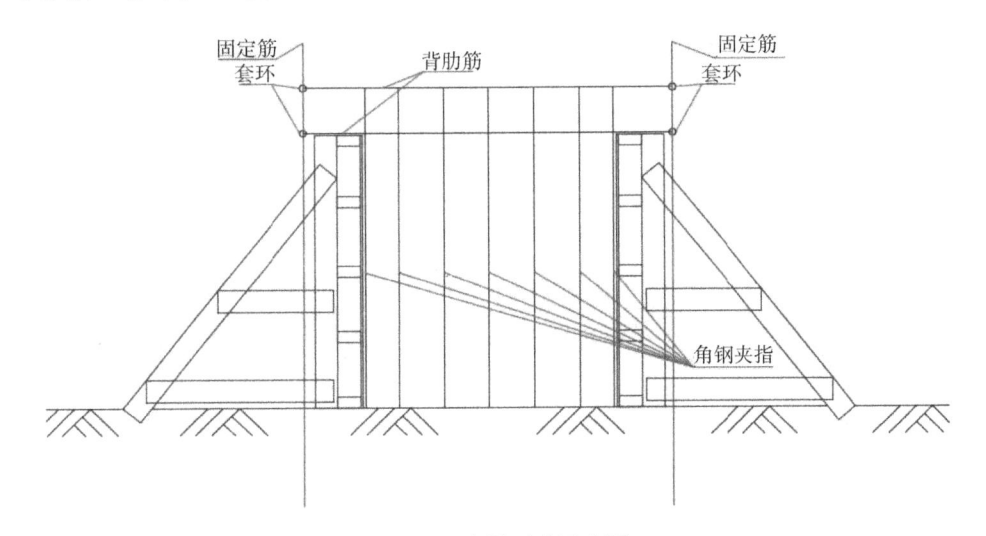

图 4.7 夹具形式示意图

夹具制作应特别注意以下几点:
(1) 角钢强度应以制作为夹指后可牢固夹紧嵌缝板,且夹指不弯曲变形为宜;
(2) 背肋筋与夹指应焊接牢固;
(3) 套环与相邻夹指间的距离须稍宽于混凝土侧边模板立模厚度;
(4) 夹指长度应以接触混凝土底面,并不刺入地面为准。

3) 测量放线
(1) 测量人员要熟读施工图纸,布设使用方便、便于保护的控制网点;
(2) 采用全站仪放线,现场点线位置便于辨认、不易移动、方便施工;经常检查点线位置的准确程度;
(3) 放线位置:在浇筑好的线形混凝土顶面布设点位,标出高程、桩号;在转弯、过建筑物、沟河或变径处加密布设;
(4) 给现场技术员进行测量交底。

4) 混凝土侧模搭设
(1) 基础清理
清除基面的杂物、积水,报请监理工程师验收后再进行混凝土工程的其他工序。

（2）测量放线

测量人员按照图纸及有关规范的要求，准确地测放出结构的边、中、高程线等，并控制测量误差在允许范围。

（3）模板制作及安装

模板施工工序：模板表面清理→涂刷脱模剂→测量放线→模板安装→模板支撑加固→测量检查、调整、加固→验收。

①模板制作

模板采用20 mm厚竹胶模板，ϕ48钢管和5 cm×10 cm方木做横竖围圈及支撑体系。按照设计图纸结构尺寸，在加工厂加工成型；成型后的模板满足强度和刚度的要求。由汽车运输到施工现场进行拼装、加固。

②模板安装

按施工图纸进行模板安装的测量放样，结构交接点、转弯处等重要位置设置必要的控制点，以便检查校正。

模板安装过程中，在底部和上部纵向设置围圈，每隔70 cm设置外部斜撑，以防变形或倾覆；上部和底部每隔50 cm设置临时固定设施保证结构尺寸。安装的允许偏差控制在规范要求范围内。周转使用的模板表面不得沾染污迹，使用前涂刷水质脱模剂。

③模板拆除

模板拆除时除符合施工图纸的规定外，还应遵守下列规定：在混凝土强度达到其表面及棱角不因拆模而损伤时，不承重侧面模板方可拆除。

浇筑混凝土时，经常观察模板、支架、预埋件情况，如发现有变形、移位时，立即停止浇筑，并在已浇筑混凝土凝结前修整完好。

④技术要求

模板施工前必须将表面砂浆等清理干净，并检查模板平整度，合格后才允许用于施工，涂刷脱模剂时要涂刷均匀，不能漏涂，安装时要按测量点线进行安装，支撑要牢固防止跑模。浇筑混凝土时要配备看守人员，随时检查模板支撑情况，发现问题及时处理。

5）安装夹具

现场制作夹具，夹具制作完成后，A、B两片角钢夹指对夹夹住柔性嵌缝板，角钢一条边与嵌缝板平行，有较大接触面积，相同挤压力可增大摩擦力牢固夹紧柔性嵌缝板；另外一条边与嵌缝板垂直，作为夹指背肋，可对角钢夹指施加较大应力，且受力较为均衡。

A、B片背肋钢筋、套环安装时上下错开一个钢筋直径，避免背肋钢筋及套环高度在一个水平面上，防止背肋钢筋影响夹具最小夹紧厚度，背肋钢筋相互错开后，本夹具最小夹紧柔性嵌缝板厚度即为背肋钢筋直径；套环上下错开可使本夹具夹紧柔性嵌缝板后，A、B片套环圆心同心；使用固定钢筋穿入套环将夹具的A、B片固定成为整体，然后将固定钢筋扎入地面一定深度，即可保证该夹具在浇筑混凝土过程中不会倾倒。

6）混凝土浇筑

混凝土施工工序：仓内清理→验仓（护脚和压顶仓内铺设土工布）→分层入仓→振捣→收面→养护→验收。

(1) 浇筑分层

混凝土浇筑按 30～40 cm 分层。

(2) 入仓

嵌缝板固定牢固后，即可进行连仓混凝土浇筑；采用混凝土泵车入仓。不合格的混凝土料严禁入仓，已入仓的不合格料必须清除到监理工程师指定的部位。

连仓浇筑先浇筑单仓中间段，最后浇筑嵌缝板位置，为保证浇筑质量及成型效果，应尽量降低嵌缝板两侧混凝土液面高差，防止混凝土液面高差过大，蓄积势能过大，冲垮破坏夹具。

(3) 振捣

混凝土入仓后，人工及时平仓，并对骨料分离严重的地方进行人工分散处理，处理时严禁将砂浆覆盖在分离的粗骨料上面。混凝土浇筑期间，如表面泌水较多，须及时排除并采取减少泌水的措施，严禁在模板上开孔赶水，带走灰浆。浇筑混凝土时，经常清除黏附在模板表面的砂浆。

混凝土振捣采用直径 50 mm 软轴振捣棒。振捣前后两次插入混凝土中的间距，不超过振捣器有效半径的 1.5 倍。振捣器的有效半径根据试验确定。振捣器距模板的垂直距离，不小于振捣器有效半径的 1/2，并不得触动模板。

振捣器在振捣时垂直插入混凝土中，按顺序依次振捣，如略带倾斜，则倾斜方向应保持一致，以免漏振。振捣上一层混凝土时，将振捣器插入下一层混凝土 5 cm 左右，以加强上下层混凝土结合。振捣时，要做到振捣器快插慢拔，振捣时间以混凝土不再显著下沉，不出现气泡并开始泛浆为准，避免过振。

浇筑块的第一层混凝土以及混凝土卸料后的接触处，应加强平仓振捣，以防漏振。在浇筑仓内，无法使用振捣器的部位，辅以人工捣固，使其密实，如锚固梁、护脚、压顶混凝土与预制块之间的空隙部位。

用刮板刮面，人工两次抹面，多次压光，使其部位的平整度控制在规范指标之内。

有模板的混凝土结构表面修整：混凝土表面蜂窝凹陷或有其他损坏的混凝土缺陷部位，按照缺陷处理措施或监理工程师的指示进行修补。

修补前用钢丝刷清除缺陷部位或凿去薄弱的混凝土表面，用水清洗干净，涂刷黏结剂，采用比原混凝土强度等级高一级的砂浆、混凝土填补缺陷处，并使用钢抹子抹平。修整部位应加强养护，确保修补材料牢固黏结，色泽一致，无明显痕迹。

混凝土浇筑成型后的尺寸偏差不得超过模板安装允许偏差的 50%～100%，特殊部位以图纸的规定为准。

(4) 释放夹具

混凝土浇筑完成后，应在混凝土初凝前释放夹具压力，用手或木条压住嵌缝板顶端，提出夹具，并轻微振捣嵌缝板两侧混凝土，将嵌缝板两侧混凝土因夹具拔出留下的空隙振捣密实。

7) 养护

混凝土浇筑完毕后 12～18 h 内开始洒水养护，连续养护 14 天，在干燥、炎热气候条件下，延长养护时间至少 28 天以上，并用草帘覆盖。

4.3.5　材料与设备

（1）该工法主要材料

表 4.6　工法主要施工材料

序号	项目	数量	单位
1	夹具	100	个
2	模板	300	m^2
3	方木	700	m

（2）该工法主要设备

表 4.7　工法主要施工设备

序号	项目	数量	单位
1	振捣棒	10	个
2	混凝土罐车	3	辆
3	水泵	5	台
4	洒水车	2	辆

4.3.6　质量控制

4.3.6.1　质量控制措施

1）夹具制安

（1）夹具制作应根据混凝土结构断面尺寸确定夹具尺寸；

（2）夹指选用角钢应根据混凝土结构断面深度经试验选择合适的型号；

（3）背肋筋直径应选择接近并小于嵌缝板厚度的相邻直径；

（4）固定筋尽量选择施工现场所用最大直径钢筋；

（5）固定筋尽可能深地扎入地面土体中。

2）模板制安

（1）模板在浇筑混凝土之前要清洗干净，保证模板面板的洁净。

（2）模板安装前应检查模板平整度、模板缝隙。

（3）模板缝要光滑紧密，不使用有凹坑、皱褶或其他缺陷的模板。

（4）模板安装应涂刷矿物油或脱模剂，不得污染影响混凝土，一旦污染，立即采取有效措施进行清理。

3）混凝土浇筑

（1）拌制混凝土的材料。砂石料均采用级配良好的材料，水泥采用符合国家标准的优质水泥。

（2）混凝土采用拌和站集中拌制。混凝土拌制称量设备精度准确，其称量偏差不超过计量允许偏差值的规定。

(3) 混凝土料拌和程序和时间均通过试验确定。因混凝土拌和及配料不当,或因拌和时间过长而报废的混凝土应弃置不用。

(4) 已浇面层在混凝土初凝前,应由人工压面抹光。混凝土浇筑12～18 h后,用薄膜覆盖,由专人喷水养护,养护时间不少于14天。

4.3.6.2 缺陷处理措施

1) 有模板混凝土表面缺陷处理

(1) 混凝土表面蜂窝凹陷或其他损坏的混凝土缺陷按监理工程师的要求进行处理,直到监理工程师验收合格为止,并做好详细记录。

(2) 修补前凿去表面薄弱混凝土,用钢丝刷或加压水冲刷缺陷部分,用水冲洗干净,并充分湿润24 h,采用预缩砂浆填补缺陷处,并派人对修整部位加强养护,确保修补材料牢固,色泽一致,无明痕迹。

(3) 对于不平整混凝土面采用砂轮机磨平至规定坡度。

2) 无模混凝土结构面缺陷处理

无模混凝土表面修整根据混凝土表面结构特性和不平整度要求,采用整平板修整、木模刀修整等施工方法进行处理。

4.3.7 安全措施

(1) 认真贯彻"安全第一,预防为主"的方针,组成专职安全员和班组兼职安全员以及工地安全用电负责人参加的安全生产管理网络,执行安全生产责任制,明确各级人员的职责,抓好工程的安全生产。

(2) 施工现场按符合防火、防风、防雷、防洪、防触电等安全规定及安全施工要求进行布置,并完善布置各种安全标识。

(3) 各类房屋、库房、料场等的消防安全距离做到符合公安部门的规定,室内不堆放易燃品;严格做到不在木工加工场、料库等处吸烟;随时清除现场的易燃杂物;不在有火种的场所或其近旁堆放生产物资。

(4) 氧气瓶与乙炔瓶隔离存放,严格保证氧气瓶不沾染油脂、乙炔发生器有防止回火的安全装置。

(5) 施工现场的临时用电严格按照《施工现场临时用电安全技术规范》的有关规范规定执行。

(6) 电缆线路应采用"三相五线"接线方式,电气设备和电气线路必须绝缘良好,场内架设的电力线路其悬挂高度和线间距除按安全规定要求进行外,还要将其布置在专用电杆上。

(7) 施工现场使用的手持照明灯使用36 V的安全电压。

(8) 对将要较长时间停工的开挖作业面,不论地层好坏均应作网喷混凝土封闭。

(9) 建立完善的施工安全保证体系,加强施工作业中的安全检查,确保作业标准化、规范化。

4.3.8 环保措施

(1) 成立对应的施工环境卫生管理机构,在工程施工过程中严格遵守国家和地方政府下发的有关环境保护的法律、法规和规章,加强对施工燃油、工程材料、设备、废水、生产生活垃圾、弃渣的控制和治理,遵守有关防火及废弃物处理的规章制度,做好交通环境疏导,充分满足便民要求,认真接受当地交通管理,随时接受相关单位的监督检查。

(2) 将施工场地和作业限制在工程建设允许的范围内,合理布置、规范围挡,做到标牌清楚、齐全,各种标识醒目,施工场地整洁文明。

(3) 对施工中可能影响到的各种公共设施制订可靠的防止损坏和移位的实施措施,加强实施中的监测、应对和验证。同时,将相关方案和要求向全体施工人员详细交底。

(4) 定期清运弃土、弃渣及其他工程材料,做好运输过程中的防散落与沿途污染措施,废水除按环境卫生指标进行处理达标外,并按当地环保要求的指定地点排放。弃渣及其他工程废弃物按工程建设指定的地点和方案进行合理堆放和处理。

(5) 优先选用先进的环保机械。采取设立隔音墙、隔音罩等消音措施降低施工噪音到允许值以下,同时尽可能避免夜间施工。

(6) 对施工场地道路进行硬化,并在晴天经常对施工通行道路进行洒水,防止尘土飞扬,污染周围环境。

4.3.9 效益分析

(1) 本工法打破传统的跳仓浇筑工法,采用在伸缩缝处固定嵌缝板的方法,达到连仓浇筑的目的,加快了施工进度,并减少占用施工作业面及周转材料,夹具制作简单,操作简便,且均采用建筑工程现场常用材料,材料易购、易得,也方便了施工场内布设,同时减少了施工过程中对环境造成的不利影响。为以后长距离线形混凝土连仓浇筑施工提供了可靠的施工经验和技术指标,新颖的工法技术将促进连仓浇筑施工技术进步,社会效益和环境效益明显。

(2) 使用新型的施工工序,可直接连续浇筑,加快了施工进度,减少周转材料投入,节约了成本。

本工法与传统跳仓浇筑混凝土相比,由于施工作业面紧凑,场地易于布置、施工进度快、干扰因素少、周转材料利用率高,有利于文明施工、各种资源能较好地利用,具有较高的经济效益。

4.4 环形坡面预制块长距离铺装外观控制施工工法

混凝土预制块护坡技术是一种具有多孔性、透水性且抗冲刷能力强的技术,可当作高强度预制混凝土块铺面使用。运用生态预制块护坡技术,边坡防护较为稳定,有利于处理好水土流失问题,同时混凝土预制块空隙有助于水生植物的生长,能有效改善边坡栖息地的环境。如何保证在环形水库长距离坡面中环形处、不等距处等位置预制块铺装效果和铺装质量,减少不必要的返工,是急需解决的难题。为保证施工质量、提高坡面铺装效果、加快施工进度、控制工程造价,研究并总结了环形坡面预制块长距离铺装外观控制施工工法,具有一定的借鉴价值。

4.4.1 工法特点

(1) 采用AutoCAD提前模拟现场铺装整体布局,测算出调节缝的数量及面积。

(2) 采用GPS与AutoCAD配合控制现场定位调节缝的位置,长距离铺装做到精准施工,减少返工。

(3) 更新传统铺装方式,以调节缝为铺装范围控制线,先护砌外侧再护砌里侧,铺装效果美观且实用。

4.4.2 适用范围

常规混凝土预制块铺装在河道中应用较多,在环形水库中应用较少。本工法主要应用于环形坡面及不等距混凝土预制块长距离铺装,具有能够保证质量、加快施工进度、外观效果好的特点。

4.4.3 工艺原理

研究工程为人工开挖的调蓄水库,平均开挖深度为5.0 m,总库容为80万 m³,调蓄水库边坡坡度为1∶2.5,迎水坡面采用C25预制混凝土带孔六棱块护砌(厚度0.15 m,边长0.24 m),预制块单重为46.5 kg。水库护坡底部设置C25混凝土现浇护脚,护坡顶设置C25混凝土现浇压顶。研究问题为环形水库坡面预制块铺装,库区上口护砌周长2 km,下口护砌周长1.8 km,为不等距长距离环形预制块铺装。

铺装前,对环形水库坡面上下护砌不等距位置增加调节缝(后期采用等强度混凝土填补),调节缝位置利用GPS测量仪器现场定位测量,利用AutoCAD模拟现场铺装效果,提前对调节缝数量、位置进行测算,指导现场施工,避免调节缝过多影响铺装效果。

铺装过程中铺装方式采用从坡脚逐层向上铺筑,自下而上进行,在预留好的调节缝位置先砌外围行列,后砌里层,外围行列与里圈砌体纵横交错,连成一体,错缝无通缝。

4.4.4 施工工艺流程及操作要点

4.4.4.1 施工工艺流程

护砌工程施工顺序:施工准备→测量放线→土工布施工→碎石垫层施工→预制块铺

设→调节缝混凝土浇筑→检查、验收。

4.4.4.2 操作要点

1）施工准备

（1）工程施工前，详细了解工程地质、水文地质、人文环境情况，明确施工环境的不利影响，做好各项技术准备工作（如技术交底、安全交底等），做好各种设备和器材等的准备工作，并对作业人员进行交底，保证每一位施工人员掌握施工控制要点。

（2）提前降水，降水深度满足施工需求，且边坡坡面预留的保护层修整完成，基面验收合格。

（3）施工供电电缆均应提前敷设到护砌工作面。

2）测量放线

测量人员要熟读施工图纸，根据边坡形式相隔一定距离设立样架，采用全站仪放线，现场点线位置应便于确认、不易移动、方便施工，并经常检查维护点线位置的准确度。

在浇筑好的护脚混凝土顶面布设点位，标出高程、桩号；修整好的坡面间隔10 m作为一个断面，每个断面均布3个点位，标出高程、桩号；在河道转弯处加密布设。

3）土工布铺设

土工布由生产厂家运输到物资仓库，土工布质量符合本标段技术条款要求规定，抽样检查率不少于交货卷数的5%。经检验合格后用汽车运输到施工部位，人工进行摊铺。

在施工过程中做好测量控制，并做详细施工记录，作为施工质量评定依据。坡面修整，铺无纺布、垫层，预制块分序施工，每道工序经监理工程师检查验收合格后方能进行下道工序施工。

（1）基面处理

土方开挖及库岸换填过程中预留的10～20 cm保护层开挖，采用液压反铲自下而上进行，人工配合局部修整，反铲斗牙部位设置一块平板刮板器，基本保证坡面平整度。在基面处理过程中，做好铺设工作范围内的排水设施，基面处理达到设计要求后及时覆盖土工布。

铺设前应对基层表面进行检查和处理，按设计要求修整岸坡；坡面修整后，应无任何杂物及尖状物质，填平坑凹，平整土面。

（2）土工布铺设

①在经验收合格的基面上及时铺设土工布，铺设过程中，现场作业人员一律穿软底鞋，并防止一切可能引起土工布损坏的作业。

②土工布铺设自下而上进行，在坡脚固定土工布，压顶部位用沙袋压在土工布上，防止土工布滑动。土工布上、下端按设计要求预留足够的长度，埋入压顶沟槽内。

③坡面上土工布铺设时不得过分强拉，以铺平为原则，力求平顺，松紧适度，不得绷拉过紧；土工布与土面密贴，不留空隙。土工布铺设后，避免受日光直接照射，及时覆盖上部碎石垫层料作为保护措施。

④为防止风吹，在铺设期间所有的土工合成材料均用沙袋压住，直至碎石垫层施工完为止，当天铺设的土工布在当天全部拼接完成。

4 引调水工程施工工法关键技术研究与应用

⑤施工过程中尽量避免施工机械或人为破坏土工布,一旦发现土工布被破坏,应立即对损坏部分更换或进行修补。

(3) 土工布的拼接

铺设时,土工布需要嵌入到护脚及压顶混凝土中,为防止土工布受到损坏,土工布沿顺坡方向分为3段进行搭接,搭接段分别为护脚段、中间段及压顶段,接缝采用缝接方式,搭接长度不少于40 mm。

图4.8 土工布缝接方式

土工布铺设完毕,应尽快铺设上一层滤料,防止土工布污染、被风吹移位。

4) 碎石垫层施工

垫层碎石由市场采购,验收合格的碎石垫层,由自卸汽车直接运至水库坡肩环库堤堤基上,按设计摊铺量和每车的运输量,较均匀地卸在指定位置。

碎石铺筑前做好场地排水,将土工布上浮渣、杂物清除干净,设好样桩,备足滤料。本工程碎石滤料粒径分为两种:紧贴土工布为10 cm厚粒径5~20 cm的碎石,其上为150 cm厚粒径20~40 cm的碎石。不同粒径组的滤料层厚度必须符合设计要求。

碎石铺筑方式为:由长臂反铲将碎石投放到坡面,由底部向上按设计结构层要求逐层铺设,并保证层次清楚,互不混杂,不允许从高处顺坡倾倒。

碎石垫层铺筑需进行必要的压(夯)实,压实后相对密度不小于0.7。已经施工完成的碎石垫层经验收合格后,及时进行上层混凝土预制块铺筑施工。

负温下施工时,碎石不得含有冻块,下雪天应停止铺筑,并妥善遮盖。雪后复工时,应仔细清除积雪和其他杂物。

5) 预制块铺设

市场采购符合设计图纸要求的加工合格的混凝土预制块,由生产厂家运输到施工现场,经验收合格后方可投入使用。现场验收的主要内容有外观尺寸、破损程度、混凝土强度等。

(1) 预制块卸车

卸车前,查验数量及完好程度;进行简单的技术指标检验;卸车时采用20 t汽车吊、人工配合进行。根据每车运送的数量和工作面的需要数量,较为均匀地卸在库周坡肩外侧平地上。

(2) 预制块安装

坡面碎石垫层验收合格后,即可进行混凝土预制块坡面施工,先进行施工测量放样,顺水库边坡中心线方向,按分隔20 m布置一个控制断面,在每个断面的坡脚、中部、坡顶部位分别设置桩点,并在碎石坡面上用预制块不均匀地布设控制点,并标出垫层和混凝土预制块护坡厚度及坡脚、坡顶角的位置,用尼龙线拉紧,检查坡面厚度,符合设计要求后,即可铺筑混凝土预制块；由于坡面较长，预制块由 20 t 汽车吊将其吊放到作业面，人工进行安装。

护坡混凝土预制块从坡脚逐层向上铺筑，自下而上进行，砌筑应先砌外围行列，后砌里层，外围行列与里圈砌体应纵横交错，连成一体，错缝无通缝，不得叠砌和浮塞，块石表面应保持平整、美观，不应有架空、超高现象。

已铺筑好的坡面上，不允许堆放预制块或其他重物；预制块不允许在坡面上拖滑，宜人工搬运。

6）调节缝混凝土浇筑

水库调节缝混凝土浇筑采用素混凝土，设计指标为 C25F150。

调节缝处经监理工程师验收合格批准后，方可进行混凝土仓面浇筑的准备工作，仓号内的杂物及松散土均需清除干净，仓面检查合格并经批准后，及时开仓浇筑混凝土，延后时间控制在 24 h 之内，若开仓时间延后超过 24 小时且仓面污染，需重新检查批准。

(1) 浇筑分层

调节缝混凝土浇筑不分层。

(2) 入仓

调节缝混凝土浇筑采用在坡面搭设溜槽入仓。入仓混凝土及时平仓振捣，不可堆积，仓内若有骨料堆叠时，可将其均匀分散至砂浆较多处，但不能用水泥浆覆盖。不合格的混凝土料严禁入仓，已入仓的不合格料必须清除至监理工程师指定的部位，清除不合格料需对模板等进行保护，如扰动需重新处理加固合格。

(3) 振捣

混凝土入仓后，人工及时平仓，并对骨料分离严重的地方进行人工分散处理，处理时严禁将砂浆覆盖在分离的粗骨料上面。混凝土振捣采用直径 50 mm 软轴振捣棒。振捣前后两次插入混凝土中的间距，不超过振捣器有效半径的 1.5 倍。振捣器的有效半径根据试验确定。振捣器距模板的垂直距离，不小于振捣器有效半径的 1/2。

振捣器在振捣时垂直插入混凝土中，按顺序依次振捣，如略带倾斜，则倾斜方向应保持一致，以免漏振。振捣上一层混凝土时，将振捣器插入下一层混凝土 5 cm 左右，以加强上下层混凝土结合。振捣时，要做到振捣器快插慢拔，振捣时间以混凝土不再显著下沉，不出现气泡并开始泛浆为准，避免过振。

浇筑仓混凝土出现下列情况之一时，须挖除处理：

①浇筑不合格料；

②低等级混凝土料混入高等级混凝土浇筑部位；

③混凝土无法振捣密实或使用对结构物带来不利影响的级配错误混凝土料；

④未及时平仓振捣且已初凝的混凝土料；

⑤长时间不凝固的混凝土料。

(4) 收面

用刮板刮面，人工使用木抹子两次抹面，多次压光，使其部位的平整度控制在规范指标之内。

(5) 养护

混凝土浇筑完毕后 12～18 h 内开始洒水养护,混凝土初凝前,避免仓面积水、阳光暴晒,连续养护 14 天,在干燥、炎热气候条件下,延长养护时间至少 28 天以上,并用草帘覆盖。养护需连续进行,养护期间混凝土表面及所有侧面应始终保持湿润。

7) 检查、验收

有模板的混凝土结构表面修整:混凝土表面蜂窝凹陷或其他损坏的混凝土缺陷部位,按照缺陷处理措施或监理工程师的指示进行修补。

修补前用钢丝刷清除缺陷部位或凿去薄弱的混凝土表面,用水清洗干净,涂刷黏结剂,采用比原混凝土强度等级高一级的砂浆、混凝土填补缺陷处,并使用钢抹子抹平。修整部位应加强养护,确保修补材料牢固黏结,色泽一致,无明显痕迹。

混凝土浇筑成型后的尺寸偏差不得超过模板安装允许偏差的 50%～100%,特殊部位按图纸的规定。

4.4.5 材料与设备

(1) 劳动力配置

表 4.8 该工法劳动力配置表

序号	工种	单位	数量	备注
1	汽车司机	人	2	
2	反铲司机	人	5	
3	吊车司机	人	2	
4	测量工	人	2	
5	边坡修整	人	10	
6	混凝土工	人	4	
7	土工布铺设	人	8	
8	碎石垫层	人	8	
9	预制块铺设	人	50	
10	杂工	人	5	

(2) 设备配置

表 4.9 该工法主要施工设备配置表

序号	机械、设备名称	型号	单位	数量	备注
1	液压反铲	1.2 m³	台	3	边坡修整
2	长臂反铲	0.8 m³	台	2	碎石铺装
3	汽车吊	20 t	台	2	吊运材料
4	人力斗车	0.2 m³	台	10	倒运材料

续表

序号	机械、设备名称	型号	单位	数量	备注
5	装载机	1.0 m³	台	2	倒运材料
6	平板车	25 t	台	3	倒运材料
7	手扶式振动夯板	0.2 t	台	5	夯实边坡、碎石
8	水泵	2.8 kW	台	8	明排积水
9	洒水车	5 t	台	1	道路养护
10	发电机	20 kW	台	2	混凝土振捣
11	测量仪器	全站仪	套	2	测量放线

4.4.6 质量控制

4.4.6.1 土工布铺设

(1) 铺放选择在干燥和暖和天气进行。

(2) 铺放时不要过紧,留足余幅,以便拼装和适应气温变化。

(3) 铺设时随铺随压,防止风吹。

(4) 接缝与最大拉力方向平行。

(5) 坡面弯曲处特别注意剪裁尺寸,保证正确。

(6) 施工时发现损伤,立即修补。

(7) 密切注意防火,不得抽烟。

(8) 施工人员,穿无钉鞋或胶底鞋。

4.4.6.2 碎石垫层摊铺

(1) 在运输和铺筑过程中,防止杂物或不同规格料物混入。

(2) 铺筑碎石垫层自坡底部向坡顶一次摊铺完成,人工进行修整。

(3) 对已铺好的碎石垫层采取必要的保护,禁止抛掷石料以及其他物件,防止土料混杂、污水浸入。

(4) 负温下施工时,碎石料呈松散状,不得含有冻块,下雪天停止铺筑,并妥善遮盖。雪后复工时,应仔细清除积雪和其他杂物。

4.4.6.3 预制块铺设

(1) 铺设从坡脚开始,向坡顶方向进行,在垂直和水平方向分别挂线,控制坡度铺砌。

(2) 安装时人工借助木槌进行平整度及高度控制。

(3) 及时浇筑压顶混凝土、锚固梁混凝土,增强护砌工程的稳定性。

(4) 严禁在铺设完成的预制块表面堆放碎石料和预制块。

(5) 自制专用工具用于预制块搬运和砌筑。

4.4.6.4 混凝土工程

(1) 拌制混凝土的材料。砂石料均采用级配良好的材料,水泥采用符合国家标准的优质水泥。

(2) 混凝土采用拌和站集中拌制。混凝土拌制称量设备精度准确,其称量偏差不超过计量允许偏差值的规定。

(3) 混凝土料拌和程序和时间均通过试验确定。因混凝土拌和及配料不当,或因拌和时间过长而报废的混凝土应弃置不用。

(4) 已浇面层在混凝土初凝前,应由人工压面抹光。混凝土浇筑 12～18 小时后,用薄膜覆盖,由专人喷水养护,养护时间不少于 14 天。

4.4.7 安全措施

4.4.7.1 施工安全措施

(1) 进入施工现场,应按规定穿戴安全帽、工作服、工作鞋等防护用品,正确使用安全绳、安全带等安全防护用具及工具,严禁穿拖鞋、高跟鞋或赤脚进入施工现场。

(2) 吊车吊装模板、预制块等物资材料时,人员与车辆不得穿行,作业地段有专人监护。

(3) 严禁酒后作业。

(4) 严禁在铁路、公路、洞口、陡坡及水上边缘、滚石坍塌地段、设备运行通道等危险地带停留或休息。

(5) 起重、挖掘机等施工作业时,非作业人员严禁进入其工作范围内。

(6) 在 2 m 以上高处作业时,必须符合高空作业的有关规定。

(7) 施工过程中应密切关注作业部位和周边边坡、山体的稳定情况,一旦发现裂痕、滑动、流土等现象,应停止作业,撤出现场作业人员。

(8) 养护用水不得喷射到电线和各种带电设备上。养护人员不得用湿手移动电缆。养护水管要随用随关。

(9) 设备转动、传动的裸露部分,应安设防护装置。

(10) 使用电动振捣器,须有触电保安器或接地装置。搬移振捣器或中断工作时,必须切断电源。

(11) 严禁人员在吊物下通过或停留。

(12) 检查、修理机械电气设备时,应停电并挂标志牌,标志牌应谁挂谁取。应在检查确认无人操作后方可合闸。严禁在机械运转时加油、擦拭或进行修理作业。

(13) 严禁非电气人员安装、检修电气设备。严禁在电线上挂晒衣服及其他物品。

4.4.7.2 运输安全措施

(1) 各类车辆必须处于完好状态,制动有效,严禁人料混载。

(2) 所有运载车辆均不准超载、超宽、超高运输。反铲作业半径内禁止站人;汽车吊作业半径内禁止站人。

(3) 装渣时将车辆停稳并制动。

(4) 运输车应文明行驶,不抢道、不违章,施工区内行驶速度不能超过 20 km/h。

(5) 不得酒后开车,严禁上班时间饮酒。

(6) 配齐操作、保养人员,确保不打疲劳战,杜绝因疲劳连续工作造成安全事故。

4.4.7.3 供电与电气设备安全措施

(1) 施工现场用电设备定期进行检查,防雷保护、接地保护、变压器等每季度测定一次绝缘强度,移动式电动机、潮湿环境下的电气设备使用前检查绝缘电阻,对不合格的线路设备要及时维修或更换,严禁带故障运行。

(2) 线路检修、搬迁电气设备(包括电缆和设备)时,切断电源,并悬挂"有人工作,不准送电"的警告牌。

(3) 非专职电气值班员,不得操作电气设备。

(4) 操作高压电气设备回路时,必须戴绝缘手套,穿电工绝缘靴并站在绝缘板上。

(5) 手持式电气设备的操作手柄和工作中接触的部分,有良好绝缘,使用前进行绝缘检查。

(6) 低压电气设备,要加装触电保护装置。

(7) 电气设备外露的转动和传动部分(如皮带和齿轮等),必须加遮栏或防护罩。

(8) 36 V 以上的电气设备和由于绝缘损坏可能带有危险电压的金属外壳、构架等,必须有保护接地。

(9) 电气设备的保护接地,每班均有当班人员进行外表检查。

(10) 电气设备的检查、维修和调试工作,必须由专职的电气维修工进行。

4.4.8 环保措施

(1) 废水的处理标准符合受纳水体环境功能区规划规定的排放要求,不得将未处理的污水直接或间接排入河流水体中。

(2) 施工期间,除尘设备与生产设备同时运行,保持运行状态良好。

(3) 在施工过程中,产生的固体废弃物,包括建筑渣土、废弃的散装建筑材料、废弃的包装材料等要及时采取回收利用、焚烧处理、填埋等相应措施。

(4) 专门成立文明施工领导小组,定期组织文明施工大检查及总结会。

(5) 划定文明施工责任区,明确责任人,并树立文明施工标示牌。自觉维护施工红线范围内生产、生活及公共设施场所的环境;制定文明施工奖罚措施,每月评定一次,奖罚兑现。

(6) 合理安排施工顺序避免工序相互干扰,凡下道工序对上道工序会产生损伤或污染的,要对上道工序采取保护或覆盖措施。

(7) 制定严格的作业制度,规范施工人员作业行为,做到科学管理、文明施工,避免有害物质或不良行为对环境造成污染或破坏。

（8）在运输工程材料、工程设备、垃圾或其他物质时,通过选择运输线路、运输工具或限制载重量等办法保持在运输中所经过的道路的清洁,使其不受污染。

（9）加强宣传教育和管理,严禁超越征地范围毁坏植被和花草树木,施工活动之外场地必须维持原状。

4.4.9 效益分析

环形坡面预制块长距离铺装外观控制施工工法采用 AutoCAD 提前模拟现场铺装整体布局,能够提前测算出调节缝的数量及面积,避免铺装过程中的返工、整改情况发生,同时能够精确计算出混凝土的浇筑量和施工成本,该工法加快了施工进度,节约了施工成本,经济效益显著。

混凝土预制块铺装通过采用 AutoCAD 和 GPS 相结合的处理方式,保证了环形水库调节缝布置的合理性;通过更新传统铺装方式,以调节缝为铺装范围控制线,先护砌外侧再护砌里侧,自下而上,达到预制块之间无缝对接,铺装效果美观且实用。通过该工法的应用使得引江济淮工程(河南段)第三施工标段试量水库成为迎检观摩的亮点工程之一,社会效益显著。

4.5 自嵌式挡墙+隔离网一体化施工工法

自嵌式挡墙是加筋土挡土结构的一种形式,它是依靠挡土块块体砌筑、反滤土工布包裹、分层铺设土工格栅和填土夯实,通过土工格栅和锚固件连接构成的复合体自重来抵抗动静荷载、达到稳定的拟重力式结构,具有独特的设计、丰富的装饰效果、便捷的施工和良好的结构性能,在欧、美和澳大利亚等地广泛应用,我国在水利工程中首先采用,近年来还广泛试用于高速公路、立交桥护坡、小区水岸等,在园林景观工程中偶有运用。

4.5.1 工法特点

（1）多样式,适应性强。可以根据不同的设计要求,生产出不同规格、不同颜色、不同形状的自嵌块,可以根据地势变化多层或单层拼装。

（2）稳定性好,弹性空间大。自嵌块为蜂窝状,且有孔洞,与石砌墙体及混凝土挡墙相比结构轻盈,对地基承载力要求低,由于自嵌式挡墙为拼接式,为柔性结构,弹性空间大,能适应较大的形变。

（3）墙网一体化施工。自嵌式挡墙采用玻璃纤维筋锚固,增加自嵌块块与块之间紧密性、稳定性,玻璃纤维筋不风化、不生锈,增加连接耐久性。自嵌式挡墙顶浇筑成条形隔离网混凝土基础,使顶层自嵌块墙网形成一个闭合体,增加稳固性同时,降本增效。

（4）与混凝土重力式挡墙相比较,可厂制、定制、预制,安全环保。根据设计要求自嵌块可在厂内模具中大批量集中预制,可根据不同形状定制,厂内预制无建筑废弃物产生,符合现代建筑的绿色环保要求。

(5) 耐久性高,造价低。混凝土砌块呈蜂窝状,材料强度可控制,墙后采用土工布滤水,粗砂、碎石回填,能有效降低挡墙后土体水压力。干砌体,一次成型,工序简便,施工速度快,相比浆砌片石挡墙及混凝土重力式挡墙节约20%～30%成本费用。

4.5.2 适用范围

本工法主要适用于中低挡土墙体与场区隔离防护工程施工等。

4.5.3 工艺原理

本工法在自嵌式挡墙线型基础浇筑完成达到7天强度后,在斜坡处铺设一层350 g/m² 的土工布,然后人工摆砌自嵌式挡墙块,砌块为60 cm×60 cm×20 cm 的多面体,自嵌式挡墙块组砌时需上下错缝、搭砌,形成一个有坡度的台阶式墙体。为增加挡墙稳定性,搭砌时上层砌块与下层砌块圆孔需对齐,插入玻璃纤维筋封闭锚固。砌块与土工布之间填筑碎石垫层过渡带,上部中粗砂封闭回填。自嵌式挡墙施工完成后,上部砌块采用条形混凝土压顶浇筑锚固增加墙体整体性,混凝土压顶同时也为隔离网基础,最后进行隔离网施工。最终形成集挡土、隔离,兼顾防止水土流失的一个组合体,在水利工程、公路工程、小区水岸、园林景观中形成一道美丽的风景线。

4.5.4 施工工艺流程及操作要点

4.5.4.1 施工工艺流程

施工准备→测量放线→基础处理和护坡修整→混凝土垫层施工→土工布铺设→自嵌块摆放→玻璃纤维筋锚固→反滤料回填(依此类推,至设计高度)→压顶及隔离网基础浇筑→隔离网安装→清场→坡顶整平施工。

4.5.4.2 操作要点

1) 施工准备
(1) 开工前,做好各项技术准备工作(如模板加工图纸、技术交底、安全交底等);
(2) 做好各种设备、工具及人员劳保防护等的准备工作;
(3) 场地做到三通一平,为施工人员、机械设备、材料等提供良好的施工条件;
(4) 根据设计要求选择合格厂家定制自嵌式挡块,检验出厂合格证书,材料到达施工现场后要进行现场验收,出具现场验收报告(包括砖块尺寸、颜色、重量等),每批次砖块要委托有资质单位进行抗压强度、接触面摩擦等试验。

2) 测量放线
根据设计文件中自嵌式挡墙的横断面位置、实际地形及地物条件确定出控制立柱的位置,进行必要的场地清理、定出自嵌式挡墙中心线,做出标记。由于自嵌式挡墙需在沿线桥梁、公路等断开,在放线过程中断开处可做成对称的弧形折线,增强其美观性,以减少上部隔离网的异型定制,便于施工及安装。

3）基础处理和护坡修整

根据现场实际情况,对挡墙基础及坡度进行初步的修整、整平,保证反滤料的施工厚度符合设计要求,土方不足之处采用回填处理,土方压实度≥93%。保证基础平整、密实,无局部凸起、凹陷,挡墙线型顺直、美观。

4）混凝土垫层施工

（1）根据设计要求自嵌式挡墙基础下设20 cm厚C25混凝土垫层。外部设10 cm防滑挡块与基础连成为一个整体,背面铺设350 g/m² 土工布,20~40 mm碎石垫层厚250 mm,上部设混凝土压顶及隔离网,粗砂回填。

（2）混凝土基础浇筑前将模板支设到位,基础清理干净,待监理工程师验收合格后进行浇筑。基础混凝土入仓采用溜槽直接入仓。

（3）垫层浇筑时配置2根手持式振捣棒,插点要均匀排列,逐点移动,顺序进行,不得遗漏,做到均匀振实。垫层混凝土要控制平整,这关系着上部自嵌块是否平整密实,平整度误差±10 mm。

（4）外部10 cm宽挡墙块立模时需要采用二次立模工艺,即底部20 cm厚混凝土垫层施工完成后,在垫层上立10 cm高挡块模板,模板采用钢钎每间隔1 m内外固定,10 cm高20 cm宽挡块混凝土采用人工振捣,待混凝土初凝后拔出钢钎,孔洞采用同标号混凝土捣实。

（5）垫层基础每隔10 m设一条伸缩缝,缝宽20 mm,闭孔泡沫板填缝,伸缩缝外漏段缝宽20 mm,深度30 mm,采用密封胶填缝。

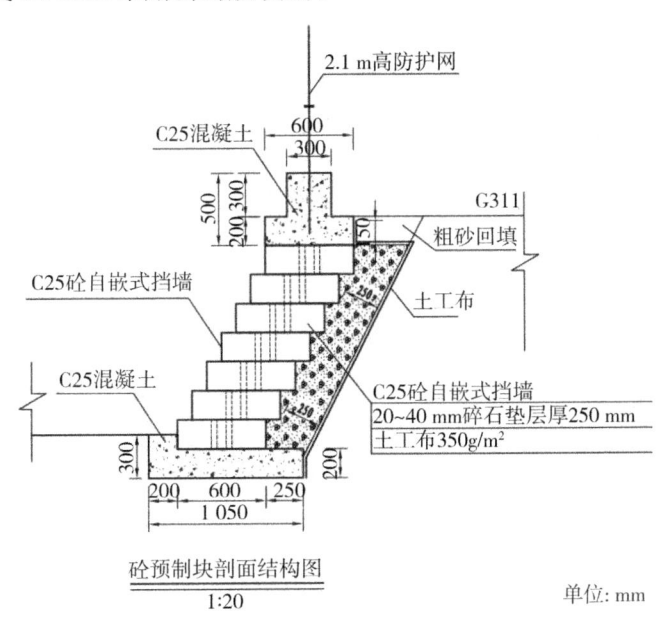

图4.9 自嵌式挡墙剖面结构图

5）土工布铺设

（1）土工布根据坡度长度及设计要求和损耗宽度，一次裁剪到位，铺设自上而下进行，在坡顶布置沙袋压在土工布上，防止土工布滑动。土工布上、下端按设计要求预留足够的长度，分别埋入基础和预留上部覆盖段。

（2）土工布铺设时不得过分强拉，以铺平为原则，力求平顺，松紧适度，与土面密贴，不留空隙。

（3）施工过程中尽量避免施工机械或人为破坏土工布，一旦发现土工布被破坏，应立即对损坏部分更换或进行修补。

（4）铺设时，在顺坡方向应尽量减少拼接。相邻织物块拼接可用搭接或缝接。一般可用搭接。平地搭接按宽度可取 30 cm，不平地面或极软土应不小于 50 cm。

6）自嵌块摆放

（1）运输

检验合格的自嵌块采用平板运输车运输至施工点，卸车前，进行尺寸、平整度、完整度、块数等技术指标检验；满足相关要求后方可卸车。卸车时采用 25 t 汽车吊，人工配合装卸。根据每车运送的数量和工作面的需要数量，较为均匀地卸在河道的岸坡工作面上。

（2）安装

自嵌块安装时，控制好第一层自嵌块平整度对后续安装尤为重要。每隔 10 m 布置一个控制断面，在每个断面的中部、顶部位分别设置桩点，用尼龙线拉紧，作为基准线进行铺筑。自嵌块安装两人一班，由人工搬运至施工作业面，砌筑必须自下往上顺序砌筑，砌筑必须平整、咬合紧密。砌筑时依放样桩纵向拉线控制坡比，横向拉线控制平整度，使平整度达到平整不松动的要求，如图 4.10 所示。

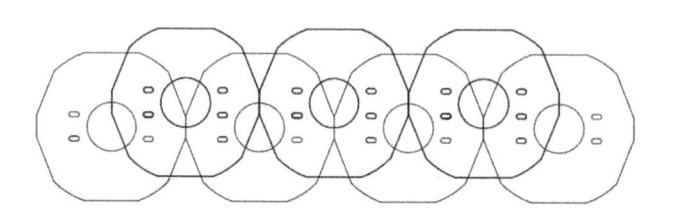

图 4.10 自嵌块叠砌平面示意图

（3）锚固及反滤料回填

自嵌块逐层叠砌，自第二层开始上层砌块与下层砌块呈阶梯状，退距上砌，上层与下层砌块椭圆形圆孔圆心同轴，以方便玻璃纤维筋插入锚固，锚固棒直径 10 mm，长度 40 cm。每叠砌一层砌块回填一层 250 mm 厚 20～40 mm 粒径的碎石垫层，增加墙体稳固性，然后循环交替，逐层叠砌至设计高程。

7）压顶及隔离网基础浇筑

（1）压顶浇筑

压顶浇筑方法与自嵌式挡墙基本相同。不同之处在于，第一是砌块中间有 ϕ200 mm 的圆孔，浇筑压顶及隔离网基础时混凝土灌满自嵌块圆孔部位，上层砌块与砌块之间连接更加密实牢固，使整个自嵌式挡墙更有整体性，为挡墙＋隔离网一体化施工打下了坚实的基础;第二是由于砌块为多边形,上层与下层错缝叠砌,砌块与砌块之间内外侧各留下一个三角形空缺,内侧三角形空缺由碎石垫层填满,外侧三角形空缺刚好位于下层砌块圆孔中心,本工法处理外侧三角形砌块空缺部位的方式为:在空缺处铺垫一到两块 M30 水泥砖,防止混凝土超浇下漏和污染砌块表面,同时也达到了美观坚固的效果,如图 4.11 所示。

图 4.11 砌块外侧三角形空缺处处理示意图

(2) 隔离网基础浇筑

自嵌式挡墙压顶及隔离网基础施工完成后为倒"T"形,压顶浇筑完成后需要二次立模,本工程采用木模+定制塑钢模板,在压顶浇筑后插入两排插筋,并拉毛处理,二次浇筑隔离网基础。隔离网立柱间距为 2 m,施工时使用 50 cm 长的 DN90PVC 管,采用塑料薄膜缠绕封闭一端,插入混凝土体为隔离网柱安装提供条件,待隔离网基础浇筑完成后拔出 PVC 管,并清理混凝土表面的附带薄膜,隔离网基础初凝后及时拔出 PVC 管材,以便循环利用,如图 4.12 所示。

压顶及隔离网基础每隔 10 m 设一条伸缩缝,缝宽 20 mm,闭孔泡沫板填缝,伸缩缝外漏段采用密封胶填缝,缝宽 20 mm,深度 30 mm。

压顶及隔离网基础混凝土浇筑完成拆模后及时洒水养护,养护时间不少于 28 天。最后土工布包裹碎石,中粗砂回填至坡顶高程,完成封闭。

图 4.12 隔离网基础浇筑施工示意图

8)压顶及隔离网基础浇筑

(1) 立柱安装加固

隔离网安装前清理预留孔内垃圾、杂物,有水渍的也要清理干净。隔离网运输及装卸注意避免立柱折弯或摔坏,装车时轻装轻卸。

先安装立柱,采用三角形预制块顶砌牢固,每间隔 30 m 安装一个标杆立柱,立柱上部拉尼龙线,控制隔离网线型及标高。安装时严格测量柱与柱之间的距离,误差控制在范围内,避免间距忽大忽小,影响网片安装。

立柱安装后采用原基础高一标号的细石混凝土浇筑,人工辅助捣实。浇筑混凝土时避免磕碰立柱,有偏差的及时调整。

沿网栏长度方向间隔 30 m(局部地段可控制在 20~40 m),并在转角大于 30°的立柱部位设横向斜撑。

(2) 网片安装

隔离网安装施工时应注意成品保护,避免破坏喷塑涂层,破损的部位必须采用专用修补剂进行修补。主立柱及横杆上均设焊耳,立柱与横杆采用防盗螺栓连接。螺栓表面热浸镀锌。栏栅安装后要求平整、无明显的弯曲现象,栏栅与立柱连接牢固,隔离网整体连接平顺。

特殊情形安装,如转角处、沟坎处、斜坡处等安装时按现场实际情况及角度测量切割截取隔离网,然后焊接。采用焊接时要求焊缝饱满,表面光滑美观,除去焊渣后喷塑,颜色为草绿色。

4.5.5 材料与设备

4.5.5.1 材料要求

(1) 模板

模板使用 18 mm 厚木模板及 30 cm 高定制塑钢模板。

(2) 混凝土

垫层、压顶及隔离网基础混凝土均采用 C25,二期浇筑采用 C30 细石混凝土。

(3) 自嵌块

自嵌块尺寸为 60 cm×60 cm×20 cm(厚),中间空心处 ϕ20 cm;混凝土强度等级为 C25,锚固棒直径 10 mm,长度 400 mm,材质为玻璃纤维。

(4) 隔离防护网

①防护网栏为草绿(果绿)色,高度为 2.1 m。

②立柱采用方形冷拔钢管,外边长 50 mm,壁厚 4 mm,两端加堵头,埋深 40 cm。斜撑采用 45 mm×45 mm×4 mm 角钢。网片采用 ϕ4 mm 低碳钢丝,间距 7.5 cm×15 cm(宽×高),顶部以下 30 cm 处向外折。网片框架为 40 mm×4 mm 扁钢。网片沿立柱中心线设置。

③立柱及网片上均设焊耳,立柱与网片及斜撑采用防盗螺栓连接。立柱、网片、斜撑

及焊耳均浸塑防腐,塑层厚度 0.4～0.6 mm。螺栓表面热浸镀锌。

4.5.5.2 该工法主要材料

表 4.10 主要材料表

序号	项目	数量	单位
1	标准模板	200	块
2	塑钢模板	150	块
3	自嵌块	34 000	个
4	混凝土	420	m^3
5	隔离网立柱	3 000	根
6	隔离网片	3 000	片

4.5.5.3 该工法主要设备

表 4.11 主要设备表

序号	项目	数量	单位
1	挖机	3	台
2	汽车吊	1	台
3	平板车	2	辆
4	罐车	2	辆
5	振捣棒	2	根

4.5.6 质量控制

(1) 混凝土运输连续、均衡、快速,防止运输中出现分离、漏浆、泌水现象;初凝的混凝土作废料处理;在气温较高时做好隔热遮阳工作。

(2) 混凝土浇筑严格按规定的分缝尺寸及厚度备好料,检查好机具并有备用,在验仓合格后连续施工,防止冷缝或人为施工缝的发生。

(3) 混凝土在浇完初凝后,及时洒水养护,连续保持混凝土面湿润状态,时间不小于28天。

(4) 自嵌块叠砌时严格控制首层叠砌平整度,若垫层基础不平整,必要时加注砂浆整平。

(5) 上、下层预制块之间叠砌稳定紧密,交错布置,且没有松动现象。两层预制块之间采用玻璃纤维锚固棒连接,严禁不加设锚固棒,直接叠砌。

(6) 自嵌块施工一层,碎石滤料回填一层,确保碎石密实无空洞,必要时人工辅助振捣。

(7) 自嵌块有裂缝、破裂、缺损掉角等质量问题及质量缺陷的禁止使用,破碎的预制块集中回收破碎,进行二次加工利用。

(8) 隔离网立柱安装期间底部固定牢固,保证垂直不倾斜,间距符合设计要求。

(9) 隔离网特殊部位处理要细致,弧度要对称美观,必要时切割或焊接。电焊网片不得脱焊、虚焊,焊点数应符合图纸要求,焊接后喷涂相同颜色。

(10) 镀层表面应均匀完整,颜色一致。不允许有流挂、滴瘤或多余结块,表面不得有漏镀、漏铁等缺陷。

4.5.7 安全措施

4.5.7.1 临时用电安全防护措施

(1) 电器必须接地、接零和使用漏电保护器,严禁保护零线与工作零线混接。

(2) 实行三相五线制、三级配电二级保护,严禁电线拖地和埋压土中。

(3) 电缆、电线必须有防磨损、防潮、防断等措施。

(4) 严格实行"一机、一闸、一漏",并做到闸具完好无损,漏电保护、闸具、熔断器配备齐全。

(5) 施工现场使用的电气开关设施有防雨、防潮措施,照明和动力电分别安装漏电保护装置。

4.5.7.2 机械伤害安全防护措施

(1) 检修机械必须严格执行挂牌、上锁、断电,挂禁止合闸警示牌。机械断电后,必须确认其惯性运转已彻底消除后才可进行工作;机械检修完毕,试运转前,必须对现场进行细致检查,确认机械部位人员全部彻底撤离才可取牌合闸;检修试车时,严禁有人留在设备内进行点车。

(2) 对人手直接频繁接触的机械,必须有完好的机械防护及紧急制动装置。该制动钮位置必须使操作者在机械作业活动范围内随时可触及,机械设备各传动部位必须有可靠防护装置;各人孔、投料口、螺旋输送机等部位必须有盖板、护栏和警示牌;作业环境保持整洁卫生。

4.5.7.3 预防火灾安全防护措施

施工现场的焊、割作业,必须符合防火要求,严格执行以下规定。

(1) 焊工必须持证上岗,无证者不准进行焊、割作业。

(2) 属一、二、三级动火范围的焊、割作业,未经办理动火审批手续,不准进行焊、割,氧气、乙炔需有回火装置。

(3) 焊工不了解焊、割现场周围情况,不得进行焊、割。

(4) 焊、割部位附近有易燃易爆物品,在未作清理或未采取有效的安全防护措施前,不准焊、割。

(5) 附近有与明火作业相抵触的工种在作业时,不准焊、割。

(6) 与外单位相连的部位,在没有弄清有无险情,或明知存在危险而未采取有效措施之前,不准焊、割。

(7) 施工现场用电,应严格按照用电的安全管理规定。

(8) 氧气、乙炔需放置在相应的笼子里,方便施工时转运,氧气、乙炔需安装防震胶圈,保护帽。

4.5.8 环保措施

4.5.8.1 大气污染防治措施

(1) 合理安排施工期,在干燥天气施工时,避开人员集中时段,或采用湿法施工,严防施工粉尘和扬尘干扰。

(2) 施工场地内限制卡车、工具车等的车速以减少扬尘;对施工道路、施工区内易产生粉尘作业点以及受影响的敏感点周边,采取洒水降尘措施。配备洒水车和设置专人负责清扫进场道路、弃土道路、现场施工道路以及环境保护目标附近的施工尘土。

(3) 按照国家有关劳动保护的规定,给产尘量较大现场的作业人员发放防尘劳保用品,如防尘口罩等。

(4) 严禁在工地燃烧各种垃圾弃物和会产生有毒害气体、烟尘、臭气的物质。

4.5.8.2 固体废弃物污染防治施

(1) 施工废弃物要合理堆放和处理,现场施工人员自觉遵守施工环保要求,维护好自身的生产、生活环境。

(2) 生产垃圾应分类集中堆放,并定期清理。能回收利用的,做到回收利用或送交废旧物资回收站处理,其余运至指定地点填埋。

4.5.9 效益分析

引江济淮工程(河南段)第三施工标段鹿辛运河右岸防护采用自嵌式挡墙+隔离网一体化施工。自嵌式挡墙+隔离网一体化,在满足挡土条件情况下,轻量化了挡墙设计,节约主材,造价经济合理,同时自嵌式挡墙为多边形、错缝叠砌,进退呈阶梯状,增加立体感,成为河道一道靓丽的风景线。墙网一体化施工,形成了优势互补的一种现象,在增加墙体稳定性的同时,也减少了建设用地。相比浆砌块石砌体及混凝土重力式砌体挡墙,在缩短建设工期及节约材料费上优势尤为明显,经济效益明显,具有较高的推广应用价值。

4.6 自嵌式挡墙快速安装施工工法

自嵌式挡墙技术在国外发展历史较长,在 19 世纪 80 年代就已经出现自嵌式砌块挡土墙及加筋砌块挡土墙。近年来,经济发展迅速,各地城镇建设也加大了步伐,大大小小的河道两边各种形式的挡墙越来越多,一直以来河岸挡墙的形式主要为:混凝土挡墙、浆砌块石挡墙、格宾网挡墙等。混凝土预制块自嵌式挡墙作为护岸防护工程中的一种形式,施工技术的改善会让施工过程加快、提高施工质量、节省成本、增加效益,尽早地让周边的设施得到保护。

4.6.1 工法特点

(1)自嵌块为60 cm长和宽,20 cm厚的多边类圆形砌块,通过钢筋制作与自嵌块圆孔同等宽度的鸡爪形双钩,配合"U"形吊环进行运输,中长距离可采用机械吊装,提高运输效率。

(2)与传统的人工搬运相比,自嵌块安装时,采用A18钢筋,制作一根"L"形杠杆原理搬运工具,弯折处约12 cm长,杆身约50 cm长,一段作为嵌入端插入挡墙块小孔使用,另一端加设胶皮成为握柄,供施工人员手持。使用时需两位施工人员配合,每人手持两个抓具,将嵌入段插入挡墙块小孔,两人协作配合搬运,达到对自嵌块挡墙安装叠砌的目的。

4.6.2 适用范围

本工法主要适用于自嵌式挡墙安装施工。

4.6.3 工艺原理

本工法的工艺原理主要通过废旧钢筋制作简易的吊具与抓具,配合小型挖机进行挡墙块的搬运与安装工作,解决了人工搬运的难题,加快了施工进度,缩短工期。

由于挡墙块单块重量较大,单个施工人员很难搬运,极其浪费人力资源,且施工进度缓慢。通过加工制作简易吊具,利用吊具与挡墙块结合,由小型挖机通过吊带连接吊具,进而达到提升搬运挡墙块的目的,解决挡墙块无法通过机械搬运的问题,加快施工进度,缩短工期。

自嵌式挡墙的挡墙块通过机械吊运施工时挡墙块摆放位置一般不会完全保持精准,为了能够快速调整挡墙块位置,通过加工制作简易抓具,通过抓具使其插入挡墙块孔内可以与孔相契合,在挡墙块摆放位置不精准的情况下可以由两位施工人员通过此工具来实现转动、调整挡墙块位置的目的,从而提高施工质量。

4.6.4 施工工艺流程及操作要点

4.6.4.1 施工工艺流程

施工准备→简易吊具与抓具的制作与使用→测量放线→基础处理和护坡修整→混凝

土基础施工→土工布铺设→自嵌块摆放→压顶浇筑。

4.6.4.2 操作要点

1) 施工准备

(1) 开工前,做好各项技术准备工作(如技术交底、安全交底等);
(2) 做好各种机械设备和材料等的准备工作;
(3) 施工中所用的各项原材均已送检,符合设计要求。

2) 简易吊具与抓具的制作与使用

简易吊具的制作:简易吊具由 A18 钢筋经弯曲、焊接等工序加工成型。将一根钢筋折弯 180°,两自由端呈 90°垂直弯折,折弯处由一节短钢筋加焊于其中增加韧性,尾部弯曲端加焊"U"形吊孔用以起吊。自嵌式挡墙块安装时,将吊带牢牢固定于小型挖机铲斗端,经一条吊带通过"U"形扣连接吊孔。

简易抓具的制作:简易抓具由 A18 钢筋经弯曲加工成型。将一根钢筋折弯 90°,一段作为嵌入端插入挡墙块小孔使用,另一端加设胶皮成为握柄,供施工人员手持。

简易吊具与抓具如图 4.13 和图 4.14 所示。

图 4.13 简易吊具图   图 4.14 简易抓具图

简易吊具、抓具的使用:

(1) 吊具使用时将吊具自由端插入挡墙块小孔当中,通过挖机的铲斗运动以及吊具的连接使挡墙块层层交错摆放至相应位置;

(2) 抓具使用时需两位施工人员配合,每人手持两个抓具,将嵌入段插入挡墙块小孔,两人协作配合微移挡墙块精准对位使其到达设计位置。

3) 测量放线

根据设计文件中自嵌式挡墙的横断面位置、实际地形及地物条件确定出轴线的位置,进行必要的场地清理,定出自嵌式挡墙中心线,做出标记。由于自嵌式挡墙需在沿线桥梁、公路等断开,在放线过程中断开处可做成对称的弧形折线,增强其美观性,便于施工及安装。

4) 基础处理和护坡修整

根据现场实际情况,对挡墙基础及坡度进行初步的修整、整平,保证反滤料的施工厚度符合设计要求,土方不足之处采用回填处理,土方压实度≥93%。保证基础平整、密实,无局部凸起、凹陷,挡墙线型顺直、美观。

5) 混凝土基础施工

(1) 根据设计要求自嵌式挡墙下设 20 cm 厚 C25 混凝土基础。外部设 10 cm 防滑挡块与基础连成为一个整体,背面铺设 350 g/m² 土工布,20~40 mm 碎石垫层厚 250 mm,上部设混凝土压顶及隔离网,粗砂回填,如图 4.15 所示。

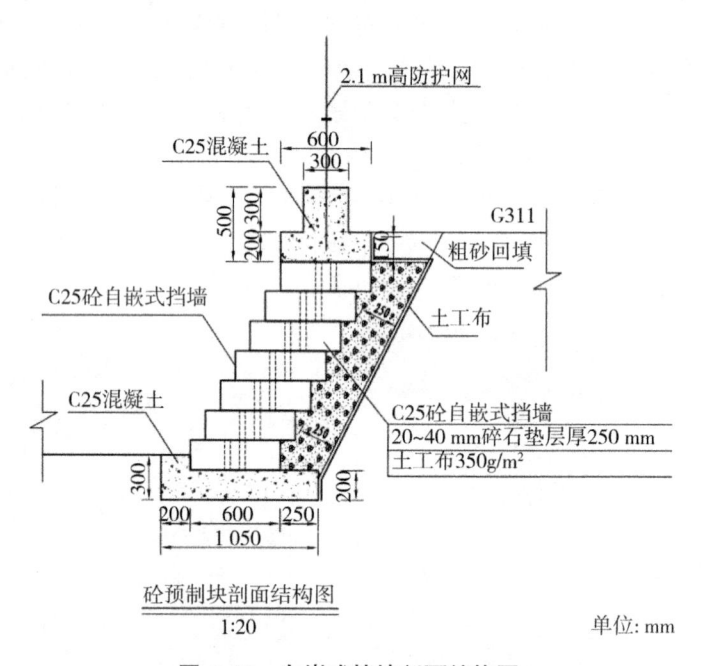

图 4.15 自嵌式挡墙剖面结构图

(2) 混凝土基础浇筑前将模板支设到位,基础清理干净,待监理工程师验收合格后进行浇筑。基础混凝土入仓采用溜槽直接入仓。

(3) 基础浇筑时配置 2 根手持式振捣棒,插点要均匀排列,逐点移动,顺序进行,不得遗漏,做到均匀振实。基础混凝土要控制平整,这关系着上部自嵌块是否平整密实,平整度误差±10 mm。

(4) 基础每隔 10 m 设一条伸缩缝,缝宽 20 mm,闭孔泡沫板填缝,伸缩缝外漏段采用密封胶填缝,缝宽 20 mm,深度 30 mm。

6) 土工布铺设

(1) 土工布根据坡度长度及设计要求和损耗宽度,一次裁剪到位,铺设自上而下进行,在坡顶布置沙袋压在土工布上,防止土工布滑动。土工布上、下端按设计要求预留足够的长度,分别埋入基础和预留上部覆盖段。

(2) 土工布铺设时不得过分强拉,以铺平为原则,力求平顺,松紧适度,与土面密贴,不留空隙。

(3) 施工过程中尽量避免施工机械或人为破坏土工布,一旦发现土工布被破坏,应立即对损坏部分更换或进行修补。

(4) 铺设时,在顺坡方向应尽量减少拼接。相邻织物块拼接可用搭接或缝接。一般可用搭接。平地搭接宽度可取 30 cm,不平地面或极软土应不小于 50 cm。

7) 自嵌块摆放

(1) 运输

检验合格的自嵌块采用平板运输车运输至施工点,卸车前,进行尺寸、平整度、完整度、块数等技术指标检验;满足相关要求后方可卸车。卸车时采用 25 t 汽车吊,人工配合装卸。根据每车运送的数量和工作面的需要数量,较为均匀地卸在河道的岸坡工作面上。

(2) 安装

自嵌块安装时,控制好第一层自嵌块平整度对后续安装尤为重要。每隔 10 m 布置一个控制断面,在每个断面的中部、顶部位分别设置桩点,用尼龙线拉紧,作为基准线进行铺筑。自嵌块安装两人一班配合小型挖机,砌筑必须自下往上顺序砌筑,砌筑必须平整、咬合紧密。砌筑时依放样桩纵向拉线控制坡比,横向拉线控制平整度,使平整度达到平整不松动的要求。

(3) 锚固及反滤料回填

自嵌块逐层叠砌,自第二层开始上层砌块与下层砌块呈阶梯状,退距上砌,上层与下层砌块椭圆形圆孔圆心同轴,以方便玻璃纤维筋插入锚固,锚固棒直径 10 mm,长度 40 cm。每叠砌一层砌块回填一层 250 mm 厚 20~40 mm 粒径的碎石垫层,增加墙体稳固性,然后循环交替,逐层叠砌至设计高程。

8) 压顶浇筑

压顶浇筑方法与自嵌式挡墙基础雷同。不同之处在于砌块中间有 $\phi 200$ mm 的圆孔,浇筑压顶及隔离网基础时混凝土灌满自嵌块圆孔部位和相邻两砌块之间的空隙,上层砌块与砌块之间连接更加密实牢固,使整个自嵌式挡墙更有整体性。

4.6.5 材料与设备

4.6.5.1 该工法主要材料

表 4.12 主要材料表

序号	项目	数量	单位
1	简易吊具	15	个
2	简易抓具	30	个
3	模板	1 600	m²
4	方木	2 400	m
5	自嵌式挡墙块	75 000	块
6	玻璃纤维锚固棒	150 000	根
7	混凝土	2 000	m³

4.6.5.2 该工法主要设备

表 4.13 主要设备表

序号	项目	数量	单位
1	挖掘机	5	辆
2	汽车吊	2	台
3	自卸车	5	辆
4	混凝土运输车	2	辆
5	振捣棒	4	根

4.6.6 质量控制

(1) 在铺设施工中严格控制铺设质量，上、下层预制块之间稳定、紧密、交错布置，且没有松动现象，两层预制块采用玻璃纤维锚固棒连接，保证其稳定性。

(2) 自嵌式挡墙安装完成后要求线型顺滑，通过调整压顶高程使挡墙顶部平顺连接。

(3) 自嵌式挡墙遇到既有桥梁处可结合现场情况顺桥梁引道两侧边坡以圆弧形式弯折后护砌至桥头，也可垂直深入桥梁引道两侧边坡内。

(4) 自嵌块有裂缝、破裂、缺损掉角等质量问题及质量缺陷的禁止使用，破碎的预制块集中回收破碎，进行二次加工利用。

(5) 模板安装前应检查模板平整度、模板缝隙，要光滑紧密，不使用有凹坑、皱褶或其他缺陷的模板。

(6) 混凝土料拌和程序和时间均通过试验确定。因混凝土拌和及配料不当，或因拌和时间过长而报废的混凝土应弃置不用。

(7) 混凝土浇筑施工完成后，及时洒水养护，连续保持混凝土面湿润状态，时间不小于 28 天。

4.6.7 安全措施

(1) 认真贯彻"安全第一，预防为主"的方针，组成专职安全员和班组兼职安全员以及工地安全用电负责人参加的安全生产管理网络，执行安全生产责任制，明确各级人员的职责，抓好工程的安全生产。

(2) 加强安全教育，熟知和遵守本工种各项安全技术操作规程，定期进行安全技术培训。

(3) 操作人员上岗前，必须按规定穿戴防护用品，安全员与施工负责人随时检查，不按规定穿戴者，不得上岗。

(4) 施工中所用的各种机具设备和劳保用品，定期检查，保证处于完好状态，不合格者严禁使用。

(5) 建立完善的施工安全保证体系，加强施工作业中的安全检查，确保作业标准化、规范化。

（6）路缘石搬运与施工过程中应小心谨慎，防止砸伤、挤伤施工操作人员。

4.6.8 环保措施

（1）成立对应的施工环境卫生管理机构，在工程施工过程中严格遵守国家和地方政府下发的有关环境保护的法律、法规和规章，加强对施工燃油、工程材料、设备、废水、生产生活垃圾、弃渣的控制和治理，遵守防火及废弃物处理的规章制度。

（2）将施工场地和作业场地限制在工程建设允许的范围内，合理布置、规范围挡，做到标牌清楚、齐全，各种标识醒目，施工场地整洁文明。

（3）合理安排施工顺序避免工序相互干扰，凡下道工序对上道工序会产生损伤或污染的，要对上道工序采取保护或覆盖措施。

（4）施工场地和运输道路产生扬尘的，及时洒水降尘，应尽可能防止对生产人员和其他人员造成危害。

（5）施工期间，除尘设备与生产设备同时运行，保持良好运行状态。

（6）制定严格的作业制度，规范施工人员作业行为，做到科学管理、文明施工，避免有害物质或不良行为对环境造成污染或破坏。

（7）加强宣传教育和管理，严禁超越征地范围毁坏植被和花草树木，施工活动之外场地必须维持原状。

4.6.9 效益分析

自嵌式挡墙快速安装施工工法有效解决了施工距离长且施工影响较大的自嵌式挡墙施工中施工进度缓慢，人工成本大的问题；在项目工期紧、任务重、施工影响大的前提下，通过吊具、抓具与人工、机械紧密配合，探索出一项既能加快施工进度、节省成本、缩短工期，同时还能满足自嵌式挡墙安装质量和外观要求，又能减少社会影响的简洁高效的施工方法，为项目节约工期约27.4天，产生约11万元的经济价值。为之后自嵌式挡墙快速安装施工提供了可靠的施工经验和技术指标，新颖的施工技术不仅促进自嵌式挡墙施工技术的进步，而且社会效益、经济效益和环境效益显著。

4.7 自带工作平台的混凝土翻升模板施工工法

在常见的建筑中，混凝土建筑最为常见，伴随着其逐步成为建筑物的主流形式，有关于混凝土建筑结构的施工技术也不断成为行业内研究的热点。在混凝土建筑中，模板施工因为具有节约时间、节省费用，工程质量可靠等优点而被广为采用。而混凝土模板技术的大量采用对于促进混凝土结构的技术进步也有重要作用。

模板施工技术的发展对混凝土建筑结构影响重大，模板工程是建筑工程主体结构质量的重要保证，将直接影响混凝土质量和施工进度，是主体结构施工阶段占用工期最长、成本最高的分项工程之一,模板配料方案必须从质量、进度、成本和可操作性等方面综合考虑。在保证质量、安全、进度的前提下,考虑减少周转材料的投入,降低工程成本。尤其是对于单位建筑面积大的建筑工程,由于其周转材料需要量多,更应根据建筑工程的实际情况,决定模板支撑体系采用的主要材料。

4.7.1 工法特点

(1) 由4块1.2 m×1.5 m钢模板拼接成2.4 m×3.0 m大模板,无需搭设脚手架,采用悬臂式结构形式,模板受力条件好,不易变形走样,根据建筑物尺寸可以随时调整。

(2) 翻升模板后面采用Q235B的8♯槽钢配合尺寸为$\phi 48.3×3.0$ mm钢管焊接成施工作业平台,确保模板安装、拆卸时作业人员安全。

(3) 模板实用性强,不受下方基础影响,采用螺栓连接,可以广泛应用于各种外形的水工建筑物混凝土施工。

(4) 翻升模板安装期间采用塔机或吊车吊装,无需按顺序,每一块模板可以单独拆卸、更换,提高安装的灵活性,通用性强,周转率高,加快施工进度,降低施工成本。

(5) 由于采用整体大块钢模板,并且脱模时间有保证,所以混凝土外观质量易于控制、施工接缝易于处理。

4.7.2 适用范围

本工法主要适用于等截面建筑工程墙体或桥梁等。

4.7.3 工艺原理

本工法主要是采用小块钢模板通过螺栓连接拼接成大模板,在大模板背面使用槽钢及钢管焊接成带护栏的一个工作平台形成一个整体的翻升模板。施工期间翻升模板共分为上、下两层或上、中、下三层,翻升模板以墙体作为支撑主体,通过塔机或吊车安装,上层模板支撑在下层模板上,下层模板背凛以山型卡配$\phi 48.3×3.0$ mm双钢管,通过螺杆螺栓锚固,防止上层模板倾倒,上层模板安装完成后采用内撑外拉的方式锚固使上下模板形成一个整体,待混凝土施工完成后循环交替上升。

4.7.4 施工工艺流程及操作要点

4.7.4.1 施工工艺流程

施工准备→模板组装、运输→模板安装、调整→模板拆除。

4.7.4.2 操作要点

1) 施工准备

(1) 开工前,做好各项技术准备工作(如模板加工图纸、技术交底、安全交底等);
(2) 做好各种设备、工具及人员劳保防护等的准备工作;
(3) 钢模板加工场地做到三通一平,钢模板、槽钢及管材运输到加工厂;
(4) 施工人员到位,特殊工种必须持证上岗等。

2) 模板组装、运输

(1) 自带工作平台翻升模板采用 1.2 m×1.5 m 标准定制钢模板组装拼接,单块钢模板四周具有 50 mm 翻边,翻边上开有多个 M14 螺钉孔,如图 4.16 所示。

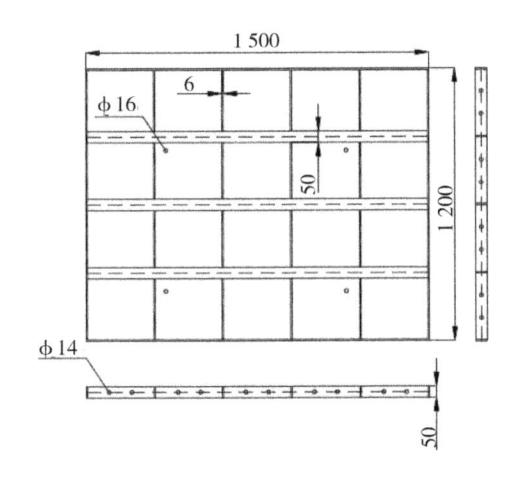

图 4.16 单块标准模板图(图中尺寸以 mm 计)

(2) 通过 M14 螺栓将 4 块标准模板进行锚固拼接,拼成 2.4 m×3.0 m 翻升模板,以模板宽 1.2 m 中心线位置以 0.6 m 等距向两端布置 3 根长 60 cm C20 钢筋,焊接连接;在模板拼缝处中心线向水平方向等间距布置 4 根长 60 cm C20 钢筋,焊接加固;焊接采用对称双面焊,单侧焊接三处,每处焊缝不少于 2 cm。另外在模板两侧采用 ϕ10 钢筋焊接两个"U"形吊耳,方便模板吊装、运输,吊耳单面焊不小于 10d,双面焊不小于 5d,如图 4.17 所示。

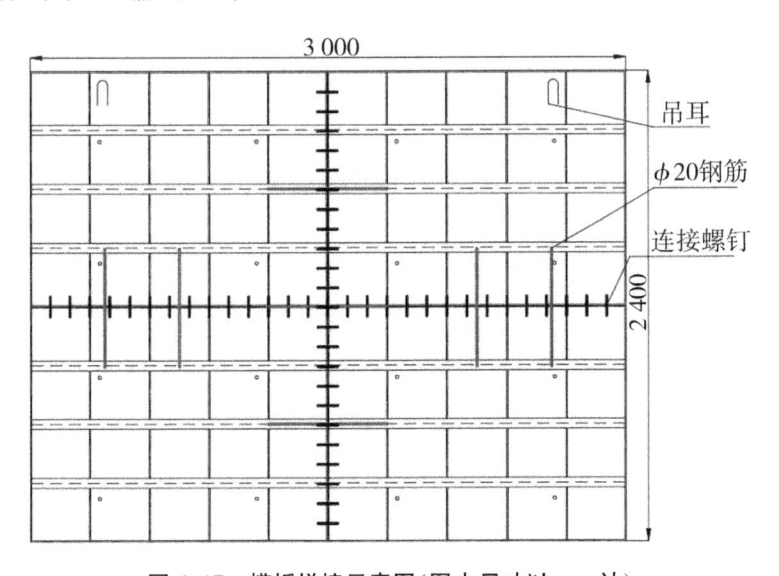

图 4.17 模板拼接示意图(图中尺寸以 mm 计)

（3）模板背后栏杆采用8♯槽钢配合 ϕ48.3×3.0 mm 钢管焊接而成，栏杆采用三道栏杆，上栏杆高度为1.2 m，中栏杆居中设置，钢管长2.98 m，栏杆下部设置20 cm高挡脚板，外侧密目网全封闭，密目网直径规格型号≥2000目/100 cm^2、≥3 kg/张，用不小于直径1.2 mm铅丝双股并联绑扎，如图4.18所示。

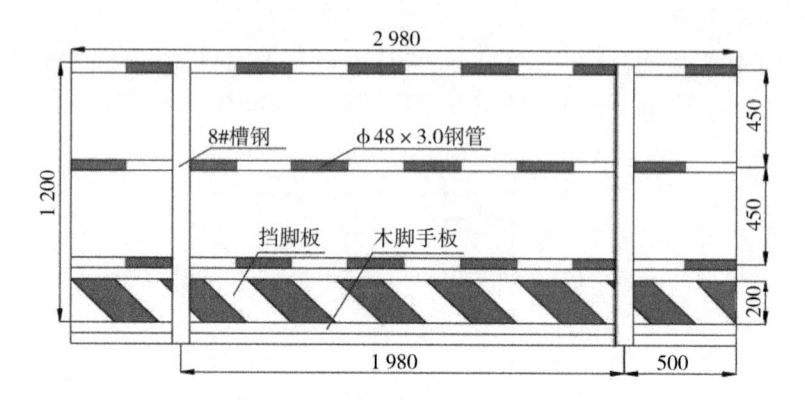

图4.18 模板背面栏杆示意图（图中尺寸以 mm 计）

（4）模板背后设置90 cm宽工作平台，下部设8♯槽钢呈约33°角焊接支撑。作业层脚手板铺满、铺稳、铺实，板厚应不小于5 cm，板宽不小于20 cm，脚手板板长同护栏长度2.98 m，不足2.98 m的采用下方加8♯槽钢支撑加对接平铺方式连接，脚手板与槽钢之间用不小于1.2 mm直径的铅丝双股并联绑扎，如图4.19所示。

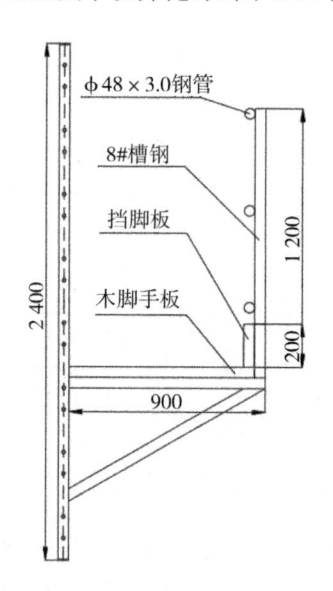

图4.19 模板背面工作平台支撑图（图中尺寸以 mm 计）

（5）组装成的钢模板采用吊车配合平板车运输到施工现场，不同规格的钢模板不得混装混运。运输时，必须采取有效措施，防止模板滑动、倾倒；钢模板运输时，应分隔垫实，支捆牢固，防止松动变形；装卸模板和配件应轻装轻卸，严禁抛掷，并应防止碰撞损坏。

3）模板安装、调整

（1）模板安装

①将组装成套的模板运至安装处，运输和现场堆放时板面向下，用方木垫平，最多只能叠放一块，以边运边安装为宜。

②从仓位的一端或仓位转角处开始，根据建筑物尺寸将组装好的模板依次在仓位面上定位。第一块模板安装时，须使用水平仪和铅垂线，以保证模板安装时模板水平、垂直。

③模板采用塔机配合安装，吊装钢丝绳只准拴在模板两侧的吊耳上，吊起后指挥到位将模板架立在起始仓模板上边线，模板与模板对接到位装上连接销，装好调节螺杆后便可松开吊钩。

④起始浇筑层只先安装一层模板，第二层浇筑时，上一仓模板不拆除，在固定模板上安装第二层或第三层模板，模板与模板之间用螺栓连接，下层模板用山型卡配双钢管与上层模板连接锚固，以防止倾倒。以后每仓号以此类推，安装方法相同。

（2）模板调整

①模板定位后，根据测量放样点拉线检查横向平整度，吊锤球检查竖向平整度，用调节杆调节模板的平整度，将模板校正调直，然后面板之间用螺栓连接紧固。

②模板每翻高一层，测量放样一次，根据放样点检查模板变形情况，依据放样点拉线利用调节螺杆校正模板。

4）模板拆除

（1）不承重的侧面翻升模板，当混凝土强度达到 2.5 MPa 以上，保证其表面棱角不因拆模而损坏时，方可拆除。为上下层混凝土更好结合，混凝土只浇至距模板 10~20 cm 位置。模板拆除由塔机配合，由一侧向另一侧逐块进行。

（2）用专用扳手松开各个紧固螺丝，使模板脱开混凝土面，作业人员退至旁侧模板安全处，指挥塔机吊钩下落将模板慢慢提至地面，将拆除下来的模板上残留的灰浆及时铲除干净后，刷上脱模剂，再将拆除下来的模板安装到上层翻升模板上。

（3）各部位的翻升模板拆装均按以上程序操作，依次交替上升至所设计高程。

4.7.5　材料与设备

4.7.5.1　材料要求

1）模板

模板使用 3 mm 厚，尺寸 1.2 m×1.5 m 定制模板，模板材料均要符合要求。

2）槽钢

槽钢采用 Q235 型号。槽钢具体要求如下。

（1）钢材购进厂家需有生产许可证，购进槽钢需有出厂证明、各项力学指标合格证书等。

（2）槽钢的尺寸、截面面积、理论重量及截面特性参数，参照《碳素结构钢》(GB/T 700—2006)相关规定。

(3) 截面尺寸偏差

①8♯槽钢高度 h 允许偏差为±1.5 mm,腿宽 b 允许偏差为±1.5 mm,腰厚 d 允许偏差为±0.4 mm。

②槽钢平均腿部厚度的允许偏差为±0.06 t。

③槽钢的弯腰挠度不应超过 0.15 d。

④槽钢腿的外缘斜度,单腿不大于 1.5%b,双腿不大于 2.5%b。

⑤槽钢腿端、肩钝化不得使直径等于 0.18 t 的圆棒通过。

(4) 长度偏差

本次现场施工使用槽钢长度小于8♯槽钢通长,长度偏差不作要求。

(5) 弯曲度

槽钢每米弯曲度不大于 3 mm,总弯曲度不大于总长度的 0.3%。

(6) 扭转

槽钢不得有明显的扭转。

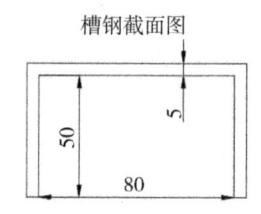

图 4.20　槽钢截面图(图中尺寸以 mm 计)

3) 钢管

栏杆钢管采用 Q235,尺寸为 $\phi 48.3 \times 3.0$ mm。钢管基本不作为受力结构,采用现场现有钢管,具体要求如下。

(1) 钢管表面应平直光滑,不应有裂缝、结疤、分层、错位、硬弯、毛刺、压痕和深的划道。

(2) 表面锈蚀深度应符合现行规范《建筑施工扣件式钢管脚手架安全技术规范》(JGJ 130—2011)的规定。检查时,应在锈蚀严重的钢管中抽取三根,在锈蚀严重的部位横向截断取样检查,当锈蚀深度超过规定值时不得使用。

(3) 钢管没有明显的弯曲变形。

(4) 钢管上严禁打孔。

4) 焊条及焊缝要求

(1) 连接用的焊条应符合现行国家标准《碳钢焊条》(GB/T 5117—1995)或《低合金钢焊条》(GB/T 5118—1995)中的规定。

(2) 焊工必须持证上岗。

(3) 焊缝表面不得有裂纹、焊瘤、烧穿、弧坑等缺陷。

(4) 焊缝不得有表面气孔、夹渣、弧坑、裂纹、电弧擦伤等缺陷。

(5) 焊缝外观:焊缝外形均匀,焊道与焊道、焊道与基本金属之间过渡平滑,焊渣和飞溅物清除干净。

（6）不准随意在焊缝外母材上引弧；

（7）各种构件校正好之后方可施焊，并不得随意移动垫铁和卡具，以防造成构件尺寸偏差。

4.7.5.2 该工法主要材料

表 4.14 主要材料表

序号	项目	单位	数量	备注
1	标准模板	块	600	
2	槽钢	m	220	
3	木脚板	m	324	
4	栏杆钢管	m	1 100	
5	安全网	m^2	390	
6	螺丝钉	个	6 048	
7	焊条	根	按需	
8	拉筋	根	按需	

4.7.5.3 该工法主要设备

表 4.15 主要仪器设备表

序号	项目	单位	数量	备注
1	塔机	台	1	
2	汽车吊	台	1	
3	平板车	辆	2	
4	直流弧焊机	台	1	
5	电焊面罩	个	4	
6	电焊钳	个	4	
7	打焊皮锤	个	4	

4.7.6 质量控制

（1）焊接过程中要及时清渣，焊缝表面光滑平整，加强焊缝平缓过渡，弧坑应填满。

（2）根据钢材级别、直径、接头形式和焊接位置，选择适宜直径焊条和焊接电流，保证焊缝与钢筋熔合良好。

（3）焊机必须接地良好，皮线绝缘性能良好，焊机与焊钳导线长度应小于30 m，不准在露天雨水的环境下工作。

（4）焊接施工场所不能使用易燃材料搭设，现场6 m内不得有易爆、易燃物，电焊机放置场所应清洁、干燥、通风；现场高空作业必须带安全带，焊工操作要佩戴防护用品。

(5) 做好成品保护：焊接后不得往焊完的接头浇水冷却，不得敲钢筋接头，现场的成品半成品废品应按要求分别堆放到指定地点，不得随意乱放。

(6) 安装上层模板及其支架时，基层楼板必须具有承受上层荷载的能力。

(7) 模板拼接必须牢固、不松动、不漏浆，模板表面必须平整光滑，无明显凹凸现象。相邻高差不大于 2 mm。

(8) 在涂刷模板隔离剂时，不得玷污钢筋和混凝土接槎处，浇筑混凝土前，模板内的杂物应清理干净。

4.7.7 安全措施

4.7.7.1 高处坠落和物体打击安全防护措施

(1) 高血压、心脏病人员禁止参加高空作业。作业人员进场前必须经过三级安全教育各专项施工方案安全技术交底。

(2) 作业区封闭施工，高处模板安拆作业时，在下面标出安全区，而且安排专人执勤，严禁非工作人员进入施工现场。

(3) 施工人员高空作业时必须正确佩戴安全帽及安全带，拆除模板时，操作人员严禁站在正拆除的模板上。严禁穿塑料硬底鞋、拖鞋上架施工。

(4) 模板后平台上一般不宜堆放模板。工人所用工具、模板零件应放在工具袋内，以免坠落伤人。

(5) 模板工程作业高度在 2 m 以上时，要根据高空作业安全技术规范的要求进行操作和防护，操作平台上应设安全网。

4.7.7.2 触电及机械伤害安全防护措施

(1) 现场施工用高低压设备及线路，应按照施工设计及有关电气安全技术规程安装和架设。

(2) 熔化焊锡时，锡块、工具要干燥，防止爆溅。

(3) 有人触电，立即切断电源，进行急救；电气设备着火时，应立即将有关电源切断，使用泡沫灭火器或干砂灭火。

(4) 锯片上方必须安装保险挡板和滴水装置，在锯片后面，离齿 10～15 mm 处，必须安装弧形楔刀。锯片的安装，应保持与轴同心。

4.7.7.3 架体坍塌安全防护措施

(1) 架体搭设材料必须经检验合格。

(2) 架体搭设完成后按验收规范进行验收。

(3) 施工中所有人员都必须戴好安全帽，系好安全带，佩戴好工具袋，不得穿塑料硬底鞋、拖鞋。不得触摸连接螺孔。

(4) 高空作业人员和地面施工人员要互相关照，高空作业人员不得往下抛坠物体。

（5）搭设过程中，树立警告标志牌，并且安排专人执勤，严禁非施工人员进入施工作业区，安全检查员必须坚守岗位，尽心尽责。

4.7.7.4　预防火灾安全防护措施

1）焊、割作业点与氧气瓶和乙炔发生器等危险物品的距离不得少于 10 m，与易燃易爆物品的距离不得少于 30 m。

2）施工现场的焊、割作业，必须符合防火要求，严格执行以下规定。

（1）焊工必须持证上岗，无证者不准进行焊、割作业。

（2）属一、二、三级动火范围的焊、割作业，未经办理动火审批手续，不准进行焊、割，氧气、乙炔需有回火装置。

（3）焊工不了解焊、割现场周围情况，不得进行焊、割。

（4）焊、割部位附近有易燃易爆物品，在未作清理或未采取有效的安全防护措施前，不准焊、割。

（5）附近有与明火作业相抵触的工种在作业时，不准焊、割。

（6）与外单位相连的部位，在没有弄清有无险情，或明知存在危险而未采取有效措施之前，不准焊、割。

（7）施工现场用电，应严格按照用电的安全管理规定。

（8）氧气、乙炔需放置在相应的笼子里，方便施工时转运，氧气、乙炔需安装防震胶圈，保护帽。

4.7.8　环保措施

4.7.8.1　大气污染防治措施

（1）合理安排施工期，在干燥天气施工时，避开人员集中时段，或采用湿法施工，严防施工粉尘和扬尘干扰。

（2）施工场地内限制卡车、推土机等的车速以减少扬尘；对施工道路、施工区内易产生粉尘作业点以及受影响的敏感点周边，采取洒水降尘措施。配备洒水车和设置专人负责清扫进场道路、弃土道路、现场施工道路以及环境保护目标附近的施工尘土。

（3）按照国家有关劳动保护的规定，给产尘量较大现场的作业人员发放防尘劳保用品，如防尘口罩等。

（4）严禁在工地燃烧各种垃圾弃物和会产生有毒害气体、烟尘、臭气的物质。

4.7.8.2　固体废弃物污染防治施

（1）施工废弃物要合理堆放和处理，现场施工人员自觉按照施工环保要求，维护好自身的生产、生活环境。

（2）生产垃圾应分类集中堆放，并定期清理。能回收利用的，做到回收利用或送交废旧物资回收站处理，其余运至指定地点填埋。

4.7.9 效益分析

引江济淮工程(河南段)第三施工标段试量泵站主机段施工使用自带工作平台翻升模板施工。自带工作平台翻升模板材料常见通用、可周转利用,便于保养维修;结构受力明确,构造措施到位,安全可靠,升降搭拆方便,便于检查验收,造价经济合理;相比传统施工工艺免搭脚手架,不受地形、基础、汛期淹没基面等情况影响,不影响后续防水及水泥土回填施工,节约工期、人工费及材料费明显,经济效益明显,具有较高的推广价值。

4.8 高温环境下泵站超长薄壁混凝土防裂缝施工工法

随着混凝土施工技术的进步,水利工程混凝土设计正在从大体积到薄壁型转变,目前薄壁混凝土在水利工程中运用十分广泛。若在薄壁混凝土施工过程中采取措施不当,则极易产生各种结构裂,缝轻者会影响混凝土结构的外观及耐久性,重者则会影响混凝土本身的力学性能,威胁整体结构的安全。因此,减少和控制混凝土裂缝产生和扩展,对提高混凝土的结构质量、提高工程的安全起着重要的作用。

4.8.1 工法特点

4.8.1.1 工程及环境特点

(1)挡墙超高、超长

该薄壁混凝土墙长 34.5 m,宽 12 m,厚 0.8 m,且设计无伸缩缝。

(2)高温季节施工

该工程施工期为 6—9 月份,处于炎热夏季,酷暑天气,温度较高。

4.8.1.2 工艺特点

(1)物理降温

高温季节施工,对混凝土原材料及浇筑仓号采用洒水喷雾的形式,利用水的蒸发吸热,对骨料及仓号周边环境物理降温。

(2)优化配合比

采取有效的技术措施和可靠的工程经验,降低水化热,控制混凝土的早期温度、提高混凝土的和易性、减少泌水性、减少气泡含量、减少混凝土的早期收缩(主要是塑性收缩和自收缩)裂缝和混凝土的干缩、徐变,确保混凝土在满足本工程特殊要求的基础上具有较高的施工性能和耐久性。

4.8.2 适用范围

本工法主要适用于薄壁混凝土挡墙等施工。

4.8.3 工艺原理

薄壁混凝土工程的施工原则为采取有效的技术措施和可靠的工程经验,降低水化热,控制混凝土的早期温度、提高混凝土的和易性、减少泌水性、减少气泡含量、减少混凝土的早期收缩(主要是塑性收缩和自收缩)裂缝和混凝土的干缩、徐变,确保混凝土在满足本工程特殊要求的基础上具有较高的施工性能和耐久性。拌和阶段在高温环境下提前采取人工降温措施,降低原材料的温度,使用预冷却材料拌制混凝土,从而降低混凝土的出机温度。浇筑过程中在仓号两侧布置喷雾管喷雾,在浇筑仓面上方形成雾层,阻挡阳光直射仓面,另外,雾滴吸热蒸发,达到降低浇筑部位上方环境温度的目的。在浇筑过程中加强混凝土振捣,确保混凝土振捣密实,避免裂缝等质量问题的发生。混凝土二次抹压完毕后采用覆盖、洒水、喷雾、用薄膜保湿等保温保湿的养护方式,混凝土养护设专人负责,养护期不少于28天。

4.8.4 施工工艺流程及操作要点

4.8.4.1 施工工艺流程

优化配合比→施工准备→原材料及拌和温控→混凝土拌和→浇筑过程控温→振捣→养护。

4.8.4.2 操作要点

1) 优化配合比

本工程结构混凝土的强度等级为C25F150W4。通过多次试验确定了最优混凝土配合比(每立方米混凝土含量):水泥286 kg、人工砂707 kg、5～40 mm级配碎石1 090 kg、水161 kg、减水剂3.94 kg,最少拌和时间不低于150 s。

2) 施工准备

(1) 开工前,做好各项技术准备工作(如技术交底、安全交底等);

(2) 做好各种设备、工具和器材等的准备工作;

(3) 人工降温措施准备妥当;

(4) 混凝土仓号验收完成,检查各预埋件是否有遗漏等。

3) 原材料及拌和温控

控制混凝土最高温升的方法之一是降低其入仓温度,即降低出机口温度。通过采取人工降温,使用预冷却材料拌制混凝土,从而降低混凝土出机口温度。

(1) 原材料冷却

①堆料场骨料冷却,采用料堆表面喷水、料堆内部通风冷却及设置遮阳棚、保持一定的储料量和料层厚度的方式,以稳定、降低骨料初始温度;

②采用适当的堆料高度,延长堆存时间,在低温时间上料,适当延长换料间隔时间以

及在骨料堆料场上搭设遮阳棚；

③在堆料场表面少量喷水，经常保持表面湿润。在料场内部通风冷却，降低堆料温度。

(2) 拌和温控

①进入拌和机的水泥，最高温度不得超过60℃。掺加粉煤灰降低单位水泥用量，降低混凝土温升。选用品质优良、减水率高的高效减水剂，降低混凝土用水量。

②拌和用水采用地下水。

4) 运输浇筑温控

(1) 运输过程温控

①车辆采用搭设遮阳篷等遮阳措施，车厢外部粘贴保温材料，罐车罐体外部也要采用保温材料包裹；

②楼前喷雾，在拌和楼前给混凝土罐车罐体进行喷雾降温，喷雾装置架设在进入拌和楼前的道路两侧，略高于车辆，使该范围形成雾状环境，当汽车在楼前等候时，喷雾不但给车辆降温，也避免阳光直射罐体。

(2) 浇筑过程温控

①在仓号两侧布置喷雾管喷雾，在浇筑仓面上方形成雾层，阻挡阳光直射仓面，另外，雾滴吸热蒸发，达到降低浇筑部位上方环境温度的目的；

②开仓前准备够2/3～3/4仓面面积的保温被，浇筑振捣完毕后立即覆盖保温，保证保温效果。

5) 振捣

(1) 浇筑混凝土时应分段分层连续进行，浇筑层高度应根据混凝土供应能力、一次浇筑方量、混凝土初凝时间、结构特点、钢筋疏密综合考虑决定，一般为振捣器作用部分长度的1.25倍。

(2) 使用插入式振捣器应快插慢拔，插点要均匀排列，逐点移动，顺序进行，不得遗漏，做到均匀振实。移动间距不大于振捣作用半径的1.5倍（一般为30～40cm）。振捣上一层时应插入下层5～10cm，以使两层混凝土结合牢固。表面振动器（或称平板振动器）的移动间距，应保证振动器的平板覆盖已振实部分的边缘。

(3) 浇筑混凝土应连续进行。如必须间歇，其间歇时间应尽量缩短，并应在前层混凝土初凝之前，将次层混凝土浇筑完毕。间歇的最长时间应按所用水泥品种、气温及混凝土凝结条件确定，一般超过2h应按施工缝处理。（当混凝土的凝结时间小于2h时，则应当执行混凝土的初凝时间）。

(4) 浇筑混凝土时应经常观察模板、钢筋、预留孔洞、预埋件和插筋等有无移动、变形或堵塞情况，发现问题应立即处理，并应在已浇筑的混凝土初凝前修正完好。

6) 养护

本工程混凝土养护采用覆盖、洒水、喷雾、用薄膜保湿等保温保湿的养护方式，养护应在混凝土二次抹压完毕后立即进行。在浇筑混凝土时，如遇高温、太阳暴晒、大风等天气，周边采取围挡等措施，且表面抹压后立即用塑料薄膜覆盖，避免发生混凝土表面硬结。

本工程混凝土构件施工属于高温期施工，为防止混凝土升温速度过快形成温度收缩裂缝和早期脱水造成表面干缩裂缝,采取保温、保湿养护,养护安排专人负责。

常温期施工及日平均温度≥5℃时,在混凝土表面收面完成、能上人时(且在浇筑完毕后的12h以内)后,进行洒水养护,然后在其表面先铺一层塑料布保湿养护,同时加强测温以随时了解内外温差。当内外温差接近25℃时,及时采取增加覆盖草帘等保温措施。

4.8.4.3 夜间施工措施

(1)夜间施工要有足够的照明设施。施工场地要做到工完料清,不乱堆物,保持工作面上整洁;

(2)现场配备手电筒若干,以备检查之用;

(3)夜间严禁进行搭、拆脚手架等高空危险作业,以确保安全。如有特殊情况,需经工地负责人批准,并采用相应措施后方可进行;

(4)施工用水、电线路尽可能排放整齐,不准乱拖乱拉,以防出意外事故。

4.8.5 材料与设备

4.8.5.1 该工法主要材料

表 4.16 主要材料表

序号	项目	单位	数量	备注
1	紫铜止水	m	160	
2	聚乙烯泡沫板	m²	637	
3	混凝土	m³	2 500	
4	钢筋	t	30	
5	钢模板	m²	3 000	

4.8.5.2 该工法主要设备

表 4.17 主要仪器设备表

序号	项目	单位	数量	备注
1	塔机	台	1	
2	混凝土汽车泵	辆	3	
3	罐车	辆	10	
4	汽车吊	台	1	
5	洒水车	辆	1	
6	软轴振捣器	个	5	
7	平板振捣器	台	5	
8	全站仪	台	1	

4.8.6 质量控制

4.8.6.1 质量控制依据

(1)《混凝土结构施工质量验收规范》(GB 50204—2015)；
(2)《水利泵站施工及验收规范》(GB/T 51033—2014)；
(3)《泵站施工规范》(SL 234—1999)；
(4)《水工混凝土施工规范》(SL 677—2014)。

4.8.6.2 质量控制措施

(1)混凝土浇筑前，技术人员向操作班组进行技术交底，使其掌握浇筑方案、质量要求和关键部位的施工工艺；
(2)混凝土浇筑施工时，可采用手机等通信设备联络，确保搅拌站与浇筑现场之间通信通畅，便于现场混凝土信息的及时反馈；
(3)施工现场应有统一指挥和调度，以保证顺利施工；
(4)混凝土输送应连续进行，如必须中断时，其中断时间不得超过混凝土从搅拌至浇筑完毕所允许的初凝时间；
(5)混凝土浇筑即将结束前，应正确计算尚需用的混凝土数量，并应及时告知混凝土搅拌站；
(6)浇捣时应防止混凝土的离析，泵管口与浇筑面距离应控制在 2 m 以内；
(7)安排专人负责振捣，专人负责看模，发现模板、钢筋、预埋件、留洞有变形、移位及破坏情况应立即进行整修；振捣时不得触及安全监测埋件及引出线；
(8)混凝土下料时均匀铺料，预埋件附近、钢筋密集部位使用人工撮料，以防止骨料堆积；
(9)混凝土浇筑前应对模板接触面先行湿润，对收缩混凝土下的垫层或相邻其他已浇筑的混凝土在浇筑前洒水湿润。

4.8.7 安全措施

(1)加强安全教育，熟知和遵守本工种各项安全技术操作规程，定期进行安全技术培训。
(2)建立健全安全管理机构和设置专业安全检查人员，对施工安全进行监督，并做好过往车辆经过时的安全防护工作。
(3)进入施工现场的作业人员必须正确佩戴安全帽，严禁酒后上岗、施工现场严禁吸烟、严禁随地大小便。
(4)使用输送泵输送混凝土时，应由两人以上牵引布料杆管道的接头，安全阀、管架等必须安装牢固。输送前应试送，检修时必须卸压。

（5）浇筑前应检查混凝土泵管有无裂纹，损坏变形或磨损严重的应立即更换。

（6）浇灌高度2m以上的混凝土应搭设操作平台，无安全防护设施的应系挂安全带，不得站在模板或支撑上操作。

（7）悬空泵的连接要有两人以上协调作业，动作要一致，作业架的脚手板应铺设严密，严防踩空坠落。

4.8.8 环保措施

4.8.8.1 环境保护措施

工程施工过程中造成的主要污染包括：扬尘及大气污染、水源污染、机械设备噪声污染、固体废弃物污染。

4.8.8.2 大气污染防治措施

（1）合理安排施工期，在干燥天气施工时，避开人员集中时段，或采用湿法施工，严防施工粉尘和扬尘干扰；

（2）水泥等易飞扬细颗散体物料尽量安排库内存放，运输、堆放时遮盖以防扬尘。在运输水泥等材料时采取储罐、密封运输方式，防止洒漏、飘散；

（3）施工场地内限制卡车、推土机等的车速以减少扬尘；对施工道路、施工区内易产生粉尘作业点以及受影响的敏感点周边，采取洒水降尘措施。配备洒水车和设置专人负责清扫进场道路、弃土道路、现场施工道路以及环境保护目标附近的施工尘土；

（4）按照国家有关劳动保护的规定，给产尘量较大现场的作业人员发放防尘劳保用品，如防尘口罩等；

（5）选用符合国家卫生防护标准的施工机械设备和运输工具，确保其废气排放符合国家有关标准。用来运输可能产生粉尘材料的车辆应采用环保运输车。

4.8.8.3 水污染防治措施

（1）施工作业产生的废水包括系统冲洗水、机械车辆冲洗水、施工排水。上述废水，在经过沉淀池、隔油池等处理之前，不得排入河流、水渠或其他地表水中；

（2）防止油料发生泄漏污染水体，施工材料如油料、化学品不堆放在地表水体附近，并备有临时遮挡帆布；采取所有必要措施防止泥土和散体施工材料阻塞现有管道；

（3）所有机械设备的各类废油料及润滑油，均回收并在指定位置统一存放和处理。

4.8.8.4 固体废弃物污染防治施

（1）施工废弃物要合理堆放和处理，现场施工人员自觉按照施工环保要求，维护好自身的生产、生活环境；

（2）生产垃圾应分类集中堆放，并定期清理，能回收利用的，做到回收利用或送交废旧物资回收站处理，其余运至指定地点填埋；

（3）施工现场内无废弃砂浆，运输道路和操作面落地料及时清扫，砂浆倒运时必须采取防撒落措施。

4.8.9　效益分析

引江济淮工程（河南段）第三施工标段试量泵站主机段站下进水口上方混凝土墙为薄壁混凝土结构，经过前期充分的准备和计划及优化施工配合比、原材料冷却、在运输及浇筑过程中对仓号周围喷雾降温，浇筑过程中使用合理的浇捣方法加以后期精心的养护等一系列的措施，使得薄壁混凝土施工顺利进行，并且无质量通病及质量事故发生，使得进度、质量得到有效的保障，在类似高温环境下薄壁混凝土工程施工中有良好的推广价值。

5 引调水工程管道工艺技术与性能分析方法研究与应用

5.1 引调水工程标准管道生产工艺技术

5.1.1 承插口制作工艺

5.1.1.1 承插口制作工艺流程图(图 5.1)

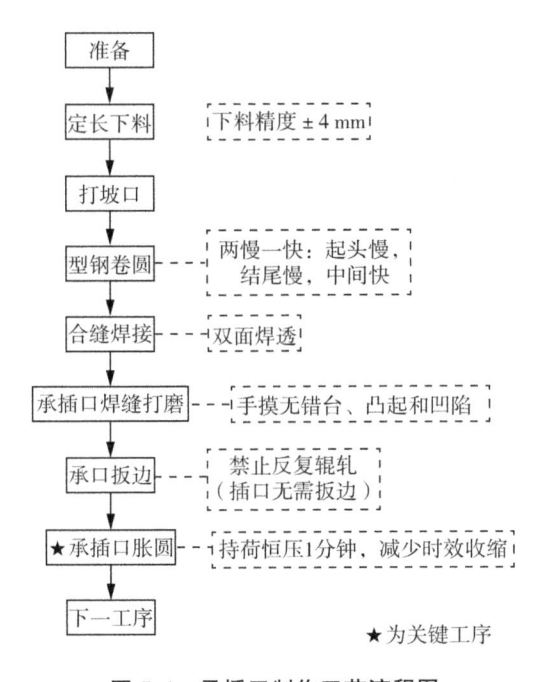

图 5.1 承插口制作工艺流程图

5.1.1.2 承插口制作工艺

包括从原材料下料、卷圆、焊接、磨光、扳边、胀圆等工序过程及检查全过程。
（1）主要设备包括：卷圆机、扳边机、胀圆机。
（2）原材料：为定尺承口扁钢和插口异型钢。

5.1.1.3 操作程序

（1）调整卷圆机的压辊间隙，将接口环冷卷成圆形，然后点焊接。接口焊接采用双面熔透焊接，并打光磨平，并且焊缝接头错边控制在 0.5 mm 以内。焊接完毕，经自检，确认合格在焊口附近打上自己的焊工编号。

（2）胀圆工作应根据要求调整好胀圆模具，将接口环放在胀圆机上，直至胀圆成型至标准尺寸。

（3）胀圆后，在插口环两道密封槽之间沿直径方向180°对称预留 2 个注水检验螺孔，以方便检验时注水管的接入和空气的排空。

5.1.1.4 质量控制点（表5.1）

表 5.1 插口钢圈、承口钢圈制作质量控制点

控制点	检验方式	控制项目	控制依据	检测频率 首件	检测频率 随机	检验标准	使用量具	原始记录
插口钢圈制作	自检	表面质量	作业指导书	每批	逐件	检验规程	目测	过程记录表
		下料长度		每批	逐件		卷尺	
		凹槽尺寸		每批	1/50		样板	
		焊缝质量		每批	逐件		目测手触	
		胀圆直径		每批	逐件		π尺	
		端面不平度		每批	逐件		塞尺	
		椭圆度		设备调试			专用量具	
		局部圆度		每批	逐件		样板	
承口钢圈制作	自检	表面质量	作业指导书	每批	逐件	检验规程	目测	过程记录表
		下料长度		每批	逐件		卷尺	
		钢板厚度		每批	1/50		样板	
		焊缝质量		每批	逐件		目测手触	
		胀圆直径		每批	逐件		π尺	
		端面不平度		每批	逐件		塞尺	
		椭圆度		设备调试			专用工具	
		局部圆度		每批	逐件		样板	
		折边长度		每批	1/50		角尺	

5.1.2 钢筒制作工艺

5.1.2.1 钢筒制作工艺流程图（图5.2）

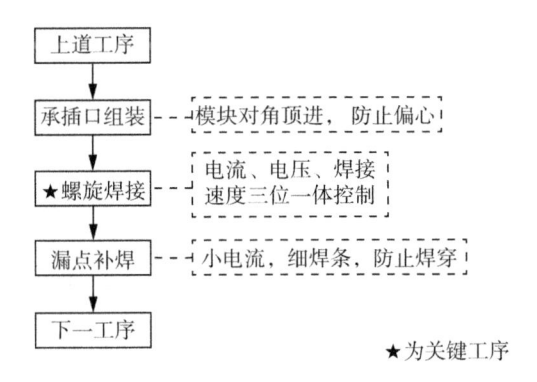

图5.2 钢筒制作工艺流程图

5.1.2.2 钢筒制作工艺

包括螺旋筒体自动卷板、焊接成型的全过程。

（1）主要设备：螺旋制筒机（DN3200），采用ABB数控技术和控制设备、选用进口控制元件及美国林肯自动焊机，提高制筒效率和保证焊接质量，并增设专用卸筒装置。

（2）原材料：冷轧薄钢板，符合GB/T 700—2006、GB/T 708—2019、GB/T 11253—2019、GB/T 222—2006规定。

5.1.2.3 操作程序

（1）焊前调整：安装好承、插口环，保证其端面不平度小于3 mm的要求。

（2）自动焊接：待钢板与承口搭接符合要求后，开始筒体自动焊接，焊接时及时调整，保证焊缝均匀，无裂纹、气孔、烧穿等焊接缺陷。

（3）焊接完成后，卸筒装置进入筒体下方，将成型的钢筒托起，移出到指定位置。

（4）在钢筒卷焊机上对钢筒焊接缺陷进行提前处理，提高钢筒水压试验效率。

5.1.2.4 质量控制点（表5.2）

表5.2 钢筒螺旋焊接质量控制点

控制点	检验方式	控制项目	控制依据	检查频率 首件	检查频率 随机	检验标准	使用量具	原始记录
钢筒螺旋焊接	专检	筒长	作业指导书	每批	每件	检验规程	钢卷尺	过程记录表
		外观、几何尺寸		每批	每件		目测	

5.1.3 钢筒水压试验工艺

5.1.3.1 钢筒水压工艺流程图(图 5.3)

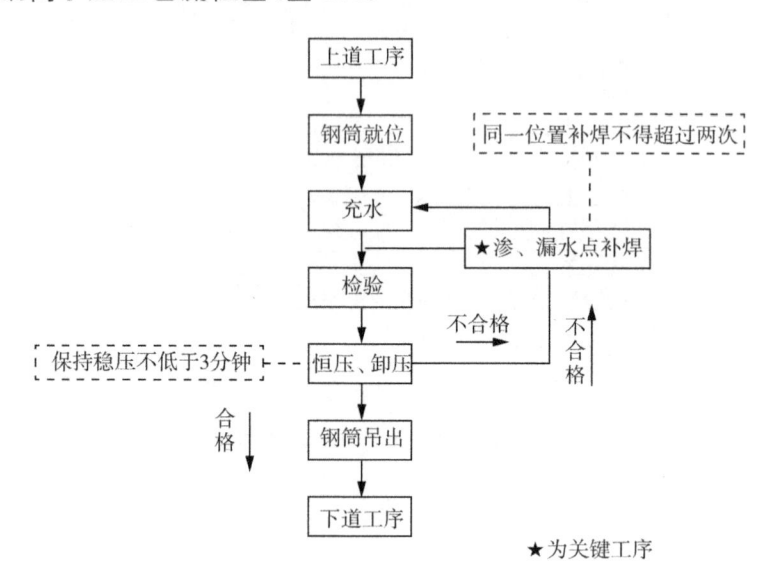

```
上道工序
   ↓
钢筒就位 ←──────── 同一位置补焊不得超过两次
   ↓                        ↑
  充水                       │
   ↓                         │
  检验 ←──── ★渗、漏水点补焊
   ↓              ↑
保持稳压不低于3分钟 ┄→ 恒压、卸压 ─不合格→ ↑不合格
                    ↓合格
                  钢筒吊出
                    ↓
                  下道工序          ★为关键工序
```

图 5.3 钢筒水压工艺流程图

5.1.3.2 钢筒水压试验工艺

包括钢筒水压试验、焊接钢丝网片、焊接锚固块等全过程。
(1)主要设备:立式水压机、加压泵、电焊机。
(2)原材料:钢筒、钢丝网片、锚固座等。

5.1.3.3 操作程序

(1)钢筒水压试验:把焊好的筒体套在立式水压机内胆上,向筒体注水加压,至试验压力,稳压不低于3分钟,钢筒无渗漏为合格。卸压、放水,标识钢筒,将钢丝网片焊接在插口环内侧。

(2)在正确位置焊接承、插口 L 钢板及钢丝锚固座,焊接必须牢固,确保钢丝锚固头与钢筒间的电连续性,然后将合格钢筒平稳吊制指定地点待用。

5.1.3.4 质量控制点(表5.3)

表 5.3 钢筒水压试验质量控制点

控制点	检验方式	控制项目	控制依据	检查频率 首件	检查频率 随机	检验标准	使用量具	原始记录
钢筒水压试验	专检	抗渗性	作业指导书	每批	每件	检验规程	压力表	过程记录表

5.1.4 管芯混凝土浇筑工艺

5.1.4.1 管芯混凝土浇筑工艺流程图(图5.4)

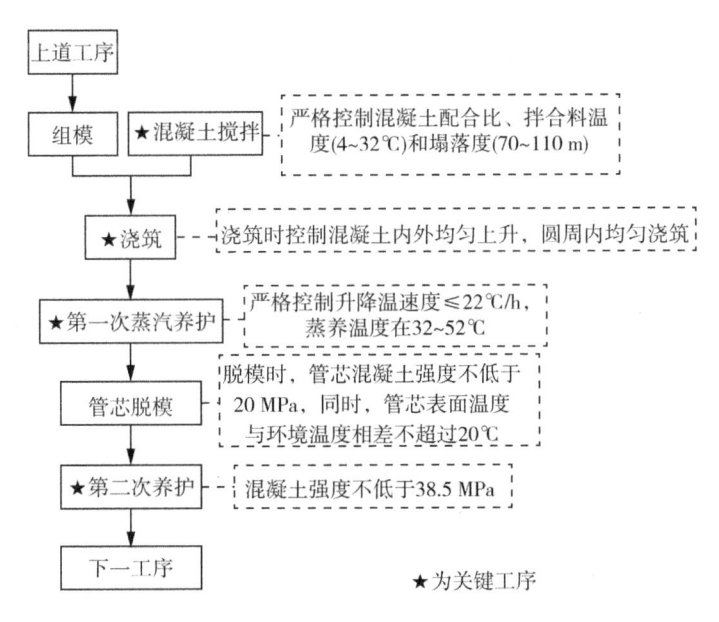

图 5.4 管芯混凝土浇筑工艺流程图

5.1.4.2 管芯混凝土浇筑工艺

包括混凝土搅拌、管模拆装、管芯混凝土浇筑成型、管芯蒸汽养护等全过程。

5.1.4.3 混凝土拌和

包括从原材料计量、搅拌到混凝土入模前的全过程。主要设备:双卧轴搅拌主机、砂石上料系统等。原材料:水泥、水、骨料、外加剂等。技术要求:混凝土配合比按设计要求配制(备注:配合比可根据试验数据做适当调整,以试验数据为准);砂、石允许误差±1%;散装水泥、外加剂、水允许误差为±0.5%;水灰比不大于0.4;坍落度在70~110 mm。每周进行混凝土搅拌站设备计量系统校核。夏季混凝土温度超过32℃时对骨料采取降温措施加以控制;冬季混凝土温度低于4℃时对骨料采取保温措施加以控制。

5.1.4.4 操作程序

(1) 按配合比自动进行称量。开启上料皮带,将料一次性加入搅拌机。
(2) 料加完后,加水搅拌,搅拌时间不少于3 min。
(3) 拌好料后,打开出料门卸料。

5.1.4.5 检验

(1) 按要求做混凝土坍落度试验,坍落度控制在设计要求范围之内。

(2) 按要求测量混凝土温度。冬季使用温水,夏季使用地下水,保证混凝土温度在 4~32℃。

(3) 每天进行一次砂、石骨料的含水率的测定(阴雨天应加大测定频率),后依据混凝土设计配合比进行实际生产配合比计算,指导生产班组进行混凝土生产。

(4) 按要求做混凝土强度试验。

5.1.4.6 质量控制点(表5.4)

表 5.4 管芯混凝土浇筑质量控制点

控制点	检验方式	控制项目	控制依据	检查频率 首件	检查频率 随机	检验标准	使用量具	原始记录
管芯混凝土浇筑	自检	外观	作业指导书	每批	每件	检验规程	目测	过程记录表

5.1.5 管芯蒸汽养护工艺

5.1.5.1 技术要求

(1) 采用二次养护,规定第一次养护为蒸汽养护,养护时间不少于 12 h。蒸养结束拆模时管芯混凝土强度不低于 20 MPa。第二次养护为自然养护,养护结束缠丝时管芯混凝土强度不应低于设计抗压强度的 70%。

(2) 蒸养结束后,自然放置时进行洒水养护。

5.1.5.2 操作程序

(1) 浇筑完毕后,盖好养护罩,现场蒸养工核实管芯的编号及放置的坑位,进入蒸养中控室立即输入数据,满足静停时间 2 h 后,自动开始通汽养护。

(2) 根据蒸养方式(以技术通知单为准),本项目第二次养护采取自然养护,不采取蒸汽养护。

(3) 按蒸养中控室的指令,现场蒸养工及时吊除蒸养罩,待管子温差满足要求后下达新的指令。

(4) 蒸养中控室按技术规范进行操作,设备的升温速度控制在 22℃以内,养护罩内温度保持在 32~52℃,并严格控制恒温时间及去罩降温时间。

(5) 按技术规范要求进行测量,并做好记录。

5.1.5.3 质量控制点(表 5.5)

表 5.5 管芯蒸汽养护质量控制点

控制点	检验方式	控制项目	控制依据	检查频率 首件	检查频率 随机	检验标准	使用量具	原始记录
管芯蒸汽养护	自检	温度	作业指导书	每批	每件	检验规程	温度计	过程记录表
		时间		每批	每件		钟表	

5.1.6 缠丝工艺

5.1.6.1 缠丝工艺流程图(图 5.5)

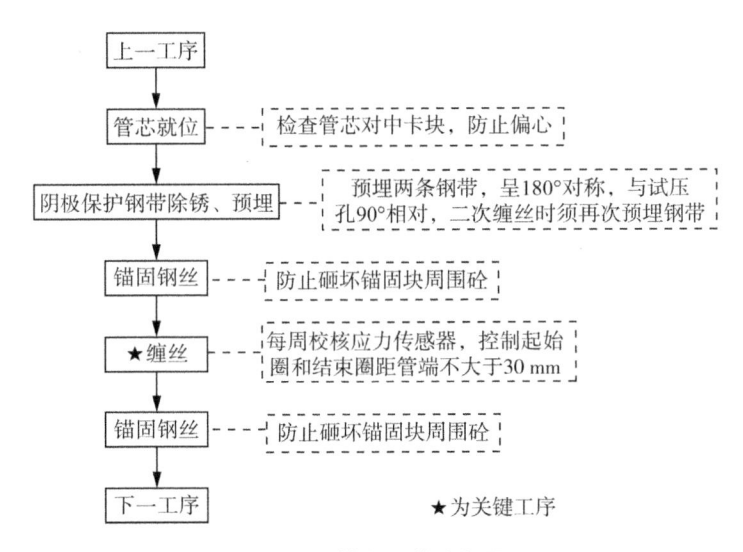

图 5.5 缠丝工艺流程图

5.1.6.2 缠丝工艺

包括立式缠丝、阴极保护钢带预埋的全过程。

5.1.6.3 主要设备

立式数控缠丝机、吊车等。

5.1.6.4 原材料

主要为高强钢丝、净浆、阴极保护钢带等。

5.1.6.5 技术规范

(1) 钢丝拉力波动范围保证在设计拉力的±10%以内。缠丝前管芯混凝土抗压强度不应低于28天标准抗压强度的70%,同时缠丝过程在管芯混凝土上施加的初始压应力不应超过缠丝时混凝土抗压强度的55%,缠丝时,管芯表面温度不低于2℃。

(2) 任意连续10个缠丝螺距的平均值不得大于设计值。每层缠丝接头不应超过2个,钢丝接头必须保持平直,不得扭翘,且在管轴线方向钢丝接头距缠丝初始位置距离不应小于500 mm。

(3) 锚固装置所能承受的抗拉力至少应为钢丝极限抗拉强度标准值的75%。

(4) 二次缠丝时,水泥砂浆强度不低于32 MPa。

(5) 阴极保护钢带采用镀锌钢带,不得有搭接头。

5.1.6.6 操作程序

1) 钢丝预绕程序

(1) 先将成捆的钢丝吊放到放料盘上。找出钢筋头,将它与预绕机上的钢丝头用绑扎机绑扎好,开启滚筒预绕钢丝,过程中要防止钢丝受伤。

(2) 滚筒缠满钢丝后,固定钢丝尾部放好,准备待用。

2) 缠丝工序

(1) 检查管芯是否有合格标志,缠丝时混凝土强度不低于设计强度的70%。

(2) 将管芯吊上平台,轻落轻放,放到位后压好顶盖。

(3) 锚固好钢丝后开始缠丝,施加应力,第一圈和最末圈钢丝具有1/2应力,由下向上缠丝,第二圈达到控制应力及参数。

(4) 缠丝时同步喷水泥净浆,水泥净浆搅拌均匀后,开动离心泵边缠边喷。

(5) 缠丝结束前在距顶端50~100 mm时,减慢缠丝机速度,锚固好钢丝。

(6) 提起顶盖,将管子吊运到堆放区。

3) 阴极保护钢带

(1) 阴极保护钢带尺寸:宽、厚、长分别为50 mm、1.5 mm、4 940 mm,缠丝前将其固定,使其紧贴混凝土管芯表面,与插口两个试压孔连线成90°相交。

(2) 二次缠丝时,一次保护层喷射刮平并养护完毕达到规定强度后,按照以上要求,在第一层砂浆保护层表面焊接阴极保护钢带(50 mm×1.5 mm×4 960 mm),再次缠丝。

5.1.6.7 质量控制点(表5.6)

表5.6 钢丝缠绕质量控制点

控制点	检验方式	控制项目	控制依据	检查频率 首件	检查频率 随机	检验标准	使用量具	原始记录
钢丝缠绕	专检	钢丝直径	作业指导书	每批	每节	检验规程	卡尺	过程记录表
		缠丝间距		每批	每节		钢卷尺	
		缠丝应力		每批	每节		传感器	

5.1.7 喷浆工艺

5.1.7.1 喷浆工艺流程图(图 5.6)

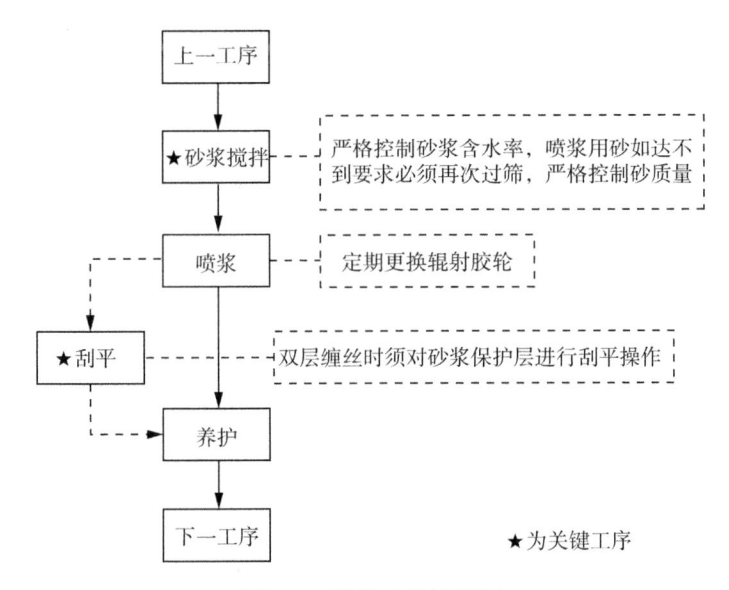

图 5.6 喷浆工艺流程图

5.1.7.2 喷浆工艺

包括制作砂浆保护层的全过程。

5.1.7.3 主要设备

砂浆辊射机、强制式搅拌机、吊车等。

5.1.7.4 原材料

主要为细砂、水泥、水等。

5.1.7.5 技术规范

（1）水泥品种与管芯混凝土保持一致。每天进行一次细砂含水率的测定（雨天加大测定频率），确保喷射水泥砂浆含水量不小于拌和物总重量的 7.5%。

（2）辊射作业过程中应连续喷涂水泥净浆，确保管芯表面湿润。水泥净浆水灰比和涂量按照 ANSI/AWWA C301—2014 标准执行，辊射时管芯的表面温度应不低于 2℃。

（3）双层缠丝时，二次缠丝前彻底清除管道保护层表面的浮渣，二次缠丝保证保护层水泥砂浆抗压强度不低于 32 MPa，并进行二次缠丝砂浆强度试验。

（4）采用无损检验（保护层厚度测定仪或钢针检测），逐根从上到下检查保护层厚度。

(5) 制作完成的水泥砂浆保护层进行蒸汽养护，养护时间不小于 12 h。及时喷水湿润。采用自然养护时，在保护层水泥砂浆充分凝固后，间隔喷水保持湿润至少 4 天。

(6) 每个月或每当改变细骨料或水泥来源时进行一次保护层水泥砂浆抗压强度试验，28 天抗压强度平均值不得低于 45 MPa。

(7) 保护层水泥砂浆吸水率试验，每次取 3 个试样，水泥砂浆试样的养护应与管材砂浆保护层相同，试验方法应符合 ASTM C497 标准。试验平均测定值不应超过 9%，最大值不应超过 10%。如连续 10 个工作班保护层吸水率数值不超过 9%，可调整为每周一次；如再次出现保护层水泥砂浆吸水率超过 9%，应恢复为日常检验。

5.1.7.6 操作程序

(1) 混合料投入上料斗中。开动卷扬机，将料提升投入搅拌机。预先开启搅拌机，料投完后加水搅拌，搅拌时间不少于 3 分钟。

(2) 搅拌好的混合料，通过皮带输送回提升设备提升后卸入辊射机料斗中。

(3) 已缠丝的管芯在转盘上放平稳。转动转盘管芯，同时开启配制好水泥净浆的泵，边喷浆边辊射。

(4) 按照工艺规定设置辊射机的各种工作参数，做到回弹料少而且辊射密实。

(5) 辊射完毕后检查厚度是否符合技术规范的要求。二次喷浆后，清理插口端多余砂浆和插口环端面附着的砂浆，清理好后停机，将管吊出工作平台，刮平承口端外边，防止损坏边缘，运至堆放区。

(6) 保护层养护分加速养护和喷水养护。加速养护制度与管芯养护相同；喷水养护采用待保护层充分凝固，应间断喷水保持湿润不少于 4 天。

5.1.7.7 质量控制点（表 5.7）

表 5.7 辊射保护层质量控制点

控制点	检验方式	控制项目	控制依据	检查频率 首件	检查频率 随机	检验标准	使用量具	原始记录
辊射保护层	专检	砂子含水率	作业指导书	每批	一天一次/增加	检验规程	烘干箱、天平	过程记录表
		一次厚度		每批	每节		专用工具	
		二次厚度		每批	每节		专用工具	
		外观		每批	每节		目测	
		吸水性试验		每批	连续10次合格改为1次/周		烘干箱	
		砂浆强度试验		每批	每月或集料变化时		压力试验机	

5.1.8 无溶剂环氧煤沥青防腐涂层制作工艺

5.1.8.1 无溶剂环氧煤沥青防腐涂层制作工艺流程图(图 5.7)

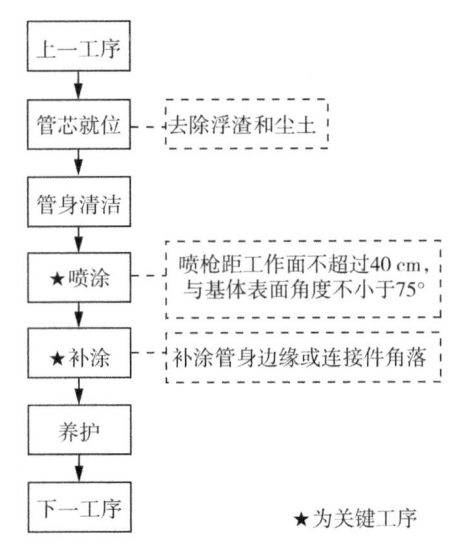

图 5.7 无溶剂环氧煤沥青防腐涂层制作工艺流程图

5.1.8.2 无溶剂环氧煤沥青防腐涂层制作工艺

包括对 PCCP 标准管和配件砂浆保护层的环氧煤沥青外防腐制作全过程。

5.1.8.3 主要设备

无气喷涂机、空压机、蒸汽、专用防腐回转平台、龙门吊车等。

5.1.8.4 原材料

无溶剂环氧煤沥青防腐涂料。

5.1.8.5 表面预处理

(1)防腐蚀施工时,水泥砂浆养护期应满足 ANSI/AWWA C301—2014 标准要求,保护层含水率不应大于 6%,且表面无水渍。

(2)应采用手工或动力工具将表面水泥灰渣及疏松物清除,然后用干净毛刷、压缩空气或工业吸尘器将表面清理干净。

5.1.8.6 环氧煤沥青(面漆或底漆)配置

(1)环氧煤沥青涂料应放在阴凉、通风、干燥处,严禁曝晒和接近火源。

(2)漆料(甲组分)在使用前应搅拌均匀。由专人将甲、乙两种组分按产品说明书所规定的比例调配,充分搅拌,使用前放置熟化30分钟。涂料应根据工程所需的数量分批配置,现配现用。配好的涂料应在规定的使用期内使用完毕。

5.1.8.7 防腐涂层施工

(1) 防腐施工前,根据施工图纸,并在涂料厂技术人员指导下进行工艺试验。

(2) 预处理后的管道正式喷涂前先对边缘、角落及管件连接处部位用滚涂等方式进行预涂,以保证这些部位的漆膜厚度符合要求。

(3) 涂装工作在生产厂内完成,防腐损伤部位应在施工现场进行。

(4) PCCP安装完毕需要补口时,首先检查表面是否符合要求,配置好适量涂料,在两边不少于100 mm的搭接处喷涂施工。

(5) 管道搬运过程中出现裂痕、划伤等损伤,应将损坏的部位清理干净,用砂纸打毛损伤面及周围不少于100 mm的防腐层,搭接时应做成阶梯形接茬。

(6) 用于补口、补伤处的防腐层结构及所用材料应与管体防腐层相同。

5.1.8.8 涂装技术要求

(1) 涂装施工时相对湿度应≤85%,且环境温度应不低于5℃不高于32℃。大风、雨、雾天气及强烈阳光照射下不宜进行室外施工。被涂装的管道表面温度应不低于3℃不高于45℃。

(2) 喷涂采取高压无气喷涂工艺。

喷涂要求:表面预处理合格8 h内喷涂,涂刷要均匀,不得漏涂。喷涂过程:启动防腐设备,喷头围绕管材外壁旋转,并沿管材母线上下移动,移动速度与喷漆宽度相适应,形成封闭的喷涂区,并保证涂层厚度均匀。

(3) 重复以上过程,直至涂覆完第二道。防腐分两层施作,每层约(300 ± 20) μm,设计涂层干膜厚度为600 μm。

(4) 涂装结束,涂层实干充分固化后方可运输。在运输、装卸、布管等过程中,必须使用橡胶垫和橡胶吊带,并有防止机械碰撞的措施,以避免防腐层损坏。超过28天以上的贮存必须对防腐蚀层有效苫盖以防止涂层曝晒老化。

5.1.8.9 检验

(1) 需要时随时检验防腐层状态:表干、实干与固化(表干——用手轻触不粘手;实干——用手指推下移动;固化——用手指甲重刻不留刻痕)。

(2) 外观检验:观察涂层外观是否光滑平整、颜色均匀一致,是否无白色灰浆析出,无气泡、流挂及开裂和剥落。对涂敷过的管材要逐根检查。

(3) 厚度检验:以防腐层等级所规定的厚度为标准,用防腐层测厚仪进行检测。

(4) 黏附力检验:防腐层固化后,按规定检查。

5.1.8.10 质量控制点(表5.8)

表5.8 管材外壁防腐质量控制点

控制点	检验方式	控制项目	控制依据	检查频率 首件	检查频率 随机	检验标准	使用量具	原始记录
管材外壁防腐	专检	外观	作业指导书	每批	逐根	检验规程	目测	过程记录表
		漆膜厚度		每批	1根/10根		无损测厚仪	
		附着力		每批	1根/200根		拉拔仪	
		电阻率		每批	1根/10根		电阻率测试仪	

5.1.9 承插口防腐涂层喷涂工艺

5.1.9.1 承插口防腐涂层喷涂工艺流程图(图5.8)

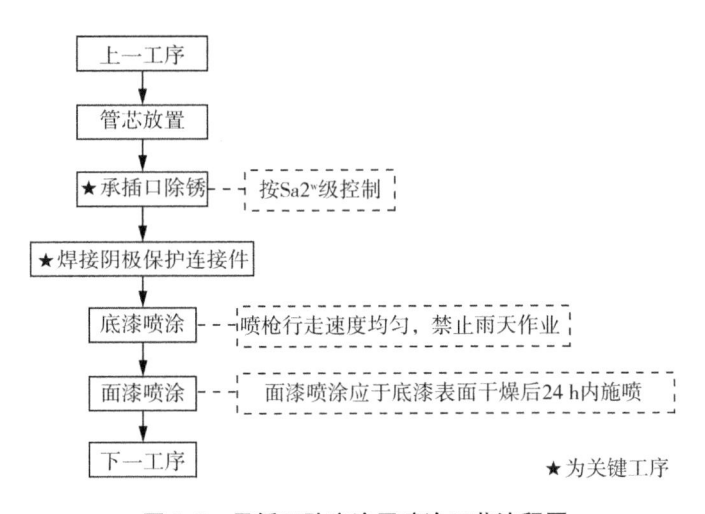

图5.8 承插口防腐涂层喷涂工艺流程图

5.1.9.2 承插口防腐涂层喷涂工艺

包括PCCP管道放倒、缺陷修补、承插口除锈、阴极保护连接件焊接、承插口无毒环氧树脂防腐涂料喷涂等全过程。

5.1.9.3 主要设备

砂轮机、空压机、无气喷涂机、电焊机、翻管机、吊车(配合)等。

5.1.9.4 材料

环氧饮水舱漆。

5.1.9.5 操作程序

(1) 管子保护层强度不低于 28 MPa（自然养护 20℃以上一般 3 天或蒸汽养护后）方可放管。将管子吊起正确放到翻管机底座上，液压翻管机在管道重力的作用下启动，管子慢慢倾倒，到位稳定后停止。

(2) 用专用吊具将管道吊放到储存区。吊车行走平稳，防止管体滑动。

(3) 刷漆前，对承插口环露出钢件表面进行喷砂处理。

(4) 准备好阴极保护连接件，在预埋位置找出预埋钢带并打磨出金属光泽。将连接件对准预埋钢带，与接口环焊接，并紧靠接口端面粘贴牢固。

(5) 接口环防锈漆搅拌均匀后，用毛刷涂覆整个金属暴露面，不允许将油漆刷在混凝土面上。涂覆分二层进行，底漆（灰色）一遍，面漆（白色）二遍。第一层：60 μm 无毒环氧饮水舱漆。第二层：60 μm 无毒环氧饮水舱漆。

(6) 用专用量具复检管承、插口环椭圆度。如椭圆度超标，用专用工具收拢直径偏大处或用磨光机消除椭圆度微小偏差。

5.1.9.6 质量控制点（表 5.9）

表 5.9 管材承插口环防腐质量控制点

控制点	检验方式	控制项目	控制依据	检查频率 首件	检查频率 随机	检验标准	使用量具	原始记录
管材承插口环防腐	专检	外观	作业指导书	每批	每件	检验规程	目测	过程记录表
管材承插口环防腐	专检	漆膜厚度	作业指导书	每批	1根/10根	检验规程	无损测厚仪	过程记录表

5.1.10 阴极保护预埋

5.1.10.1 埋设要求

对设有阴极保护的标准管进行阴极保护导电钢带预埋。

扁钢带宽度 50 mm，厚度 1.5 mm；扁钢带不得有油渍，在使用前应做表面除锈处理，除锈等级 St3 级，并应在除锈后 4 h 之内使用；导电扁钢带必须是一个整条，不得有搭接头。

对于单层预应力钢丝的 PCCP，在钢丝下对称压放 2 条导电扁钢带；对于双层预应力钢丝的 PCCP，在两层预应力钢丝下各对称压放 2 条导电扁钢带。

钢丝锚固头与承插口焊接连接，焊接牢固，确保两者之间的电连接。

缠丝前扁钢带应良好粘贴在管芯混凝土表面，每根管芯设 2 条导通板，2 条导通板与管轴成 180°对称设置，且与插口两个试压孔连线成 90°相交。

5.1.10.2 阴极保护预埋形式

阴极保护钢带预埋形式根据 PCCP 标准管的管型而定,分为单层缠丝和双层缠丝两种。

5.1.10.3 阴极保护预埋材料

阴极保护用钢带应符合 GB/T 700—2006、GB/T 912—2008 和 GB/T 11253—2019 的规定,钢带公称厚度为 1.5 mm,最小屈服强度不应低于 215 MPa。

5.1.10.4 阴极保护钢带长度的规定

阴极保护钢带从冷轧纵剪卷板放出,按 St3 级除锈等级要求除锈,阴极保护钢带不得存在接头。

1) PCCP(单层缠丝)的阴极保护钢带长度确定
①单层缠丝阴极保护钢带长度确定为 4 935 mm。
②承、插口连接导电钢带长度确定为 400 mm。
2) PCCP(双层缠丝)的阴极保护钢带长度确定
①第一层缠丝阴极保护钢带长度与单层缠丝阴极保护钢带长度相同,即 4 935 mm。
②第二层缠丝阴极保护钢带长度为 4 963 mm。
③承、插口连接导电钢带长度确定为 400 mm。

5.1.10.5 阴极保护钢带安装位置及连接方式

阴极保护钢带与试压孔的位置:阴极保护钢带与管轴成 180°对称设置,且与插口两个试压孔连线成 90°相交,见图 5.9。

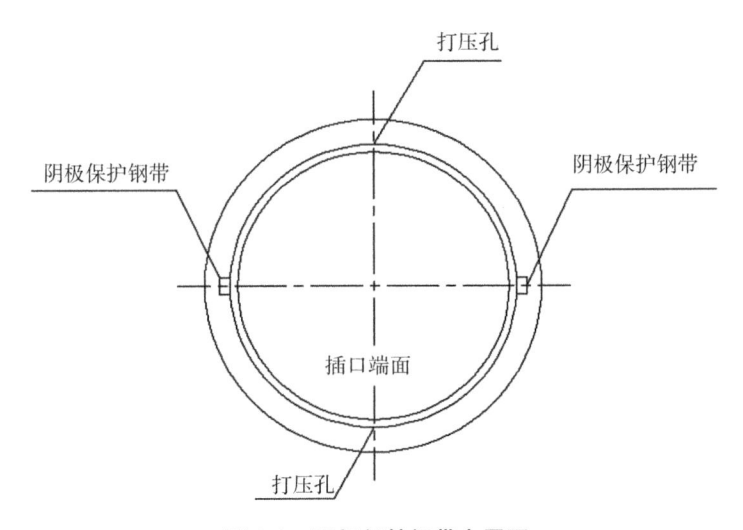

图 5.9 阴极保护钢带布置图

1) 单层缠丝阴极保护钢带剖视图及连接方式

管芯缠丝时用预应力钢丝压在阴极保护钢带（钢带长度为 4 935 mm）和管芯混凝土外圆面，呈 180°对称布置，与试压孔圆中心角成 90°，钢带焊接在承、插处的预埋 L 板上。在成品修饰区，在承口和插口部位焊接导通用的阴极保护钢带，导通的阴极保护钢带呈 180°对称布置，与试压孔圆中心角成 90°。

①单层缠丝阴极保护钢带布置剖视图

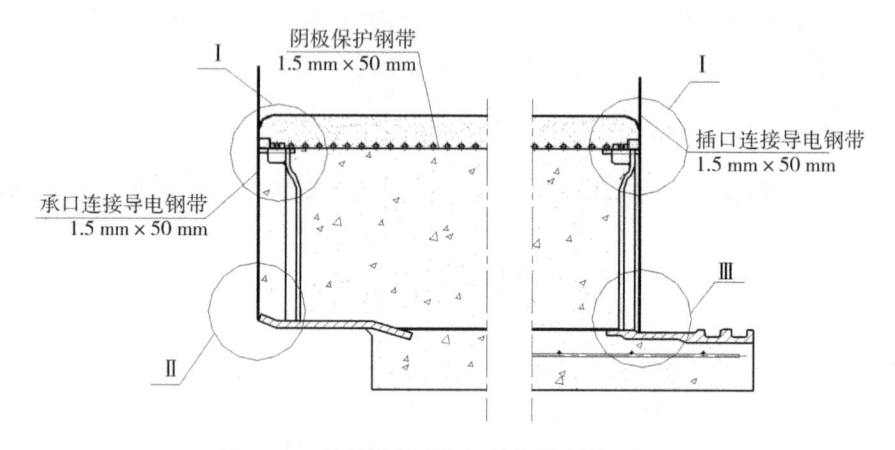

图 5.10　单层缠丝阴极保护钢带布置剖视图

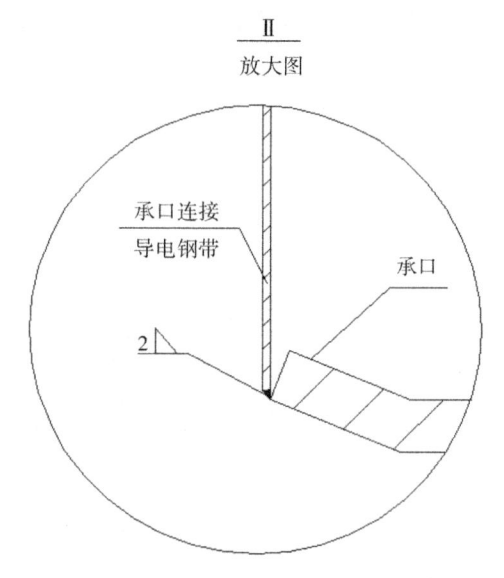

②单层缠丝阴极保护钢带布置局部放大图

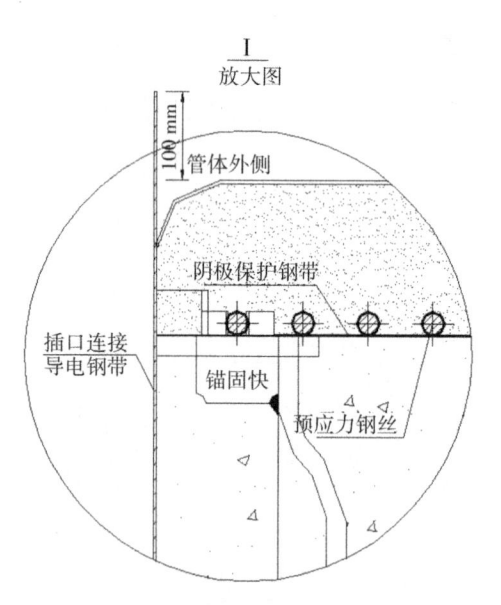

图 5.11　单层缠丝阴极保护钢带布置局部放大图Ⅰ

图 5.12　单层缠丝阴极保护钢带布置局部放大图Ⅱ

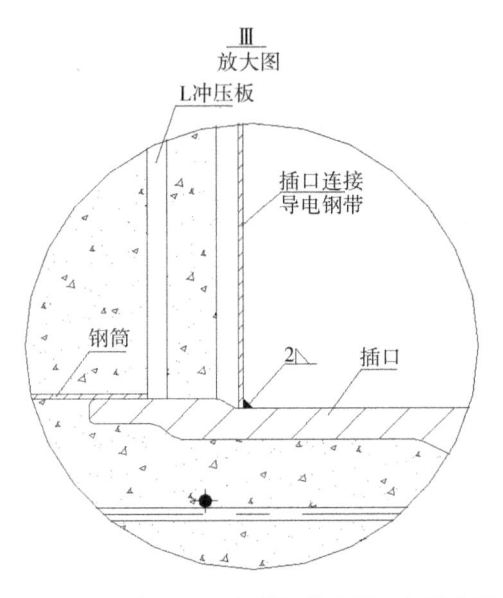

图 5.13　单层缠丝阴极保护钢带布置局部放大图Ⅲ

2) 双层缠丝阴极保护钢带剖视图及连接方式

第一层缠丝时采用长度 4 935 mm 的阴极保护钢带,与单层缠丝管的要求一致。

第二层缠丝在刮平砂浆保护层表面,采用长度 4 963 mm 的阴极保护钢带,预应力钢丝压在阴极保护钢带上,阴极保护钢带焊接在预埋的金属垫块上,呈 180°对称布置。管子喷浆完成,在成品修饰区。用承口和插口导电阴钢带(与阴极保护钢带同材料)将阴极保护钢带与管子承口和插口焊接连接。

①双层缠丝阴极保护钢带布置剖视图

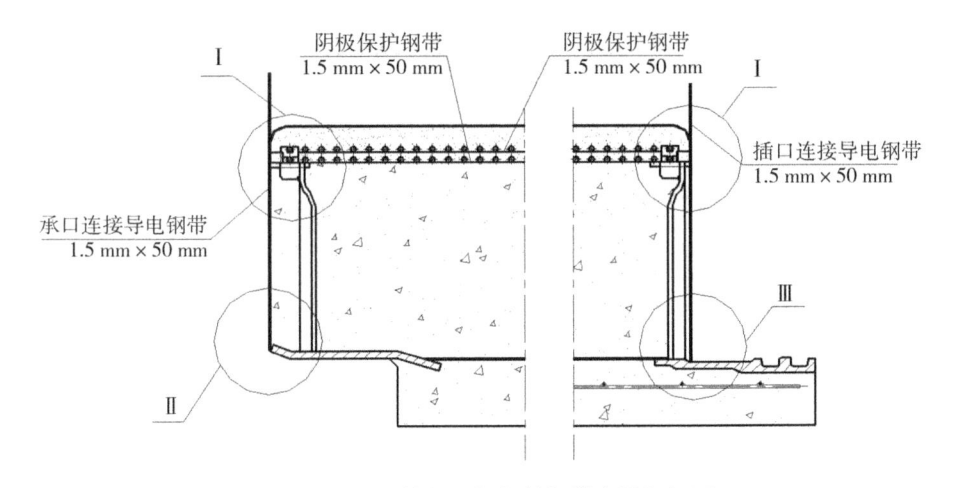

图 5.14　双层缠丝阴极保护钢带布置剖视图

②双层缠丝阴极保护钢带布置局部放大图

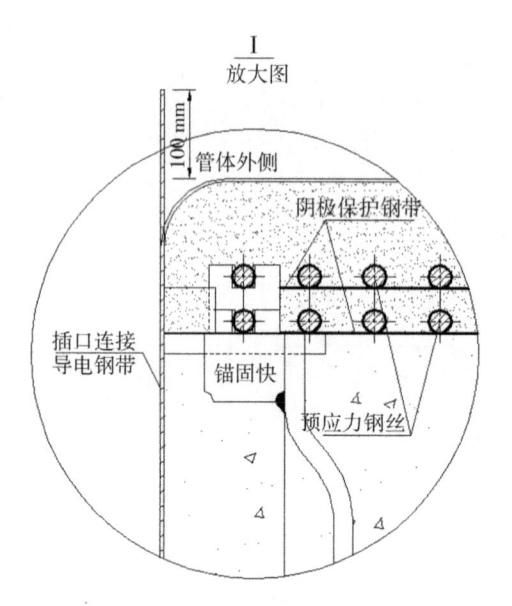

图 5.15　双层缠丝阴极保护钢带布置局部放大图Ⅰ

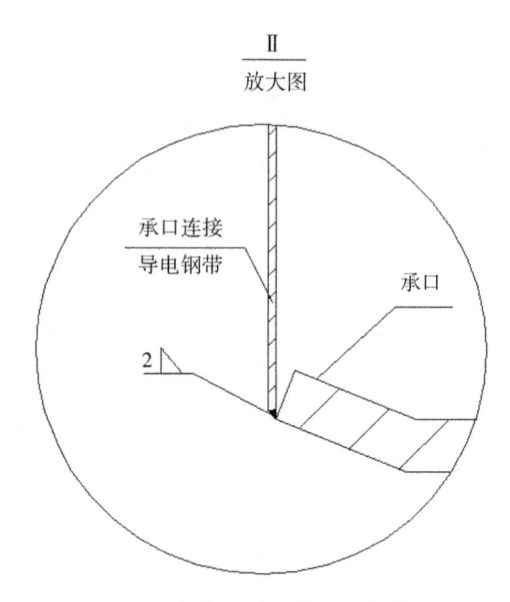

图 5.16　双层缠丝阴极保护钢带布置局部放大图Ⅱ

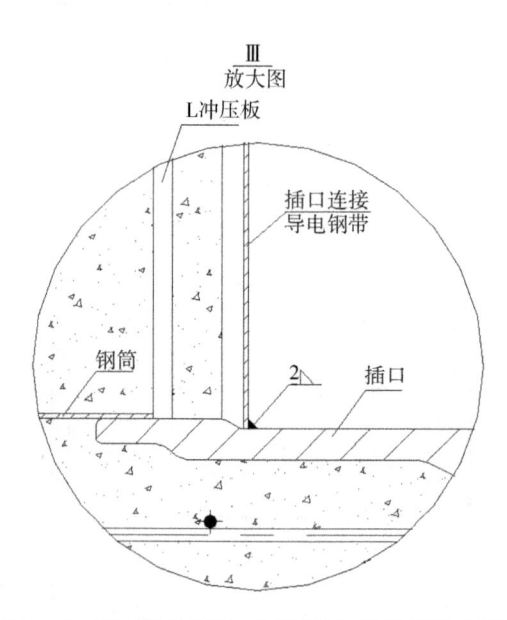

图 5.17　双层缠丝阴极保护钢带布置局部放大图Ⅲ

5.1.11 PCCP 管道标识工艺

5.1.11.1 管道标识工艺流程图(图 5.18)

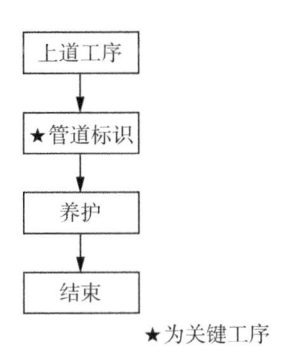

图 5.18 管道标识工艺流程图

5.1.11.2 PCCP 管道标识工艺

包括 PCCP 管道内标识和外标识的全过程。

5.1.11.3 操作程序

（1）检查标识模板是否完好无损,喷漆、压缩空气压力是否足够。
（2）调好油漆,灌入喷枪。
（3）将外标识正确放置在管体上,按住不动,启动喷枪,均匀地喷向管体标识处,喷好后拿开标识。
（4）将内标识放在承口端以里管端面上,方向与管端平行,按住不动,启动喷枪,均匀地喷向管体标识处,喷好后拿开标识。
（5）在管体内表面书写或喷涂工压、编号、覆土、日期、检验员。
（6）在管外壁中部标明公司名称、商标、产品标记和"严禁碰撞"字样。

5.1.11.4 质量控制点(表 5.10)

表 5.10 成品管标识质量控制点

控制点	检验方式	控制项目	控制依据	检查频率 首件	检查频率 随机	检验标准	使用量具	原始记录
成品管标识	自检	外观	作业指导书	每批	每件	检验规程	目测	过程记录表

5.2 引调水工程配件生产工艺技术

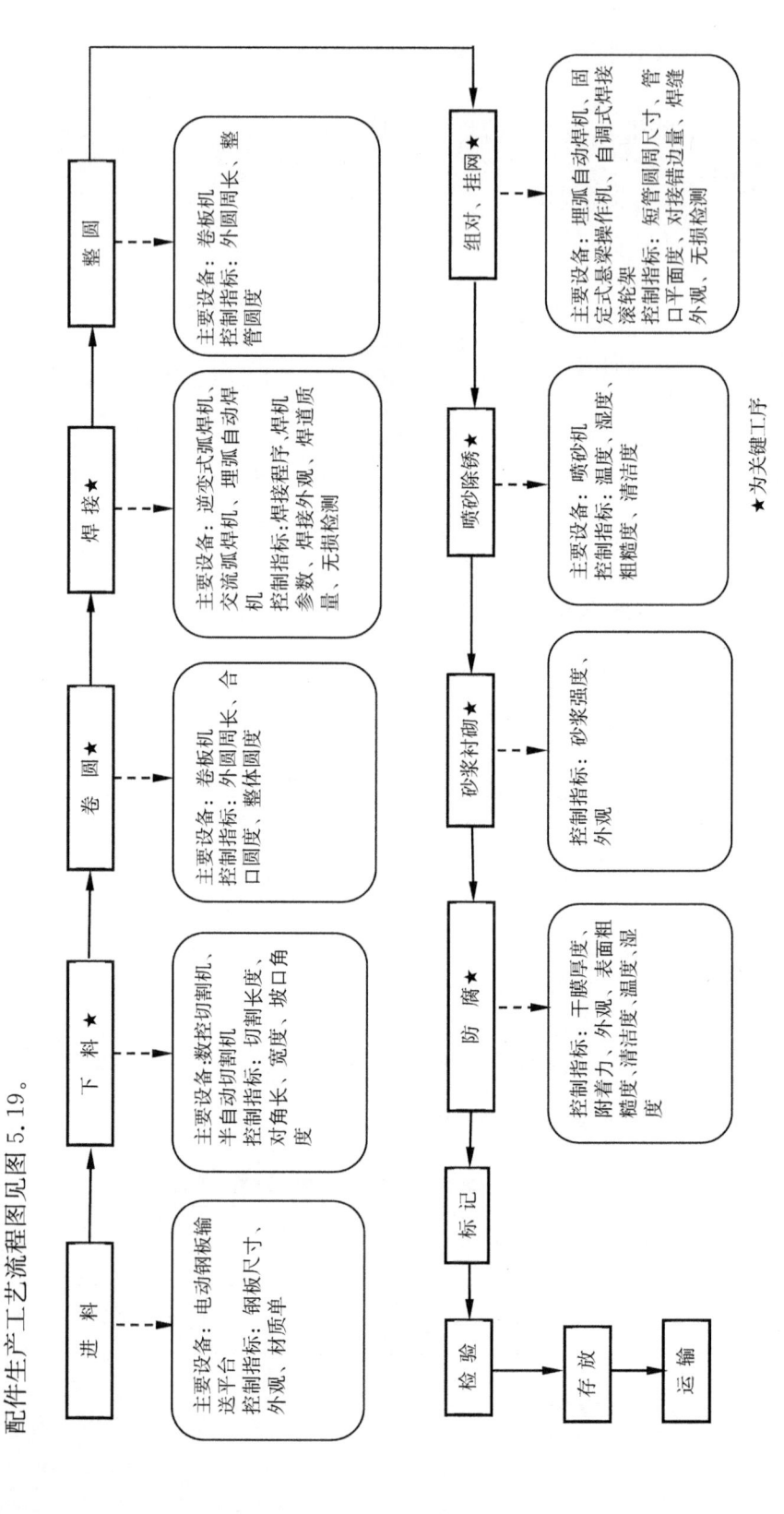

5.2.1 配件生产工艺流程图

配件生产工艺流程图见图 5.19。

图 5.19 配件生产工艺流程图

★为关键工序

5.2.2 钢板下料卷制工艺

5.2.2.1 钢板下料卷制工艺流程图(图 5.20)

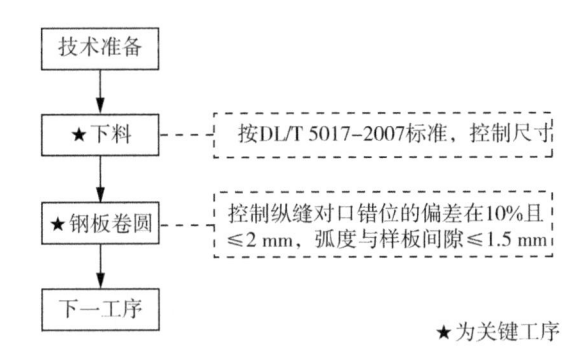

图 5.20 钢板下料卷制工艺流程图

5.2.2.2 钢板下料卷制制作工艺

钢板下料卷制制作工艺包括准备工作、划线、下料、打坡口、卷圆及打磨等全过程。

(1) 主要设备:离子切割机、刨边机、卷板机、吊车等设备。

(2) 主要材料:钢板(符合 GB/T 1591—2018、GB/T 3274—2017,钢材等级不应低于 Q345 的 C 级要求)。

(3) 操作程序:制作人员认真熟悉设计图纸后及时提供材料采购计划,检查所用材料或其他外协件是否有合格证、材质证明书等资格证明文件,量具是否符合标准,否则不准使用。设计人员对制作人员进行详细的技术交底。划线:用油漆分别标出钢管的分段、分节的编号、坡口角度及切割线等符号。其中弯管、渐变管等下料使用样板。过渡环可分 4～6 块钢板对接而成,分别划线。钢板下料:矩形钢板切割采用半自动切割等离子切割机,保证切割质量和切割效率,并且可以通过调整割炬角度来加工各种形式的坡口。弯头、渐变管采用数控下料,并采用特制坡口半自动切割机开坡口。

坡口打磨:切口的熔渣、缺口及毛刺使用角向磨光机或砂轮人工打磨。

卷板:使用数控正三辊卷板机进行卷板,保证卷板精度,提高卷板效率。钢板就位,检查卷板方向,和钢板的压延方向一致;检查管段的素线与上辊中心线是否平行,防止卷曲成形后于管口处产生错牙。卷曲过程中及时清除辊轴及钢板上的氧化皮。

5.2.3 组对拼装工艺流程

5.2.3.1 组对拼装工艺流程图(图 5.21)

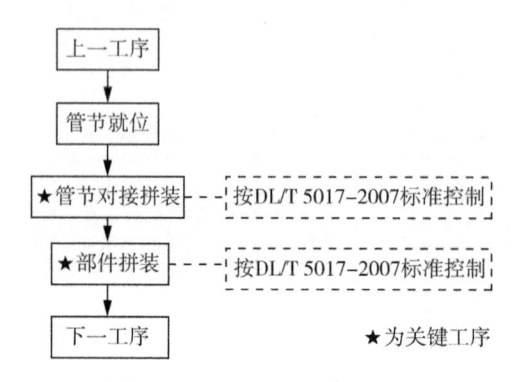

图 5.21 组对拼装工艺流程图

5.2.3.2 组对拼装工艺

组对拼装工艺包括管节就位、管节对接拼装、部件拼装等工序全过程。

(1) 主要设备:埋弧自动焊机、千斤顶、吊车等。

(2) 材料:焊条。

(3) 操作程序:纵缝拼装、环缝拼装:采用顶压装置或带千斤顶的器具进行矫圆。矫圆后,检查钢管的弧度和周长,不符时进行修整,直至合格。

过渡环与承插口的装配:在内外环面上分别划线,保证装配管端过渡环时承、插口与钢管的同轴度。

5.2.3.3 质量控制点(表 5.11)

表 5.11 配件组对拼装质量控制点

控制点	检验方式	控制项目	控制依据	检查频率 首件	检查频率 随机	检验标准	使用量具	原始记录
配件组对拼装	专检	接口尺寸	作业指导书	每批	每件	检验规程	π尺	过程记录表
		椭圆度		每批	每件		专用工具	
		外观		每批	每件		目测	
		焊缝		每批	每件		超声波	

5.2.4 焊接工艺

5.2.4.1 焊接工艺流程图（图5.22）

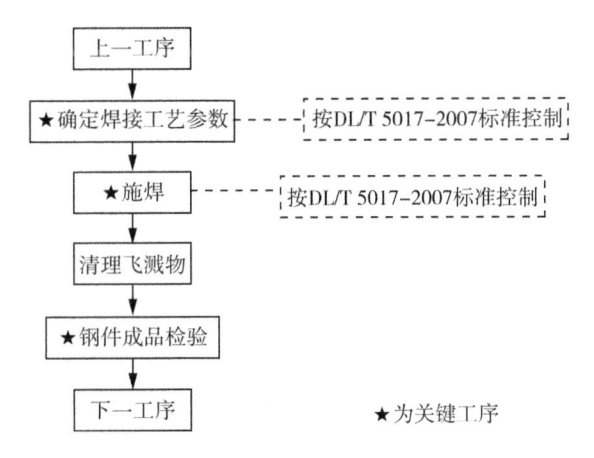

图 5.22 焊接工艺流程图

5.2.4.2 钢件焊接工艺

（1）制定专门的配件承插口环焊接工艺，严格控制焊接变形对承插口环尺寸、椭圆度、局部圆度的影响，承插口环的公差指标应满足标准的要求。

（2）采用自动埋弧焊机接，焊接质量优良，焊接效率大大提高。

（3）所有焊缝必须进行100%超声波检查。

5.2.5 砂浆衬砌防腐制作工艺

5.2.5.1 砂浆衬砌工艺流程图（图5.23）

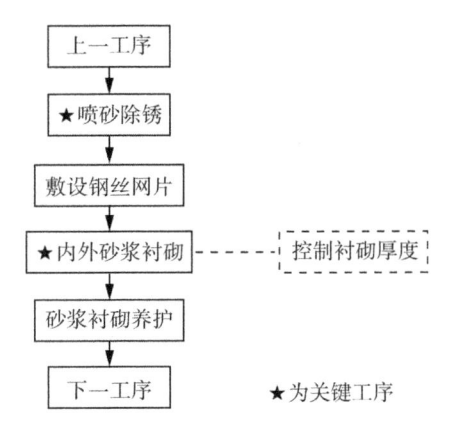

图 5.23 砂浆衬砌工艺流程图

5.2.5.2 砂浆衬砌防腐涂层制作工艺

包括喷砂除锈、钢丝网片敷设、砂浆衬砌及养护全过程。

（1）主要设备：断线钳、电焊机、绑扎钩、钢卷尺、砂浆喷涂机、空压机、储气罐、回弹料收集器具、承插口模具、挡板等。

（2）材料：$\phi1.2$钢丝、钢丝网片、$\phi8$圆钢、水泥（P·O52.5普通硅酸盐水泥）、砂（质量符合技术要求）、水（自备井引用水，符合JGJ83—2011的要求）等。

5.2.5.3 操作程序

1）敷设钢丝网片

（1）确定下料长度：根据管配件防腐衬砌的设计要求，钢丝网应敷设在砂浆衬砌层的中间部位。确定内外衬砌保护层钢丝网的长度、宽度及支撑点的数量。

（2）下料：根据以上确定的长度，分别下料，并分类存放。其中支撑点采用$\phi8$圆钢下料，长度20～30 mm。绑扎丝长度180～240 mm。

（3）点焊支撑点：沿管配件钢筒内外表面环向、纵向间隔（400±5）mm划线，在交叉点上点焊支撑点。

（4）钢丝网固定：均匀地将环向、纵向筋绑扎在肋筋上。绑扎点呈梅花形分布，间隔环向（200±10）mm、水平方向（100±10）mm。管内壁环筋位于纵筋上面远离钢筒一侧；管外壁环筋位于纵筋外面远离钢筒一侧。

（5）钢丝网成型的总体要求：纵筋顺直，端点、支撑点焊接牢固，环筋无扭曲，网格大小均匀并符合要求，绑扎点无遗漏。整个钢丝网应牢固、平滑地敷设在钢板表面，无明显的局部突起、松散。钢丝网敷设完成后，清除钢丝网下的焊条、钢丝、绑扎丝等杂物。其质量控制点如表5.12所示。

表5.12 配件钢丝网敷设质量控制点

控制点	检验方式	控制项目	控制依据	检查频率 首件	检查频率 随机	检验标准	使用量具	原始记录
配件钢丝网敷设	专检	钢丝直径	作业指导书	每批	每件	检验规程	卡尺	过程记录表
		间距		每批	每件		钢卷尺	
		牢固		每批	每件		小撬棍	

2）配件钢材表面除锈

配件制作砂浆内衬和砂浆保护层前钢材表面除锈等级符合Sa21/2等级。

3）配件砂浆衬砌

（1）安全及防护：砂浆衬砌的全过程工作人员须戴口罩。

（2）温度要求：衬砌环境温度应不小于2℃，钢配件表面温度应大于2℃，砂浆拌和物温度高于2℃，并做好相应的温度测量记录。当环境温度低于2℃时，应采取施工环境的保温、增温措施。

（3）砂浆制备：按照工艺规定准确计量配料。搅拌时间不低于3分钟。混合料充分搅拌后,打开搅拌机料门卸料。

(4)砂浆衬砌:检查钢丝网是否合格,清除管内杂物;将搅拌好的砂浆用喷浆泵喷到管壁上,喷涂要均匀、密实,每遍厚度不低于10 mm;每遍喷涂完后,用平板大致整理挡平,待凝固到一定硬度后才能进行下一遍喷涂,直至达到设计要求的厚度;内壁用平板抹至平整光滑,外壁抹平,保持毛面。针对堵头、弯管及其他急弯的管段衬砌,应平滑过渡且保证衬砌厚度不低于设计要求。

4)蒸汽养护

管件的蒸汽养护同标准管的蒸汽养护。

5)洒水养护

管配件衬砌完成并蒸养后,按技术规范的要求进行洒水养护。

5.2.5.4　质量控制点(表5.13)

表5.13　配件砂浆衬砌、蒸汽养护质量控制点

控制点	检验方式	控制项目	控制依据	检查频率 首件	检查频率 随机	检验标准	使用量具	原始记录
配件砂浆衬砌	专检	外观	作业指导书	每批	每件	检验规程	目测	过程记录表
		砂浆厚度		每批	每件		专用工具	
蒸汽养护		温度		每批	每件		温度计	

5.2.6　环氧煤沥青防腐涂层制作工艺

5.2.6.1　环氧煤沥青防腐涂层制作工艺流程图(图5.24)

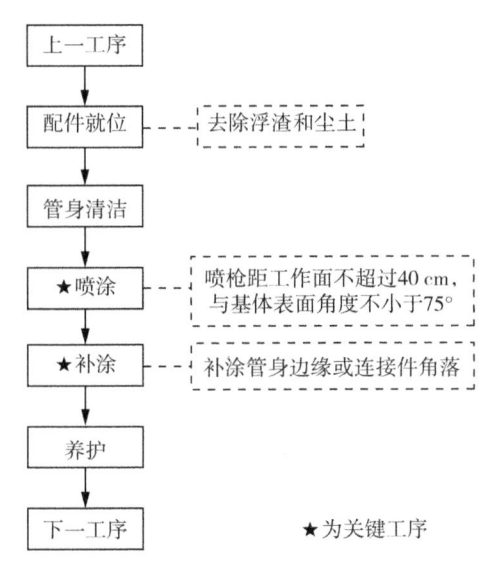

上一工序 → 配件就位（去除浮渣和尘土）→ 管身清洁 → ★喷涂（喷枪距工作面不超过40 cm,与基体表面角度不小于75°）→ ★补涂（补涂管身边缘或连接件角落）→ 养护 → 下一工序

★为关键工序

图5.24　环氧煤沥青防腐涂层制作工艺流程图

5.2.6.2 环氧煤沥青防腐涂层制作工艺

与PCCP标准管"环氧煤沥青防腐涂层制作工艺"相同,采用人工涂刷。

5.2.7 喷涂承插口防腐工艺

5.2.7.1 工艺流程图(图5.25)

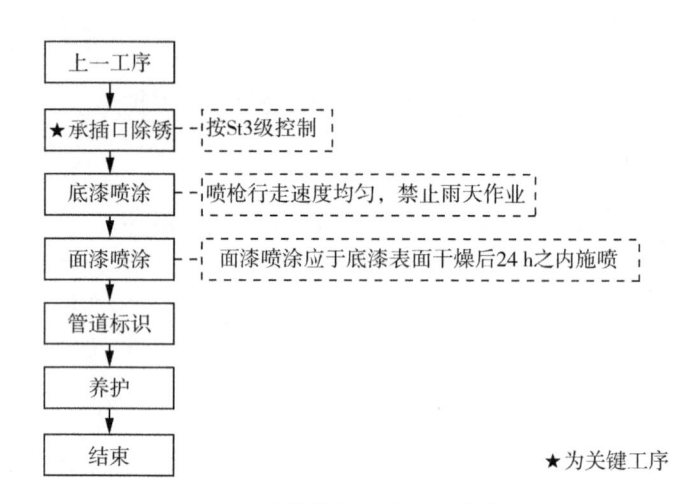

图5.25 配件承插口防腐工艺流程图

5.2.7.2 喷涂承插口、法兰等防腐涂层工艺

与PCCP标准管"承插口防腐涂层喷涂工艺"相同。

5.3 引调水工程PCCP管道C55混凝土配合比设计与优化项目研究

5.3.1 课题的提出(技术方面要解决的问题)

5.3.1.1 项目工程简介

引江济淮工程(河南段)是由长江下游向淮河中游地区跨流域补水的重大水资源配置工程,也是国务院要求加快推进建设的172项重大水利工程之一,工程等别为Ⅰ等,工程规模为大(1)。引江济淮工程(河南段)管材采购1标项目是为自后陈楼调蓄水库—七里桥调蓄水库输水管线段生产、供应DN3000 PCCP输水管道。该段管线长约29.88 km,设计流量22.90 m^3/s,采用双管输水。该项目共需DN3000 PCCP管道数量约10 500节(单节有效长度5 m)。PCCP管道参数表见表5.14。

表 5.14 PCCP 管道参数表

线路名称	管材	内径(mm)	设计内压(MPa)	覆土厚度(m) <2	2~5	5~8	>8
后陈楼调蓄水库—七里桥调蓄水库	PCCP	3 000	0.6		23 816	600	1 136
	PCCP	3 000	0.4		26 012	708	43
	JPCCP	3 000	0.6				629
	JPCCP	3 600	0.6				169
	PCCP 铠装接头	3 000	0.6		1 116		
	PCCP 铠装接头	3 000	0.4		1 116		

5.3.1.2 项目工程技术要求

1) 按照《水利水电工程合理使用年限及耐久性设计规范》(SL 654—2014)要求,引江济淮工程(河南段)合理使用年限为 100 年。其中,泵站、节制闸等主要建筑物合理使用年限为 100 年,堤防合理使用年限为 50 年,输水管道合理使用年限为 50 年。本工程主要建筑物所处的环境类别为二类或三类,混凝土最低强度等级不低于 C25,最小水泥用量不小于 300 kg/m³(二类环境不小于 260 kg/m³)。配置钢丝、钢绞线的预应力混凝土构件的混凝土最低强度等级不小于 C40,最小水泥用量不小于 300 kg/m³。

2) "引江济淮工程(河南段)管材采购 1 标"项目合同技术要求:本工程输水管道的混凝土强度等级为 C50~C60。管芯混凝土的配合比设计应遵守 JGJ 55—2011 有关规定,并满足 GB 50010—2010 规范关于预制混凝土的强度和耐久性要求,混凝土强度保证率不小于 95%,水灰比不大于 0.4,坍落度在 70~110 mm,应使用高效减水剂。用于管芯混凝土的骨料宜采用非碱活性骨料。如使用潜在碱活性骨料,必须经过专门试验和论证,且此时每立方米混凝土碱含量不得大于 2.5 kg。

3) PCCP 管芯混凝土设计指标要求:强度等级 C55,12 h 脱模强度≥20 MPa,3 天抗压强度≥38.5 MPa。混凝土抗压强度试验采用标准立方体试件,强度保证率为 95%。混凝土养护采用蒸汽养护 12 h 脱模、蒸汽养护后 12 h 同条件养护至 3 天、蒸汽养护 12 h 后标准养护至 28 天。三种养护的试件分别用于检验混凝土的 12 h 脱模强度、3 天抗压强度和 28 天抗压强度。

4) PCCP 管芯混凝土原材料主要有:水泥、中砂、碎石、粉煤灰、外加剂和水。其中,对于原材料技术要求如下:

(1) 水泥:用于管芯混凝土水泥应为由大型回转窑生产的强度等级不低于 42.5 MPa,满足中国标准 GB 175—2023、GB/T 748—2023 的硅酸盐水泥、普通硅酸盐水泥或抗硫酸盐水泥。水泥碱含量应小于 0.6%,C_3A(3CaO·Al_2O_3)含量小于 8%。

(2) 中砂(细骨料):用于管芯混凝土的细骨料(中砂)应采用质地坚硬、清洁、级配良好的天然砂或人工砂。砂料细度模数宜在 3.0~2.3,其质量技术要求除符合《建设用砂》(GB/T 14684—2022)规范规定外,其比重不得小于 2.6,天然砂含泥量不得大于 2%,人工砂石粉含量不得大于 1%,且不得有泥块,禁止使用海砂。

(3) 碎石(粗骨料):用于管芯混凝土的粗骨料应采用质地坚硬、清洁、级配良好的人工碎石或卵石。其针片状颗粒含量、超逊径含量等质量技术要求应符合《建设用卵石、碎石》(GB/T 14685—2022)中Ⅱ类碎石的规定,其比重不得小于2.6,含泥量不得大于0.5%,粗骨料采用连续级配,最大粒径不超过30 mm,且不得大于混凝土层厚度的2/5。用于管芯混凝土的骨料宜采用非碱活性骨料。

(4) 混凝土掺合料:制管混凝土用掺合料,如粉煤灰、磨细矿渣等,应符合GB/T 1596—2017的要求。且使用前应根据本工程的具体要求进行专门试验。

(5) 外加剂:管芯混凝土中所用的减水剂应符合《混凝土外加剂》(GB 8076—2008)标准中的相关规定,并且采用无碱或低碱型。且生产所选用的外加剂不得造成混凝土中水溶性氯离子含量超过水泥重量的0.06%。

(6) 水:用于管芯混凝土生产和养护用水,除应满足《混凝土用水标准》(JGJ 63—2006)的规定外,其pH值应大于6.5,氯离子含量小于350 mg/L,硫酸根离子含量小于600 mg/L。拌和用水所含物质不应影响混凝土的和易性和强度增长,以及引起混凝土和钢筋的腐蚀。

5.3.1.3 PCCP管芯混凝土用原材料选择

1) 选择原材料厂家

(1) 水泥:选用河南省鹤壁同力水泥有限责任公司生产的P·O 52.5水泥;
(2) 粉煤灰:选用长垣县同力水泥有限责任公司生产的F类Ⅰ级粉煤灰;
(3) 细集料:选用泌阳县财源投融资有限公司销售的2.3~3.0中砂;
(4) 粗集料:选用平顶山市中磊实业发展有限公司碎石厂生产的5~10 mm、10~20 mm单粒级配碎石;
(5) 减水剂:选用巩义市宏超建材有限公司生产的聚羧酸高性能标准型减水剂;
(6) 拌和水:当地地下水。

2) 原材料检测成果

选用的原材料经过检测,原材料厂家与检测报告见表5.15。

表5.15 原材料厂家与检测报告信息

样品名称	规格型号	生产厂家	报告编号
水泥	P·O 52.5	河南省鹤壁同力水泥有限责任公司	A2005003-0001
粉煤灰	F类Ⅰ级	长垣县同力水泥有限责任公司	A2005003-0002
中砂	2.3~3.0	泌阳县财源投融资有限公司	A2005003-0003
小石	5~10 mm	平顶山市中磊实业发展有限公司	A2005003-0005
中石	10~20 mm	平顶山市中磊实业发展有限公司	A2005003-0006
减水剂	聚羧酸高性能标准型	巩义市宏超建材有限公司	A2005003-0008
拌和水		当地地下水	A2005003-0009

5.3.2 课题的解决方案

5.3.2.1 确定试验方案

依据《普通混凝土配合比设计规程》(JGJ 55—2011)和《预应力钢筒混凝土管》(GB/T 19685—2017)相关要求,采用通过检测试验确定的各类原材料进行交叉搭配,按连续相隔一定值的若干组水胶比进行试配,并在试配过程中通过调整用水及材料用量达到良好的工作性。根据各组配比的试验成果,选择混凝土性能好,指标满足设计要求,且经济合理的配合比。

基于《预应力钢筒混凝土管》(GB/T 19685—2017)要求混凝土配合比设计应遵循 JGJ 55—2011 的规定,故混凝土配合比设计的用水量、水胶比、骨料用量等配合比参数都以干燥状态的骨料为基准进行计算和表达。

5.3.2.2 确定混凝土配合比设计试验方法

依据《普通混凝土配合比设计规程》(JGJ 55—2011),混凝土配合比设计应满足设计和施工要求,确保混凝土工程质量且经济合理。其主要步骤是:

(1) 根据设计强度确定配制强度。

混凝土配制强度按以下公式来计算:

$$f_{cu,0} \geqslant f_{cu,k} + t\sigma \tag{5.1}$$

其中 $f_{cu,0}$ 表示混凝土配制抗压强度,单位 MPa;$f_{cu,k}$ 表示设计抗压强度,单位 MPa,t 表示保证率系数,σ 表示混凝土抗压强度标准差,单位 MPa。

根据技术要求,混凝土设计强度保证率不小于 95%,即保证率系数 t 为 1.645;混凝土抗压强度的标准差 σ 按《普通混凝土配合比设计规程》(JGJ 55—2011)表 4.0.2 选取。

(2) 根据配制强度计算确定水胶比,再根据施工要求工作度和骨料最大粒径等指标,选定用水量和砂率等参数。

(3) 采用质量法计算各种原材料用量,初步确定拟配混凝土的计算配合比。在计算配合比基础上进行试拌。试拌时,保持水胶比不变,通过调整配合比其他参数使混凝土拌和物的性能符合设计和施工要求,然后修正计算配合比,确定混凝土试配基准配合比。在确定基准配合比基础上,再采用水胶比分别较基准配合比增加和减少 0.02 的两个配合比,用水量不变,砂率做适当调整,以满足工作度要求。每个配合比均制作若干组试件进行不同养护条件下的抗压强度试验。

(4) 根据上述混凝土强度试验结果,绘制强度和胶水比的线性关系图,用插值法确定与配制强度对应的胶水比,或直接选取试验成果与配制强度所对应的配合比作为推荐混凝土配合比。

5.3.2.3 对混凝土配合比设计进行目标优化

在生产应用过程中,应根据项目工程特点以及当地气候环境等条件,按照规程和规范要求,通过混凝土的强度及性能试验,对试验室的混凝土配合比设计参数进行优化,以提高混凝土的性能及强度保证率,并从节能环保及循环利用出发,实现节约生产成本,提高PCCP管道生产效率的目标。

5.3.3 实施过程及效果

5.3.3.1 技术方案的实施过程

1) 对 C55 混凝土配合比进行设计

(1) 确定 C55 混凝土的配制强度:

C55 混凝土配制强度按 $f_{cu,0} \geqslant f_{cu,k} + t\sigma$ 计算,具体见表 5.16。

表 5.16 混凝土配制强度计算表

设计要求	设计抗压强度 $f_{cu,k}$(MPa)	保证率系数 t	抗压强度标准差 σ(MPa)	配制抗压强度 $f_{cu,0}$(MPa)
C55	55	1.645	6.0	64.9

(2) 确定粉煤灰的掺量

在胶凝材料用量不变,通过调整粉煤灰掺量(分别按10%、15%、20%比例)进行混凝土配合试验,检测混凝土工作性能和力学性能,综合分析确定粉煤灰最优掺量。具体试验数据见表 5.17 和表 5.18。

表 5.17 混凝土配合比表

编号	减水剂厂家	水胶比	粉煤灰掺量(%)	每立方米材料用量(kg)					
				水泥	粉煤灰	砂	小石 5~10 mm	中石 10~20 mm	水	减水剂
FMH1-1	河南巩义	0.31	10	383	43	719	235	938	132	6.39
FMH1-2	河南巩义	0.31	15	362	64	719	235	938	132	6.39
FMH1-3	河南巩义	0.31	20	341	85	719	235	938	132	6.39

备注:减水剂掺量为1.5%。

表 5.18 混凝土试验检测结果

编号	粉煤灰掺量(%)	容重(kg/m³) 设计	容重(kg/m³) 实测	坍落度(mm)	工作状态	抗压强度(MPa) 蒸 12 h	抗压强度(MPa) 蒸 12 h+标养至 3 d
FMH1-1	10	2 450	2 460	70	插捣有阻滞、黏聚性较好、含砂率中、无离析泌水	37.3	48.6
FMH1-2	15	2 450	2 450	100	插捣容易、黏聚性较好、含砂率中、无离析泌水	33.1	44.7
FMH1-3	20	2 450	2 430	120	插捣容易、黏聚性较好、含砂率中、少量离析泌水	26.4	40.4

由混凝土试验结果可知：首先，调整粉煤灰掺量的三组混凝土配合比，实测容重与设计容重偏差均小于2%，配合比设计合理，不需要调整；其次，随着粉煤灰掺量增加，三组混凝土工作状态有所不同，掺量15%时，混凝土插捣容易、黏聚性较好、含砂率中、无离析泌水，最能满足现场管芯混凝土施工要求。综合混凝土的工作状态和经验，确定粉煤灰最佳掺量为15%。

(3) 水胶比的选择

$$f_b = 0.75 \times 1.1 \times 52.5 \approx 43.3 \text{ MPa}$$

$$W/B = \alpha_a f_b / (f_{cu,0} + \alpha_a \alpha_b f_b)$$
$$= 0.53 \times 43.3 / (64.9 + 0.53 \times 0.20 \times 43.3) \approx 0.33$$

依据以上计算结果，暂定水胶比为0.33。

(4) 用水量及外加剂掺量的选择

参照碎石最大粒径为20 mm和混凝土设计坍落度70～110 mm要求，经试验室试拌，当配合比掺加15%粉煤灰时，各减水剂的用水量如下。

当采用河南巩义减水剂掺量为1.5%时，减水率为38.6%，经计算用水量：

$$m_{w1} = 215 \times (1 - 38.6\%) = 132.01 \text{ kg}$$

(5) 粗骨料(碎石)最佳掺配比例的确定

该工程使用平顶山市中磊实业发展有限公司生产的5～10 mm和10～20 mm两种单粒级配碎石，通过最大振实密度法优选小石与中石的最佳掺配比例，试验结果见表5.19。

表5.19 粗骨料(碎石)最佳掺配比例试验成果表

序号	厂家	小石：中石	振实密度(kg/m³)	小石与中石最佳掺配比
1	平顶山市中磊实业发展有限公司	10：90	1 730	20：80
2		20：80	1 850	
3		30：70	1 760	

经过试验确定，平顶山市中磊实业发展有限公司生产的5～10 mm和10～20 mm两种单粒级配碎石最佳掺配比均为2∶8。

(6) 砂率选择

通过试验室现场拌和情况，确定当砂率为38%时，混凝土的工作性能最佳。按照粉煤灰掺量15%和碎石最佳掺配比例进行试拌，检测最佳砂率结果见表5.20。

表5.20 粉煤灰和碎石最佳掺配比试验成果表

编号	砂率(%)	每方材料用量(kg)						坍落度(mm)	工作状态
		水泥	粉煤灰	砂	小石5～10 mm	中石10～20 mm	水		
SL1-1	40	340	60	767	230	921	215	130	水泥浆过多
SL1-2	38	340	60	729	238	951	215	130	包裹性良好
SL1-3	36	340	60	690	246	982	215	100	包裹性差

(7) 粗骨料、细骨料用量选择

采用质量法,设混凝土体积密度 m_{cp} 为 2 450 kg/m³,依此确定粗骨料、细骨料用量。混凝土配合比计算成果见表 5.21。

表 5.21　计算配合比成果表

编号	减水剂厂家	每方材料用量(kg)					
		水泥	粉煤灰	砂	小石 5~10 mm	中石 10~20 mm	水	减水剂
JS1-1	河南巩义	340	60	729	238	951	132	—

2) 对 C55 混凝土配合比设计进行试配与确定

(1) 按照配合比设计计算成果,通过调整水胶比(0.29、0.31、0.33)进行复配设计。具体试验方案见表 5.22。

表 5.22　试验成果表

编号	减水剂厂家	水胶比	砂率(%)	每立方米材料用量(kg)						
				水泥	粉煤灰	砂	小石	中石	水	减水剂
BZG1-1	河南巩义	0.33	38	340	60	729	238	951	132	6.00
BZG1-2		0.31	38	362	64	719	235	939	132	6.39
BZG1-3		0.29	37	387	68	689	235	939	132	6.83

(2) 按照上述复配设计试验方案进行试配。在测定容重和坍落度后,制作成三组 150 mm×150 mm×150 mm 试块,并按照蒸 12 h、蒸 12 h+同条件至 3 天、蒸 12 h+标养至 28 天三个龄期进行试块抗压强度测试。其试配成果表统计见表 5.23。

表 5.23　混凝土试配成果表

编号	容重(kg/m³)		坍落度(mm)	抗压强度(MPa)			状态
	设计	实测		蒸 12 h	蒸 12 h+条件至 3 d	蒸 12 h+标养至 28 d	
BZG1-1	2450	2440	100	27.5	38.9	57.5	插捣稍有阻滞、黏聚性较好、含砂率中、少量离析泌水
BZG1-2	2450	2450	100	33.1	44.7	65.1	插捣容易、黏聚性较好、含砂率中、无离析泌水
BZG1-3	2450	2450	100	38.9	50.5	71.4	插捣稍有阻滞、黏聚性较好、含砂率中、无离析泌水

由混凝土配合比试配检测结果得知:配制的 3 组配合比实测容重与设计容重偏差均小于 2%,配合比不需要调整;混凝土配合比包裹性良好,工作性能均能满足施工要求;选取的水胶比(0.33、0.31、0.29)区域合理,所确定的原材料复配配合比 28 天抗压强度范围包含配制强度 64.9 MPa。

(3) 通过绘制混凝土 28 天抗压强度与胶水比关系的线性回归曲线,根据回归方程和相关系数确定胶水比,并最终确定原材料基准配合比。其配合比的胶水比与抗压强度线性关系图见图 5.26。

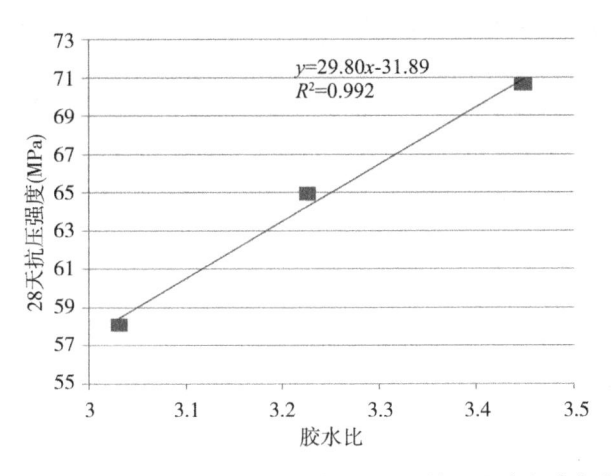

5　引调水工程管道工艺技术与性能分析方法研究与应用

图 5.26　配合比 BZG1-1~BZG1-3 混凝土 28 天抗压强度和胶水比关系曲线

由图 5.26 可知，配合比回归方程的相关系数均满足线性要求，可以通过绘制 28 天抗压强度与胶水比关系曲线，得知线回归方程，代入配制强度 64.9 MPa，可得出胶水比，进而得出水胶比，最终确定水胶比为 0.31。具体见表 5.24。

表 5.24　水胶比计算表

编号	强度等级	配制强度 y(MPa)	线性回归公式	胶水比(x)	水胶比($1/x$)	确定水胶比
BZG1-1~BZG1-3	C55	64.9	$y=33.143x-42.544$	3.242	0.308	0.31

（4）通过线性回归计算最终确定水胶比（0.31）基础上，结合混凝土工作性能和力学性能，计算出最终混凝土配合比，具体见表 5.25。

表 5.25　最终混凝土配合比计算表

编号	减水剂厂家	水胶比	砂率(%)	每方材料用量(kg)					
				水泥	粉煤灰	砂	小石	中石	水	减水剂
BZG1-2	河南巩义	0.31	38	362	64	719	235	939	132	6.39

（5）在满足 C55 混凝土工作性能和力学性能要求基础上，最终确定二级配 PCCP 管芯混凝土配合比。依据《水工混凝土施工规范》(DL/T 5144—2015)计算出每立方米混凝土的总碱含量为 2.39 kg/m³，满足引江济淮工程（河南段）PCCP 管芯 C55 混凝土每立方总碱含量小于 2.5 kg/m³ 的要求。具体计算结果见表 5.26。

表 5.26　每方混凝土总碱含量计算表

编号	原材料品种				每立方米混凝土总碱含量(kg/m³)
	水泥	粉煤灰	砂	石	减水剂	
BZG1-2	鹤壁同力	长垣同力	泌阳	平顶山中磊	河南巩义	2.390

3）对 C55 混凝土配合比设计进行优化

依据"用于管芯混凝土的碎石含泥量不得大于 0.5%，最大粒径不得大于 30 mm，其他指标均应符合《建设用卵石、碎石》(GB/T 14685—2022)中Ⅱ类碎石"的规定及要求,通过优化 C55 混凝土的粗、细骨料级配,选用 10～16 mm 和 16～25 mm 两种单粒级配碎石,达到降低含砂率及细骨料(中砂)掺量与外加剂用量,并可有效提高 C55 混凝土的工作性能及强度保证率,从而节约生产成本及提高生产效率的目的。

(1) 优化原材料检测成果(见表 5.27)。

表 5.27 原材料与检测报告对应表

样品名称	规格型号	生产厂家	报告编号
水泥	P·O52.5	河南省同力水泥有限公司	A2005003-001
粉煤灰	F类Ⅰ级	河南平原同力建材有限公司	A2005003-002
中砂	2.3～3.0	泌阳县财源投融资有限公司	A2005003-003
小石	10～16 mm	平顶山市中磊实业发展有限公司	A2005003-010
中石	16～25 mm	平顶山市中磊实业发展有限公司	A2005003-011
减水剂	聚羧酸高性能型	巩义市宏超建材有限公司	A2005003-008
拌和水	—	当地地下水	A2005003-009

(2) 粉煤灰掺量的选定:在原配合比编号 BZG1-2 的基础上,选用粉煤灰最佳掺量为 15%。

(3) 水胶比的选择:其中

$$f_b = 0.75 \times 1.1 \times 52.5 \approx 43.3 \text{ MPa};$$

$$W/B = \alpha_a f_b / (f_{cu,o} + \alpha_a \alpha_b f_b) = 0.53 \times 43.3 / (64.9 + 0.53 \times 0.20 \times 43.3) \approx 0.33$$

经计算,暂选水胶比为 0.33。

(4) 用水量及外加剂掺量的选择:参照碎石的最大粒径为 25 mm 和混凝土坍落度 70～110 mm 要求,经试验室试拌,当配合比掺加 15% 粉煤灰时,使用同力水泥的河南巩义减水剂掺量为 1.4% 时,减水率为 36.7%,用水量经计算得 $m_{wo2} = 210 \times (1-36.7\%) \approx 133$ kg。

(5) 骨料最佳掺配比例确定:使用平顶山市中磊实业发展有限公司碎石厂生产的 10～16 mm 和 16～25 mm 两种单粒级配碎石,通过最大振实密度法优选小石与中石的最佳掺配比例,试验结果见表 5.28。

表 5.28 小石与中石最佳掺配比例试验成果表

序号	厂家	小石:中石	振实密度(kg/m³)	小石与中石最佳掺配比
1	平顶山市中磊实业发展有限公司	4:6	1 560	5:5
2		5:5	1 670	
3		6:4	1 620	

(6) 砂率的选择:按照粉煤灰掺量 15% 和碎石(10～16 mm 和 16～25 mm 两种)单粒级配最佳掺配比例 5:5 进行试拌,检测最佳砂率结果见表 5.29。

5 引调水工程管道工艺技术与性能分析方法研究与应用

表5.29 砂率试验成果表

编号	中砂厂家	砂率(%)	每方材料用量(kg)					坍落度(mm)	工作状态
			水泥	粉煤灰	砂	小石 10~16 mm	中石 16~25 mm	水		
SL 3-4	泌阳	38	340	60	714	583	583	210	115	水泥浆过多
SL 3-5	泌阳	36	340	60	677	602	602	210	105	包裹性良好
SL 3-6	泌阳	34	340	60	639	620	620	210	90	包裹性差

经现场试拌,最终确定选用泌阳中砂的砂率为36%的混凝土工作性能最佳。

(7)粗、细骨料用量的优化选择:采用质量法,假定混凝土体积密度 m_{cp} 为 2 450 kg/m³;依此确定粗、细集料的优化用量,详见表5.30。

表5.30 粗、细集料优化用量

序号	原材料品种				砂率(%)	每方材料用量(kg)						
		水泥	粉煤灰	砂	减水剂		水泥	粉煤灰	砂	小石	中石	水	减水剂
1	同力	平原同力	泌阳	巩义	36	340	60	690	614	614	132	5.60

(8)混凝土配合比优化后的试配与确定:通过调整水胶比(0.29、0.31、0.33)进行优化后混凝土配合比的原材料复配设计。具体试验方案见表5.31。

表5.31 混凝土配合比优化后的试配成果表

编号	水胶比	砂率(%)	每方材料用量(kg)						
			水泥	粉煤灰	砂	小石	中石	水	减水剂
BZG2-1	0.33	36	340	60	690	614	614	132	5.60
BZG2-2	0.31	36	362	64	681	606	606	132	5.96
BZG2-3	0.29	35	387	68	652	605	605	132	6.37

按照上述试验方案进行配合比试配,并进行容重和坍落度测试,然后分别成型蒸12 h、蒸 12 h+同条件至3天、蒸 12 h+标养至28 天三个龄期的150 mm×150 mm×150 mm试块进行抗压强度测试,其试配成果表见表5.32。

表5.32 混凝土配合比优化后的试配成果表

编号	容重(kg/m³)		坍落度 mm	抗压强度(MPa)			状态
	设计	实测		蒸 12 h	蒸 12 h+同条件至3 d	蒸 12 h+标养至28 d	
BZG2-1	2 450	2 440	100	38.4	45.5	59.4	插捣稍有阻滞、黏聚性较好、含砂率中、少量离析泌水
BZG2-2	2 450	2 440	95	45.3	53.2	66.1	插捣容易、黏聚性较好、含砂率中、无离析泌水
BZG2-3	2 450	2 450	95	52.7	60.4	73.1	插捣稍有阻滞、黏聚性较好、含砂率中、无离析泌水

由优化后的混凝土配合比试配检测结果得知:配制的3组配合比实测容重与设计容重偏差均小于2%,配合比不需要调整;混凝土配合比包裹性良好,工作性能满足施工要

求;选取的水胶比(0.33、0.31、0.29)区域合理,优化后的混凝土配合比 28 天抗压强度范围包含配制强度 64.9 MPa。

(9) 通过绘制混凝土 28 天强度与胶水比关系的线性回归曲线,根据回归方程和相关系数确定胶水比,最终确定优化的基准配合比。其优化配合比的胶水比与抗压强度线性关系见图 5.27。由图可知,配合比回归方程的相关系数满足线性要求。

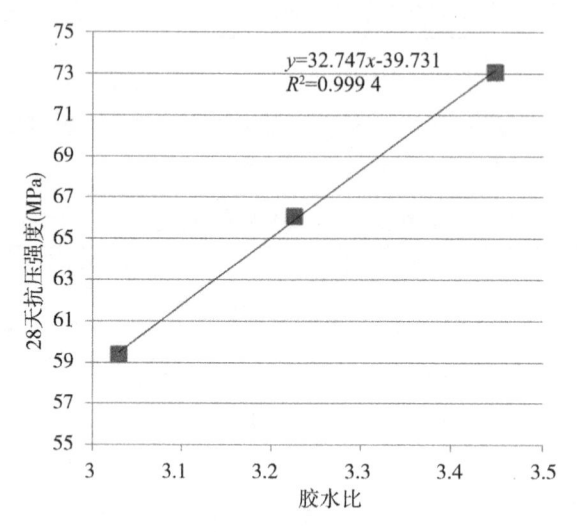

图 5.27　配合比 BZG2-1～BZG2-3 混凝土 28 天抗压强度和胶水比关系曲线

通过绘制 28 天抗压强度与胶水比关系曲线,得知线性回归方程,并代入配制强度 64.9 MPa 后,得出胶水比,进而得出水胶比,最终确定水胶比为 0.31。具体计算表见表 5.33。

表 5.33　水胶比计算表

编号	强度等级	配制强度 y(MPa)	线性回归公式	胶水比(x)	水胶比($1/x$)	确定水胶比
BZG2-1～BZG2-3	C55	64.9	$y=32.747x-39.731$	3.195	0.313	0.31

(10) 通过线性回归计算最终确定水胶比(0.31)基础上,结合混凝土工作性能和力学性能,计算最终优化混凝土配合比,结果见表 5.34。

表 5.34　最终混凝土配合比计算表

编号	减水剂厂家	水胶比	砂率(%)	每立方米材料用量(kg)					
				水泥	粉煤灰	砂	小石	中石	水	减水剂
BZG2-2	河南巩义	0.31	36	362	64	681	606	606	132	5.96

(11) 依据《水工混凝土施工规范》(DL/T 5144—2015)计算得出,确定优化二级配 PCCP 管芯混凝土配合比的每方混凝土总碱含量为 2.324 kg/m³,满足引江济淮工程(河南段)PCCP 管芯 C55 混凝土每立方总碱含量小于 2.5 kg/m³ 要求。具体计算结果见表 5.35。

表 5.35　每方混凝土总碱含量计算表

编号	原材料品种					每方混凝土总碱含量(kg/m³)
	水泥	粉煤灰	砂	石	减水剂	
BZG2-2	同力	平原同力	泌阳	平顶山中磊	河南巩义	2.324

5.3.3.2　该技术方案实施以后取得的效果

(1) C55 混凝土配合比调整前后对比(表 5.36)

表 5.36　C55 混凝土配合比调整前后对比表

配合比(对比)	编号	水胶比	砂率(%)	每立方米材料用量(kg)						
				水泥	粉煤灰	砂	小石	中石	水	减水剂
前期	BZG1-2	0.31	38	362	64	719	235	939	132	6.39
优化	BZG2-2	0.31	36	362	64	681	606	606	132	5.96

(2) 对 C55 混凝土配合比调整前,按生产日期先后顺序统计 2020 年 7 月 3 日—9 月 25 日混凝土成型 28 天强度(表 5.37)

表 5.37　2020 年 7 月 3 日—9 月 25 日混凝土成型 28 天强度表

序号	28 天强度(MPa)	强度极差	序号	28 天强度(MPa)	强度极差	序号	28 天强度(MPa)	强度极差
1	61.7		19	60.9		37	62.8	
2	64.6	2.9	20	63.1	2.3	38	60.7	4.2
3	62.7		21	63.2		39	64.9	
4	65.3		22	64.1		40	62.8	
5	63.7	2.0	23	62.2	2.3	41	60.6	2.9
6	63.3		24	61.8		42	63.5	
7	63.2		25	58.2		43	63.9	
8	62.4	3.1	26	61.4	5.8	44	59.4	4.5
9	60.1		27	64.0		45	63.0	
10	65.1		28	66.1		46	64.9	
11	64.2	4.2	29	62.5	4.2	47	62.7	2.6
12	60.9		30	61.9		48	62.3	
13	60.8		31	63.4		49	63.8	
14	63.2	3.3	32	60.5	2.9	50	61.0	4.4
15	64.1		33	61.8		51	65.4	
16	64.7		34	65.9		52	61.9	
17	63.2	1.5	35	62.3	3.6	53	60.0	3.4
18	64.4		36	64.7		54	63.4	

续表

序号	28天强度(MPa)	强度极差	序号	28天强度(MPa)	强度极差	序号	28天强度(MPa)	强度极差
55	59.7		91	64.8		127	58.0	
56	64.0	4.4	92	64.3	3.1	128	61.0	5.4
57	64.1		93	61.7		129	63.4	
58	60.3		94	65.1		130	61.9	
59	62.1	2.7	95	62.2	3.7	131	60.9	5.0
60	59.4		96	61.4		132	65.9	
61	66.5		97	59.8		133	62.7	
62	63.9	6.4	98	63.9	4.9	134	64.3	6.7
63	60.1		99	64.7		135	57.6	
64	59.4		100	61.3		136	66.2	
65	58.2	2.1	101	64.9	3.6	137	62.1	4.3
66	57.3		102	64.3		138	61.9	
67	62.4		103	64.5		139	60.6	
68	63.5	1.9	104	61.7	2.8	140	62.8	4.7
69	64.3		105	63.1		141	65.3	
70	59.3		106	60.3		142	64.0	
71	57.5	2.7	107	61.0	2.4	143	64.6	2.3
72	56.6		108	58.6		144	62.2	
73	63.0		109	64.4		145	59.4	
74	60.3	4.8	110	60.6	4.3	146	63.8	4.4
75	65.1		111	64.9		147	61.9	
76	63.2		112	61.2		148	62.1	
77	59.1	4.5	113	63.8	3.1	149	59.9	5.1
78	58.7		114	64.3		150	64.9	
79	60.1		115	60.1		151	62.0	
80	64.7	4.6	116	62.0	4.3	152	65.4	4.7
81	63.9		117	57.7		153	60.7	
82	61.9		118	64.7		154	62.3	
83	65.6	3.7	119	64.5	3.7	155	65.0	2.8
84	62.4		120	61.0		156	62.3	
85	62.8		121	63.8		157	63.9	
86	60.9	2.6	122	61.0	2.8	158	62.3	6.8
87	63.5		123	63.3		159	57.1	
88	63.8		124	63.7		160	57.4	
89	61.5	2.8	125	62.0	4.6	161	59.2	2.1
90	64.3		126	66.6		162	57.1	

续表

序号	28天强度(MPa)	强度极差	序号	28天强度(MPa)	强度极差	序号	28天强度(MPa)	强度极差
163	59.4		199	60.6		235	58.8	
164	58.2	2.4	200	65.1	4.5	236	63.5	4.7
165	57.0		201	63.0		237	59.8	
166	65.8		202	59.6		238	64.9	
167	61.6	4.2	203	59.5	3.2	239	62.6	2.8
168	62.2		204	62.7		240	65.4	
169	60.1		205	60.3		241	61.8	
170	58.2	1.9	206	63.8	4.3	242	60.9	5.1
171	59.3		207	59.5		243	56.7	
172	59.8		208	65.0		244	65.4	
173	60.6	4.0	209	60.3	5.3	245	61.9	3.5
174	63.8		210	59.7		246	62.9	
175	60.8		211	61.0		247	65.2	
176	58.9	3.8	212	61.7	2.1	248	63.5	2.8
177	62.7		213	59.6		249	62.4	
178	65.3		214	61.0		250	61.5	
179	63.7	4.7	215	57.7	5.1	251	60.3	1.2
180	60.6		216	62.8		252	60.9	
181	59.8		217	60.2		253	59.8	
182	63.3	3.5	218	57.3	3.4	254	63.6	4.0
183	60.2		219	56.8		255	63.8	
184	62.1		220	60.9		256	61.0	
185	61.8	3.0	221	57.3	3.6	257	62.6	3.3
186	59.1		222	57.9		258	59.3	
187	59.8		223	61.2		259	63.7	
188	61.0	5.1	224	66.1	4.9	260	60.8	6.1
189	64.9		225	62.0		261	57.6	
190	61.4		226	62.5		262	57.8	
191	61.2	5.2	227	62.9	4.4	263	58.4	0.6
192	66.4		228	58.5		264	58.1	
193	61.9		229	59.3		265	60.7	
194	64.3	2.4	230	58.1	1.5	266	55.8	4.9
195	63.7		231	57.8		267	58.1	
196	63.4		232	57.1		268	62.9	
197	58.3	5.1	233	59.2	2.1	269	60.8	5.7
198	61.6		234	57.4		270	57.2	

续表

序号	28天强度(MPa)	强度极差	序号	28天强度(MPa)	强度极差	序号	28天强度(MPa)	强度极差
271	63.5		307	62.4		343	63.5	
272	65.7	4.7	308	62.7	4.5	344	63.0	8.5
273	61.0		309	58.2		345	55.0	
274	60.1		310	59.9		346	58.7	
275	59.8	5.4	311	58.0	5.3	347	63.0	4.4
276	65.2		312	63.3		348	63.1	
277	63.2		313	56.8		349	58.9	
278	64.5	4.7	314	57.4	2.4	350	57.3	1.6
279	59.8		315	59.2		351	58.7	
280	64.6		316	59.1		352	59.9	
281	61.0	4.8	317	57.4	1.7	353	57.6	2.5
282	65.8		318	58.4		354	60.1	
283	62.2		319	63.6		355	65.0	
284	60.9	3.2	320	60.5	3.1	356	61.5	3.5
285	64.1		321	62.8		357	62.2	
286	62.4		322	59.4		358	61.8	
287	61.7	1.4	323	62.5	3.8	359	56.4	5.4
288	61.0		324	58.7		360	59.2	
289	61.7		325	59.6		361	62.0	
290	62.0	1.8	326	57.2	2.4	362	58.2	3.8
291	60.2		327	57.8		363	61.3	
292	60.2		328	64.4		364	58.1	
293	56.8	5.3	329	60.6	3.8	365	62.6	4.5
294	62.1		330	64.3		366	62.0	
295	59.5		331	62.0		367	62.1	
296	63.6	5.2	332	58.5	3.5	368	59.9	4.3
297	64.7		333	61.6		369	57.8	
298	60.4		334	60.5		370	63.2	
299	65.6	5.2	335	65.5	5.0	371	60.8	5.1
300	64.2		336	61.8		372	65.9	
301	63.5		337	64.2		373	59.7	
302	60.3	4.0	338	61.1	5.0	374	64.0	4.3
303	59.5		339	66.1		375	62.9	
304	60.5		340	65.4		以上统计共125组,计算得出其标准差 $\sigma_0 = 1.75$		
305	57.9	4.6	341	60.8	4.6			
306	62.5		342	62.2				

(3) 对 C55 混凝土配合比设计优化前、后，按月份统计 2020 年 7 月—2021 年 4 月混凝土成型 28 天强度（表 5.38）

表 5.38 2020 年 7 月—2021 年 4 月混凝土成型 28 天强度表

浇筑时段	设计强度	28 天抗压强度(MPa) 取样组数	最大值	最小值	平均值	标准差	配合比编号	离差系数	强度保证率	合格率（%）
2020/7/3—2020/9/18	C55	125	64.3	57.8	61.7	1.75	BZG1-2	0.028	99.99	100%
2020/9/19—2020/10/31	C55	40	65.3	59.1	62.1	1.60	BZG2-2	0.026	100.00	100%
2020/11/1—2020/11/30	C55	157	64.3	58.0	61.5	1.70	BZG2-2	0.028	99.99	100%
2020/12/1—2020/12/31	C55	149	64.9	58.2	61.2	1.88	BZG2-2	0.031	99.95	100%
2021/1/1—2021/1/31	C55	173	65.0	58.4	61.8	1.76	BZG2-2	0.028	99.99	100%
2021/2/1—2021/2/28	C55	100	64.4	58.4	61.4	1.77	BZG2-2	0.029	99.98	100%
2021/3/1—2021/3/31	C55	160	64.5	58.1	61.6	1.56	BZG2-2	0.025	100.00	100%
2021/4/1—2021/4/28	C55	142	64.9	58.6	61.4	1.53	BZG2-2	0.025	100.00	100%

引江济淮工程（河南段）DN3000 PCCP 管道近 30 km 的 C55 管芯混凝土试块 28 天强度统计分析结果显示，在掺入 10~16 mm、16~25 mm 碎石各 50% 和 15% 一级粉煤灰进行配合比设计优化后，在保证 C55 管芯混凝土强度满足合同设计要求的同时，最低强度不小于 58.0 MPa，最高强度可达到 65.3 MPa，强度保证率在 99% 以上。

5.3.4 该课题的创新点

引江济淮工程（河南段）属国家及省重点工程建设项目，其中后陈楼调蓄水库—七里桥调蓄水库的管线全长约 30 km，采用双排 DN3000 PCCP 管道铺设。由于项目生产供管有效工期只有 12 个月，且在当地建厂，其研制生产和使用 DN3000 PCCP 技术要求高、质量控制难度很大，特别是 PCCP 管芯混凝土作为承受管材内水压和外荷载的主要受力部分，面对近 16.5 万 m^3 混凝土用量，设计强度 C55，碱含量小于 2.5 kg/m^3，通过对混凝土碱骨料配合比的设计优化和生产应用，结果显示混凝土强度得到显著提高，性能得到明显改善了，实现了保证产品质量、大幅降低水泥用量、有效节约工程投资的目的。其创新点是：

(1) 针对本工程 DN3000 PCCP 管芯 C55 混凝土，通过优化骨料粒径和级配，掺入 10~16 mm、16~25 mm 碎石各 50% 和 15% 粉煤灰，极大地改善了混凝土的和易性、干缩性能、徐变等性能，水泥用量 362 kg/m^3，混凝土碱含量为 2.324 kg/m^3。C55 混凝土综合性能和耐久性进一步提高，混凝土水泥用量和碱含量可进一步降低，PCCP 混凝土技术更趋合理，经济效益更加显著。

(2) 在国内 PCCP 制造领域，通过掺加粉煤灰工艺和技术，显著改善了 C55 混凝土的性能，大大减小了混凝土温度裂缝，同时也有效降低了 P·O52.5 水泥用量。掺加粉煤灰还具有显著的生态和环境效益。

(3) 引江济淮工程（河南段）将优质高强 C55 混凝土大规模用于 DN3000 PCCP 制造，

对推动地方水泥制品行业进步和社会经济发展意义重大,实际应用混凝土 15 余万 m³。

5.3.5 该创新成果的应用前景

5.3.5.1 经济效益

DN3000 PCCP 管芯 C55 混凝土配合比的设计与优化研究成果,实现了 C55 混凝土掺入 15% 粉煤灰时,P·O52.5 水泥用量为 362 kg/m³。在引江济淮工程(河南段)约 60 km DN3000 PCCP 管道近 16.5 万 m³ 混凝土的工厂化生产应用中,可减少水泥用量近 8 100 t,水泥(P·O52.5)按 330 元/t 计算,可节约资金约 267.3 万元。通过对 C55 混凝土配合比的设计优化,已取得减少中砂用量 5 250 t,减少外加剂用量约 60 t,按中砂 220 元/t、外加剂 3 300 元/t 计算,已节约资金约 135.3 万元。同时,该研究成果不仅大幅降低了 P·O52.5 水泥用量,而且显著提高了 C55 混凝土强度,明显改善了混凝土性能,大大减少了温度裂缝的产生,进而提高了 PCCP 综合性能。在引江济淮工程(河南段)实际应用中最终实现了节约投资、确保质量和工期的目的。

5.3.5.2 社会和生态环境效益

针对引江济淮工程(河南段)PCCP 管道项目的管芯 C55 混凝土配合比的设计与优化研究,对保证国家重点工程质量、确保我国城市地下建筑工程的安全可靠及受水区用水安全都具有深远意义。在混凝土中掺入一定量粉煤灰,符合国家节能环保及循环利用产业政策,可实现减少污染、改善生态环境的目的,具有显著的社会和生态效益。

在引江济淮工程(河南段)中大规模应用该技术成果,对推动当地水利行业及工程建设领域的混凝土制品技术进步意义重大,具有显著的社会效益。提高混凝土耐久性能,可使 PCCP 管道的安全使用寿命提高,减少维修费用,并增加延期运行效益费。

我国属水资源相对缺乏而又分布极不均衡的国家,随着社会经济快速发展,以引江济淮工程为标志的大规模引水调水干线工程正在建设,后续配套工程将会采用更多 PCCP 管道。PCCP 生产厂家、设计和工程管理运行单位必然会从中受益。只要我们注重提高 PCCP 质量,努力提高服务水平,PCCP 生产和应用将会健康快速发展。

5.3.6 该创新成果的推广措施

引江济淮工程(河南段)PCCP 管道生产用 C55 混凝土是根据项目工程技术要求,采用当地的水泥、砂、石料、粉煤灰和外加剂等材料,按照《普通混凝土配合比设计规程》(JGJ55—2011)和《水工混凝土试验规程》(SL 352—2006)进行配合比设计。通过现场试验检测,对 C55 混凝土的工作性能和力学性能进行数据分析及设计优化,形成最终 C55 混凝土配合比报告。该结果经过引江济淮工程(河南段)混凝土配合比专家组论证,并形成"该配合比报告从总体上内容详实,试验过程、试验依据、试验方法是合适的,推荐的 C55 混凝土配合比能够满足相关规范、设计及施工要求"结论意见。

2020年10月—2021年4月,在引江济淮工程(河南段)管材采购一标项目工程中,按该C55混凝土配合比已累计生产完成DN3000 PCCP管道约30 km(6 000节),共使用C55混凝土近8万 m³。该项目C55混凝土质量稳定,不仅有力地保证了项目工程进度,而且通过掺入粉煤灰,降低中砂和外加剂用量,大大降低了生产成本,取得了明显的效益。

在推广应用方面,该C55混凝土使用了当地的水泥、砂、石料等材料,用于引江济淮工程(河南段)PCCP管道的生产施工。引江济淮工程(河南段)后续配套工程建设,以及当地其他工程项目建设施工中,都将会使用大量C55混凝土,为工程建设节省大量投资,对地方经济建设和社会发展将起到积极推动作用。

5.4 引调水工程PCCP管道水压试验与承载能力评估分析与研究

PCCP(预应力钢筒混凝土管)作为引江济淮工程(河南段)主要的输水管道材料,因其高承压能力和良好耐久性而得以应用。PCCP不但能承受高压力的水流,还能够适应复杂的地质和环境条件,减少维护成本。然而,由于其具有工程规模大、环境复杂和长距离输水的特点,管道的可靠性尤为关键。PCCP的质量直接影响到整个工程的安全、稳定和经济效益。水压试验是验证PCCP密封性和结构强度的关键步骤,它不仅确保了管道在交付前达到质量标准,同时也为管道的安全运营提供了依据。

本节内容旨在通过对引江济淮工程(河南段)PCCP完成建设后的水压测试情况进行计算分析,评定其在设计和施工过程中的性能表现以及预期的运行状态。通过分析水压试验计算数据,可以确保管道系统的完整性,评估其在未来运营期间的可靠性,并为该工程的其他类似部分提供参考和经验。

5.4.1 有限元模型与计算工况

建立有限元模型时,按照PCCP设计尺寸,考虑两层C55筒芯混凝土、钢筒、预应力钢丝、M45砂浆保护层,忽略插口钢环、承口钢环、预埋锚具、接头试验进水孔等细部结构。选取轴向长度为5 m管段建立模型。根据计算分析原则及有关要求,需要包括一定范围的粗砂垫层、回填土与管道基础,因此考虑顶部覆土厚度6 m,管道以下地基取10 m。回填土左右分别延伸15 m。

计算坐标系规定如下:X轴顺水流方向为正,逆水流方向为负;Y轴从右手侧指向左手侧为正,反之为负;Z轴竖直向上为正,向下为负。

5.4.1.1 有限元模型

玻纤套筒技术所采用的环氧灌浆料可在水下施工,同时施工时可自流平,不离析,并具有较好的黏结力。另外采用该技术无需修筑围堰,在保证施工质量的同时,可大大提高施工速度。

模型截面尺寸如图5.28所示,内径3.2 m,钢丝直径7 mm,钢丝间距24.8 mm,模型全部采用八节点六面体单元进行网格划分,有限元网格结点总数为833 808个,单元总数为 792 350 个;钢筒模型见图 5.29,预应力钢丝模型见图 5.30,管道整体模型见图 5.31,管道加地基模型见图 5.32。

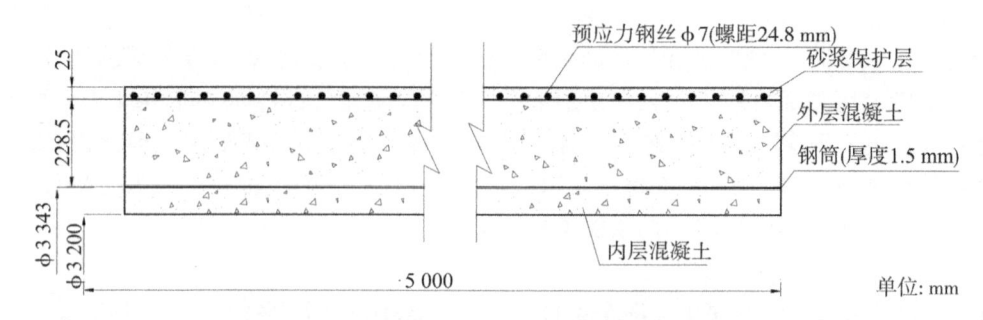

图 5.28　DN3200 PCCP 标准管结构尺寸示意图

图 5.29　DN3200 PCCP 钢筒有限元模型

图 5.30　DN3200 PCCP 预应力钢丝有限元模型

图 5.31　DN3200 PCCP 整体有限元模型

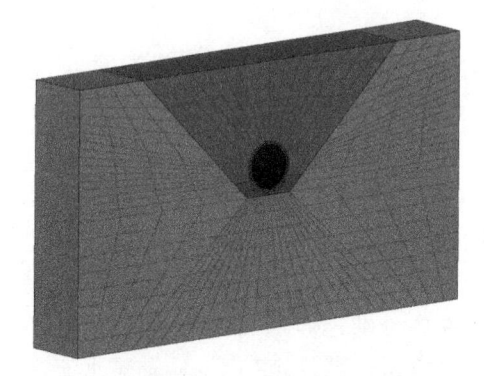

图 5.32　DN3200 PCCP 管道加地基有限元模型

5.4.1.2　计算工况

针对 DN3200 PCCP 管道进行有限元水压试验模拟,计算工况见表 5.39。

表 5.39　计算工况表

输水线路	管径	试验压力
5 标七里桥水库—夏邑输水线路	3 200 mm	0.6

每一种管径的模拟按照如下五个荷载步进行：
第一步：对地基施加自重，然后将其位移清零，保留应力场作为地应力；
第二步：在上一步的基础上，对预应力钢丝施加拉应力 1 110 MPa；
第三步：在上一步的基础上，对地基上的 PCCP 施加自重；
第四步：在上一步的基础上，施加水压试验产生的水重和内水压力；
第五步：在上一步的基础上，施加回填土自重。

5.4.2 有限元计算参数和边界条件

5.4.2.1 材料参数

参考相关文献、设计规范、设计文件和图纸，有限元计算所使用的材料参数见表5.40、表5.41。

表5.40 管道计算材料参数表

材料	弹性模量(GPa)	抗拉强度(MPa)	抗压强度(MPa)	泊松比	密度(g/cm³)
C55 管芯混凝土	35.50	4.20	55.00	0.17	2.32
M45 砂浆保护层	25.12	3.20	45.00	0.17	2.24
钢筒	206.85	227.50	—	0.30	7.80
预应力钢丝	193.05	1 570.00	—	0.30	7.80

表5.41 管道基础与回填土计算材料参数表

材料	剪切模量(MPa)	剪切强度(MPa)	泊松比	密度(g/cm³)
地基土	70.0	0.64	0.30	2.12
回填土	70.0	0.64	0.30	2.12
管道基础粗砂	100.0	0.91	0.25	2.24

5.4.2.2 边界条件

模型的上表面为临空面自由边界，管道内壁为自由边界，其他边界均施加法向约束。

5.4.3 水压试验数值模拟结果

对三种管径的有限元模型分别施加荷载步如下：
第一步：对地基施加自重，然后将其位移清零，保留应力场作为地应力；
第二步：在上一步的基础上，对预应力钢丝施加拉应力 1 110 MPa；
第三步：在上一步的基础上，对地基上的 PCCP 施加自重；
第四步：在上一步的基础上，施加水压试验产生的水重和内水压力；
第五步：在上一步的基础上，施加回填土自重。

由于顺水流方向的不同剖面计算结果基本相同，故仅给出其中部分长度管道的计算结果云图。应力云图中，压应力为负，拉应力为正。

5.4.3.1 荷载步一计算结果

参考相关文献、设计规范、设计文件和图纸，有限元计算所使用的材料参数见表 5.40、表 5.41。

地基的主体部分第一主应力在 -0.05 MPa 左右，第三主应力在 -0.18 MPa 左右，最大位移在 1.7 cm 左右，见图 5.33~图 5.35。

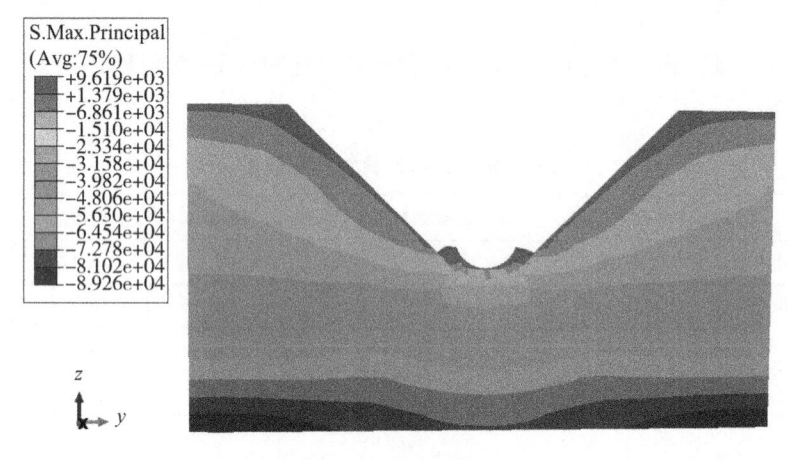

图 5.33　第一主应力

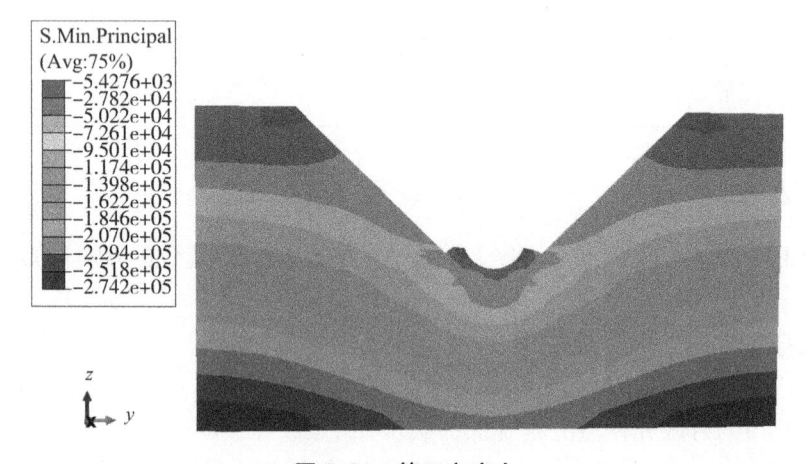

图 5.34　第三主应力

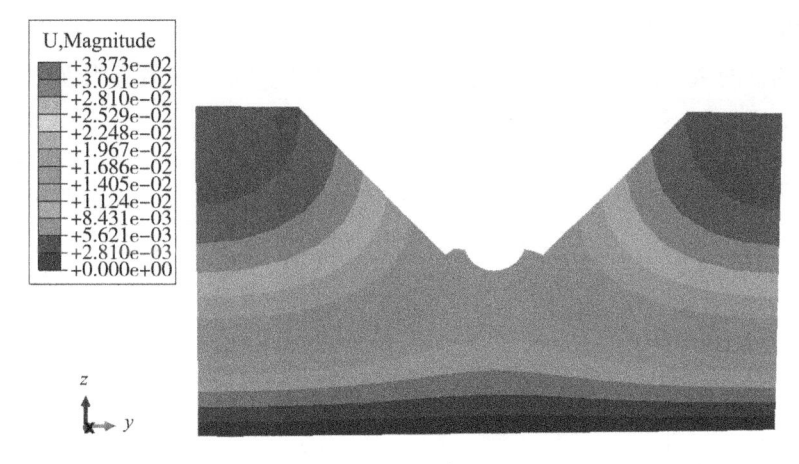

图 5.35 位移云图

5.4.3.2 荷载步二计算结果

(1) 钢筒计算结果

钢筒的主体部分第一主应力在 -0.5 MPa 左右,第三主应力在 -115 MPa 左右,最大位移在 1.4 cm 左右,见图 5.36～图 5.38。

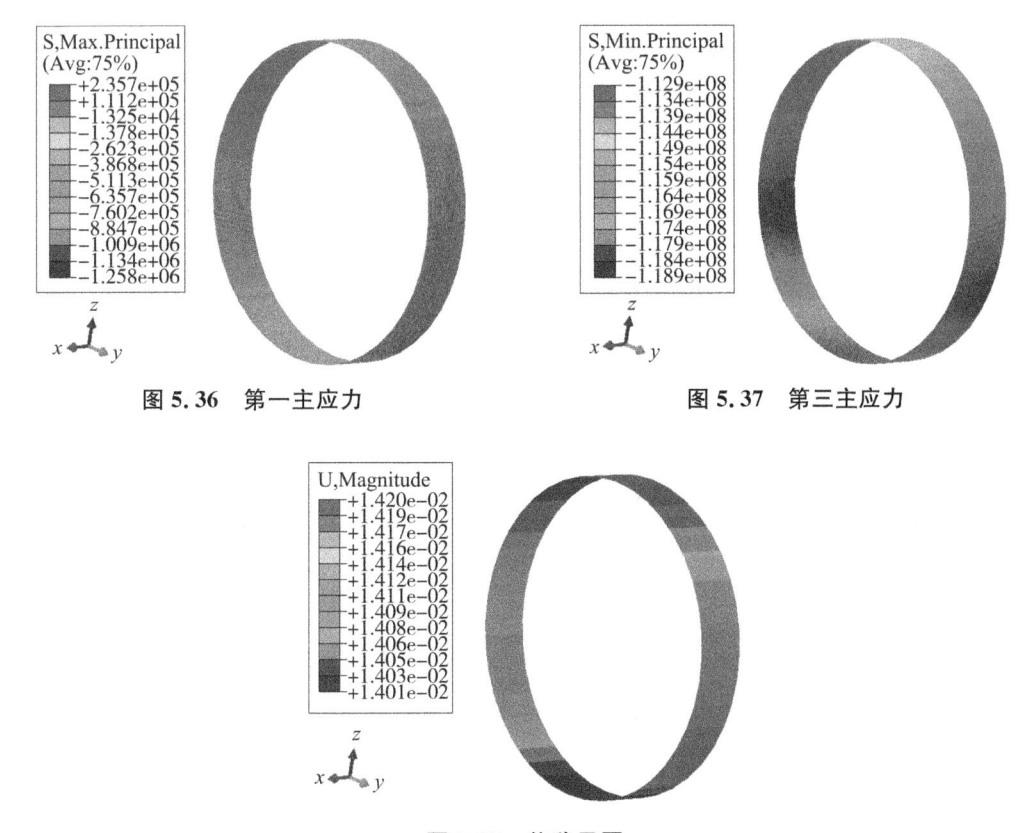

图 5.36 第一主应力

图 5.37 第三主应力

图 5.38 位移云图

(2) 预应力钢丝计算结果

预应力钢丝的主体部分第一主应力在 1 071 MPa 左右，第三主应力在 77 MPa 左右，最大位移在 1.4 cm 左右，见图 5.39~图 5.41。

图 5.39　第一主应力　　　　　　　　图 5.40　第三主应力

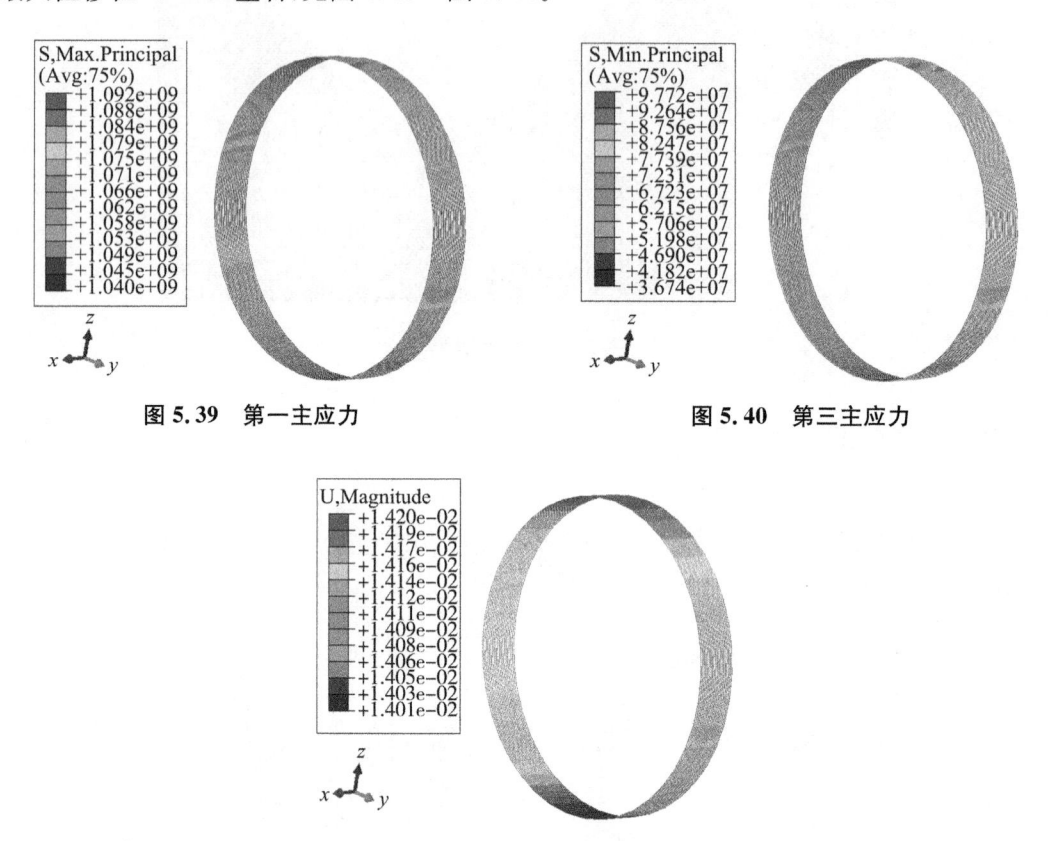

图 5.41　位移云图

(3) 混凝土计算结果

混凝土的主体部分第一主应力在 −0.5 MPa 左右，第三主应力在 −17 MPa 左右，最大位移在 1.4 cm 左右，见图 5.42~图 5.44。

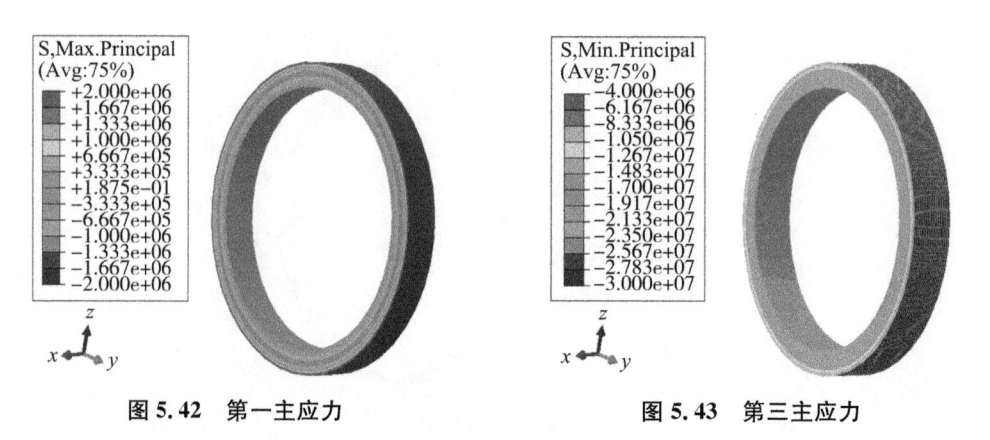

图 5.42　第一主应力　　　　　　　　图 5.43　第三主应力

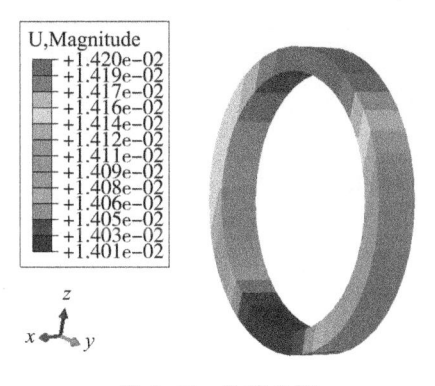

图 5.44　位移云图

5.4.3.3　荷载步三计算结果

(1) 钢筒计算结果

钢筒的主体部分第一主应力在 -0.5 MPa 左右,第三主应力在 -115 MPa 左右,最大位移在 1.5 cm 左右,见图 5.45～图 5.47。

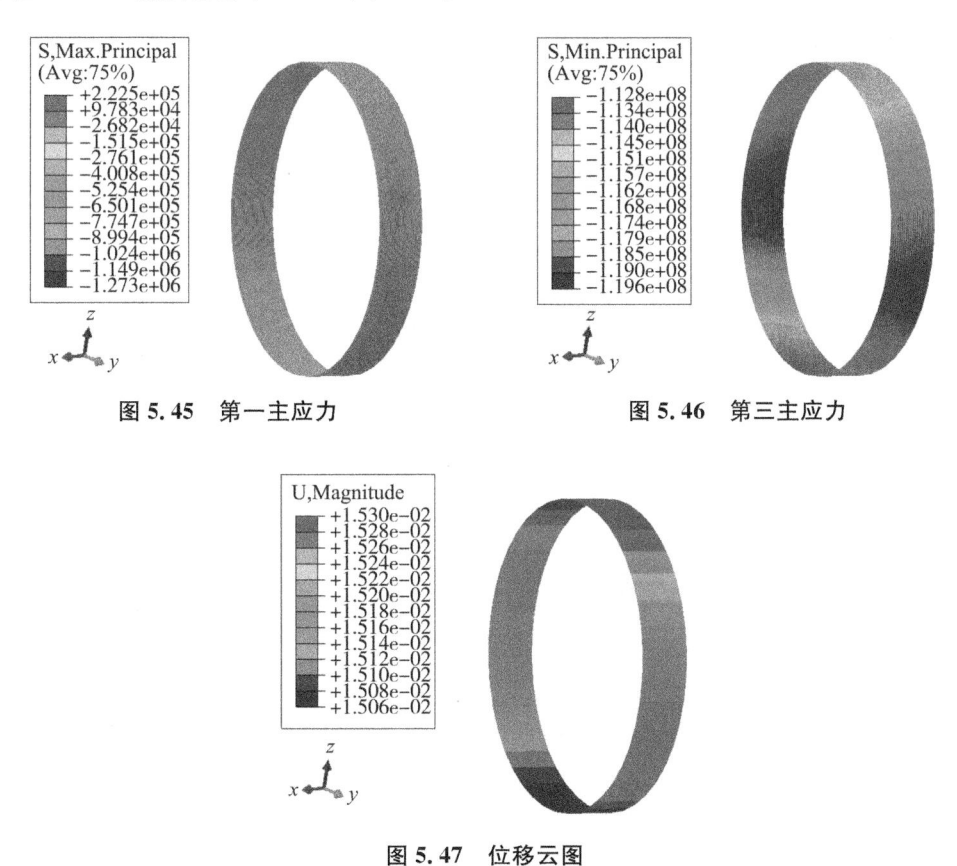

图 5.45　第一主应力　　　　　　图 5.46　第三主应力

图 5.47　位移云图

(2) 预应力钢丝计算结果

预应力钢丝的主体部分第一主应力在 1 071 MPa 左右,第三主应力在 72 MPa 左右,最大位移在 1.5 cm 左右,见图 5.48～图 5.50。

图 5.48　第一主应力　　　　　　　图 5.49　第三主应力

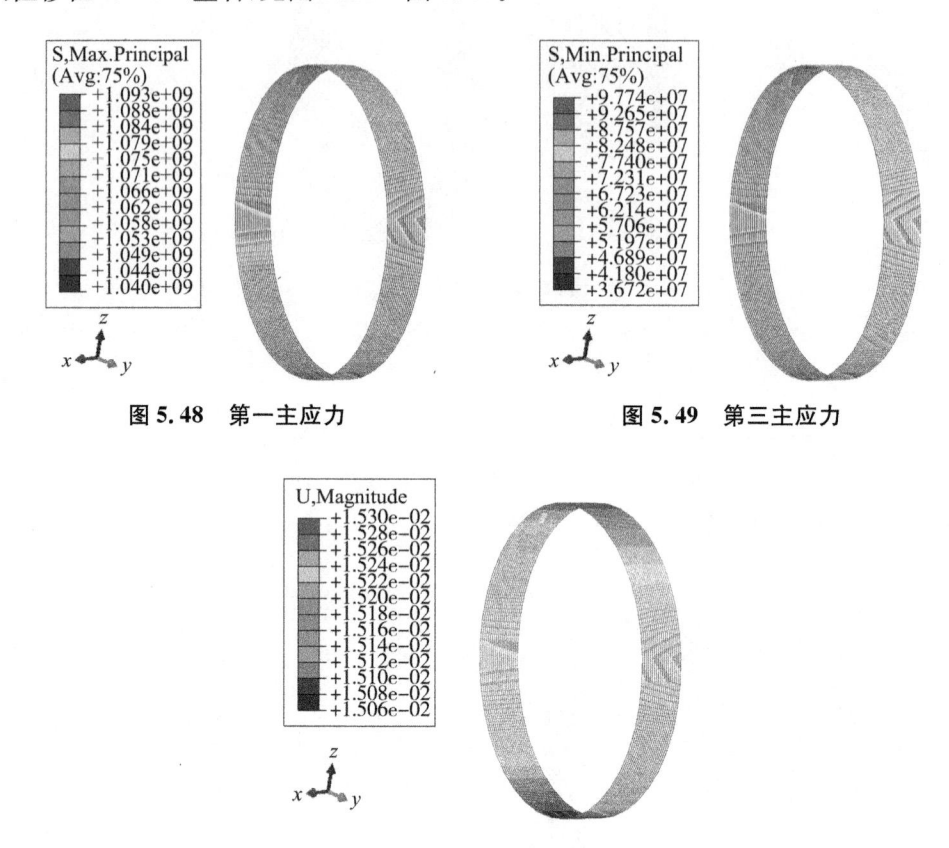

图 5.50　位移云图

(3) 混凝土计算结果

混凝土的主体部分第一主应力在 -0.5 MPa 左右,第三主应力在 -17 MPa 左右,最大位移在 1.5 cm 左右,见图 5.51～图 5.53。

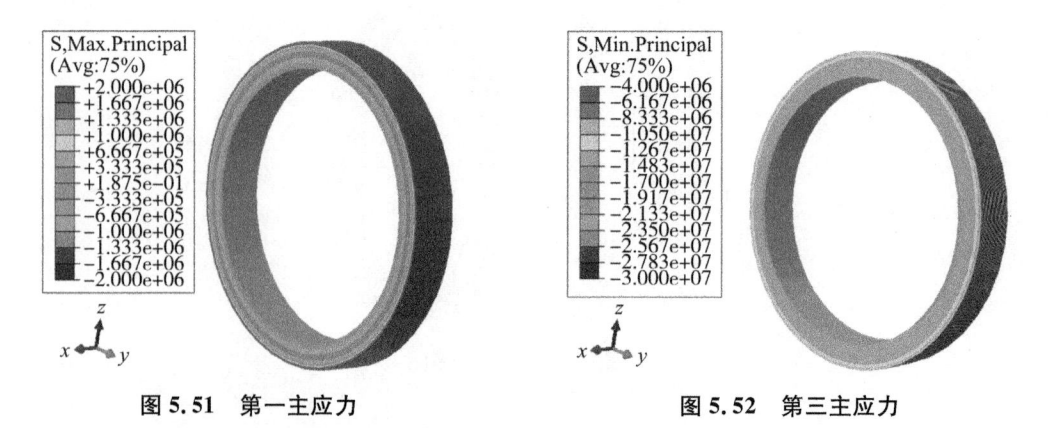

图 5.51　第一主应力　　　　　　　图 5.52　第三主应力

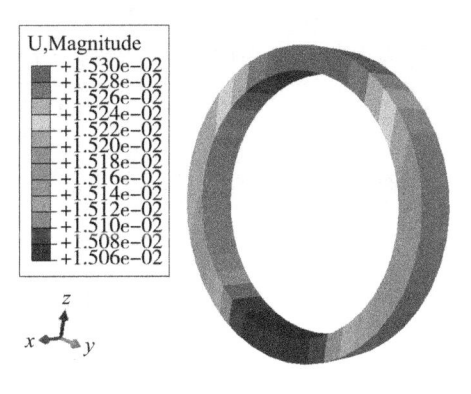

图 5.53　位移云图

5.4.3.4　荷载步四计算结果

(1) 钢筒计算结果

钢筒的主体部分第一主应力在 -1 MPa 左右，第三主应力在 -91 MPa 左右，最大位移在 1.5 cm 左右，见图 5.54~图 5.56。

图 5.54　第一主应力　　　　　　图 5.55　第三主应力

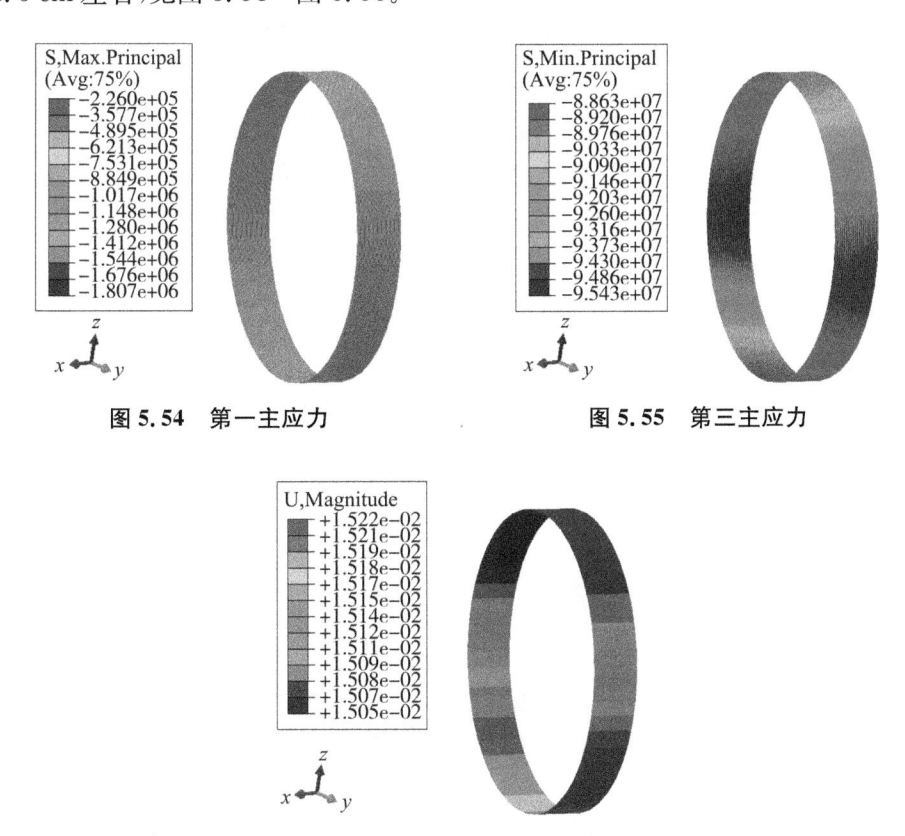

图 5.56　位移云图

(2) 预应力钢丝计算结果

预应力钢丝的主体部分第一主应力在 1 089 MPa 左右,第三主应力在 73 MPa 左右,最大位移在 1.5 cm 左右,见图 5.57~图 5.59。

图 5.57　第一主应力　　　　　　　　图 5.58　第三主应力

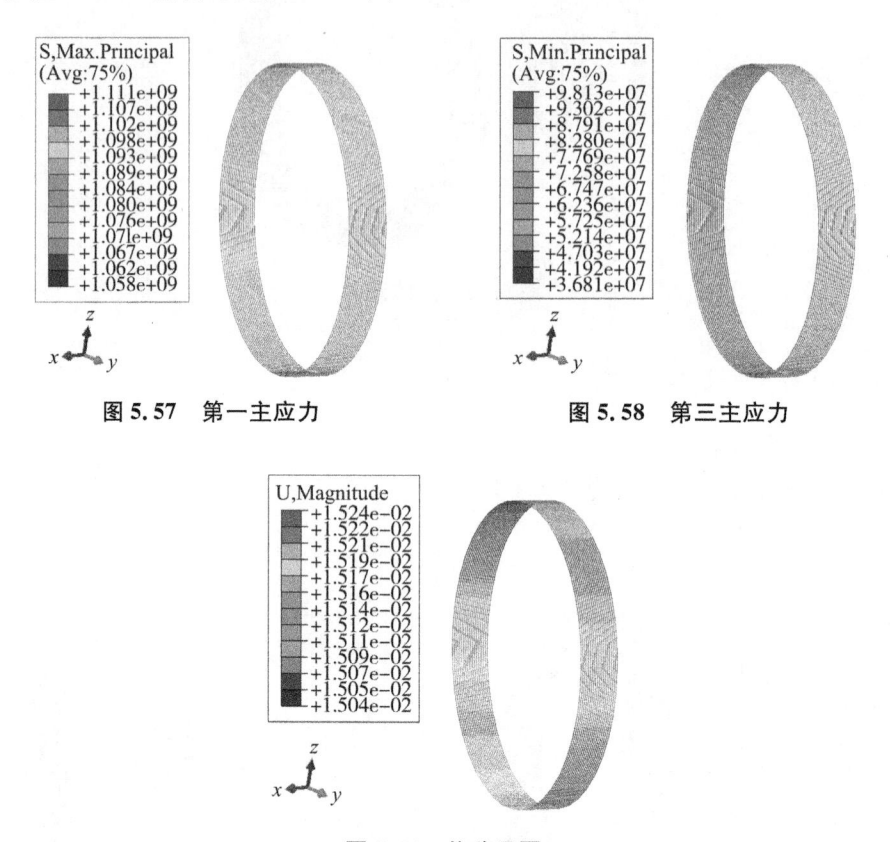

图 5.59　位移云图

(3) 混凝土计算结果

混凝土的主体部分第一主应力在 −1 MPa 左右,第三主应力在 −14 MPa 左右,最大位移在 1.5 cm 左右,见图 5.60~图 5.62。

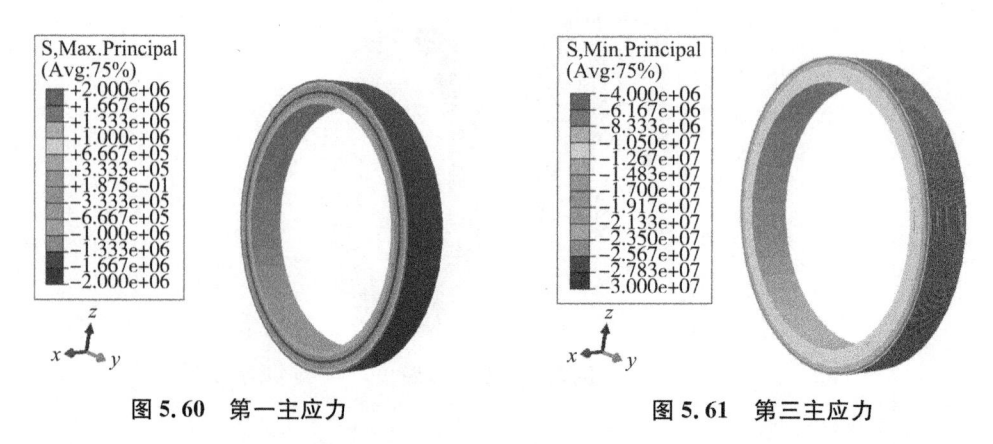

图 5.60　第一主应力　　　　　　　　图 5.61　第三主应力

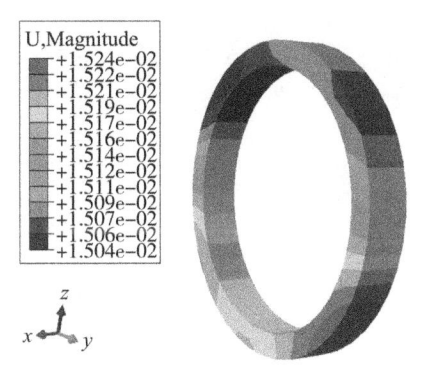

图 5.62　位移云图

5.4.3.5　荷载步五计算结果

(1) 钢筒计算结果

钢筒的主体部分第一主应力在−1 MPa 左右,第三主应力在−100 MPa 左右,最大位移在 2.8 cm 左右,见图 5.63～图 5.65。

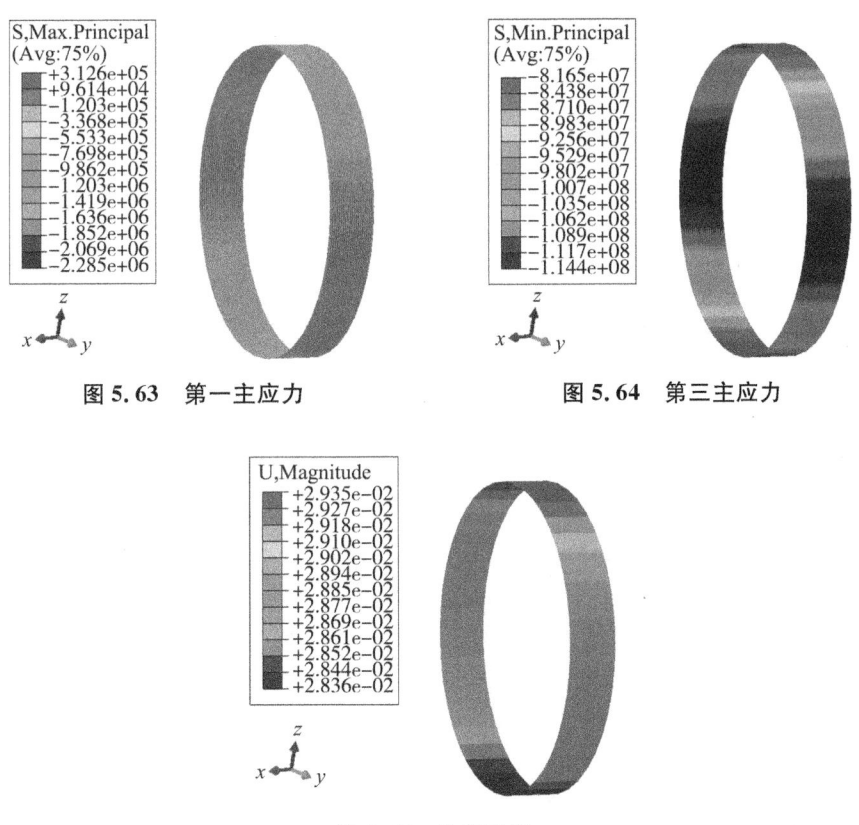

图 5.63　第一主应力　　　　　　　　图 5.64　第三主应力

图 5.65　位移云图

（2）预应力钢丝计算结果

预应力钢丝的主体部分第一主应力在 1 100 MPa 左右，第三主应力在 80 MPa 左右，最大位移在 2.8 cm 左右，见图 5.66～图 5.68。

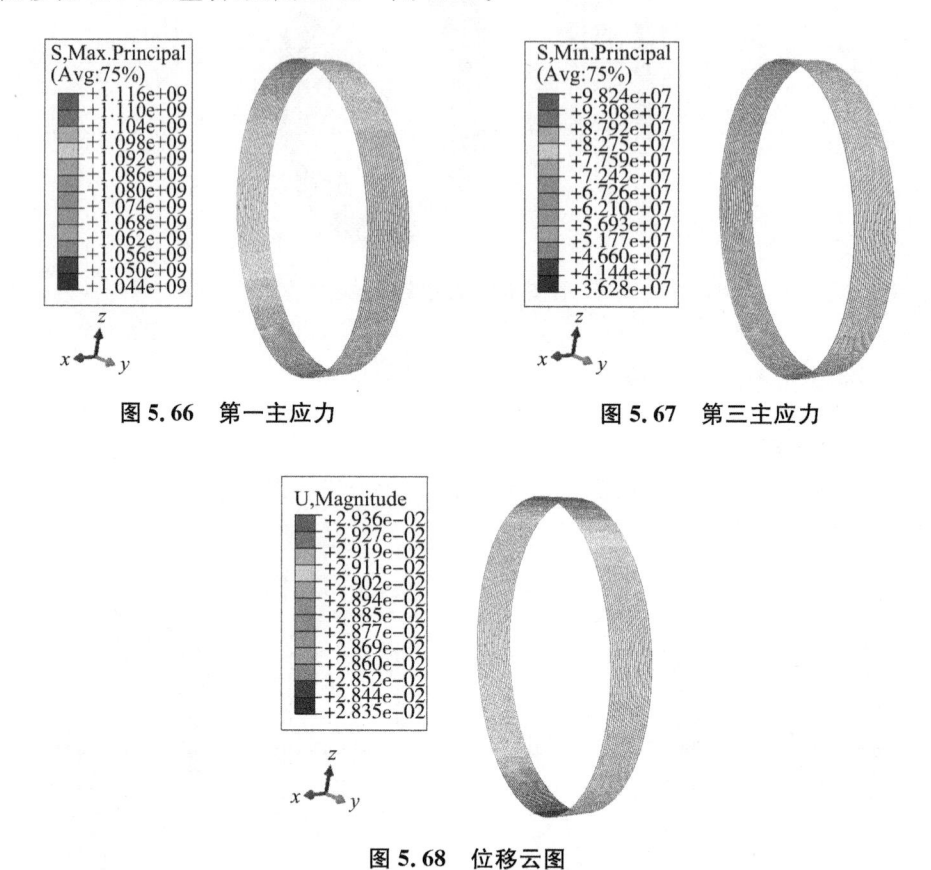

图 5.66　第一主应力

图 5.67　第三主应力

图 5.68　位移云图

（3）外层混凝土计算结果

混凝土的主体部分第一主应力在 −1 MPa 左右，第三主应力在 −14 MPa 左右，最大位移在 2.8 cm 左右，见图 5.69～图 5.71。

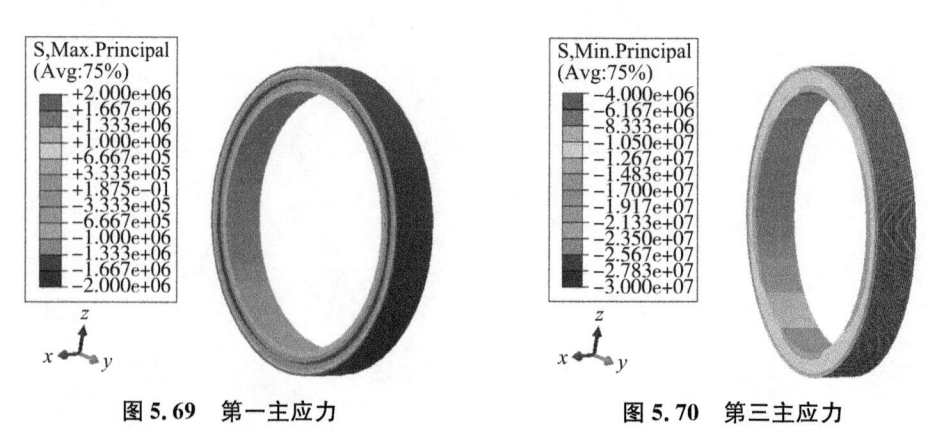

图 5.69　第一主应力

图 5.70　第三主应力

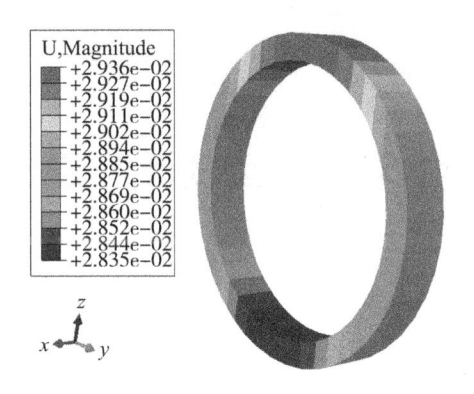

图 5.71　位移云图

由数值模拟计算结果来看,在水压试验中,典型试验段各部位的应力分布和位移分布符合一般规律,数值大小在合理范围内。其中钢筒和筒芯混凝土主体都处于受压状态,且压应力均小于抗压强度,故不会受拉断裂或压剪破坏,处于安全状态;预应力钢丝全部处于受拉状态,且拉应力低于其抗拉强度,不会受拉断裂,故处于安全状态。

6 引调水工程泵站模型试验与进出水流道 CFD 分析研究与应用

6.1 水泵模型试验平台与设计方案

6.1.1 泵站工程概况

引江济淮工程纵跨安徽省和河南省，是大型引调水工程。引江济淮工程（河南段）引水来自安徽境内西淝河，由西淝河上的龙德泵站将西淝河水送至河南境内的清水河。

引江济淮工程（河南段）利用清水河河道通过袁桥、赵楼和试量泵站逆流而上向上游输水至试量调蓄水库，经鹿辛运河自流至后陈楼调蓄水库，然后通过后陈楼加压泵站提水至七里桥调蓄水库，再通过七里桥加压泵站分别提水至新城调蓄水库和夏邑出水池。引江济淮工程（河南段）共计5座泵站，分别为袁桥泵站、赵楼泵站、试量泵站、后陈楼加压泵站和七里桥加压泵站。

试量泵站主要建筑物为2级，设计流量为 40 m³/s。泵站安装 2200ZLQ14.2-6.0 型（水泵型号暂定，以水泵装置模型试验结果为准）立式全调节轴流泵机组4台（3用1备），叶轮直径 1 900 mm（招标暂定值），设计净扬程为 5.17 m，单机流量为 13.33 m³/s。每台水泵配额定功率为 1 100 kW 的立式同步电机，泵站总装机容量为 4 400 kW。

水泵叶轮中心线高程为 32.20 m，进水流道底板高程为 29.20 m，水泵层地面高程为 32.70 m，联轴器层地面高程为 36.68 m，电机层高程为 42.68 m，安装间地面高程为 45.40 m，起重机轨顶高程为 54.90 m，屋面梁底高程为 57.90 m。

试量泵站规划设计参数如表 6.1 所示。泵站纵剖面如图 6.1 所示。

表 6.1 试量泵站规划设计参数

项目	参数
设计流量(m³/s)	40.00
进水池最低水位(m)	35.40
进水池设计水位(m)	35.90
进水池最高水位(m)	37.81

续表

项目	参数
出水池最低水位(m)	40.57
出水池设计水位(m)	41.07
出水池最高水位(m)	41.17
最低净扬程(m)	2.76
设计净扬程(m)	5.17
最高净扬程(m)	5.77

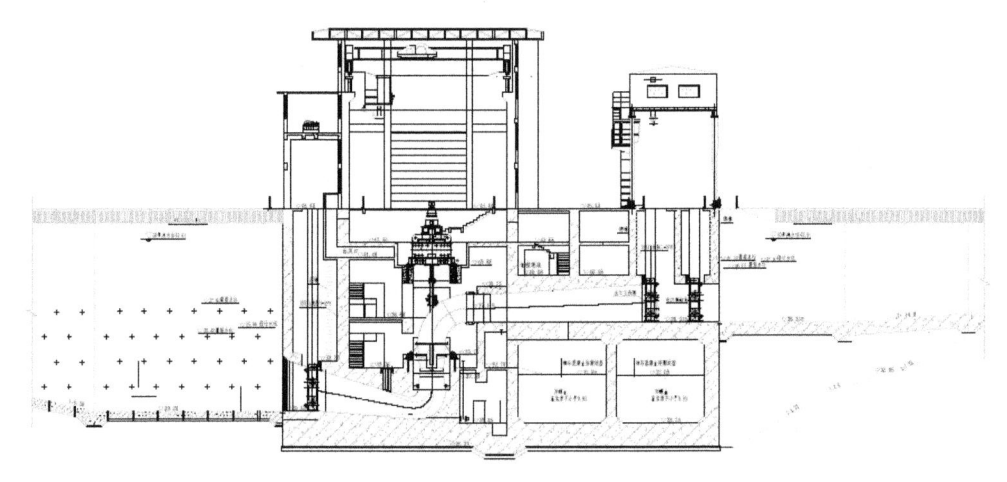

图 6.1 泵站纵剖面图

6.1.2 振动台技术

6.1.2.1 试验台基本技术参数(表 6.2)

表 6.2 试验台基本技术参数

项目	参数
最大试验扬程(m)	100
最大试验流量(L/s)	1 000
电机(直流调速)功率(kW)	110
试验转速(r/min)	0~1 500
辅助泵电机(直流调速)功率(kW)	315
水力循环系统有效容积(m^3)	≥120
试验台效率综合不确定度(%)	≤±0.32
试验转轮直径(mm)	250~460

6.1.2.2 试验台系统结构

试验台系统结构布置如图 6.2 所示。

为了满足空化试验及水洞试验时溶气的需要,本试验台采用立式结构。流量测量位于-2.6 m层面,以保证各种工况下流量测量的准确性。测量管路直径为$\phi 350$、$\phi 500$。

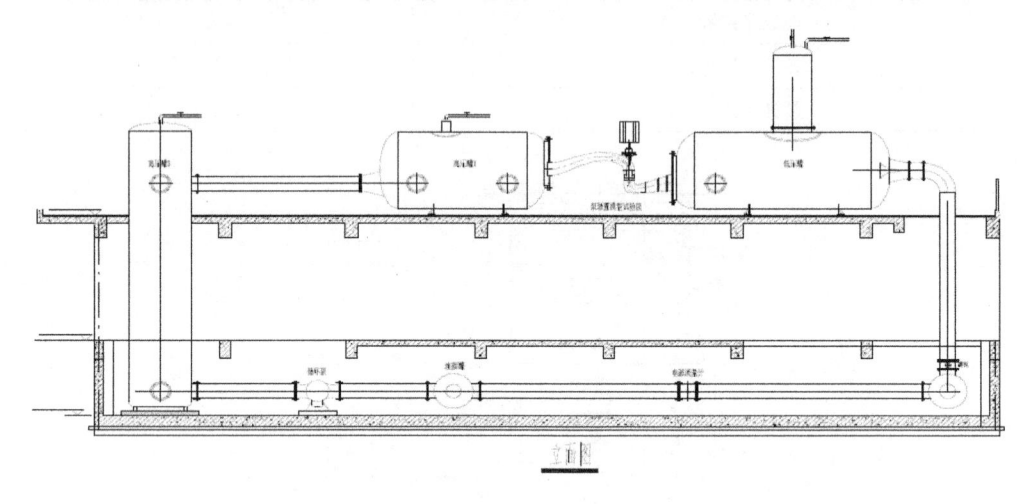

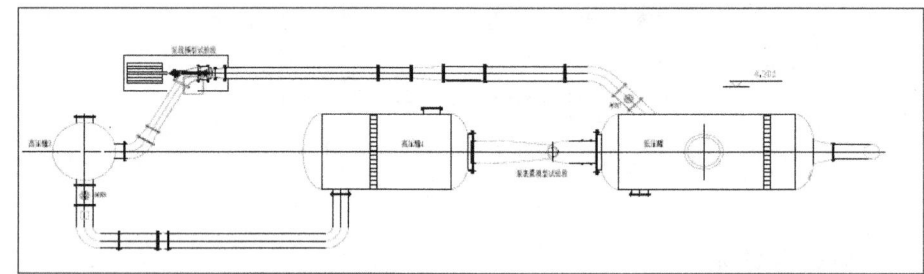

图 6.2 试验台系统结构布置图

6.1.2.3 试验台功能

试验台能够进行大中型泵站新建和更新改造工程及其他泵站适用的各种水泵水力模型和装置模型试验,可安装立轴、横轴、斜轴及贯流等各型水泵模型装置。主要功能包括:

1) 水泵模型泵段及水泵装置模型的能量特性试验;
2) 水泵模型泵段及水泵装置模型的空化特性试验;
3) 水泵模型泵段及水泵装置模型的飞逸特性试验;
4) 水泵模型泵段的全特性试验;
5) 水泵模型泵段及水泵装置模型的振动和噪声测量;
6) 水泵模型泵段及水泵装置模型的流态测试;
7) 水泵模型泵段及水泵装置模型的水力特性试验;
8) 水洞试验。

6.1.3 水泵装置模型

水下玻纤套筒加固技术是针对桥梁墩柱进行加固的一种新型施工工艺,也可以对桥梁墩柱存在稳定性问题进行加固。该技术施工快捷,无需修筑围堰,并且可在水下作业。水下玻纤套筒加固技术在引江济淮施工中主要有以下三大特点。

6.1.3.1 转轮特征参数

转轮特征参数表见表6.3。TJ04-ZL-06模型泵叶轮与导叶见图6.3。

表6.3 转轮特征参数表

项目	参数 TJ04-ZL-06
转轮直径(mm)	300
叶片数(个)	3
导叶数(个)	5
叶片外缘平均间隙(mm)	0.20

图6.3 TJ04-ZL-06模型泵叶轮与导叶

叶轮叶片采用五轴数控加工,轮毂采用不锈钢材质,叶片采用H62铜质材料,叶片的粗糙度小于1.6 μm,叶轮体、叶轮室过流表面粗糙度小于3.2 μm,导叶的过流壁面粗糙度小于6.3 μm。满足《水泵模型及装置模型验收试验规程》(SL140—2006)的要求。

6.1.3.2 试验条件

模型试验转速:1 393 r/min。
试验水质:普通城市自来水。
模型转轮直径$D=0.30$ m。

试验条件满足《水泵模型及装置模型验收试验规程》(SL140—2006)要求。

6.1.3.3 泵装置模型制作

由 CFD 优化计算研究成果可知,原型泵叶轮直径预定 $D_n=1.95$ m,模型泵叶轮直径 $D_m=0.30$ m,模型比 $D_r=D_n/D_m=1.95/0.30=6.5$。全部过流部件几何相似,尺寸按同一模型比确定。模型泵装置由进水流道、水泵叶轮、导叶和出水流道装配而成。原、模型泵装置进水流道型线如图 6.4、图 6.5 所示;原、模型泵装置出水流道型线如图 6.6、图 6.7 所示。

进、出水流道以钢板焊接制作。为满足糙度相似,钢制流道内壁加涂层。

流道制作及系统安装现场照片如图 6.8 所示。

模型进水流道的尺寸检查项目和允许的尺寸偏差如表 6.4 所示,模型出水流道的尺寸检查项目和允许的尺寸偏差如表 6.5 所示。根据规范要求,模型进出水流道的尺寸偏差均小于《水泵模型及装置模型验收试验规程》(SL 140—2006)和 IEC 有关规定允许偏差的较小值。

表 6.4 模型进水流道尺寸及允差

序号	检查项目	设计值	实测精度	允许偏差
1	叶轮进口直径 D_1	292 mm	292.5(+0.17%)	≤±0.2%
2	叶轮中心至底板高度 H	557 mm	554.0(−0.54%)	≤±5%
3	纵向长度 L	1 805 mm	1 801.0(−0.22%)	≤±5%
4	进口段宽度 B	708 mm	711.0(+0.42%)	≤±2%
5	进口高度 h_A	723 mm	720.5(−0.35%)	≤±2%
6	进口顶曲率半径 r_o	144 mm	142.0(−1.39%)	≤±3%
7	进口段顶部渐缩角 a	16.3°	16.2°	≤±0.25°
8	进口段底部抬高角 β	4.7°	4.5°	≤±0.25°
9	过流表面粗糙度 R_a	6.3 μm	≤6.3 μm	≤6.3 μm

表 6.5 模型出水流道尺寸及允差

序号	检查项目	设计值	实测精度	允许偏差
1	流道进口直径	318 mm	317.5(−0.16%)	±0.2%
2	弯管进口直径	338 mm	336.5(−0.44%)	±2.0%
3	弯管出口直径	338 mm	339.7(−0.50%)	±2.0%
4	扩散段进口直径	338 mm	340.5(+0.74%)	±2.0%
5	扩散段出口高度	462 mm	460.5(−0.32%)	±2.0%
6	扩散段出口宽度	708 mm	711.0(+0.42%)	±2.0%
7	纵向总投影长度 L_1	3 503 mm	3 496.0(−0.20%)	±5.0%
8	出口高度 h_1	462 mm	459.8(−0.48%)	±2.0%

续表

序号	检查项目	设计值	实测精度	允许偏差
9	出口宽度 B_1	708 mm	710.3(+0.32%)	±2.0%
10	过流表面粗糙度 R_a	6.3 μm	≤6.3 μm	≤6.3 μm

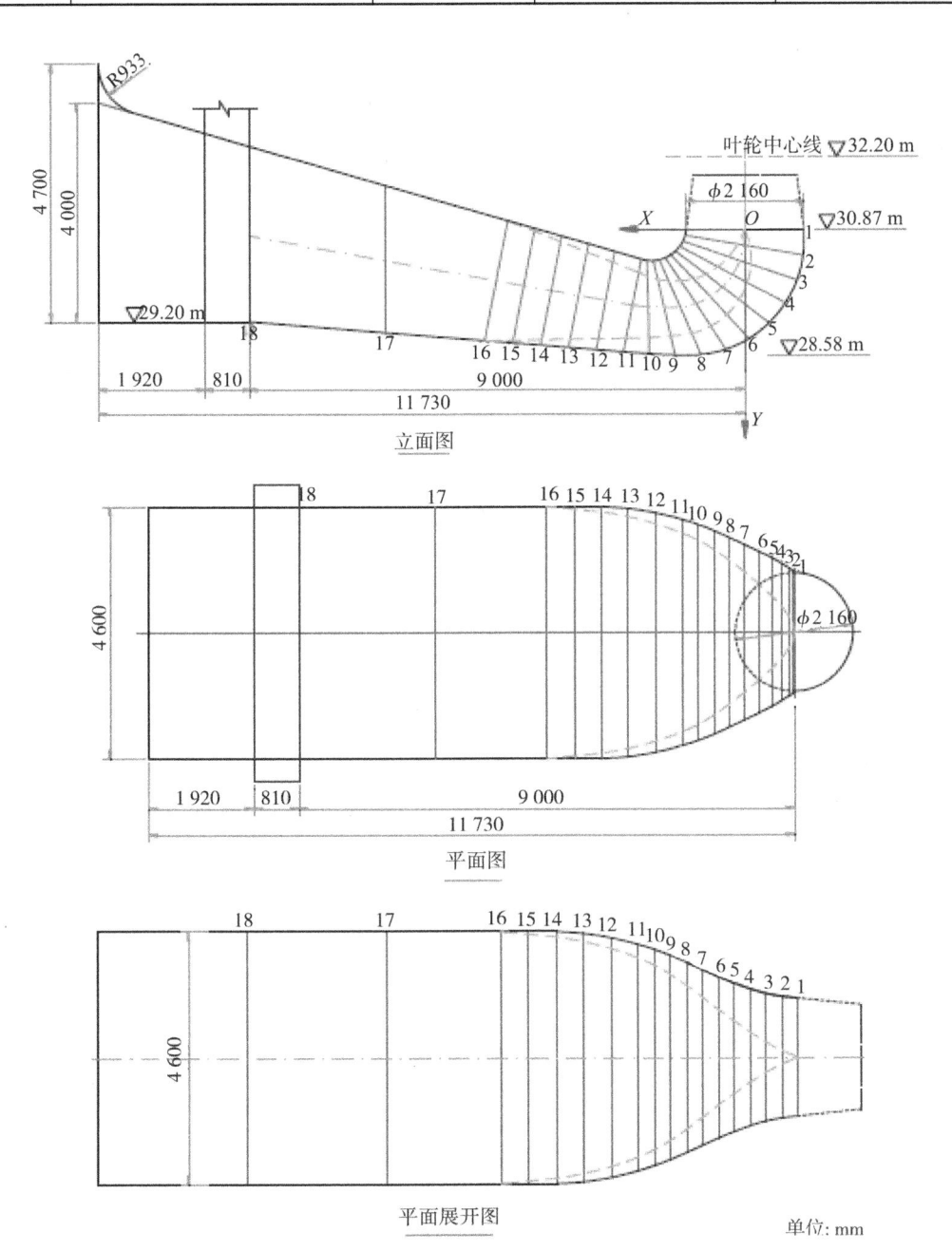

图 6.4 原型进水流道型线图

立面图

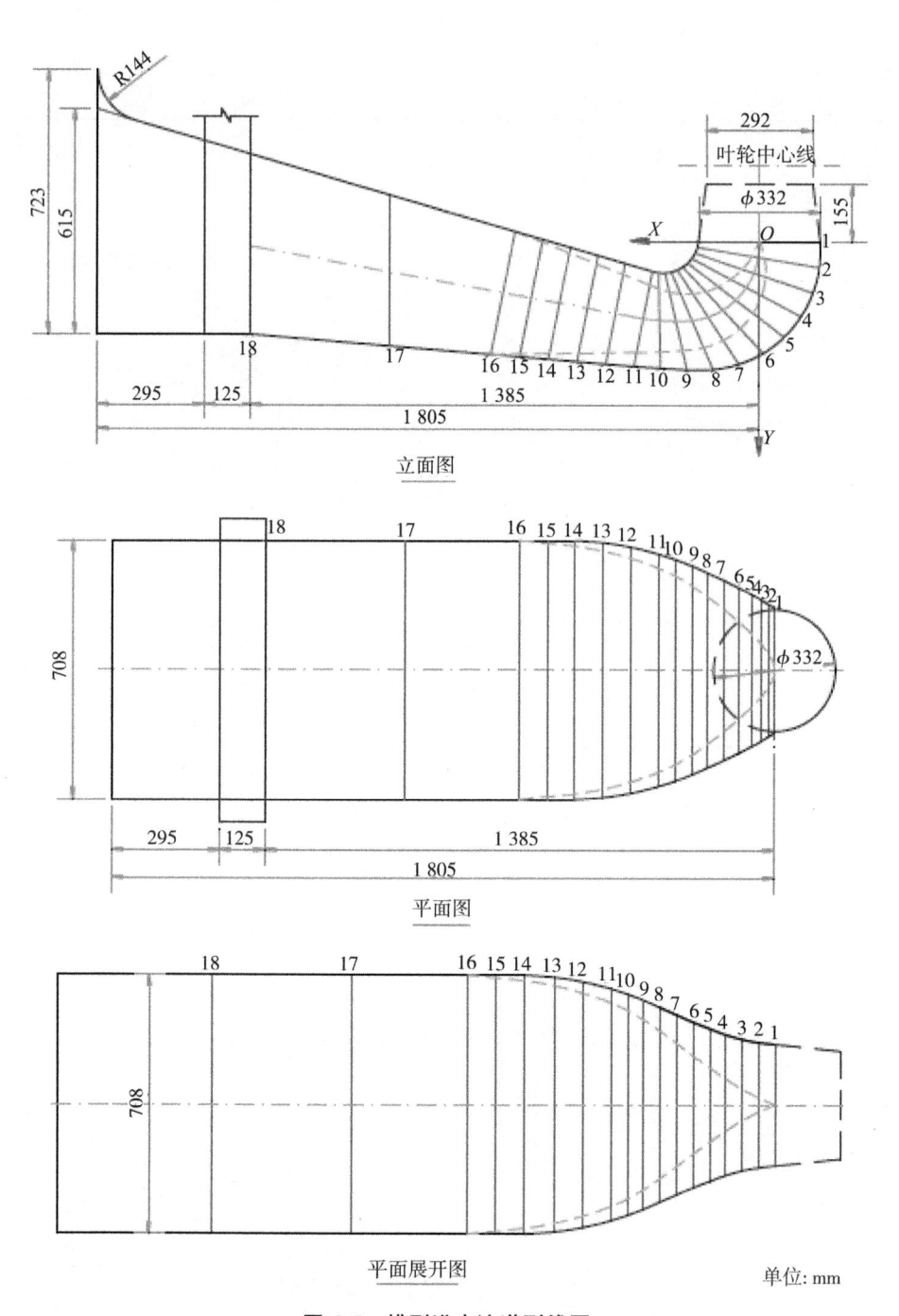

平面图

平面展开图

单位：mm

图 6.5　模型进水流道型线图

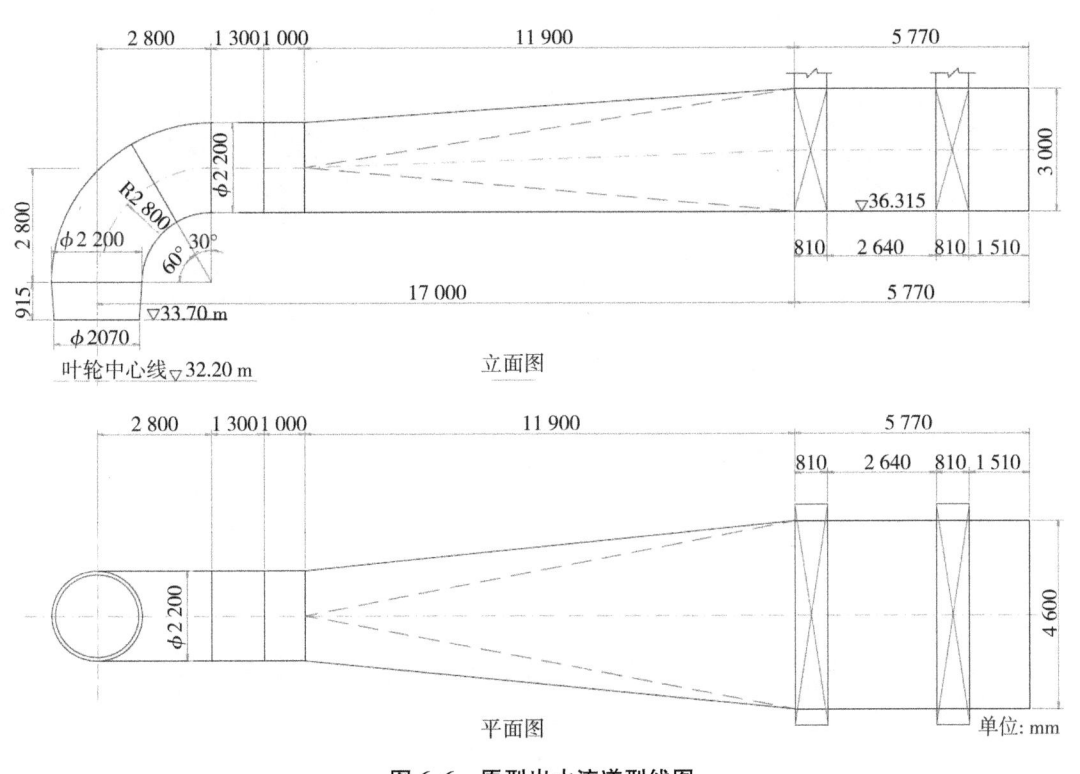

图 6.6　原型出水流道型线图

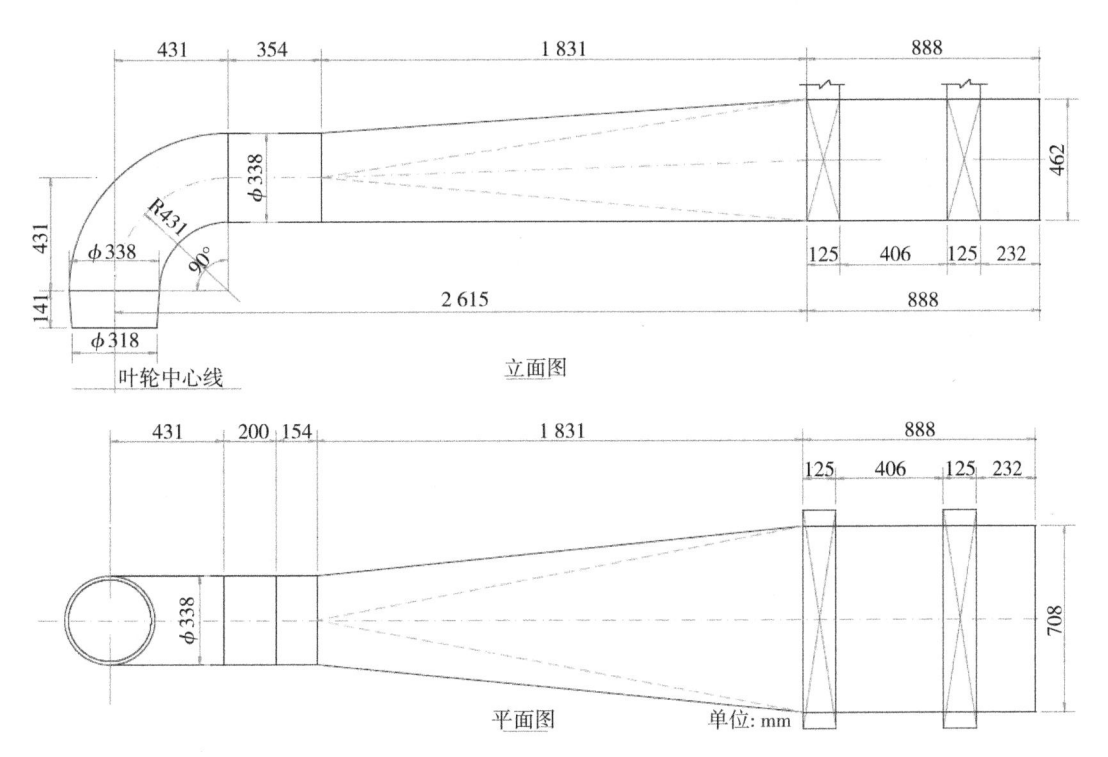

图 6.7　模型出水流道型线图

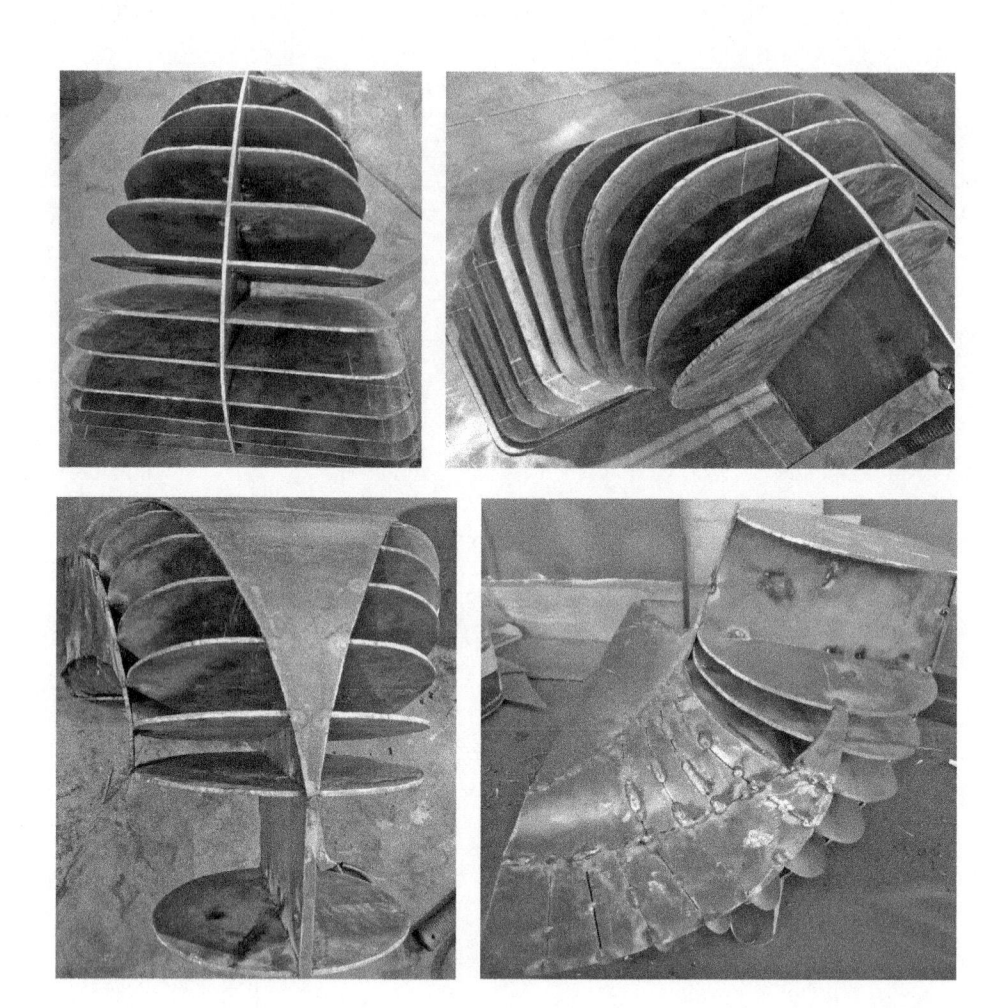

进水弯头段制作过程

进水流道整体拼装

6 引调水工程泵站模型试验与进出水流道 CFD 分析研究与应用

进水流道制作成型

1）进水流道模型制作过程

出水弯头制作过程

2）出水流道模型制作过程

3）泵装置模型试验系统

图 6.8　模型泵装置制作及系统安装

6.1.4　测量方法及测量精度

6.1.4.1　流量测量

流量采用德国科隆智能电磁流量计测量。流量计在国家级计量单位进行率定，测量精度优于±0.2%。流量计水平布置，其前后直管段长度满足安装大于 5 倍管路直径要求。

6.1.4.2　扬程测量

采用日本横河 EJA 智能差压变送器，测量范围为 0~25 m 水柱。装置模型试验扬程测点位于进出口水箱上。经原位率定扬程传感器测量不确定度优于±0.1%。

6.1.4.3 进水箱真空度测量

以模型泵转轮中心线为基准,测点位于进口水箱上,采用日本横河 EJA 智能绝对压力变送器测量,绝对压力传感器测量不确定度优于±0.1%。

6.1.4.4 转矩、转速(轴功率)测量

转矩转速采用 JCL2/500 Nm 智能型转矩转速传感器测量,精度优于±0.1%,传感器在使用时只承受扭矩,不承受其他外力作用。

轴功率计算公式

$$P = \frac{2\pi nM}{60} \times \frac{1}{1\,000}$$

6.1.5 模型试验主要测试内容及测试方法

6.1.5.1 模型装置效率试验

1) 在效率试验前,模型泵在额定工况点运转 30 分钟以上,排除循环系统中游离气体,其间应检查泵的轴承、密封、噪声和振动状况。性能试验应在无空化条件下进行。

2) 试验测点合理分布在整个性能曲线上,试验前进行各测量传感器调零。试验曲线试验点数不少于 15 个。试验工况稳定后试验系统在无任何人为干扰条件下连续进行 3 次测试,每次测试时间为 30 s,3 次测试效率最大值与最小值之差应小于 0.3%,否则需重新进行测试,取 3 次测量的中间值作为最后测试结果,打印、存盘。

水泵空载机械损失转矩在不带转轮条件下泵轴系在水中旋转条件下进行测试。

3) 效率计算公式

$$\eta = P_\text{水}/P_\text{轴} = r \times Q \times H/(M \times \omega) = 30 \times r \times Q \times H/(\pi \times M \times n)$$

式中,$P_\text{水}$——模型泵的水力功率,kW;

$P_\text{轴}$——模型泵轴的输入功率,kW;

Q——通过模型泵的流量,m^3/s;

H——模型泵的扬程,m;

r——水的重度,N/m^3;

M——模型泵轴传递的力矩,N·m;

ω——模型泵轴旋转角速度,rad/s;

n——模型泵的试验转速,r/min;

4) 同时测取流量、扬程、转速、轴功率,绘制 $Q-H$、$Q-P$、$Q-\eta$ 曲线。

6.1.5.2 空化试验

1) 空化试验以模型泵转轮中心线高程为基准计算水泵空化余量 NPSH。

2) 第一个试验点在无空化情况下进行,完成第一个点测试后抽真空逐渐加大真空

度,试验过程中保持试验转速恒定,辅助泵转速或截止阀开度恒定,逐渐降低试验系统的空化余量(NPSH),在空化试验曲线发生转折的区域应有较密集的试验点。效率下降足够后完成该工况点测试。在模型泵的工作范围内,至少应对包括小流量点、规定流量点及大流量点在内的每个水泵模型的每个叶片角度做5个工况点的空化试验。

3)效率下降值以空化试验的起始点为基准。
4)取水泵效率下降1%时的空化余量作为临界空化余量,以 NPSHc 表示。
5)同时测取流量、扬程、转速、轴功率、进口真空度,绘制 Q-NPSHc 曲线。
6)NPSH 值计算公式

$$\mathrm{NPSH}=\frac{p_s}{\rho g}+\frac{v_s^2}{2g}-\frac{p_v}{\rho g}$$

式中,$\frac{p_s}{\rho g}$——进水测压断面相对于叶轮中心线压力水头,m;

$\frac{v_s^2}{2g}$——进水测压断面的液体平均速度头,m;

$\frac{p_v}{\rho g}$——抽送液体汽化压力水头,m。

6.1.5.3 飞逸试验

飞逸特性试验是测定模型泵在反转(水轮机旋转方向)且轴扭矩为零时的转速。试验时采取辅助泵反向供水,将电机反转,测量在轴扭矩为0时飞逸转速值,并计算出单位飞逸转速。

单位飞逸转速可用飞逸转速算出,其计算公式为

$$N_0=\frac{n_f D}{\sqrt{H}}$$

式中,N_0——单位飞逸转速,r/min;
  D——叶轮名义直径,m;
  H——模型试验水头,m;
  n_f——试验的飞逸转速,r/min。

6.1.5.4 试验标准

《水泵模型及装置模型验收试验规范》(SL140—2006);
国际规程《水轮机、蓄能泵和水泵水轮机模型验收试验》(IEC 60193:1999)。

6.1.6 测量不确定度分析

水力机械(包括模型水轮机和模型水泵)试验台的测量不确定度主要指模型效率的测量不确定度,一般采用模型效率测量的相对极限不确定度来表示效率测量不确定度。而

效率相对不确定度是由随机不确定度和系统不确定度按方和根合成所得。

模型效率计算公式为

$$\eta = r \times Q_M \times H/(M \times \omega) = 30 \times r \times Q_M \times H/(\pi \times M \times n)$$

式中，Q_M——模型泵的流量，m^3/s；

H——模型泵的扬程，m；

r——水的重度，N/m^3；

M——模型泵轴传递的力矩，$N \cdot m$；

ω——模型泵轴旋转角速度，rad/s；

n——模型泵的试验转速，r/min。

6.1.7 随机不确定度

试验台随机不确定度由于采用了计算机采集和处理系统，采样周期可达 30 s 或更长，采样速率可达 1 000 次/s 以上。同时，试验台水体有效容积达 120 m^3。采用数字式直流调速系统，试验系统运行稳定。所以测量的算术平均值已接近参数的真值。虽然随机不确定度很小，但是效率测量仍然存在某些离散性，故随机不确定度不能忽略。

选定典型工况（一般选最优工况）下测量模型效率相对不确定度，即在稳定工况下，重复采集 10 次读数，按每组读数计算出效率值，然后计算出效率重复值的平均值及标准偏差，根据 IEC 规程推荐，采用斯图登特(Student)t 型分布。

$$f_{max} = \pm t.s/\sqrt{N}$$

式中，t——置信度为 95% 的斯图登特统计值；

N——测量次数；

s——标准不确定度平均值，即 $s = \sqrt{\sum_{i=1}^{n}(\overline{\eta} - \eta_i)^2/(n-1)}$，其中，$\overline{\eta}$ 为 N 个效率测量值平均数，η_i 为每次效率测量值。

试验台随机不确定度

$$E_r = f_{max}/\overline{\eta}$$

6.1.8 系统不确定度

随着试验台高精度测量仪表和自动数据采集处理系统的发展与应用，参数测量中的随机不确定度大大降低，因此系统不确定度成为总测量不确定度中的主要部分。

1）扬程测量不确定度 E_H

压差传感器的率定不确定度 $f_c \leqslant \pm 0.1\%$

$$E_p = \pm 0.1\%$$

动态扬程不确定度 E_d 包括流量测量不确定度，测量断面面积测量不确定度。本次模型试验,水泵进、出口压力测点接在进出口水箱上,不考虑水泵进、出口压力测点速度水头。即 $E_d=0$。

$$\therefore E_H=\sqrt{E_P^2+E_d^2}=\pm0.1\%$$

即试验台扬程测量不确定度为±0.1%。

2) 流量测量不确定度 E_Q

流量计经过率定 $E_Q\leqslant\pm0.2\%$。

3) 转矩转速测量不确定度 E_T

力矩采用 JCL2/500 Nm 智能型转矩转速传感器测量。该仪器经江苏省计量科学研究院标定:在 1~500 N·m 范围内转矩测量不确定度为

$$E_M\leqslant\pm0.1\%$$

转速测量不确定度为

$$E_n\leqslant\pm0.1\%$$

$$\therefore E_T=\sqrt{E_M^2+E_n^2}=\pm0.14\%$$

即试验台轴功率测量不确定度为±0.14%。

试验台系统不确定度由扬程、轴功率、流量测量不确定度组成,为

$$E_S=\sqrt{E_H^2+E_T^2+E_Q^2}=\pm0.26\%$$

6.1.9 效率试验综合不确定度

模型总效率试验综合不确定度由系统不确定度和随机不确定度"方和根"合成。对本次能量试验中模型 0 度最高效率点处进行 10 次重复性实测,并计算得出试验台效率试验随机不确定度:$E_r\leqslant\pm0.10\%$。

故本试验效率测试综合不确定度 $E_\eta=\sqrt{E_S^2+E_r^2}=\pm0.279\%$。

6.2 水泵模型试验测试结果综合分析

在泵站工程设计中,根据工程所在地具体的水利条件,需单独设计进、出口的流道形式。为满足水力学水流流态要求,减少水流对流道的侵蚀作用,同时为减少土建工程量,提高整个泵站工程的运行效率,需专门设计专用的进水流道和出水流道。一般情况下,进出口流道多为优化曲型断面以满足各种边缘力学条件,这为施工过程中的流道施工带来了一定的困难。若流道在施工过程中把控不严,尺寸上和形式上存在偏差,会影响使用过程中水流和流道边缘的力学条件,进而影响泵站的使用年限、耐久性和安全性能。在实际施工过程中,如何严格按设计要求的流道断面形式施工成为一道难题。本次针对试量泵站工程进出口曲型流道施工,进行曲型流道的整体施工工艺探索,其中包括曲型流道的线

型控制工艺、曲型流道模板整体制作及安装支护工艺、曲型流道混凝土浇筑工艺以及曲型流道钢筋安装工艺研究,为类似工程提供一定的借鉴。

6.2.1 模型试验结果

6.2.1.1 模型能量特性试验

通过模型试验,提供的能量特性成果包括扬程特性 $H_{sy}=H_{sy}(Q)$、效率特性 $\eta_{sy}=\eta_{sy}(Q)$ 及功率特性 $P=P(Q,H)$。试验工况点最高扬程达到泵站最高运行净扬程,最低扬程达到泵站最低运行净扬程。实际试验 6 个叶片角度:+6°、+4°、+2°、0、-2°、-4°、-6°。水泵模型不同工况不同叶片安放角的能量特性详细试验数据见相关资料。水泵模型装置在各特征净扬程下能量特性数据见表 6.6。图 6.9 为模型泵装置实测能量特性曲线。

表 6.6 模型泵装置特征净扬程工况点能量特性
($n=1393$ r/min, $D=300$ mm)

模型参数		-6°	-4°	-2°	0°	+2°	+4°	+6°
最低净扬程 $H_j=2.76$ m	流量 Q(L/s)	312.97	340.91	365.02	389.22	412.47	437.72	463.76
	效率 η_{sy}(%)	73.19	72.59	71.25	69.82	68.11	66.36	64.19
设计净扬程 $H_j=5.17$ m	流量 Q(L/s)	241.84	266.58	289.88	313.36	335.42	357.52	380.86
	效率 η_{sy}(%)	76.62	77.09	76.68	76.20	76.17	76.71	76.80
最高净扬程 $H_j=5.77$ m	流量 Q(L/s)	220.97	243.90	267.98	290.44	309.55	330.92	350.13
	效率 η_{sy}(%)	73.63	74.42	74.73	74.72	73.93	73.45	73.69

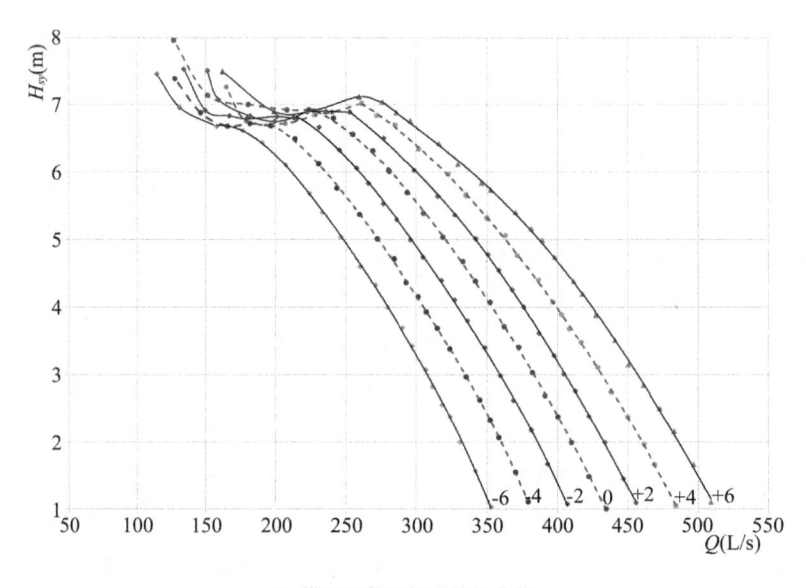

1) 模型泵装置扬程特性曲线

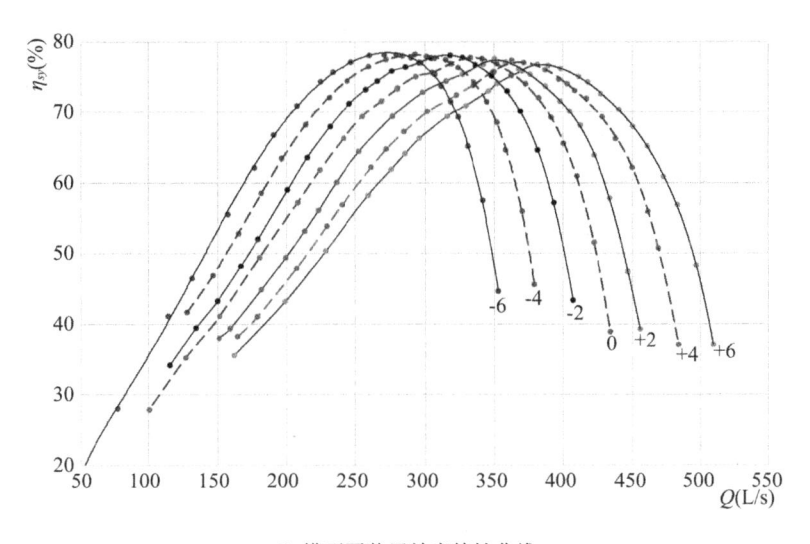

2) 模型泵装置效率特性曲线

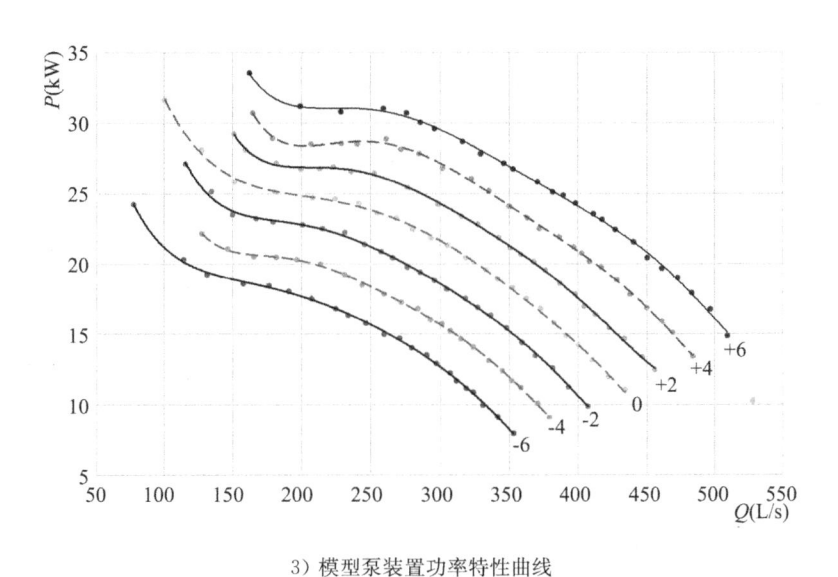

3) 模型泵装置功率特性曲线

图 6.9　模型泵装置实测能量特性曲线

6.2.1.2　模型装置空化特性试验结果

表 6.7～表 6.13 为模型泵装置在各叶片安放角不同运行工况下的临界空化余量 $NPSH_C(\mathrm{m})$。

表 6.7　水泵模型装置空化特性试验数据（+6°）

（$n = 1\,393\ \mathrm{r/min}, D = 0.30\ \mathrm{m}$）

序号	1	2	3	4	5
流量 $Q(\mathrm{L/s})$	483.66	448.47	420.96	389.96	331.45

续表

序号	1	2	3	4	5
净扬程 H_j(m)	2.14	3.22	4.09	4.97	6.08
$NPSH_C$(m)	10.13	9.52	9.38	9.62	10.86

表 6.8 水泵模型装置空化特性试验数据（+4°）

($n=1\,393$ r/min, $D=0.30$ m)

序号	1	2	3	4	5
流量 Q(L/s)	458.49	428.65	401.15	360.59	324.70
净扬程 H_j(m)	2.07	3.11	3.94	5.11	5.92
$NPSH_C$(m)	9.48	8.95	8.71	9.28	10.27

表 6.9 水泵模型装置空化特性试验数据（+2°）

($n=1\,393$ r/min, $D=0.30$ m)

序号	1	2	3	4	5
流量 Q(L/s)	436.11	404.41	376.44	348.24	300.69
净扬程 H_j(m)	1.90	3.01	3.98	4.84	5.98
$NPSH_C$(m)	8.87	8.28	8.14	8.75	9.97

表 6.10 水泵模型装置空化特性试验数据（0°）

($n=1\,393$ r/min, $D=0.30$ m)

序号	1	2	3	4	5
流量 Q(L/s)	410.94	381.57	356.40	322.60	285.77
净扬程 H_j(m)	1.95	3.06	3.92	4.93	5.88
$NPSH_C$(m)	8.22	7.76	7.61	8.48	9.46

表 6.11 水泵模型装置空化特性试验数据（−2°）

($n=1\,393$ r/min, $D=0.30$ m)

序号	1	2	3	4	5
流量 Q(L/s)	385.53	363.15	335.88	292.30	260.83
净扬程 H_j(m)	1.99	2.83	3.82	5.10	5.97
$NPSH_C$(m)	7.78	7.15	7.02	8.18	9.11

表 6.12 水泵模型装置空化特性试验数据(-4°)

($n=1\ 393$ r/min, $D=0.30$ m)

序号	1	2	3	4	5
流量 Q(L/s)	361.52	337.28	309.54	281.11	242.18
净扬程 H_j(m)	1.93	2.89	3.85	4.78	5.81
$NPSH_C$(m)	7.19	6.47	6.58	7.41	8.69

表 6.13 水泵模型装置空化特性试验数据(-6°)

($n=1\ 393$ r/min, $D=0.30$ m)

序号	1	2	3	4	5
流量 Q(L/s)	334.95	313.04	287.40	255.70	220.97
净扬程 H_j(m)	1.84	2.76	3.77	4.73	5.77
$NPSH_C$(m)	6.67	5.93	6.02	6.96	8.37

图 6.10 为模型泵装置各叶片角临界空化余量变曲线。

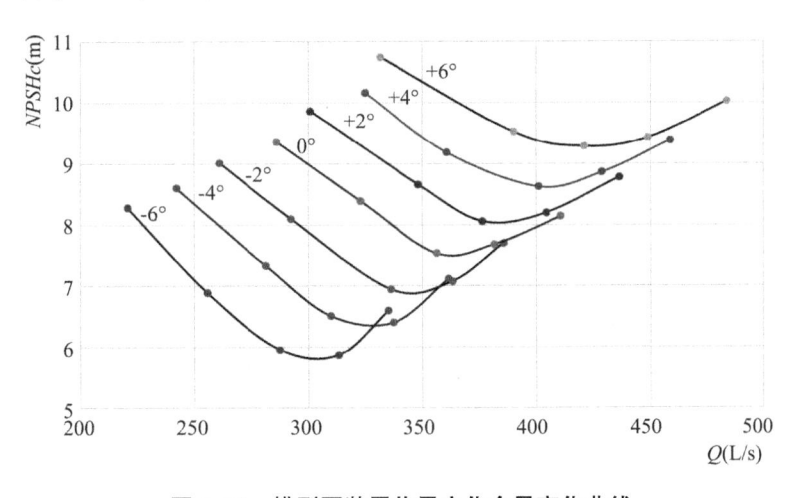

图 6.10 模型泵装置临界空化余量变化曲线

6.2.1.3 模型装置飞逸特性试验

对模型泵装置各叶片安放角(+6°、0°、-6°)进行了飞逸转速试验,其单位飞逸转速如表 6.14~6.16 所示。

表 6.14 +6°飞逸转速试验数据表

序号	试验水头 H_m(m)	飞逸转速 n_f(r/min)	单位飞逸转速 N_0(r/min)
1	0.722	705	248.91
2	0.895	789	250.20
3	1.044	851	249.86

续表

序号	试验水头 H_m(m)	飞逸转速 n_f(r/min)	单位飞逸转速 N_0(r/min)
4	1.313	948	248.20
5	1.481	1 012	249.47
6	1.634	1 062	249.24
平均			249.31

表 6.15　0°飞逸转速试验数据表

序号	试验水头 H_m(m)	飞逸转速 n_f(r/min)	单位飞逸转速 N_0(r/min)
1	1.009	889	265.51
2	1.056	912	266.25
3	1.137	951	267.56
4	1.248	991	266.13
5	1.464	1 079	267.53
6	1.367	1 044	267.88
平均			266.81

表 6.16　−6°飞逸转速试验数据表

序号	试验水头 H_m(m)	飞逸转速 n_f(r/min)	单位飞逸转速 N_0(r/min)
1	1.006	984	294.32
2	1.107	1 036	295.40
3	1.271	1 107	294.58
4	1.390	1 162	295.59
5	1.416	1 172	295.39
6	1.407	1 172	296.33
平均			295.27

由表 6.14～6.16 可知各叶片角的单位飞逸转速。图 6.11 为各叶片安放角的飞逸转速随扬程的变化曲线。

飞逸转速与装置净扬程有关，根据模型试验结果，考虑最不利情况，即在−6°最高净扬程计算原型泵装置飞逸转速。

原型泵飞逸转速可按 $n_f = N_0 \sqrt{H}/D$ 计算，取−6°单位飞逸转速 $N_0 = 295.27$ r/min，则

$H_j = 5.77$ m(最大)时，$n_f = 361.87$ r/min，为水泵额定转速的 1.69 倍。

$H_j = 5.17$ m(设计)时，$n_f = 342.54$ r/min，为水泵额定转速的 1.60 倍。

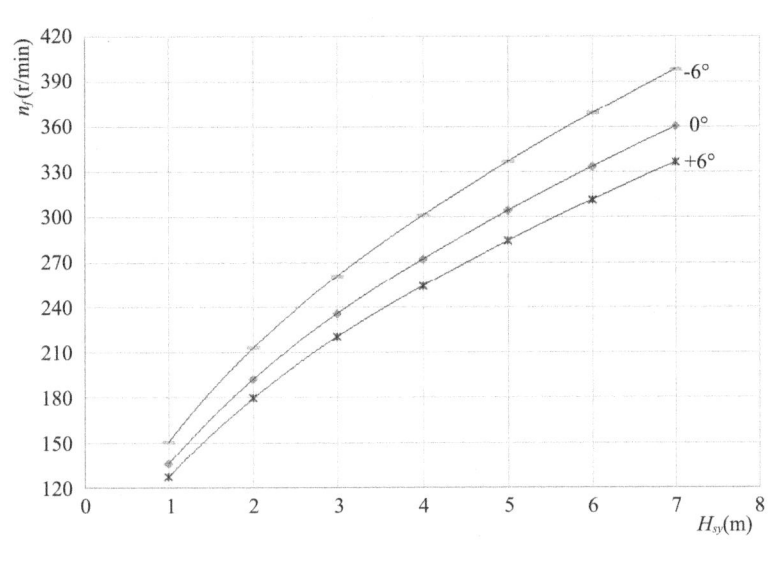

图 6.11　各叶片安放角的飞逸转速变化曲线

6.2.1.4　模型装置压力脉动特性试验

依据标准《水力机械(水轮机、蓄能泵和水泵水轮机)振动和脉动现场测试规程》(GB/T 17189—2007)。该实验用虚拟仪器和高频压力传感器对叶轮进口处 $P1$ 点、叶轮出口处 $P2$ 点、导叶出口处 $P3$ 点的压力脉动情况进行了测量。测量采样频率 1 000 Hz,记录时间 15 s,本次试验压力脉动测点布置如图 6.12 所示。对每个叶片安放角测定 5 个不同工况点,不同叶片安放角在各特征净扬程工况下的时域和频域压力脉动曲线如图 6.13 所示。

图 6.12　压力脉动测点布置图

+6°, $H_{sy}=2$ m

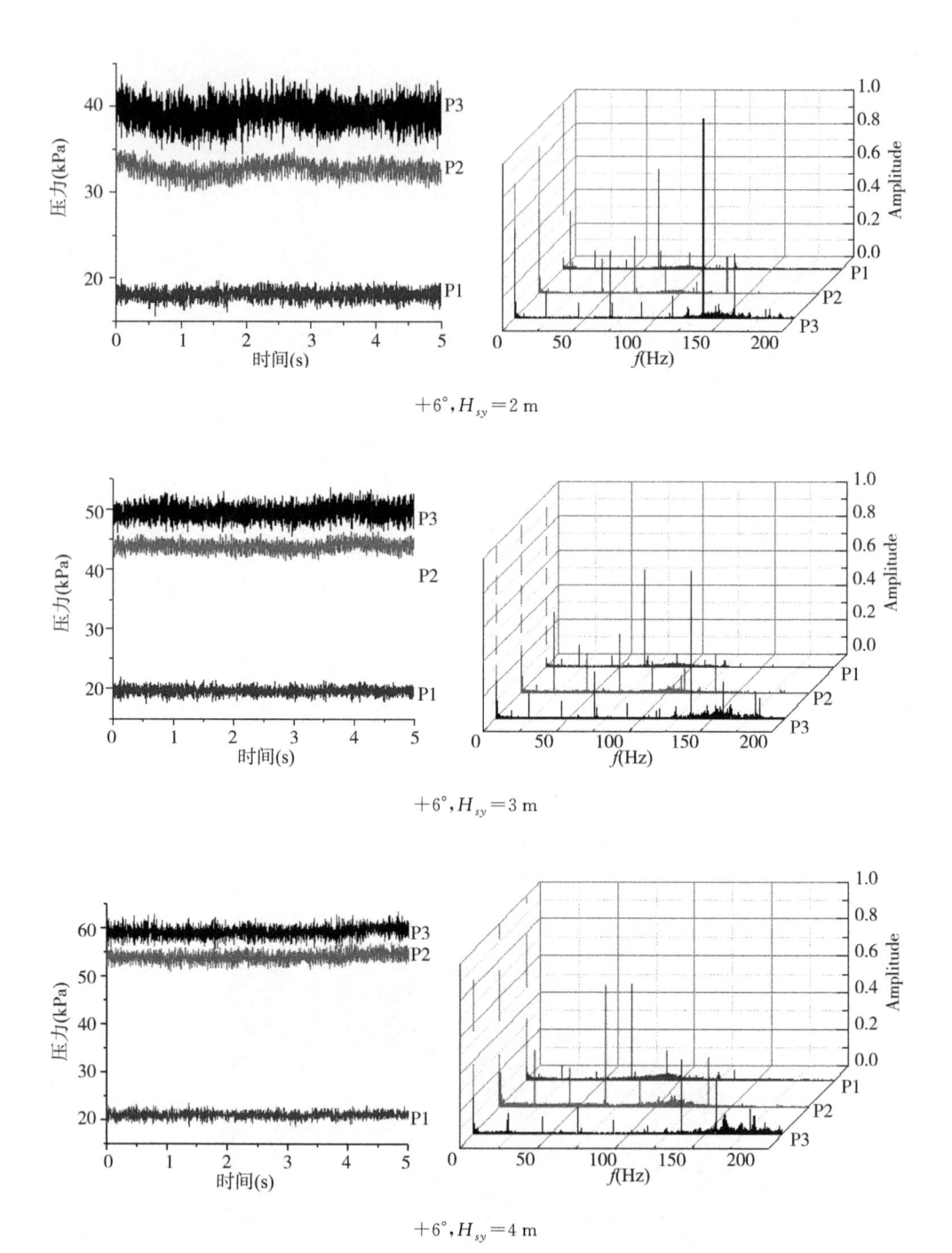

+6°, $H_{sy}=3$ m

+6°, $H_{sy}=4$ m

$+6°, H_{sy}=5$ m

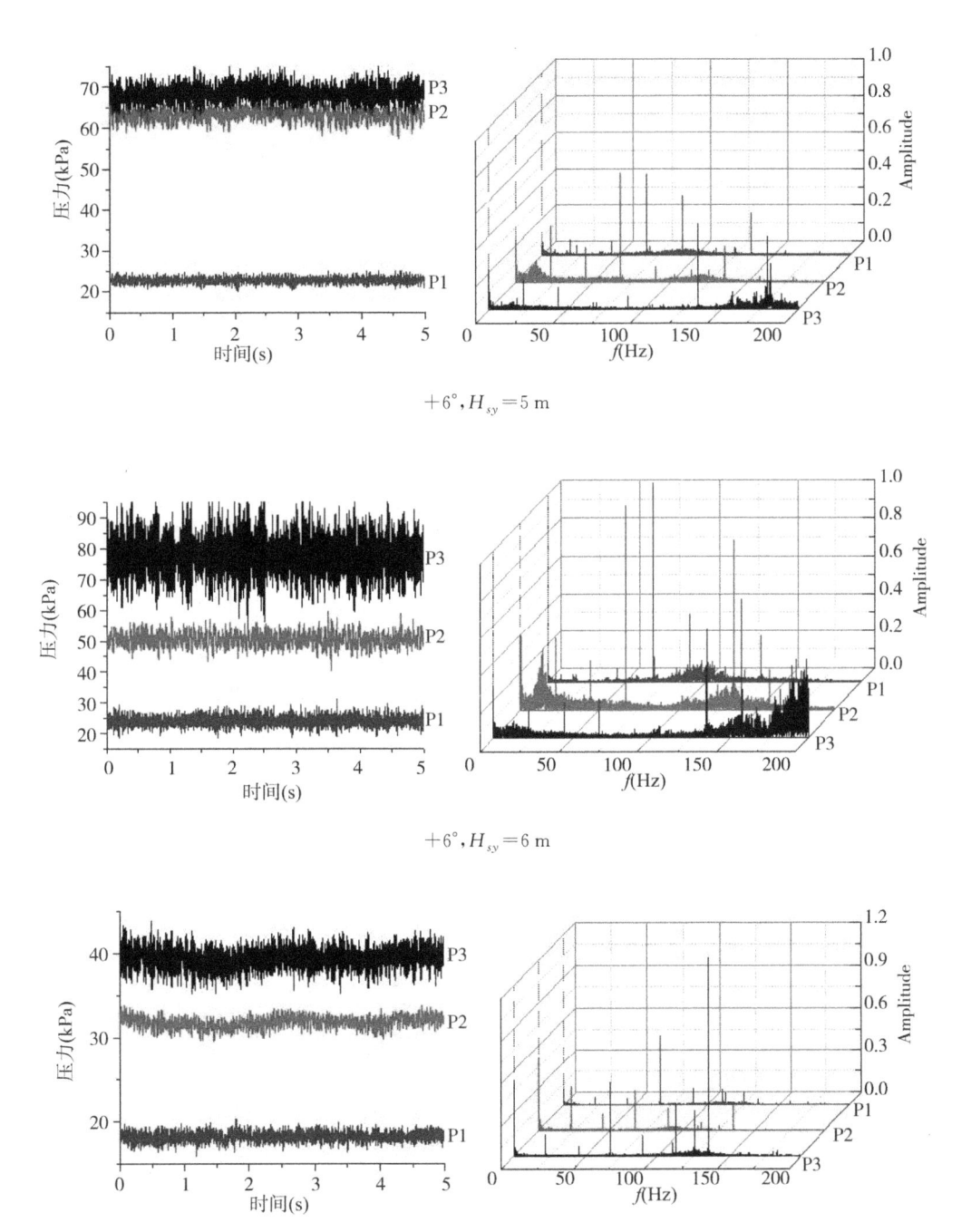

$+6°, H_{sy}=6$ m

$-4°, H_{sy}=2$ m

$-4°, H_{sy}=3\text{ m}$

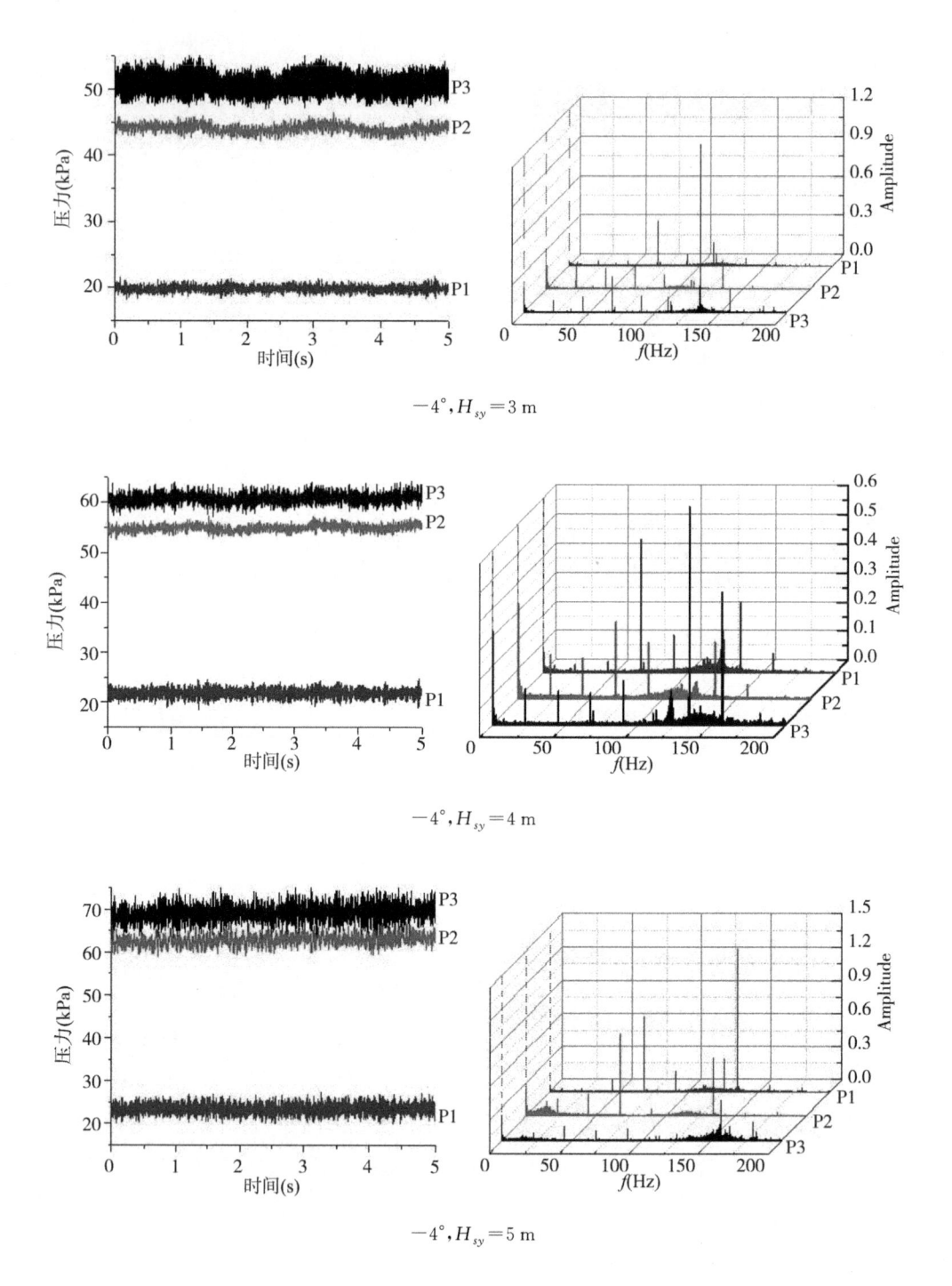

$-4°, H_{sy}=4\text{ m}$

$-4°, H_{sy}=5\text{ m}$

$-4°, H_{sy}=6$ m

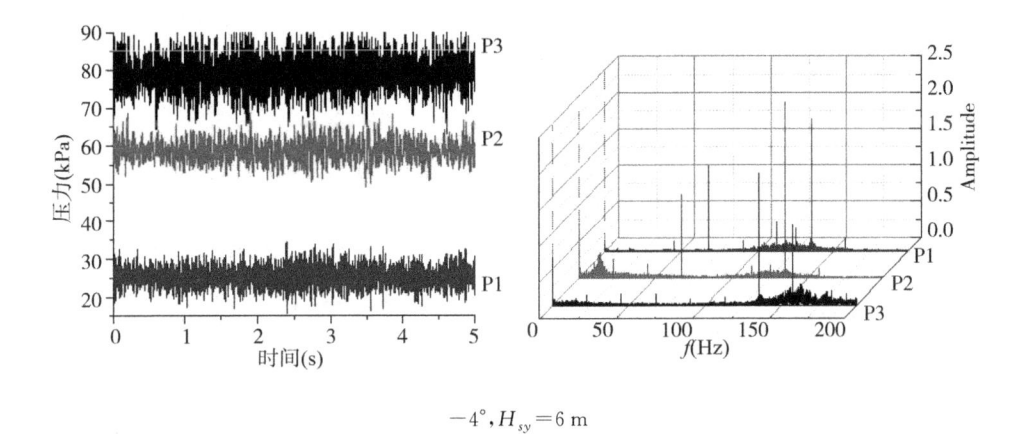

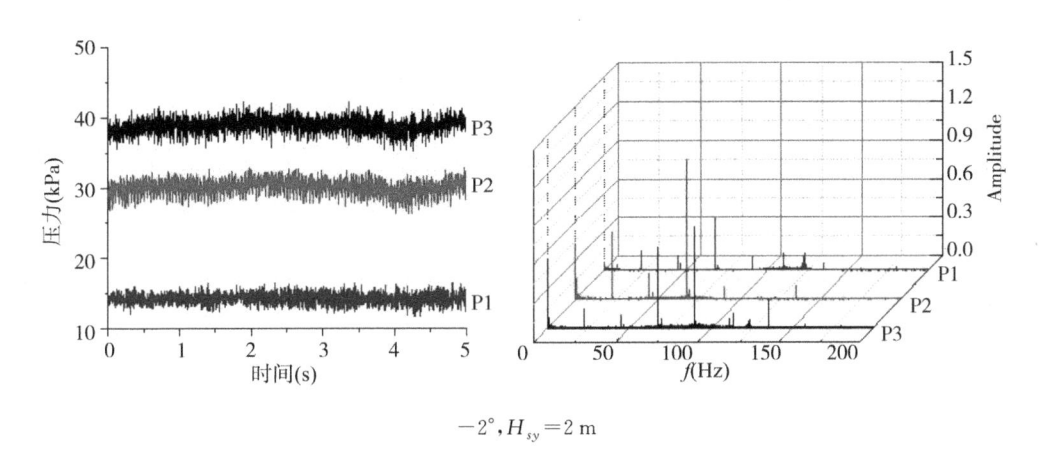

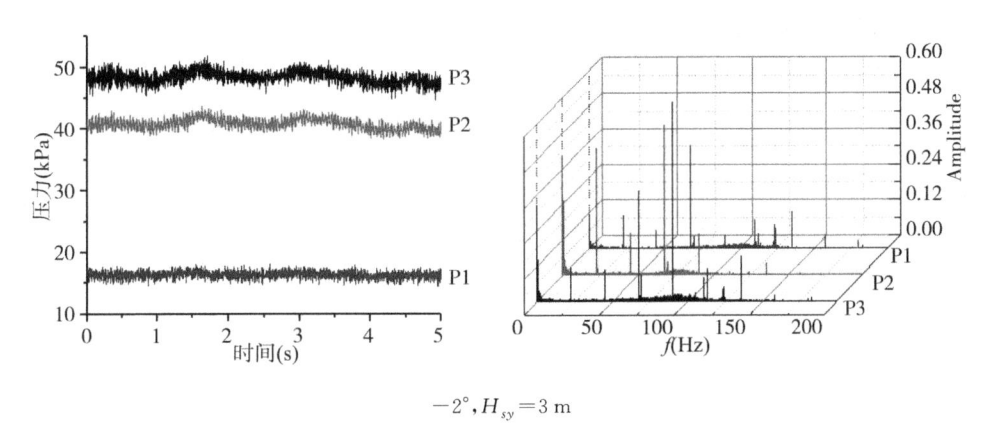

$-2°, H_{sy}=2$ m

$-2°, H_{sy}=3$ m

$-2°, H_{sy}=4$ m

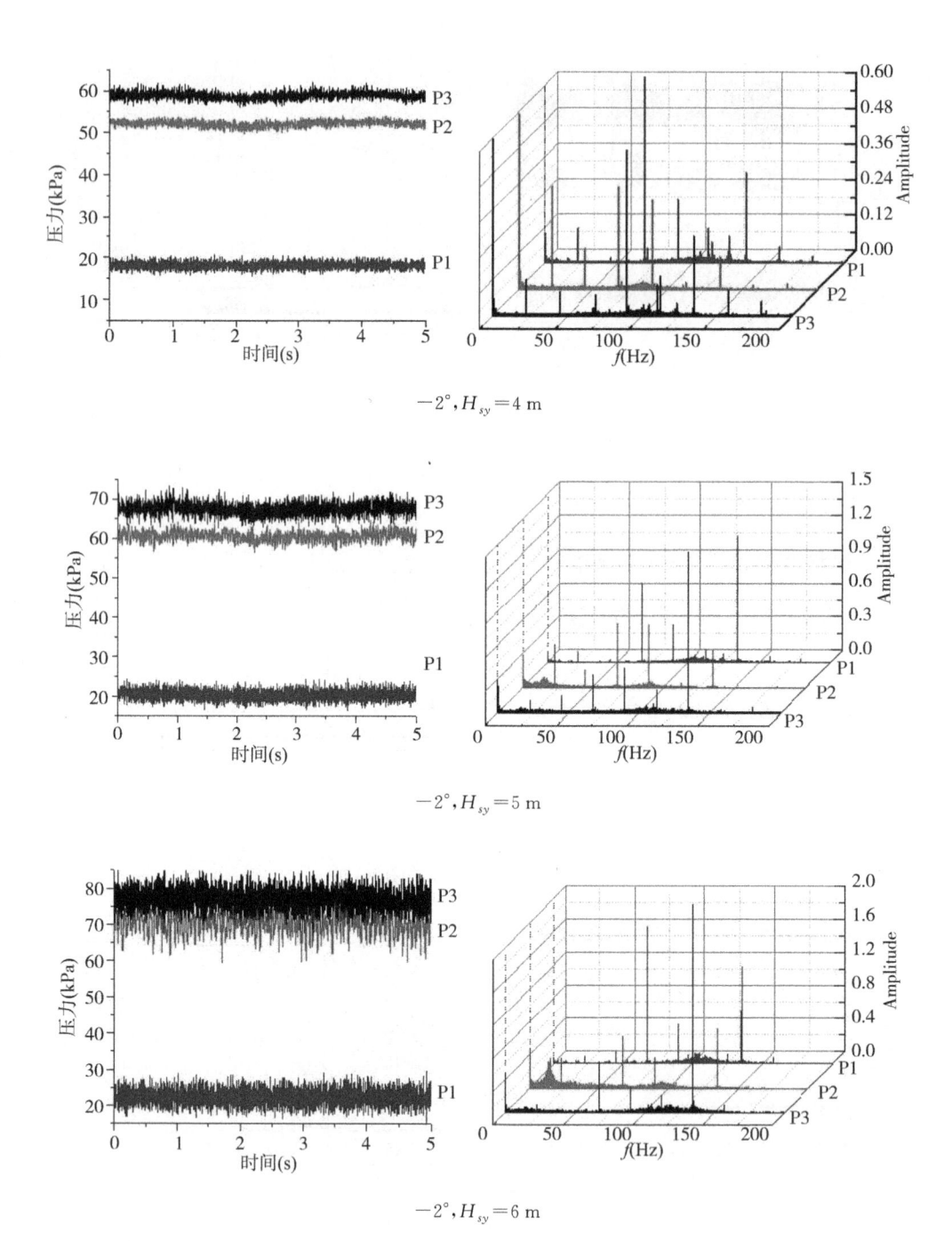

$-2°, H_{sy}=5$ m

$-2°, H_{sy}=6$ m

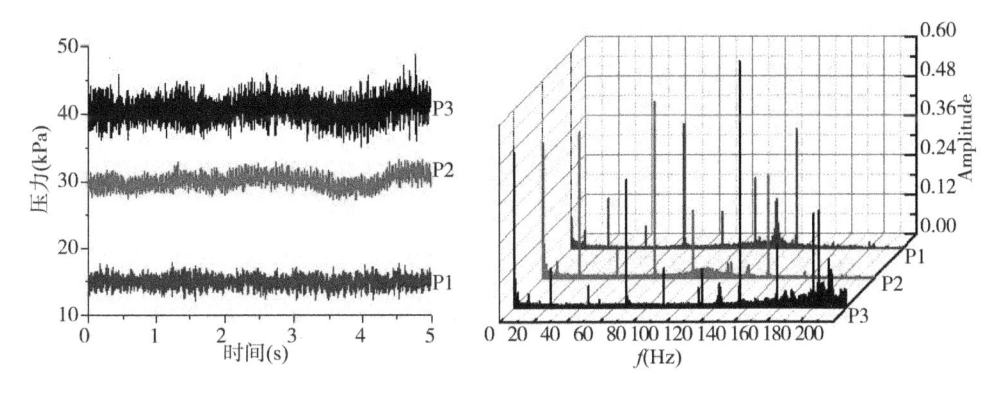

6 引调水工程泵站模型试验与进出水流道 CFD 分析研究与应用

$0°, H_{sy}=2\text{ m}$

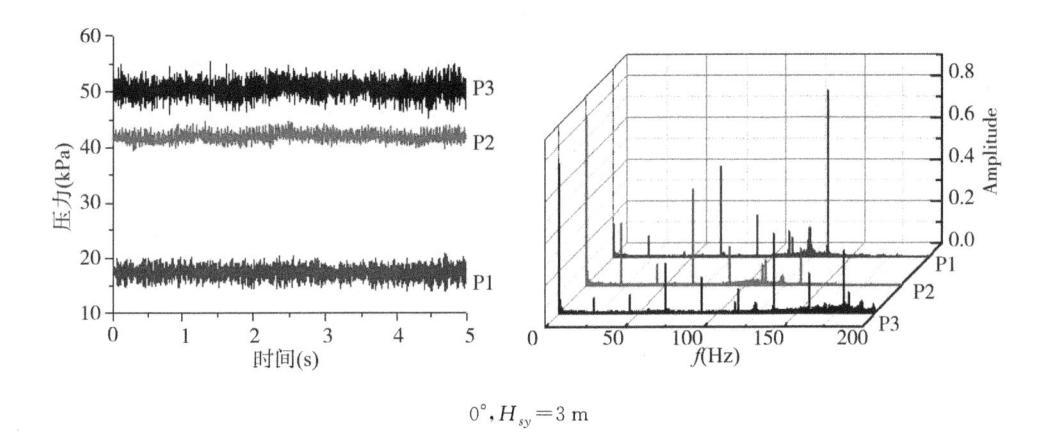

$0°, H_{sy}=3\text{ m}$

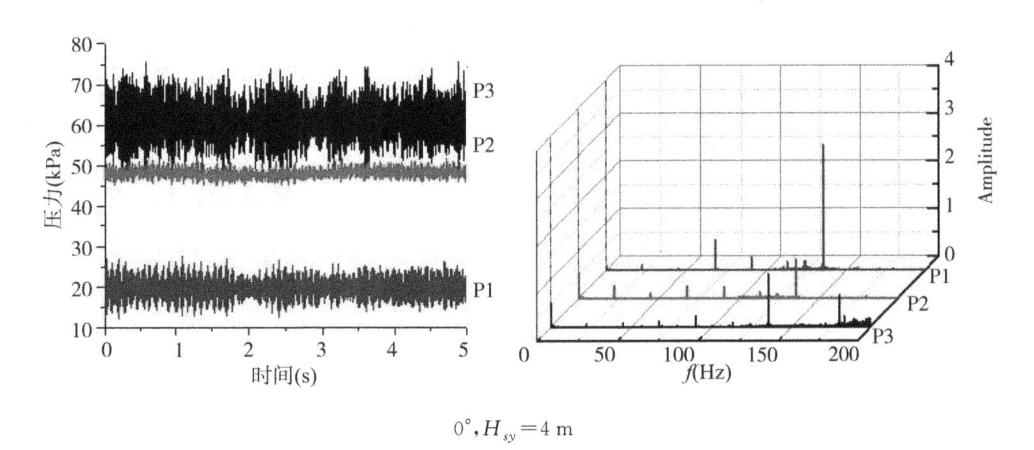

$0°, H_{sy}=4\text{ m}$

$0°, H_{sy}=5\ \text{m}$

$0°, H_{sy}=6\ \text{m}$

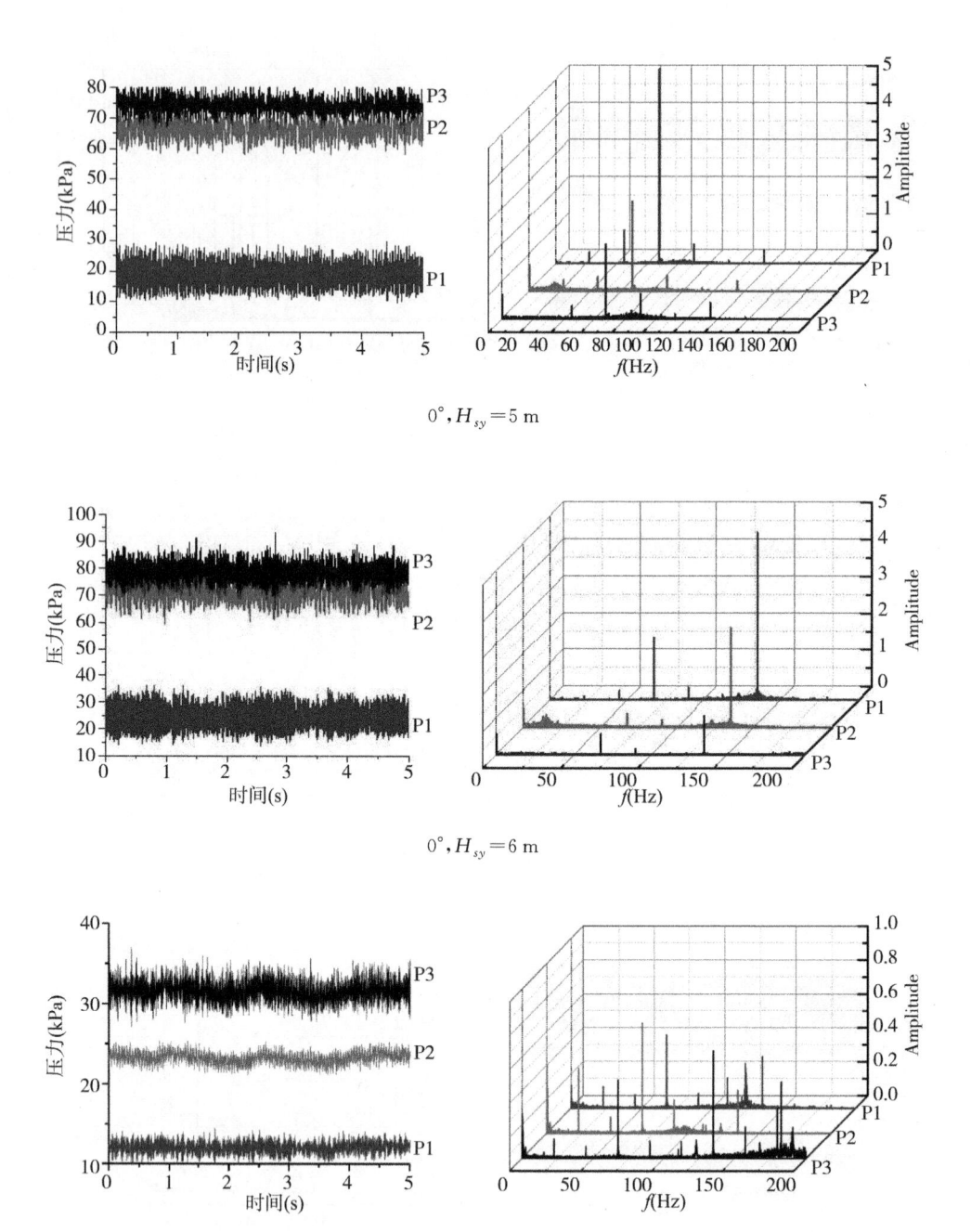

$+2°, H_{sy}=2\ \text{m}$

$+2°, H_{sy}=3$ m

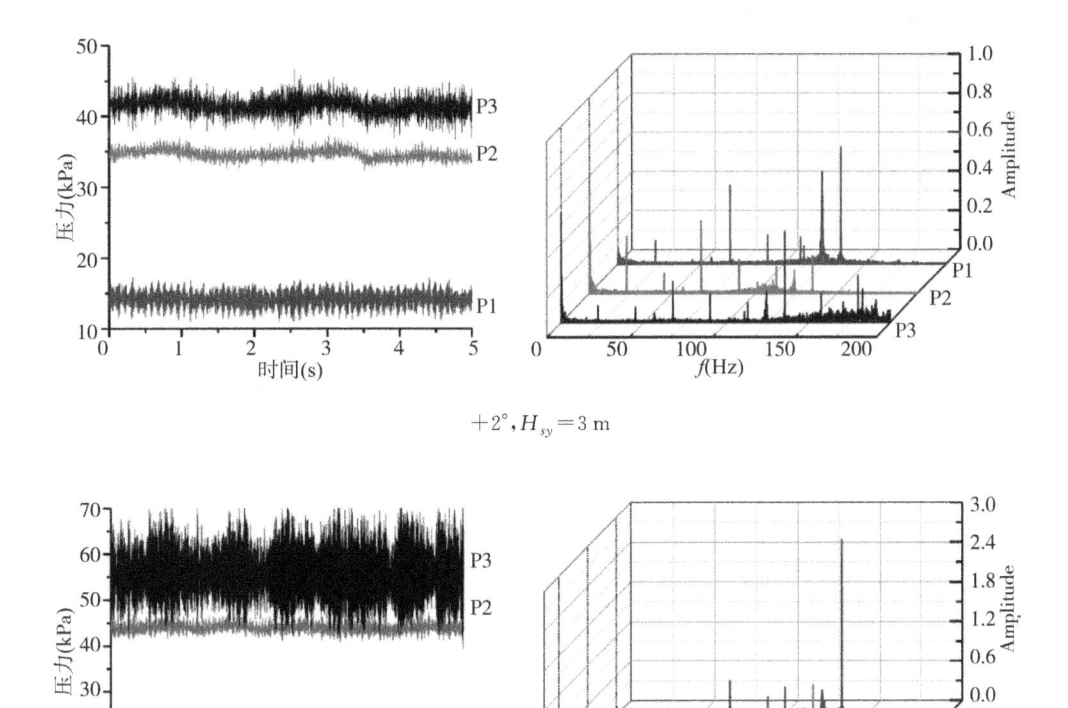

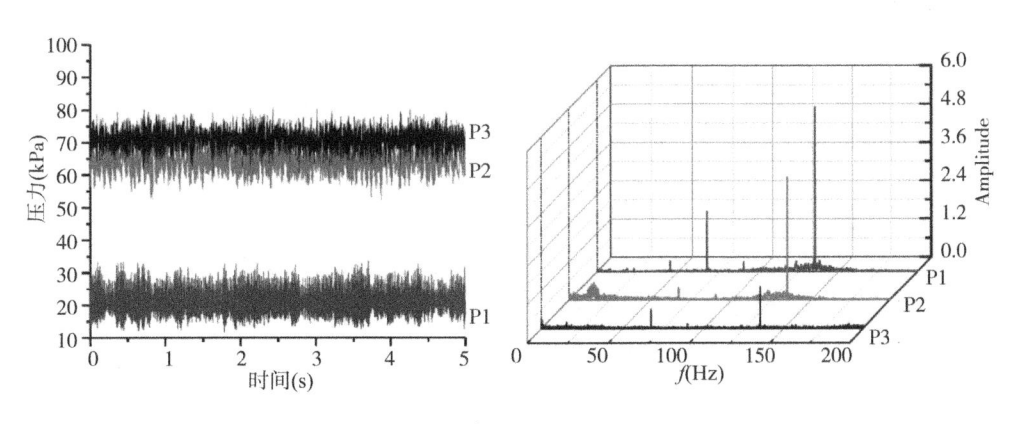

$+2°, H_{sy}=4$ m

$+2°, H_{sy}=5$ m

$+2°, H_{sy}=6$ m

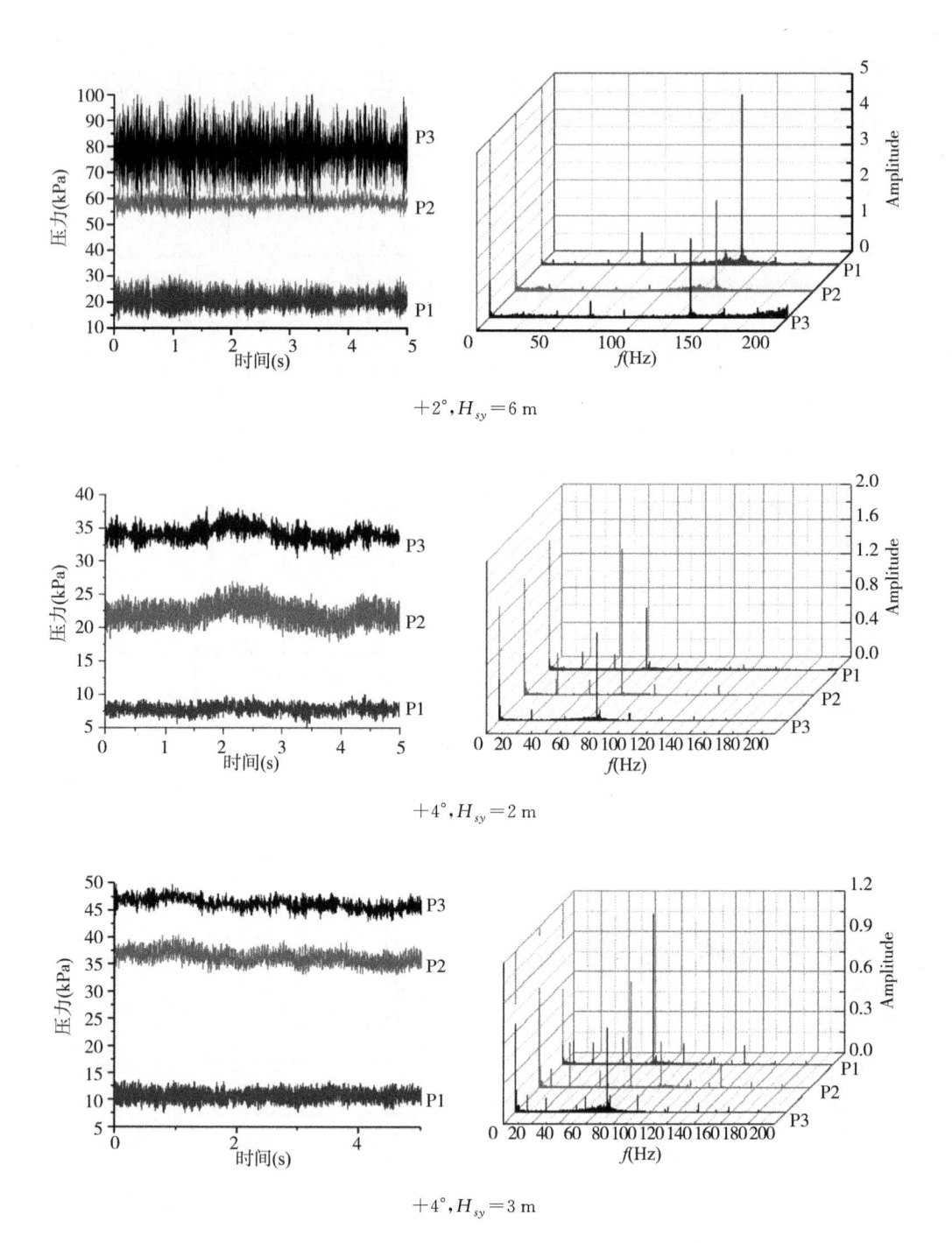

$+4°, H_{sy}=2$ m

$+4°, H_{sy}=3$ m

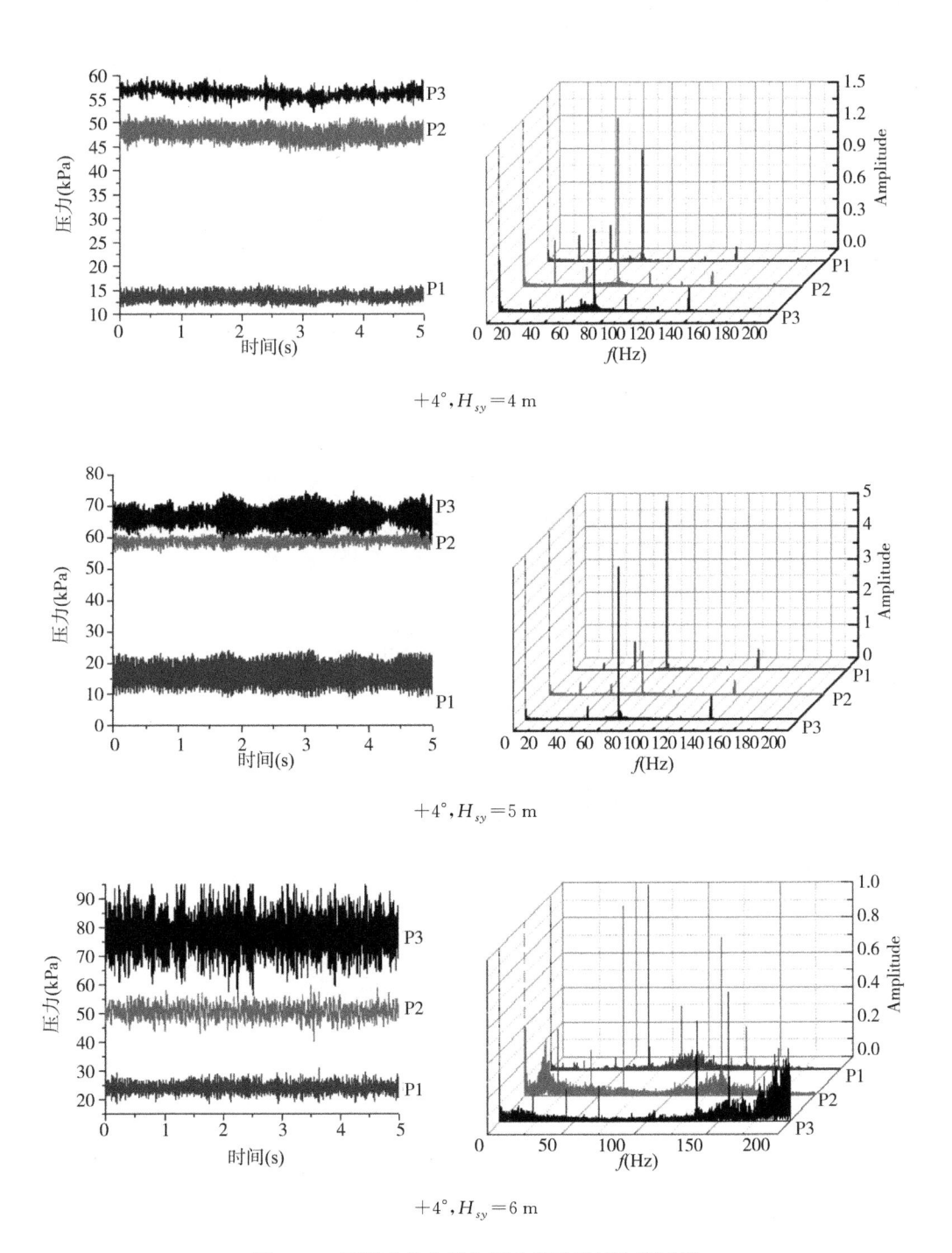

6 引调水工程泵站模型试验与进出水流道 CFD 分析研究与应用

+4°, H_{sy}=4 m

+4°, H_{sy}=5 m

+4°, H_{sy}=6 m

图 6.13 不同叶片安放角压力脉动时域和频域图

对水压脉动试验结果采用 97% 置信度双幅值进行统计,总体来看,在低扬程工况点的压力脉动幅值相对较小,在高扬程工况压力脉动幅值相对较大,在大角度情况下总体压力脉动幅值较小角度工况要大。

该泵的内部流动引起的压力脉动对泵性能的影响较小,振动的主频主要为水泵的叶频及其倍频,不会引起明显的振动和噪声。

6.2.1.5 进水流道压差测流试验

在进水流道弯曲段的 5—5 断面上下两侧中点各取测压点,如图 6.14 所示。

由于该两测压点的流速分布不均,具有一定的压差,两测压点处的压差随流量的变化而变化。测量进水流道两点之间的压差随流量的变化关系,测量数据如表 6.17 所示,压差与流量的变化关系如图 6.15 所示。

采用幂指数曲线拟合,得到关系表达式为 $Q_m = 0.2627 \Delta P_m^{0.5014}$。对于原型泵装置可以进行如下换算:$Q_n = 0.2627 \times (1.95/0.30)^2 \Delta P_n^{0.5014} = 11.0991 \Delta P_n^{0.5014}$。

图 6.14　进水流道压差测流取压点

表 6.17　进水流道流量与压差实测数据表

序号	流量 $Q(\text{m}^3/\text{s})$	压差 $\Delta p(\text{m})$
1	0.394	2.883
2	0.382	2.711
3	0.371	2.548
4	0.358	2.387

续表

序号	流量 Q(m³/s)	压差 Δp(m)
5	0.346	2.238
6	0.334	2.061
7	0.322	1.930
8	0.309	1.783
9	0.294	1.602
10	0.279	1.452
11	0.264	1.290
12	0.252	1.186
13	0.237	1.035
14	0.223	0.914
15	0.209	0.809
16	0.194	0.692
17	0.180	0.602
18	0.163	0.492
19	0.145	0.391

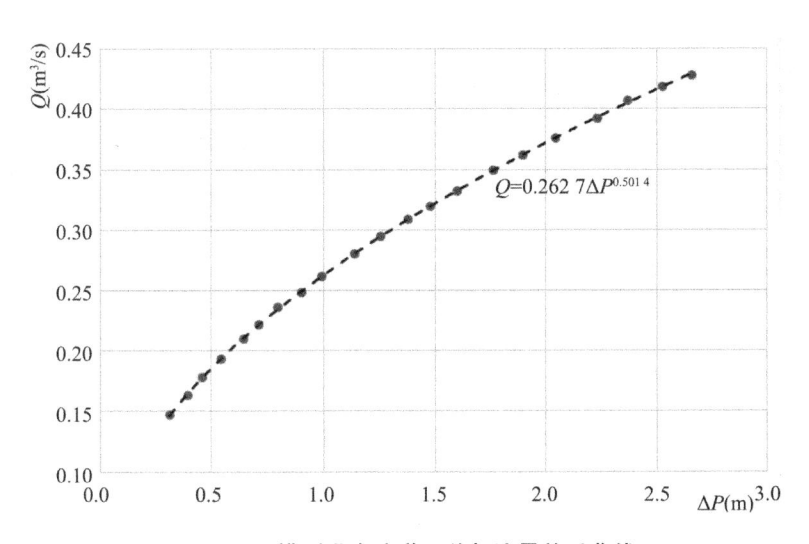

图 6.15　模型进水流道压差与流量关系曲线

6.2.2　原型换算结果

根据泵装置模型试验结果，对原型泵装置性能参数进行了初步换算，根据初步换算结果,对原型泵叶轮直径进行微调,最终原型叶轮直径确定为 1 960 mm,使其性能参数更适合设计要求。

6.2.2.1 原型换算条件及公式

原型转轮直径:1 960 mm;

原型转速:214.3 r/min;

模型转轮直径:300 mm;

模型转速:1 393 r/min(根据原、模型 nD 相等确定)

效率、流量、扬程、轴功率和空化余量的换算公式如下。

$$\eta_P = \eta_M$$

$$Q_P = Q_M \left(\frac{n_p}{n_M}\right) \left(\frac{D_P}{D_M}\right)^3$$

$$H_P = H_M \left(\frac{n_p}{n_M}\right)^2 \left(\frac{D_P}{D_M}\right)^2$$

$$P_P = P_M \left(\frac{n_p}{n_M}\right)^3 \left(\frac{D_P}{D_M}\right)^5$$

$$[NPSH]_P = [NPSH]_M \left(\frac{n_p}{n_M}\right)^2 \left(\frac{D_P}{D_M}\right)^2$$

6.2.2.2 原型泵装置能量性能换算结果

应用水泵相似换算公式将模型试验数据换算为原型数据。表 6.18 所示为原型泵装置在各特征净扬程工况点的性能参数,图 6.16 所示为换算后原型泵装置的扬程特性 $H_{sy} = H_{sy}(Q)$、效率特性 $\eta_{sy} = \eta_{sy}(Q)$ 及功率特性 $P = P(Q,H)$ 曲线。

表 6.18 原型泵装置系统各特征净扬程工况点能量特性

	模型参数	−6°	−4°	−2°	0°	+2°	+4°	+6°
最低净扬程 2.76 m	流量 $Q(m^3/s)$	13.46	14.66	15.69	16.73	17.73	18.81	19.94
	效率 $\eta_{sy}(\%)$	72.96	72.37	71.03	69.59	67.80	66.09	63.84
	功率 $P(kW)$	499.45	548.49	598.07	650.85	707.89	770.79	845.56
设计净扬程 5.17 m	流量 $Q(m^3/s)$	10.45	11.52	12.51	13.53	14.49	15.45	16.44
	效率 $\eta_{sy}(\%)$	76.83	77.24	76.79	76.34	76.39	77.02	76.80
	功率 $P(kW)$	690.12	756.09	826.40	896.07	961.80	1 017.29	1 085.93
最高净扬程 5.77 m	流量 $Q(m^3/s)$	9.58	10.55	11.58	12.57	13.39	14.30	15.17
	效率 $\eta_{sy}(\%)$	74.11	74.73	75.01	75.02	74.17	73.74	74.22
	功率 $P(kW)$	731.78	798.88	874.17	948.17	1 021.65	1 097.91	1 157.11

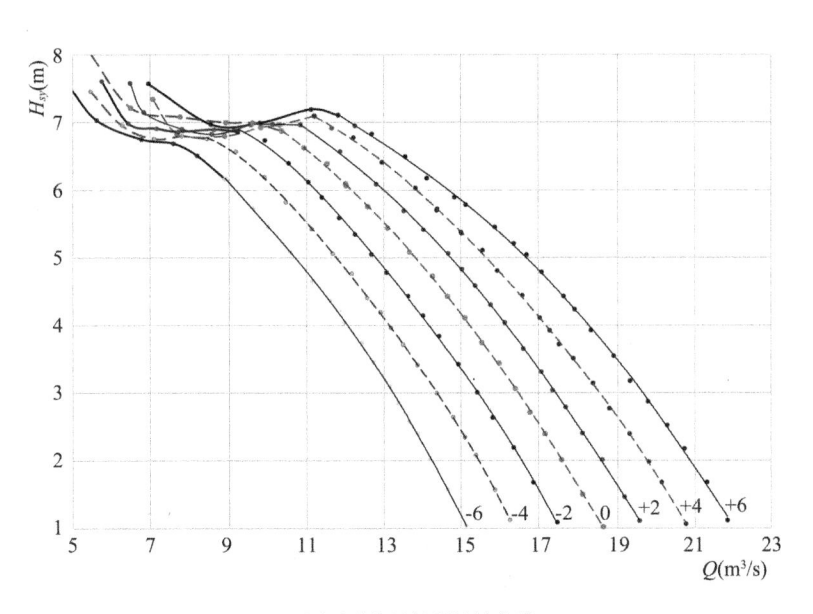

6　引调水工程泵站模型试验与进出水流道 CFD 分析研究与应用

1) 原型泵装置扬程特性曲线

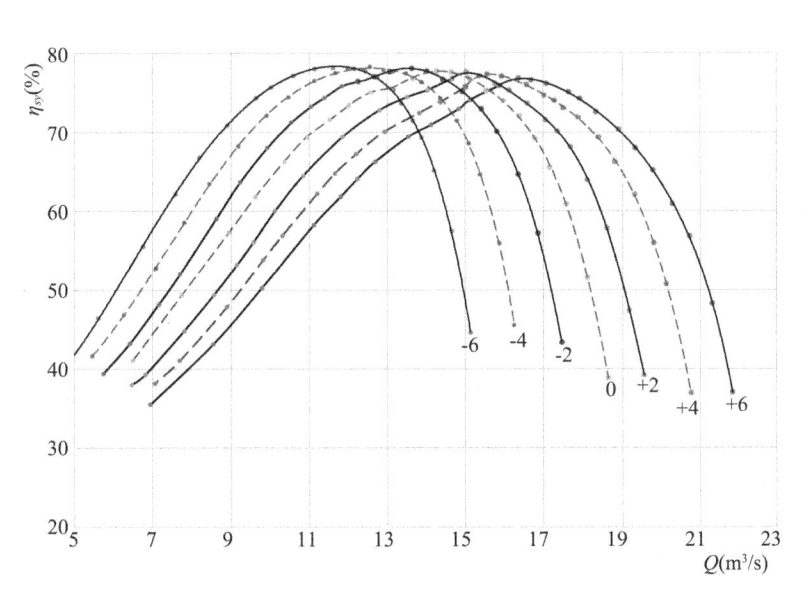

2) 原型泵装置效率特性曲线

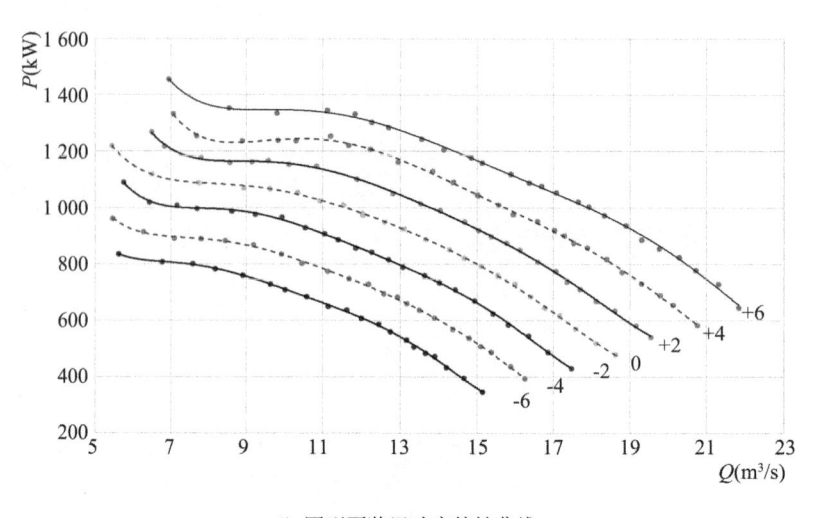

3) 原型泵装置功率特性曲线

图 6.16　原型泵装置换算能量性能曲线

6.2.2.3　原型泵装置空化性能换算结果

表 6.19~表 6.25 为原型泵装置临界空化余量换算数据,图 6.17 为原型泵装置临界空化余量换算性能曲线。图 6.18 为原型泵装置综合性能曲线。

表 6.19　水泵原型装置空化特性换算数据(+6°)

($n=214.31$ r/min, $D=1.96$ m)

序号	1	2	3	4	5
流量 Q(m³/s)	20.75	19.24	18.06	16.73	14.22
净扬程 H_j(m)	2.16	3.25	4.13	5.02	6.14
$NPSH_C$(m)	10.13	9.52	9.38	9.62	10.86

表 6.20　水泵原型装置空化特性换算数据(+4°)

($n=214.3$ r/min, $D=1.96$ m)

序号	1	2	3	4	5
流量 Q(m³/s)	19.67	18.39	17.21	15.47	13.93
净扬程 H_j(m)	2.09	3.14	3.98	5.16	5.98
$NPSH_C$(m)	9.48	8.95	8.71	9.28	10.27

表 6.21　水泵原型装置空化特性换算数据(+2°)

($n=214.3$ r/min, $D=1.96$ m)

序号	1	2	3	4	5
流量 Q(m³/s)	18.71	17.35	16.15	14.94	12.90

续表

序号	1	2	3	4	5
净扬程 H_j (m)	1.92	3.04	4.02	4.89	6.04
$NPSH_C$ (m)	8.87	8.28	8.14	8.75	9.97

表6.22　水泵原型装置空化特性换算数据(0°)

($n=214.3$ r/min，$D=1.96$ m)

序号	1	2	3	4	5
流量 Q (m³/s)	17.63	16.37	15.29	13.84	12.26
净扬程 H_j (m)	1.97	3.09	3.96	4.98	5.94
$NPSH_C$ (m)	8.22	7.76	7.61	8.48	9.46

表6.23　水泵原型装置空化特性换算数据(−2°)

($n=214.3$ r/min，$D=1.96$ m)

序号	1	2	3	4	5
流量 Q (m³/s)	16.54	15.58	14.41	12.54	11.19
净扬程 H_j (m)	2.01	2.86	3.86	5.15	6.03
$NPSH_C$ (m)	7.78	7.15	7.02	8.18	9.11

表6.24　水泵原型装置空化特性换算数据(−4°)

($n=214.3$ r/min，$D=1.96$ m)

序号	1	2	3	4	5
流量 Q (m³/s)	15.51	14.47	13.28	12.06	10.39
净扬程 H_j (m)	1.95	2.92	3.89	4.83	5.87
$NPSH_C$ (m)	7.19	6.47	6.58	7.41	8.69

表6.25　水泵原型装置空化特性换算数据(−6°)

($n=214.3$ r/min，$D=1.96$ m)

序号	1	2	3	4	5
流量 Q (m³/s)	14.37	13.43	12.33	10.97	9.48
净扬程 H_j (m)	1.86	2.79	3.81	4.78	5.83
$NPSH_C$ (m)	6.67	5.93	6.02	6.96	8.37

由原型泵装置空化特性换算数据可知，在叶片安放角0°时，考虑最不利情况，最高净扬程5.77 m的最大临界空化余量为9.15 m，以下以此空化余量计算最小淹没深度。

$$h_g = [NPSH] - \left[\frac{P_a}{\rho g} - \frac{P_V}{\rho g}\right]$$

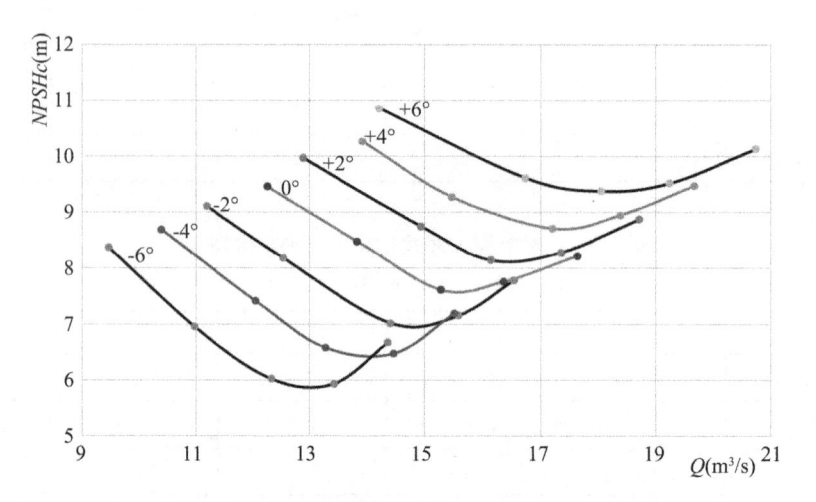

图 6.17 原型泵装置临界空化余量换算性能曲线

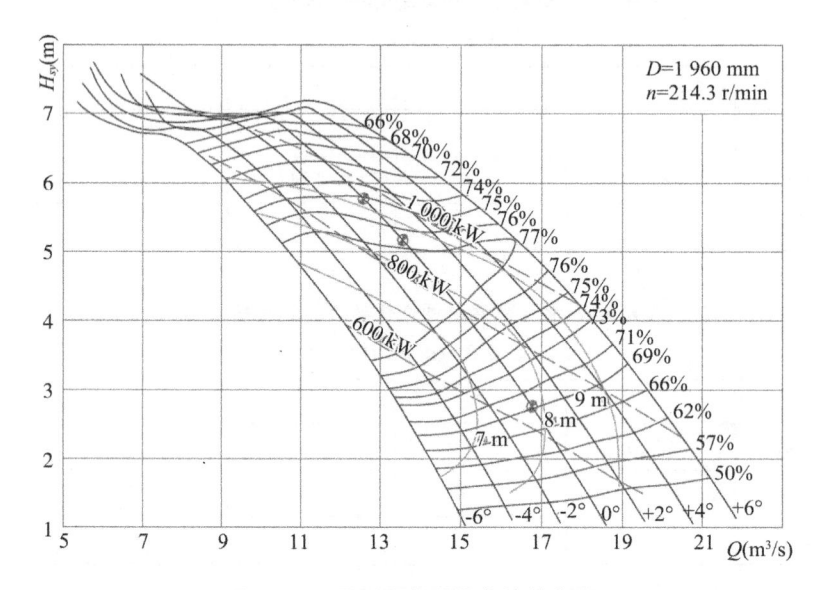

图 6.18 原型泵装置综合性能曲线

式中，$\dfrac{P_a}{\rho g}$——大气压力水头；

$\dfrac{P_V}{\rho g}$——汽化压力水头；

$[NPSH]$——许用空化余量，取$[NPSH]=1.3NPSH_C$

则，$h_g=1.3\times 9.15-10=1.895\ \text{m}\approx 1.90\ \text{m}<3.2\ \text{m}$

经过校核，根据预测的最大临界空化余量 9.15 m 计算出的最小淹没深度为 1.90 m，而试量泵站实际设计的最小淹没深度为 3.2 m，所以足够满足最小淹没深度要求。

6.2.3 结论与建议

6.2.3.1 结论

泵装置模型试验结果表明,进、出水流道型线设计和水泵模型 TJO4-ZL-06 选择合理,在原型泵装置叶轮直径 $D=1.96$ m,转速 $n=214.31$ r/min 时,可以得到以下结论:

1) 泵装置能量特性

在设计净扬程 $H_j=5.17$ m,叶片安放角 0°时:单机流量 $Q=13.53$ m³/s,装置效率 $\eta_{sy}=76.34\%$,轴功率 $P=896$ kW。

在最低净扬程 $H_j=2.76$ m,叶片安放角 0°时:单机流量 $Q=16.73$ m³/s,装置效率 $\eta_{sy}=69.59\%$,轴功率 $P=651$ kW。

在最高净扬程 $H_j=5.77$ m,叶片安放角 0°时:单机流量 $Q=12.57$ m³/s,装置效率 $\eta_{sy}=75.02\%$,轴功率 $P=948$ kW。

泵装置最高效率为 78.27%时,叶片安放角为 -4°,净扬程 $H_{sy}=4.41$ m,单机流量 $Q=12.57$ m³/s,轴功率 $P=695$ kW。

2) 空化特性

根据各叶片角度多工况点实际试验,临界空化余量 $MNPSH_c$ 较小,在全扬程范围内满足最小淹没深度要求。

3) 飞逸特性

泵装置在叶片角 -6°时单位飞逸转速 295.27 r/min,最大净扬程事故停机飞逸转速可达 361.87 r/min,为水泵额定转速的 1.69 倍。

4) 水压脉动特性

对水压脉动试验结果采用 97%置信度双幅值进行统计,该泵的内部流动引起的压力脉动对泵性能的影响较小,不会引起明显的振动和噪声。振动的主频主要为水泵的叶频及其倍频。

5) 流道压差测流

对模型进水流道压差与流量的变化关系进行了试验,并采用幂指数曲线拟合,换算为原型进水流道压差与流量关系 $Q_n=11.0991\Delta P_n^{0.5014}$

各试验性能指标与要求值对照如表 6.26 所示。

表 6.26 试量泵站试验性能指标对照表

	参数	叶片安放角	试验值	要求值	结论
最低净扬程 $H_j=2.76$ m	流量 Q(m³/s)	0°	16.73		满足
	效率 η_{sy}(%)		69.59	≥65	
	轴功率 P(kW)		651	≤1 016	
	临界空化余量 $NPSHc$(m)		7.82	满足最小淹深	

续表

参数		叶片安放角	试验值	要求值	结论
设计净扬程 $H_j=5.17$ m	流量 $Q(\text{m}^3/\text{s})$	0°	13.53	≥13.33	满足
	效率 $\eta_{sy}(\%)$		76.34	≥75	
	功率 $P(\text{kW})$		896	≤1 016	
	临界空化余量 $NPSHc(\text{m})$		8.52	满足最小淹深	
最高净扬程 $H_j=5.77$ m	流量 $Q(\text{m}^3/\text{s})$	0°	12.57		满足
	效率 $\eta_{sy}(\%)$		75.02	≥74	
	功率 $P(\text{kW})$		948	≤1 016	
	临界空化余量 $NPSHc(\text{m})$		9.15	满足最小淹深	

6.2.3.2 建议

1）建议在设计净扬程5.17 m至最高净扬程5.77 m区间时，可在叶片安放角0°附近运行；在最低净扬程2.76 m至设计净扬程5.17 m区间时，可在叶片安放角−6°～0°附近运行。

2）建议水泵生产厂家和电动机厂家将最大飞逸转速按1.8倍的额定转速进行强度设计和校核。最大飞逸转速达到361.87 r/min时，水泵电机应能安全运转2分钟以上，而不会产生破坏性影响。

3）水泵生产厂家和土建施工单位应严格按照进、出水流道型线进行加工生产和施工，进、出水流道过流壁面具有一定的光滑性，使原型泵装置与模型泵装置保证几何相似。

6.3　引调水工程泵站模型试验与进出水流道CFD分析研究与应用

6.3.1　水泵模型比选

根据试量泵站的特征净扬程，选择的轴流泵水力模型既要满足设计净扬程在高效区范围附近，又要能够满足在最高扬程和最低扬程工况下安全稳定运行，同时要满足招标文件性能指标要求。根据计算可知，所选水力模型的比转速应在700～1 000附近。在《南水北调工程水泵模型同台测试》中比转速在700～1 000区间的轴流泵优秀水力模型主要有TJ04-ZL-19、TJ04-ZL-02、TJ04-ZL-06。以下将对这3个水力模型进行比选。

6.3.1.1　比选模型性能曲线

图6.19～图6.21分别为TJ04-ZL-19、TJ04-ZL-02和TJ04-ZL-06水力模型的性能曲线。

6 引调水工程泵站模型试验与进出水流道 CFD 分析研究与应用

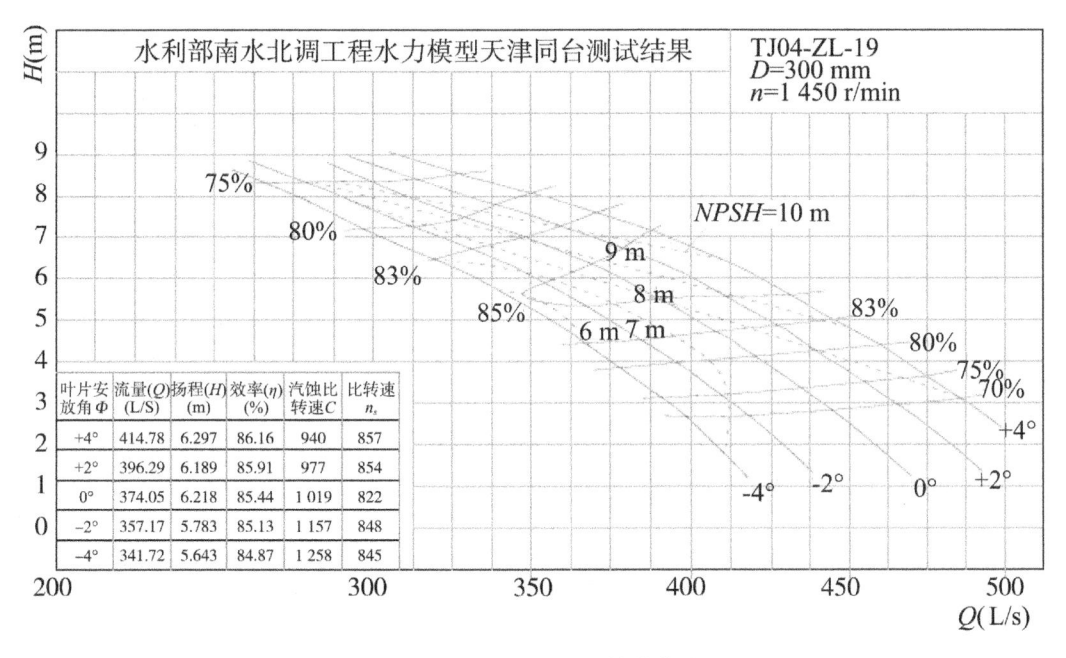

图 6.19 TJ04-ZL-19 性能曲线

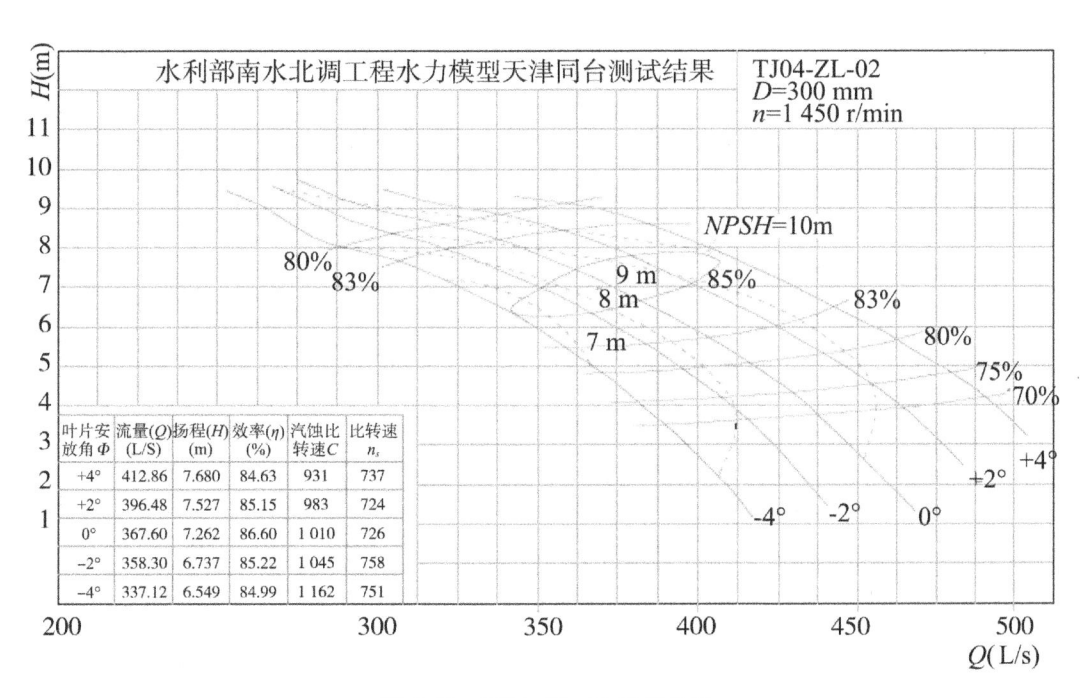

叶片安放角 Φ	流量(Q)(L/S)	扬程(H)(m)	效率(η)(%)	汽蚀比转速 C	比转速 n_s
+4°	414.78	6.297	86.16	940	857
+2°	396.29	6.189	85.91	977	854
0°	374.05	6.218	85.44	1 019	822
-2°	357.17	5.783	85.13	1 157	848
-4°	341.72	5.643	84.87	1 258	845

图 6.20 TJ04-ZL-02 性能曲线

叶片安放角 Φ	流量(Q)(L/S)	扬程(H)(m)	效率(η)(%)	汽蚀比转速 C	比转速 n_s
+4°	412.86	7.680	84.63	931	737
+2°	396.48	7.527	85.15	983	724
0°	367.60	7.262	86.60	1 010	726
-2°	358.30	6.737	85.22	1 045	758
-4°	337.12	6.549	84.99	1 162	751

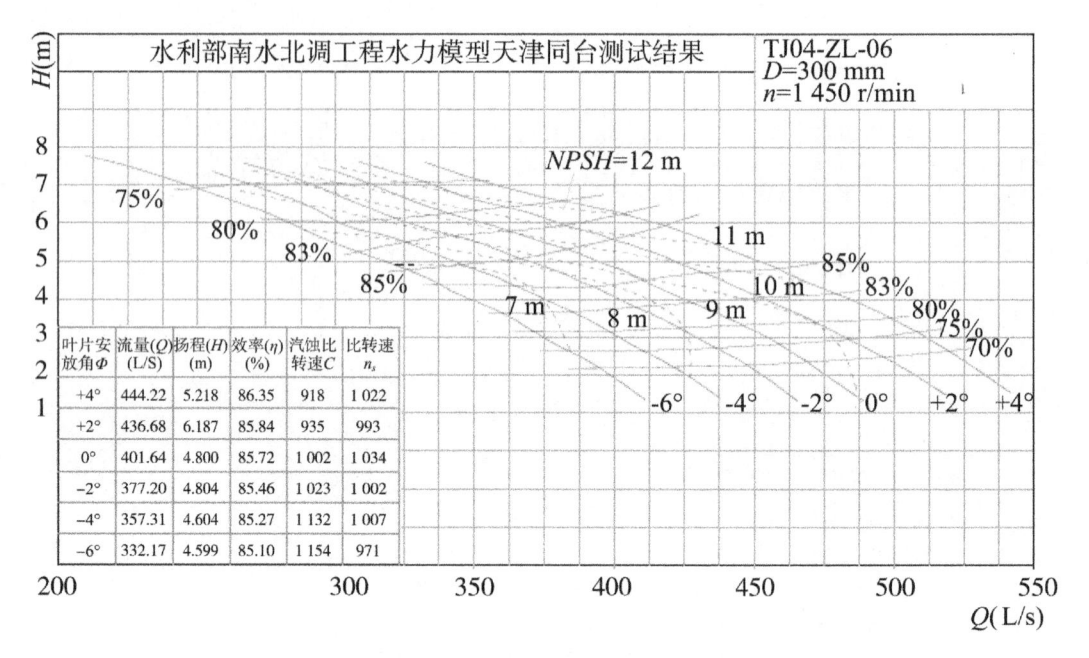

图 6.21　TJ04-ZL-06 性能曲线

6.3.1.2　原型泵装置特性预测

根据各水力模型在实际相似泵站中的应用,将以往泵站实测性能曲线针对该泵站设计参数进行换算,以此来进行对比分析,则具有较高的可信度,如图 6.22~图 6.24 所示。

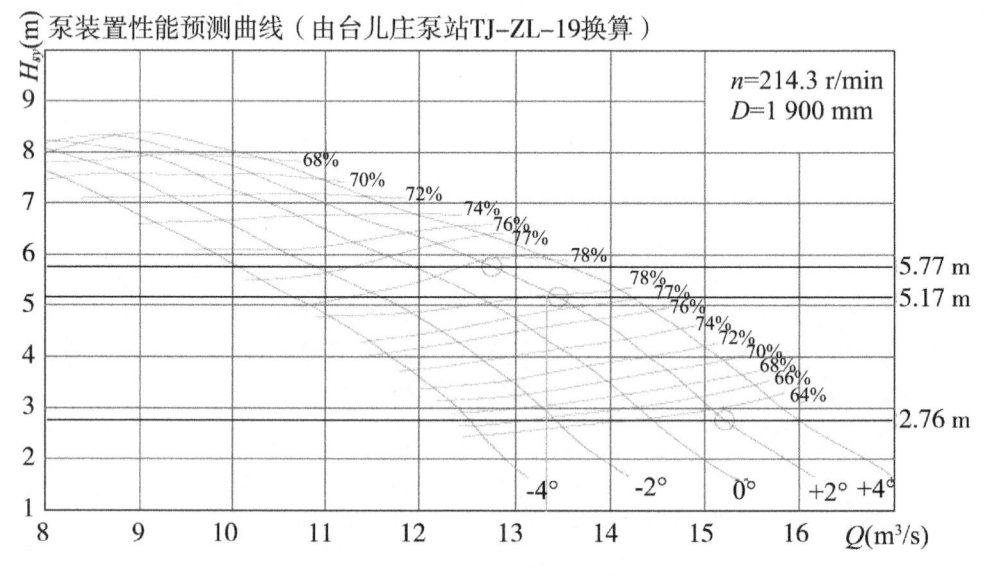

图 6.22　TJ04-ZL-19 原型泵装置性能预测曲线

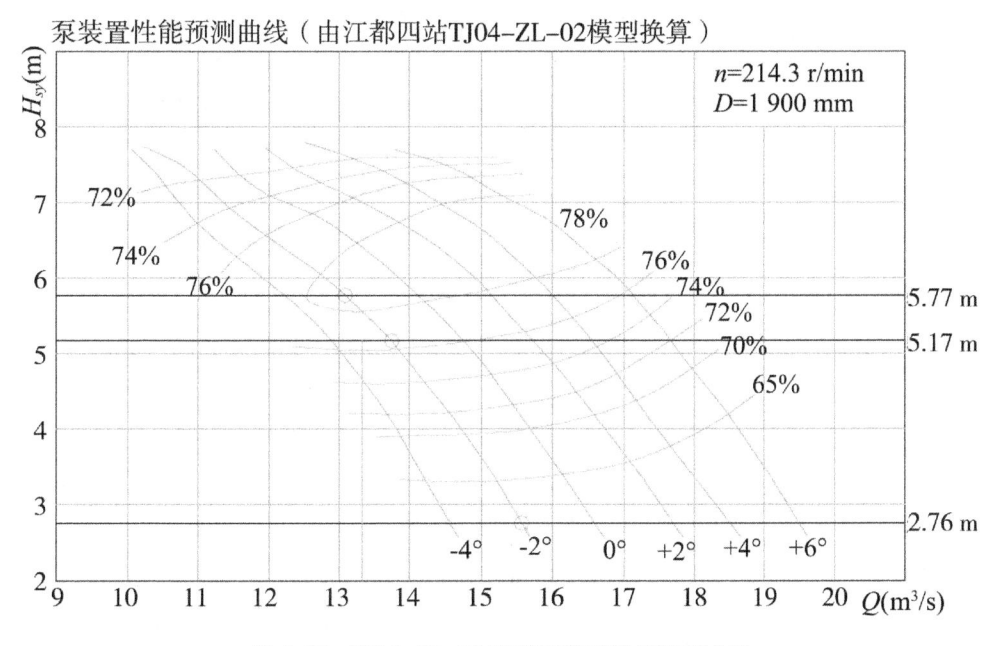

图 6.23　TJ04-ZL-02 原型泵装置性能预测曲线

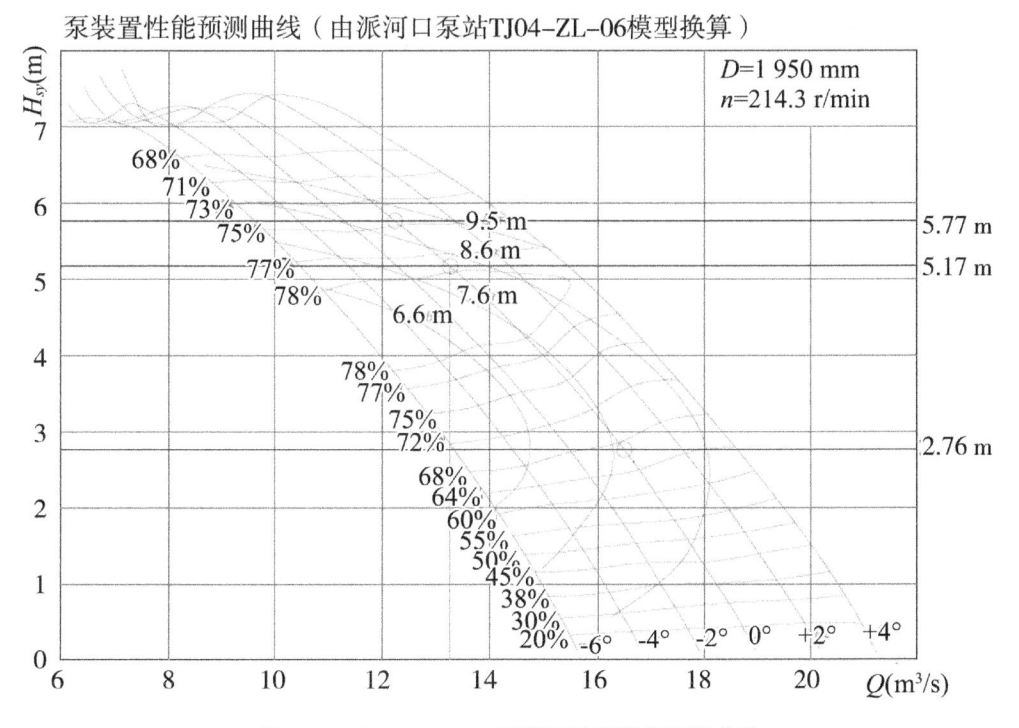

图 6.24　TJ04-ZL-06 原型泵装置性能预测曲线

6.3.1.3 各水力模型原型装置性能对比

台儿庄泵站采用 TJ04-ZL-19 模型的性能曲线进行换算(图 6.22),派河口泵站采用 TJ04-ZL-06 模型的性能曲线进行换算(图 6.24)。台儿庄泵站和派河口泵站均采用肘形进水流道和弯直管出水流道形式,与袁桥泵站具有较好的相似性,其性能曲线具有较好的参考性。图 6.23 为由江都四站采用 TJ04-ZL-02 模型的性能曲线进行换算,江都四站采用肘形进水流道和虹吸管式出水流道形式,由于虹吸管式出水流道与弯直管出水流道在水力损失大小上相当,因此利用江都四站 TJ04-ZL-02 模型的性能曲线换算为袁桥泵站的性能曲线,同样具有较好的参考性。

由图 6.22 所示,由于设计净扬程和最高净扬程相差较小,所以设计净扬程和最高净扬程工况点基本都可以位于 TJ04-ZL-19 模型的高效区范围。但是最低净扬程相比设计净扬程相差较大,所以最低净扬程工况点距离高效区范围较远,效率很低,难以满足本泵站设计和招标文件要求。

由图 6.23 所示,由于 TJ04-ZL-02 模型的比转速较 TJ04-ZL-19 模型更低,扬程更高,所以 TJ04-ZL-02 模型的高效区范围正好在最高净扬程工况点,最低净扬程工况点偏离高效区范围更多,效率更低,也难以满足本泵站设计和招标文件要求。

由图 6.24 所示,由于 TJ04-ZL-06 模型的比转速较高,扬程较低,因此泵站设计净扬程位于高效区的上边沿,最高净扬程偏离了高效区一小段距离,这样导致设计净扬程以下部分的低扬程区域整体向高效区移动,使最低净扬程工况点的效率大大提升,从而满足设计和招标文件要求。虽然设计净扬程和最高净扬程工况相对于高效区略有偏离,但效率仍然较高,可以满足设计和招标文件要求。

由以上综合分析比较可知,最终选择 TJ04-ZL-06 水力模型,叶轮直径初步确定为 1 950 mm,转速为 214.3 r/min,并以此进行后续的 CFD 优化分析和装置模型试验,根据泵装置模型试验结果微调并最终确定叶轮直径大小。

6.3.2　进出水流道 CFD 优化计算目标

泵站进出水流道 CFD 优化计算研究,是在满足《泵站设计标准》(GB 50265—2022)的基础上,在给定的水位资料和土建控制尺寸范围内,根据原型泵主要设计参数,开展进出水流道优化设计,从内部流态、流道水力损失、泵装置效率等方面进行综合评价,以最终确定进出水流道的型线和设计参数,实现进出水流道 CFD 优化设计。

6.3.2.1　进水流道水力设计优化目标

进水流道是前池与水泵叶轮室之间的连接段,其作用是使水流在由前池流向叶轮室的过程中更好地转向和收缩,为水泵提供良好的进水条件。其优化目标可表达为:

(1) 控制尺寸合理,流道型线平顺,在各工况下,进水流道内不应产生涡带或其他不良流态;

(2) 进水流道的各断面面积沿程变化尽可能均匀,出口断面处的流速取值合理,压力

比较均匀,将水流平顺地引向水泵的进口,为水泵提供良好的进水条件;

(3) 尽量减少水力损失;

(4) 满足水工结构设计等方面的要求。

进水流道为水泵提供的进水条件可用流道出口轴向流速分布均匀度 V_u、入泵水流加权平均角 $\bar{\theta}$ 和阻力系数 S 进行评价,采用式(6.1)、式(6.2)进行计算。

流道出口轴向流速分布均匀度

$$V_u = \left[1 - \frac{1}{\bar{u}_a}\sqrt{\frac{\sum(u_{ai}-\bar{u}_a)^2}{m}}\right] \times 100\% \quad (6.1)$$

式中,$\bar{u}_a$ 为流道出口断面的平均轴向速度,u_{ai} 为出口断面各单元的轴向速度,m 为出口断面的单元个数。

入泵水流加权平均角

$$\bar{\theta} = \frac{\sum u_{ai}\left[90^0 - \text{arctg}(\frac{u_{ti}}{u_{ai}})\right]}{\sum u_{ai}} \quad (6.2)$$

式中,u_{ti} 为水泵进口断面各单元的横向速度。

在理想情况下,$V_u = 100\%$,$\bar{\theta} = 90°$,水力损失尽可能小。优化计算的目标是取得可满足工程实际需要的最优值。越接近理想情况,表明流道出口轴向流速分布越均匀,入泵水流越接近泵轴向进水设计条件,越有利于水泵充分发挥其能量性能和空蚀性能。

6.3.2.2 出水流道水力设计优化目标

出水流道是水泵导叶出口与出水池之间的连接段,其作用是使水流在由导叶出口流向出水池的过程中更好地转向和扩散,尽可能多地回收水流动能。其水力设计优化目标可表达为:

(1) 型线变化比较均匀,当量扩散角取值合理($8°\sim12°$),尽可能避免产生脱流、旋涡或其他不良流态;

(2) 出水流道出口流速不宜大于 1.5 m/s,以充分回收出口水流动能,尽可能减小出水流道的水力损失,努力提高水泵装置效率;

(3) 控制尺寸取值合理,满足水工结构设计等方面的要求。

流道的水力损失直接影响到水泵装置效率,是评价进、出水流道的一个重要的经济指标。以流道水力损失 Δh 或阻力系数 S 为比较的依据,计算公式为

$$S = \Delta h/Q^2 \quad (6.3)$$

式中,S——流道阻力系数,s^2/m^5;

Δh——流道的水头损失,m;

Q——流道的过流流量,m^3/s。

6.3.2.3 CFD 数值计算数学模型

随着计算机技术以及计算流体力学(Computational Fluid Dynamics,CFD)等新学科的飞速发展,数值模拟和理论分析、试验研究一起构成了研究流体流动的重要方法。数值模拟以其自身的特性和独特的功能,逐渐成为研究泵站流道内部流动问题的主要手段。CFD 计算结果越来越多地被流体机械及水利工程等行业设计人员所使用,一方面可以节省实验的资源,另一方面可以揭示不能从实验方法中得出的流动特性的细节。借助 CFD 技术可以得到泵站内任意位置的流动细节,如速度、压力、能量损失、压力脉动、湍动量和漩涡等,从而可进行水泵装置的特性预测及性能优化。

本部分对泵站泵装置的三维湍流流动进行三维数值模拟,并应用数值模拟结果验证进出水流道的水力性能。

(1) 控制方程

泵站进、出水流道内水流的流动属于不可压缩湍流流动。湍流流动具有紊动性,可用非稳态的连续方程和 Navier-Stokes 方程对湍流的瞬时运动进行描述。运用笛卡尔坐标系,速度矢量 $\boldsymbol{u}$ 在 x、y 和 z 方向的分量分别为 u、v 和 w,湍流瞬时控制方程可表示为

$$\mathrm{div}\boldsymbol{u}=0 \tag{6.4}$$

$$\frac{\partial u}{\partial t}+\mathrm{div}(u\boldsymbol{u})=-\frac{1}{\rho}\frac{\partial p}{\partial x}+\nu\,\mathrm{div}(\mathrm{grad}u)+F_x \tag{6.5}$$

$$\frac{\partial v}{\partial t}+\mathrm{div}(v\boldsymbol{u})=-\frac{1}{\rho}\frac{\partial p}{\partial y}+\nu\,\mathrm{div}(\mathrm{grad}v)+F_y \tag{6.6}$$

$$\frac{\partial w}{\partial t}+\mathrm{div}(w\boldsymbol{u})=-\frac{1}{\rho}\frac{\partial p}{\partial z}+\nu\,\mathrm{div}(\mathrm{grad}w)+F_z \tag{6.7}$$

式中,p 是流体微元体上的压力;F_x、F_y 和 F_z 是微元体上的体力,在本项研究中,$F_x=0$,$F_y=0$,$F_z=-\rho_g$。

考虑到湍流流动的脉动特性,目前广泛采用时均法,即把湍流运动看作是时间平均流动和瞬时脉动流动的叠加。若用"—"代表时均值,"′"代表脉动值,可将湍流时均流动的控制方程写成以下形式。

$$\mathrm{div}\overline{\boldsymbol{u}}=0 \tag{6.8}$$

$$\frac{\partial \overline{u}}{\partial t}+\mathrm{div}(\overline{u}\,\overline{\boldsymbol{u}})=-\frac{1}{\rho}\frac{\partial \overline{p}}{\partial x}+\nu\,\mathrm{div}(\mathrm{grad}\overline{u})+\left[-\frac{\partial(\overline{u'^2})}{\partial x}-\frac{\partial(\overline{u'v'})}{\partial y}-\frac{\partial(\overline{u'w'})}{\partial z}\right]+S_u \tag{6.9}$$

$$\frac{\partial \overline{v}}{\partial t}+\mathrm{div}(\overline{v}\,\overline{\boldsymbol{u}})=-\frac{1}{\rho}\frac{\partial \overline{p}}{\partial y}+\nu\,\mathrm{div}(\mathrm{grad}\overline{v})+\left[-\frac{\partial(\overline{u'v'})}{\partial x}-\frac{\partial(\overline{v'^2})}{\partial y}-\frac{\partial(\overline{v'w'})}{\partial z}\right]+S_v \tag{6.10}$$

$$\frac{\partial \overline{w}}{\partial t}+\mathrm{div}(\overline{w}\,\overline{\boldsymbol{u}})=-\frac{1}{\rho}\frac{\partial \overline{p}}{\partial z}+\nu\mathrm{div}(\mathrm{grad}\overline{w})+\left[-\frac{\partial(\overline{u'w'})}{\partial x}-\frac{\partial(\overline{v'w'})}{\partial y}-\frac{\partial(\overline{w'^2})}{\partial z}\right]+S_w \tag{6.11}$$

为了使方程组封闭，还需引入反映湍动能的 k 方程和反映湍动能耗散率的 ε 方程。k-ε 模型中以标准 k-ε 模型应用最广，试验证明，标准 k-ε 湍流模型对很多三维流动都是适用的。标准 k-ε 模型的 k 方程和 ε 方程可分别表示为

$$\frac{\partial k}{\partial t}+\frac{\partial k u_i}{\partial x_i}=\frac{\partial}{\partial x_j}\left[\left(\mu+\frac{\mu_t}{\sigma_k}\right)\frac{\partial k}{\partial x_j}\right]+G_k-\rho\varepsilon+S_k \tag{6.12}$$

$$\frac{\partial \varepsilon}{\partial t}+\frac{\partial \varepsilon u_i}{\partial x_i}=\frac{\partial}{\partial x_j}\left[\left(\mu+\frac{\mu_t}{\sigma_\varepsilon}\right)\frac{\partial \varepsilon}{\partial x_j}\right]+C_{1\varepsilon}\frac{\varepsilon}{k}G_k-C_{2\varepsilon}\rho\frac{\varepsilon^2}{k}+S_\varepsilon \tag{6.13}$$

式中，G_k 是由于平均速度梯度引起的湍动能 k 的产生项。

$$G_k=\mu_t\left(\frac{\partial u_i}{\partial x_j}+\frac{\partial u_j}{\partial x_i}\right)\frac{\partial u_i}{\partial x_j} \tag{6.14}$$

其中，$\mu_t=\rho C_\mu\dfrac{k^2}{\varepsilon}$。

在标准 k-ε 模型中，根据 Launder 等人的推荐值及实验验证结果，模型常数 $C_{1\varepsilon}$、$C_{2\varepsilon}$、C_μ、σ_k、σ_ε 的取值如下：$C_{1\varepsilon}=1.44$，$C_{2\varepsilon}=1.92$，$C_\mu=0.09$，$\sigma_k=1.0$，$\sigma_\varepsilon=1.3$。

（2）泵装置计算区域及边界条件

根据要求选用 TJ04-ZL-06 模型与进出水流道匹配成原型泵装置，原型装置叶轮直径 1 950 mm，对装置进行三维流场计算，将进水流道计算流场的进口断面设置在前池中距离进水流道进口足够远处，进口为一垂直于水流方向的断面。在这里，可认为来流速度均匀分布，故进口边界可采用速度进口边界条件。

将出水流道计算流场的出口断面设置在出水池中距出水流道出口足够远处，出口面为一垂直于水流方向的断面。在这里，流动是充分发展的，故采用自由出流边界条件。

在计算流场中，进出水池底壁、进出水流道的边壁等为固壁，其边界条件按固壁定律处理。叶轮设置为旋转域，与静止域之间的交接采用 Frozen Rotor。进出水池的表面为自由水面，若忽略水面的风所引起的切应力及与大气层的热交换，则自由面对速度和湍动能均可视为对称平面处理。

（3）网格剖分及算法

CFX 前处理软件 ICEM-CFD 具有良好的网格划分能力，能够对各种复杂模型进行网格划分。为适应各种形状的几何模型，ICEM-CFD 提供多种网格类型，包括四面体网格、三棱柱网格、六面体网格、O 型网格等。此外，它还可以对网格进行局部加密，以满足不同的需要，网格自动光顺功能为生成高质量的网格提供了有力的保障。

本项数值模拟研究中，采用四面体非结构化网格对泵装置水体域进行离散化处理，如图 6.25 所示。将控制方程在网格上进行空间积分，获得以各控制节点流速和压力为未知变量的代数方程组。离散过程中，均采用二阶迎风差分格式。处理压力与速度耦合关系

的算法，直接影响到计算的收敛速度和对计算机性能的要求。本次计算采用 SIMPLEC 算法。数模计算实践证明，该算法的收敛速度和计算精度均良好。采用商业软件 CFX 对进出水流道内部流动进行了三维黏性数值模拟。求解精度为 2 阶，收敛精度为 10^{-4}。

图 6.25　泵装置网格划分

6.4　进水流道型线研究与设计

6.4.1　肘形进水流道型线方案

在流道的优化设计过程中，为了得到良好的水力性能，需要根据 CFD 数值模拟结果，不断调整流道的基本参数来优化流道的型线。为了减轻流道优化设计的负担，提升设计的水平，在建立流道型线数学模型的基础上，采用了高级程序语言对工程图形软件 AutoCAD 进行二次开发，编写了流道优化设计软件，肘形进水流道优化设计软件界面如图 6.26 所示。只需在该界面输入泵站的设计参数，软件就会根据理论公式初步计算流道的几何参数，并显示流道过流断面流速变化，根据流速变化用户可自行调整参数。肘形进水流道型线方案如图 6.27 所示。

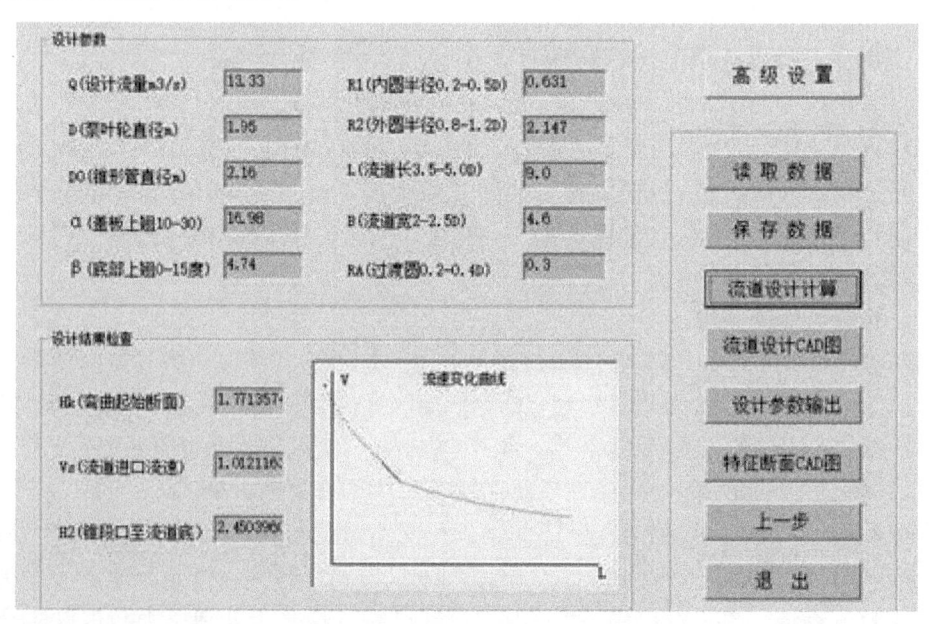

图 6.26　肘形进水流道优化设计软件界面

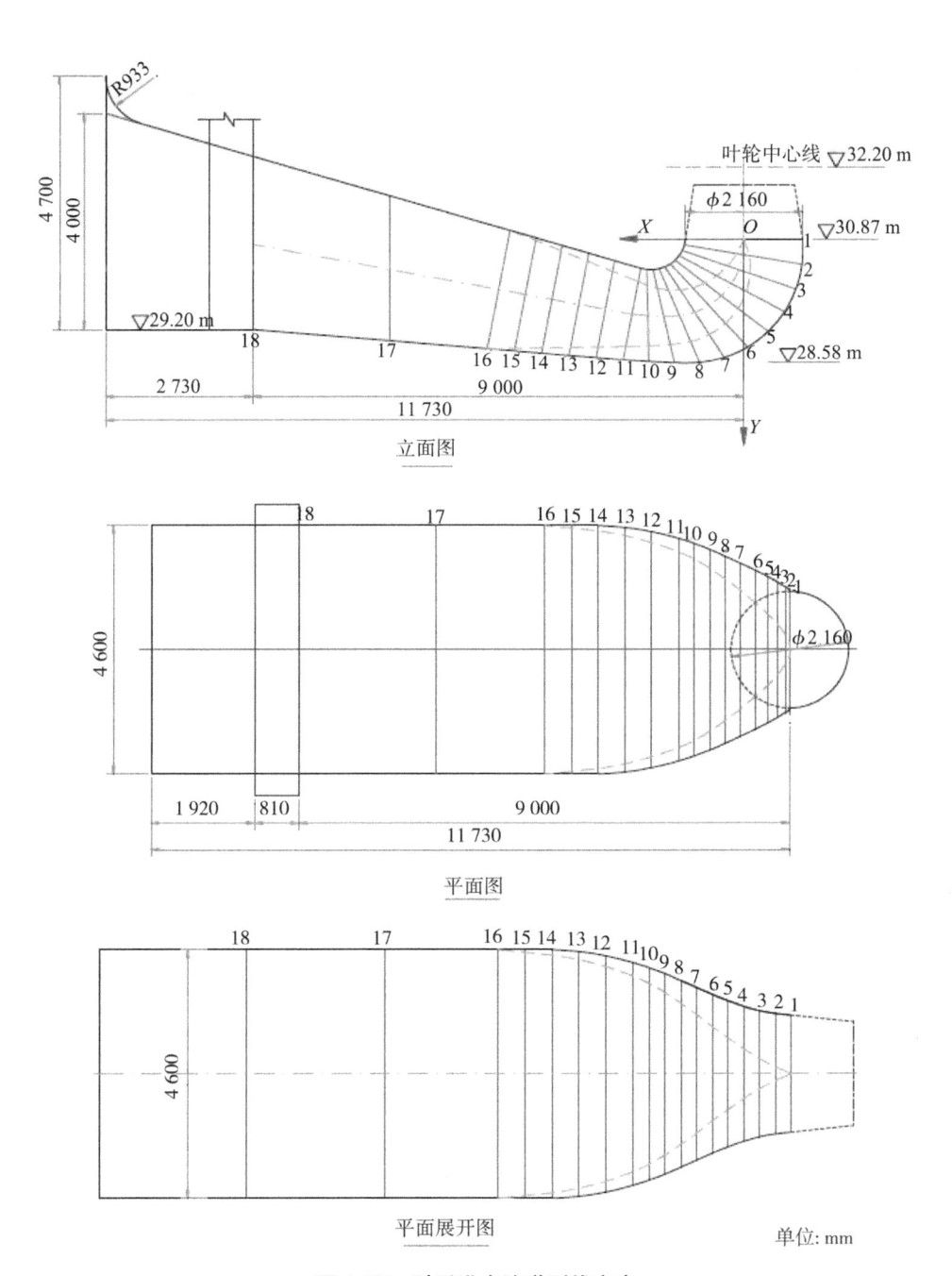

图 6.27 肘形进水流道型线方案

6.4.2 弯直管出水流道型线方案

该泵站出水流道采用弯直管出水流道方案,方便简单,便于施工和维护检修。出水流道型线方案如图 6.28 所示。

图 6.28 弯直管出水流道型线方案

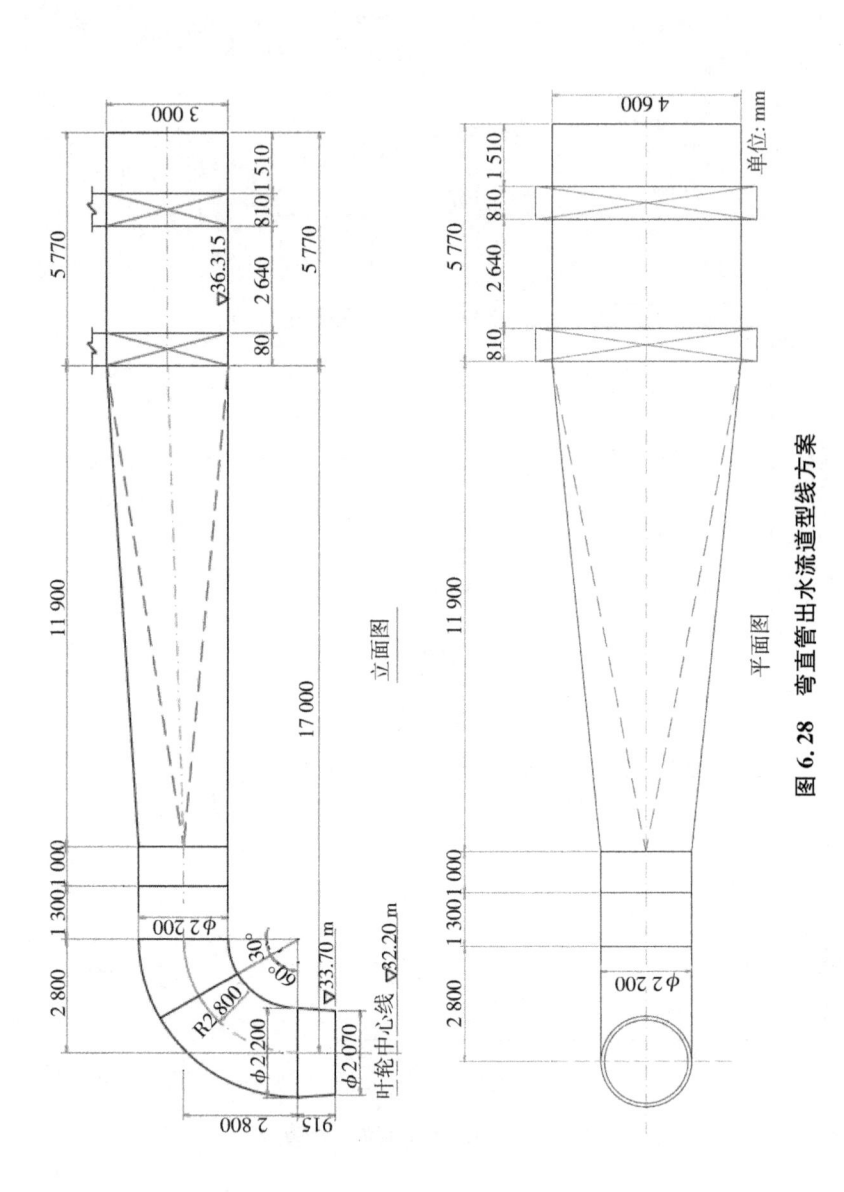

7 引调水工程施工安全管理与运营技术研究与应用

7.1 施工组织和管理理论

7.1.1 总部管理组织机构

(1) 集团公司组织成立由各个职能部室参与，以主管生产副局长、三总师为首的"项目管理中心"，落实对本工程质量、进度、安全、文明施工管理目标、计划措施，执行 ISO9001:2015 质量管理体系，对本工程全方位的检查、督促、指导，确保工程顺利进行。

(2) 集团公司各职能部室按照职能分工对项目的工程质量、生产进度、成本管理、安全文明施工实施全面监督、检查和协调等。

(3) 项目管理中心密切关注项目部，落实本工程各项计划，促进工程井然有序地开展工作。

(4) 项目管理中心加强对项目部的成本管理，做好成本分析，制订成本计划，有效地运用资金，确保工程正常运转。

7.1.2 现场管理组织机构

为全面完成本工程的各项施工任务，针对本工程的特点及规模，施工现场成立项目部，组成以项目经理为首的管理组织机构，开展对本工程质量、工期、安全文明施工等全方位的目标管理，项目经理代表企业法人从开工到竣工，对本工程质量、进度、安全文明施工、经济效益等全面负责。

集团公司在现场成立"河南省水利第二工程局引江济淮工程（河南段）第七施工标段项目部"。项目经理为项目部第一责任人，负责对项目实施全过程管理。项目经理、技术负责人每月在现场工作天数不少于 22 天，二人未同时离开工地。

项目部下设七个部室，其中管理层包括计划合同部、质量管理部、工程技术部、物资机械部、安全环保部、财务管理部和综合办公室，每个部室均由部长和部员组成；作业层包括输水管道工程作业 1 队、输水管道工程作业 2 队、输水管道工程作业 3 队、调蓄水库土方作业队、调蓄水库混凝土防渗墙作业队、调蓄水库预制块护坡作业队、调蓄水库分水口土方作业队、调蓄水库分水口混凝土作业队等共计八个专业施工队。

施工区域距离城镇较近，卫生医疗条件较好，进场后与附近医疗机构联系，在现场备置医疗急救用品和常用药物。

各职能部门均由专业人员组成，形成管理网络，实行专职管理完成各条线的生产任务。项目部管理组织机构图见图7.1。

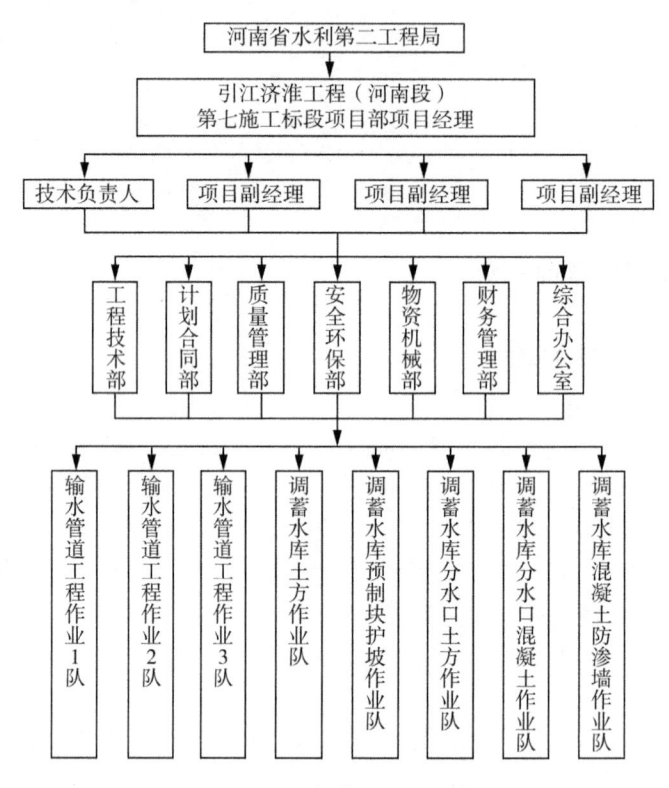

图7.1 项目部管理组织机构图

7.1.3 管理职责与权限

7.1.3.1 决策层

1) 项目经理

集团公司委派具有高级工程师职称的人员担任"河南省水利第二工程局引江济淮工程（河南段）第七施工标段项目部"项目经理。

项目经理是集团公司驻工地的全权负责人，集团公司对项目经理充分授权，项目经理可以在全局范围内调配机械、人员和物质，负责工程承包合同履约，直接对企业法定代表人和发包人负责。项目经理依照与企业法人代表签订的委托书、责任书，履行职责，行使权力；严格执行集团公司与发包人签订的合同文件，对发包人负责及服从监理单位管理。

2) 技术负责人

集团公司委派具有高级工程师职称的人员担任"河南省水利第二工程局引江济淮工程(河南段)第七施工标段项目部"技术负责人。

(1) 技术负责人职责

①在项目经理的领导下,具体负责项目实施过程中的技术管理和质量控制工作,组织编写工程项目的施工组织设计和质量保证措施,并向相关部门、作业队进行技术交底;

②组织有关人员学习贯彻执行国家技术规范和规程,并在工作中推行应用新工艺、新技术、新材料、新设备;

③同监理单位及设计单位保持联系,对施工现场的设计修改及变更作出正确的处理;

④指导有关部门,做好施工过程中资料收集、整理工作,并负责编制施工管理工作报告。

(2) 技术负责人权限

①参与对一般管理和技术人员的选择、聘用、考核、监督、奖惩,负责本项目部的职工技术教育和继续学习的审批工作;

②根据项目经理的授权,就现场施工中的技术问题进行决策;

③组织制订安全措施计划、施工进度计划,并进行审核和送审;

④根据本工程施工需要,召开技术专题会议,保持与发包人、监理单位、集团公司工程技术部的联系和沟通,组织解决有关技术难题;

⑤项目经理授予的其他权力。

7.1.3.2 管理层

1) 职能管理层

项目部是本工程的管理机构,各职能管理层在项目经理的领导下,分工负责,从事施工过程中的具体管理和技术工作。项目部组建完成后,本着懂技术、专业素质高、善管理、组织能力强、精干高效的原则,选聘职能管理机构人员。各职能机构职责如下:

计划合同部:负责本项目部的工程施工进度、成本计划的编制和控制工作,主要对工程进度和成本进行控制和管理;负责项目部的对外申报支付和内部结算,负责制订工程施工各阶段施工成本计划及控制措施,收集相关资料,编制企业内部定额;负责本工程的合同管理;负责工程施工中的技术资料收集、整理、签认、保存、移交;为项目部其他部门提供相关的技术服务工作。

工程技术部:按照施工规范、施工方案、施工进度计划对工程项目进行安排、指挥、调度、检查、监督管理;负责处理工程施工技术问题,为工程施工提供技术支持;负责施工安排和现场调度、劳动力及机械调配、工程结算、现场协调等工程施工管理工作。工程技术部下设测量组,主要负责施工测量放样,为工程施工提供可靠的测量成果,记录并整理测量成果。

质量管理部:按照质量保证体系的要求,制订本工程的施工质量计划和控制措施,并组织实施;贯彻实施集团公司质量目标和质量方针;参加质量事故分析鉴定,收集、上报质量情况报表,实施项目现场施工质量检查,实施工程阶段的质量检查验收;负责质量体系的运行和对项目部开展各项质量管理工作的监督,组织质量体系要素的开展,协同有关单位、部门进行质量标准的宣传、培训,推动质量管理工作的开展;在工程质量监督、检查方面对集团公司负责。

安全环保部:贯彻实施集团公司安全生产和环境保护的目标、方针,落实安全环保责任制;依据安全和环境保护目标制定本工程的安全环保管理规划,负责安全环保综合管理,编制和呈报安全计划、环境保护计划、安全技术方案、环境保护技术方案等具体的安全环保措施,并认真贯彻落实;组织安全生产和环境保护教育、安全环保法规的学习;组织定期安全检查和安全抽查,发现事故隐患,及时监督整改。负责安全检查督促,对危险源提出预防措施,制定抢险救灾预案。实施项目现场安全生产、环境保护的检查和验收;负责施工现场的安全生产和环境保护工作的日常监督;监督和检查项目部开展的安全生产和环境保护管理方面的各项工作。

物资机械部:为项目经理提供施工设备及工程材料计划,负责机械设备的调运、维修保养、管理;工程材料、机械配件、油料及其他材料的采购、运输、管理及发放;为工程的顺利实施提供物资、设备保障;提供符合质量要求的设备和材料,并为竣工验收提供材料和永久设备的必要的质量证明材料。

财务管理部:负责财务的收支与核算、工程的盈亏分析,实施项目施工成本的控制以及项目的资金管理工作。满足工程资金需求,在资金管理方面对项目经理负责。

综合办公室:负责精神文明建设及治安保卫、民事调解等工作;日常的行政事务工作;人事劳动管理,协助项目经理部做好职工的思想政治工作和处理好各方关系等工作。

2) 作业层

作业层是项目部为完成本工程项目施工任务,从企业内部选聘组成满足项目施工需要的施工作业组织。

(1) 作业层的主要职责

①严格执行项目部制定的施工技术措施、工艺规范、质量程序文件和安全规定;

②按项目部下达的定额计划组织施工;

③节约材料,降低消耗,提高材料的利用率;

④及时维修和保养设备,提高设备的完好率和利用率;

⑤遵守项目部的各项规章制度和工作、学习、生活纪律,搞好精神文明建设。

(2) 作业层的主要权益

①按合同和完成实物工程的质量和数量获取应得报酬及社会福利费用;

②按规定享有安全防护设施、改善劳动条件的权利;

③依法获得必要的劳动安全防护用品。

(3) 作业层的主要工作范围

输水管道工程作业队:承担本标段管道沟槽土方开挖、土方回填、PCCP管道安装、镇墩及阀井浇筑、钢制管件安装、所在施工区域的临时道路工程、临建工程和场地平整等施工任务。负责所使用的全部机械设备的进场检验、施工期内维修、配件管理、退场维护等具体工作。

调蓄水库混凝土防渗墙作业队:承担本标段新城调蓄水库的塑性混凝土防渗墙的施

工任务。负责所使用的全部机械设备的进场检验、施工期内维修、配件管理、退场维护等具体工作。

调蓄水库土方作业队：承担本标段新城调蓄水库的土方开挖、防护堤填筑、场内临时道路工程、临建工程和场地平整等施工任务。负责所使用的全部机械设备的进场检验、施工期内维修、配件管理、退场维护等具体工作。

调蓄水库预制块护坡作业队：承担本标段新城调蓄水库迎水面混凝土预制块铺砌的施工任务。

调蓄水库分水口混凝土作业队：承担本标段新城调蓄水库分水口的混凝土施工生产组织和实施任务，包括模板和脚手架系统的加工、架立、拆除、保养，混凝土的浇筑、养护及相关的细部结构施工。

7.1.4 考核、奖励与处罚

集团公司法定代表人根据工程项目合同评审的结论、集团公司有关规章制度及与项目部签订的管理责任书，制定相应的奖惩措施。项目实施结束时，集团公司根据本工程项目各项经济技术指标的实现情况及集团公司考核委员会的意见，进行奖罚兑现。

有下列情形之一的，对项目部负责人另行予以奖励：

（1）本工程获得省部级优质工程奖或安全工程奖的，给予项目经理 5 万元、技术负责人 2 万元、项目副经理 1 万元的奖励。

（2）因工程施工质量、进度管理成效优异，受到发包人、监理单位和地方政府的好评，为集团公司赢得了信誉并由此获得新项目的，项目部负责人在集团公司聘任该项目的项目部人员时拥有优先权。

（3）因参与项目所在地抢险、救灾等重大社会公益活动，获得地（市）级及以上荣誉称号的，给予物质奖励。

有下列情形之一的，对项目部负责人另行予以处罚：

（1）法定代表人通过考核认定项目经理严重不称职的，除撤销项目经理职务外，并降低项目经理资质使用等级，直至取消其在企业内部项目经理的资质使用权。项目经理通过考核认为项目副经理严重不称职的，除撤销项目副经理职务外，在企业内部降低其项目经理资质使用等级，直至取消其在企业内部项目经理资质使用权。

（2）项目经理在任职期间无任何正当理由擅自卸职的，未经发包人和监理单位批准一个月内擅自离开施工现场超过合同文件规定时间，冻结其项目经理资质证书，没收项目经理的风险抵押金，不再任命其他领导职务；造成经济损失的，处以罚款，直至追究刑事责任。

（3）因项目部负责人渎职，使企业蒙受经济、信誉损失，视情节轻重，分别处以没收项目经理的风险抵押金、冻结其项目经理资质证书、永远取消项目经理任职资格、不再任命其他领导职务，并按照党纪政纪追究项目经理责任，构成犯罪的，依法追究项目经理刑事责任。

7.2　施工质量保证措施方法

7.2.1　开挖质量保证措施

土方开挖施工前,结合各部位开挖要求和地形地质条件进行详细的开挖方案设计。

合理安排开挖施工顺序,围绕土方填筑需要和土方开挖的要求,根据地层情况实行动态调整,保证开挖的质量满足设计断面的要求。

配置足够的、合格的测量人员、仪器和设备,按国家测绘标准和本工程精度要求,建立施工控制网。施工过程中,及时放出开挖轮廓线并对坡面进行复核检查。

开挖边坡及时监测,保证边坡稳定。同时加强施工期边坡变形观测,保证边坡开挖施工安全和质量。

7.2.2　土方填筑质量保证措施

料源的质量控制:对开采区的植被、覆盖层等非填筑料层先行剥离处理。土料备存和开采过程中严格控制含水量,以获得合格的填筑料,土质差异较大的土料严禁混用。

运输与卸料质量控制:土料运输车在车头外侧挂明晰的标识牌。进入填筑区的车辆轮胎经水槽清洗或冲洗干净,以免夹带泥块入内。卸料过程中注意减少物料分离。卸料间距根据铺料层的厚度确定,设专人指挥,以保证土料分布的合理位置。在填筑期间或填筑以后,对有污染的填料及时予以全部清除。

铺料厚度控制:铺料厚度根据设计要求和现场碾压试验结果确定。铺料填筑时,在填筑面前方 4～6 m 处设置移动式标杆,用于控制填料层厚度与平整度。推土机平料时,刀片从料堆一侧的最低处开始推料,逐渐向另一侧移动,防止物料分离形成大空隙;填筑碾压完成后,按 10 m×10 m 网格进行检测,达到技术要求后,继续上升填筑。严格控制填筑区边界线,余料及时清理。

土料洒水量与洒水强度的控制:设置专业洒水队伍,负责土料加水,保证土料的含水率接近最优。加水方式和加水量由现场试验确定。填筑面补充洒水,由质检员旁站监控。

碾压质量控制:在土方填筑中,以控制碾压参数为主,采用先进仪器进行质量检测。根据土方填筑原则,当日填筑料当日碾压成型;填筑部位与边坡及混凝土表面接触部位严格控制,确保质量;填筑料碾压以进退错距法(错距宽度不大于 20 cm)施工为原则,振动碾行走速度控制在 4 km/h 以内;在压实过程中,对边坡边角处或小范围区,采用薄层摊铺,小型夯实器具压实。为确保碾压质量,由专人跟班、跟机控制铺料厚度、碾压遍数,以防出现漏压、过压现象。施工时,遇到降雨,当日降水量大于 5 mm 时,停止填筑施工,并采取防雨措施,防止雨水大量下渗,影响填筑质量。

7.2.3 管道安装质量保证措施

管材进入施工现场检查：①检查管材有无裂缝：管材内表面出现环向裂缝宽度不大于 0.5 mm（浮浆裂缝除外）；距管插口端 300 mm 范围内环向裂缝宽度不大于 1.5 mm；管材内表面不存在裂缝长度大于 150 mm 的纵向可见裂缝。覆盖在预应力钢丝表面上的水泥砂浆保护层，不存在裂缝；覆盖在非预应力区域表面上的水泥砂浆保护层的可见裂缝宽度不大于 0.25 mm。②检查管材有无损伤、漏筋、缺棱掉角和水泥砂浆保护层空鼓现象。③检查管材承插口尺寸、椭圆度是否符合标准要求，承插口钢环工作面有无凹凸、毛刺、飞边等现象。④检验合格标识是否与发运单载明规格、数量、管号、工作压力、检验压力相符合。凡标志技术条件不明、技术指标不符合标准规定或设计要求的管材均不得使用。

胶圈的现场验收和保管：①检查胶圈是否存在裂缝、破损、气泡、重皮、平面扭曲、肉眼可见的杂质及有碍使用和影响密封效果的缺陷。②胶圈贮存保管在室内或阴凉处。贮存环境温度在 5～30℃，相对湿度小于 80%，远离热源 1 m 以上。橡胶圈未与酸、盐、溶剂、易挥发物、油脂或对橡胶产生不良影响的液体、半固体材料接触。胶圈的存放未被拉伸、挤压或变形。③胶圈在仓库内存放时间短，先到的先用。暂不使用的胶圈严禁随意打开包装、随地乱拉或随意置放于不当环境。④在低于 0℃气温下进行管道安装时，橡胶圈必须采取防止受冻变硬的措施。

管材的吊运：①管材在装卸时，采用两个均匀着力点兜身平吊，起降平稳，轻起轻放；严禁用单绳从管材中部起吊，歪拉斜吊或穿心吊；起吊过程中避免起吊索具碰损管材；吊具采取橡胶包裹或其他有效的保护措施，避免损坏管道保护层。②在装卸过程中始终坚持轻装轻放的原则，禁止溜放或采用推土机、叉车等铲运机械直接铲运，推拉管材。③管材起吊时，管中无人，管下无人逗留。

管材的安装：①管材安装前对操作工人进行技术交底，测量人员要经常对管线控制线进行校正调整，以保证管道安装轴线的正确。②安装前先对槽底进行检查，管道基础需符合设计要求，沟槽内无积水和软泥。③管材安装时采用尼龙吊带或套胶管的钢丝绳，不得采用钢丝绳直接吊装，防止损坏管材保护层。管材安装前检查管体及承插口有无质量缺陷，验收合格后将承插口钢环工作面上的浮土、浮渣、毛刺等杂物清理干净；用砂纸或钢锉清理接口环上容易划伤胶圈的凸起、毛刺等异物。④检查胶圈有无破裂、破损、气泡等现象。冬季施工时，将胶圈预先放在 15～25℃的环境中保持 24 h，恢复弹性后再用。⑤管材对接安装前，清理承插口环后先用润滑油(植物油或洗洁精等)对承口工作面进行涂刷润滑，然后将橡胶圈套入插口环凹槽中，使胶圈在插口凹槽的各部位上粗细均匀并顺直地绷在插口环凹槽内，消除胶圈的扭曲翻转现象，以保持良好的密封。⑥在管道连接过程中管道不受垫层或管基的支撑。管道安装时，为防止承插口环碰撞，待装管被吊起后缓慢而平稳地移动，待移动至距已装管 10～20 cm 时，用方木支垫在两管间。对口时使插口端和承口端保持平行，并使圆周间隙大致相等。然后采用内拉或外拉的方法，使待装管徐徐平行移动，接口承插对接，接口慢慢平行位移至达到设计要求的安装间隙。在接口对接过程中，在管外观察胶圈的状态，一旦发现胶圈局部挤出，立刻停止拉进，用平口螺丝刀将挤出部位压入后再继续拉进。对于外防腐的管材,在安装器具与保护层接触部位采取垫胶板等有效措施来避免对保护层的损伤,捆绑管道优先采用尼龙吊带,采用钢丝绳时加套胶管或缠绕麻绳。⑦管道安装按所设的施工测量控制点,仔细校测管道的轴线和标高,并做好施工记录。⑧每班安装前,对已安装好的前一节管进行复查,合格后再继续进行安装。⑨管道内、外防腐层遭受损伤或局部未做防腐层的部位,安装后修补,修补质量应符合管道防腐的有关规定。⑩雨季施工,事先编制雨水疏导方案和管道稳定防漂浮方案,防止造成管道漂浮事故。

7.2.4 混凝土施工质量保证措施

控制混凝土拌和物质量:严格按试验室开具的并经监理人批准的混凝土配料单进行配料,严禁擅自更改;使用外加剂的,提前做不同种类外加剂的适配性试验,严格控制外加剂的掺量;根据砂石料含水量及时调整用水量,以确保混凝土入仓坍落度满足设计要求;定期检查、校正拌和机的称量系统,确保称量准确,且误差控制在规范允许范围内;保证混凝土拌和时间满足规范要求;所有混凝土拌和采用微机记录,做到真实、准确、完整,以便存档或追溯。

加强现场施工管理,提高施工工艺质量:①成立混凝土施工专业班组,施工前进行系统专业培训。②浇筑混凝土时,严禁在仓内加水。发现混凝土和易性较差时,采取加强振捣等措施,保证混凝土质量。③不合格的混凝土严禁入仓,已入仓的不合格的混凝土必须清除。④混凝土入仓后及时进行平仓振捣,振捣插点要均匀,不欠振、不漏振、不过振;振捣器根据浇筑部位的混凝土特性来选择。⑤混凝土浇筑期间,表面泌水较多时,及时研究减少泌水的措施;仓内的泌水及时排除,严禁在模板上开孔赶水,带走灰浆。⑥混凝土浇筑施工时,做到交接班不停产、浇筑不中断,以免造成冷缝;混凝土浇筑时,掌握好脱模时间,并在脱模后及时进行表面处理,消除表面的机械损伤、早期裂隙等,提高混凝土外观质量。

混凝土浇筑时安排专职质检人员旁站,对混凝土浇筑全过程质量进行指导、检查、监督和记录。

雨季施工时,设置专用可靠的防雨设施,及时排除仓面积水,认真做好坡面径流的引排工作。

高温季节混凝土施工,认真落实温控措施:①降低骨料温度,在水池和骨料上部搭设遮阳布,必要时对粗骨料进行洒水降温。②严格控制混凝土的入仓温度,入仓温度控制在28℃以下,拌和用水采用井水,水池中放置冰块,降低拌和用水的温度。③混凝土浇筑选择在早晚和夜间进行,避开中午高温时段。④混凝土拌和后及时浇筑,加强振捣、抹面,及时进行养护。

冬季混凝土施工,做好混凝土的保温工作:①混凝土骨料用彩条布覆盖,以防冰雪和结冰。②拌制混凝土用水采用现抽地下水。③加强对混凝土温度控制,出机口混凝土温度不低于5℃。④现浇混凝土加快入仓速度,浇筑完成后外露表面及时采用塑料薄膜覆盖后再用棉被覆盖保温。

7.2.5 浆砌石质量保证措施

材料的质量控制：砌石用块石质地坚实、新鲜，无风化剥落层或裂纹，石材表面无污垢、水锈等杂质，用于表面的石材，色泽均匀，无尖角薄边，块厚达到设计要求。砌筑用的砂浆材料水泥、砂、水等符合规范规定，严格按试验室出具的配合比进行拌制，水泥砂浆在拌成后3h内使用完毕，如施工期最高气温大于30℃，在拌成后2h内使用完毕。水泥和砂的配料精确度分别控制在±1%和±2%以内，水、外加剂的配量误差不超出±1%。

砌筑施工的质量控制：①砌筑时把附在砌体石料上的泥垢清理干净，并保持砌石表面湿润；②采用座浆法分层砌筑，随铺浆随砌石，砌缝需用砂浆填充饱满，块石与块石间不得直按贴靠，砌缝内砂浆插捣密实，严禁先堆石块再用砂浆灌缝；③上下层砌石错缝砌筑，砌体外露面平整美观；④砌筑因故停顿，砂浆已超过初凝时间，待砂浆强度达到2.5MPa后继续施工，在继续砌筑前，把原砌体表面的浮渣清除，砌筑时避免振动下层砌体；⑤砌筑用砂浆在施工中随机制取试件，检测砂浆强度；⑥当最低气温在0～5℃时，砌筑作业注意表面覆盖保护，当最低气温低于0℃或最高气温高于30℃时，停止砌筑。无防雨棚的仓面，遇大雨立即停止施工，妥善保护表面，雨后排除积水，并及时处理受雨冲刷部位。

7.2.6 金属结构设备安装质量保证措施

设备质量控制：进场的金属结构设备由质检人员和厂家人员对外观质量、外观尺寸、技术支持资料、原材料合格证、制作生产记录、焊缝检验报告、出厂检验报告等逐项进行认真检查，对出现不合格现象或缺失资料的设备拒绝签收。

测量放线质量控制：仪器定期进行检验校正，确保仪器在有效期内使用，施工中所使用的仪器必须保证精度达标；保证测量人员持证上岗；各控制点分布均匀，并定期进行复测，确保控制点的精度；施工中放样先校核，保证其准确性；根据施工环境的地质情况、通视情况，对测量方法进行优化，在外界条件较好的情况下进行测量放样。

焊接质量控制：焊接作业人员、质检人员、无损探伤人员必须持证上岗；焊接作业开始前首先进行焊接工艺评定，合格后严格按照焊接参数进行焊接作业；定专人保管焊机、保温箱、检测设备，并定期进行检查和维修，保证施工机械能满足现场安装质量的要求；加强对焊接材料的选择和保管，焊材在使用前必须经过烘焙，经烘焙的焊条必须放在保温桶内以便随取随用。

安装质量控制：安装作业开始前对作业人员进行技术交底，将操作要点、关键工序向作业人员讲解清楚；严格按照施工图纸及技术规范要求进行安装，开展标准化作业；抓好质量教育，加强全员质量意识，树立"质量第一，预防为主"的观念；安排专职质检员对施工全过程进行全方位检测，同时设项目部质检员、施工队负责人、作业班组长严格执行"三检制"，工程质量全过程处于受控状态。

7.2.7　工程测量质量保证措施

随着测量技术的提高,在工程的施工测量中,采取先进的测量控制手段,采用智能化自动采集数据的方法,提高观测效率、观测质量,全部数据直接由计算机处理,最大限度地减轻作业人员的劳动强度、消除人工参与带来的错误和误差,以确保所获得的观测成果及记录成果的准确性和可靠性。

对测量仪器定期周检,由测量队队长提前一年提出仪器周检计划,报技术负责人审批。

配备责任心强、现场施工经验丰富、测量资历较深的测量人员担任测量队队长,杜绝测量放样事故的发生。

实行测量换人复测制度;同时实行内业资料的复核制度,无复核人签字的内业资料按无效处理。

利用仪器设备的先进性和大容量储存器,在计算机中建立整个建筑物的三维坐标系统数据库,将全套三维坐标系统全部传输储存在激光全站仪中使用。

所有测量设备必须检验合格才能使用。施工测量主要采用 GPS 和全站仪,局部采用水准仪进行。测量作业由有经验的专业人员进行测量放线、复测。

混凝土立模采用等级控制点测设轮廓点。

7.2.8　试验检验质量保证措施

试验人员全部持证上岗,试验仪器进场前,首先由国家有关部门标定认可,并定期检定。

在质量管理部部长的领导下,开展检验试验工作。通过工艺试验,选用最佳工艺参数,指导施工,同时对现场工艺参数进行检测控制,并及时反馈各种数据。

配足现场试验人员,对现场检测项目及时取样。

7.2.8.1　总则

(1) 建立班组自检、施工队复检、专职质检员终检的"三检制"。仓面检验合格后,报监理核验,核验合格,取得开仓证后开始浇筑。

(2) 质检员专业齐备,素质、数量满足施工要求,执行持证上岗。

(3) 重要混凝土浇筑单元在开仓浇筑前,向监理工程师提交一份仓面设计。内容包括浇筑部位、起止坐标、起止高程、分层分块顺序及其工程量、混凝土类别、施工线路、入仓方式、施工手段(包括混凝土供料强度,各种必备机械的型号、数量)等,并附简要的施工平面图、剖面图和说明。

(4) 钢筋加工、模板制作、预制件预制执行出厂验收签证制度,确保只有合格产品才能出厂。

(5) 执行原材料抽样检验制度,工程施工原材料按规范要求进行抽样检验,确保原材料符合质量要求。

（6）搞好职工的技术培训工作，不断提高职工的业务素质，使职工掌握较先进的施工技术和施工方法。

（7）试验室严格控制混凝土的质量，做好各种项目的试验，并做好详细的试验记录和报表。

（8）成立专业修补队伍，对出现的质量问题及时进行修补。

7.2.8.2 仓面质量控制

（1）仓面浇筑工艺设计

重要部位混凝土浇筑前进行详细的浇筑施工技术交底。

（2）浇筑前仓面检查

混凝土的仓面（主要指仓面清理、模板安装、钢筋、止水、接地等）按设计要求进行检查，表面用人工凿毛或高压水冲毛。此外，对于老混凝土面的边缘斜坡尖角进行凿除。

（3）砂浆摊铺

铺设砂浆的作用是使混凝土与混凝土层间紧密结合，提高防渗性能与抗剪强度。仓面检测其坍落度在 10 cm 左右，均匀摊铺厚度控制在 2~3 cm，摊铺与混凝土浇筑速度相匹配。

混凝土入仓前检查混凝土的坍落度和入仓温度是否在允许范围内。

7.2.8.3 浇筑过程控制

（1）混凝土浇筑，先铺一层 2~3 cm 厚水泥砂浆。

（2）结构混凝土浇筑，严格控制入仓强度，采取正确的施工方法，确保混凝土体型尺寸以及混凝土表面平整度。

（3）预制混凝土构件浇筑一次性完成，不中断，保证混凝土浇筑密实。

7.2.8.4 现场质量问题处理

（1）常态混凝土的配合比与均匀性，现场坍落度控制。

（2）混凝土出现发白、干硬、初凝现象，停仓处理。

（3）混凝土被严重污染，如外来水、泥浆、油污等带入仓内所污染的混凝土，挖除重新浇筑。

7.2.8.5 混凝土温度控制

1）合理安排混凝土施工程序和施工进度

合理安排混凝土施工程序和施工进度是防止基础贯穿裂缝、减少表面裂缝的主要措施之一。施工程序和施工进度安排应满足如下几点要求：

（1）在满足浇筑计划的同时，采用薄层、短间歇、均匀上升的浇筑方法，以利层面散热。混凝土在设计规定间歇时间内连续均匀上升，未出现薄层长间歇；其余部位做到短间歇均匀上升。

(2)浇筑层厚根据温控、浇筑、结构和立模等条件选定。阀井、镇墩、出水池浇筑层厚一般为 0.5 m。

2)混凝土运输措施

(1)混凝土运输车辆顶部搭设遮阳篷,避免混凝土直接暴晒,防止混凝土温度升高,水化热过快,影响混凝土强度。

(2)减少混凝土运输车辆的等待时间,准确计算混凝土取料、车辆途中运输、混凝土卸料的时间,适当调整运输车辆,综合考虑,做到各工序协调一致,避免因安排车辆过多或过少而造成压车、压仓现象。

3)控制浇筑块最高温升

(1)根据混凝土各部位入仓温度要求,考虑混凝土运输、浇筑过程中的温度回升,试验室对出机口混凝土的质量进行严格控制及检测。

(2)降低混凝土的入仓温度。为防止浇筑过程中的热量倒灌,需加快混凝土的运输、吊运和平仓振捣速度。外界温度高于混凝土温度时,为防止浇筑过程中混凝土表面温度上升过快,与内部混凝土温度不一致,导致混凝土表面出现龟裂现象,在浇筑层上采用土工布覆盖。

(3)高温季节时浇筑混凝土充分利用早晚、夜间及阴雨天气温较低的时段浇筑,避免白天高温时段(10:00~16:00)开仓浇筑混凝土。

(4)浇筑仓内温度高于 25℃时,采用自动喷雾机进行仓面喷雾,使仓面始终保持湿润,以降低仓面环境温度。在大风、干燥气候条件下施工时,加强仓面喷雾工作及其喷雾效果,以达到降低仓面小环境气温,增加仓面空气湿度,控制混凝土浇筑过程中混凝土温度回升的目的。仓面喷雾呈雾状,避免小水珠出现。

4)表面养护

(1)混凝土收仓终凝后进行养护,平面养护至上一层混凝土开始浇筑为止,侧面养护 28 天,养护方式以喷雾、洒水为主。

(2)模板与混凝土表面在模板拆除之前及拆除期间保持潮湿状态,其方法是让养护水从混凝土顶面向模板与混凝土之间的缝渗流,以保持表面湿润。

(3)混凝土在浇筑后尽快开始和完成混凝土抹面工作,紧接着进行养护避免干缩裂缝发生,养护时间超过 28 天。

(4)洒水养护:水平仓面的养护,当混凝土浇筑 8~10 h 混凝土初凝后,表面进行人工洒水养护,对较大的仓位连续浇筑在两个班以上的,对先浇的部位进行洒水,但不能将水流到未初凝的混凝土面上。当先浇的位置浇完 12 h,能抵抗自然流水破坏时,进行人工洒水。洒水时在出口处加莲蓬头。仓位收仓后 12 h,辅以人工洒水、表面流水养护,养护时间直至上一仓浇筑为止。在浇筑层面养护时,杜绝借洒水养护进行压力水冲毛。

7.3 智能化施工与安全监测技术研究

7.3.1 无人值守称重系统应用

7.3.1.1 技术概述

物资管理是项目经营工作的重中之重,由于水利工程体量较大,物资材料采购使用量巨大,对项目物资材料管理、生产经营及统计分析工作都带来很大的挑战。传统的项目管理过程中,对原材料过磅称重的管理较为简单粗放,仅以原始落后的地磅和过磅管理员为管理手段,耗费人工精力,生成数据杂乱,称重结果真实度、准确度与管理人员素质和责任心高度相关,项目物资管理控制力度有限。

7.3.1.2 具体技术描述

无人值守称重系统部署结构原则上可适用各种现场环境,根据地磅的位置、计量管理的上下级业务环节、是否有外网访问、对数据备份的要求级别以及网络情况等进行具体设计,在最大限度利用现场资源的情况下保证管理过程的落地并实现便利应用。主要由以下系统组成:

(1) 智能 IO 主控制系统

运行系统的控制设备,采用嵌入式的 Linux 工业系统开发,数据更安全,运行更稳定,低功耗。连接有声光提示器,在车辆上磅时办公室电脑可发出声音提醒(图 7.2)。

图 7.2 智能 IO 主控制系统界面

(2) 二维码子系统

安装在地磅两端,用于司机扫描手机二维码,系统读取、收集车辆及物资材料信息(图 7.3)。

图 7.3 二维码子系统及读取进场信息

（3）车牌识别子系统

采用海康威视超高识别率车牌识别一体机，由防护罩、镜头、摄像机、补光灯及电源组成。设备采用高清晰逐行扫描 CMOS 感光器件，具有清晰度高、星光级低照度、帧率高、色彩还原度好等特点。通过摄像机对车牌进行实时识别，核实与二维码信息里面的车号是否一致，避免过磅员手工输入的麻烦。如识别错误可通过手工修改，也可直接手工输入车号来称重。

（4）视频抓拍子系统

本套系统配备 2 台（或 4 台）高清网络摄像头，分别安装在地磅两端（或中间）抓拍车厢内货物，硬盘录像机全天候录像，方便回访查看某一段时间的过磅情况。摄像头和系统软件同步影像，可监视驾驶室人员上下车情况和刷卡情况，可监视汽车在秤台上是否完全平衡等情况。即对于摄像头监控范围内的车辆过磅情况，系统软件可以实时观测到。当车辆上磅稳定后，系统自动称重瞬间把前车牌号、后车尾（或车厢）的两组图片和称重记录同时保存，在调用记录查询的同时可把当时称重的图片一并调出，方便管理人员对称重车辆的审核和监督，防止车辆在称重过程中出现大车过毛、小车回皮的作弊现象。

（5）语音播报及 LED 显示子系统

安装在地磅一端，采用电脑语音提示司机进行过磅操作。LED 户外显示屏可显示供货单位、物资名称、毛重、皮重、净重等信息。

（6）道闸控制子系统

安装在地磅两端，主要由智能道闸和车辆检测器组成，实现有效控制车辆违规上磅和未完成称重下磅的情况。

7 引调水工程施工安全管理与运营技术研究与应用

（7）红外防作弊子系统

地磅两端分别安装一套红外车辆分离器。当称重车辆上地磅时，光栅检测到称重车辆，光栅会通过屏蔽线缆发出信号给系统，系统判断车辆从哪端上磅，同时系统使信号灯由原来的绿灯变为红灯，提醒其他等候车辆不能上磅。当称重车辆没有完全上磅时，光栅不断发出未完成检测的信号给系统，系统不允许称重，同时通过语音提示驾驶员，"请您将车开到中间，谢谢！"，避免驾驶员利用磅房视线不足，使汽车压边称重，防止称重作弊（图7.4）。

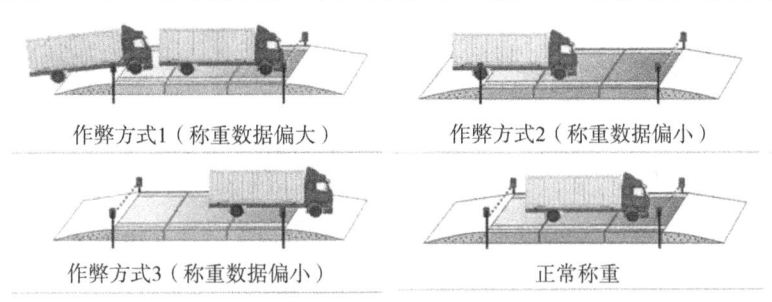

作弊方式1（称重数据偏大）　　作弊方式2（称重数据偏小）

作弊方式3（称重数据偏小）　　正常称重

图7.4　称重作弊常见方式

（8）远程查询与管理

在局域网/广域网任一电脑安装称重管理系统后台查询版，通过授权的账户和密码，管理人员可以随时查看各地磅的业务数据，并可对某一经营户或采购户等进行数据的统计、报表打印、汇总等。可以对有疑问的数据进行精确查询，并可查看其详细信息和过磅抓拍图片（图7.5）。

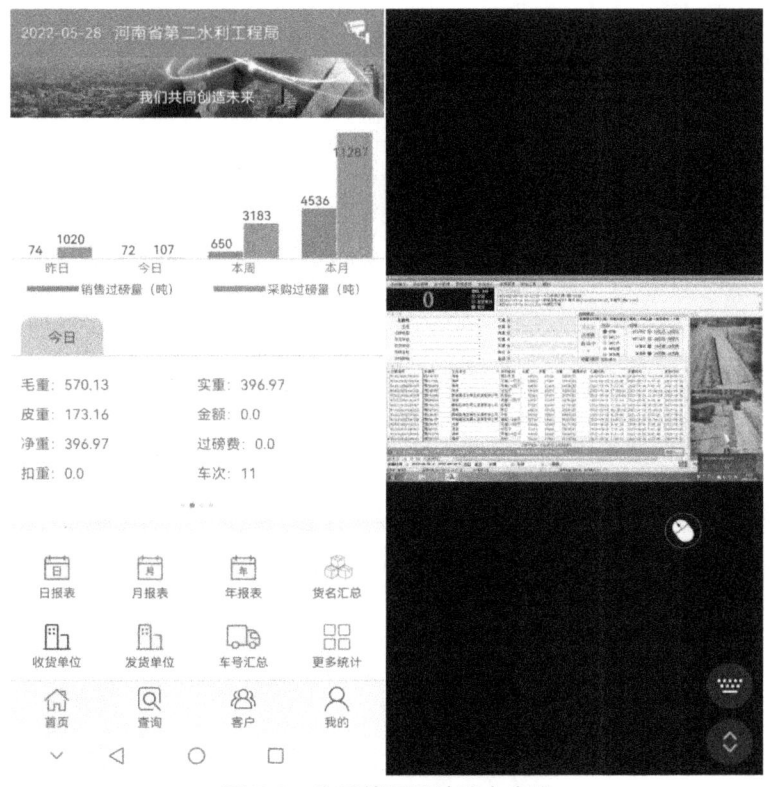

图7.5　称重管理系统后台查询

（9）皮重历史监测

车辆计量皮重的时候，系统会查询一个阶段内的历史皮重做平均值。皮重与平均值的差值在允许范围（可设置）内的，车辆允许计量，否则系统提示，业务记录红色标示。

7.3.1.3 有益效果

该无人值守称重系统可实现实时数据传输，数据整合共享。信息的互联、互通、互控，方便各部门快速、实时、准确、有效地开展工作，从而大大减轻物资管理、门岗人员、司磅人员、仓库人员、现场管理人员、财务人员的工作量，有效地提高工作效率。固化工作环节，避免各类非正常工作流程和工作手段，也可以达到严格管理措施、杜绝管理漏洞的效果。

（1）过磅信息

系统支持按照车号、过磅类型、货品、供货单位、收货单位等字段查询过磅记录，并可进一步查看某条称重记录的详细信息，包括称重过程中保存的图片。系统支持对异常记录的提示预警，如同一车辆皮重偏差较大等情况，同时支持将查询结果导出，保存到本地进行查看。

（2）数据统计

对本项目已经完成的磅单数据以日期时间进行数据统计（累计过磅车数、累计过磅吨数），可以快捷选择今日、本周、本月、本年或者自定义时间段进行数据统计。

（3）后台称重日志

经过授权的人员可以修改系统中的相关数据，但是修改后软件会自动生成一个修改记录，保留修改时间、修改人员、修改内容等。同时，系统能够自动记录操作人员每次开关机时间，防止个别人员利用开关机时段作弊。

（4）数据用途拓展

系统还提供与 ERP 管理系统、财务软件等管理软件的对接接口，使数据自动提交运转，减少人员操作流程。

7.3.2 智能温控系统在泵站大体积混凝土中的应用

7.3.2.1 技术概述

大体积混凝土施工过程中，需要对其温度变化进行实时监测，以获取混凝土内部的温度变化以及分布规律，防止混凝土温度过高或温差过大，引起结构破坏。

智能温控系统是结合系统硬件与软件平台设计，构建了层级结构的混凝土温控智能分析系统，融合温度采集、数据存储、大数据混合编程、智能分析预警、动态温控等技术，开发形成了大体积混凝土智能温控系统，实现了大体积混凝土施工中的温度采集监测、数据存储、数据分析、数据预警、智能温控调整等功能。

7　引调水工程施工安全管理与运营技术研究与应用

7.3.2.2　具体技术描述

1）智能温控系统设计

（1）系统结构设计

大体积混凝土智能温控系统需要解决从底层数据到上层智能决策的功能,从而实现温度数据的感知、采集传输和数据存储决策分析,根据系统功能结构,可以采用分层分级的系统结构形式。

智能温控系统的结构由数据感知层、数据采集层和数据分析层三部分构成(图7.6)。其中数据感知层通过温度传感器来捕捉监测点的温度信息,并通过线缆把数据发送到数据采集层;数据采集层用来采集数据感知层上报的温度数据,该层主要由多通道的温度采集器构成,其可对温度传感器的数据进行采集并向上转发给现场监测层;数据分析层用来处理数据采集层上报的数据,包括数据的存储、查询、分析及预测等。用户可以通过客户端软件方便地查询温控数据,并及时给出温度预警、方案调整等信息,为大体积混凝土温控施工提供相应的决策依据。

智能温控系统的结构设计如下图所示:

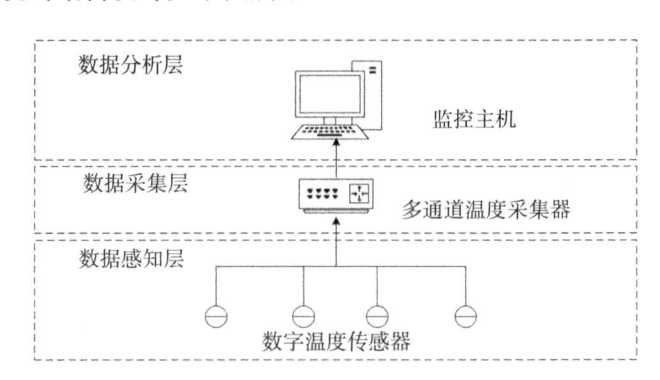

图7.6　硬件系统总体结构设计图

（2）系统建设内容

在确定系统结构的基础上,需要针对系统结构,对其涉及的软硬件系统进行设计选择,从而保证系统的功能效果。

系统建设内容包括:数据感知层设计、数据采集层设计和数据分析层设计。

数据感知层设计:确定采集温度数据的传感器选型,包括传感器的类型、布置形式、性能要求、精度要求、数字传输要求等。

数据采集层设计:确定温度传感器的数据上传与接收通道设计。

数据分析层设计:通过软件开发技术,将获取的温度传感器数据进行存储、展示,耦合大数据分析技术,对原始数据进行清洗、处理、挖掘,实现温度趋势预测和预警,并结合温度分析结果给出动态智能调整策略和方案。

2）混凝土温度数据采集

混凝土温度数据采集主要涉及硬件设备,即温度传感器的选择。温度传感器作为直接感知混凝土内部温度信息的重要部件,直接决定着系统的测温性能,根据大体积混凝土温度监测需求分析,应满足测温范围宽(0～100℃)、精度较高(0.5℃)等技术指标。

(1) 温度传感器选择

工程常用的温度传感器按照其感知机理一般可以划分为三类,即物理类、光学类和电学类。物理类温度传感器不具有大规模测温的实用性,因此以下仅选择电学类、光学类温度传感器进行对比分析。

①热敏电阻

热敏电阻传感器的电阻值随着温度变化而变化。热敏电阻一般来说分为两大类,一类是正温度系数热敏电阻,另一类是负温度系数热敏电阻。正温度系数热敏电阻器的电阻值随着温度的升高而升高,负温度系数热敏电阻器的电阻值随着温度的升高而降低。热敏电阻测量的温度和电阻值相关,往往需要对导线电阻加以补偿。

②热电偶

热电偶作为一种能够感知温度变化的元器件,由两种不同成分的材质导体组成。两种不同成分的材质形成闭合回路,把两种不同成分材质放到不同的温度场中,两种不同成分材质之间就会形成电压。通过电压和温度之间的关系即可得出温度。在测温时,要求其一端温度保持不变,才可以准确推导出另一端的温度。

③数字温度传感器

数字式温度传感器能够把测得的温度直接转换为数字量并输出。其直接输出数字信号,因此测量的温度和导线长度无关,不需要专门的导线补偿。数字信号方便计算机、PLC、智能仪表等数据采集设备直接读取,不需要专用的解调设备。并且数字传感器在出厂时一般已经逐个标定,并把标定信息一次写入其内部存储,在使用时可以直接读出温度。

④光纤光栅温度传感器

光纤光栅温度传感器是近些年来新发展的一种传感器。它将光栅作为其敏感元件,通过光纤光栅的中心波长随着温度的变化来感知传感器所处位置的温度信息。器件本身是由以石英基体为主的光纤制成,因此有着体积小、灵敏度高、不受外界磁场干扰等特点。另外,可以在一条光纤上串联多个光纤光栅传感器,从而大大简化线路的布设。

经过对比,数字温度传感器具有单线接口方式易于集成、测温范围大、误差小、支持多点组网的优点,较适合大体积混凝土较大规模测温的需要。最后选型号为 DS18B20 的数字温度传感器为温度采集元件。其测温范围为 $-55\sim125$℃,在 $-10\sim80$℃ 范围内精度为 ±0.5℃。

(2) 数据采集层设计

数据采集层主要借助相应的硬件设备完成对温度传感器感知的温度数据的转发上传。结合确定的 DS18B20 数字温度传感器,确定温度采集硬件设备为其配套的 DS18B20 多通道温度采集器。

(3) 温度采集通信协议

通信协议定义了温度采集器与上位机软件的通信方式,包括温度数据的查询,温度传感器硬件配置参数查询与设置以及采集器参数配置等。温度采集协议基于工业通用的 MODBUS-RTU 协议进行设计,并根据温度数据采集过程的特点对标准 MODBUS-RTU

7 引调水工程施工安全管理与运营技术研究与应用

协议进行了相应的调整。

3）混凝土温度数据监测与分析

根据大体积混凝土温度监测以及智能温控的要求，对监测数据开发使用如下：

在线监测功能：对于采集到的温度数据进行在线监测显示；

温度分析功能：对于监测到的温度数据进行温度指标分析，给出分析结论和调整策略；

温控预警功能：根据监测到的数据，结合外界条件的变化，对温度分布和变化进行大数据预测，对预警指标进行分析，并给出相应的调整决策；

温控策略功能：用于根据温度指标设定相应的动态调整技术，并支持对温控策略的修改、删减和添加功能；

报警设置功能：对于警戒温度进行设置，对报警的触发条件进行设置；

历史数据查询功能：对于已经发生的历史数据进行存储，支持查询、绘图和数据导出等功能。

（1）在线监测功能

在线监测功能对温度传感器上传的温度数据进行实时显示，以反映当前混凝土的温度分布情况，同时在线监测还可以实时监测外界气温变化，对外界气温进行实时显示。

根据大体积混凝土温度测点布置要求，一般分为三层设置。为了便于用户查看，分为顶层温度、中层温度、底层温度显示，每层温度均显示测点的实时温度值以及外界气温值。

（2）温度分析功能

温度分析功能包括温度指标、温度分析、分析结论和调整策略功能。

其中，温度指标主要显示各温度指标值的实时情况，其根据监测点位的数据情况进行分析计算，分析混凝土的中心点温度、混凝土最大内外温差、表面点最低温度、最大降温速率以及表面温度与气温的最大差值。温度分析针对温度指标数据进行判断，以进度条的方式进行显示，显示当前温度指标的状态。温度指标及温度分析界面图如图 7.7 所示。

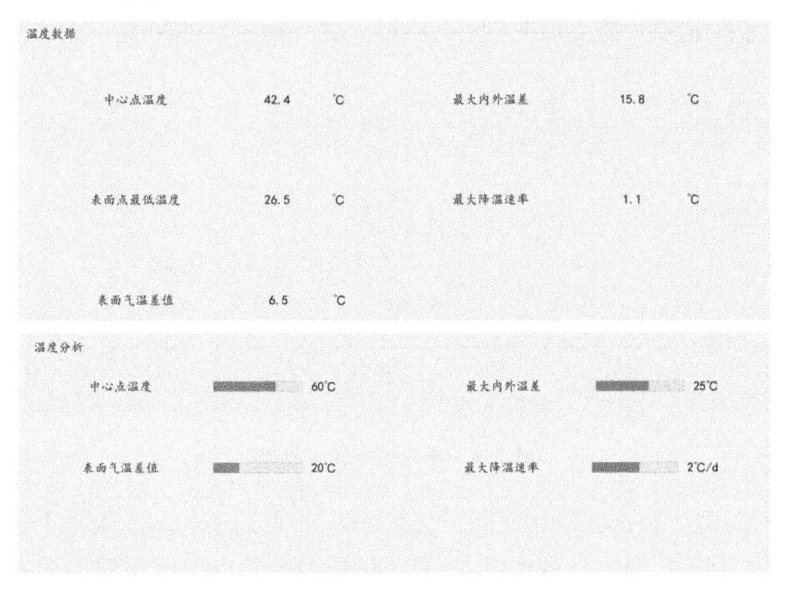

图 7.7　温度指标及温度分析界面图

对于温度指标进行分析,可以给出温度指标的分析结论:正常或异常。当温度分析结论显示正常时,调整决策显示为空;当温度分析结论显示异常时,会根据异常的数据点位,调用"温控动态处理技术库",并给出相应的调整策略。其界面显示如图7.8所示。

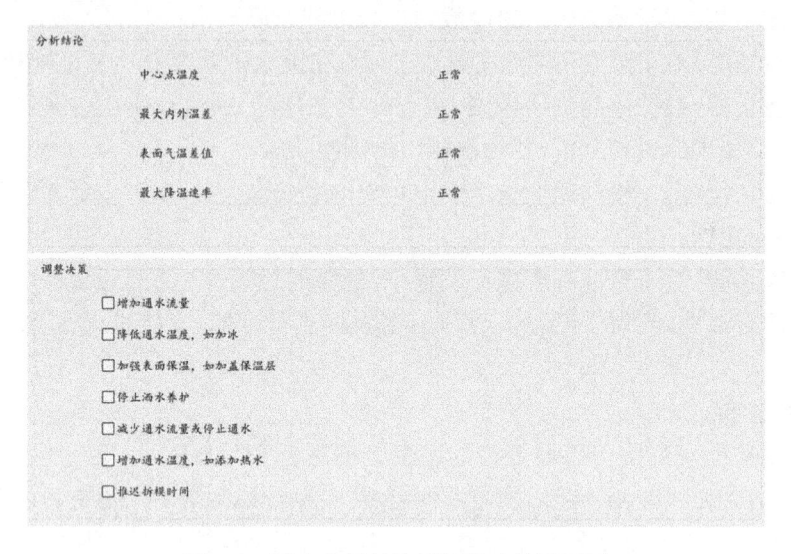

图7.8 温度分析结论及调整决策界面图

（3）温控预警功能

温控预警功能包括:外界条件输入、顶层点温度预测、中层点温度预测、底层点温度预测、预警指标、预警分析、调整决策等功能。其根据未来1天的天气情况,预测未来时间段（1天内）的温度测点的变化趋势,需要调取相应的大数据分析模型和存储的历史数据,给出预警指标、预警分析和调整决策。

用户需要输入未来1天的外界气温和天气情况,包括未来1天的最高温度、最低温度、天气情况（下拉选项）、风力情况（下拉选项）。其界面设计如图7.9所示。

图7.9 外界天气输入界面

输入外界条件后,自动调取相应的大数据分析模型,对所有测点未来1天的温度趋势进行预测,选择顶层点、中层点和底层点,显示该层温度测点的历史数据和未来1天的温度预测数据。其界面显示如图7.10所示（仅显示顶层点）。

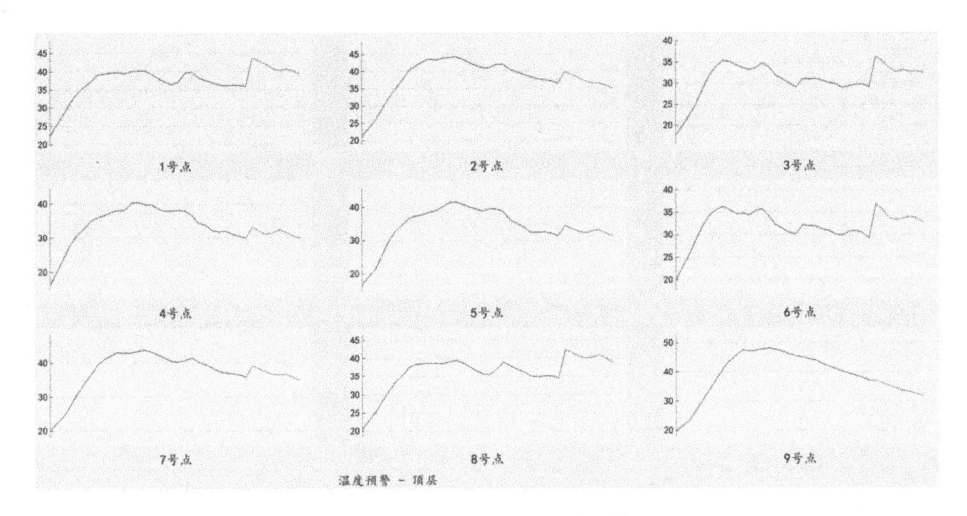

图 7.10　顶层点未来 1 天温度趋势预测图

点击预警指标，其根据监测点位的预测数据情况进行分析计算，分析混凝土未来 1 天内的最大中心点温度、混凝土最大内外温差、最大降温速率以及表面温度与气温的最大差值。温度分析针对温度指标数据进行判断，以进度条的方式进行显示，显示预警温度指标的状态。其界面显示如图 7.11 所示。

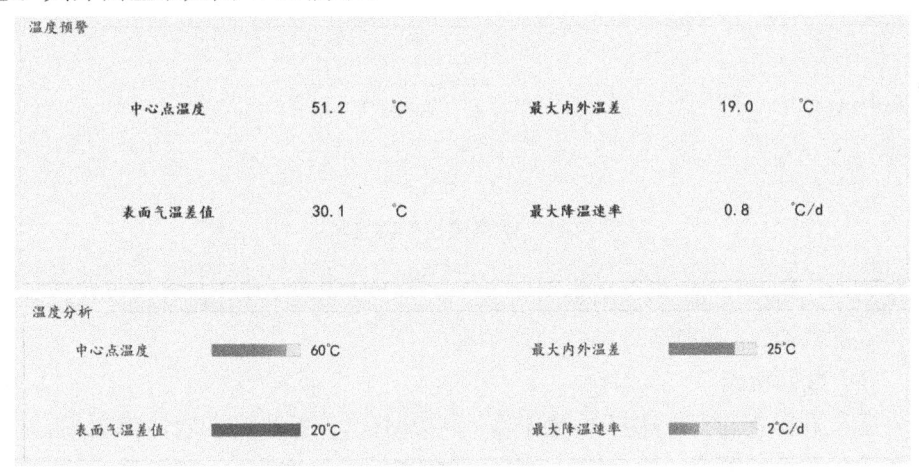

图 7.11　预警指标及预警分析界面图

对于预警指标进行分析，可以给出预警指标的分析结论：正常或异常。当预警分析结论显示正常时，调整决策显示为空；当预警分析结论显示异常时，会根据异常的数据点位，调用"温控动态处理技术库"，并给出相应的调整策略。其界面显示如图 7.12 所示。

图 7.12　预警结论及调整决策界面图

(4) 温控策略功能

温控策略主要用于存放温控策略技术库，当温度分析或预警分析出现异常时，会调取该技术库，并给出相应的动态温控调整策略。动态温控技术库的界面如图 7.13 所示。

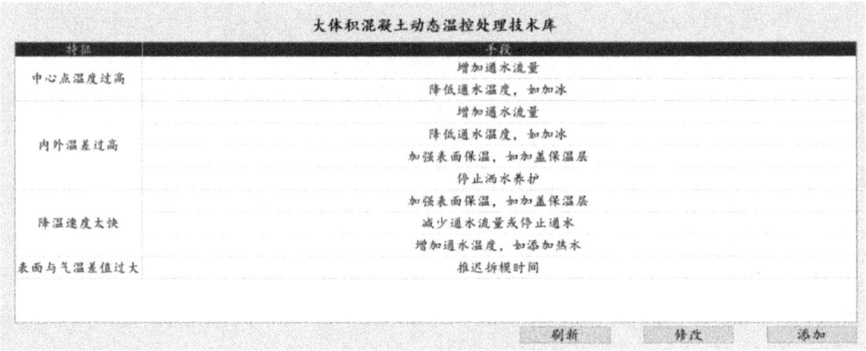

特征	手段
中心点温度过高	增加通水流量
	降低通水温度，如加冰
内外温差过高	增加通水流量
	降低通水温度，如加冰
	加强表面保温，如加盖保温层
	停止洒水养护
降温速度太快	加强表面保温，如加盖保温层
	减少通水流量或停止通水
	增加通水温度，如添加热水
表面与气温差值过大	推迟拆模时间

图 7.13　动态温控处理技术库

该技术库支持修改、添加和删除等功能。针对不同的工程和措施，用户可以在该数据库进行相应的修改，以实现动态温控的通用性。

(5) 历史数据功能

历史运行数据查询支持选择开始时间和结束时间，支持查询各层温度数据，并支持绘制各层各点位数据的温度历史曲线，支持导出数据(txt 格式和 excel 格式)。其界面设计如图 7.14 所示。

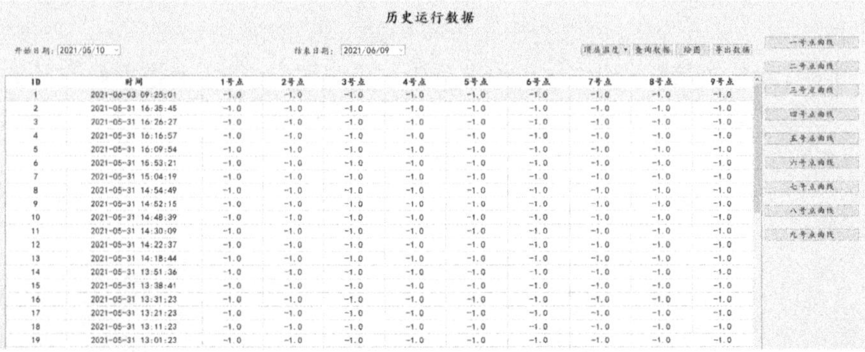

ID	时间	1号点	2号点	3号点	4号点	5号点	6号点	7号点	8号点	9号点
1	2021-06-03 09:25:01	-1.0	-1.0	-1.0	-1.0	-1.0	-1.0	-1.0	-1.0	-1.0
2	2021-05-31 16:35:45	-1.0	-1.0	-1.0	-1.0	-1.0	-1.0	-1.0	-1.0	-1.0
3	2021-05-31 16:26:27	-1.0	-1.0	-1.0	-1.0	-1.0	-1.0	-1.0	-1.0	-1.0
4	2021-05-31 16:16:57	-1.0	-1.0	-1.0	-1.0	-1.0	-1.0	-1.0	-1.0	-1.0
5	2021-05-31 16:09:54	-1.0	-1.0	-1.0	-1.0	-1.0	-1.0	-1.0	-1.0	-1.0
6	2021-05-31 15:53:21	-1.0	-1.0	-1.0	-1.0	-1.0	-1.0	-1.0	-1.0	-1.0
7	2021-05-31 15:04:19	-1.0	-1.0	-1.0	-1.0	-1.0	-1.0	-1.0	-1.0	-1.0
8	2021-05-31 14:54:49	-1.0	-1.0	-1.0	-1.0	-1.0	-1.0	-1.0	-1.0	-1.0
9	2021-05-31 14:52:15	-1.0	-1.0	-1.0	-1.0	-1.0	-1.0	-1.0	-1.0	-1.0
10	2021-05-31 14:48:39	-1.0	-1.0	-1.0	-1.0	-1.0	-1.0	-1.0	-1.0	-1.0
11	2021-05-31 14:30:09	-1.0	-1.0	-1.0	-1.0	-1.0	-1.0	-1.0	-1.0	-1.0
12	2021-05-31 14:22:37	-1.0	-1.0	-1.0	-1.0	-1.0	-1.0	-1.0	-1.0	-1.0
13	2021-05-31 14:18:44	-1.0	-1.0	-1.0	-1.0	-1.0	-1.0	-1.0	-1.0	-1.0
14	2021-05-31 13:51:36	-1.0	-1.0	-1.0	-1.0	-1.0	-1.0	-1.0	-1.0	-1.0
15	2021-05-31 13:38:41	-1.0	-1.0	-1.0	-1.0	-1.0	-1.0	-1.0	-1.0	-1.0
16	2021-05-31 13:31:23	-1.0	-1.0	-1.0	-1.0	-1.0	-1.0	-1.0	-1.0	-1.0
17	2021-05-31 13:21:23	-1.0	-1.0	-1.0	-1.0	-1.0	-1.0	-1.0	-1.0	-1.0
18	2021-05-31 13:11:23	-1.0	-1.0	-1.0	-1.0	-1.0	-1.0	-1.0	-1.0	-1.0
19	2021-05-31 13:01:23	-1.0	-1.0	-1.0	-1.0	-1.0	-1.0	-1.0	-1.0	-1.0

图 7.14　历史运行数据界面设计图

7.3.2.3 有益效果

（1）在大体积混凝土浇筑期间，应用智能温控系统进行温度实时的在线监测、分析，并根据天气预报进行预警分析，以对混凝土的温控施工进行有效指导。

（2）采用智能温控系统，在混凝土浇筑过程中，当温度分析出现异常或者预警值超界时，给出相应的调整策略。

7.3.3 智慧相册与水利工程施工管理的融合

7.3.3.1 技术概述

水利工程作为支撑资源开发和输送的重要基础，施工管理要尤为强调信息管理与收集的融合应用。水利工程施工周期长，且不同项目的施工时间也会受到外界的干扰，增加施工难度，同时水利工程战线长，建筑物较为分散，施工管理的空间跨度大，施工时间延续较长，导致出现影像资料记录周期较长、资料管理混乱等现象。

"水工拍"智慧相册管理系统能够大大减少影像资料存档的工作量，并将水利工程项目划分为目录分类管理，完全实现自动命名、分类储存，避免遗漏缺失。

7.3.3.2 具体技术描述

根据项目要求，结合水利工程施工特性及施工现场实际情况进行研发，具备操作步骤简单、格式统一、施工信息编辑简单及照片分类存储的特点，切实解决了水利工程照片存档的难题，大大减少了每日重复的工作量，避免遗漏缺失，实现格式统一。

根据施工工艺不同，将施工步骤分步添加至施工工序中，例如混凝土工程的步骤：土方开挖→垫层浇筑→钢筋制安→模板制安→混凝土浇筑→模板拆除→养护、回填。现场技术员可在软件中根据施工部位，选择施工工序进行拍照上传，软件根据选择的信息将照片自动命名并分类保存。

照片水印功能：将水印文字大小确定为宋体14号，位置放置在照片左下角，并将左上角时间及地点去除；照片备注信息由拍照时选择的施工部位及施工工序自动生成，使信息一目了然。

规定照片尺寸：因个人拍照习惯不同，照片有横版与竖版之分，拍摄尺寸有1∶1、3∶4、9∶16、全屏之分，存储大小也会根据拍摄尺寸大小不一。先规定好照片尺寸及大小等：照片为横版、3∶4比例、存储大小不大于8M，美观且利于文档使用。

7.3.3.3 有益效果

"水工拍"智慧相册管理软件应用可贯穿于整个水利工程建设阶段的所有影像资料管理过程中，记录工程施工、质量、安全、进度、验收、突发状况、领导检查等情况，大大提高工作效率，完善施工影像资料，同时实现照片自动命名、自行分类归档等功能，减轻人员工作压力，减少照片遗漏缺失风险，规范存档格式，非常适合水利工程影像资料管理工作。其显示界面如图7.15所示。

图7.15 智慧相册显示界面

7.3.4 滑模工艺在水利工程细部结构施工中的应用

7.3.4.1 技术概述

水利工程中常存在许多混凝土细部结构作为主体工程附属的一部分,如排水沟、路缘石、路肩等工程。这些细部结构断面结构尺寸小,纵向长度大,总体工程量不大。传统施工工艺常采用普通模板制安施工,施工过程中工序繁多,需要投入大量的劳动力、周转材料,同时施工工期长,施工效率低。

为提高细部结构混凝土施工效率、加强外观质量、减少施工工序、降低施工成本,引江济淮工程(河南段)施工四标改进施工方法、创新施工工艺,在五座弃渣场水保工程混凝土排水沟施工中应用滑模施工工艺,取得了良好的进度、质量、效益成果。

7.3.4.2 具体技术描述

引江济淮工程(河南段)第四施工标段施工范围内设计弃渣场包括:鹿辛运河2-2、2-3弃渣场,后陈楼调蓄水库4-1、4-2、4-3弃渣场。五座砌筑场占地面积共2 237亩,在弃渣场四周布置有梯形薄壁混凝土截排水沟,长度共计12 553 m。

弃渣场截排水沟:采用C25混凝土,梯形断面,壁厚15 cm,开口1.8 m,底宽0.8 m,深1.0 m,边坡坡比1∶0.5,下设10 cm厚碎石垫层。

设计图纸中制定的施工组织设计为"C25混凝土截排水沟及坡面排水沟采用支模板

现场浇筑,浇筑避开夏季高温段和冬季低温段……"面对如此小断面、长距离的细部结构混凝土,项目部分析:采用普通模板制安,工序复杂,需要分层浇筑,先浇筑排水沟底板,再进行模板制安、加固、浇筑排水沟薄壁,耗时费力功效低。经过市场调研与技术研究,采用小型一体化滑模渠道衬砌设备可有效解决问题。4-1#弃渣场混凝土截排水沟断面图如图7.16所示。

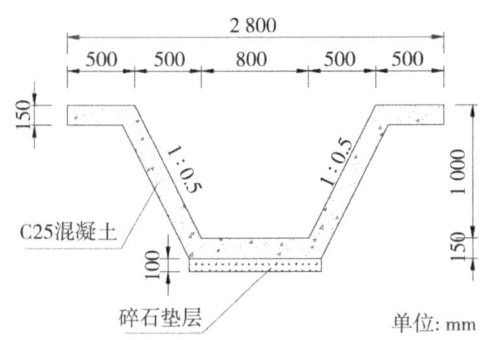

图 7.16 4-1# 弃渣场混凝土截排水沟断面图

1)施工工艺流程

场地平整→测量放样→沟槽开挖→混凝土浇筑→人工收光抹面→设置伸缩缝→养护。

2)操作要点

(1)场地平整

施工前对施工段落排水沟的原始地面进行平整,根据排水方向调整出纵向的排水坡度。

(2)测量放样

根据施工图纸,对施工段落排水沟中心及边桩进行放样,为控制排水沟线型直线段每隔20 m设置一个控制木桩(曲线段根据曲线半径缩短间距)并及时标记高程,设置基准线。

(3)沟槽开挖

根据排水沟沟槽尺寸定制标准定型挖斗,沟槽开挖采用液压挖掘机配定型铲斗一次性开挖成型。开挖前根据测量放样基准线由专业技术人员指挥挖机作业,确保所开沟槽线型美观。沟槽开挖现场图如图7.17所示。

图 7.17 沟槽开挖现场图

(4) 混凝土浇筑

混凝土集中拌制,要充分搅拌,避免骨料集中,采用专用运输车运输到施工现场,混凝土到达现场后其坍落度应控制在 40~50 mm。施工现场由专职操作员操作滑模机作业。滑模机工作时首先用 75 型挖掘机将混凝土料转运到滑模机进料斗内,启动卷扬机和滑模上的震动器,并配备两个人工手持振捣棒,由混凝土自重和滑模震动将混凝土传送到滑模机钢制内芯模与土基所形成的梯形空腔内,这时在振捣与钢制定型内模的共同作用下,混凝土固定成形在渠槽壁上,渠槽压顶也同时挤压成形。受卷扬机牵引滑模进行连续的作业运行,排水沟混凝土一次性浇筑成型。混凝土浇筑现场图如图 7.18 所示。

图 7.18 混凝土浇筑现场图

(5) 人工收光抹面

滑模机浇筑成型后,由人工进行二次压光收面,收面同时对线型进行修饰,保证直线线型顺直,曲线线型圆顺。人工收光抹面现场图如图 7.19 所示。

图 7.19 人工收光抹面现场图

7　引调水工程施工安全管理与运营技术研究与应用

(6) 设置伸缩缝

排水沟每 10 m 设置一道伸缩缝,缝宽 2 cm,在排水沟混凝土收面初凝之后,由专业技术人员测量确定伸缩缝设置位置,由技术工人利用专门定制的切刀切出伸缩缝。待混凝土经养护强度达到设计要求后,将伸缩缝内多余混凝土凿除并用水冲洗干净,内部填塞沥青麻丝,外部采用 M10 水泥砂浆填塞并勾出凹缝。伸缩缝现场图如图 7.20 所示。

图 7.20　伸缩缝现场图

(7) 养护

混凝土浇筑并收面后 6 h 内覆盖塑料薄膜全封闭进行养生,当气温低于 5℃时,不得对混凝土洒水养护;洒水次数以混凝土表面保持湿润为宜。

7.3.4.3　有益效果

(1) 采用一体化滑模渠道衬砌设备对底板及边墙混凝土一次浇筑成型,整体性好,阴角、阳角线清晰顺直,不存在跑模、漏浆问题,质量有保障。

(2) 施工现场不需要普通模板制作与安装,减少了模板、方木、加固件等周转材料堆放;施工流水作业,人走料清,不需要单独进行场地清理,能较好满足安全文明及环境保护的要求。

(3) 沟槽开挖采用挖机定型铲斗一次性开挖成型,开挖形成的断面非常标准、线型美观且效率较传统开挖方式有很大提升。

7.4　复杂调水工程长期服役性能及失效风险调控

7.4.1　研究对象

引江济淮工程是以城乡供水和江淮航运为主,兼顾灌溉补水、巢湖及淮河水生态环境改善的跨流域、跨区域重大战略性水资源配置和综合利用工程,由南向北分为引江济巢、江淮沟通、江水北送三部分。从行政区划看,工程包括河南段和安徽段两部分。引江济淮工程(河南段)供水范围涵盖周口、商丘的2个市9个县(市、区),规模庞大,结构复杂,主要工程设施包括2条输水河道、5座提水泵站和4座调蓄水库。引江济淮工程(河南段)工程布设如图7.21所示。

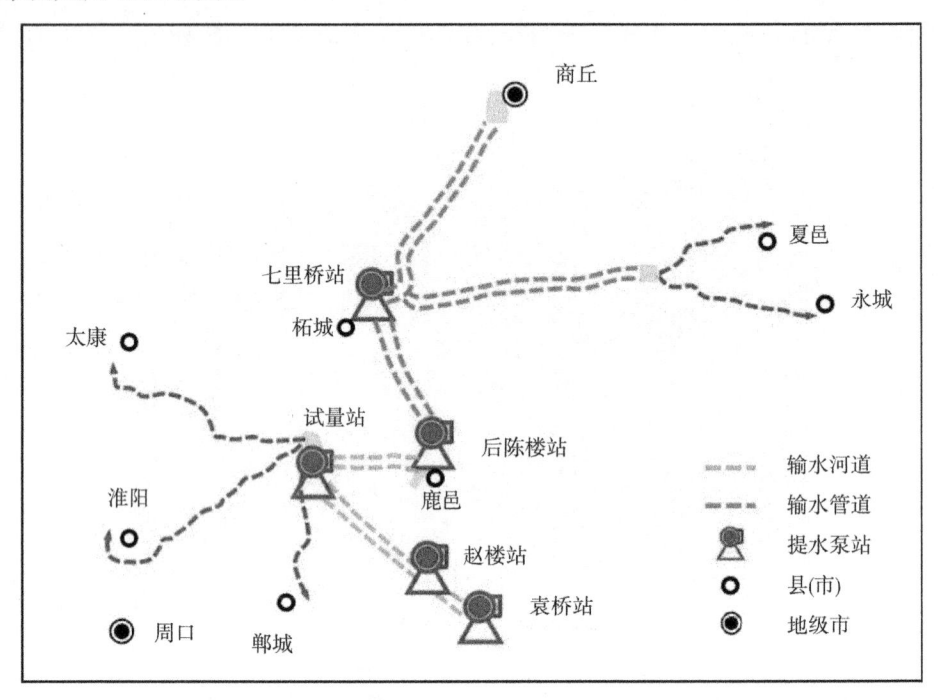

图7.21 引江济淮工程(河南段)工程布设示意图

(1) 河道。引江济淮工程(河南段)输水河道共2条,总长63.72 km,由清水河输水线路和鹿辛河输水线路构成。其中,前者全长47.46 km,包括清水河节制闸—赵楼节制闸段(15.1 km)、赵楼节制闸—试量节制闸段(31.61 km)和试量节制闸—试量调蓄水库进水闸段(0.75 km);后者全长16.26 km,为鹿辛河入口—后陈楼节制闸段。

(2) 泵站。引江济淮工程(河南段)包含提水泵站共计5座,依次为袁桥泵站、赵楼泵站、试量泵站(清水河段)和后陈楼加压泵站(后陈楼调蓄水库—七里桥调蓄水库输水线路)、七里桥加压泵站(七里桥调蓄水库分叉输水线路起点处)。

(3) 调蓄水库。引江济淮工程(河南段)包含调蓄水库共计4座,依次为试量调蓄水库(清水河段)、后陈楼调蓄水库(鹿辛河段)、七里桥调蓄水库(后陈楼调蓄水库—七里桥调蓄水库输水管道段)、新城调蓄水库(七里桥调蓄水库—新城调蓄水库输水管道段)。

7.4.2 引江济淮工程长期服役风险因子识别

7.4.2.1 提水系统风险因子识别

考虑影响引江济淮工程(河南段)泵站系统正常服役的风险源主要集中于提水效率和泵站系统工程安全两个方面,即内因或外因作用下提水量难以满足设计要求或存在防洪要求的泵站,汛期遭遇洪水难以正常运行。关于泵站提水效率,扬程变化、泵站设备老化、管理维护不善等均可能造成提水量不能满足受水区需求,类型可归纳为3个主要方面:运行条件、设备质量、技术状况。结合引江济淮工程(河南段)区域特点,运行条件方面,考虑到工程流经大量人口密集区域,汛期生活垃圾及农作物秸秆存在入渠可能,故而侧重拦污清污设备装置不完善或运行状况不佳改变水泵扬程,造成提水效率降低情景。另外,考虑运行管理或人员操作不当等原因导致前池水位偏低或后池水位偏高进而造成水泵提水扬程增加,使水泵的上水量和效率降低的不利情景。设备质量方面,关注泵站设备老化造成的提水效率降低或机组备用不足而难以应对突发的机组失效情景。技术状况方面,关注安装、调节不当造成的水泵叶片角度和形状误差或管理维护不利造成的工况变化。同样地,关于泵站系统工程安全,则侧重与工程位置有关的地基失稳、洪水漫堤威胁工程安全等。从以上思路出发,本书运用故障树分析法对引江济淮工程(河南段)泵站系统的风险源进行识别。风险源识别清单及结构关系见表 7.1 与图 7.22。

表 7.1 泵站系统风险源识别清单

风险类别	风险要素	风险事件	
系统效率	运行条件	进、出水建筑物	(1) 进出水建筑物变形 (2) 进出水建筑物开裂
		拦污清污设备	(3) 拦污清污设备锈蚀、变形 (4) 拦污清污设备设置不足 (5) 来流污物增多 (6) 监督力度不够 (7) 人员技能不足
	设备质量	机组备用状况	(8) 备用机组损坏 (9) 备用机组设置不足
		机组设备老化	(10) 电机构件/绝缘部件磨损、老化 (11) 叶片/泵壳/轴承汽蚀、变形
		机组运行状况	(12) 电流/电压异常 (13) 机组机架/轴承/外壳等出现异常噪声、振动 (14) 轴承/油槽等温度异常
		金属结构类	(15) 压力钢管变形、锈蚀 (16) 水锤防护设施失效
		设备设施类	(17) 配电设备损失 (18) 起重设备损坏
	技术状况	水泵特性	(19) 水泵叶片锈蚀 (20) 水泵叶片形状异常
		管理维护状况	(21) 管理维护制度不完善 (22) 制度执行不规范化 (23) 自动化监测程度不高 (24) 运行调度信息化程度不高 (25) 管理人员结构不合理 (26) 专项资金落实不到位

续表

风险类别	风险要素	风险事件
工程安全	工程位置 地基特性	(27) 地基承载力低于设计值 (28) 地基出现流土、流沙 (29) 承压水突涌 (30) 边坡支护、衬砌设施损坏 (31) 边坡不均匀沉降 (32) 边坡坡脚淘刷严重 (33) 边坡坡体裂缝发育
	防洪条件 洪水位、堤高	(34) 洪水频率超工程设计标准 (35) 进水渠道淤积严重 (36) 进水渠道障碍物阻水 (37) 地基沉降大,堤防高度不足

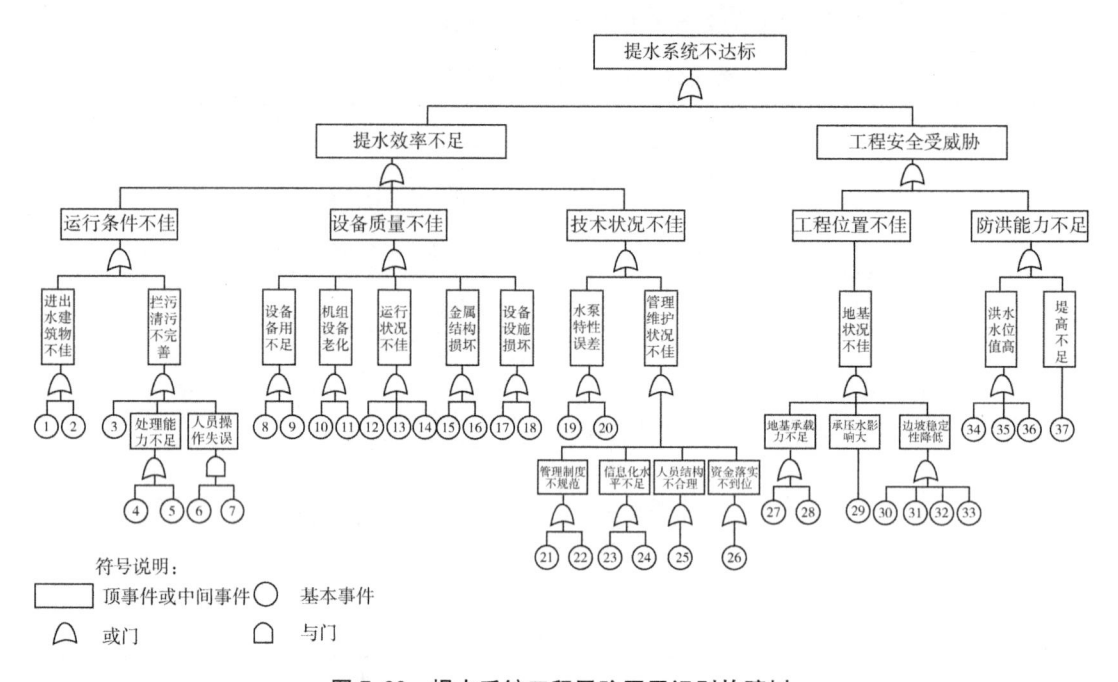

图 7.22 提水系统工程风险因子识别故障树

7.4.2.2 输水系统风险因子识别

堤防安全失效是威胁引调水工程输水河道的核心风险,主要是指河道高水位持续或风力作用漫堤、堤防内水入侵引起土体失衡、水流—波浪—风浪等持续作用引起的堤防局部或全面的破坏现象。考虑漫决、溃决、冲决及其组合形式是堤防运行安全失效的主要模式,与水文特性、堤防结构、土体类型、渗流特性、运行管理等多种因素有关。结合文献调研,本文考虑漫决的主要影响因素为洪水荷载、堤防尺寸、河道过流特性;溃决的主要影响因素为堤基条件、筑堤材料特性及运行管理水平;冲决的主要影响因素为水流淘刷与河势变化。从以上思路出发,本文运用故障树分析法对引江济淮工程(河南段)输水河道的风险源进行识别。风险源识别清单及结构关系见表 7.2 与图 7.23。

表 7.2 输水河道风险源识别清单

安全问题	一级风险类别	二级风险类别	风险事件
输水河道运行安全失效	水文特性不佳	洪水威胁	(1) 洪水频率超过设计标准 (2) 堤前洪水位过高
		水流条件	(3) 水流流向多变 (4) 水位陡涨陡落 (5) 河道存在阻水物
	河道结构不佳	空间形态不佳	(6) 穿堤建筑物与堤身结合部变形 (7) 穿堤建筑物与堤身结合部冲刷
		河道淤积强烈	(8) 汛期大量泥沙入河 (9) 沿途农田风沙入水
	工程结构不佳	堤身结构失稳	(10) 堤身沉降、位移 (11) 堤身滑坡、崩岸 (12) 堤身裂隙发育 (13) 堤身渗流冲刷、管涌 (14) 护坡剥落、变形
		堤基状况不佳	(15) 堤基防渗设施损坏 (16) 堤脚渗流冲刷、管涌 (17) 堤基裂缝发育 (18) 堤基生物破坏
		筑堤材料性能不佳	(19) 渗流超出设计渗流量 (20) 细颗粒冲刷明显 (21) 堤身孔隙发育 (22) 堤身防渗设施损坏
	运行管理不完善	管理制度不完善	(23) 运行调度方案不完善 (24) 应急预案不完善 (25) 未明确安全管理机构及人员 (26) 管理制度落实不到位
		人员条件不佳	(27) 人员配备不足 (28) 人员培训不到位 (29) 人员结构不合理 (30) 人员资金落实不到位
		自动化水平不佳	(31) 监测系统失效 (32) 自动化控制系统失效 (33) 办公系统故障
		基础设施不完善	(34) 设备配备不完善 (35) 应急物资储备不足 (36) 通信受阻 (37) 交通状况不佳

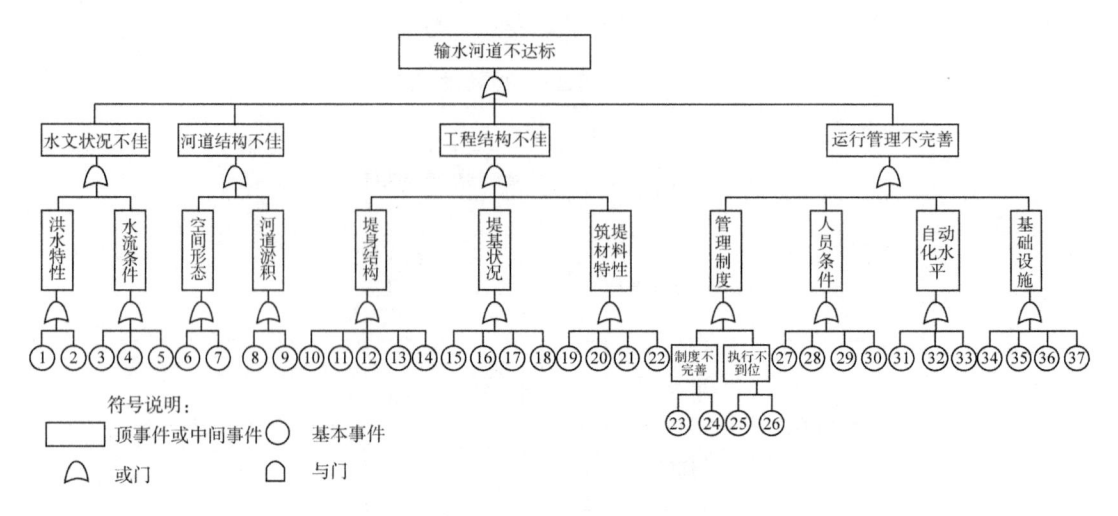

图 7.23　输水系统工程风险因子识别故障树

7.4.2.3　蓄水系统风险因子识别

蓄水系统的运行安全风险一般界定为挡水建筑物、进/出水建筑物、金属结构及机电设备等风险。对引调水工程调蓄水库而言，运行期主要包括汛期与输水期，水库堤防面临长时间高水位浸泡风险，水库堤防（属于挡水建筑物）失事及渗漏严重，难以满足规划调蓄要求是最为核心的安全运行风险。因此，相比于引江济淮工程（河南段）输水河道的运行风险，调蓄水库水文特性因素应添加风浪特性，同时移除河道结构风险要素后，结合蓄水系统的结构特征可得出引江济淮工程（河南段）调蓄水库的风险源识别清单及结构关系，见表 7.3 和图 7.24。

7.4.3　引江济淮工程长期服役性能风险评估

7.4.3.1　提水系统风险评估方法构建

1）提水系统风险评估方法构建

借鉴南水北调工程提水系统风险评估指标体系的构建思路，结合文献调研与专家咨询，构建引江济淮工程泵站系统风险评价指标体系。

1）运行条件

侧重考虑进出水建筑物状况以及入渠污染物对引江济淮工程（河南段）泵站系统正常运行的影响，历经文献调研与指标遴选，设置进出水建筑物完好程度、拦污清污设施拦污能力和拦污清污设施完好程度描述泵站运行条件。

表 7.3 调蓄水库风险源识别清单

安全问题	一级风险类别	二级风险类别	风险事件
调蓄水库运行安全失效	水文特性不佳	洪水特性	(1) 洪水频率超过设计标准 (2) 堤前洪水位过高
		风浪特性	(3) 风速超过工程设计标准 (4) 库区水深超过设计标准 (5) 堤基大幅沉降 (6) 防浪设施老化
	工程结构不佳	调蓄库容损失	(7) 入库含沙量高 (8) 库区淤积严重
		挡水建筑物失稳	(9) 堤身/沉降、位移、滑坡、崩岸 (10) 堤身/堤基渗漏、管涌 (11) 护坡剥落、变形 (12) 堤身/堤基裂隙发育
		进/出水建筑物状况不佳	(13) 进/出水涵管堵塞 (14) 进/出水涵管出现裂缝、空蚀 (15) 进/出水建筑物沉降、位移 (16) 进/出水建筑物结构破坏
		金属结构及机电设备状况不佳	(17) 闸门、启闭机械磨损 (18) 闸门、启闭机械锈蚀 (19) 闸门、启闭机械变形 (20) 供电线路老化 (21) 供电设备损坏
	运行管理不完善	管理制度不完善	(22) 运行调度方案不完善 (23) 应急预案不完善 (24) 未明确安全管理机构及人员 (25) 管理制度落实不到位
		人员条件不佳	(26) 人员配备不足 (27) 人员培训不到位 (28) 人员结构不合理 (29) 人员资金落实不到位
		自动化水平不佳	(30) 监测系统失效 (31) 自动化控制系统失效 (32) 办公系统故障
		基础设施不完善	(33) 设备配备不完善 (34) 应急物资储备不足 (35) 通信受阻 (36) 交通状况不佳

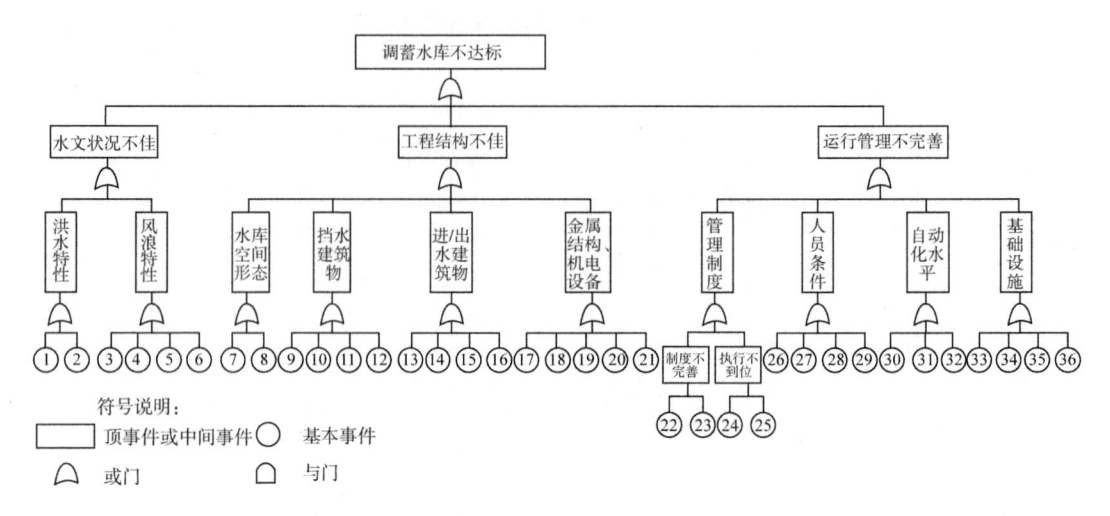

图 7.24 蓄水系统工程风险因子识别故障树

（2）设备质量

设备质量对于保障引江济淮工程（河南段）泵站系统安全至关重要。为确保按照设计流量完成江水北送，泵站系统的机组备用状况、机组设备老化情况、泵站运行状况、金属结构/设备设施状况是需要考虑的关键要素。在满足能够综合反映设备特性、易于操作等原则基础上，历经文献调研与指标遴选，设置泵站机组备用比例、泵站投产使用年限、机组运行状况、金属结构状况等描述泵站系统的设备质量。

（3）技术状况

技术状况的好坏直接关乎泵站提水效率及安全性，影响主要集中在水泵特性和管理维护状况 2 个方面。因引江济淮工程（河南段）泵站均为新建泵站，安装调试较为完备，主要关注设备管理与维护方面。考虑水利工程管理现代化的发展下对高质量工程管理的需求，拟从"管理制度规范化""管理手段信息化""人员结构合理性""资金落实状况"几个方面开展评估。历经文献调研与指标遴选，设置管理制度规范化程度、管理手段信息化程度、人员结构合理化程度和管理维护资金落实程度描述泵站技术状况。

（4）工程安全

工程安全状况直接关乎引江济淮工程安全。结合引江济淮工程（河南段）泵站工程特性，即泵站均采用站身挡洪，承担一定防洪、排涝任务，认为可能影响泵站系统工程安全的因素主要为：泵站地基状况、基础整体稳定性和防洪条件。历经文献调研与指标遴选，设置地基承载力状况、站身稳定状况（侧重抗滑稳定性和抗浮稳定性）和防洪条件等级描述泵站工程安全状况。

为实现引江济淮工程（河南段）泵站系统长期服役风险率评估，还需确定评估指标权重。层次分析法是工程风险评估的常用方法，其基本原理为将待评估目标分解为多个层级，依据行业专家/决策制定者经验对评估层指标相对重要程度进行判断的定量与定性相结合的综合性方法。评估指标权重确定的核心为判断矩阵构造，在对两评估要素进行比较时，常以 1～9 描述不同的影响程度，判断矩阵元素 1、3、5、7、9 对应表征同等重要、稍微重要、明显重要、强烈重要、极端重要，倒数则表示相反含义，常通过专家质询获得，这里据此确定泵站系统评估指标体系权重。据此,可得引江济淮工程(河南段)泵站系统长期服役风险评估指标及权重,如表7.4所示。

表7.4 引江济淮工程(河南段)提水系统风险评价指标体系

一级指标 (A_k)	权重 (ω_k)	二级指标 ($R_{k,m}$)	权重 ($\omega_{k,m}$)	三级指标 ($R_{k,m,n}$)	权重 ($\omega_{k,m,n}$)
系统效率 B_1	0.75	设备质量 C_1	0.66	泵站机组备用比例 D_1	0.30
				泵站投产使用年限 D_2	0.20
				机组运行状况 D_3	0.17
				金属结构状况 D_4	0.17
				设备设施状况 D_5	0.16
		运行条件 C_2	0.16	进出水建筑物完好程度 D_6	0.40
				拦污清污设施拦污能力 D_7	0.30
				拦污清污设施完好程度 D_8	0.30
		技术状况 C_3	0.18	管理制度规范化程度 D_9	0.28
				管理手段信息化程度 D_{10}	0.30
				人员结构合理化程度 D_{11}	0.24
				管理维护资金落实程度 D_{12}	0.18
工程安全 B_2	0.25	工程位置 C_4	0.75	地基承载力状况 D_{13}	0.33
				站身稳定状况 D_{14}	0.67
		防洪条件 C_5	0.25	防洪条件等级 D_{15}	1.00

2) 提水系统长期服役风险评价

根据引江济淮工程(河南段)工程运行特点,从提水系统指标评价体系,简要介绍部分定量指标的指标赋分过程,对于定性评价指标,统一给出结果。

层次-模糊综合评估法的计算模型如下。

$$X = \sum_{i=1}^{n} X_i W_i \tag{7.1}$$

式中,X为评价对象的综合评价结果;X_i为某一评价指标的评价值,本文中将风险等级描述分为低、较低、中等、较高、高共计5个等级,对应风险率等级标准范围为(0,1]、(1,2]、(2,3]、(3,4]、(4,5];W_i为某一评价指标所占权重。各评价指标的赋分标准见表7.4。

根据《引江济淮工程(河南段)初设报告》及现场调研、座谈等资料收集结果,对袁桥、赵楼、试量、后陈楼和七里桥泵站评价指标进行赋值,结果见表7.5。

表 7.5　泵站系统风险率综合评价结果

泵站指标			袁桥	赵楼	试量	后陈楼	七里桥（商丘机组）	七里桥（夏邑机组）
系统效率 A_1	设备质量 $R_{1,1}$	$R_{1,1,1}$	2	2	2	1	1	2
		$R_{1,1,2}$	1	1	1	1	1	1
		$R_{1,1,3}$	1	1	1	1	1	1
		$R_{1,1,4}$	1	1	1	1	1	1
		$R_{1,1,5}$	1	1	1	1	1	1
	运行条件 $R_{1,2}$	$R_{1,2,1}$	1	1	1	1	1	1
		$R_{1,2,2}$	1	1	1	1	1	1
		$R_{1,2,3}$	1	1	1	1	1	1
	技术状况 $R_{1,3}$	$R_{1,3,1}$	2	2	2	2	2	2
		$R_{1,3,2}$	2	2	2	2	2	2
		$R_{1,3,3}$	1	1	1	1	1	1
		$R_{1,3,4}$	1	1	1	1	1	1
工程安全 A_2	工程安全 $R_{2,1}$	$R_{2,1,1}$	2	1	2	3	3	3
		$R_{2,1,2}$	1	1	1	1	1	1
		$R_{2,1,3}$	3	3	3	3	3	3
综合评价			1.41	1.35	1.41	1.33	1.33	1.48

可以发现，引江济淮工程（河南段）各泵站系统长期服役的风险率等级均在(1,2]之间，总体风险较低，其中，后陈楼泵站、七里桥泵站（商丘）因泵站机组备用比例略高（33%），风险率等级略低于其他泵站。

3) 综合风险评价及影响因素探讨

考虑到风险不仅与风险率有关，还与失效后果密切相关，仅分析风险率难以全面反映泵站风险。资料显示，引江济淮工程（河南段）泵站系统采用串-并联结合模式，对串联梯级泵站（袁桥、赵楼、试量泵站），上游泵站一旦失效，整个供水区均受影响，而下游泵站失效后果则相应减弱。同时，失效后果还与泵站设计规模有关，设计流量大的泵站失效后果势必比小泵站严重。

(1) 泵站设计规模

失效后果与泵站设计规模关系密切，设计流量大的泵站失效后果势必比小泵站严重。据此将各泵站的设计流量划分为若干区间，结合风险率评估结果，给出风险率-失效后果矩阵图（表7.6，颜色由深至浅依次表示风险高、风险较高、风险中等、风险较低、风险低）。可以发现，引江济淮工程（河南段）梯级泵站（袁桥泵站、赵楼泵站、试量泵站）和加压泵站（后陈楼泵站、七里桥泵站）风险率等级相近，但因梯级泵站设计流量大（依次为43 m³/s、42 m³/s和40 m³/s），风险中等，而后陈楼泵站设计流量居中（22.9 m³/s），风险较低，七里桥泵站（商丘机组）与七里桥泵站（夏邑机组）设计流量小，风险低。

7 引调水工程施工安全管理与运营技术研究与应用

表7.6 引江济淮工程(河南段)泵站风险综合评价

设计流量(m³/s)	概率等级				
	(4,5]	(3,4]	(2,3]	(1,2]	(0,1]
(30,45]				袁桥泵站、赵楼泵站、试量泵站	
(20,30]				后陈楼泵站	
(10,20]				七里桥泵站(夏邑机组)	
(0,10]				七里桥泵站(商丘机组)	

(2) 泵站结构关系

需要注意的是,引江济淮工程(河南段)泵站系统串联结构居多(仅七里桥泵站为分机组并联结构),这一组成特点可能产生叠加的安全风险,中间某一环节出现问题,会对工程系统功能发挥产生叠加风险。

依据南水北调中线工程对风险率等级及风险概值的描述,风险率等级1~5级对应的风险概值依次为0.001~0.000 001、0.01~0.001、0.1~0.01、0.5~0.1、0.99~0.5。考虑到引江济淮工程(河南段)各级泵站风险率均在(1,2],为充分评估工程安全风险,这里取风险概值为0.01,考虑泵站间的空间结构关系影响对各泵站失效风险率加以修正,修正后的风险概值及风险等级见表7.7。

表7.7 引江济淮工程(河南段)泵站风险概值修正

泵站名称	修正后风险率	风险率等级
袁桥泵站	0.01	(1,2]
赵楼泵站	0.02	(2,3]
试量泵站	0.03	(2,3]
后陈楼泵站	0.04	(2,3]
七里桥泵站(商丘)	0.05	(2,3]
七里桥泵站(夏邑)	0.05	(2,3]

以修正的风险率等级为基础,引江济淮工程(河南段)各泵站的综合风险见表7.8。可以发现,相比于未考虑泵站间的空间组织结构影响的综合风险评价结果,除袁桥泵站位于最上游不受影响外,各泵站的风险率等级均增加为(2,3]级,其中赵楼泵站和试量泵站风险较高,袁桥泵站和后陈楼泵站风险中等。需要特别指出的是,引江济淮工程(河南段)除七里桥泵站商丘机组、夏邑机组为并联关系外,其余泵站均为串联关系,这一结构特性将增加提水系统安全风险,在后续的风险控制及运行管理中需加以重视。

表7.8 引江济淮工程(河南段)泵站风险综合评价

设计流量(m³/s)	概率等级				
	(4,5]	(3,4]	(2,3]	(1,2]	(0,1]
(30,45]			赵楼泵站、试量泵站	袁桥泵站	
(20,30]			后陈楼泵站		
(10,20]			七里桥泵站(夏邑机组)		

续表

设计流量(m³/s)	概率等级				
	(4,5]	(3,4]	(2,3]	(1,2]	(0,1]
(0,10]			七里桥泵站(商丘机组)		

7.4.3.2 输水河道长期服役性能风险评估

1) 输水河道风险评估方法构建

(1) 水文特性

跨流域长距离引调水工程输水河道在运行期间往往承担泄洪除涝任务。在此过程中,超标准洪水是影响其运行安全的最重要的外部荷载。洪涝灾害同时也是最严重的生态环境灾害。历经文献调研与指标遴选,设置洪水特性、水流条件指标来描述外部水文荷载强弱。

(2) 河道结构

输水河道过流能力与阻力特性密切相关,阻力越大,过流能力越差,反之亦然。已有研究表明,冲积河流阻力大小主要受边界空间形态、冲淤演变特性等影响。输水河道作为跨流域长距离引调水工程的主动脉,沿程河渠交叉复杂,水闸、桥梁等阻水壅水作用显著,使得水面比降下降、水流流速放缓;兼之输水河道往往流经平原地区,风力作用下渠道沿岸农田的泥沙、农作物秸秆等易入渠;在此背景下,输水河道易因水流挟沙力降低进入淤积状态,挤压过水断面面积,引起水位、流向不稳定,影响河道过流畅通。故拟从"河道空间形态"及"河道淤积隐患"两方面对河道结构进行评估,设置河渠交叉工程数量和河道淤积强度共计 2 个指标来描述输水河道结构状况。

(3) 工程结构

引调水工程输水河道堤防多为均质土堤。漫决、溃决、冲决及其组合形式等堤防安全失效模式以及堤身结构设计、堤身堤基的渗流特性与堤身堤基稳定性密切相关。据此,本文拟从"堤基条件"、"堤身条件"及"筑堤材料"三方面对输水河道运行安全开展评估。参考水利部印发的《堤防工程标准化管理评价标准》、《河湖健康评价指南(试行)》、《堤防工程安全评价导则》(SL/Z 679—2015),历经文献调研与指标遴选,设置防洪标准达标状况、堤岸稳定性、护坡完好程度、堤身渗流特性等共计 7 个指标来描述工程结构状况。

(4) 运行管理

引调水工程是国家水网"四横三纵"体系的骨干工程,其输水河道运行管理质量关乎工程运行安全,应涵盖日常管理与应急管理两方面,涉及管理制度、人员水平、自动化管理水平、基础保障等方面。考虑水利工程管理现代化发展趋势对高质量工程管理的需求,参考水利部印发的《堤防工程标准化管理评价标准》、《调水工程标准化管理评价标准》,拟从"制度落实状况""人员条件""自动化水平""基础设施状况"4 个方面开展评估。历经文献调研与指标遴选,设置调度组织机构健全程度、运行调度方案合理性、运行调度方案落实状况、人员结构合理性、自动化监测水平、办公自动化水平等指标描述输水河道运行管理水平。

考虑到现场调研发现的部分河段岸坡存在的冲刷、开裂、局部崩岸情况,构建输水河道指标时有所侧重。这里指标权重由层次分析法确定,即通过评价目标的多层级分解,依据行业专家/决策制定者经验对评价层指标相对重要程度进行判断,经由判断矩阵的构造、权重向量计算以及矩阵的一致性检验得到评价指标权重。引江济淮工程(河南段)输水河道风险分析评价指标体系见表7.9。

表7.9 引江济淮工程(河南段)输水河道风险评价指标体系

目标层 (A_k)	准则层 $(R_{k,m})$	权重 $(\omega_{k,m})$	亚准则层 $(r_{k,m})$	权重 $(\omega_{k,m})$	指标层 $(R_{k,m,n})$	权重 $(\omega_{k,m,n})$
引调水工程输水河道风险率指数 A_1	水文特性 B_1/C_1	0.30	水文特性 C_1	1.00	洪水特性 D_1	0.67
					水流条件 D_2	0.33
	河道结构 B_2	0.18	空间形态 C_2	0.67	河渠交叉工程数量 D_3	1.00
			淤积隐患 C_3	0.33	河道淤积强度 D_4	1.00
	工程结构 B_3	0.28	堤身结构 C_4	0.28	防洪标准达标状况 D_5	0.50
					堤岸稳定性 D_6	0.25
					护坡完好程度 D_7	0.25
			堤基状况 C_5	0.36	堤基渗流特性 D_8	0.67
					堤基密实度 D_9	0.33
			筑堤材料 C_6	0.36	堤身渗流特性 D_{10}	0.67
					堤身密实度 D_{11}	0.33
	运行管理 B_4	0.24	制度状况 C_7	0.21	调度组织机构健全程度 D_{12}	0.33
					运行调度方案合理性 D_{13}	0.17
					运行调度方案落实状况 D_{14}	0.17
					应急预案完善程度 D_{15}	0.33
			人员条件 C_8	0.28	人员结构合理性 D_{16}	0.50
					人员技术水平 D_{17}	0.50
			自动化水平 C_9	0.25	自动化监测水平 D_{18}	0.34
					自动化控制水平 D_{19}	0.33
					办公自动化水平 D_{20}	0.33
			基础设施状况 C_{10}	0.26	物资储备充足程度 D_{21}	0.34
					交通运输状况 D_{22}	0.33
					通信电力状况 D_{23}	0.33

2) 输水河道长期服役风险评价

层次-模糊综合评估法的计算模型如下。

$$X = \sum_{i=1}^{n} X_i W_i \tag{7.2}$$

式中,X 为评价对象的综合评价结果;X_i 为某一评价指标的评价值,本文中将风险等级描述分为低、较低、中等、较高、高共计5个等级,对应风险率等级标准范围为(0,1]、(1,2]、

(2,3]、(3,4]、(4,5]；W_i为某一评价指标所占权重。评价指标的赋分如表7.10所示。

表7.10 引江济淮工程（河南段）输水河道风险率评价结果

准则层/亚准则层	指标	清水河闸—赵楼闸 0+240～15+340	赵楼闸—试量闸 15+340～46+950	试量闸—试量调蓄水库 46+950～47+700	试量闸—后陈楼节制闸 0+000～16+260
水文特性 B_1/C_1	洪水特性 D_1	3	3	3	3
	水流条件 D_2	1	1	1	1
河道结构 B_2 空间形态 C_2	河渠交叉工程数量 D_3	5	2	1	5
淤积隐患 C_3	河道淤积强度 D_4	1	3	3	2
工程结构 B_3 堤身结构 C_4	防洪标准达标状况 D_5	1	1	1	1
	堤岸稳定性 D_6	4	4	1	1
	护坡完好程度 D_7	5	5	1	1
堤基状况 C_5	堤基渗流特性 D_8	2	2	1	1
	堤基密实度 D_9	4	4	1	1
筑堤材料 C_6	堤身渗流特性 D_{10}	2	2	1	1
	堤身密实度 D_{11}	4	4	1	1
运行管理 B_4 制度状况 C_7	调度组织机构健全程度 D_{12}	2	2	2	2
	运行调度方案合理性 D_{13}	2	2	2	2
	运行调度方案落实状况 D_{14}	2	2	2	2
人员条件 C_8	应急预案完善程度 D_{15}	2	2	2	2
	人员结构合理性 D_{16}	1	1	1	1
	人员技术水平 D_{17}	1	1	1	1
自动化水平 C_9	自动化监测水平 D_{18}	1	1	1	1
	自动化控制水平 D_{19}	2	2	2	2
基础设施 C_{10}	办公自动化水平 D_{20}	2	2	2	2
	物资储备充足程度 D_{21}	2	2	2	2
	交通运输状况 D_{22}	2	2	2	2
	通信电力状况 D_{23}	2	2	2	2
安全运行风险率		2.49	2.24	1.63	2.06

可以发现，单指标运行安全风险等级在(1,2]级，但个别指标风险等级较高。例如，受2018年第18号台风"温比亚"影响，商丘市出现大洪水级以上洪水（清水河、鹿辛运河输水河道设计洪水标准均为50年一遇），洪水特性安全风险等级为3级；赵楼闸—试量闸和试量闸—试量调蓄水库段由于设计底坡为平底，河床比降小，水流流速较缓，水流挟沙

力低而更易造成淤积(汛期排涝,水流含沙量大),淤积强度相对较大,河道淤积强度安全风险等级为3级;清水河闸—赵楼闸、前崔寨闸—后陈楼节制闸段因河渠交叉工程多(两者河段长度依次为15.10 km和16.26 km,河渠交叉工程数目依次为18处和26处),河渠交叉工程数量安全风险等级为5级。

总体而言,引江济淮工程(河南段)输水河道各河段运行安全风险率等级均在(1,3],风险水平不高,其中清水河闸—赵楼闸段与赵楼闸—试量闸段因岸坡冲刷、裂缝发展、局部塌陷等原因而风险率高于其他河段。同时,清水河、鹿辛河沿线岸坡翻土种菜情况普遍,可能加大后续水土流失风险,需持续关注、及时采取措施。

此外,需要注意的是,输水河道运行过程中的安全失效往往由一个或多个风险要素超过临界值引发,引江济淮工程(河南段)输水河道属新建工程,施工标准高、施工质量优,总体运行安全风险较低,但在未来长期服役过程中,工程结构的老化、损坏等将显著提升系统运行安全风险,后续风险管理中需要持续关注。例如,清水河和鹿辛河部分河段边坡土体为黏砂多层结构,由重粉质壤土、沙壤土及粉细砂层组成,沙壤土及粉细砂结构疏松抗冲刷能力差,后期长期运行过程中,若护坡维护不当、损毁或老化,有可能威胁边坡安全等。

3)综合风险评价及影响因素探讨

风险是风险率与风险损失共同作用的结果,仅分析风险率难以全面反映引江济淮工程(河南段)输水河道运行安全风险,需对输水河道风险损失加以探讨。考虑到工程以城乡供水为主,输水河道失效后果与受影响人口规模关系密切,因而构建受影响人口占比指标近似表征各研究河段的风险损失大小。计算公式如下。

$$F = \frac{P_i}{TP} \times 100\% \tag{7.3}$$

式中,P_i为输水河道失效受影响人口数量,万人;TP为输水河道受益人口总数,万人。

引江济淮工程(河南段)主要通过试量调蓄水库、后陈楼调蓄水库、七里桥调蓄水库、新城调蓄水库实现供水目标,其中清水河闸—赵楼闸、赵楼闸—试量闸、试量闸—试量调蓄水库段均位于清水河,汇入试量调蓄水库,后经由前崔寨闸—后陈楼节制闸段进入后陈楼调蓄水库,其后经管道进入七里桥调蓄水库与新城调蓄水库。因此,清水河上任一输水河段运行安全失效将影响受水区全部人口,前崔寨闸—后陈楼节制闸(鹿辛运河)运行安全失效将影响除试量调蓄水库供水区域(郸城、淮阳、太康)外的其余人口。引江济淮工程(河南段)各输水河段失效的受影响人口情况见表7.11。

表7.11 引江济淮工程(河南段)各输水河段失效的受影响人口情况

参数	清水河闸—赵楼闸	赵楼闸—试量闸	试量闸—试量调蓄水库	前崔寨闸—后陈楼节制闸
受影响人口数量(万人)	956.1	956.1	956.1	599.4
受影响人口占比(%)	100.0	100.0	100.0	62.7

以受影响人口占比表征损失严重程度,将其均匀划分为若干区间,依次为(0,20%]、(20%,40%]、(40%,60%]、(60%,80%]、(80%,100%],表征损失轻微、较轻微、一般、

较严重、严重;结合风险率等级,将引江济淮工程(河南段)输水河道运行安全风险率-风险损失矩阵分为5类区域,颜色由深至浅依次表示综合风险高、较高、中等、较低、低,见表7.12。

可以发现,在引江济淮工程(河南段)各输水河段运行安全风险率相差不大的情况下,由于受影响人口规模差异,综合风险差异显著。具体而言,清水河闸—赵楼闸、赵楼闸—试量闸、试量闸—试量调蓄水库因受影响人口规模大,总体风险较高;试量闸—后陈楼节制闸因受影响人口规模较小,总体风险中等。

表7.12　引江济淮工程(河南段)输水河道风险综合评价

风险损失等级	风险率等级				
	(4, 5]	(3, 4]	(2, 3]	(1, 2]	(0, 1]
(80%, 100%]			清水河闸—赵楼闸、赵楼闸—试量闸	试量闸—试量调蓄水库	
(60%, 80%]			试量闸—后陈楼节制闸		
(40%, 60%]					
(20%, 40%]					
(0, 20%]					

7.4.3.3　调蓄水库长期服役性能风险评估

1) 调蓄水库风险评估方法构建

(1) 水文特性

引江济淮工程(河南段)调蓄水库在运行期间(汛期与输水期)面临长时间高水位浸泡风险,超标准洪水和超标准风浪是影响工程安全的最重要的外部荷载。历经文献调研与指标的适应性遴选,设置洪水特性和风浪特性来描述外部水文荷载强弱。

(2) 工程结构

结合《大中型水库工程标准化管理评价标准》,挡水建筑物、进/出水建筑物、金属结构及机电设备是调蓄水库工程结构的核心组成部分。从这三个方面出发,历经文献调研与指标的适应性遴选,设置防洪标准达标状况、堤岸稳定性、护坡完好程度、堤身/堤基渗流特性、堤身/堤基密实度、进水建筑物完好程度、分水建筑物完好程度、金属结构完好程度、机电设备完好程度共计9个指标来描述工程结构状况。

(3) 运行管理

引调水工程是国家水网"四横三纵"体系的骨干工程,其运行管理质量关乎工程运行安全,应涵盖日常管理与应急管理两方面,涉及管理制度、人员水平、自动化管理水平、基础保障等方面。考虑水利工程管理现代化发展趋势对高质量工程管理的需求,参考水利部印发的《堤防工程标准化管理评价标准》《调水工程标准化管理评价标准》,拟从"制度状况""人员条件""自动化水平""基础设施状况"4个方面开展评估。历经文献调研与指标遴选,设置调度组织机构健全程度、运行调度方案合理性、运行调度方案落实状况、人员结构合理性、自动化监测水平、办公自动化水平等指标描述输水河道运行管理水平。

考虑现场调研及对接沟通发现的水库宽浅、动力弱，淤积风险大情况，设置指标时对此加以考量。具体步骤与上文输水河道权重确定过程相同，不再重复说明，得到的引江济淮工程(河南段)调蓄水库长期服役性能风险评价指标体系见表7.13。

表7.13 引江济淮工程(河南段)调蓄水库风险分析评价标准分级

目标层 (A_k)	准则层 ($R_{k,m}$)	权重 ($\omega_{k,m}$)	亚准则层 ($r_{k,m}$)	权重 ($\omega_{k,m}$)	指标层 ($R_{k,m,n}$)	权重 ($\omega_{k,m,n}$)
引调水工程调蓄水库风险率指数 A_1	水文特性 B_1	0.30	洪水特性 C_1	0.80	洪水特性 D_1	1.0
			风浪特性 C_2	0.20	风浪特性 D_2	1.0
	工程结构 B_2	0.46	库区形态 C_3	0.20	库区宽深比 D_3	0.50
					库区淤积程度 D_4	0.50
			挡水建筑物 C_3	0.40	防洪标准达标状况 D_5	0.40
					岸坡稳定性 D_6	0.15
					护坡完好程度 D_7	0.15
					堤身/堤基渗流特性 D_8	0.15
					堤身/堤基密实度 D_9	0.15
			进/出水建筑物 C_4	0.20	进水建筑物完好程度 D_{10}	0.50
					分水建筑物完好程度 D_{11}	0.50
			金属结构及机电设备 C_5	0.20	金属结构完好程度 D_{12}	0.50
					机电设备完好程度 D_{13}	0.50
	运行管理 B_3	0.24	制度状况 C_6	0.21	调度组织机构健全程度 D_{14}	0.33
					运行调度方案合理性 D_{15}	0.17
					运行调度方案落实状况 D_{16}	0.17
					应急预案完善程度 D_{17}	0.33
			人员条件 C_7	0.28	人员结构合理性 D_{18}	0.50
					人员技术水平 D_{19}	0.50
			自动化水平 C_8	0.25	自动化监测水平 D_{20}	0.34
					自动化控制水平 D_{21}	0.33
					办公自动化水平 D_{22}	0.33
			基础设施状况 C_9	0.26	物资储备充足程度 D_{23}	0.34
					交通运输状况 D_{24}	0.33
					通信电力状况 D_{25}	0.33

2) 调蓄水库长期服役风险评价

根据上文制定的风险评价准则开展调蓄水库风险率评价，成果如表7.14所示。可以发现，引江济淮工程(河南段)调蓄水库因区域水文特性、岸坡状况等接近，风险率等级均在(1,2]，风险较低。其中，试量调蓄水库因形态较为宽浅，七里桥调蓄水库因形态宽浅且不规则(易形成死水湾)，淤积风险略高，运行时需重点关注。

表7.14 引江济淮工程(河南段)调蓄水库风险率评价结果

准则层/亚准则层		指标	试量调蓄水库	后陈楼调蓄水库	七里桥调蓄水库	新城调蓄水库
水文特性 B_1	洪水特性 C_1	洪水特性 D_1	3	3	3	3
	风浪特性 C_2	风浪特性 D_2	3	3	3	3
工程结构 B_2	库区形态 C_3	库区宽深比 D_3	3	1	3	1
		库区淤积程度 D_4	3	1	3	1
	挡水建筑物 C_4	防洪标准达标状况 D_5	1	1	1	1
		岸坡稳定性 D_6	1	1	1	1
		护坡完好程度 D_7	1	1	1	1
		堤身/堤基渗流特性 D_8	1	1	1	1
		堤身/堤基密实度 D_9	1	1	1	1
	进/出水建筑物 C_5	进水建筑物完好程度 D_{10}	1	1	1	1
		分水建筑物完好程度 D_{11}	1	1	1	1
	金属结构及机电设备 C_6	金属结构完好程度 D_{12}	1	1	1	1
		机电设备完好程度 D_{13}	1	1	1	1
运行管理 B_3	制度状况 C_7	调度组织机构健全程度 D_{14}	2	2	2	2
		运行调度方案合理性 D_{15}	2	2	2	2
		运行调度方案落实状况 D_{16}	2	2	2	2
		应急预案完善程度 D_{17}	2	2	2	2
	人员条件 C_8	人员结构合理性 D_{18}	1	1	1	1
		人员技术水平 D_{19}	1	1	1	1
	自动化水平 C_9	自动化监测水平 D_{20}	1	1	1	1
		自动化控制水平 D_{21}	2	2	2	2
		办公自动化水平 D_{22}	1	1	1	1
	基础设施状况 C_{10}	物资储备充足程度 D_{23}	2	2	2	2
		交通运输状况 D_{24}	1	2	2	1
		通信电力状况 D_{25}	2	2	2	2
安全运行风险率			1.90	1.73	1.92	1.71

3) 综合风险评价及影响因素探讨

考虑到风险不仅与风险率有关,还与失效后果密切相关,仅分析风险率难以全面反映引江济淮工程(河南段)长期服役风险。调蓄水库失效后果与水库蓄水/供水规模关系密切,蓄水规模大的水库失效后果势必比蓄水规模小的严重。引江济淮工程(河南段)调蓄水库基本参数见表7.15。

表7.15 引江济淮工程(河南段)调蓄水库基本参数表

水库名称	试量调蓄水库	后陈楼调蓄水库	七里桥调蓄水库	新城调蓄水库
正常库容(万 m^3)	80	302	160	175

据此将各调蓄水库正常库容划分为若干区间,结合风险率评估结果,给出风险率-失效后果矩阵关系(表7.16,颜色由深至浅依次表示风险高、风险较高、风险中等、风险较低、风险低)。

表7.16 引江济淮工程(河南段)调蓄水库风险综合评价

正常库容(万 m^3)	概率等级				
	(4,5]	(3,4]	(2,3]	(1,2]	(0,1]
(300,400]				后陈楼调蓄水库	
(200,300]					
(100,200]				七里桥调蓄水库、新城调蓄水库	
(0,100]				试量调蓄水库	

可以发现,虽然试量调蓄水库、后陈楼调蓄水库、七里桥调蓄水库和新城调蓄水库风险率均在(1,2]之间,以调蓄水库蓄水规模表征失效后果,评价结果略有不同。具体而言,后陈楼水库风险中等,七里桥水库、新城水库和试量水库风险低。

7.4.4 引江济淮工程长期服役性能风险管控

工程安全风险应对应按工程对象类型和风险类型分别制定和实施风险应对措施。引江济淮工程(河南段)提水泵站、输水河道和调蓄水库等单项工程安全风险的应对措施参见表7.17～表7.19,并可根据工程具体情况进行适当调整。

表7.17 引江济淮工程(河南段)提水泵站风险应对措施清单

风险类型	风险事件	风险源	风险应对措施
系统效率	设备质量	泵站机组损坏	1) 及时停机检查,排查故障原因,组织维修,排除故障 2) 制定应急供水预案,启动备用机组,保障供水安全 3) 强化泵站机组核心部件的监测,规范开展安全检测 4) 合理控制进出水池水位,确保运行条件稳定
		机组设备老化	1) 完善并落实泵站巡查巡视制度 2) 严格落实定期检修维修制度,严格落实每年定期检修1次,不定期抽检多次
		机组运行异常	1) 强化提水泵站机组机架/轴承/外壳/油槽等温度、震动、压力等参数监测,规范开展安全检测 2) 合理制定运行调度规程,减少/避免频繁开关机 3) 及时停机检查,排查故障原因,组织维修,排除故障
		金属结构损坏、锈蚀	1) 加强金属结构巡视检查与维护检修,确保无松动、断裂 2) 定期开展金属结构加固、除锈、补漆等工作
		配电/起重设施损坏	1) 加强配电/起重巡视检查与维护检修,确保无松动、断裂、锈蚀 2) 遇到故障,及时停机检查,排查故障原因,组织维修,排除故障

续表

风险类型	风险事件	风险源	风险应对措施
系统效率	运行条件	进出水建筑物损坏	1) 加强进出水池、闸门等附属建筑物巡视检查与日常维护检修 2) 定期开展进出水池、闸门等附属建筑物挡水、渗漏、沉降等安全评价 3) 制定进出水池、闸门等附属建筑物失事应急处置方案
		拦污清污设施损坏	1) 加强泵站拦污栅、清污机巡视检查与日常维护检修(加固、除锈、补漆等) 2) 优化运行调度策略,保证拦污清污设施运行稳定 3) 制定拦污闸、清污机故障的备用处置方案
		拦污清污设施锈蚀	
	技术状况	管理制度不规范	1) 强化泵站系统风险管理体制,包括泵站巡查巡视制度、泵站定期检修维修制度、泵站系统"一泵一长"责任制、泵站"值班+交接班"管理制度等
		管理手段落后	1) 推进泵站系统自动化、信息化建设,包括数据采集设备、监控设备、高性能计算机、数据传输网络等 2) 强化泵站系统风险监测与报送,以便运行管理人员能及时发现问题,排除隐患
		人员结构不合理	1) 优化管理业务人员组成,技术竞聘,择优选拔 2) 加强管理人员业务能力培训,提高专业知识和技能
		管理维护资金落实不到位	1) 管理运营部门设置专项管理维护资金
工程安全	工程位置	地基承载力不足	1) 定期开展地基承载力、稳定性评价,复核基础安全性 2) 采用多种技术措施,加强泵站基础维护 3) 强化泵站基础安全监测与巡视检查,实时掌握动态 4) 严格落实调度规程和防汛指挥机构调度运行计划 5) 建立超标准洪水防洪抢险应急预案,与地方政府建立应急联动机制
		站身稳定性不足	
	防洪条件	超标洪水	

表 7.18 引江济淮工程(河南段)输水河道风险应对措施清单

风险类型	风险事件	风险源	风险应对措施
水文特性	水文特性	超标洪水	1) 建立输水河道供水、排涝风险管理责任体系 2) 严格落实调度规程和防汛指挥机构调度运行计划 3) 建立超标准洪水防洪抢险应急预案,与地方政府建立应急联动机制
		过流不畅、水位与流路不稳定	1) 强化河道过流、渗漏监测与巡视检查,实时掌握动态 2) 定期开展输水河道水面漂浮物巡查与清理,保证过流通畅
河道结构	空间形态	河渠交叉工程损坏	1) 强化河渠交叉建筑物监测与巡视检查,实时掌握动态 2) 制定河渠交叉建筑物失事应急处置方案,与地方政府建立应急联动机制
	淤积隐患	河道淤积强烈	1) 强化河道入流水流含沙量监测 2) 定期监测输水河道淤积情况 3) 必要时排空材料开展机械清淤

续表

风险类型	风险事件	风险源	风险应对措施
工程结构	堤身结构	部分堤段防洪标准不达标	1) 定期开展河道堤防防洪安全评价,复核挡水安全性 2) 强化堤防沉降监测与巡视检查,实时掌握动态 3) 采用多种技术措施,排除防洪安全隐患
		堤岸稳定性差	1) 强化岸坡稳定性监测与巡视检查,实时掌握动态 2) 采用多种技术措施加固岸坡,排除安全隐患
		护坡损坏、老化	1) 加强河道护坡巡视检查,及时掌握动态 2) 定期更换损坏、老化坡面,排除安全隐患
	堤基状况	堤基渗流冲刷、管涌等	1) 规范开展河道堤身/堤基安全监测与巡视检查 2) 定期复核设计指标符合性,评价渗流稳定性 3) 采用多种技术措施排除渗流、裂缝、管涌等安全隐患
		堤基裂缝发育	
	筑堤材料	堤身渗流冲刷、管涌等	
		堤身裂缝发育	
运行管理	制度状况	调度组织机构不健全	1) 强化输水河道风险管理,完善组织体系,明确人员构成,压实各方责任 2) 规范调度管理制度,制定河道巡视制度、设施检修维修制度、"值班+交接班"管理制度等
		运行调度方案不合理	1) 科学编制运行调度方案,与调度规程和防汛指挥机构调度运行计划合理衔接,定期修编,严格评审、论证 2) 强化监督与考核机制,压实人员责任 3) 依据国家、行业、地方安全生产要求,联合专业机构制定并定期修编应急预案,严格评审、论证
		运行调度方案落实不到位	
		应急预案不完善	
	人员条件	人员结构不合理	1) 优化管理业务人员组成,技术竞聘,择优选拔 2) 加强管理人员业务能力培训,提高专业知识和技能
		人员技术水平低	
	自动化水平	自动化监测水平低	1) 推进输水河道自动化、信息化建设,包括数据采集设备、监控设备、高性能计算机、数据传输网络等 2) 强化河道风险监测(水位、流量、渗流、沉降等)与报送,以便运行管理人员能及时发现问题,排除隐患 3) 优化办公管理系统,确保科学、简便,提高管理质量及效率
		自动化控制水平低	
		办公自动化水平低	
	基础设施状况	物资储备不充足	1) 强化应急物资储备,定期检查、更新 2) 设置专项资金与管理人员,厘清职责
		交通运输状况不佳	1) 规范开展沿线公路与堤顶道路巡视检查 2) 加强堤顶公路安全监测与日常维护,保障交通安全
		通信电力状况不佳	1) 规范开展通信电力巡视检查 2) 设置备用电路与紧急电源,保障运行安全

表 7.19　引江济淮工程(河南段)调蓄水库风险应对措施清单

风险类型	风险事件	风险源	风险应对措施
水文特性	洪水/风浪特性	超标洪水	1) 建立调蓄水库防洪度汛风险管理责任体系 2) 严格落实调度规程和防汛指挥机构调度运行计划 3) 建立超标准洪水防洪抢险应急预案,与地方政府建立应急联动机制
		超标风浪	
工程结构	库区形态	调蓄库容损失大	1) 定期开展水库淤积监测,复核库容占用情况 2) 定期开展库区疏浚,清除淤泥 3) 加强水库沿线植被维护,减少泥沙入库
	挡水建筑物	部分堤段防洪标准不达标	1) 定期开展水库防洪安全评价,复核挡水安全性 2) 强化堤防沉降监测与巡视检查,实时掌握动态 3) 采用多种技术措施,排除防洪安全隐患
		岸坡稳定性差	1) 强化岸坡稳定性监测与巡视检查,实时掌握动态 2) 采用多种技术措施加固岸坡,排除安全隐患
		护坡损坏、老化	1) 加强河道护坡巡视检查,及时掌握动态 2) 定期更换损坏、老化坡面,排除安全隐患
		堤身/堤基渗漏、管涌等	1) 规范开展河道堤身/堤基安全监测与巡视检查 2) 定期复核设计指标符合性,评价渗流稳定性 3) 采用多种技术措施排除渗流、裂缝、管涌等安全隐患
		堤身/堤基裂隙发育	
	进/出水建筑物	进水建筑物堵塞、渗漏	1) 加强进出水池、闸门等进出水建筑物巡视检查与维护检修 2) 定期开展调蓄水库水面漂浮物巡查与清理 3) 定期开展进出水池、闸门等进出水建筑物挡水、渗漏、沉降等状态评价、技术改造 4) 制定进出水建筑物堵塞、渗漏失事应急处置方案
		分水建筑物堵塞、渗漏	
	金属结构及机电设备	金属结构锈蚀、老化	1) 加强金属结构巡视检查与维护检修,确保无松动、断裂 2) 定期开展金属结构加固、除锈、补漆等工作
		机电设备故障	1) 强化调蓄水库核心机电设备温度、震动、压力等参数监测,规范开展安全检测 2) 合理制定运行调度规程,减少/避免频繁开关机 3) 及时停机检查,排查故障原因,组织维修,排除故障 4) 制定应急预案,保障水库供水安全
运行管理	制度状况	调度组织机构不健全	1) 强化输水河道风险管理,完善组织体系,明确人员构成,压实各方责任 2) 规范调度管理制度,制定河道巡视制度、设施检修维修制度、"值班+交接班"管理制度等
		运行调度方案不合理	1) 科学编制运行调度方案,与调度规程和防汛指挥机构调度运行计划合理衔接,定期修编,严格评审、论证 2) 强化监督与考核机制,压实人员责任 3) 依据国家、行业、地方安全生产要求,联合专业机构制定并定期修编应急预案,严格评审、论证
		运行调度方案落实不到位	
		应急预案不完善	

续表

风险类型	风险事件	风险源	风险应对措施
运行管理	人员条件	人员结构不合理	1)优化管理业务人员组成,技术竞聘,择优选拔 2)加强管理人员业务能力培训,提高专业知识和技能水平
		人员技术水平低	
	自动化水平	自动化监测水平低	1)推进调蓄水库自动化、信息化建设,包括数据采集设备、监控设备、高性能计算机、数据传输网络等 2)强化水库风险监测(水位、流量、渗流、沉降等)与报送,以便运行管理人员能及时发现问题,排除隐患 3)优化办公管理系统,确保科学、简便,提高管理质量及效率
		自动化控制水平低	
		办公自动化水平低	
	基础设施状况	物资储备不充足	1)强化应急物资储备,定期检查、更新 2)设置专项资金与管理人员,厘清职责
		交通运输状况不佳	1)规范开展沿线公路与堤顶道路巡视检查 2)加强堤顶公路安全监测与日常维护,保障交通安全
		通信电力状况不佳	1)规范开展通信电力巡视检查 2)设置备用电路与紧急电源,保障运行安全

7.4.5 小结

(1)引江济淮工程长期服役风险识别

开展了提水泵站、输水河道和调蓄水库风险识别工作,解析其主要模式和发生机理,明确主要风险事件及风险源。具体包括:对于提水系统,侧重提水效率和工程安全两方面,探讨泵站系统主要失效模式,包括运行条件不佳、设备质量不佳、技术状况不佳、工程安全状况受威胁;对于输水河道,主要侧重堤防安全和河道安全,失效模式包括水文特性不佳、河道结构不佳、工程结构不佳、运行管理不完善;对于调蓄水库,工程风险界定为水库堤防失事及渗漏严重,不能满足规划调蓄要求,失效模式与输水河道失效模式相似。在明确失效模式的基础上,阐明了典型失效模式的发生机理或原因,明确了涉及的关键风险因子及相互作用关系,给出了河道、泵站和调蓄水库的风险源清单,绘制了引江济淮工程(河南段)提水泵站、输水河道和调蓄水库的风险源故障树。

(2)引江济淮工程长期服役风险评价

基于风险识别结果,提出引江济淮工程(河南段)输水河道、提水泵站和调蓄水库风险评估指标体系。通过文献调研、专家咨询等方法,确定了评估指标体系中目标层、准则层和指标以及各指标的权重分配标准和权重值,给出了对三者长期服役性能和失效风险的定量或半定量评估方法。基于所构建的风险评价指标体系对引江济淮工程(河南段)提水泵站、输水河道和调蓄水库的长期服役风险进行评价,明确了其长期服役风险率等级。同时,考虑到风险是风险率与失效后果的综合作用结果,探讨了提水泵站、输水河道和调蓄水库失效后果的关键要素,给出了提水泵站风险率-风险损失矩阵关系,可为引江济淮工程后续风险监测、管理与调控方案的制定提供支撑。

(3) 引江济淮工程长期服役风险监测

根据引江济淮工程(河南段)提水泵站、输水河道和调蓄水库风险评估结果,兼顾工程其他次要工程设施,采用巡视监测、专项检测和常规监测相结合的方式,差异性制定提水泵站、输水河道、调蓄水库及其他工程设施的风险监测方案。针对风险监测对象潜在破坏模式,合理确定监测断面、设置监测项目、布置监测设施、拟定监测方法和监测批次。监测项目主要包括变形监测、渗压监测、水位监测、水质监测、土压力与应力应变监测、巡视检查等。

(4) 引江济淮工程长期服役风险调控

依据引江济淮工程(河南段)提水泵站、输水河道和调蓄水库典型失效模式和风险识别成果,侧重风险预防和安全管理制度完善等核心要素,从降低风险率和风险损失等角度提出提水泵站、输水河道和调蓄水库失效风险调控的主要措施,以提高调蓄水库长期服役性能、降低失效风险。具体而言,对于提水系统,措施主要包括强化泵站风险管理体制,推进泵站系统自动化与信息化建设,强化泵站系统风险监测,重视泵站系统设施的清洁与保养,加强泵站管理人员业务能力培训,深化公众、地方政策与其他部门的参与;对于输蓄水系统,措施主要包括堤防风险分级管控、强化堤防自动化与信息化建设、加强堤防风险监测与报送、指定引江济淮工程保险、指定边坡失稳预防预案、加强堤防管理人员业务培训等。

7.5 引江济淮工程(河南段)信息化综合管理系统

7.5.1 设计思路

引江济淮工程包括引江济巢、江淮沟通、江水北送三段,河南段工程为江水北送段的一部分,工程主要通过安徽省西淝河向河南省受水区供水。引江济淮工程(河南段)输水线路为:以豫皖省界为起点利用清水河通过3级泵站提水至试量闸上游,经鹿辛运河自流至鹿邑后陈楼调蓄水库,然后通过3条输水管线依次将水输送至柘城县、商丘城区、夏邑和永城。河南段输水线路总长度为195.14 km,其中,利用清水河输水长度为47.46 km,利用鹿辛运河输水长度为16.26 km。后陈楼调蓄水库至七里桥调蓄水库输水线路长度为29.88 km,七里桥调蓄水库至商丘市输水线路长度为39.92 km,七里桥调蓄水库至夏邑输水线路长度为61.62 km。

本项目的建设地点位于河南省东部,包括周口市的郸城、淮阳、太康,商丘市的柘城、夏邑、梁园、睢阳以及永城和鹿邑。

本项目工期48个月,主要完成:河南省引江济淮工程有限公司硬件设施;商丘段管理处和周口段管理处硬件设施;网络通信;安全管理;系统集成;河南省豫东水利工程管理局信息化管理监控中心硬件设施等。该项目要随主体工程逐步推进,同时完成。

引江济淮工程(河南段)具有输水线路长、控制建筑物多、受益面广、建设任务重等特点。

工程主要以城乡供水为主,兼顾改善水生态。为了保障水资源高效配置和工程安全稳定运行,提高工程智慧化管理水平,按照水利网信工作"安全、实用"的总要求,本着经济合理、技术先进的总体原则,以引江济淮工程河南段水量调度业务为核心,运用先进的IT技术、通信技术、信息技术等手段,建设集工程建设期与运行期管理于一体的信息化综合管理系统。

7 引调水工程施工安全管理与运营技术研究与应用

建设任务包括：基础设施建设、系统平台建设等。建设区域范围包括整个引江济淮（河南段）主体工程、河南省引江济淮工程有限公司、商丘段管理处、周口段管理处等。

1）基础设施建设

基础设施是支撑业务应用系统的前提。引江济淮工程（河南段）信息化综合管理系统基础设施建设内容主要包括河南省引江济淮工程有限公司的机房及配套软硬件、会商中心、中控室等建设；2个管理处机房及配套软硬件建设、中控室建设、会商室建设；网络通信建设。

2）系统平台建设

（1）数据资源规划与建设

数据是引江济淮工程（河南段）信息服务的信息源头和基础。根据工程信息化综合管理系统建设的需要，本次系统数据库建设包括基础数据库、业务数据库、监测数据库、空间数据库以及非结构化数据库，建立协调的运行机制和科学的管理模式，为应用支撑平台建设及各业务应用系统数据交换和共享访问提供数据支撑。

（2）应用支撑平台建设

应用支撑平台是引江济淮工程（河南段）信息化综合管理系统的重要基础，承担着汇集与管理资源，支撑应用，保障系统规范、开放，进而保障系统的长期可持续运行的任务。建立统一的应用支撑平台，为水量调度决策、工程安全监测等各业务应用系统提供可靠、稳定的支撑，提供基于统一技术架构的业务开发与运行支撑环境，为上层应用建设提供基础框架和底层通用服务，为数据存取和数据集成提供运行平台，实现引江济淮工程（河南段）信息化综合管理系统的信息共享。

（3）业务应用系统建设

业务应用系统建设是运用当代先进的信息技术，以数据采集、数据传输、数据存储管理和应用服务平台为基础，以业务流程为主线，安全、科学调配水资源为目的，通过数据模型、自动控制、地理信息系统等技术手段，建设引江济淮工程（河南段）业务应用系统。业务应用系统建设分为建设期管理系统和运行期管理系统，其中，建设期管理系统包括设计资料管理、视频监控、建设信息、进度投资、质量管理、安全管理、系统管理；运行期管理系统包括工程监测系统、水量调度支持系统、远程控制系统、工程信息管理系统、工程运维管理系统、综合办公系统、移动应用系统。

系统功能总体框架如图 7.25 所示。

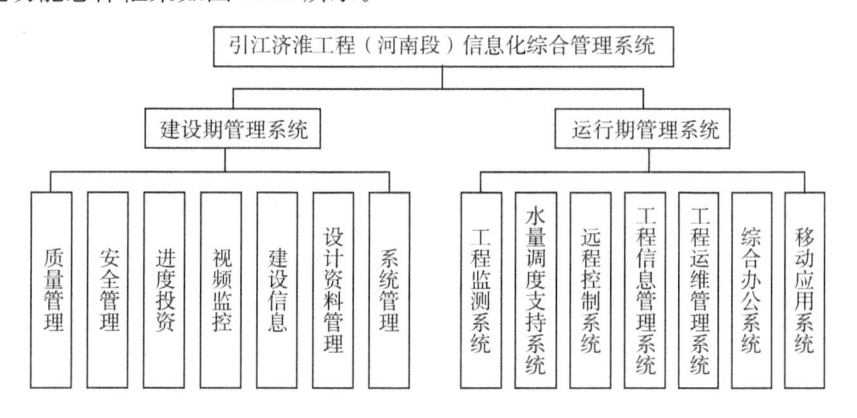

图 7.25 系统功能总体框架图

7.5.2 总体架构

7.5.2.1 总体框架

引江济淮工程(河南段)信息化综合管理系统将新兴的信息技术充分运用于水量调度等系统建设中。通过需求分析,采用先进的、科学的信息技术,搭建系统总体框架,尽可能地避免重复建设,为系统开发建设和运行维护管理奠定坚实的基础。系统总体框架如图7.26所示。

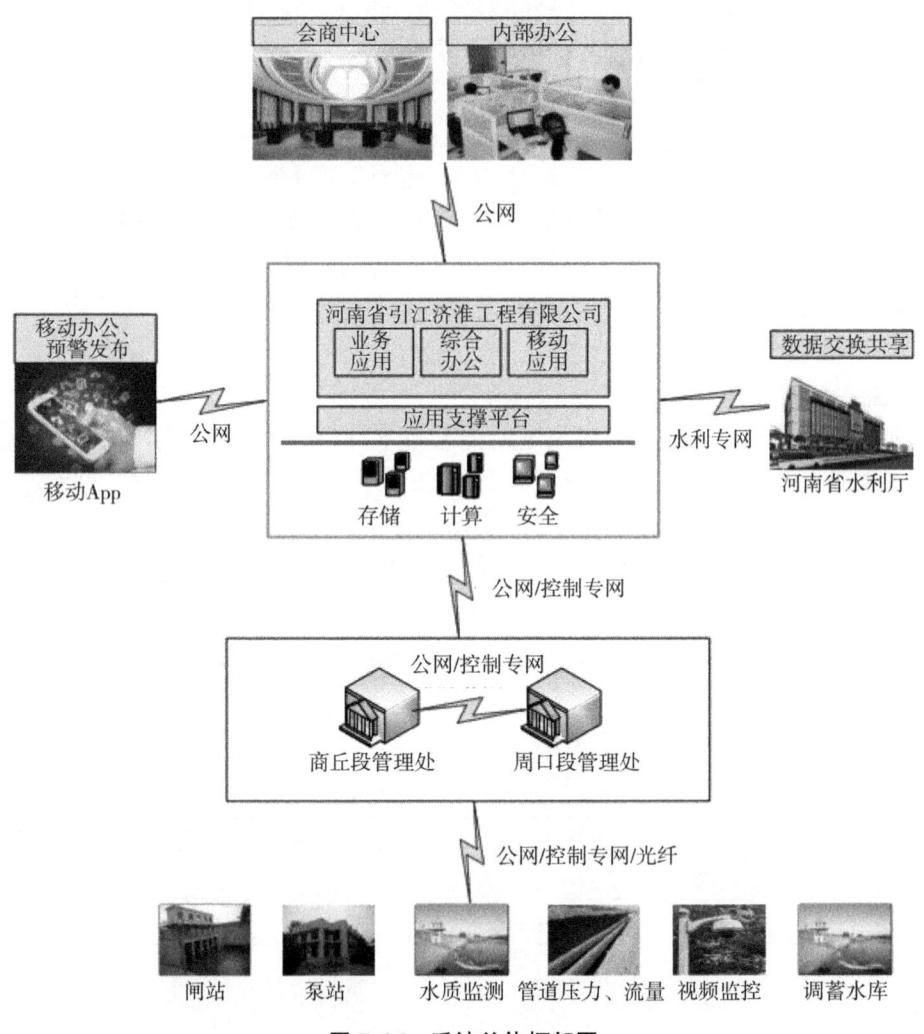

图 7.26 系统总体框架图

7 引调水工程施工安全管理与运营技术研究与应用

7.5.2.2 逻辑架构

引江济淮工程(河南段)信息化综合管理系统逻辑架构共包含 7 层,即基础设施层面的采集传输层、网络通信层、数据存储量;应用支撑层面的数据资源层、应用支撑层;业务应用系统以及用户层等。系统逻辑架构图如图 7.27 所示。

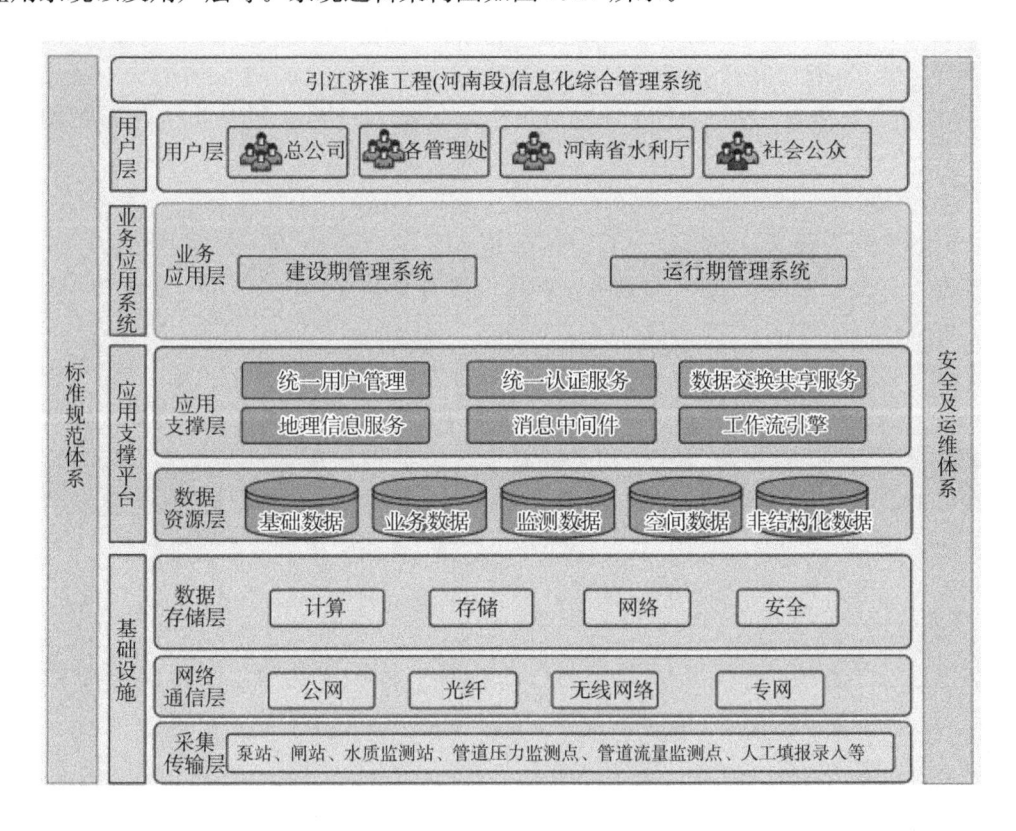

图 7.27 系统逻辑架构图

1) 采集传输层

泵站及闸站的监测数据存储到现地机房,通过现地机房采集水位、流量、工情等信息;通过建立先进的水质监测站点,采集重点位置水质状况信息;在压力管道沿线设置压力和流量监测点,采集管道压力及输水流量变化情况信息,并辅以人工填报录入,全方位地采集引江济淮工程河南段沿线各类工程基础数据信息。

2) 网络通信层

网络通信层提供了主要通过有线传输方式将采集的数据上传汇集的网络环境。有线传输主要包括光纤、控制专网、水利专网、无线网络、公网等通信方式。

3) 数据存储层

数据存储层实现对采集数据的计算、存储等,并保证其安全。

4) 数据资源层

数据资源层是系统中所有数据信息存储与管理的逻辑表现,实现对各类数据资源的统一存储、统一管理,以构成业务应用层的数据资源支撑环境。

5) 应用支撑层

应用支撑层是一个承上启下的开放性基础平台。应用支撑层利用各种通用性平台实现不同基础设施层与应用层之间的互通。

6) 业务应用层

基于引江济淮工程(河南段)全线地理信息服务,构建引江济淮工程(河南段)信息化综合管理系统,系统功能需要涵盖水量调度、水质安全、工程运行等领域的管理、分析、评价、决策支持等。业务应用系统建设主要包括建设期管理系统建设和运行期管理系统建设。

7) 用户层

本系统的用户包括河南省引江济淮工程有限公司、2个管理处(商丘段管理处、周口段管理处)、建设期各参加单位、河南省水利厅以及社会公众。

8) 安全及运维体系

安全体系为基础设施层、应用支撑层和应用系统层提供统一的信息安全服务,包括网络信息服务系统、基本安全防护系统和故障恢复等。运维管理体系为系统建设提供科学有效的融合组织、制度、流程、技术的IT运维管理体系,使原来对网络、设备、系统、用户的粗放和分散式管理过渡到科学、规范和专业化管理,使IT运维管理体系成为系统日常工作的重要组成部分,为业务应用系统、协同办公系统、对外公众服务系统等顺利运行,政务信息化建设与改进提供管理和服务保障。

9) 标准规范体系

标准规范体系是系统设计、建设和运行的相关技术标准,为系统平台建设提供标准、规范的理论与实践指导。

7.5.2.3 网络架构

根据采用的网络通信建设方案以及本项目信息采集与监控系统建设的内容与特点,分别建设无线传输网络即建设前端信息采集系统传输网络和有线传输网络(闸门及泵站远程控制系统传输网络、视频监控系统传输网络和管理机构的通信传输网络)。各类型数据具体采用的网络通信传输方式如下:

(1) 前端信息采集系统的数据量较小,主要采用租用运营商无线网络进行传输。

(2) 视频监控的数据量较大且视频需要实时传输存储,主要采用租用运营商的公网。

(3) 闸控数据对安全性和稳定性要求较高,主要采用租用运营组建的控制专用网络。

(4) 在2个管理处和河南省引江济淮工程有限公司配备互联网线路,用于前端信息采集系统的数据接入,控制专用网络用于闸门和泵站远程控制数据的传输。

网络总体架构如图7.28所示。

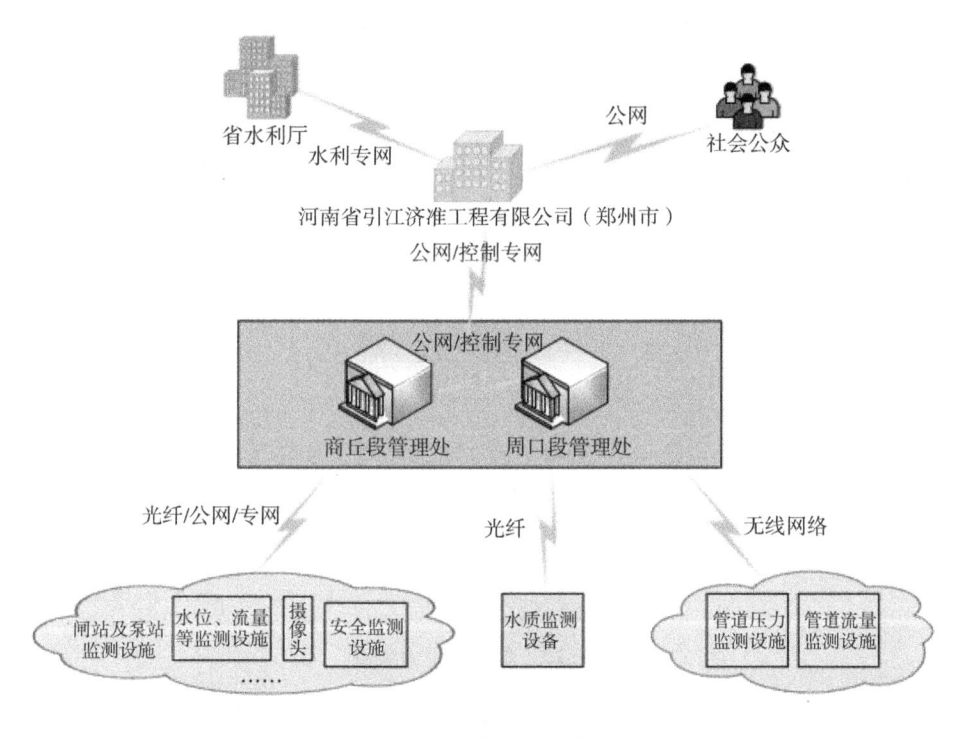

图 7.28　网络总体架构图

7.5.3　分项设计

7.5.3.1　基础设施建设

根据引江济淮工程（河南段）运行管理组织机构设置，基础设施建设包括河南省引江济淮工程有限公司的基础设施建设和各管理处的基础设施建设两部分内容。主要包括河南省引江济淮工程有限公司硬件设施、商丘段管理处和周口段管理处硬件设施、网络通信、安全管理、系统集成、河南省豫东水利工程管理局信息化管理监控中心硬件设施。总体建设框架图如图 7.29 所示。

河南省引江济淮工程有限公司硬件设施主要包括机房及配套软硬件、会商中心、中控室等。机房是信息化系统建设的重要基础设施，是信息化系统各类业务信息传输、交换和存储的实体环境。河南省引江济淮工程有限公司的机房设在河南省引江济淮工程有限公司办公楼内。机房建设包括机房装修、配电工程、UPS 电源、防雷接地、消防设施、空调系统、视频门禁、环境监控、综合布线、主机存储系统、配套软件、机房网络系统、容灾备份等；河南省引江济淮工程有限公司的会商中心是水量调度、应急指挥、视频会议、系统展示、会商决策等的主要场所，会商中心硬件设施主要包括大屏幕显示设备、会议设备、集中控制设备等；河南省引江济淮工程有限公司的中控室是信息化综合管理系统主要业务功能展示监管地点，操作台共设置 8 个工位，每个工位配置电脑终端 1 台，共 8 台。其中包括：3 台工控机，作为远程控制系统的控制终端，两用一备；5 台工作站，可在线监控水情、工情

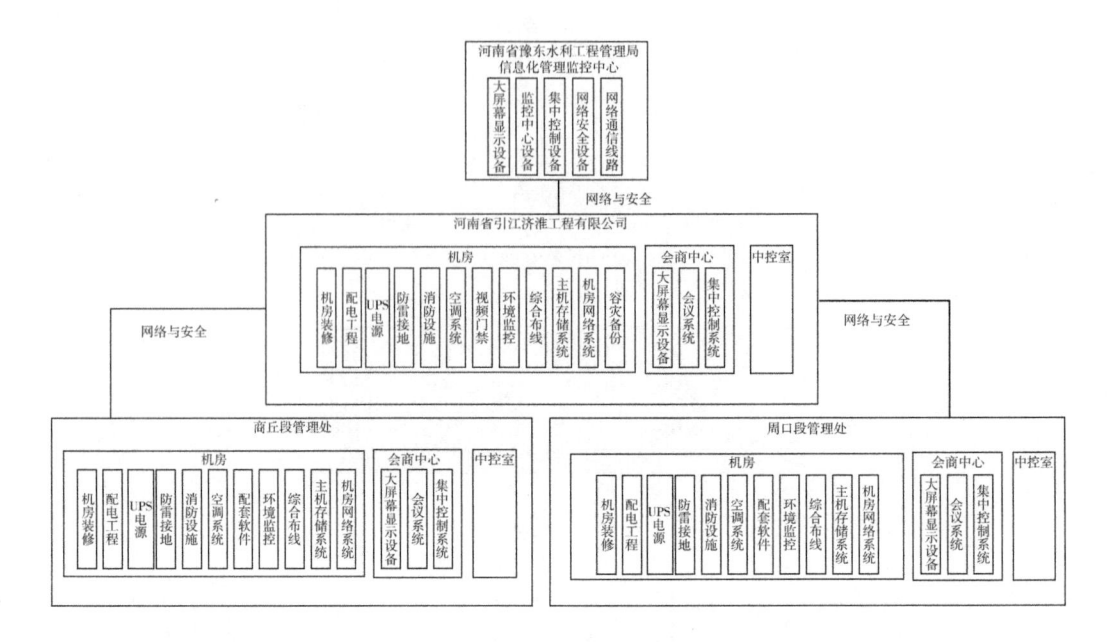

图 7.29 总体建设框架图

和视频等数据信息，通过拼接大屏集中显示。

商丘段管理处和周口段管理处硬件设施主要包括机房及配套软硬件、会商室、中控室等。商丘段管理处、周口段管理处的机房分别设在商丘段管理处、周口段管理处的办公楼内。

机房及配套软硬件包括机房装修、配电工程、UPS电源、防雷接地、消防设施、空调系统、环境监控、综合布线、主机存储系统、配套软件、机房网络系统；会商室建设包括大屏幕显示设备、会议设备、集中控制设备；中控室操作台设5个工位，每个工位配置电脑终端1台，共5台。其中包括：2台工控机，作为远程控制系统的控制终端，一用一备；3台工作站，作为视频监控系统的管理终端、现场监测数据的采集接收终端和各应用系统的操作终端，可在线监控水情、工情和视频等数据信息，可进行各业务系统的操作，并通过拼接大屏进行集中显示。

网络通信主要涵盖无线网络通信和有线网络通信，前端信息采集数据量较小且采集点分散的信息主要通过租用运营商无线网络方式进行通信传输，视频监控数据主要通过租用运营商公网方式进行通信传输，闸控数据主要采用租用运营商组建的工情信息专网方式进行网络通信传输等。

安全管理主要从物理安全、网络安全、存储和数据安全、系统安全、应用安全、管理安全等方面考虑，按照建设期管理系统二级等保、运行期管理系统三级等保确定网络安全保护等级，投标人应加强对移动互联、物联网、虚拟化、大数据等对象的安全保护，必要时可增加安全保护设备。

系统集成主要涵盖本次新建的信息化综合管理系统软硬件集成和本系统与外部其他系统间的数据交换共享。

河南省豫东水利工程管理局信息化管理监控中心硬件设施涵盖大屏显示设备、会议设备、集中控制设备、网络安全设备、网络通信线路等,监控中心的建设便于河南省豫东水利工程管理局对建设期内进度控制、投资管理、工程质量、建设安全和运营期的工程组织管理情况、工程运行情况、工程维护保养情况、水量调度情况等进行监管。

7.5.3.2 系统平台建设

7.5.3.2.1 数据资源规划与建设

数据资源是引江济淮工程(河南段)全线信息服务的信息源头和基础。通过对闸站及泵站流量、水位、工情、视频监控信息以及工程安全监测等信息的收集、整合与完善,建设实用、可靠、先进、标准、兼容的引江济淮工程河南段信息化综合管理系统数据库,满足信息服务的要求。

根据实际需求及系统建设的需要,本次建设基础数据库、业务数据库、监测数据库、空间数据库以及非结构化数据库,建立高效的数据更新机制,整合数据资源,保证数据的完整性和一致性。

1) 基础数据库

根据引江济淮工程(河南段)管理要求及存储对象特点,将基础数据分为与水利相关的自然对象、管理对象、社会经济和工程与设施对象类数据。

(1) 自然对象类数据

自然对象类数据主要包括输水渠道基本信息、沿线交叉河流及沟渠基本信息、输水管道基本信息、沿线调蓄池基本信息。

①输水渠道及管道基本信息

包含输水渠道水位、流量、渠宽、堤顶及渠底高程、边坡坡度、渠道比降、糙率;管道流量、流速、管道走向、比降、糙率、管径、管长、管材等。

②河流及沟渠基本信息

包含河流及沟渠名称、河流代码、汇流面积、河宽、河长、径流量、沟渠水位、流量、宽度等。

③调蓄池基本信息

包含调蓄池所在流域、所属行政区、水面面积、平均水深、最大水深、容积等。

(2) 管理对象类数据

管理对象类数据主要包括行政区划信息以及涉水组织机构信息。

①行政区划信息

包含行政区划的地名、人口、面积、代码、区号、邮编等。

②涉水组织机构信息

包含涉水的管理机构、管理人员、管理制度、管理经费、岗位培训等。

(3) 社会经济类数据

社会经济类数据主要包括工程沿线地区行政区划、城市、工厂、村镇、人口、耕地、土地利用、灌溉面积、工农业产值、交通设施、水利设施、通信设施、工矿企业等社会经济信息。

(4) 工程与设施对象类数据

工程与设施对象类数据分为调蓄工程、水闸工程、泵站工程、管道工程、堤防工程、调水工程。包括河道横断面基本特征、基本情况、工程管理情况、水闸基本信息、水闸工程特性指标、水闸管理情况、泵站工程基本情况、泵站工程特性指标表及任务、泵站管理情况、泵站类型基本信息、管道工程的基本信息、管道工程特性指标表及任务、管道工程管理情况、调水工程取水水源基本信息、调水工程的基本信息、堤防工程基本信息、堤防工程特性指标、堤防工程作用与效益、堤防管理情况等信息。

2) 业务数据库

根据引江济淮工程（河南段）信息化综合管理系统各个业务系统的需求，将业务数据分为各个专题业务数据，包括工程监测专题业务数据、调度决策支持专题业务数据、工程信息管理专题业务数据、工程运维管理专题业务数据、综合办公专题业务数据、移动应用专题业务数据。

(1) 工程监测专题业务数据

工程监测专题业务数据包括水质监测数据、管道压力监测数据、工程安全监测数据和视频监控数据。

①水质监测数据

水质监测数据主要包括监测成果数据、文件资料数据等。

监测成果数据主要包括自动监测数据、水质评价数据、整汇编数据等；文件资料数据包括规范标准数据、法律法规数据、水污染事件数据、水污染应急预案等。

②管道压力监测数据

管道压力监测数据包括实时监测数据、压力分析及预警数据、压力分布曲线等。

③工程安全监测数据

工程安全监测数据主要包括水闸、泵站等建筑物的安全监测数据、压力管道安全监测数据、人工巡视检查数据等。

水闸安全监测数据主要包括闸室和地基的沉降监测数据、闸墙及底板的裂缝监测数据、扬压力及侧向绕流监测数据、闸室水平位移和岸墙翼墙倾斜监测数据、墙后土压力及水压力监测数据、地基反力、结构应力、钢筋应力及温度监测、水平位移和垂直位移监测网、水位监测等。

泵站安全监测数据主要包括泵站不均匀沉陷监测数据、泵站扬压力和侧向绕流监测数据、地基反力、结构应力及钢筋应力监测数据、裂缝监测数据、垂直位移监测数据等。

压力管道安全监测数据主要包括管道沉降监测、管道应力、管道渗漏等数据。

人工巡视检查数据主要包括闸、泵站等建筑物的人工巡视结果数据、堤防巡视结果数据、管线巡视检查结果数据、巡视结果统计分析数据、问题汇总数据等。

④视频监控数据

视频监控数据主要包括闸站、泵站等视频监控数据。

(2) 调度决策支持专题业务数据

调度决策支持专题业务数据包括水量调度业务数据、闸站远程控制数据、泵站远程控制数据。

①水量调度业务数据

水量调度业务数据主要包括水量调度日常业务处理数据、水量分配方案编制数据、实时水量调度数据、应急调度方案生成数据等。

②闸站远程控制数据

闸站远程控制数据主要包括闸门上下游水位流量状态数据、闸站工作状态数据、闸门启闭状态数据等。

③泵站远程控制数据

泵站远程控制数据包括进口压力数据、水泵工作状态、出口压力数据、调度方案数据、实时调度数据等。

（3）工程信息管理专题业务数据

包括基本信息数据、视频监控管理数据、工程运行监控管理数据、重点工程三维仿真数据、安全目标管理数据、安全制度体系管理数据、安全事故管理数据等。

（4）工程运维管理专题业务数据

包括工程巡查维护管理数据、突发事件响应数据、工程管理考核数据、工程维护信息数据等。

（5）综合办公专题业务数据

包括通知公告数据、公文管理数据、人事管理数据、综合管理数据等。

（6）移动应用专题业务数据

包括移动监测信息查询数据、视频监控数据、协同办公数据、巡查管理数据等。

3）监测数据库

根据前端采集设备以及采集项，将监测数据分为工程安全监测信息类、水质监测信息类、工情监测信息类、测站设备信息类数据。

（1）工程安全监测信息类数据

包括水闸、泵站等建筑物的安全监测数据。

（2）水质监测信息数据

包括采样时间、水温、pH 值、电导率、浊度、溶解氧等数据。

（3）工情监测信息类数据

主要包括泵站运行状况表、水闸运行状况表等。

（4）测站设备信息类数据

主要包括 RTU 基本信息、传感器基本信息、RTU 工况监测信息、传感器工况监测信息等。

4）空间数据库

空间数据库主要包括矢量数据、遥感影像等。其中，输水河道及管线附近范围采用高精度的遥感数据，重点工程位置采用高精度的遥感数据和水利专题数据。

5）非结构化数据库

非结构化数据包括公文、图片、影音、法规、制度、规范、图纸等相关文件资料。

7.5.3.2.2 应用支撑平台建设

引江济淮工程（河南段）信息化综合管理系统是一个覆盖各项业务的综合信息化项目，复杂度高，需搭建一个功能强大、部署灵活、扩展性强的应用支撑平台支撑综合信息管理系统各业务模块高效运行。

建立统一的应用支撑平台，为水量调度等业务应用系统提供可靠、稳定的支撑，提供基于统一技术架构的业务开发与运行支撑环境，为上层应用建设提供基础框架和底层通用服务，为数据存取和数据集成提供运行平台，实现信息共享。

1）地理信息服务

采用 GIS 基础支撑软件和空间数据库技术，基于 J2EE 开发环境构建 GIS 服务。通过空间数据库管理框架，建设水利空间数据服务体系，为业务应用系统提供统一的空间数据服务，实现 GIS 数据的统一发布、更新、维护、管理，为各业务应用提供统一的地图数据资源服务。

建设统一的 GIS 平台，实现对多源空间信息的统一存储、管理，包括基础地理信息数据、水利基础信息数据、专题信息数据和其他专题信息数据等；建立健全地理空间数据的维护更新和共享交换机制。集成空间综合信息，统一发布、更新、维护、管理，提供基于空间的综合信息多层次多方位的共享与交换，为各业务应用提供统一的地图数据资源服务。

建设内容为包括数据集成、地图展示、综合服务等功能的综合空间信息服务。GIS 服务的建设，通过权威、统一、规范的标准化水利基础地理空间框架基础上构建的地理信息共享服务，实现相关地理信息的发布、管理、整合、共享交换；同时建立基础地理共享服务应用机制，为业务应用提供 GIS 地图服务。

针对各业务部门提供数据分析、空间分析、监视告警、虚拟场景、综合管理、数据封装、辅助决策等综合服务。为各业务系统提供标准的 GIS 服务访问接口，包括数据服务、功能服务、各种专题图服务等类型。

移动端服务支持将服务平台上的数据通过在线或离线的方式进行下载，便于开展现场数据采集、传输、辅助决策分析等工作。

2）统一身份认证

统一身份认证是以统一身份认证服务为核心的服务使用模式。用户登录统一身份认证服务后，即可使用所有支持统一身份认证服务的管理应用系统。

（1）用户使用在统一认证服务注册的用户名和密码（也可能是其他的授权信息，比如数字签名等）登录统一认证服务；

（2）统一认证服务创建了一个会话，同时将与该会话关联的访问认证令牌返回给用户；

（3）用户使用这个访问认证令牌访问某个支持统一身份认证服务的应用系统；

（4）该应用系统将访问认证令牌传入统一身份认证服务，认证访问认证令牌的有效性；

（5）统一身份认证服务确认认证令牌的有效性；

（6）应用系统接收访问，并返回访问结果，如果需要提高访问效率的话，应用系统可选择返回其自身的认证令牌已使得用户之后可以使用这个私有令牌持续访问。

3）统一用户管理

（1）机构和用户管理

①面向系统管理员

提供机构创建功能。用户可以创建一个新的组织机构。创建机构时，其设置应符合现实生活中机构的上下级关系，要提供能反映现实的机构类别选择。

提供机构修改功能。用以修改各种类型的组织机构的业务属性。

提供机构删除功能。当机构下存在职员以及下级机构时，不允许删除。

提供查询机构的功能。机构的展示应能体现出机构的类型、上下级关系和机构中人员的依附关系。

提供查询机构下人员的功能。通过页面查询展示人员的基本属性。

提供修改和删除人员的功能。对机构下的人员信息进行维护，包括对人员密码的修改。

机构管理受数据权限的控制，即操作员只能新增、修改、删除和查询所有下级机构，而不能修改、删除所在机构；同时，操作员只能新增、修改、删除和查询所在机构及下级机构的人员，而不能新增、修改、删除其他机构（非所在机构和上级机构）的人员。

②面向业务用户

用户在登录状态下可以修改自己的姓名、性别、出生日期、联系电话等基本信息和密码。

③面向业务应用系统

对于不同种类的机构下可以建立何种机构应提供配置功能，以适应各种业务系统的要求。

机构状态变更，人员、用户状态变更等操作中，由业务环节提供允许变更的条件。

应提供多种定位机构、人员等的方法。组织机构管理模块为业务系统的其他模块提供机构、人员、权限的各种查询功能。

对外发布统一接口。业务系统或其他组件不需要了解接口对应的实现。

(2) 角色和权限管理

①面向系统管理员

提供管理用户权限功能。用户的权限是由角色体现的，因此可以依据岗责体系设置系统中的角色。角色设置只能由系统管理员一个角色完成，不允许其他角色人员进行角色设置。

提供为系统用户设置、收回、修改角色的功能，可以通过角色管理来设置角色。如果角色发生变更，则用户权限自动随之变化，不用再做其他配置。

角色的修改操作权限不依赖权限管理，而是强制校验操作用户。

系统上线之初、增加人员和日常人员调动时都是给指定用户分配岗位。

在系统扩展功能时需要给指定功能（权限）分配用户。指定权限可以分配到已有角色时，拥有该角色的人员可以自动获取指定权限；指定权限需要新增角色时，就需要将指定角色分配给用户。

权限控制分为两个层次：一是在展现相关功能资源（菜单和按钮）时，需要根据当前用户权限展现能够操作的页面资源；二是在每一个业务操作本身执行时还需要校验当前用户权限。

支持审核权限和审批权限，用于工作流的处理。支持权限分级管理功能。权限要按业务类型进行分类编码。提供新建和修改菜单夹功能。提供删除菜单夹功能，只能删除空菜单夹。提供方便用户的菜单位置调整功能。

提供职员从一个机关调动到另外一个机关的功能，人员调动时，人员的角色需要重新分配。

②面向业务用户

系统提供用户查看自己的角色和权限的功能。

③面向业务应用系统

提供查询用户拥有的权限的接口，提供查询用户的角色的接口。

4）数据交换共享

在信息化综合管理系统建设中，数据交换共享是整个系统的中枢，它用于多个系统间的数据交换，通过数据共享系统可以将外部单位的雨水情数据交换到新建业务系统数据库中，可以将前端监测设备采集的数据交换到业务系统中，也可以实现管理处与河南省引江济淮工程有限公司的数据交换共享。引江济淮工程河南段信息化综合管理系统可以实现与安徽段信息化系统的运行数据的交互与协同，从而提高供水可靠性。

基于数据库的数据交换是平台的核心，负责解析数据集成模型定义、处理请求、处理引擎自身的模型调度等。数据交换引擎可以满足大规模数据的并发处理，完成企业级的数据交换场景。

数据交换方式支持全量、增量数据交换，增量数据交换能够根据实际数据结构支持多种方式的增量交换。

在数据交换过程中，可以将不同形式的数据通过 Web Service、REST 接口调用方式下发或者上传到目标系统，从而实现异构系统、跨地域、跨平台、跨安全认证方式系统之间的数据交换。

从技术和业务两个核心角度建立数据交换体系架构，实现 IT 能力的服务化，并为未来 SOA 架构体系的建立打下良好的基础。

5）消息中间件

消息中间件为管理信息系统提供高效、灵活的消息同步和异步传输处理、存储转发、可靠传输等功能，在复杂的网络和应用系统环境下确保消息安全、可靠、高效送达。

消息中间件自产生以来发展迅速，在复杂应用系统中担当通信资源管理器（CRM）的角色，为应用系统提供实时、高效、可靠，跨越不同操作系统、不同网络的消息传递服务，同时消息中间件减少了开发跨平台应用程序的复杂性。在要求可靠传输的系统中利用消息中间件作为通信平台，向应用提供可靠传输功能来传递消息和文件。

6）工作流引擎

工作流引擎用于预报调度、日常业务管理等相关业务流程的定制和执行，通过工作流引擎可以方便、快捷地为相关业务制定流程。工作流引擎能够帮助用户适应流程多变性的需求，并且在流程发生变化时维持易维护性和低成本性。

工作流引擎控制业务过程中各种任务发生的先后次序，调度相关的人力或信息资源，按照预定的逻辑次序推进工作流实例的执行，实现业务过程的自动化执行，为业务运行提供软件支撑环境。

7.5.3.2.3 业务应用系统建设

运用先进的水利和应用软件技术,以数据采集、网络通信、数据存储管理和应用支撑平台为基础,以业务流程为主线,以安全、科学调配水资源为目的,通过数学模型、自动控制、地理信息系统等技术手段,构建引江济淮工程(河南段)信息化综合管理系统的业务应用系统,建设调度决策支持系统,为调度决策提供数字化的操作平台,全面提高水量调度、工程管理等各项业务的处理能力。

业务应用系统建设包括建设期和运行期,同时结合各级管理职能部门岗位职责以及权限划分,提供单点登录、权限管理、安全管理等功能,为各级管理部门提供高效、快捷、方便的智慧化支撑平台,及时掌握工程水量调度、建设管理、工程运维管理等相关信息。

1)建设期管理系统

引江济淮工程(河南段)建设工期和输水线路均较长,工程的建设管理、监理、设计、施工等参建单位众多,根据省水利厅以及河南省引江济淮工程有限公司的要求,结合工程建设"三控三管一协调"的工作方针,即投资控制、进度控制、质量控制,安全管理、合同管理、信息管理,协调参建各方现场工作关系等基础工作,使参建各方能在较长工期及建设过程海量的技术资料积累中准确把握工程整体进度、投资、质量及施工安全等重要结果,建设引江济淮工程河南段建设期管理系统;同时也为工程运行期信息化综合管理系统积累数据。

建设期管理系统主要建设内容包括质量管理、安全管理、进度投资、视频监控、建设信息、设计资料管理、系统管理等若干模块,其中部分模块内数据为一次性录入,部分模块内数据为阶段性录入。

(1)质量管理

质量管理模块主要由质量体系、质量评定、质量管理活动等组成。质量体系分为有关质量领导小组成立文件、人员组成、机构设置、规章制度等,该部分内容为一次性录入。质量评定子模块提供在线填写单元工程、分部工程质量评定表,根据评定结果可统计各分部工程、单元工程合格率及优良率,并可对参加质量评定人员进行追溯,该部分内容为阶段性更新。质量管理活动主要对重要质量会议纪要、质量抽检记录等进行存储。

(2)安全管理

施工安全管理是工程建设期间的重要内容,包括施工期间的人员安全管理、建设期已建工程结构安全管理等。安全管理模块提供现行有关施工安全的法律、法规在线浏览、查询、打印及搜索功能;将工程各主要建筑物各监测断面安全监测仪器布置在地图上,通过定期在线填写各监测仪器数据,提供在线查询、趋势分析及对比分析等。其余内容包括建设期间对施工场区的安全巡视、隐患排查、安全专项检查、安全活动、危险源清单、应急演练、应急预案及安全生产会议纪要等,按阶段定期上传上述文档资料,可在线浏览、查询、打印及搜索。

(3)进度投资

引江济淮工程河南段输水线路长,施工标段较多。为使参建各方定期掌握各施工标段进度及投资情况,施工单位以月为单位按招标工程量清单格式定期上传该月完成的工程量,工程进度及投资情况以表格及横道图形式显示。

①工程量表清单

为使系统能够准确读取各月各标段已完成工程量，以各标段招标工程量清单为基础制成模板表单，施工单位只需下载模板，在"已完成工程量"列中按分项填写上传即可。

②工程进度监控

此分项功能用于展示各标段进度情况，可显示所有分项工程量进度情况，也可按工程量表清单分级显示。

③工程进度控制

通过上传的各标段各月完成工程量，按施工单位各分项工程量投标报价系统自动计算已完成工程量投资并按月累计，以表格及柱状、饼状图分项显示。

(4) 视频监控

视频监控模块用于实时监控施工现场施工情况，具有实时预览、实时录制、回放、视频图像多方位浏览、放大缩小等功能。视频监控点可根据工程建设实际需要，并与运行期视频监控相结合，选择最佳的视频监控点布置，避免重复建设。本次建设期视频监控选取重要的闸站及泵站、调蓄水库周边等位置布置摄像头，并配备太阳能供电以及立杆等附属设备。

(5) 建设信息

建设信息主要为引江济淮工程（河南段）参建各方提供关于工程建设内容阶段型文档的存储。根据现场参建各方需求，建设管理单位需存储的文档有建管日报、建管周报、建管月报及建管局各科室在线填写的建管日志等。监理单位存储的有各标段监理例会会议纪要、安全例会会议纪要、专题会议纪要、监理月报、设计交底会议纪要以及监理报告等。施工单位定期上传施工月报、水保月报、环保月报、安全月报及施工报告等。设计单位上传设代处内部的体系文件、设计通知、变更通知及设代日志等。

(6) 设计资料管理

设计资料管理模块实为存储引江济淮工程（河南段）从可行性研究阶段、初步设计阶段、招标设计阶段、施工图阶段等各个设计阶段的报告、图纸、批复文件及相关规程规范的文档管理器，提供用户在线预览、打印、下载及搜索等功能。为保证文档数据的有效性及唯一性，仅供有上传或删除权限的用户进行相应操作，存储的文档格式为 pdf。

(7) 系统管理

系统管理是工程建设期管理系统的重要内容，该模块管理其余各功能模块的编辑、用户录入、用户资料修改、权限分配、上传进度投资标准工程量清单模板、上传控件等内容。

①用户管理、部门管理、岗位管理

该部分内容用于系统新用户的录入、资料修改以及权限分配。用户录入由管理员等有权限的人员操作，录入资料包括用户名、密码、所属部门、所属岗位等。其中所属部门用于用户列表显示；所属岗位用于权限分配，平台中所有可操作的功能均在权限分配表中显示，勾选即为拥有该权限，具有某项功能的权限用户方能使用该模块。

②功能模块管理

如前所述，建设期管理系统功能包括设计资料管理、建设信息、进度投资、质量管理、安全管理等。该模块功能为文档管理模块所用，可由有权限用户增加或删除某项模块下的目录。例如,设计资料管理中已有可行性研究、初步设计、批复文件、招标设计、施工图设计、标准规范等,若需增加新的目录,则在系统管理—设计资料管理中"新建"即可。

③控件上传

建设期管理系统开发中用到第三方插件,例如视频监控等,用户在下载并安装后才能正常使用这些功能。若没有安装控件则使用相应功能,会提醒用户下载安装,控件上传后在平台主页显示。

2)运行期管理系统

运行期管理系统主要包括工程监测系统、调度支持系统、远程控制系统、工程信息管理系统、工程运维管理系统、综合办公系统、移动应用系统等内容。运行期管理系统功能框架图如图7.30所示。

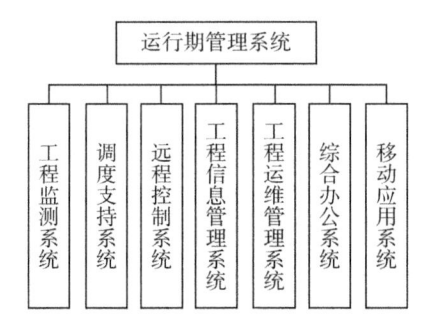

图7.30 运行期管理系统功能框架图

(1)工程监测系统

工程监测系统包括水质监测系统、压力监测系统、工程安全监测系统和视频监控系统,详见图7.31。

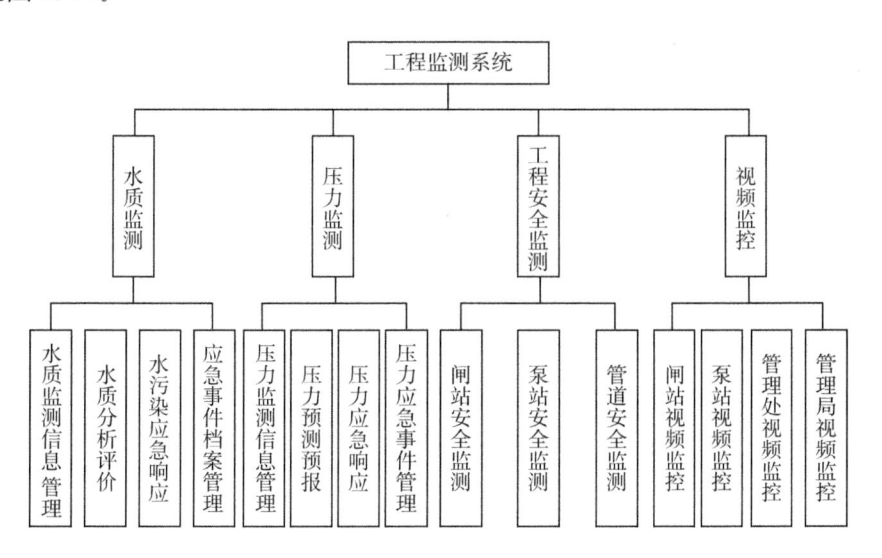

图7.31 工程监测系统框架图

①水质监测系统

系统通过运用先进的水质监测技术和信息技术建立一个以采集输水工程沿线重要位置水质信息为基础,以通信、计算机网络系统为平台,以水质监测应用系统为核心的引江济淮工程河南段信息化综合管理系统。该系统具有监测断面代表性强、监测数据准确、信息传输及时、先进实用、扩展性强,高效可靠的特点,能为管理部门科学调度、管理和保护水资源提供科学依据及技术支持。

水质监测系统可以实现对引江济淮工程(河南段)重要位置的水质监测、水质分析评价、水质信息发布、水质信息查询、水质监测资料统计等功能,为全面加强输水水质管理,及时准确掌握输水沿线水质变化情况,快速应对突发水污染事件,充分发挥工程效益,保障水质安全提供技术支持,满足全线水资源保护与管理的需要。

②压力监测系统

引江济淮工程河南段采用有压输水管道的区段主要有后陈楼—七里桥(双管)、七里桥—商丘(单管)、七里桥—夏邑分水口(单管),穿越区域大,跨越交叉河流沟渠及道路桥梁众多。为了保障供水管线的安全稳定运行,建立可靠的供水环境,需要对管道压力进行实时监测,及时准确地掌握管道的压力变化情况,自动预测预报管道沿线压力趋势,实现超限自动报警,保障供水压力平衡,及时发现和预测爆管事故,从而为水量的科学调度以及工程的安全运行提供技术保障。

压力监测系统包括压力监测信息管理、压力预测预报、压力应急响应等模块,为工程安全运行和水量科学调度提供保障。

③工程安全监测系统

引江济淮工程(河南段)为沿线地区供水起着非常重要的作用,具有线路长、覆盖范围广、跨越河流沟渠及道路桥梁众多的特点。输水形式有明渠输水和有压管道输水两种方式,沿线涉及输水建筑物众多,需要确保工程的安全稳定可靠运行。工程安全监测是确保工程安全稳定运行的必要手段。不同的建筑物监测的侧重点有所不同,通过事先埋设在建筑物相应位置的监测仪器进行自动数据采集,并通过相应的通信设施传输到相应的管理机构,为管理部门提供工程安全相关的决策支持,并为工程调度系统提供服务。

工程安全监测系统根据监测对象划分为闸站安全监测、泵站安全监测、管道安全监测。

④视频监控系统

利用先进的视频监视技术、视频传输技术、数据存储技术、数据压缩技术、计算机技术建设覆盖引江济淮工程(河南段)现地闸站、现地泵站、管理处、河南省引江济淮工程有限公司等重要建筑物实时图像监视系统,建立具有远程可视、可调、可控、可管的全方位的视频监控系统。坚持"无人值守、少人值守"的原则,视频监控系统的建设是现代化管理手段的重要组成部分,在远程监控和调度系统中起着重要的作用。

在现地闸站、泵站、管理处以及河南省引江济淮工程有限公司布设视频监控设备,现场图像及视频等通过有线网络传输方式上传到河南省引江济淮工程有限公司,存储到专业数据库备份,从而对现地闸站、泵站、管理处以及河南省引江济淮工程有限公司的安全运行起到支持作用。

为便于管理人员及时了解闸站、泵站、管理处及河南省引江济淮工程有限公司的工作状态，以直观的现场图像和声光报警了解现场情况，需要建设远程视频监控系统。视频监控分为闸站视频监控、泵站视频监控、管理处视频监控、河南省引江济淮工程有限公司视频监控等。

（2）水量调度支持系统

水量调度系统紧紧围绕水量调度核心业务，根据工程特点，运用水力学模型、虚拟仿真、自动控制、地理信息系统等技术手段，依托基础设施建设，设计建立一套"实用、先进、高效、可靠"的水量调度系统，实现引江济淮工程（河南段）自动化调度运行，提供调度决策支持服务。

根据业务实际需求，水量调度系统包括水量调度日常业务处理、水量分配方案编制、实时水量调度、应急调度，详见图7.32。

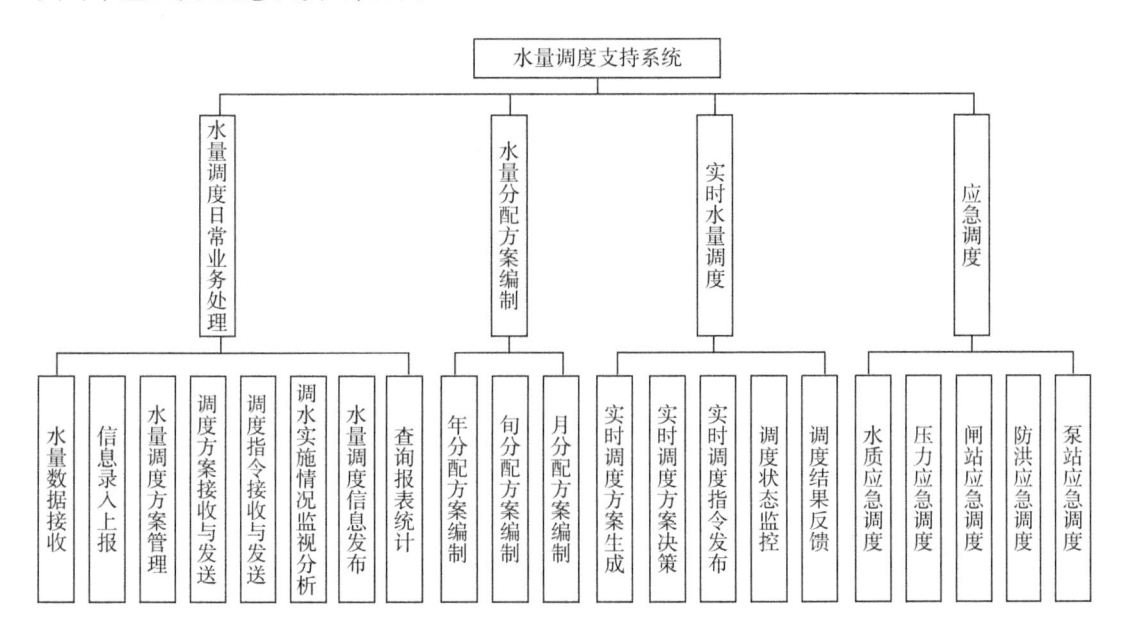

图7.32 水量调度支持系统框架图

①水量调度日常业务处理

主要实现对水量调度日常业务的处理，为水量调度方案编制、实时水量调度提供基础支持。系统涵盖水量调度日常业务管理工作内容，包括水量数据接收、信息录入上报、水量调度方案管理、调度方案及指令接收与发送、调水实施情况监视分析、水量调度信息发布、查询报表统计等工作。

②水量分配方案编制

根据水源地提供的可供水量和沿线市县提供的用水需求，依据水量分配规则，运用水量分配模型，平衡用户与水源提供单位之间的供需矛盾，制订科学合理的水量分配计划。水量分配方案包括年水量分配方案、旬水量分配方案、月水量分配方案。利用水量分配模块生成沿线水量调度方案，进行统一管理模式下的分配方案编制，既能满足工程运行初期的水量分配管理要求，又能在多年运行之后，随着分配模型参数率定精度的提高、工程管理经验的积累，满足水量分配和调度的精细化管理要求。

③实时水量调度

依据水量调度分配方案编制水量调度指令并进行远程控制。实时水量调度是水量调度系统的核心业务,可以保证在工程安全的情况下,按照水量调度方案实时把水输送到沿线各地区。主要包括实时调度方案生成、实时调度方案决策、实时调度指令发布、调度状态监控、调度结果反馈。

④应急调度

当遇到特殊情况,如特大枯水年、连续枯水年来水情况下的水量调度,大洪水或特大洪水、工程闸门突然发生故障、水泵发生紧急事故、突发性水质污染事件以及特殊需求等情况,为确保工程安全稳定输水,需要进行应急调度。

根据风险类型不同,应急调度可以分为水质应急调度、压力应急调度、防洪应急调度、闸站应急调度、泵站应急调度。

根据不同的风险类型、严重程度,编制相应的应急响应预案,一旦发生紧急情况,可以立即采取相应的应急调度方案,形成抢险组织体系,组织抢险人员和抢险物资等,控制险情蔓延使得损失最小化。根据编制的应急调度预案,发布应急调度指令给闸站监控系统和泵站监控系统,采取相应的措施避免造成事故。

7.5.3.3 计算机监控系统设计

1) 设计原则

(1) 系统总体框架采用分层分布结构,各层之间通过以太网或现场总线进行信息传输和资源共享,以便于软硬件的维护、扩展和升级。

(2) 系统建设采用的系统平台、软件技术和硬件产品都是目前行业内的成熟产品和技术,立足先进技术,采用主流技术,使本系统具有较高的可靠性和较长的生命周期。

(3) 系统设计界面清晰、操作简便,易于掌握。为了保证数据的准确性及系统运行的安全性,在软件开发过程中充分考虑到容错和纠错方面的支持,提供容错能力和逻辑检查能力。

(4) 系统充分考虑到以后的扩展,遵循开放性和可扩展性原则。软硬件的配置采用全开放、分布式的系统结构,系统配置和设备选型能适应计算机发展迅速的特点,具有先进性和向上兼容性。

2) 系统组成与拓扑结构

引江济淮工程(河南段)电气设备采购3标自动化系统由计算机监控系统及视频监视系统组成(图7.33)。在泵站,在中控室控制台设置操作员站(2台)、工程师站(1台)、数据库服务器(1台)、语音报警服务器(1台)、调度通信服务器(2台)、站内通信服务器(1台)、中心环网交换机、五防系统及大屏系统等,泵站及闸站自动化系统子站由站控级上传至信息化综合管理系统,便于实现远程调度、控制运行和管理。

计算机监控系统对泵站主机组、公用、辅机、液压站等设备进行监控,并提供设备运行统计、操作指导等辅助功能;视频监视系统对工程建筑物主要部位进行实时图像监视,并具有历史图像信息查询等功能,辅助工程安全运行及管理。

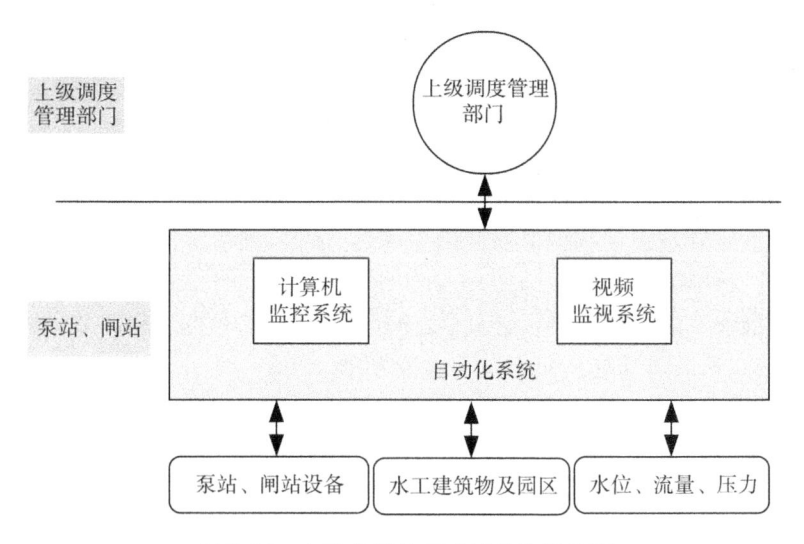

7 引调水工程施工安全管理与运营技术研究与应用

图 7.33 自动化系统组成及总体架构图

泵、闸站自动化系统采用开放的、分层分布式体系结构，自下而上分成现地级、站控级和调度级。采用光纤组成千兆以太网结构。

(1) 现地级主要通过各种测量和控制装置就地对泵站主机组、辅机设备、进水闸、工作闸门、节制闸、变电所等设备对象进行测量、监视和控制。

自动方式：泵组和发电机组在 LCU 上能根据被控对象的工况独立自动运行。

手动方式：LCU 屏上设有现地操作面板，布置手动紧急停机和事故停机按钮，设有"现地-远方"位置的切换开关，当该切换开关分别在现地时，运行人员可通过机旁操作面板上的控制开关直接作用 LCU 实现对机组的开/停机、有功/无功调节和断路器操作。

(2) 站控级由控制室内的工作站及服务器等组成，负责全站性运行监控事务。

计算机监控系统的各计算机设备以各种人机接口界面实时显示泵站运行的各种状态和数据，在发生事故或者异常状况时给出报警信号，并对泵站运行数据进行统计、分析、存储等，是泵站运行人员实施全站性监控的主要手段。

连接在视频主机上的视频监视器以多种方式实时显示各个摄像头采集的视频图像，并提供历史图像存储和回放功能，供事后检索与分析。

自动方式：在正常情况下，由中控室操作员工作站的人机接口设备进行控制，由控制层计算机按预先给定的条件，通过各 LCU 向自动装置发出指令，通过执行机构实现自动控制和调节。

手动方式：在正常情况下，由操作员在中控室操作员工作站的人机接口设备进行控制，通过各 LCU 向自动装置发出指令，通过执行机构实现自动控制和调节。

(3) 调度级是与泵站运行管理相关的上级调度管理系统，上级主管部门控制中心调度控制人员可以通过调度计算机系统在远程查看全部工程工况，并与现场的计算机系统通信，实现遥测、遥信、遥控，传输下达控制指令，同时将泵站和节制闸的运行状态、参数以及视频图像等上传给调度级。调度运行管理系统，负责对泵站的运行进行相关调度。

3）系统功能

(1) 系统功能概述

计算机监控子系统能迅速、准确、有效地完成对本工程被控对象的安全监视和控制。

控制层能实现数据采集和处理、实时控制和调节、供电方式及自动联跳、安全运行监视、屏幕显示、事故处理指导和恢复操作指导、数据通信、键盘操作、设备运行维护管理、系统诊断、软件开发及培训等功能。

现地控制层能实现数据采集及处理、安全运行监视、实时控制和调节、事件顺序检测、数据通信、系统自诊断等功能。具有如下主要功能：

①采集及处理；

②安全及监视；

③运行参数计算；

④操作及控制；

⑤通信；

⑥显示打印记录；

⑦操作指导、运行管理；

⑧语音报警站；

⑨系统安全自诊断、自恢复；

⑩系统开发；

⑪培训；

⑫系统对时。

系统功能由现地级和站控级协作完成。分布在现地级的各现地控制单元(LCU)负责对泵站主机组、公用、辅机、进水闸、液压站、节制闸、变电所设备以及闸站配套建筑物等设备进行就地测量、监视，并向监控主机发送各种数据和信息，同时接受监控主机发来的控制命令和参数，完成控制逻辑的实施；站控级的各计算机实现全站的运行监视、事件报警、数据统计和记录、与上级调度系统通信等功能。

(2) 数据通信

本工程计算机监控系统的数据通信分为四类：

①站内通信：监控系统与保护装置、电源系统及智能测控设备之间的通信；

②监控系统与泵站内其他系统之间的通信：监控系统与机组在线监测装置的通信；

③监控系统与信息化综合管理系统之间的通信。

④监控系统与电力调度系统之间的通信。

4）系统主要设备配置

(1) 历史服务器配置

型号：H3C R4900 G3；

CPU：1×Gold 6126 (2.6GHz/12－core/120W)；

内存：16G；

硬盘：9×2.4T SAS 10K；

显卡:P400;

网口数量:4个千兆网口;

光驱:DVD-ROM;

安装方式:机架式(含上架套件);

电源及附件:冗余电源;RAID-5、HP V270显示器、键鼠、超级硬盘拓展模块。

(2) 操作员工作站(工程师工作站、远程通信服务器、站内通信服务器、语音报警服务器、微机五防主机、视频主机相同)配置

型号:HP EliteDesk 880 G5;

芯片组:Intel Q370;

CPU:i7-9700 3.0GHz/8C;

内存:16G/DDR4;

SATA硬盘:1TB/7200转×2;

1G独显;

USB光电鼠标;

防水功能键盘;

集成Intel千兆网卡;100/1 000 M网卡×1;

串口×1;

光驱:DVD-RW;

全国上门服务;

HP V270显示器×2

站内通信服务器单独配置8串口通信卡。

(3) 微机防误闭锁装置配置

每站装设一套微机防误闭锁工作站,对站内全部断路器、隔离开关和接地开关等进行防误闭锁,实现"五防"操作,即防止带负荷分、合刀闸,防止误分、合断路器,防止误入带电间隔,防止带电合接地刀闸,防止带接地点合刀闸。五防工作站安装于各站控制台上。

(4) 时钟同步系统配置(恒宇)

表7.20 河南引江济淮(河南段)七里桥泵站(35 kV)

序号	名称	规格型号	单位	数量	备注
1	同步时钟设备扩展板;B1 IRIG-B(DC) B码输出模块;12路IRIG-B(DC RS485)	名称:同步时钟设备扩展板;参数:B1 IRIG-B(DC) B码输出模块;12路IRIG-B(DC RS485)码输出;厂家:恒宇	套	2	保护装置对时,1对5
2	接收模块;G30(1路北斗/GPS双模输入);恒宇	名称:接收模块;参数:G30(1路北斗/GPS双模输入);厂家:恒宇	套	1	天线信号接收
3	同步时钟装置;HY-8000,2U,液晶显示,CPU主板+报警输出模块+内部守时模块+电源模块(双电源)	名称:同步时钟装置;规格型号:HY-8000,2U,液晶显示,CPU主板+报警输出模块+内部守时模块+电源模块(双电源);厂家:恒宇;优先等级:无;时钟:无	套	1	主机

序号	名称	规格型号	单位	数量	备注
4	同步时钟 GPS/北斗天线;GPS/北斗双模天线及安装支架;50 m;恒宇	名称:同步时钟 GPS/北斗天线;参数:GPS/北斗双模天线及安装支架;50 m;厂家:恒宇	套	1	双模天线
5	同步时钟设备扩展板;N6 NTP SERVER UNIT 输出模块;10/100M 单网口	名称:同步时钟设备扩展板;参数:N6 NTP SERVER UNIT 输出模块;10/100M 单网口,支持 SNTP 时间协议,占一个插槽;厂家:恒宇	套	1	NTP 服务
6	S1 SERIAL UNIT 串口报文输出模块	6 路 RS-232 串口,6 路 RS-485 串口输出	套	1	RS-232、RS-485 对时
7	P2 PULSE UNIT	12 路分脉冲输出模块-有源	套	1	分脉冲输出模块-有源时

(5) 工业网络核心交换机配置

①工业网络核心交换机配置:瑞斯康达 ISCOM3052G-8GF-GS-AC/D

技术规格描述:

中心交换机支持万兆交换,金属外壳,IP40,无风扇设计。

安全功能:支持 SNMP v1/v2/v3,VLANs802.1Q。

工作温度:-40 ℃ ~ 85 ℃ 整机最大支持 52 个口,固定 12 个千兆光电复用口(Combo),8 个千兆电口,6 个可扩展插槽,每个插槽配 8 口的介质模块(端口为光口或电口)。

MTBF 值:所有交换机的交换引擎及介质模块的 MTBF 均需大于 10 万 h。

拓扑结构和链路自愈:支持星型、环网、总线和混合组网的拓扑结构。

冗余功能:支持 W-Ring 冗余环,生成树 STP 802.1D,Dual homing,Coupling、链路汇聚,SNTP(简单网络时钟协议)等。

其他服务:支持 802.1D 优先级(4 queues),多播过滤(GMRP),流控制 802.3x,支持 IGMP Snooping 功能。

所有的交换机都必须备有 1 个以上的备用插槽。支持多引擎或分布式独立交换引擎,模块化结构设计,提高扩展性和灵活性。

交换机的端口时延:1 000 M 每个端口的最大延迟小于 10 μM。100 M 每端口的最大延迟小于 15 μs。

组播 IGMP v1/v2/v3,GMRP IEEE 802.1D。

实时性要求:支持 SNTP 服务器、PTP IEEE1588 V1/V2。

流控制功能:支持 802.3x 流控制、802.1D/p 优先级。

三层功能:静态路由、三层 ACL、RIP v1/v2(包含 8 个光模块)。

②现地控制层交换机配置:瑞斯康达 Gazelle S1020i-4GF-16GE-LW-DCW48

技术规格描述:

采用工业级的基于 TCP/IP 的网管型以太网交换机;

端口配置:交换机配置 4 个单模 100 M/1 000 M 光接口,16 个 10 M/100 M/1 000 M RJ45 口(每台包含 2 个 100 M 光模块);

单台设备端口时延≤10 μs,支持热插拔;

任何一个电口或光口都可支持环形结构;

链路冗余:支持 Hiper-Ring(超级冗余环技术)、MRP(介质冗余协议)、RSTP,网络故障时,业务恢复时间≤200 ms,链路聚合;

网络管理:支持 SNMP 网管/支持 VLAN 子网划分/支持端口安全性(端口 MAC 地址绑定,端口访问控制)/可安全隔离工控数据;

交换机应为一体式设计,为无风扇设计,卡轨式安装,支持 24VDC 冗余电源输入,可选宽温(−40℃～85℃);

环境耐受能力:产品按工业标准设计,MTBF 在 15 年以上/能在高温、湿热、强电磁场环境中工作。

(6)现地控制单元配置

①泵组现地控制单元 LCU:每套 LCU 配 1 块 10 英寸彩色液晶触摸屏用作人机界面、采用 CPU 模块、电源模块、现场总线模块、网络模块、独立机架等。所有模块(包括 CPU、电源、I/O、通信处理器等)应支持带电热拔插,接入 I/O 点的容量,留有足够储备。PLC 具备直接上网和为了方便与其他相关设备通信,应内置 MODBUS 通信协议,PLC 编程软件采用纯中文、图形化编程方式,开关量输出和模拟量输出模块具备故障状态预置功能。

每套 LCU 还应包括:

UPS 不间断电源(90 分钟) 1 套:台达 R1K 100AH×2。

彩色液晶触摸屏:威纶通 MT8102IE。

双电源供电插箱 1 套:南瑞 FPW-1A2。

开关电源(1 kVA) 6 套:魏德米勒。

水泵机组多功能状态监测装置 1 套(安装在 LCU 屏内,设备由甲方提供)。

交流采样装置 1 套:爱博精电 1 套精度 0.2 级设备。

防雷保护装置:所有交/直流电源输入回路、外部系统进入局域网的端口处等加装防雷保护器,以防止计算机监控系统遭受雷电侵入或地电位升高的破坏。

串口通信服务器 1 台:南瑞 SJ30D。

光纤网络交换机 1 台:瑞斯康达 Gazelle S1020i-4GF-16GE-LW-DCW48。

智能型 PLC 为双机热备架构。

CPU　NARI　MB80CPU712EA　2 套

DI　NARI　MB80DIM214E　4 套

DO　NARI　MB80DOM214E　4 套

AI　NARI　MB80AIM212E　4 套

AO　NARI　MB80AOM211E　2 套

RTD　NARI　MB80AOM211E　2 套

②公用现地控制单元 LCU:核心部件 PLC 的配置及要求同前述泵组 LCU。监测控制对象以及接入外部设备的接口配置至少包括:

线路微机保护装置的接入;

母线微机保护装置的接入；

主变微机保护装置的接入；

全厂故障录波装置的接入；

直流电源系统的接入；

厂用变的保护测控单元的接入；

无功补偿装置的接入；

公用供排水、空气压缩机、通风机、消防泵等控制系统的接入通过公用PLC柜交换机直接与上位机通信。

③闸门现地控制单元LCU：核心部件PLC的配置及要求同前述泵组LCU。监测控制对象以及接入外部设备的接口配置至少包括：

上下游水位计的二次仪表安装在LCU屏内；

闸门控制系统的接入；

开度荷载仪的开度、荷重等模拟量接入；

上、下游水位的接入；

与便携式计算机的通信接口；

与主控级通信用的网络接口。

④阀门现地控制单元LCU：核心部件PLC的配置及要求同前述泵组LCU。监测控制对象以及接入外部设备的接口配置至少包括：

阀门控制系统的接入；

流量计、压力计数据的接入。

PLC柜模件配置清单见表7.21。

表7.21 PLC柜模件配置清单（具体以设计院提供的最终清单为准）

序号	LCU名称	DI	DO	AI	AO	RTD
1	机组LCU	128	128	64	8	16
2	公用LCU	96	64	32	0	0
3	闸门LCU	64	64	16	0	0
4	调流阀LCU	32	16	8	0	0

注：DI——开关量输入信号；DO——开关量输出信号；AI——模拟量输入信号；AO——模拟量输出信号；RTD——温度量输入信号。

(7) 辅机控制单元配置

①供货范围（表7.22）

表7.22 主要供货设备及数量

序号	设备名称	技术要求	单位	数量
一	袁桥泵站			
1	技术供水泵动力柜		台	1
2	渗漏检修排水泵动力柜		台	1

续表

序号	设备名称	技术要求	单位	数量
3	空压机动力柜		台	0
4	通风控制箱		台	2
5	消防泵动力柜		台	1
6	进口闸 PLC 柜		台	1
二		赵楼泵站		
1	技术供水泵动力柜		台	1
2	渗漏检修排水泵动力柜		台	1
3	通风控制箱		台	2
4	消防泵动力柜		台	1
5	进口闸 PLC 柜		台	1
三		试量泵站		
1	技术供水泵动力柜		台	1
2	渗漏检修排水泵动力柜		台	1
3	空压机动力柜		台	0
4	通风控制箱		台	2
5	消防泵动力柜		台	1
6	进口闸 PLC 柜		台	1
四		后陈楼泵站		
1	渗漏检修排水泵动力柜		台	1
2	通风控制箱		台	3
3	消防泵动力柜		台	1
五		七里桥泵站		
1	技术供水泵动力柜		台	0
2	渗漏检修排水泵动力柜		台	1
3	通风控制箱		台	3
4	消防泵动力柜		台	1

②控制对象

A. 技术供水泵动力柜

a. 控制对象：供水泵2台，1用1备。滤水器2套，1用1备。电动阀2台，1用1备。

b. 控制方式：设有手动/自动切换开关，完成手动控制方式和自动控制方式的切换。当设在手动控制方式时，通过控制盘上的按钮完成设备的手动控制；当设在自动控制方式时，将按设定程序自动完成控制。手动控制不通过PLC装置完成。

c. 控制要求：主泵启动前启动1台供水泵，监视供水泵出口示流正常。技术供水泵按照每次供水启动轮次轮换。

d. PLC的I/O点数：DI,64；DO,16；AI,4。

其中1个压力变送器的仪表需安装在柜内。

B. 渗漏检修排水泵动力柜

a. 控制对象：潜水泵 2 台，水位计 1 个。

b. 控制方式：设有手动/自动切换开关，完成手动控制方式和自动控制方式的切换。当设在手动控制方式时，通过控制盘上的按钮完成设备的手动控制；当设在自动控制方式时，将按设定程序自动完成控制。手动控制不通过 PLC 装置完成。

c. 控制要求：自动控制根据水位计的接点信号实现。当水位达到高程时工作泵启动，当水位达到超高程时备用泵启动并报警，当水位达到低高程时水泵停止工作。水泵按照启动次数轮换。

d. PLC 的 I/O 点数：DI，32；DO，8；AI，4。

其中 1 个液位变送器的仪表需安装在柜内。

C. 通风控制箱

通风机采用 PLC 控制联网后送监控系统，风机功率、控制逻辑及 PLC 配置由会议确定。

D. 空压机动力柜

a. 控制对象：空压机 2 台，1 用 1 备；电磁阀 2 个。

b. 控制方式：设有手动/自动切换开关，完成手动控制方式和自动控制方式的切换。当设在手动控制方式时，通过控制盘上的按钮完成设备的手动控制；当设在自动控制方式时，将按设定程序自动完成控制。手动控制不通过 PLC 装置完成。

c. 控制要求：自动控制根据电接点压力表的接点信号实现。当压力达到低值工作空压机启动，当压力达到超低值时备用空压机启动，当压力达到高值时空压机停止工作。按照启动次数轮换。

d. PLC 的 I/O 点数：DI，48；DO，16；AI，4。

其中 1 个压力变送器的仪表需安装在柜内。

E. 消防泵动力柜

a. 控制对象：水泵 2 台，1 用 1 备；稳压泵 2 台，1 用 1 备。

b. 控制方式：设有手动/自动切换开关，完成手动控制方式和自动控制方式的切换。当设在手动控制方式时，通过控制盘上的按钮完成设备的手动控制；当设在自动控制方式时，将按设定程序自动完成控制。手动控制应不通过 PLC 装置完成。

c. 控制要求：稳压泵自动控制根据压力罐压力计的接点信号实现。当压力达到低位时工作泵启动，当压力达到超低位时备用泵启动并报警，当水位达到高位时稳压泵停止工作。水泵按照启动次数轮换。当消防泵启动时，稳压泵停止工作。

d. PLC 的 I/O 点数：DI，64；DO，16；AI，8。

其中 2 个差压变送器、2 个压力变送器、1 个液位变送器的仪表需安装在柜内。

F. 进口闸 PLC 柜

a. 控制对象：闸门四孔。

b. 控制方式：闸门控制箱由闸门启闭机配套提供，控制箱上设有手动/自动切换开关，完成手动控制方式和自动控制方式的切换。当设在手动控制方式时，通过控制箱上的按钮完成闸门的手动控制；当设在自动控制方式时，PLC 柜将按设定程序自动完成控制。

手动控制不通过PLC装置完成。

PLC的I/O点数:DI,96;DO,16;AI,8。

(8) 保护系统配置

袁桥、赵楼、试量、后陈楼、七里桥泵站保护系统设备清单见表7.23~表7.27。

表7.23 袁桥提水泵站保护系统设备清单

序号	设备清单	数量	单位	备注
1	35 kV进线保护装置 国电南瑞NSP788	2	只	
2	35 kV母线差动保护装置 国电南瑞NSR-371	1	只	
3	35 kV母联保护装置 国电南瑞NSP788	1	只	
4	35 kV主变主保护装置 国电南瑞NSP712	2	只	
5	35 kV主变后备保护装置 国电南瑞NSP772	2	只	
6	35 kV主变非电量保护装置 国电南瑞NSP310-R	2	只	
7	35 kV站变保护装置 国电南瑞NSP784	1	只	
8	35 kV故障录波装置	1	只	
9	10 kV站用变保护装置 国电南瑞NSP784	1	只	
10	10 kV电动机保护装置 国电南瑞NSP783	4	只	
11	10 kV母联保护装置 国电南瑞NSP788	1	只	
12	屏体800×600×2 260 mm	3	块	
13	保护定值计算、定值录入及调整	1	项	

表7.24 赵楼提水泵站保护系统设备清单

序号	设备清单	数量	单位	备注
1	35 kV进线保护装置 国电南瑞NSP788	2	只	
2	35 kV母线差动保护装置 国电南瑞NSR-371	1	只	
3	35 kV母联保护装置 国电南瑞NSP788	1	只	
4	35 kV主变主保护装置 国电南瑞NSP712	2	只	
5	35 kV主变后备保护装置 国电南瑞NSP772	2	只	
6	35 kV主变非电量保护装置 国电南瑞NSP310-R	2	只	
7	35 kV站变保护装置 国电南瑞NSP784	1	只	
8	35 kV故障录波装置	1	只	
9	10 kV站用变保护装置 国电南瑞NSP784	1	只	
10	10 kV电动机保护装置 国电南瑞NSP783	4	只	
11	10 kV无功补偿保护装置 国电南瑞NSP782	2	只	
12	10 kV母联保护装置 国电南瑞NSP788	1	只	
13	屏体800×600×2 260 mm	3	块	
14	保护定值计算、定值录入及调整	1	项	

表 7.25 试量提水泵站保护系统设备清单

序号	设备清单	数量	单位	备注
1	35 kV 进线保护装置 国电南瑞 NSP788	2	只	
2	35 kV 母线差动保护装置 国电南瑞 NSR-371	1	只	
3	35 kV 母联保护装置 国电南瑞 NSP788	1	只	
4	35 kV 主变主保护装置 国电南瑞 NSP712	2	只	
5	35 kV 主变后备保护装置 国电南瑞 NSP772	2	只	
6	35 kV 主变非电量保护装置 国电南瑞 NSP310-R	2	只	
7	35 kV 站变保护装置 国电南瑞 NSP784	1	只	
8	35 kV 故障录波装置	1	只	
9	10 kV 站用变保护装置 国电南瑞 NSP784	1	只	
10	10 kV 电动机保护装置 国电南瑞 NSP783	4	只	
11	10 kV 母联保护装置 国电南瑞 NSP788	1	只	
12	屏体 800×600×2 260 mm	3	块	
13	保护定值计算、定值录入及调整	1	项	

表 7.26 后陈楼泵站保护系统设备清单

序号	设备清单	数量	单位	备注
1	35 kV 进线保护装置 国电南瑞 NSP788	2	只	
2	35 kV 母线差动保护装置 国电南瑞 NSR-371	1	只	
3	35 kV 母联保护装置 国电南瑞 NSP788	1	只	
4	35 kV 主变主保护装置 国电南瑞 NSP712	2	只	
5	35 kV 主变后备保护装置 国电南瑞 NSP772	2	只	
6	35 kV 主变非电量保护装置 国电南瑞 NSP310-R	2	只	
7	35 kV 站变保护装置 国电南瑞 NSP784	1	只	
8	35 kV 故障录波装置	1	只	
9	10 kV 站用变保护装置 国电南瑞 NSP784	1	只	
10	10 kV 变压器保护装置 国电南瑞 NSP783	6	只	
11	10 kV 电动机磁平衡差动保护装置 国电南瑞 NSP783	6	只	
12	10 kV 母联保护装置 国电南瑞 NSP788	1	只	
13	屏体 800×600×2 260 mm	1	只	
14	保护定值计算、定值录入及调整	1	只	

表 7.27 七里桥泵站保护系统设备清单

序号	设备清单	数量	单位	备注
1	35 kV 进线保护装置 国电南瑞 NSP788	2	只	
2	35 kV 母线差动保护装置 国电南瑞 NSR-371	1	只	

续表

序号	设备清单	数量	单位	备注
3	35 kV 母联保护装置 国电南瑞 NSP788	1	只	
4	35 kV 主变主保护装置 国电南瑞 NSP712	2	只	
5	35 kV 主变后备保护装置 国电南瑞 NSP772	2	只	
6	35 kV 主变非电量保护装置 国电南瑞 NSP310-R	2	只	
7	35 kV 站变保护装置 国电南瑞 NSP784	1	只	
8	35 kV 故障录波装置	1	只	
9	10 kV 站用变保护装置 国电南瑞 NSP784	1	只	
10	10 kV 变压器保护装置 国电南瑞 NSP783	7	只	
11	10 kV 电动机磁平衡差动保护装置 国电南瑞 NSP783	7	只	
12	10 kV 母联保护装置 国电南瑞 NSP788	1	只	
13	屏体 800×600×2 260 mm	1	只	
14	保护定值计算、定值录入及调整	1	只	

(9) 一体化电源配置

本系统包括 EPS 电源系统、直流屏电源系统、直流馈电屏、UPS 电源系统、蓄电池、蓄电池巡检装置、一体化电源系统监控装置。

40 kW EPS 不能与直流屏和 UPS 共用一组 18 节蓄电池。因为从技术层面上，行业统一标准，EPS 系统里的逆变模块(18 节电池一组的)最大功率只能做到 25 kW，40 kW 的 EPS 如果同其他设备共用 18 组电池，市电断电后，EPS 会无法逆变，导致设备本身损坏，甚至会冲击到用户的负载设备。

最终实施方案是 UPS 与直流屏共用一组 18 节 12 V 120 Ah 蓄电池，EPS 单独配套一组 40 节 12 V 120 Ah 蓄电池。

每个泵站共 7 面柜，直流系统 3 面柜(直流屏 1 面、馈线屏 1 面、电池柜 1 面)，UPS 系统 1 面柜(共用直流屏电池组)，EPS 系统 3 面柜(EPS 主机 1 面、电池柜 2 面)，柜体尺寸 W×D×H：800×600×2 260 mm。

引江济淮(河南段)一体化电源系统示意图见图 7.34。

直流系统交流输入正常时，两路交流输入经过交流切换控制板选取其中一路输入，并通过交流配电单元给各个充电模块充电。充电模块输入三相电转换为 220 V 的直流，经隔离二极管隔离后，一方面给电池充电，另一方面给合闸负载供电。此外，合闸母线还通过降压硅链装置与控制模块构成备份系统，提供控制母线电源。系统中的监控部分对系统进行管理和控制，信号通过配电监控分散采集处理后，再由监控模块统一管理，在显示屏上提供人机操作界面。

交流停电或异常时，充电模块停止工作，由电池供电。监控模块监测电池电压、放电时间，当电池放电到一定程度时，监控模块告警。交流输入恢复正常后，充电模块对电池进行充电。

UPS 系统交流输入正常时，交流电经过隔离、整流滤波后通过逆变器提供稳定的交流电源给负载供电；交流电输入异常或断电时，则由直流系统经逆止二极管供出直流电，

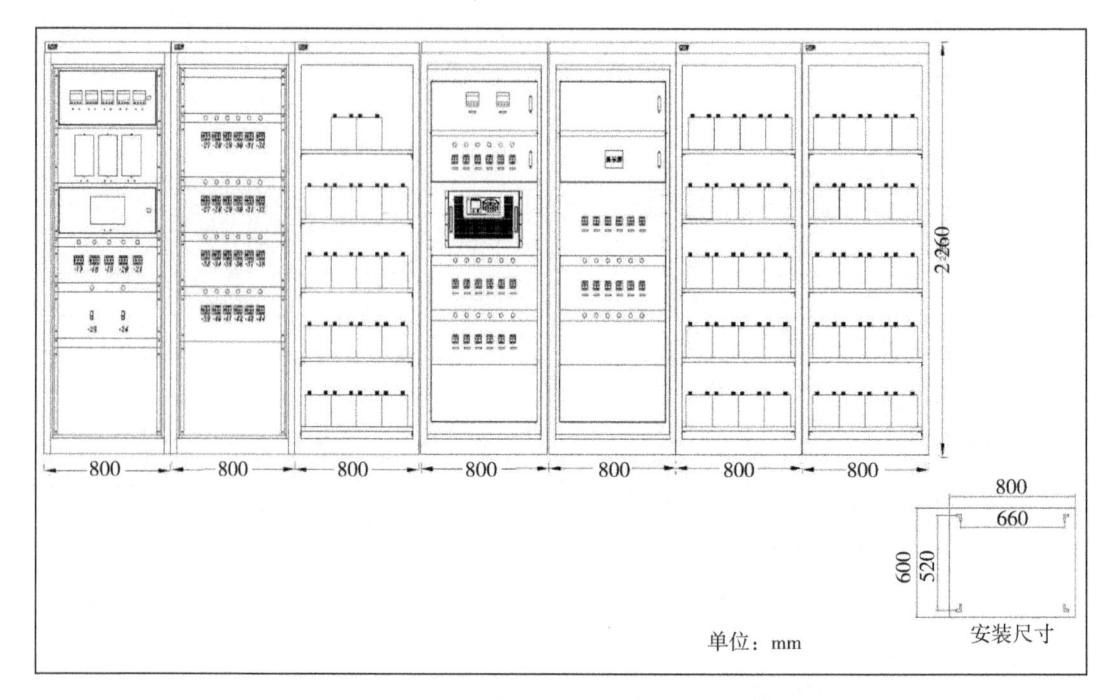

图 7.34　引江济淮（河南段）一体化电源系统示意图

逆变后输出给负载使用。当直流屏欠压或断电时，静态开并切换到交流旁路供电。

EPS 电源当交流输入正常时，市电经过互投设备给重要负载代电，并进行市电检测及对蓄电池充电进行管理，再由电池组向逆变器供应直流能源。EPS 的交流旁路和转换开关所组成的供电系统向用户的应急负载供电。

当市电供电中断或异常时，互投设备将当即投切到逆变器供电，由电池供电。当市电电压恢复正常运作时，EPS 的控制中心发出信号对逆变器实施自动关机操作，并通过转换开关实施从逆变器供电向交流旁路供电的切换。EPS 电源在经交流旁路供电通路向负载供给市电时，还可同时通过充电器向电池组充电。

直流系统输出直流 220V，共 24 回路（合闸母线 1～12 路 63A，13～18 路 32A，控制回路 19～24 路 20A）；

UPS 系统输出交流 220V，共 12 回路 20A；

EPS 系统输出交流 220V，共 12 回路 20A。

①技术参数

A. 输入参数

额定输入电压：AC380V±20%，独立的 N 线和 PE 线；

额定输入频率：50 Hz±1 Hz。

B. 输出参数

a. EPS 交流应急输出：三相 380 V±5%；功率 40 kW。

输出频率：正弦波 50 Hz±1%；

输出正弦波波形失真度：≤3%。

b. UPS 不间断交流输出：单相 220 V±5%；功率：10 kW。

输出频率：正弦波 50 Hz±1%；

输出正弦波波形失真度：≤3%。

c. 不间断直流输出：DC 220 V±2%。

C. 运行方式

正常情况下，EPS 单独使用电池组，直流电源与 UPS 电源共用电池组。市电供电由逆变单元交流旁路供电给交流应急负荷（包括三相交流负载、单相交流负载）并配置 DC220 V 直流电源给直流负载，同时由充电单元给蓄电池组作正常的均/浮充电。控制显示单元做监测控制。

当市电故障时，控制单元发出指令，由蓄电池组经逆变单元逆变后，瞬时（≤0.25 s）自动切换应急输出 AC380 V 交流，供电（正弦波）给应急负荷，供电时间 90 分钟。不间断输出 AC220 V 交流，DC220 V 直流电源不受市电影响的给负载供电。

D. 其他

交流过载能力：120%，正常运行。

噪声：≤60 dB。

综合效率：≥90%。

冷却方式：风冷。

②主要结构及技术

A. EPS 主要结构及技术

EPS 应急电源装置为户内成套设备，主要包括整流/充电器、蓄电池、逆变器（带输出隔离变压器）、监控装置及配电单元等。

a. 主要结构

第一，整流/充电器。

充电电源选用高频开关电源充电模块，给电池充电，能实现电池的智能均浮充管理。充电器的容量应满足系统运行要求。充电模块应具有以下功能：

一是自动均浮充电压转换；

二是可脱离监控单元独立运行；

三是限流充电功能；

四是防止蓄电池过充的功能；

五是短路、过流、欠压、过热等自动保护功能；

六是蓄电池充电电压根据温度自动补偿；

七是好的可互换性。

第二，蓄电池组。

一是采用 12 V 阀控式密封铅蓄电池；

二是蓄电池的浮充设计寿命不小于 10 年；

三是 80% 放电深度的循环次数大于 1 200 次；

四是蓄电池要便于存储，自放电率每月不大于 2%；

五是当蓄电池室内温度在 −25℃～55℃ 时仍能满足 EPS 满负荷供电要求；

六是蓄电池间接线板、终端接头应选用导电性能优良的材料并具有防腐蚀措施；

七是蓄电池外壳无变形、裂纹及污渍；极性正确，正负极性及端子有明显标志，便于连接；

八是蓄电池组采用相互隔离输出方式工作，可多组并联输出，无电流环流。

第三，逆变器。

逆变器必须采用高品质性能良好的成熟产品，可将电池组的直流电变为单/三相正弦交流电。逆变器的容量应满足系统运行要求。逆变器具有以下功能：

一是逆变器适应各类照明负荷（感性、容性及非线性负荷）供电，负荷功率因素范围为0.8～1；

二是逆变器的工作效率大于90%；

三是逆变器应设有滤波器，把总谐波畸变率限制在3%（100%非线性）以下；

四是逆变器的每桥臂应设有保护，以防止因过流损坏逆变器桥臂的固态板；

五是逆变器的输出回路应设有熔断器或断路器等过流保护装置；

六是熔断器应设有熔断指示，以便维修人员进行维修和维护；

七是逆变器输出设隔离变压器。

b. 技术要求

输入主电源三相五线，电压 AC380V±20%，频率 50 Hz±1 Hz，中性点接地方式为TN-S系统；

输出为 380 V±5%，50 Hz±1%；

过载能力：110%额定负载10分钟，125%额定负载1分钟；

当输入电压瞬时降至80%额定电压时，系统不受影响；

EPS包括以下主要元器件：充电器、蓄电池、逆变器、输出隔离变压器、人机界面、开关等；

正常情况下EPS经市电输出，同时保持电池在浮充电状态；

当进线电源失电时，自动切换至电池逆变输出，且电源恢复后，恢复市电输出；

设有维修旁路开关；

装置内所有元器件和材料应具有阻燃或不燃特性。

B. 直流屏主要结构及技术

a. 含蓄电池巡检装置

安装地点：室内安装（也可装于箱变）；

环境温度：−10℃～40℃，日平均温度不高于35℃；

海拔高度：≤2 000 m；

相对湿度：日平均≤95%，月平均≤90%（20℃）；

产品应垂直安装，倾斜度≤5°；

污染等级≤3级，环境中无导电微粒，无爆炸危险的介质，无腐蚀和破坏绝缘的有害气体，无强磁场干扰，安装场地有良好的空气流动和散热条件；

地震烈度＜8，使用场所无强烈振动和冲击；

无强电磁干扰、外磁场感应强度均不得超过0.5 mT；

交流输入电压为正弦波，非正弦含量不超过10%；

交流输入电压三相不对称度不超过5%。

b. 工作原理

可采用可编程序控制器 PLC 或单片机作为直流电源屏微机监控系统的中央执行器材,对直流屏运行状况进行全面监控,以实现系统的综合控制、电池充放电管理、电池巡检、母线调压等功能,并具有参数设定、数据采集、操作命令设置、报警、联网及远程通信等功能(典型配置:RS485 通信接口、Modbus 通信协议),以确保安全性、可靠性、稳定性,详见图 7.35。

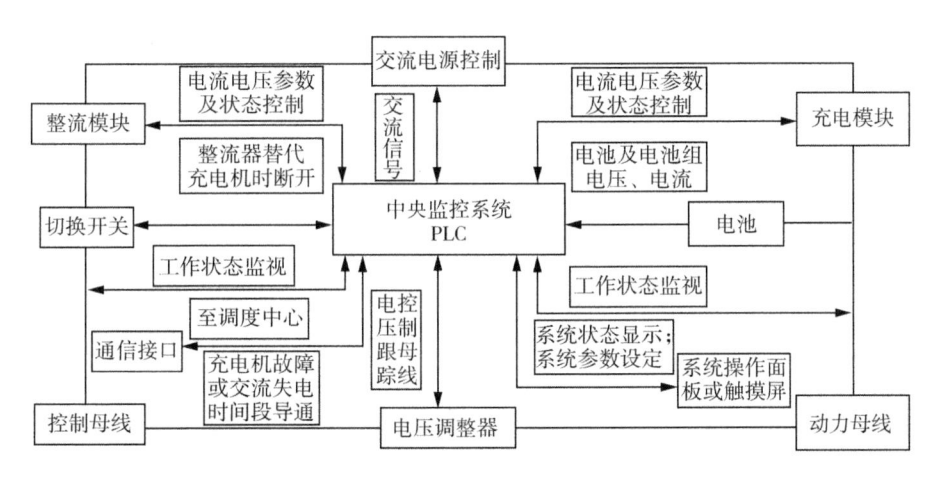

图 7.35 直流屏微机监控系统

主充状态:主充电是设备以设定的"充电电流"对蓄电池进行恒流充电,当电压升到均充电压整定值时,设备自动转入恒压充电状态,此时主充电结束。此状态主要用于蓄电池的活化和初次充电。

均充状态:均充电是设备充电电压升到"均充电压"值时,设备自动转入恒压充电,恒压值为设定的"均充电压"值,当充电电流逐渐减小到一定值时,均充时间到达后,设备将自动转入浮充状态,所以均充状态具有恒压限流功能。

浮充状态:浮充电是设备以恒压方式对蓄电池进行恒压充电,使蓄电池总处在满容量状态附近。浮充电是充电浮充电装置的长期工作状态,主要供给正常的继电、信号和控制回路的工作电流及补偿蓄电池自放电所损耗的电能,同时也向直流负载供电。

充电装置技术参数见表 7.28。直流屏系统图见图 7.36。

表 7.28 充电装置技术参数

项目名称	充电装置类别	
	KVAD5 可控硅全控充电浮充电装置	高频开关电源充电装置
稳压精度	≤±1%	≤±0.5%
稳流精度	≤±1%	≤±0.5%
纹波系数	≤1%	≤0.1%
效率	>85%	>90%
噪声	<55 dB	<55 dB

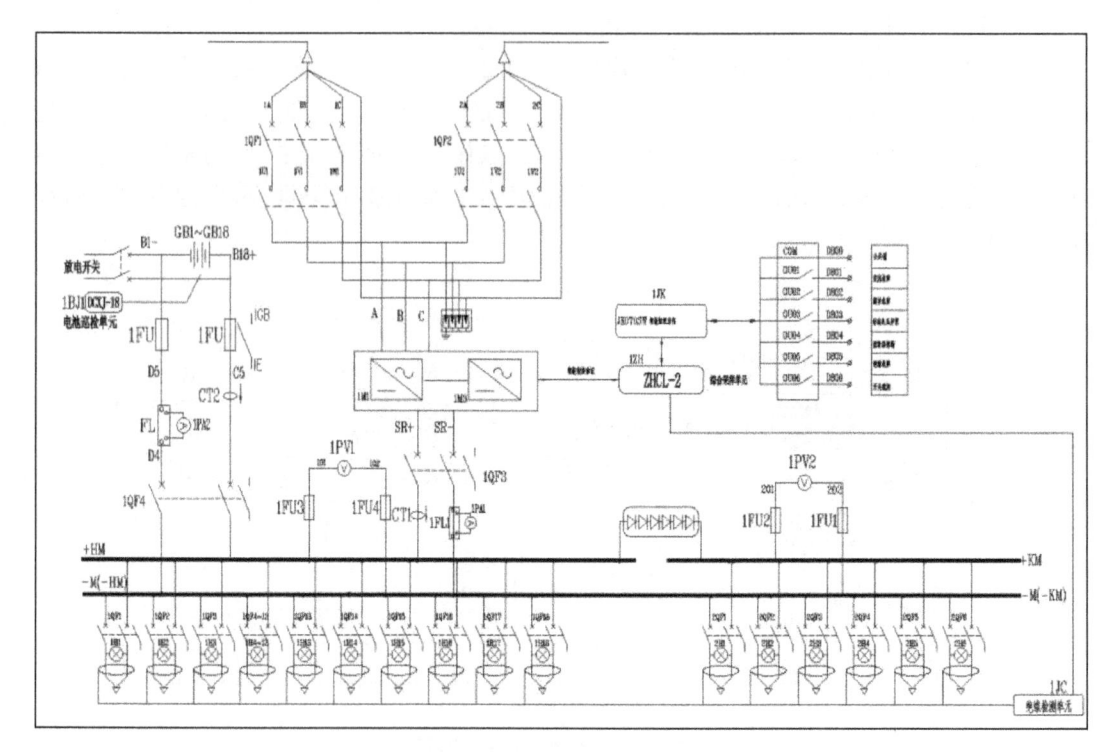

图 7.36　直流屏系统图

C. UPS 电源主要结构及技术

a. 输入、输出隔离变压器,增强 UPS 抗电压和负载的冲击能力。

b. 可靠逆向二极管,使直流母线可直接接入。

c. 可靠静态旁路和手动维修旁路。

d. 具有远程通信报警 RS232/RS485 计算器接口及继电器报警干接点。

e. 输出过载、短路保护功能,确保设备安全。

f. 采用 IGBT 功率模组化,并配合先进 DSP 芯片技术,将控制数位化处理,提高系统整机可靠度。

g. 系统可冷开机(DC Start),系统加装限流电阻,可在无市电输入的情况下,直接使用电池来启动系统,并且在 DC BUS 无电压时,避免因瞬间输入电压而造成大电流,使得系统损坏。

h. 可工作在发电机系统下。

i. LED 状态流程辅助显示。

j. 多功能整合模组设计,扩充性强,且系统电路分为多个模组,便于进行快速维修及容易发现问题。

k. 逆变器与市电同步、同相、同压时,由旁路转逆变器输出。

l. 宽输入电压范围 176～275 V (−20%～25%)。

m. 纯正弦波输出,电压总谐波失真(THD)小于 3%。

n. 输入高低压保护,当输入电压过高或过低,超过额定值时,系统会跳至旁路,以保护系统本身。

o. 随着负载使用情况,对风扇进行多段控制,可降低轻载时的噪声,并延长风扇使用寿命。

p. 电池低电压切离,在电池供电情况下,系统会自动对电池进行电压侦测,而当电池放电已达低电压时,若持续放电将会造成电池的损坏,故在到达电池低压点时,系统将会自动切离电池,以防止电池过放电,延长电池使用寿命。

q. 工作电源检知,系统提供多组工作电源,利用工作电源检知板,以 LED 显示各组工作电源是否正常,并使用保险丝保护各组电源。当电源发生异常时,软件也会研读异常信号,发出告警声。

r. 面板上提供多个状态 LED,可对系统的状态以及是否异常进行分析。

s. 系统提供 RS-232、RS-485、LAN/SNMP 卡等多组独立的通信埠。

t. DC 直流链电压可调整,可针对客户端电池颗数不同,提供+/-10%的变动范围。

u. 支持工业标准 MODBUS 通信协议,RS-485 通信接口,监控 UPS 系统状态。

D. 蓄电池

12 V 120 Ah 蓄电池的基本参数如下：

a. 标准电压:12 V。

b. 额定电流放电 1 h 后终端电压不低于 10.5 V。

c. 安全性能好:正常使用下无电解液漏出,无电池膨胀及破裂。

d. 放电性能好:放电电压平稳,放电平台平缓。

e. 耐震动性好:完全充电状态的电池完全固定,以 4 mm 的振幅、16.7 Hz 的频率震动 1 h,无漏液,无电池膨胀及破裂,开路电压正常。

f. 耐冲击性好:完全充电状态的电池从 20 cm 高处自然落至 1 cm 厚的硬木板上 3 次。无漏液,无电池膨胀及破裂,开路电压正常。

g. 耐过放电性好:25℃,完全充电状态的电池进行定电阻放电 3 星期(电阻值相当于该电池 1CA 放电要求的电阻),恢复容量在 75% 以上。

h. 耐过充电性好:25℃,完全充电状态的电池 0.1CA 充电 48 h,无漏液,无电池膨胀及破裂,开路电压正常,容量维持率在 95% 以上。

i. 耐大电流性好:完全充电状态的电池 2CA 放电 5 分钟或 10CA 放电 5 s。无导电部分熔断,无外观变形。

E. 电池巡检装置(直流屏)

a. 可测量电池容量;

b. 可在线监测每节电池的电压;

c. 动态放电测量电池内阻及负载能力;

d. 可实时观察蓄电池的单体信息、整组信息和故障信号;

e. 具有远端通信接口(暂定为 RS485);

f. 配备电池巡检装置端子箱;

g. 开关量信号的接点容量不小于 DC220V/5A;

h. 装置的用户界面应使用中文。

电池巡检装置见图 7.37。

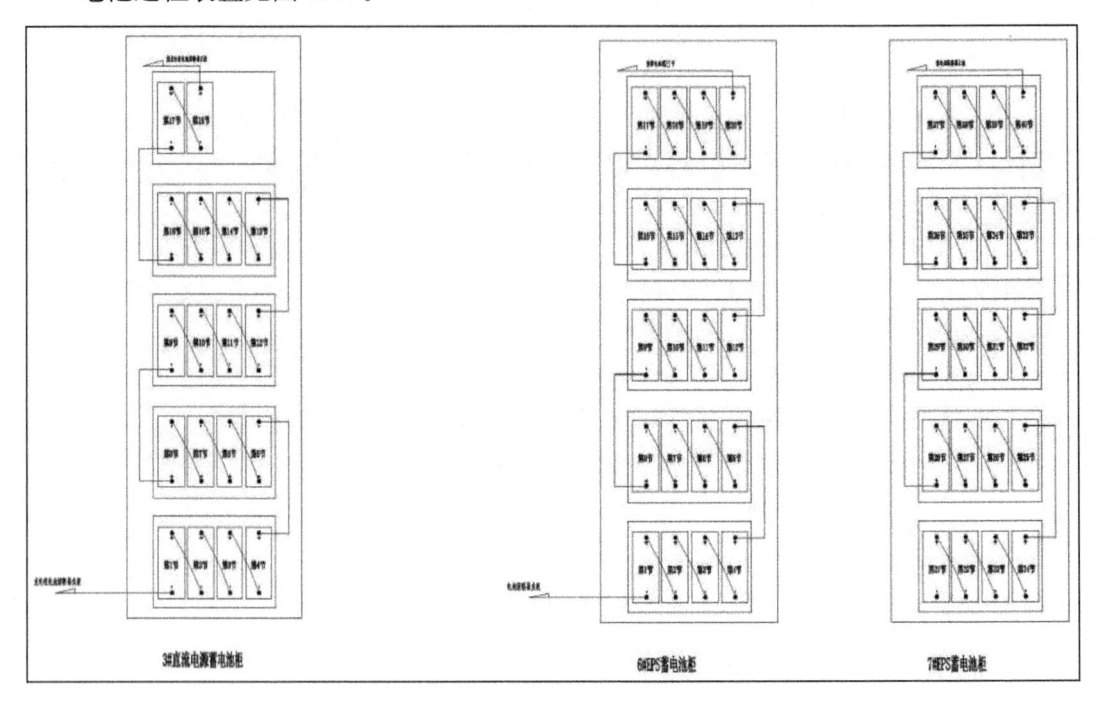

图 7.37 电池巡检装置

F. 压力计及太阳能供电设备

a. 压力变送控制器及其供电设备；

b. 其他：专用工具、专用设备、配件和其他所需的特殊设备；备品备件；易损坏。

c. 供货范围见表 7.28。

表 7.28 压力计及太阳能供电设备

序号	名称	规格型号	单位	数量
\multicolumn{5}{c}{后陈楼调蓄水库—七里桥调蓄水库（双管）}
1	压力变送控制器 SCH-P-CAD 1 MPa		套	22
2	太阳能供电系统（2 个压力变送器）	40 Ah,24 V	套	9
3	太阳能供电系统（2 个流量计+2 个压力变送器）	200 Ah,24 V	套	1
4	设备保护箱 南瑞定制		只	10
5	户外立杆 南瑞定制		根	10
6	RTU 遥测终端 NARI ACS500		套	10
7	线缆及附件		项	10
\multicolumn{5}{c}{七里桥调蓄水库—新城调蓄水库、夏邑共槽段}
1	压力变送器 SCH-P-CAD 1 MPa		套	4
2	太阳能供电系统（2 个压力变送器）	40 Ah,24 V	套	1
3	设备保护箱 南瑞定制		只	1
4	户外立杆 南瑞定制		根	1

续表

序号	名称	规格型号	单位	数量
5	RTU 遥测终端 NARI ACS500		套	1
6	线缆及附件		项	1
共槽段—新城调蓄水库（单管）					
1	压力变送器 SCH-P-CAD 1 MPa	PN10	套	13
2	太阳能供电系统(1 个压力变送器)	20 Ah,24 V	套	12
3	太阳能供电系统(1 个流量计＋1 个压力变送器)	100 Ah,24 V	套	1
4	设备保护箱 南瑞定制		只	13
5	户外立杆 南瑞定制		根	13
6	RTU 遥测终端 NARI ACS500		套	13
7	线缆及附件		项	13
共槽段—夏邑段（单管）					
1	压力变送器 SCH-P-CAD 1 MPa		套	20
2	太阳能供电系统(1 个压力变送器)	20 Ah,24 V	套	19
3	设备保护箱 南瑞定制		只	19
4	户外立杆 南瑞定制		根	19
5	RTU 遥测终端 NARI ACS500		套	19
6	线缆及附件		项	19

备注：采集单元 ACS500 通过模拟通道采集压力计 4～20 mA 电流信号；通过 RS485 采集流量计设备参数。为了节约电能，延长 RTU 待机时间，建议采集单元 ACS500 每 5 分钟或者 10 分钟采集并发送一次压力和流量参数。

7.5.3.4 视频监视系统设计

1）工作范围

视频监视系统设备、备品备件和专用工器具等的设计、制造、工厂试验、装配、包装、运输和交货；提供必要的维修设备、试验设备和仪器仪表；提交必要的图纸和资料；负责合同设备之间的连接；负责合同设备与其他相关设备之间的连接部分的设计和制造的协调工作；负责监视系统现场安装、试运行、验收，派有经验的技术人员在现场进行设备的调试、试验，提供培训服务等，并对上述工作的质量负责，具体见表 7.29。

表 7.29 视频监视系统设备表

序号	设备名称	型号规格	单位	数量	备注
袁桥泵站监视子站					
袁桥泵站					
1	一体化星光球型网络摄像机		套	10	
2	红外枪型网络摄像机		套	27	
3	嵌入式网络硬盘录像机		套	1	

续表

序号	设备名称	型号规格	单位	数量	备注
4	存储硬盘(2T)		套	10	
5	视频网络交换机		台	1	
6	视频工作站	配2台显示器	台	1	
7	视频监控软件		项	1	
8	设备之间连接用电缆、光缆及转换接口		套	1	
9	机柜		台	1	
10	其他(施工辅料、安装等)		项	1	
清水河节制闸					
1	一体化星光球型网络摄像机		套	4	
2	红外枪型网络摄像机		套	6	
3	视频网络交换机		台	1	
4	设备之间连接用电缆、光缆及转换接口		套	1	
5	机柜		台	1	
6	其他(施工辅料、安装等)		项	1	
赵楼泵站监视子站					
赵楼泵站					
1	一体化星光球型网络摄像机		套	10	
2	红外枪型网络摄像机		套	19	
3	嵌入式网络硬盘录像机		套	1	
4	存储硬盘(2T)		套	10	
5	视频网络交换机		台	1	
6	视频工作站	配2台显示器	台	1	
7	视频监控软件		项	1	
8	设备之间连接用电缆、光缆及转换接口		套	1	
9	机柜		台	1	
10	其他(施工辅料、安装等)		项	1	
赵楼节制闸					
1	一体化星光球型网络摄像机		套	4	
2	红外枪型网络摄像机		套	4	
3	视频网络交换机		台	1	
4	设备之间连接用电缆、光缆及转换接口		套	1	
5	机柜		台	1	
6	其他(施工辅料、安装等)		项	1	
试量泵站监视子站					
试量泵站					
1	一体化星光球型网络摄像机		套	10	

续表

序号	设备名称	型号规格	单位	数量	备注
2	红外枪型网络摄像机		套	27	
3	嵌入式网络硬盘录像机		套	1	
4	存储硬盘(2T)		套	10	
5	视频网络交换机		台	1	
6	视频工作站	配2台显示器	台	1	
7	视频监控软件		项	1	
8	设备之间连接用电缆、光缆及转换接口		套	1	
9	机柜		台	1	
10	其他(施工辅料、安装等)		项	1	
任庄节制闸					
1	一体化星光球型网络摄像机		套	4	
2	红外枪型网络摄像机		套	3	
3	视频网络交换机		台	1	
4	设备之间连接用电缆、光缆及转换接口		套	1	
5	机柜		台	1	
6	其他(施工辅料、安装等)		项	1	
前崔寨闸					
1	一体化星光球型网络摄像机		套	4	
2	红外枪型网络摄像机		套	3	
3	视频网络交换机		台	1	
4	设备之间连接用电缆、光缆及转换接口		套	1	
5	机柜		台	1	
6	其他(施工辅料、安装等)		项	1	
试量闸(改造)					
1	一体化星光球型网络摄像机		套	4	
2	红外枪型网络摄像机		套	6	
3	视频网络交换机		台	1	
4	设备之间连接用电缆、光缆及转换接口		套	1	
5	机柜		台	1	
6	其他(施工辅料、安装等)		项	1	
后陈楼泵站监视子站					
后陈楼泵站					
1	一体化星光球型网络摄像机		套	7	
2	红外枪型网络摄像机		套	20	
3	嵌入式网络硬盘录像机		套	1	
4	存储硬盘(2T)		套	10	

续表

序号	设备名称	型号规格	单位	数量	备注
5	视频网络交换机		台	1	
6	视频工作站	配2台显示器	台	1	
7	视频监控软件		项	1	
8	设备之间连接用电缆、光缆及转换接口		套	1	
9	机柜		台	1	
10	其他(施工辅料、安装等)		项	1	

七里桥泵站监视子站

七里桥泵站

序号	设备名称	型号规格	单位	数量	备注
1	一体化星光球型网络摄像机		套	7	
2	红外枪型网络摄像机		套	21	
3	嵌入式网络硬盘录像机		套	1	
4	存储硬盘(2T)		套	10	
5	视频网络交换机		台	1	
6	视频工作站	配2台显示器	台	1	
7	视频监控软件		项	1	
8	设备之间连接用电缆、光缆及转换接口		套	1	
9	机柜		台	1	
10	其他(施工辅料、安装等)		项	1	

白沟河倒虹吸监视点

序号	设备名称	型号规格	单位	数量	备注
1	一体化星光球型网络摄像机		套	4	
2	红外枪型网络摄像机		套	4	
3	嵌入式网络硬盘录像机		套	1	
4	存储硬盘(2T)		套	5	
5	视频网络交换机		台	1	
6	视频监控软件		项	1	
7	设备之间连接用电缆、光缆及转换接口		套	1	
8	机柜		台	1	
9	其他(施工辅料、安装等)		项	1	

后陈楼节制闸和后陈楼进水闸监视点

后陈楼节制闸

序号	设备名称	型号规格	单位	数量	备注
1	一体化星光球型网络摄像机		套	4	
2	红外枪型网络摄像机		套	4	
3	嵌入式网络硬盘录像机		套	1	
4	存储硬盘(2T)		套	5	
5	视频网络交换机		台	1	
6	视频监控软件		项	1	

续表

序号	设备名称	型号规格	单位	数量	备注
7	设备之间连接用电缆、光缆及转换接口		套	1	
8	机柜		台	1	
9	其他(施工辅料、安装等)		项	1	
后陈楼进水闸					
1	一体化星光球型网络摄像机		套	4	
2	红外枪型网络摄像机		套	3	
3	视频网络交换机		台	1	
4	设备之间连接用电缆、光缆及转换接口		套	1	
5	机柜		台	1	
6	其他(施工辅料、安装等)		项	1	
试量进水闸监视点					
1	一体化星光球型网络摄像机		套	4	
2	红外枪型网络摄像机		套	2	
3	嵌入式网络硬盘录像机		套	1	
4	存储硬盘(2T)		套	5	
5	视频网络交换机		台	1	
6	视频监控软件		项	1	
7	设备之间连接用电缆、光缆及转换接口		套	1	
8	机柜		台	1	
9	其他(施工辅料、安装等)		项	1	
郸城县分水口监视点					
1	一体化星光球型网络摄像机		套	4	
2	红外枪型网络摄像机		套	2	
3	嵌入式网络硬盘录像机		套	1	
4	存储硬盘(2T)		套	2	
5	视频网络交换机		台	1	
6	视频监控软件		项	1	
7	设备之间连接用电缆、光缆及转换接口		套	1	
8	机柜		台	1	
9	其他(施工辅料、安装等)		项	1	
永城市分水口监视点					
1	一体化星光球型网络摄像机		套	4	
2	红外枪型网络摄像机		套	3	
3	嵌入式网络硬盘录像机		套	1	
4	存储硬盘(2T)		套	2	
5	视频网络交换机		台	1	

续表

序号	设备名称	型号规格	单位	数量	备注
6	视频监控软件		项	1	
7	设备之间连接用电缆、光缆及转换接口		套	1	
8	机柜		台	1	
9	其他(施工辅料、安装等)		项	1	
调流阀监视点					
1	一体化星光球型网络摄像机		套	2	
2	红外枪型网络摄像机		套	1	
3	嵌入式网络硬盘录像机		套	1	
4	存储硬盘(2T)		套	1	
5	视频网络交换机		台	1	
6	视频监控软件		项	1	
7	设备之间连接用电缆、光缆及转换接口		套	1	
8	机柜		台	1	
9	其他(施工辅料、安装等)		项	1	

2)系统主要功能

(1)监视功能

能清晰地提供监视范围内的设备运行状况、现场环境等图像信息,实现系统范围内的全方位连续监视。

在监控中心控制室内或远方调度中心能够对监视范围内的摄像位置进行选点、固定或循环显示。

系统终端可以将所有远程控制点的画面进行信息编辑。

系统可实现自动翻屏。

可远程控制摄像头云台和可变镜头。

系统具备循环录像功能。

系统把多路图像传送至局域网上,供领导和相关部门使用办公电脑来观察生产现场图像。

(2)控制功能

①系统能手动或自动操作,对摄像机、云台等进行遥控。

②能对活动摄像机进行上、下、左、右控制,对摄像机镜头进行变焦和光圈调节,调节监视效果。控制效果平稳、可靠。

③能手动切换或编程自动切换监视图像,对视频输入信号在指定的监视器上进行固定或时序显示,切换图像显示重建时间在可接受的范围内。

④前端设备对控制命令的响应和图像传输实时性能满足安全管理要求。

⑤对于编程信息,系统具有存储功能,在断电或关机时,所有编程设置、摄像机号、时间、地址等信息均可保持。

⑥控制界面采用多媒体图形界面,要求界面美观、操作方便。

(3) 录像功能

①能对任意监视图像进行手动或自动录像,并具有在超存储总容量时录像自动覆盖功能。
②存储的图像信息包含图像编号/地址、存储时的时间和日期。
③具有录像回放功能,回放效果能满足资料的原始完整性要求。
④存储容量、存储/回放带宽和检索能力能满足管理要求。
⑤根据安全管理需要,录像时能存储现场声音信息。
⑥可对用户指定时段的图像、数据信息进行记录。

(4) 系统结构

视频监视系统主要由监视中心、泵站监视子站、各监视点组成,具体设备有前端设备、网络交换机、网络硬盘录像机、单模光缆、视频电缆、控制和电源电缆(线)等组成。

监控中心:设置在管理处,具体由信息化综合管理系统完成。

泵站监视子站:由视频监视柜、网络交换机、网络硬盘录像机、视频工作站、管理软件组成。其中,网络硬盘录像机负责存储各个监视点的视频信息、前端视频服务器的配置信息、运行信息、操作人员的操作记录。同时为网络上的授权用户提供一个基于WEB方式的视频查询服务,使没有安装图像工作站软件的计算机可以通过WEB浏览器访问视频图像监控系统。

监控前端由室外高速一体化球型网络摄像机、红外枪型网络摄像机、镜头、云台、解码器、安装支架、防护罩等设施组成。

(5) 设备选型

①一体化星光球型网络摄像机

浙江大华 DH-SD-6C312XCUE-HY

图像传感器:1/4″彩色CCD

扫描方式:2:1 隔行

有效像素:≥752(H)×582(V)

信号制式:PAL

同步方式:内同步

最低照度:≤1 lx(F1.4)

信噪比:≥48 dB

水平分辨率:≥480 线

白平衡:自动跟踪,自动、手动锁定,室内,室外

光补偿方式:自动电子快门(开/关)

电子快门:1/50~1/100 000 s

镜头:≥16 倍光学变焦,≥8 倍电子变焦

光圈:自动

变焦:自动

焦距范围:≥3.9~63 mm

孔径:F1.4

水平旋转角度：360°连续旋转，无限制

旋转速度：水平≥0°/s～60°/s，垂直≥0°/s～30°/s

自动翻转：垂直90°可水平自动翻转180°

自动扫描：120°/s

控制方式：内置解码器，RS485通信

预置位置：≥64个

防护性能：≥IP55室内，≥IP65室外

②红外枪型网络摄像机

浙江大华 DH-IPC-HFW313XF-GLS

摄像器件：1/3″彩色CCD

扫描方式：2∶1隔行

有效像素：≥752(H)×582(V)

信号制式：PAL

同步方式：内/外/电源

最低照度：≤0.8 lx(F1.2)

信噪比：≥48 dB

水平分辨率：≥480线

白平衡：自动跟踪，自动、手动锁定，室内，室外

光补偿方式：自动电子快门(开/关)

镜头：≥20倍光学变焦，≥8倍电子变焦

光圈：自动

变焦：自动

焦距范围：3.9～63 mm

孔径：F1.2

变速云台：水平≥100°/s，垂直≥30°/s

解码器、云台、防护罩一体化安装

室外抗风速：≥35 m/s

防护性能：≥IP55室内，≥IP65室外

③嵌入式网络硬盘录像机

浙江大华 DH-NVR5064-4KS2

支持嵌入式Linux系统，工业级嵌入式微控制器

支持WEB、本地GUI界面操作

可接驳支持ONVIF、PSIA、RTSP协议的第三方摄像机和主流品牌摄像机

支持IPv4、IPv6、https、UPnP、NTP、SADP、SNMP、PPPoE、DNS、FTP、ONVIF(2.4版本)、PSIA网络协议

支持最大64路网络视频接入，网络性能接入320 Mbps，储存320 Mbps，转发320 Mbps

支持12M/4K/6M/5M/4M/3M/1080P/1.3M/720P IPC分辨率接入

支持 2×12M/4×4K/6×5M/8×4M/11×3M/16×1080P/32×720P 解码，最大支持 16 路视频回放

支持 2 路 VGA 输出，2 路 HDMI 输出，支持 VGA 1 和 HDMI 1 同源输出，双 HDMI 4K 分辨率异源输出

支持 16 个内置 SATA 接口，单盘容量支持 8T，可配置成单盘，支持 Raid0、Raid1、Raid5、Raid6、Raid10、JBOD 等各种数据保护模式

支持 1 个外置 eSATA 接口，用于录像和备份

支持 IPC 复合音频 1 路输入，支持语音对讲 2 路输出，支持 PC 通过 NVR 与网络摄像机进行语音对讲

支持 16 路报警输入、6 路报警输出，支持开关量输入输出模式

支持 4 个 USB 接口（2 个前置 USB 2.0 接口、2 个后置 USB 3.0 接口）

支持 2 个千兆以太网口，支持 2 个不同段 IP 地址的 IPC 设备接入，支持将双网口设置同一个 IP 地址，实现数据链路冗余

支持按时间、事件等多种方式进行录像的检索、回放、备份，支持图片本地回放与查询

支持标签自定义功能，设备支持对指定时间的录像进行标签并归档，便于后续查看

支持硬盘、外接 USB 存储设备、DVD 刻录等存储方式，支持 U 盘、eSATA 方式、DVD 刻录备份方式

支持设备操作日志、报警日志、系统日志的记录与查询功能

支持断网续传功能，能对前端摄像机断网这段时间内 SD 卡中的录像回传到 NVR

支持即时回放功能，在预览画面下回放指定通道的录像

支持预览图像与回放图像的电子放大

采用大华协议，可以通过鼠标控制云台转动、放大、定位等操作

支持远程管理 IPC 功能，支持对前端 IPC 远程升级，支持远程对 IPC 的编码配置修改等操作

支持远程零通道预览功能，可将接入的多路视频图像多画面显示在一路视频图像上

支持切片回放功能，将录像切片等分成若干段视频进行多路同时回放

支持盘组管理功能，实现视频录像的定向存储

支持鱼眼矫正功能，本地和 web 端在预览和回放模式下，支持对接入鱼眼视频以拼接的方式进行矫正功能

支持走廊模式功能，支持 IPC 画面旋转 90°或 270°，成 9∶16 走廊模式

支持客户端、WEB 支持客户端和 IPC 对讲，语音透传

支持网络安全基线，在线网络云升级前端 IPC/NVR

支持预览通道拖动保存、自定义布局（双目、三目、四目枪机接入）

支持 Smart IPC 接入、绊线入侵、区域入侵、场景变化、移动侦测、人脸检测、物品遗留和物品搬移时，可给出报警/联动/上传，同时支持热度图、人数统计、车牌检测（支持卡口 ITC、球机）、智能跟踪球

④存储硬盘

型号：ST2000VX003

⑤视频网络交换机

浙江大华 DH-S5500-48GT4GF

视频路数:150

包转发率:132 Mpps

交换容量:256 Gbps

网口信息:48 个 10/100/1 000Base-T 以太网端口,4 个 1 000Base-X 以太网端口

路由功能:支持路由 RIP\OSPF、支持 IPv4 和 IPv6 双协议栈

端口汇聚:支持 LACP、支持手工、动态聚合每个聚合组最大支持 8 个端口

组播:支持

VLAN:支持基于端口的 VLAN(4K 个)、支持基于端口、MAC 的 VLAN、支持 Guest VLAN、支持 GVRP

生成树协议:支持 STP/RSTP/MSTP

网管:CLI(Console/Telnet)、SNMP、WEB 、Telnet、SSH

输入电压:100~240 V AC,50/60 Hz

整机最大功耗 ≤32 W

外形尺寸(长×宽×高)(单位:mm) 440×238×44

重量:≤4.5 kg

安装方式 1U 标准机架

工作温度:-25℃~55℃

储存温度:-40℃~70℃

相对湿度 5%~95%(非凝结)

⑥视频工作站

HP EliteDesk 880 G5,配 2 台显示器

⑦视频监控软件

浙江大华 SMART-PSS

附表

附表A 突发水污染事件污染物处理方法(闭闸调控)

污染物类型		应急处理
常规污染物	硫化物类	化学沉淀技术:通过投加化学药剂,使目标污染物形成难溶解的物质从水中分离; 化学氧化还原技术:采用氧化或还原的方法改变水中某些有毒有害化合物中元素的化合价以及改变化合物分子的结构,使剧毒的化合物变为微毒或无毒的化合物; 酸碱中和技术:用碱或碱性物质中和酸性污水或用酸或酸性物质中和碱性污水。
	可溶性铁	化学沉淀技术:通过投加化学药剂,使目标污染物形成难溶解的物质从水中分离; 混凝沉淀技术:通过投加混凝剂,使水中的微小悬浮固体和胶体污染物从水中沉淀去除。
	锰	化学沉淀技术:通过投加化学药剂,使目标污染物形成难溶解的物质从水中分离; 混凝沉淀技术:通过投加混凝剂,使水中的微小悬浮固体和胶体污染物从水中沉淀去除。
重金属污染物	铅	化学沉淀技术:通过投加化学药剂,使目标污染物形成难溶解的物质从水中分离; 混凝沉淀技术:通过投加混凝剂,使水中的微小悬浮固体和胶体污染物从水中沉淀去除。
	铬	化学沉淀技术:通过投加化学药剂,使目标污染物形成难溶解的物质从水中分离; 混凝沉淀技术:通过投加混凝剂,使水中的微小悬浮固体和胶体污染物从水中沉淀去除。
	镉	化学沉淀技术:通过投加化学药剂,使目标污染物形成难溶解的物质从水中分离; 混凝沉淀技术:通过投加混凝剂,使水中的微小悬浮固体和胶体污染物从水中沉淀去除。
	汞	化学沉淀技术:通过投加化学药剂,使目标污染物形成难溶解的物质从水中分离; 混凝沉淀技术:通过投加混凝剂,使水中的微小悬浮固体和胶体污染物从水中沉淀去除。
油类污染物		活性炭吸附技术:利用活性炭的吸附性能去除水中污染物。

附表B 各污染指标在各河道段的污染量等级标准表

表B.1 铅　　　　　　　　　　　　　　单位:g

桩号段	等级			
	Ⅰ级	Ⅱ级	Ⅲ级	Ⅳ级
清水河0+300—1+000	>84 114.8	>42 057.4	—	>28 384.3
清水河1+000—2+000	>78 656.8	>39 328.4	—	>27 000.2

续表

桩号段	等级			
	Ⅰ级	Ⅱ级	Ⅲ级	Ⅳ级
清水河2+000—4+000	>68 625.2	>34 312.6	—	>24 455.2
清水河4+000—6+000	>59 700.8	>29 850.4	—	>22 191.8
清水河6+000—8+000	>51 797.2	>25 898.6	—	>20 160.8
清水河8+000—10+000	>44 828	>22 414	—	>18 433
清水河10+000—12+000	>38 706.8	>19 353.4	—	>16 899.2
清水河12+000—15+300	>30 139.2	>15 069.6	—	>14 784.7
清水河15+300—18+000	>25 738.4	>12 869.2	—	>12 365
清水河18+000—20+000	>24 972.8	>12 486.4	—	>11 865
清水河20+000—23+000	>20 512	>10 256	—	>11 609.3
清水河23+000—26+000	>18 690.4	>9 345.2	—	>9 026.3
清水河26+000—30+000	>15 790.4	>7 895.2	—	>7 500
清水河30+000—35+000	>12 306.6	>6 153.3	—	>5 963
清水河35+000—40+000	>9 126	>4 563	—	>4 156.2
清水河40+000—42+000	>7 648	>3 824	—	>3 569.2
清水河42+000—44+000	>6 240	>3 120	—	>3 059
清水河44+000—46+800	>6 000	>3 000	—	>3 000
鹿辛运河0+300—1+000	>18 687.4	>9 343.7	—	>9 000
鹿辛运河1+000—2+000	>18 107.6	>9 053.8	—	>8 700
鹿辛运河2+000—3+000	>17 599.8	>8 799.9	—	>8 500
鹿辛运河3+000—4+000	>17 140	>8 570	—	>8 200
鹿辛运河4+000—6+000	>16 268.4	>8 134.2	—	>7 800
鹿辛运河6+000—8+000	>15 300.8	>7 650.4	—	>7 300
鹿辛运河8+000—9+191	>14 600.8	>7 300.4	—	>7 000
鹿辛运河9+191—11+000	>13 249.4	>6 624.7	—	>6 300
鹿辛运河11+000—12+500	>11 778.2	>5 889.1	—	>5 500
鹿辛运河12+500—14+000	>8 640	>4 320	—	>4 000
鹿辛运河14+000—16+260	>6 000	>3 000	—	>3 000

表B.2 铬　　　　　　　　　　　　　　　　　　　　　　　　　　　　单位:g

桩号段	等级			
	Ⅰ级	Ⅱ级	Ⅲ级	Ⅳ级
清水河0+300—1+000	>84 114.8	>42 057.4	—	>28 384.3
清水河1+000—2+000	>78 656.8	>39 328.4	—	>27 000.2
清水河2+000—4+000	>68 625.2	>34 312.6	—	>24 455.2
清水河4+000—6+000	>59 700.8	>29 850.4	—	>22 191.8

续表

桩号段	等级			
	Ⅰ级	Ⅱ级	Ⅲ级	Ⅳ级
清水河6+000—8+000	>51 797.2	>25 898.6	—	>20 160.8
清水河8+000—10+000	>44 828	>22 414	—	>18 433
清水河10+000—12+000	>38 706.8	>19 353.4	—	>16 899.2
清水河12+000—15+300	>30 139.2	>15 069.6	—	>14 784.7
清水河15+300—18+000	>25 738.4	>12 869.2	—	>12 365
清水河18+000—20+000	>24 972.8	>12 486.4	—	>11 865
清水河20+000—23+000	>20 512	>10 256	—	>11 609.3
清水河23+000—26+000	>18 690.4	>9 345.2	—	>9 026.3
清水河26+000—30+000	>15 790.4	>7 895.2	—	>7 500
清水河30+000—35+000	>12 306.6	>6 153.3	—	>5 963
清水河35+000—40+000	>9 126	>4 563	—	>4 156.2
清水河40+000—42+000	>7 648	>3 824	—	>3 569.2
清水河42+000—44+000	>6 240	>3 120	—	>3 059
清水河44+000—46+800	>6 000	>3 000	—	>3 000
鹿辛运河0+300—1+000	>18 687.4	>9 343.7	—	>9 000
鹿辛运河1+000—2+000	>18 107.6	>9 053.8	—	>8 700
鹿辛运河2+000—3+000	>17 599.8	>8 799.9	—	>8 500
鹿辛运河3+000—4+000	>17 140	>8 570	—	>8 200
鹿辛运河4+000—6+000	>16 268.4	>8 134.2	—	>7 800
鹿辛运河6+000—8+000	>15 300.8	>7 650.4	—	>7 300
鹿辛运河8+000—9+191	>14 600.8	>7 300.4	—	>7 000
鹿辛运河9+191—11+000	>13 249.4	>6 624.7	—	>6 300
鹿辛运河11+000—12+500	>11 778.2	>5 889.1	—	>5 500
鹿辛运河12+500—14+000	>8 640	>4 320	—	>4 000
鹿辛运河14+000—16+260	>6 000	>3 000	—	>3 000

表B.3 镉　　　　　　　　　　　　　　　　　　　　单位：g

桩号段	等级			
	Ⅰ级	Ⅱ级	Ⅲ级	Ⅳ级
清水河0+300—1+000	>8 394.44	>4 197.22	—	>2 837.96
清水河1+000—2+000	>7 858.72	>3 929.36	—	>2 698.88
清水河2+000—4+000	>6 876.5	>3 438.25	—	>2 434.04
清水河4+000—6+000	>6 007.04	>3 003.52	—	>2 200.36
清水河6+000—8+000	>6 876.56	>3 438.28	—	>1 992.92
清水河8+000—10+000	>4 575.2	>2 287.6	—	>1 809.8

续表

桩号段	等级			
	Ⅰ级	Ⅱ级	Ⅲ级	Ⅳ级
清水河 10+000—12+000	>3 997.52	>1 998.76	—	>1 649.08
清水河 12+000—15+300	>3 211.6	>1 605.803	—	>1 425.38
清水河 15+300—18+000	>2 725.28	>1 362.64	—	>1 235.2
清水河 18+000—20+000	>2 429.2	>1 214.6	—	>1 191.8
清水河 20+000—23+000	>2 159.44	>1 079.72	—	>1 039.34
清水河 23+000—26+000	>1 979.92	>989.96	—	>908.72
清水河 26+000—30+000	>1 563.2	>781.6	—	>725.36
清水河 30+000—35+000	>1 310.2	>655.1	—	>603.3
清水河 35+000—40+000	>972.4	>486.2	—	>418
清水河 40+000—42+000	>846	>423	—	>395.2
清水河 42+000—44+000	>645.6	>322.8	—	>305
清水河 44+000—46+800	>600	>300	—	>300
鹿辛运河 0+300—1+000	>1 799.7	>899.85	—	>870
鹿辛运河 1+000—2+000	>1 762.3	>881.15	—	>850
鹿辛运河 2+000—3+000	>1 724.1	>862.05	—	>830
鹿辛运河 3+000—4+000	>1 683.9	>841.95	—	>800
鹿辛运河 4+000—6+000	>1 592.7	>796.35	—	>750
鹿辛运河 6+000—8+000	>1 479.1	>739.55	—	>700
鹿辛运河 8+000—9+191	>1 396.86	>698.43	—	>650
鹿辛运河 9+191—11+000	>1 245.7	>622.85	—	>600
鹿辛运河 11+000—12+500	>1 091.88	>545.94	—	>500
鹿辛运河 12+500—14+000	>907.9	>453.95	—	>400
鹿辛运河 14+000—16+260	>600	>300	—	>300

表 B.4 硫化物   单位:g

桩号段	等级			
	Ⅰ级	Ⅱ级	Ⅲ级	Ⅳ级
清水河 0+300—1+000	>839 525	>419 762	>167 905	>113 380.2
清水河 1+000—2+000	>784 835	>392 417	>156 967	>107 837.4
清水河 2+000—4+000	>683 825	>341 912	>136 765	>97 867.8
清水河 4+000—6+000	>593 375	>296 687	>118 675	>89 306.2
清水河 6+000—8+000	>557 125	>278 562	>111 425	>82 056.2
清水河 8+000—10+000	>527 005	>263 502	>105 401	>76 023
清水河 10+000—12+000	>378 185	>189 092	>75 637	>71 109.4
清水河 12+000—15+300	>325 694	>162 847	>65 138.85	>57 917.68

续表

桩号段	等级			
	Ⅰ级	Ⅱ级	Ⅲ级	Ⅳ级
清水河 15+300—18+000	>310 643	>155 321	>62 128.6	>53 423
清水河 18+000—20+000	>243 260	>121 630	>48 652	>47 563
清水河 20+000—23+000	>206 181	>103 090	>41 236.3	>40 586
清水河 23+000—26+000	>190 115	>95 057	>38 023.2	>32 058
清水河 26+000—30+000	>190 115	>95 057	>38 023.2	>32 058
清水河 30+000—35+000	>162 930	>81 465	>32 586	>31 598.36
清水河 35+000—40+000	>93 235	>46 617	>18 647.2	>18 536
清水河 40+000—42+000	>87 930	>43 965	>17 586	>15 625.24
清水河 42+000—44+000	>64 200	>32 100	>12 840	>12 540
清水河 44+000—46+800	>30 000	>10 000	>10 000	>10 000
鹿辛运河 0+300—1+000	>181 694	>90 847	>36 338.8	>36 338.8
鹿辛运河 1+000—2+000	>178 708	>89 354	>35 741.6	>35 741.6
鹿辛运河 2+000—3+000	>175 422	>87 711	>35 084.4	>35 084.4
鹿辛运河 3+000—4+000	>171 716	>85 858	>34 343.2	>34 343.2
鹿辛运河 4+000—6+000	>162 564	>81 282	>32 512.8	>32 512.8
鹿辛运河 6+000—8+000	>150 262	>75 131	>30 052.4	>30 052.4
鹿辛运河 8+000—9+191	>141 107	>70 553	>28 221.45	>28 221.45
鹿辛运河 9+191—11+000	>123 934	>61 967	>24 786.8	>24 786.8
鹿辛运河 11+000—12+500	>106 300	>53 150	>21 260	>21 260
鹿辛运河 12+500—14+000	>85 156	>42 578	>17 031.2	>17 031.2
鹿辛运河 14+000—16+260	>30 000	>15 000	>15 000	>15 000

表 B.5 汞　　　　　　　　　　　　　　　　　　　　　单位：g

桩号段	等级			
	Ⅰ级	Ⅱ级	Ⅲ级	Ⅳ级
清水河 0+300—1+000	>843.31	>843.31	>84.331	>56.725 3
清水河 1+000—2+000	>790.17	>790.17	>79.017	>54.030 4
清水河 2+000—4+000	>695.05	>695.05	>69.505	>49.031 2
清水河 4+000—6+000	>614.01	>614.01	>61.401	>44.524 8
清水河 6+000—8+000	>546.09	>546.09	>54.609	>44.524 8
清水河 8+000—10+000	>490.33	>490.33	>49.033	>36.856
清水河 10+000—12+000	>445.77	>445.77	>44.577	>33.626 4
清水河 12+000—15+300	>348.96	>348.96	>34.896	>29.015
清水河 15+300—18+000	>282.35	>282.35	>28.235	>24.021
清水河 18+000—20+000	>253.14	>253.14	>25.314	>23.256

续表

桩号段	等级			
	Ⅰ级	Ⅱ级	Ⅲ级	Ⅳ级
清水河 20+000—23+000	>208.59	>208.59	>20.859	>20.743
清水河 23+000—26+000	>185.69	>185.69	>18.569	>18.463
清水河 26+000—30+000	>162.35	>162.35	>16.235	>16.156
清水河 30+000—35+000	>125.61	>125.61	>12.561	>12.468
清水河 35+000—40+000	>86.98	>86.98	>8.698	>8.572
清水河 40+000—42+000	>72.64	>72.64	>7.264	>7.135
清水河 42+000—44+000	>62.4	>62.4	>6.24	>6.025
清水河 44+000—46+800	>60	>6	>6	>6
鹿辛运河 0+300—1+000	>193.51	>193.51	>19.351	>19.351
鹿辛运河 1+000—2+000	>180	>180	>18	>18
鹿辛运河 2+000—3+000	>175.43	>175.43	>17.543	>17.543
鹿辛运河 3+000—4+000	>168	>168	>16.8	>16.8
鹿辛运河 4+000—6+000	>166.31	>166.31	>16.631	>16.631
鹿辛运河 6+000—8+000	>150	>150	>15	>15
鹿辛运河 8+000—9+191	>136	>136	>13.6	>13.6
鹿辛运河 9+191—11+000	>110	>110	>11	>11
鹿辛运河 11+000—12+500	>113	>113	>11.3	>11.3
鹿辛运河 12+500—14+000	>85.2	>85.2	>8.52	>8.52
鹿辛运河 14+000—16+260	>80	>8	>8	>8

表 B.6 铁　　　　　　　　　　　　　　　　单位:g

桩号段	等级			
	Ⅰ级	Ⅱ级	Ⅲ级	Ⅳ级
清水河 0+300—1+000	>498 836	>249 418	—	>170 660.9
清水河 1+000—2+000	>475 656	>237 828	—	>162 074.8
清水河 2+000—4+000	>431 528	>215 764	—	>146 018.6
清水河 4+000—6+000	>390 216	>195 108	—	>131 370.4
清水河 6+000—8+000	>351 528	>175 764	—	>131 370.4
清水河 8+000—10+000	>315 272	>157 636	—	>105 914
清水河 10+000—12+000	>281 256	>140 628	—	>94 913.8
清水河 12+000—15+300	>257 250	>128 625	—	>78 778.62
清水河 15+300—18+000	>217 126	>108 563	—	>73 562
清水河 18+000—20+000	>185 126	>92 563	—	>70 584
清水河 20+000—23+000	>160 472	>80 236	—	>62 569
清水河 23+000—26+000	>142 472	>71 236	—	>57 583

续表

桩号段	等级			
	Ⅰ级	Ⅱ级	Ⅲ级	Ⅳ级
清水河 26+000—30+000	>119 264	>59 632	—	>48 568
清水河 30+000—35+000	>80 246	>40 123	—	>40 123
清水河 35+000—40+000	>57 386	>28 693	—	>28 693
清水河 40+000—42+000	>47 046	>23 523	—	>23 523
清水河 42+000—44+000	>37 440	>18 720	—	>18 720
清水河 44+000—46+800	>36 000	>18 000	—	>18 000
鹿辛运河 0+300—1+000	>142 472	>71 236	—	>53 304.6
鹿辛运河 1+000—2+000	>142 470	>71 235	—	>53 303.2
鹿辛运河 2+000—3+000	>139 446	>69 723	—	>51 041.8
鹿辛运河 3+000—4+000	>119 264	>59 632	—	>49 796.4
鹿辛运河 4+000—6+000	>93 915.2	>46 957.6	—	>46 957.6
鹿辛运河 6+000—8+000	>86 989.6	>43 494.8	—	>43 494.8
鹿辛运河 8+000—9+191	>82 114.7	>41 057.35	—	>41 057.35
鹿辛运河 9+191—11+000	>73 421.2	>36 710.6	—	>36 710.6
鹿辛运河 11+000—12+500	>64 855	>32 427.5	—	>32 427.5
鹿辛运河 12+500—14+000	>52 200	>26 100	—	>26 100
鹿辛运河 14+000—16+260	>36 000	>18 000	—	>18 000

表 B.7　锰　　　　　　　　　　　　　　　　　单位:g

桩号段	等级			
	Ⅰ级	Ⅱ级	Ⅲ级	Ⅳ级
清水河 0+300—1+000	>841 573	>126 248.7	>84 165.8	>56 664.4
清水河 1+000—2+000	>788 977	>118 358.4	>78 905.6	>53 897
清水河 2+000—4+000	>694 942	>104 251.8	>69 501.2	>48 748.6
清水河 4+000—6+000	>614 986	>92 257.2	>61 504.8	>44 083.4
清水河 6+000—8+000	>548 149	>82 230.6	>54 820.4	>44 083.4
清水河 8+000—10+000	>469 275	>70 398.3	>46 932.2	>36 049
清水河 10+000—12+000	>410 220	>61 539.3	>41 026.2	>32 603
清水河 12+000—15+300	>335 181	>50 282.25	>33 521.5	>27 563.89
清水河 15+300—18+000	>278 606	>41 795.1	>27 863.4	>26 546
清水河 18+000—20+000	>256 956	>38 547.3	>25 698.2	>23 865
清水河 20+000—23+000	>214 238	>32 139	>21 426	>21 426
清水河 23+000—26+000	>186 961	>28 047	>18 698	>18 698
清水河 26+000—30+000	>164 503	>24 678	>16 452	>16 452
清水河 30+000—35+000	>125 667	>18 852	>12 568	>12 568

续表

桩号段	等级			
	Ⅰ级	Ⅱ级	Ⅲ级	Ⅳ级
清水河35+000—40+000	>85 611	>12 843	>8 562	>8 562
清水河40+000—42+000	>72 552	>10 884	>7 256	>7 256
清水河42+000—44+000	>63 893	>9 585	>6 390	>6 390
清水河44+000—46+800	>9 000	>6 000	>6 000	>6 000
鹿辛运河0+300—1+000	>176 595	>26 489	>17 659.5	>17 659.5
鹿辛运河1+000—2+000	>172 790	>25 918	>17 279	>17 279
鹿辛运河2+000—3+000	>169 225	>25 383	>16 922.5	>16 922.5
鹿辛运河3+000—4+000	>165 720	>24 858	>16 572	>16 572
鹿辛运河4+000—6+000	>158 170	>23 725	>15 817	>15 817
鹿辛运河6+000—8+000	>148 700	>22 305	>14 870	>14 870
鹿辛运河8+000—9+191	>141 556	>21 233	>14 155.67	>14 155.67
鹿辛运河9+191—11+000	>127 745	>19 161	>12 774.5	>12 774.5
鹿辛运河11+000—12+500	>112 913	>16 937	>11 291.38	>11 291.38
鹿辛运河12+500—14+000	>87 000	>13 050	>8 700	>8 700
鹿辛运河14+000—16+260	>9 000	>6 000	>6 000	>6 000

附表C　污染指标污染浓度等级标准表

清水河闸—赵楼闸段(监测断面11+430)污染物浓度标准表　　单位：mg/L

水质指标	污染等级			
	Ⅰ级	Ⅱ级	Ⅲ级	Ⅳ级
铅	>0.160	0.080～0.160	0.060～0.080	—
铬	>0.160	0.080～0.160	0.060～0.080	—
镉	>0.016 0	0.008 0～0.016 0	0.006 0～0.008 0	—
汞	>0.001 7	0.000 17～0.001 7	0.000 12～0.000 17	—
硫化物	>1.66	0.83～1.66	0.33～0.83	0.24～0.33
可溶性铁	>1.66	0.83～1.66	0.5～0.83	0.36～0.50
锰	>1.66	0.25～1.66	0.17～0.25	0.12～0.17

清水河闸—赵楼闸段(监测断面17+775)污染物浓度标准表　　单位：mg/L

水质指标	污染等级			
	Ⅰ级	Ⅱ级	Ⅲ级	Ⅳ级
铅	>0.120	0.060～0.120	0.054～0.060	—
铬	>0.120	0.060～0.120	0.054～0.060	—

续表

水质指标	污染等级			
	Ⅰ级	Ⅱ级	Ⅲ级	Ⅳ级
镉	>0.012 0	0.006 0～0.012 0	0.005 4～0.006 0	—
汞	>0.001 2	0.000 12～0.001 2	0.000 1～0.000 12	—
硫化物	>1.20	0.60～1.20	0.24～0.60	0.20～0.24
可溶性铁	>1.20	0.60～1.20	0.36～0.60	0.32～0.36
锰	>1.33	0.20～1.33	0.13～0.20	0.1～0.13

赵楼闸—33+067段(监测断面33+067)污染物浓度标准表   单位:mg/L

水质指标	污染等级			
	Ⅰ级	Ⅱ级	Ⅲ级	Ⅳ级
铅	>0.106	0.053～0.106	0.05～0.053	—
铬	>0.106	0.053～0.106	0.05～0.053	—
镉	>0.010 6	0.005 3～0.010 6	0.005～0.005 3	—
汞	>0.001 07	0.000 107～0.001 07	0.000 1～0.000 107	—
硫化物	>1.065	0.532～1.065	0.213～0.532	0.2～0.213
可溶性铁	>1.07	0.535～1.07	0.321～0.535	0.3～0.321
锰	>1.06	0.16～1.06	0.107～0.16	0.1～0.107

清水河33+067—试量闸段(监测断面43+234)污染物浓度标准表   单位:mg/L

水质指标	污染等级			
	Ⅰ级	Ⅱ级	Ⅲ级	Ⅳ级
铅	>0.1	0.05～0.1	—	—
铬	>0.1	0.05～0.1	—	—
镉	>0.01	0.005～0.01	—	—
汞	>0.001	0.000 1～0.001	—	—
硫化物	>1.0	0.5～1.0	0.2～0.5	—
可溶性铁	>1.0	0.5～1.0	0.3～0.5	—
锰	>1.0	0.15～1.0	0.1～0.15	—

任庄闸—白沟河倒虹吸段(监测断面8+943)污染物浓度标准表   单位:mg/L

水质指标	污染等级			
	Ⅰ级	Ⅱ级	Ⅲ级	Ⅳ级
铅	>0.16	0.08～0.16	0.05～0.08	—
铬	>0.16	0.08～0.16	0.05～0.08	—
镉	>0.016	0.008～0.016	0.005～0.008	—

续表

水质指标	污染等级			
	Ⅰ级	Ⅱ级	Ⅲ级	Ⅳ级
汞	>0.001 8	0.000 18～0.001 8	0.000 1～0.000 18	—
硫化物	>1.614	0.807～1.614	0.323～0.807	0.2～0.323
可溶性铁	>1.616	0.808～1.616	0.485～0.808	0.3～0.485
锰	>1.62	0.243～1.62	0.162～0.243	0.1～0.162

白沟河倒虹吸—后陈楼节制闸（监测断面 14+800）污染物浓度标准表　　单位：mg/L

水质指标	污染等级			
	Ⅰ级	Ⅱ级	Ⅲ级	Ⅳ级
铅	>0.1	0.05～0.1	—	—
铬	>0.1	0.05～0.1	—	—
镉	>0.01	0.005～0.01	—	—
汞	>0.001	0.000 1～0.001	—	—
硫化物	>1.0	0.5～1.0	0.2～0.5	—
可溶性铁	>1.0	0.5～1.0	0.3～0.5	—
锰	>1.0	0.15～1.0	0.1～0.15	—

附表 D　突发水污染事件等级标准表

水质污染等级	污染物类型	污染发生位置	事件等级
Ⅰ	重金属	Ⅰ、Ⅱ	Ⅰ
Ⅰ	重金属	Ⅲ、Ⅳ	Ⅱ
Ⅱ	重金属	Ⅰ、Ⅱ	Ⅰ
Ⅱ	重金属	Ⅲ	Ⅱ
Ⅱ	重金属	Ⅳ	Ⅲ
Ⅲ	重金属	Ⅰ	Ⅰ
Ⅲ	重金属	Ⅱ、Ⅲ	Ⅱ
Ⅲ	重金属	Ⅳ	Ⅲ
Ⅳ	重金属	Ⅰ	Ⅰ
Ⅳ	重金属	Ⅱ	Ⅱ
Ⅳ	重金属	Ⅲ、Ⅳ	Ⅲ
Ⅱ	油类	Ⅰ	Ⅰ
Ⅱ	油类	Ⅱ	Ⅰ
Ⅱ	油类	Ⅲ	Ⅱ

续表

水质污染等级	污染物类型	污染发生位置	事件等级
Ⅱ	油类	Ⅳ	Ⅲ
Ⅰ	常规	Ⅰ	Ⅰ
Ⅰ	常规	Ⅱ、Ⅲ	Ⅱ
Ⅰ	常规	Ⅳ	Ⅲ
Ⅱ	常规	Ⅰ	Ⅰ
Ⅱ	常规	Ⅱ、Ⅲ	Ⅱ
Ⅱ	常规	Ⅳ	Ⅲ
Ⅲ	常规	Ⅰ	Ⅰ
Ⅲ	常规	Ⅱ	Ⅱ
Ⅲ	常规	Ⅲ、Ⅳ	Ⅲ
Ⅳ	常规	Ⅰ	Ⅰ
Ⅳ	常规	Ⅱ	Ⅱ
Ⅳ	常规	Ⅲ	Ⅲ
Ⅳ	常规	Ⅳ	Ⅳ

参考文献

[1] 兰茜. 基于目标水体水质优化能力的上游汇水区低影响措施设计研究[D]. 成都：西南交通大学，2022.

[2] 王立兵. 盐湖区水体水质参数时空变化及影响因素研究——以察尔汗盐湖为例[D]. 兰州：西北师范大学，2023.

[3] 贾晓慧. 水生植物受重金属污染毒害的相关研究[J]. 焦作大学学报，2005，19(3)：54-55.

[4] 吴贤汉，江新霁，张宝录，等. 几种重金属对青岛文昌鱼毒性及生长的影响[J]. 海洋与湖沼，1999，30(6)：604-608.

[5] 陈明亮. 芜湖城市河道水体重金属分布特征及健康风险研究[D]. 淮南：安徽理工大学，2023.

[6] 杨雅茹，钟瑶，李帅东，等. 水产品中重金属对人体的危害研究进展[J]. 农业技术与装备，2020(10)：55-56.

[7] 乔增运，李昌泽，周正，等. 铅毒性危害及其治疗药物应用的研究进展[J]. 毒理学杂志，2020，34(5)：416-420.

[8] 尹华，王锋，刘文. 重金属铬在水环境中的迁移转化规律及其污染防治措施[J]. 农业与技术，2010，30(5)：47-49.

[9] S CONGEEVARAM, S DHANARANI, J PARK, et al. Biosorption of chromium and nickel by heavy metal resistant fungal and bacterial isolates[J]. Journal of hazardous materials, 2007, 146(1): 270-277.

[10] 宋波，陈同斌，郑袁明，等. 北京市菜地土壤和蔬菜镉含量及其健康风险分析[J]. 环境科学学报，2006(8)：1343-1353.

[11] A REHMAN, A ZAHOOR, B MUNEER, et al. Chromium Tolerance and Reduction Potential of a Bacillus sp. ev3 Isolated from Metal Contaminated Wastewater[J]. Bulletin of environmental contamination and toxicology, 2008, 81(1): 25-29.

[12] 高为，张华. 油类突发环境事件引起的思考[J]. 环境科技，2011，24(4)：69-73.

[13] 周磊. 基于菌种优选的地下水铁锰复合污染去除技术及应用研究[D]. 哈尔滨：哈尔滨工业大学，2021.

[14] 耿雷华, 姜蓓蕾, 刘恒, 等. 南水北调东中线运行工程风险管理分析[M]. 北京: 中国环境科学出版社, 2010.

[15] SEO H, KANG T, FELIX M L, et al. A Study to Determine the Location of Perforated Drainpipe in a Levee for Controlling the Seepage Line[J]. KSCE Journal of Civil Engineering, 2018, 22(1): 153-160. DOI: 10.1007/s12205-017-1330-2.

[16] 杨端阳, 王超杰, 郭成超, 等. 堤防工程风险分析理论方法综述[J]. 长江科学院院报, 2019, 36(10): 59-65. DOI: 10.11988/ckyyb.20190881.

[17] 孙双科, 柳海涛, 李振中, 等. 抽水蓄能电站侧式进/出水口拦污栅断面的流速分布研究[J]. 水利学报, 2007, 38(11): 1329-1335. DOI: 10.13243/j.cnki.slxb.2007.11.016

[18] 高学平, 袁野, 刘殷竹, 等. 拦污栅结构对进出水口水力特性影响试验研究[J]. 水力发电学报, 2023, 42(2): 74-86. DOI: 10.11660/slfdxb.20230208

[19] 骆辛磊, 高占义, 冯广志, 等. 泵站工程老化评估研究[J]. 水利学报, 1997(5): 43-49. DOI: 10.13243/j.cnki.slxb.1997.05.007

[20] 周琪慧, 方国华, 吴学文, 等. 基于遗传投影寻踪模型的泵站运行综合评价[J]. 南水北调与水利科技, 2015, 13(5): 985-989. DOI: 10.13476/j.cnki.nsbdqk.2015.05.034

[21] 姚林碧, 张仁田, 朱红耕, 等. 大型泵站选型合理性评价体系研究[J]. 南水北调与水利科技, 2011, 9(3): 150-154.

[22] 方国华, 高玉琴, 谈为雄, 等. 水利工程管理现代化评价指标体系的构建[J]. 水利水电科技进展, 2013, 33(3): 39-44. DOI: 10.3880/j.issn.1006-7647.2013.03.009

[23] 谭运坤, 关松, 赵娜. 水利工程管理现代化评价指标体系及其方法研究[J]. 三峡大学学报(自然科学版), 2013, 35(3): 36-39. DOI: 1672-948X(2013)03-0036-04

[24] 贾梧桐, 韦楚来, 符向前. 泵站信息化的评价体系与指标的研究[J]. 水利信息化, 2016(3): 16-20, 39. DOI: 10.19364/j.1674-9405.2016.03.004

[25] 冯峰, 倪广恒, 何宏谋. 基于逆向扩散和分层赋权的黄河堤防工程安全评价[J]. 水利学报, 2014, 45(9): 1048-1056. DOI: 10.13243/j.cnki.slxb.2014.09.005

[26] 顾冲时, 苏怀智, 刘何稚. 大坝服役风险分析与管理研究述评[J]. 水利学报, 2018, 49(1): 26-35.

[27] 白玉川, 李岩, 张金良, 等. 黄河下游高村-陶城铺河段边界阻力能耗与河床稳定性分析[J]. 水利学报, 2020, 51(9): 1165-1174. DOI: 10.13243/j.cnki.slxb.20200305.

[28] 夏军强, 刘鑫, 张晓雷, 等. 黄河下游动床阻力变化及其计算方法[J]. 水科学进展, 2021, 32(2): 218-229. DOI: 10.14042/j.cnki.32.1309.2021.02.007.

[29] DELANEY I, ANDERSON L, HERMAN F. Modeling the spatially distributed nature of subglacial sediment transport and erosion[J]. Earth Surface Dynamics, 2023, 11(4): 663-680.